VORLESUNGEN ÜBER
TOPOGRAPHISCHE ANATOMIE

VON

PROF. DR. OTTO GROSSER

EHEMALS VORSTAND DES ANATOMISCHEN INSTITUTES
DER DEUTSCHEN UNIVERSITÄT IN PRAG

MIT 313 TEILS FARBIGEN ABBILDUNGEN

Springer-Verlag Wien GmbH

1950

ISBN 978-3-662-22801-2   ISBN 978-3-662-24734-1 (eBook)
DOI 10.1007/978-3-662-24734-1
Alle Rechte, insbesondere das der Übersetzung
in fremde Sprachen, vorbehalten.

Copyright 1950 by Springer-Verlag Wien

Ursprünglich erschienen bei Springer-Verlag in Vienna 1950.

Vorwort.

Das vorliegende Buch ist aus den Vorlesungen über topographische Anatomie hervorgegangen, welche der Verfasser durch viele Jahre an der Deutschen Universität in Prag gehalten hat. Es waren auch Anregungen ehemaliger Hörer, die zu dem Entschluß der Herausgabe dieser Vorlesungen geführt haben. — Die Hauptaufgabe der topographischen Anatomie liegt in ihrer Beziehung zur praktischen Medizin, in erster Linie zur Chirurgie. So kann ihre Darstellung der Hinweise auf die praktische Bedeutung der berichteten Tatsachen nicht völlig entbehren; doch wurden solche Hinweise weitgehend eingeschränkt, schon mit Rücksicht darauf, daß das Buch ja zumeist Anfängern in die Hand kommen dürfte. Eine mündliche Erörterung des Gegenstandes wird sich auch vor Anfängern ausführlicher über Einzelheiten verbreiten dürfen.

Die geringen Mittel, welche heutzutage zumeist den Hochschulhörern zur Verfügung stehen, ließen die möglichste Bedachtnahme auf Beschränkung nach Umfang und Ausstattung wünschenswert erscheinen. Dabei bildete die Frage der Abbildungen nicht geringe Schwierigkeiten, zumal dem Verfasser heute weder ein eigenes Institut noch eine größere Bibliothek zur Verfügung steht. Der anfängliche Plan, die Bilder nach Art von Tafelzeichnungen in einfachen, aber vielfarbigen Strichen wiederzugeben, mußte aufgegeben werden; die Abbildungen wurden der Druckkosten wegen einfarbig schwarz in Strichmanier gezeichnet, nur die Röntgenbilder in Autotypie wiedergegeben. Nur für die Extremitäten wurde eine Reihe von Bildern mehrfarbig ausgeführt; die Darstellung dieser Gegenden stößt auch bei in der Vorlesung angefertigten Tafelzeichnungen wegen der vielfachen Kreuzung von Linien und Farben immer auf große Schwierigkeiten. Die Bilder wurden hauptsächlich folgenden, heute schon als klassisch zu bezeichnenden Werken entnommen: CORNING, Lehrbuch der topographischen Anatomie, und TOLDT-HOCHSTETTER, Anatomischer Atlas, dann der glänzenden und besonders schön und anschaulich bebilderten Topographischen Anatomie des Menschen von E. PERNKOPF, einzelne auch dem Beitrag von PERNKOPF und PICHLER über die Anatomie des weiblichen Genitales in dem Sammelwerk „Biologie und Pathologie des Weibes", herausgegeben von SEITZ und AMREICH. Eine Reihe von Bildern stammt auch aus J. SOBOTTA, Deskriptive Anatomie des Menschen (LEHMANNs medizinische Handatlanten), aus dem Werke von M. CLARA, das Nervensystem, und aus G. G. DAVIS, Applied Anatomy. Alle Bilder wurden umgezeichnet, oft in Kleinigkeiten abgeändert und manchmal weitgehend vereinfacht. Die Röntgenaufnahmen stammen aus dem von Herrn Assistenten W. ZAUNBAUER geleiteten Röntgenlaboratorium der Wiener chirurgischen Klinik meines Freundes und einstigen Assistenten Prof. Dr. LEOPOLD SCHÖNBAUER; ein Bild wurde von Herrn Prof. Dr. T. ANTOINE, 1. Frauenklinik Wien, gespendet. Den genannten Herren gebührt mein herzlichster Dank. Ebensolchen Dank bin ich den mitarbeitenden Künstlern schuldig, Frau Dr. med. R. E. GUSINDE, von deren Hand die aus dem Werk von PERNKOPF entnommenen

Bauch- und Beckenbilder stammen, und dem akademischen Graphiker Herrn
LUDWIG GIESSEL, der die übrigen Strichzeichnungen, den Großteil der Bilder,
angefertigt hat, sowie dem Maler Herrn E. LEPIER, der die schöne Abbildung 36
beigesteuert hat. Schließlich sei noch ein besonderer Dank dem Verleger Herrn
OTTO LANGE ausgesprochen, der das zeitraubende Werden des Buches durch
stets bereitwilliges und großzügiges Entgegenkommen ermöglicht hat.

Thumersbach bei Zell am See,

   im Februar 1950. **O. GROSSER.**

Inhaltsverzeichnis.

Kopf.
Schädeldach (Calvaria).

Das knöcherne Schädeldach besteht aus platten Knochen (Os frontale, parietale, Squama occipitalis, seitlich noch Squama temporalis), die als Bindegewebsknochen entstanden und bis ins höhere Alter noch teilweise durch Zackennähte (Suturae serratae) getrennt sind; nur zwischen Squama temporalis und

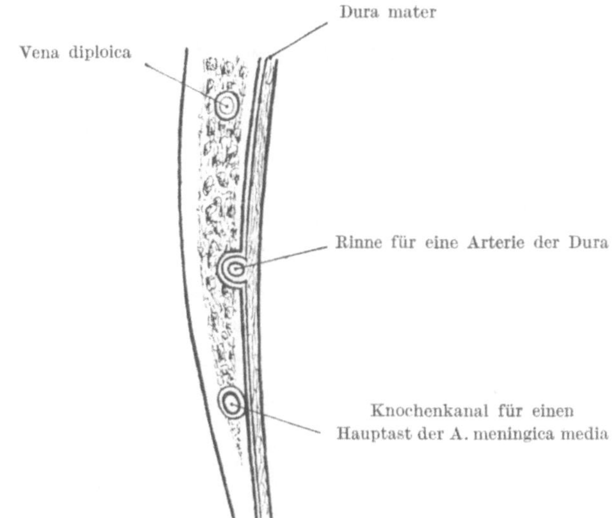

Abb. 1. Schema des Verhaltens der Gefäße zu den platten Schädelknochen.

Os parietale findet sich die Schuppennaht (Sut. squamalis) mit schuppenartigem Übergreifen der Squama temporalis über den Scheitelbeinrand. Trotz der bindegewebigen Herkunft der Knochen kann nach Fractur derselben ein Callusknorpel auftreten. Die Knochen bestehen aus je einer kompakten *Tabula externa* und *interna* (von denen die innere dünner ist) und der dazwischen liegenden *Diploë*, einer sehr grobbalkigen Spongiosa (Abb. 1). Innerhalb derselben verlaufen in außerordentlich wechselndem Maße relativ weite anastomosierende Venen (*Vv. diploicae* BRESCHET) mit sehr zarten Wandungen; sie stehen teils mit oberflächlichen Venen, teils mit den Hirnvenensinus in Verbindung. Ihr Verschluß bei Operationen kann Schwierigkeiten machen. An der Innenseite verlaufen die baumartig verzweigten, aber doch untereinander anastomosierenden *Sulci arteriarum* (Abb. 3) für Zweige der *Aa. meningicae (durales)*; die stärkste ist die *Art. meningica media*, die als Ast der A. maxillaris (int.) den Schädel durch das Foramen spinae betritt. Meistens sind diese Sulci am Übergang der Schädelbasis in die Seitenwand streckenweise durch Knochen überbrückt (Abb. 1), so daß die Gefäße, die sonst in der Außenwand der Dura verlaufen, von dieser völlig

getrennt in Knochenkanälen liegen und bei Knochenfracturen besonders gefährdet sind (s. weiter unten das Spatium extradurale, S. 3). Die A. meningica
media teilt sich typisch in einen vorderen Ast, der hinter der Kranznaht aufwärts
verläuft, und einen hinteren Ast, der schräg nach hinten oben verläuft. Eine Anastomose mit der A. lacrimalis (aus der A. ophthalmica) ist in der Regel vorhanden. — Da
die Knochen elastisch sind, so geben sie bei Gewalteinwir-

Abb. 2. Schema einer Impressionsfraktur
eines platten Schädelknochens.

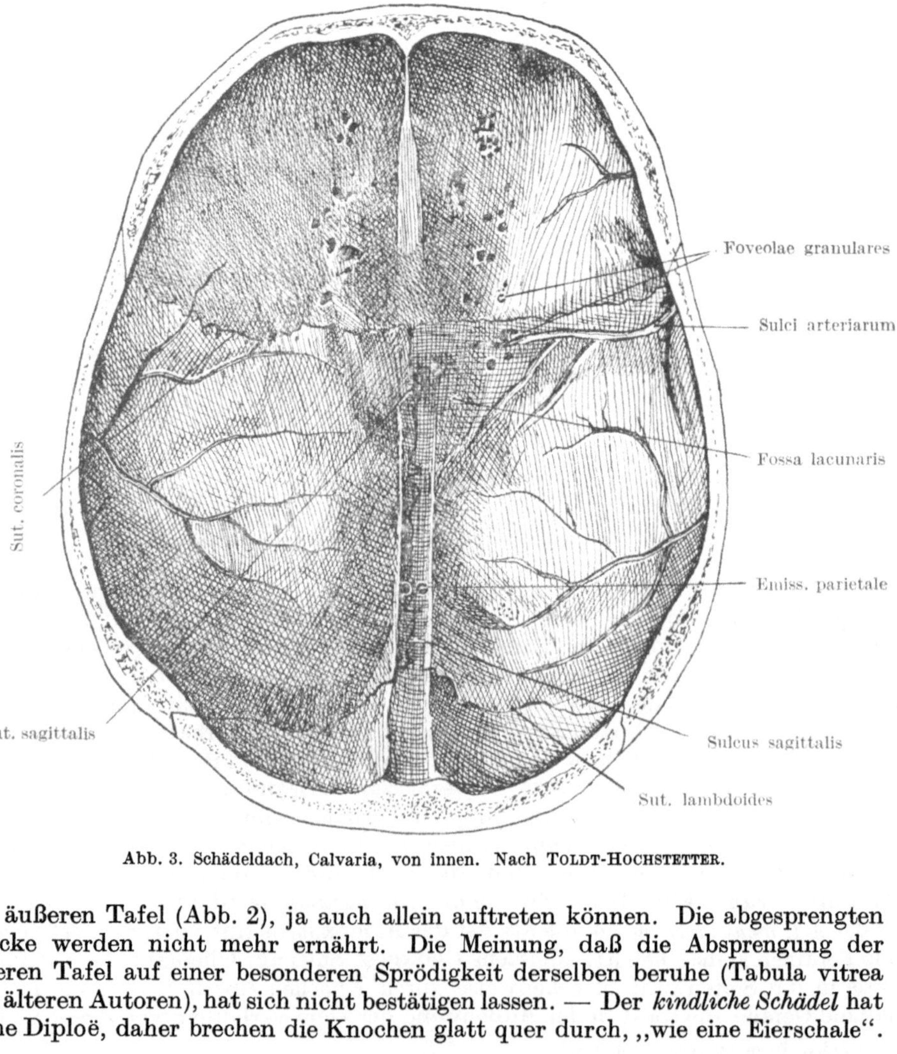

kung (Sturz auf den Kopf oder Schlag) nach, die äußere Tafel wird komprimiert,
die innere vorgewölbt und gedehnt und zerreißt leicht, wobei es zu Absprengungen
der inneren Tafel kommt, die stets viel ausgedehnter sind als die Verletzungen

Abb. 3. Schädeldach, Calvaria, von innen. Nach TOLDT-HOCHSTETTER.

der äußeren Tafel (Abb. 2), ja auch allein auftreten können. Die abgesprengten
Stücke werden nicht mehr ernährt. Die Meinung, daß die Absprengung der
inneren Tafel auf einer besonderen Sprödigkeit derselben beruhe (Tabula vitrea
der älteren Autoren), hat sich nicht bestätigen lassen. — Der *kindliche Schädel* hat
keine Diploë, daher brechen die Knochen glatt quer durch, „wie eine Eierschale".

An der Außenfläche der Knochen sind die *Tubera frontalia* und *parietalia*, die Wachstumscentren der Knochen, besonders bei Kindern und Jugendlichen auffallend (Abb. 7 und 8). Neben der Sagittalnaht kommt häufig das enge *Foramen parietale* (Abb. 3) für das *Emissarium parietale* (eine Verbindung der äußeren

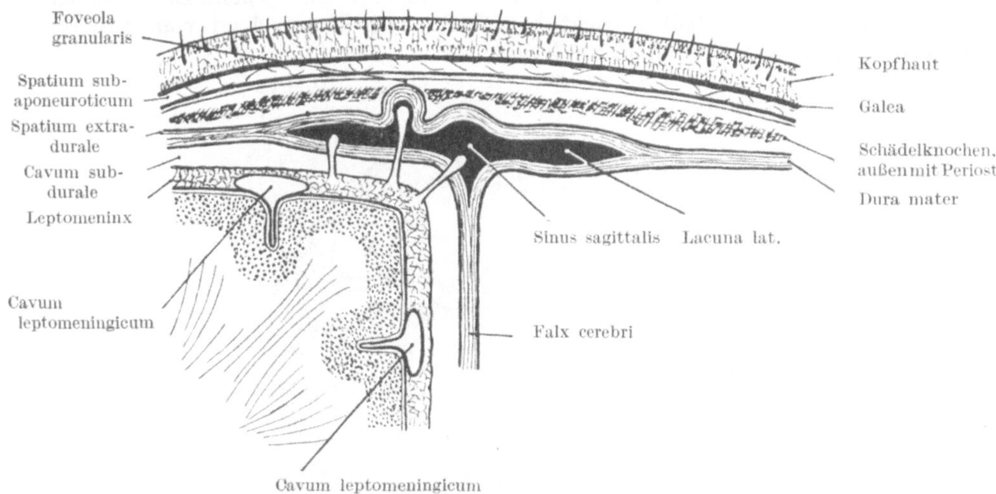

Abb. 4. Frontalschnitt durch Kopfschwarte und Schädeldach mit den Hirnhäuten. Links ein Stück der Hemisphäre erhalten.

Venen mit dem Sinus sagittalis sup., wichtig als Infektionsweg) vor; selten ist das Loch stark (bis zum Durchmesser von 1 cm und mehr) erweitert. In den Nähten (besonders in der Lambdanaht) kommen *Schaltknochen* von sehr wechselnder Größe vor. An der Innenseite sind neben dem flachen Sulcus sagittalis für den Sinus sag. sup. die seitlich sich ausdehnenden *Fossae lacunares* (Abb. 3 und 4) für die Lacunae laterales, seitliche Ausbuchtungen des Sinus sag., und die in ihrem Bereich auftretenden *Foveolae granulares* für die Granula meningica Pacchioni (S. 13) wichtig, weil sie zu einer außerordentlichen lokalen Verdünnung der Schädelwand führen können, so daß dort schon bei geringen Traumen eine Perforation der Schädeldecke eintreten kann.

An der Außenfläche der platten Schädelknochen haftet das *Periost* ziemlich

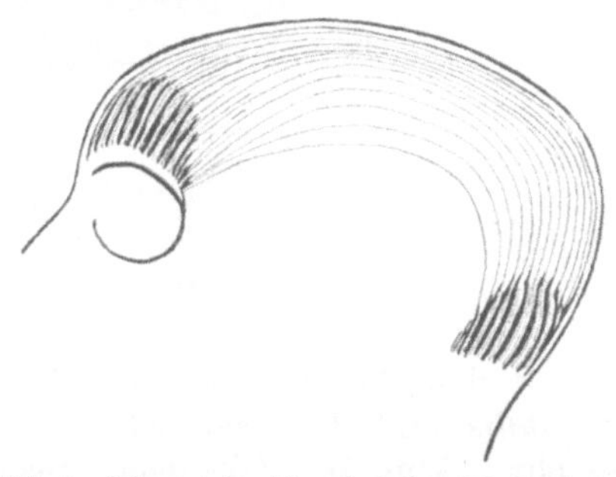

Abb. 5. Schema des M. epicranius (M. frontalis und occipitalis und Galea aponeurotica).

fest, wenn auch weniger fest als am übrigen Skelet (anders beim Neugeborenen, s. weiter unten); der Innenfläche liegt die *Dura* an, die als inneres Periost fungiert, doch ist hier die Verbindung an der Konvexität des Schädels (zum Unterschied von der Basis, doch ohne scharfe Grenze) keine feste. Man kann von einem virtuellen *Spatium extradurale*[1] (epidurale der Kliniker; der aus je einem grie-

---

[1] Grundsätzlich sollen präformierte Bindegewebsräume als *Spatien*, dagegen von glatten Wänden begrenzte, wenn auch kapillare Spalträume als *Cava* bezeichnet werden. In der offiziellen Nomenklatur ist dieser Gesichtspunkt nicht festgehalten worden und von einem Cavum extradurale die Rede.

chischen und lateinischen Wortstamm zusammengesetzte Ausdruck ist besser zu
vermeiden) sprechen (Abb. 4); das Spatium kann zu einem reellen Cavum werden,
wenn Flüssigkeit (besonders Blut aus einer verletzten A. meningica) sich zwischen
Knochen und Dura ergießt, wobei das Gehirn in bedrohlichem Maße komprimiert
werden kann. Die Abhebbarkeit der Dura wird durch allenfalls beim Erwachsenen
noch erhaltene Schädelnähte nicht beeinflußt, zum Unterschied vom äußeren
Periost, das an den Nähten fester haftet.

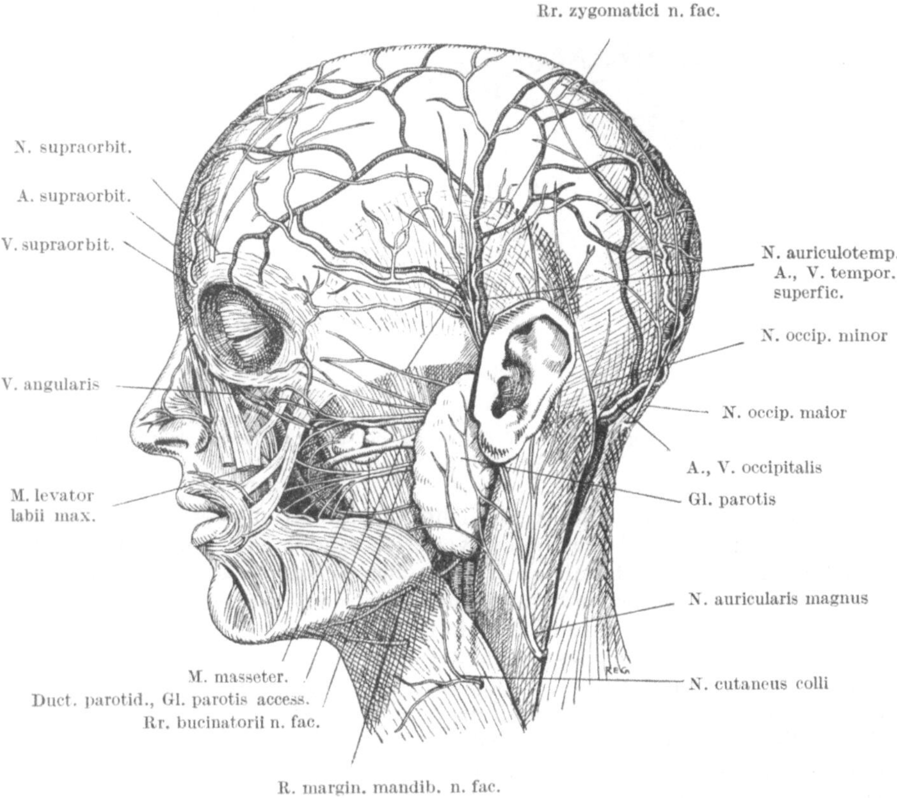

Abb. 6. Seitenansicht von Kopf und Hals. Nach CORNING kombiniert.

Auf dem Periost liegt der *M. epicranius*, der aus einem *M. frontalis* und
occipitalis und der dazwischen ausgespannten Sehne, der *Galea aponeurotica*,
besteht (Abb. 5). (Weniger Bedeutung hat der seitlich einstrahlende *M.
temporo-parietalis*, der zugleich Heber der Ohrmuschel ist.) Mit der Galea ist
die Kopfhaut mit ihren Haaren und Drüsen fest zur *Kopfschwarte* verwachsen,
so daß die beiden nur scharf, mit dem Messer, voneinander getrennt werden
können; zwischen Galea und Periost aber ist ein von lockerem Bindegewebe
erfüllter Spalt, das *Spatium subaponeuroticum*, vorhanden (Abb. 4), welches
die Verschiebungen der Kopfschwarte (die manchmal sehr ausgiebig und willkürlich sind) ermöglicht. Dadurch werden Abreißungen der Kopfschwarte
(Skalpierungen) möglich. Blutungen und Eiterungen können sich in dem
Spatium ausbreiten. Die Galea geht seitlich ohne scharfe Grenze in lockeres
Gewebe über, so daß auch das eben genannte Spatium seitlich nicht scharf
begrenzt ist.

Die Kopfschwarte enthält die vielfach anastomosierenden Verzweigungen der *Gefäße der Kopfhaut* (A. frontalis, supraorbitalis, temporalis superficialis und occipitalis und die Begleitvenen, Abb. 6); die Gefäße sind in das derbe

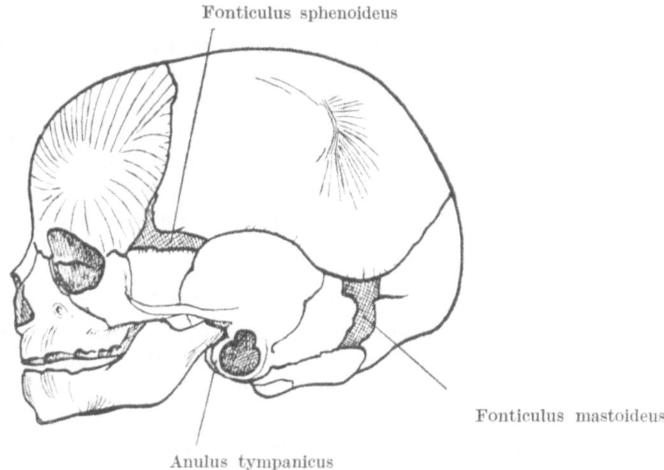

Abb. 7 und 8. Schädel eines reifen Neugeborenen von links und von oben. $^1/_2$ nat. Gr. Nach Toldt-Hochstetter.

Gewebe so eingebettet, daß sie bei Durchtrennung schwer chirurgisch zu fassen sind. Die Gefäße stehen mit denen der platten Schädelknochen vielfach in

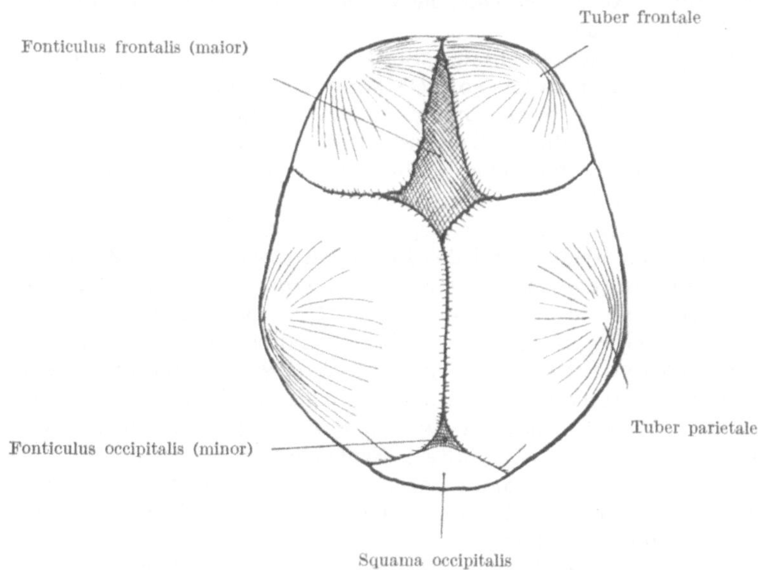

Abb. 8. Erklärung s. Abb. 7.

Verbindung. Sie versorgen das Gewebe so reichlich, daß ein Absterben selbst lappig zerrissener, aber noch an Stielen hängender Teile gewöhnlich nicht eintritt.

. Beim *Neugeborenen* haftet die Dura fester am Knochen als das äußere Periost, so daß es bei Blutungen aus dem Knochen zur Abhebung des Periosts kommen kann, wobei das Hämatom sich an die Knochengrenzen hält (zum Unterschied gegen eine Blutung in das Spatium subaponeuroticum, welche diese Grenzen überschreitet, und gegen ein Ödem der Kopfschwarte, besonders das Geburtsödem am vorausgehenden Kopfe, das Caput succedaneum, für welches das Gleiche gilt). Dabei ist daran zu denken, daß die Knochen des neugeborenen Schädels (Abb. 7 und 8) nicht in Nähten, sondern mit etwas breiteren Fugen, in deren Bereich Dura und Periost verwachsen sind, aneinander stoßen, und daß diese Fugen an den Treffpunkten mehrerer Knochenverbindungen, insbesondere an der viereckigen großen und der dreieckigen kleinen *Fontanelle* (*Fonticulus frontalis* und *occipitalis*), sich zu größeren membranartigen, nachgiebigen und pulsierenden Stellen verbreitern. Von diesen Fontanellen verschwindet die occipitale bald nach der Geburt, die frontale im Laufe des zweiten Jahres.

Schädelbasis (Basis cranii).

Die *Schädelbasis* (Abb. 9) unterscheidet sich grundsätzlich von der Schädelwölbung erstens durch zahlreiche Nerven- und Gefäßöffnungen, zweitens durch die viel größere Ungleichheit der Knochendicke an den verschiedenen Stellen, drittens durch Knorpelfugen zwischen den (aus knorpeliger Anlage entstandenen) Knochen; ein Teil des Knorpels, die *Fibrocartilago basialis* im Foramen lacerum an der Pyramidenspitze, bleibt zeitlebens erhalten. Hierzu kommt schließlich die Einfügung des Gehörorganes in die Schädelbasis. Alle diese Einzelheiten haben bestimmte Dispositionen zu Knochenbrüchen im Gefolge, so daß die Brüche meist charakteristischen Linien folgen und einerseits mit einer gewissen Regelmäßigkeit wiederkehrende Erscheinungen, wie Austritt von Liquor cerebrospinalis durch Nase oder Ohr, hervorrufen, anderseits aber auch besondere Gefahren in sich bergen.

Als Mittelpunkt der cerebralen Seite der Basis ist die *Fossa hypophyseos* aufzufassen; sie wird rückwärts vom *Dorsum sellae* (Abb. 9, 10, 31 und 38), seitlich von den *Processus alae parvae* und *dorsi sellae* (Proc. clinoidei ant. und post.) begrenzt, die jederseits durch Knochenbrücken zusammenhängen können, wird von einem Durablatt, dem *Diaphragma sellae*, mit zentraler Öffnung für den Hypophysenstiel überbrückt und enthält die *Hypophysis cerebri* (Abb. 11 und 30). Seitlich hängt die Grube mit den Seitenteilen der *mittleren Schädelgrube* zusammen, die vorn vom freien Rand des kleinen Keilbeinflügels, rückwärts von der Pyramidenkante begrenzt ist. Davor liegt die *vordere Schädelgrube* mit der dünnen Lamina cribriformis des Siebbeins in der Mitte und dem Orbitaldach (vom Stirnbein und rückwärts noch vom kleinen Keilbeinflügel gebildet) zur Seite; hinter der mittleren Schädelgrube liegt die *hintere Schädelgrube*, in deren Mitte sich das große Hinterhauptsloch für das Rückenmark befindet. Zu demselben zieht von der Hypophysengrube bzw. dem sie hinten abschließenden Dorsum sellae der *Clivus* herab. Die hintere Schädelgrube ist nach oben, gegen die Schädelwölbung, durch die *Sulci transversi* (für die gleichnamigen Venensinus) gut begrenzt, während die beiden anderen Gruben seitwärts und nach oben keine scharfe Grenze besitzen.

In der vorderen Schädelgrube finden sich in zwei Reihen die Löcher der Siebplatte *(Lamina cribriformis)* für die Fila olfactoria und eine Öffnung, welche den Nervus ethmoideus ant. und die gleichnamige Arterie (von der die Art. meningica (duralis) front. abgeht) aus der Orbita auf die Siebplatte leitet; durch ein vorn gelegenes Loch der letzteren gehen dann beide in die Nasenhöhle. An der hinteren Grenze der Grube liegt der *Canalis opticus* für den Fasciculus opticus und die Art. ophthalmica, die beim Eintritt in den Kanal unter dem Sehnerven liegt. — In der mittleren Schädelgrube liegt unmittelbar unter dem kleinen Keilbeinflügel die *Fissura orbitalis cerebralis* (sup.) für die Augenmuskelnerven (III, IV und VI), den N. ophthalmicus (V_1) und die V. ophthalmica sup. (sowie eine häufige Anastomose zwischen Orbital- und Duralvenen, V. ophthalmomeningica, neben der auch eine Arterienanastomose der Gebiete, S. 2, nicht selten ist). Zu beiden Seiten der Hypophysengrube liegt der *Sulcus caroticus*

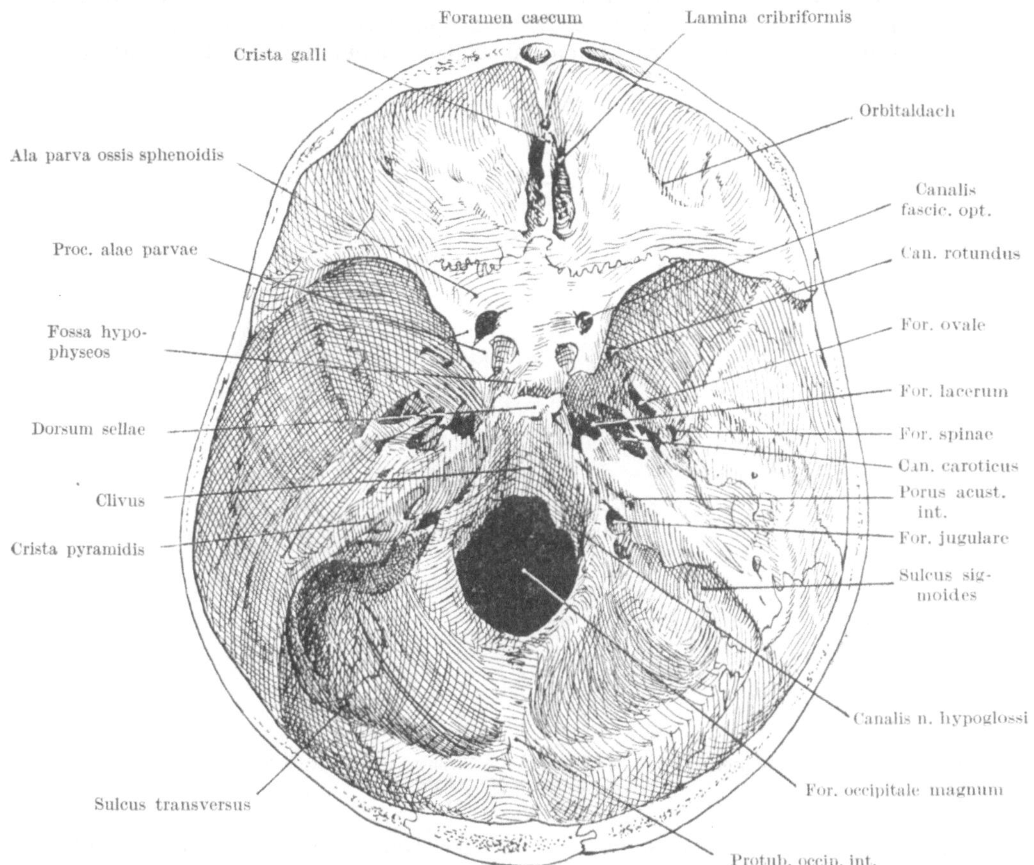

Abb. 9. Knöcherne Schädelbasis von oben. Nach CORNING.

für die Carotis interna (im Bereich des Sinus cavernosus, s. unten) und lateral davon die Öffnungen für die beiden anderen Trigeminusäste (V_2 und V_3), der *Canalis* (Foramen) *rotundus* und das *Foramen ovale*, und anschließend an letzteres lateral das *Foramen spinae* (für die Art. meningica media und den N. spinosus), medial das *For. lacerum* mit der Fibrocartilago basialis. Auf der vorderen Pyramidenfläche findet sich der *Hiatus canalis facialis*, aus dem der N. petrosus superficialis maior auf die cerebrale Pyramidenfläche gelangt, um (mit dem auf dieser Fläche parallel verlaufenden N. petrosus superficialis minor aus dem N. tympanicus) durch die Fibrocartilago aus dem Schädel auszutreten. An der Pyramidenspitze öffnet sich der *Canalis caroticus*, durch welchen die Carotis interna den Schädelraum betritt. — An der Grenze der mittleren und hinteren Schädelgrube verläuft der *Sinus petrosus sup.* in einer gleichnamigen

seichten Knochenrinne der Pyramidenkante; in der hinteren Grube mit dem
Foramen magnum (für Rückenmark, A. vertebralis, Venengeflechte und den
aufsteigenden, in den Schädel zurückkehrenden spinalen Teil des N. accessorius)
haben wir am Umfang dieses großen Loches jederseits den *Canalis n. hypoglossi*,
und weiter seitlich in der Fortsetzung des Sulcus transversus den *Sulcus sigmoides*,
der zum *Foramen jugulare* verläuft, um sich in die Vena jugularis interna fortzusetzen. Im For. jugulare, in seiner vorderen Abteilung, sind außerdem der
Sinus petrosus inf., die Nerven der Vagusgruppe (IX, X, XI) und die Art. meningica occipitalis (post.) zu finden, im Sulcus sigmoides lateral das ziemlich

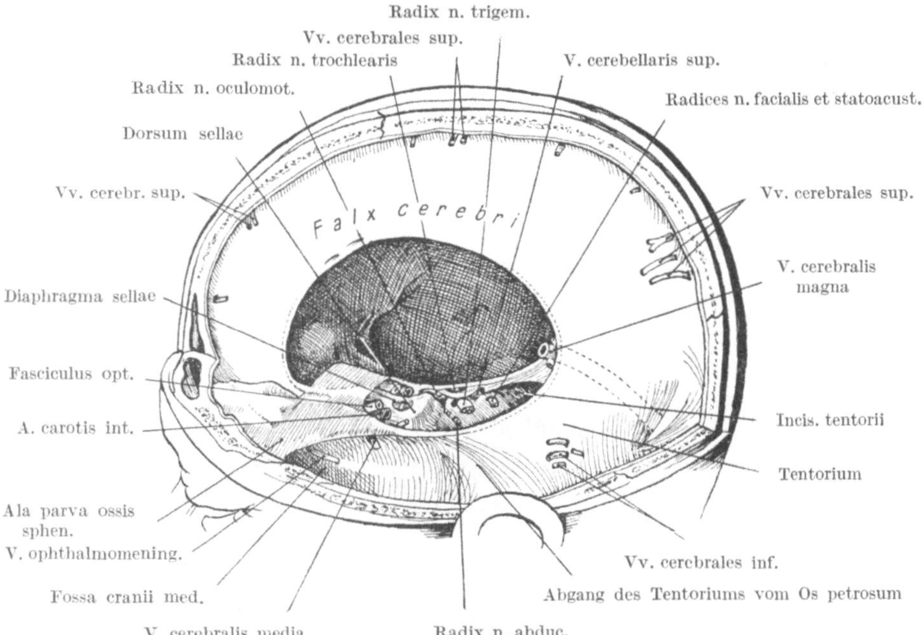

Abb. 10. Falx cerebri, Tentorium cerebelli. Eintritte der Hirnnerven und der kleinen Hirnvenen in die Dura.
Nach TOLDT-HOCHSTETTER.

konstante *Emissarium mastoideum.* An der Hinterwand der Pyramide liegt
der *Porus und Meatus acusticus int.* für Facialis, Stato-acusticus und Art. labyrinthi (audit. int.). Die Hirnnervenaustritte sind in Abb. 10 und 43 dargestellt.

In der Mittellinie rückwärts, zwischen den Anfängen der Sulci transversi,
liegt die *Protuberantia occipitalis interna*, die durch ihre Beziehungen zum
Tentorium und den Venensinus (s. im folgenden) wichtig ist. Ihre Höhenlage
variiert, besonders in Beziehung zur *Protuberantia occipitalis externa*, die je nach
der Nackenmuskelentwicklung noch stärker variiert. Am Röntgenbild ist aber
die gegenseitige Lage genau feststellbar; sie ist wichtig wegen der operativen
Zugänglichkeit der hinteren Schädelgrube (vgl. Abb. 11 und 31).

Die typischen Bruchlinien laufen nun durch die Öffnungen der Basis und
häufig auch durch das Felsenbein, weniger wegen einer (nicht nachweisbaren)
größeren Sprödigkeit des Knochens, als wegen seiner Schwächung durch die
Nervenkanäle und die Labyrinthhohlräume. So gehen die Bruchlinien z. B.
durch den Canalis hypoglossi, das Foramen jugulare und den Meatus acusticus

internus oder über das Foramen lacerum und die Trigeminusöffnungen in die
Orbita, oder auch durch die Lamina cribriformis oder den Canalis opticus und
rückwärts entlang der Sella und des Clivus. Auch Querbrüche durch die Sella
oder das Foramen magnum kommen vor. Bei solchen Brüchen wird die der
Basis fest anliegende Dura mit zerrissen und es kommt zum Abfluß des Liquor

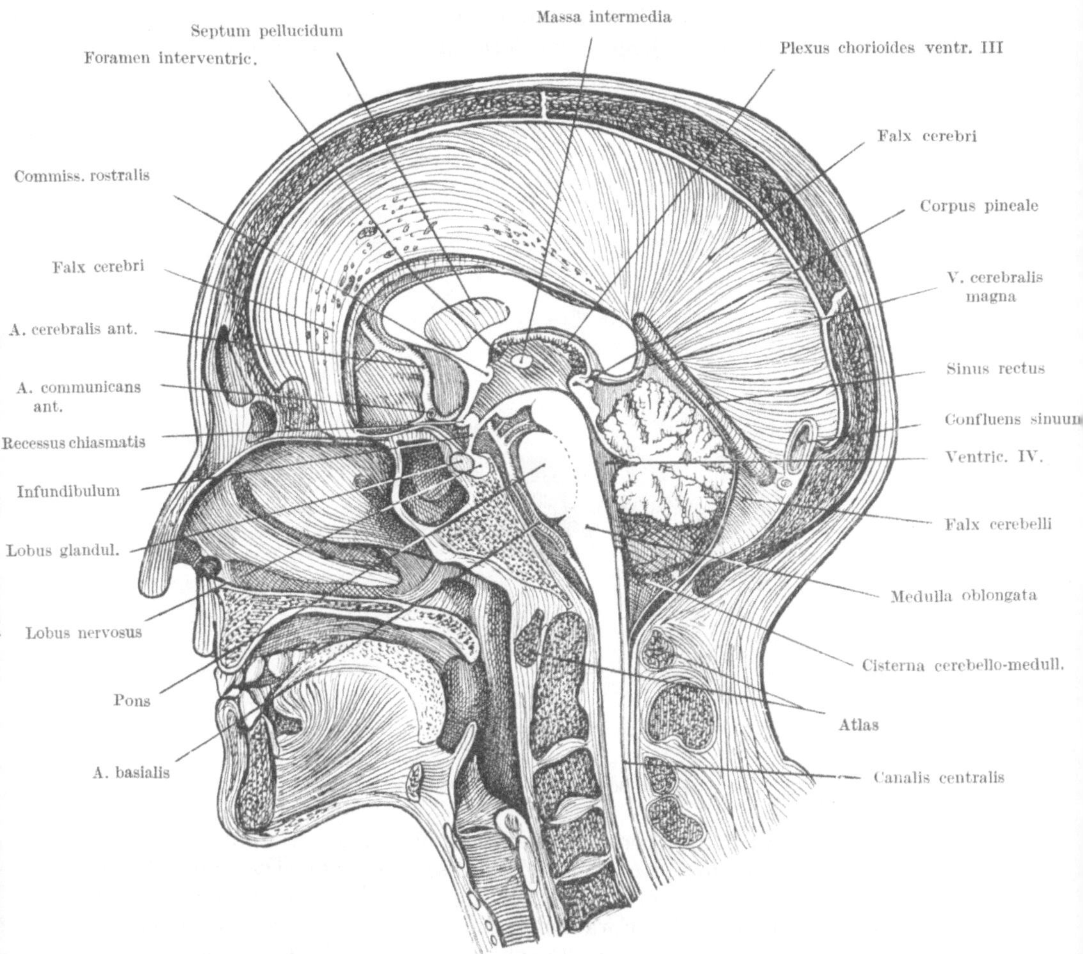

Abb. 11. Medianschnitt durch den Kopf. Nach HOCHSTETTER 1943.

cerebrospinalis oder der Otolymphe durch die Ohröffnung oder die Nasenhöhle,
allenfalls auch in den Pharynx.

Dura mater (Abb. 10 und 11). Sie entsendet in das Innere des Schädelraumes
Blätter, die sich zwischen die Abschnitte des Gehirns einschieben. Die median-
sagittal gestellten Anteile sind die *Falx cerebri* zwischen den Großhirnhemisphären
(Abb. 4) und die niedrige *Falx cerebelli* zwischen denen des Kleinhirns; ange-
nähert quer, aber gegen die Mitte ansteigend, verläuft das *Tentorium cerebelli*
(Abb. 10) zwischen Groß- und Kleinhirn. Es haftet hinten am Sulcus transversus

und der Protuberantia occipitalis interna und vorn an der Crista pyramidis,
bis an die Sella heran, zwischen mittlerer und hinterer Schädelgrube, und hat
in der Mitte eine spitzbogenförmige Öffnung, durch welche der Hirnstamm
hindurchgeht; das Mittelhirn liegt gerade darin. Die Dura setzt sich auf die
austretenden Hirnnerven ein Stück weit fort; für den Fasciculus opticus bildet
sie eine Scheide, die sich kontinuierlich in die Sclera des Auges fortsetzt (s. beim
Auge). Der Wurzel des Trigeminus entlang (unter dem Tentoriumansatz) geht sie
auf das Ganglion semilunare über, so daß die Wurzel selbst und noch ein Teil des
Ganglions im Subduralraum liegen, der dort eine Ausstülpung (*Cavum trigemini*

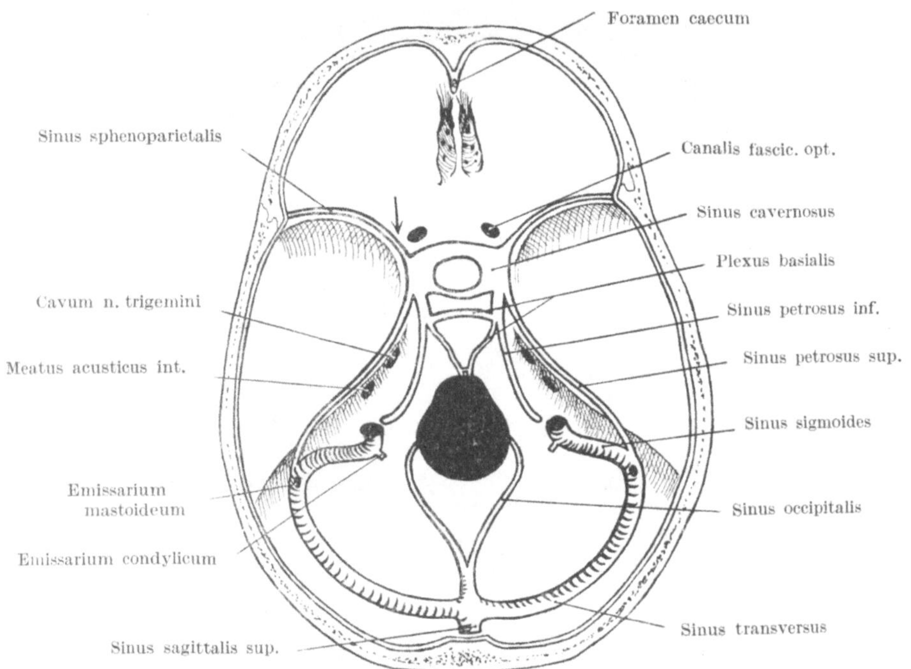

Abb. 12. Venensinus der Schädelbasis auf Grund einer Figur von CORNING.

MECKEL) bildet. Auch die Arachnoides reicht bis an das Ganglion und bildet
im Cavum eine *Cisterna trigemini*, die abgeschlossen sein kann. Doch können Injek-
tionen in das Ganglion sich manchmal im Liquor ausbreiten. Ähnlich erstreckt
sich die Dura im Bereich des Foramen jugulare mit gesonderten Fortsätzen bis
an das Ganglion intracraniale des Glossopharyngicus und nahe an das Ganglion
jugulare des Vagus. An der Schädelbasis haftet die Dura, wie erwähnt, viel
fester als an der Konvexität und ist daher von ihr auch operativ nicht ohne
weiteres zu lösen. Sie enthält die *Hirnvenensinus* (*Sinus durae matris*, Abb. 4,
11 und 12), von Endothel ausgekleidete, muskel- und klappenlose Abflußbahnen
des Hirnblutes, starrwandig zwischen Durablätter eingespannt (inkontraktil
und inkompressibel); sie sind dadurch gegen Verschluß bei steigendem Hirndruck gesichert, bieten aber bei Eröffnung die Gefahr der Luftembolie und
Schwierigkeiten des Verschlusses. — Der *Sinus sagittalis superior* kommt wie
die Falx cerebri, an deren konvexem Rand er eingebettet ist (Abb. 4), von der
Lamina cribriformis (Beginn am Foramen caecum, das beim Kind eine Verbindung zur Nasenhöhle führt), nimmt Venen der Großhirnhemisphären auf

und geht an der Protuberantia occipitalis interna in der Regel vorwiegend nach rechts (kürzerer Weg zum Herzen für das Hirnrindenblut, wegen Rechtslage der oberen Hohlvene) in den *Sinus transversus*, am Ansatz des Tentoriums, über, während der linke Sinus transversus hauptsächlich das Blut aus dem Inneren des Gehirns ableitet (aus dem *Sinus rectus*, an dem Ansatz der Falx an das Tentorium gelegen, hervorgegangen aus dem *Sinus sagittalis inferior* am freien Rand der Falx und der *Vena magna cerebri* aus dem Inneren des Gehirns); doch stellt das *Confluens sinuum* an der Protuberantia occipitalis interna, seinem Namen entsprechend, eine Verbindung dieser Gefäße dar. Deshalb ist einseitige Unterbindung des Sinus transversus oder sigmoides unschädlich, während die hintere Hälfte des Sinus sagittalis sup. unentbehrlich ist. Ein *Sinus occipitalis* geht nicht selten vom Confluens, an der Wurzel der Falx cerebelli verlaufend, nach abwärts, teilt sich ober dem Hinterhauptsloch in einen rechten und linken Ast und geht in den *Plexus occipitalis* (um das Hinterhauptsloch) über. — Die Sinus transversi verlaufen, wie gesagt, am Ansatz des Tentoriums und biegen an der lateralen Schädelwand in die *Sinus sigmoidei* um, die in stark gekrümmtem Verlauf zum Foramen jugulare gelangen. Sie treten dabei in nahe Beziehung zu den Cellulae mastoideae, ja sie können, nur von einer dünnen Knochenschale bedeckt, zwischen dieselben hineinragen (s. beim Gehörorgan).

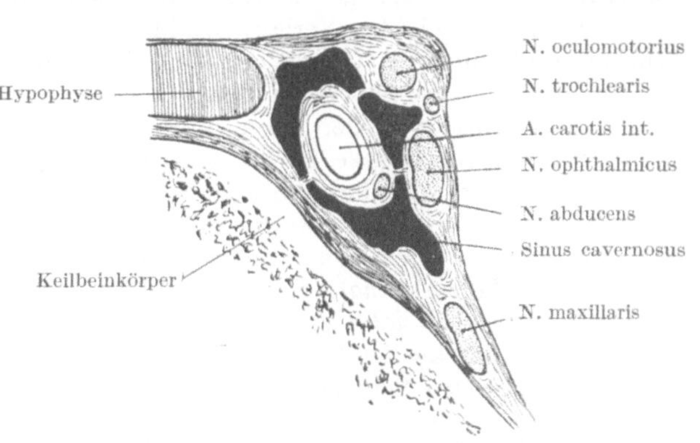

Abb. 13. Sinus cavernosus im Frontalschnitt. Nach CORNING (leicht abgeändert).

An der Basis ist der wichtigste Sinus der *Sinus cavernosus* (Abb. 12 und 13) zu beiden Seiten der Sella turcica. Er hat seinen Namen davon, daß er von Bindegewebsbälkchen durchzogen ist, doch ist er natürlich nicht erektil, wie die Corpora cavernosa des Genitales, sondern starrwandig wie andere Sinus. Seine Zuflüsse sind die *V. ophthalmica sup.* (das Orbitalblut fließt daher vorwiegend in den Schädel ab und ist dabei von den Druckverhältnissen in demselben abhängig, somit bei Hirndruck gestaut) und der *Sinus sphenoparietalis* an der Kante des kleinen Keilbeinflügels; beide Seiten sind durch einen *Sinus intercavernosus ant.* und *post.* vor und hinter der Hypophyse innerhalb der Sella verbunden. Der Abfluß aus dem Sinus cavernosus geht durch den *Plexus venosus foraminis ovalis* und den *Plexus venosus caroticus* zum Plexus pterygoideus an den Kaumuskeln, durch den *Sinus petrosus inf.* zum For. jugulare, durch den *Plexus basialis* am Clivus zum Foramen magnum und durch den *Sinus petrosus sup.* zum Sinus sigmoides. Seine besondere Bedeutung gewinnt der Sinus dadurch, daß die Carotis interna und an ihrer lateralen Seite der Nervus abducens frei durch den Sinus und der N. oculomotorius, trochlearis und ophthalmicus (V_1) in seiner lateralen Wand verlaufen (Abb. 13). Das Hirnblut hat demnach als Hauptabflußbahn das Foramen jugulare, dann vier Emissarien (s. im folgenden) und den Plexus venosus foraminis ovalis und Verbindungen beider Seiten im Confluens sinuum, im Plexus basialis und occipitalis und den Sinus intercavernosi, so daß die Unterbindung einer inneren Jugularvene (zum Unterschied von der

Carotis) ebenso unbedenklich ist wie die eines Sinus transversus. — *Emissarien* sind direkte Verbindungen der Hirnsinus mit extrakraniellen Venen. Sie variieren; regelmäßig findet sich das *Emissarium mastoideum* aus dem Sinus sigmoides zu oberflächlichen Venen hinter der Ohrmuschel, dann häufig das *Emissarium parietale* (S. 3) und *condyloideum* am Condylus occipitalis, aus dem Endstück des Sinus sigmoides zu den Venen der tiefen Nackenmuskeln, seltener ein *E. occipitale* aus dem Confluens sinuum zu oberflächlichen Nackenvenen.

Austritte der Hirnnerven (Abb. 10 und. 43). Der *Oculomotorius* betritt die Dura neben der Sella, der *Trochlearis* etwas dahinter, unter dem Ausläufer des Tentoriums, der *Abducens* aber am Clivus, hinter der Sella; er kreuzt die Grenze der hinteren und mittleren Schädelgrube an der Pyramidenspitze, um in den Sinus cavernosus einzutreten. Alle drei Nerven verlassen den Schädel an der vorderen Grenze der mittleren Schädelgrube durch die Fissura orbitalis cerebralis. Der Abducens hat aber einen besonders langen intrakraniellen, von der Dura eingescheideten Verlauf, wodurch er mancherlei Gefahren (bei Schädelbrüchen und auch bei Operationen an der Schädelbasis) ausgesetzt ist. Auch die *Radix trigemini* hat einen relativ langen intrakraniellen, aber dabei doch nicht unmittelbar von der Dura umschlossenen Verlauf innerhalb des Cavum subdurale von der Brücke in das Cavum trigemini (S. 10), unterhalb des Tentoriums. Sie ist von der hinteren Schädelgrube aus erreichbar, während das *Ganglion semilunare* (Abb. 43) der mittleren Grube angehört. Die Radix besteht aus der stärkeren, lateral gelegenen sensiblen *Portio maior* und der innen gelegenen motorischen *Portio minor*, die am Ganglion vorbeiläuft und sich dem dritten Ast anschließt. *Facialis* und *Stato-Acusticus* treten in den Meatus acusticus internus ein, der an der hinteren Pyramidenfläche liegt; die *Vagusgruppe* (IX, X, XI) verläßt den Schädel durch die vordere Abteilung des Foramen jugulare, der *Hypoglossus* durch den Canalis n. hypoglossi am Foramen occipitale magnum.

Weiche Hirnhaut. Die weiche Hirnhaut, *Leptomeninx*, zerfällt in zwei nur streckenweise getrennte Schichten, die äußere Spinnwebenhaut, *Arachnoides*, die ihren Namen von den sie spinnwebenartig durchbrechenden Lücken hat und über die Einzelheiten der Hirnoberfläche hinwegzieht, und die Gefäßhaut, *Pia (mater)*, die allen Unebenheiten der Hirnoberfläche folgt (Abb. 4). Zwischen Dura und Arachnoides liegt das *Cavum subdurale*, zwischen den Blättern der Leptomeninx das *Cavum leptomeningicum* (oder subarachnoideale); beide sind mit Flüssigkeit, dem *Liquor cerebrospinalis*, gefüllt. Während das Cavum subdurale als kapillarer Spalt das ganze Gehirn samt weicher Hirnhaut ziemlich gleichmäßig umgibt, hat der Subarachnoidealraum sehr wechselnde Dimensionen. Im Bereich der Hirnwindungen folgt er den Furchen, sie stellenweise unregelmäßig überbrückend; an der Basis und zwischen Kleinhirn und Oblongata bildet er etwas weitere Räume, die *Cisternen* (Abb. 11), an letztgenannter Stelle die *Cisterna cerebellomedullaris*, an der Basis die *Cisterna intercruralis* und *pontis*, neben einigen kleineren Räumen. In der Fossa lateralis cerebri liegt die zur Basis herabreichende *Cisterna valleculae lateralis cerebri*. Die Räume sind immer wieder von Bindegewebsbalken durchzogen.

Liquor. Die Kenntnis des *Liquors* und der von ihm erfüllten Räume hat heute außerordentliche Bedeutung erlangt, besonders durch die Möglichkeit, den Liquor durch Luft zu ersetzen und die Räume dann im Röntgenbild darzustellen. Dies gilt allerdings in noch höherem Maße für die Darstellung der Hirnventrikel (S. 27). Der außerhalb der Ventrikel befindliche, in die oben erwähnten Räume zwischen den Hirnhäuten übergetretene Liquor hat eine doppelte Aufgabe. Er erhält das Gehirn praktisch schwerlos im Schädel schwebend (sein spezifisches Gewicht ist gleich dem der Hirnsubstanz) und schützt dadurch namentlich die basalen Teile vor Druck, und er ermöglicht die besonders von wechselnder Blutfülle abhängigen Volumschwankungen des Gehirns innerhalb der starren Schädelkapsel dadurch, daß er in den Wirbelkanal ausweichen kann, wo die Wirbelvenen zwischen Dura und Knochenwand durch wechselnde Füllung den Volumsausgleich schaffen (S. 262). Die Ableitung des Liquors (die ebenso wie die Bildung in den Ventrikeln kontinuierlich geschieht) erfolgt hauptsächlich durch die *Granula meningica* (PACCHIONI) der weichen Hirnhaut in die Hirnvenensinus (Abb. 4), daneben durch die Lymphgefäße der Hirn- und Rückenmarksnerven ins Lymphgefäßsystem. Neuere Angaben bestreiten allerdings diese Abflußwege (die Granula fehlen beim Kind) und vermuten eine Ableitung des Liquors durch Übertritt in die Kapillaren der Leptomeninx. Über die Möglichkeit, den Liquor zur Untersuchung zu gewinnen oder zur Entlastung oder behufs Ersatz durch Luft abzulassen, s. das Kapitel Rücken.

Gehirn (Encephalon).

    Es ist nicht beabsichtigt, eine Beschreibung des Gehirnes zu geben; doch soll, dem Charakter einer topographischen Anatomie entsprechend, eine Reihe von Querschnitten vorgeführt werden mit der Lagerung der wichtigsten Bahnen und Kerne, es soll also eine innere Topographie des Zentralnervensystems in einfacher Form gebracht werden. Die Lage der Schnitte im Bereich des Hirnstammes ist in Abb. 14 eingetragen. Eine solche Darstellung muß vom *Rückenmark* (Abb. 15) ausgehen. In diesem liegt die *graue Substanz* (die Zellen) innen um den Zentralkanal, die *weiße Substanz* (die markhaltigen Bahnen oder Fasersysteme) außen. Die graue Substanz läuft jederseits in zwei Hörner aus (räumlich gesehen sind es sogenannte Säulen), von denen das *Vorderhorn (Columna ventralis)*, mehr plump gestaltet und nicht bis an die Oberfläche reichend, motorisch ist, während das *Hinterhorn (Columna dorsalis)*, spitz zulaufend und die Oberfläche

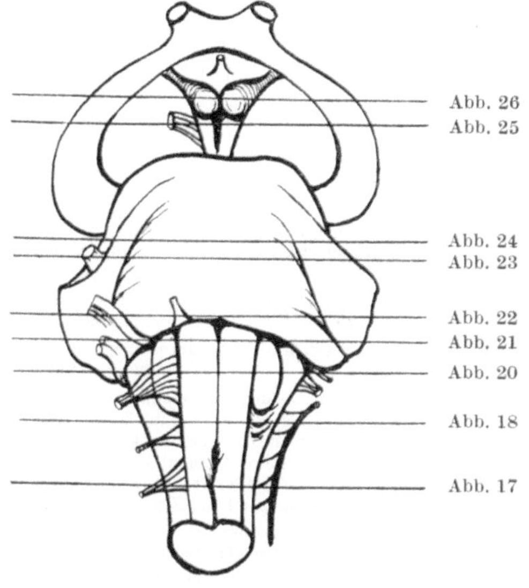

Abb. 14. Der Hirnstamm von unten zur Angabe der Lage der Schnitte von Abb. 17 bis 26.

erreicht, sensibel ist. Aus den Vorderhörnern treten die (motorischen) *Vorderwurzeln (Radices ventrales)* aus, deren Ursprungszellen das Vorderhorn bilden, in das Hinterhorn senken sich die (sensiblen) *Hinterwurzeln (Radices dorsales)* ein, deren Ursprungszellen in den neben dem Rückenmark liegenden und noch zum Zentralnervensystem gehörigen, segmental angeordneten *Spinalganglien* (Intervertebralganglien) zu finden sind. Erst lateral vom Spinalganglion vereinigen sich vordere und hintere Wurzel zum gemischten *Spinalnerven* (Nervus spinalis), der sich in *Ramus ventralis, dorsalis* und *visceralis* (letzterer zum Sympathicus) aufteilt. — Durch die Medianebene und die Wurzelaustritte wird die weiße Substanz in *Vorder-, Seiten-* und *Hinterstrang, Fasciculus ventralis, lateralis* und *dorsalis*, geteilt.

Die motorischen Fasern der Vorderwurzeln entspringen aus den (unipolaren) Vorderhornzellen, die außer einem langen Fortsatz, dem *Neuriten*, nur mehrere kurze Fortsätze, *Dendriten*, besitzen; der Neurit endet peripher nach vielfacher Aufteilung an quergestreiften Muskelfasern. Außerdem enthält die Vorderwurzel aus einer seitlich gelegenen Zellgruppe Fasern, die durch den Ramus visceralis zum Sympathicus gehen. Die Zellen des Spinalganglions sind vorwiegend pseudounipolar; sie haben nur einen Fortsatz, der sich aber noch in

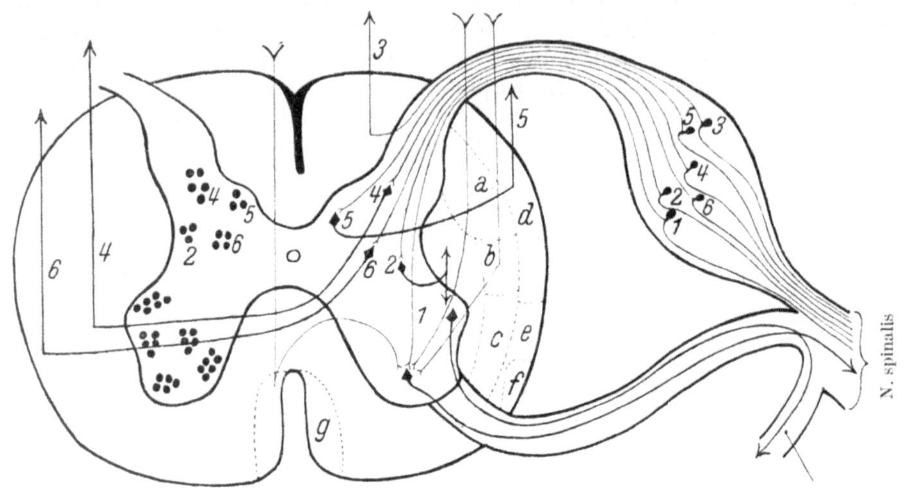

Abb. 15. Querschnitt durch das Rückenmark, die Nervenwurzeln und ein Spinalganglion mit Angabe der wichtigsten Leitungsbahnen und der von ihnen eingenommenen Areale der weißen Substanz sowie der zugehörigen Zellgruppen der grauen Substanz.

Absteigende Bahnen: Tractus cortico-spinalis lateralis (Areal *a*), Tr. cortico-spinalis ventralis (Areal *g*), Tr. trunco-spinalis (= rubro- + tecto- + thalamo-spinalis) (Areal *b*), Tr. olivo-spinalis (Arcal *f*).

Vordere Wurzeln: Fasern aus Vorderhornzellen zu den Skeletmuskeln und aus Seitenhornzellen zum Ramus visceralis und den Eingeweiden.

Hintere Wurzeln: Fasern aus dem Spinalganglion: 1. Reflexbahn zu Vorderhornzellen; 2. Fasern zu Strangzellen, von diesen auf- und absteigende Fasern im Rückenmark; 3. Fasern zum Hinterstrang (Tractus spino-bulbaris); 4. Fasern zu Hinterhornzellen, von diesen gekreuzt aufsteigende Bahn im Seitenstrang (Tractus spino-thalamicus; Areal *c*); 5. Fasern zur Columna versicularis; von deren Zellen Fasern ungekreuzt aufsteigend im Seitenstrang (Tractus spino-cerebellaris dorsalis; Areal *d*); 6. Fasern zu Zellen an der Basis des Hinterhorns; von diesen Fasern gekreuzt aufsteigend im Seitenstrang (Tractus spino-cerebellaris ventralis; Areal *e*).

Aufsteigende Bahnen: Tractus spino-bulbaris (3) im Hinterstrang (tiefe Sensibilität); Tr. spino-thalamicus (4), gekreuzt im Seitenstrang (Oberflächensensibilität, besonders Schmerz- und Temperaturleitung); Tr. spino-cerebellaris dorsalis (5) und ventralis (6), Koordination.

der Nähe der Zelle in zwei Ausläufer teilt, von denen einer an die Peripherie (zur sensiblen Nervenendigung) geht, der andere durch die hintere Wurzel ins Rückenmark gelangt. Die einzelnen Fasern haben dort verschiedene Schicksale; man kann von ihnen etwa sechs Hauptgruppen unterscheiden. Diese sind (Abb. 15):

1. Fasern direkt zu Vorderhornzellen: die *Reflexbahn*, für Haut-, Sehnen-, Periostreflexe usw. Vielleicht handelt es sich aber dabei nur um Seitenzweige, sogenannte Collateralen, von Fasern in längeren Bahnen.

2. Fasern zu sogenannten *Strangzellen*, Zellen in der grauen Substanz, besonders an der Basis des Hinterhorns, von denen auf- und absteigende Fasern abgehen, um die benachbarten Abschnitte des Rückenmarks untereinander zu verbinden.

3. Die eintretenden Fasern verlaufen im Hinterstrang aufwärts bis an die Kerne der Hinterstränge in der Oblongata (S. 18); die Bahn, die bestbekannte von allen, *Tractus spino-bulbaris* genannt (richtiger wäre Tr. ganglio-bulbaris), führt die Fasern der *tiefen Sensibilität* (Muskel- und Gelenksensibilität) und (anscheinend in wechselndem Ausmaß) auch Fasern der Haut- oder Berührungssensibilität *(Oberflächensensibilität)*.

4. Die Fasern gelangen an Zellen des Hinterhorns; von diesen gehen Fasern *gekreuzt* (durch die vordere weiße Kommissur des Rückenmarkes) in den gegenüberliegenden Seitenstrang, in dem sie in der ventralen Hälfte als *Tractus spino-*

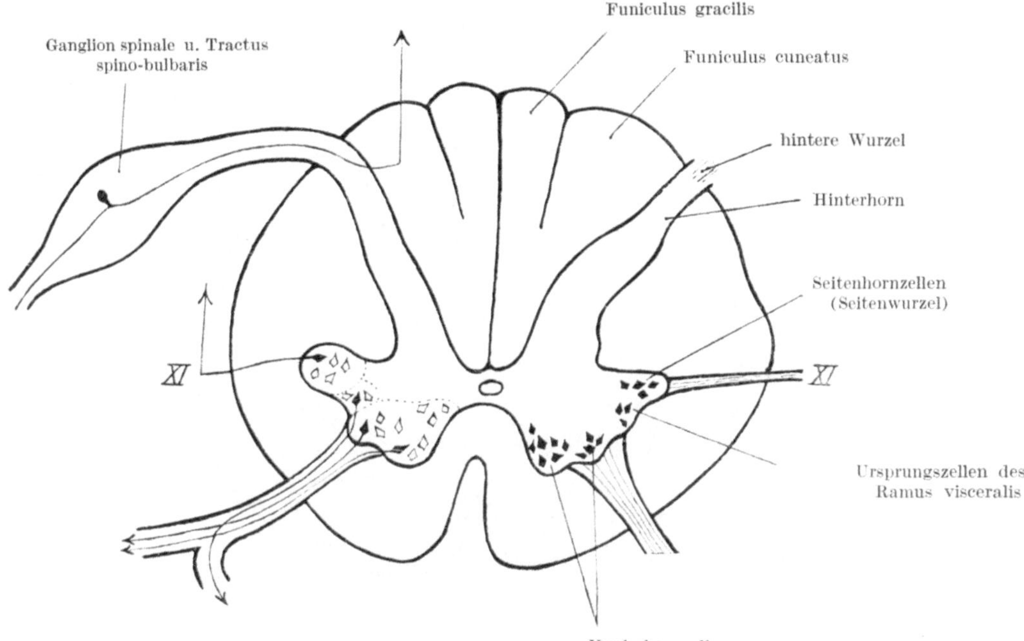

Abb. 16. Rückenmarksquerschnitt im Cervicalgebiet mit Ursprung des N. accessorius (XI).

thalamicus zum Thalamus des Zwischenhirns aufsteigen. Sie führen alle Schmerzfasern und aus der Haut die Temperaturfasern und, vielleicht mit den Hintersträngen vikariierend, die Fasern der Berührungssensibilität *(Oberflächensensibilität)*.

5. Die Fasern enden an einer Zellgruppe an der medialen Seite der Hinterhornbasis (*Columna vesicularis* CLARKE). Von dieser entspringen Neuriten, die ungekreuzt an die Oberfläche des Seitenstranges (dorsaler Teil) gelangen und zum Kleinhirnwurm verlaufen: *Tractus spino-cerebellaris dorsalis*. Sie leiten unbewußte Tiefensensibilität und dienen dadurch der Aufrechterhaltung des Gleichgewichtes (Koordination der Bewegungen).

6. Eine ähnliche Funktion hat der *Tractus spino-cerebellaris ventralis*, der von Zellen an der Grenze der Hinter- und Vorderhörner ausgeht, die Seite vorn kreuzt, im ventralen Teil des Seitenstranges oberflächlich aufsteigt und bis an das Mittelhirn verläuft, um dann rückläufig um das Brachium conjunctivum herum den Kleinhirnwurm zu erreichen.

Den aufsteigenden (sensiblen) Bahnen des Rückenmarkes stehen die absteigenden, motorischen Bahnen gegenüber. Die wichtigste ist die *Pyramiden-*

bahn, so genannt nach ihrem Verlauf durch die Pyramide der Oblongata. Sie entspringt in der motorischen Region der Großhirnrinde (dem Gyrus centralis anterior), und daher stammt auch ihr lateinischer Name *Tractus cortico-spinalis*. Sie gelangt durch den Hirnstamm in die Pyramide, an deren unterem Ende die *Pyramidenkreuzung*, die Grenze zwischen Hirn und Rückenmark, gelegen ist. In dieser Kreuzung (Abb. 17) kreuzt die Mehrzahl der Fasern dieser Bahn, um in den Seitenstrang der anderen Seite überzutreten und schrittweise an den motorischen Vorderhornzellen zu enden: *Pyramiden-Seitenstrangbahn, Tractus cortico-spinalis lateralis*. Ein kleiner Teil, der sich nur bis ans untere Ende des Brustmarkes verfolgen läßt, verläuft ungekreuzt im Vorderstrang

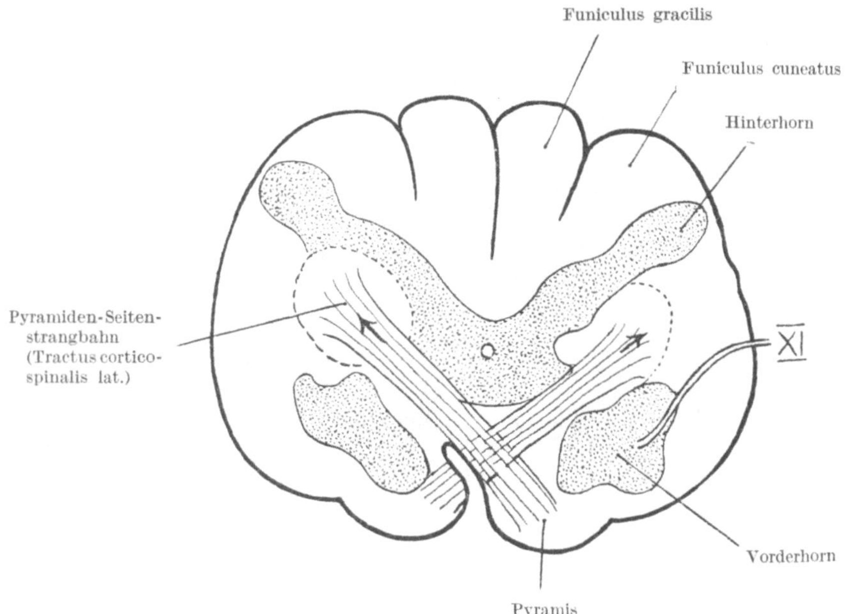

Abb. 17. Querschnitt durch die Pyramidenkreuzung.

abwärts, um erst kurz vor dem Ende im Vorderhorn in der vorderen Kommissur des Rückenmarkes zu kreuzen oder auch ungekreuzt in den Vorderhörnern zu enden: *Pyramiden-Vorderstrangbahn, Tractus cortico-spinalis ventralis*. Diese kleine Bahn entzieht sich der klinischen Diagnostik, während die Seitenstrangbahn als bewußt-motorische Bahn die praktisch wichtigste Verbindung zwischen Gehirn und Rückenmark darstellt und ihre Unterbrechung eine schlaffe Lähmung besonders der Extremitäten bewirkt. — Neben der Pyramidenbahn haben noch einige unbewußt motorische Bahnen Bedeutung; sie gehören zum extrapyramidalen System (S. 29), sind phylogenetisch älter als die erstere und werden als *Tractus trunco-spinales* (vom Hirnstamm zum Rückenmark verlaufend) zusammengefaßt. Sie vermitteln unbewußte Reflexbewegungen. Hierher gehören der *Tractus rubro-spinalis* aus dem roten Kern der Mittelhirnhaube, gleich nach dem Ursprung gekreuzt und unmittelbar ventral von der Pyramiden-Seitenstrangbahn verlaufend, aber anscheinend beim Menschen nicht sehr wichtig, der *Tractus reticulo-spinalis* aus der Haubenregion der Oblongata und Brückengegend (zu ihm gehört wahrscheinlich auch der *Tr. tecto-spinalis* aus der Haube der Vierhügelgegend), gekreuzt im Vorderseitenstrang des Rückenmarkes verlaufend, wichtig wegen seiner Beziehung zu den Atemmuskeln, besonders zu den Ursprungszellen des N. phrenicus und daher auch als Atmungsbündel bezeichnet, dann der *Tractus vestibulo-spinalis* aus der Area vestibularis der Rautengrube und *olivo-spinalis* aus der Olive der Oblongata, beide ungekreuzt im Vorderseitenstrang. Doch sind alle diese Bahnen nicht so genau lokalisierbar wie die Pyramidenbahn. Vgl. Abb. 15.

Im oberen Halsmark tritt ein neuer Bestandteil des zentralen Nervensystems auf, das *Seitenhorn* und die *Seitenwurzeln* (Abb. 16), Glieder des motorischen Systems, die hier zunächst zur Radix spinalis des elften Hirn-

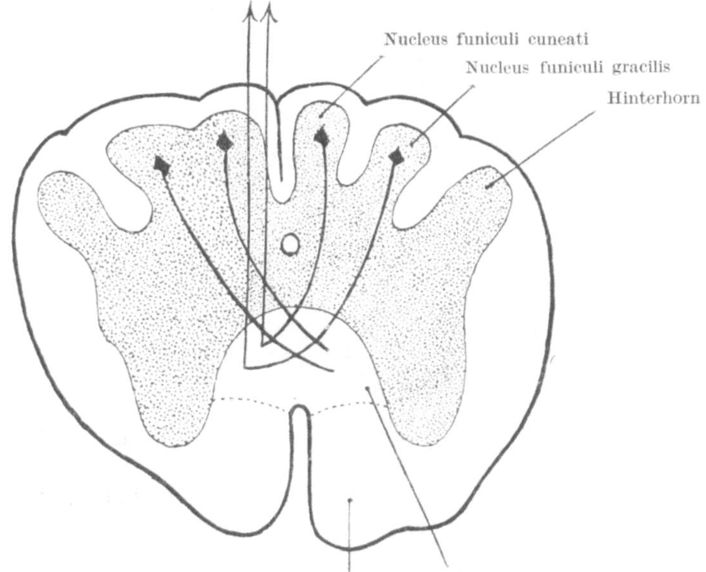

Abb. 18. Schnitt durch die Schleifenkreuzung (Decussatio lemniscorum).

nerven, des *Accessorius*, zusammentreten. Sie gehören zu den *Kiemenbogennerven (Branchialnerven)* oder *Seitenhornnerven*, welche die Vagusgruppe (IX, X, XI), den Facialis und Trigeminus umfassen (ihre motorischen Anteile schließen sich schon im Vagusbereich den sensiblen hinteren Wurzeln an), während der Hypoglossus und die Augenmuskelnerven (III, IV, VI) ihre Kerne in der rostralen Fortsetzung der Vorderhörner haben und als (rein motorische) *Vorderhorn-* oder *somatische Nerven* bezeichnet werden. Die motorischen Hirnnervenkerne sind damit einerseits in einer lateralen, höher oben auch mehr in der Tiefe liegenden Reihe und anderseits in einer medialen, unmittelbar unter dem vierten Ventrikel und dem Aquädukt des Gehirns, demnach zum Hohlraum des Gehirns oberflächlich gelegenen Reihe angeordnet.

Oblongata. Ober der Pyramidenkreuzung liegt die (Medulla) *Oblongata.* Sie charakterisiert sich außer durch die ventrale Vorragung der Pyramiden auch durch die Hinterstrangskerne und die Oliven. Die *Pyramide* enthält die ganze bewußt-motorische, von der Hirnrinde kommende Bahn, einerseits die der Rumpfnerven (Tr. cortico-spinalis), anderseits die der motorischen Hirnnerven, *Tr. cortico-bulbaris*;[1] deren Fasern kreuzen schrittweise jeweils etwas

---

[1] *Bulbus cerebri* ist eine ältere Bezeichnung für die Oblongata.

18 Kopf.

oberhalb der einzelnen motorischen Hirnnervenkerne. Die an der dorsalen
Seite vorspringenden *Hinterstrangskerne* (Abb. 18) sind Umschaltstellen der
sensiblen Hinterstrangsbahnen (Tractus spino-bulbares); von ihnen geht, sogleich kreuzend, der *Tractus bulbo-thalamicus* aus, der sich mit dem aus dem
Rückenmark heraufkommenden (bereits unten gekreuzten) Tr. spino-thalamicus
vereinigt und als *Lemniscus medialis* s. *sensitivus (mediale Schleife)* zum Thalamus
des Mittelhirns verläuft. — Die *Olive* (Abb. 20) ist ein sackförmiger grauer Kern
mit medial gewendetem Hilus, von weißen Fasermassen erfüllt, mit dem Kleinhirn durch einen doppelläufigen gekreuzten *Tractus olivo-cerebellaris* und *cerebello-*

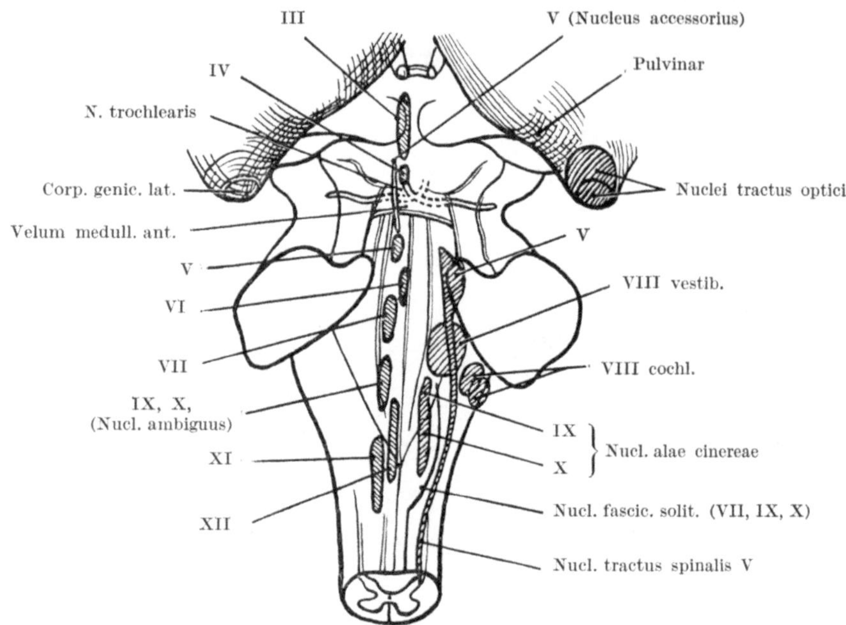

Abb. 19. Die motorischen Ursprungskerne (links) und die sensiblen Endkerne (rechts) der Hirnnerven. Die
motorischen Kerne liegen in zwei Reihen, einer somatischen medialen (XII, VI, IV, III) und einer branchialen
lateralen (XI, X, IX, VII, V). Die Kerne von XII bis V gehören dem Boden der Rautengrube an. Nach TOLDT-
HOCHSTETTER.

olivaris verbunden, dem extrapyramidal-motorischen System (S. 29) zugehörig.
Nach abwärts geht von ihr der *Tractus olivo-spinalis* (S. 17) aus.

Die Olive ist die erste uns begegnende Formation eines neuen Typus der grauen
Substanz, des „*peripheren Grau*", das nicht mehr an den Zentralkanal angeschlossen
ist. Es ist für das Gehirn das Hauptcharakteristikum, weil nur solches Grau der
Sitz zusammenfassender Funktionen, die große Abschnitte des Körpers beherrschen,
werden kann. Im Gegensatz hierzu ist das „*zentrale Grau*", an das Hohlraumsystem
des Zentralnervensystems angeschlossen wie die graue Substanz des Rückenmarkes,
für die peripheren Nerven bestimmt und wesentlich Reflex- und Umschaltapparat.
Das periphere Grau gliedert sich nochmals in *intermediäres Grau*, das innerhalb der
oberflächlich bleibenden weißen Substanz verbleibt, und das *Rindengrau*, die höchste
Entfaltung des peripheren Grau, die nur an zwei Stellen, der Großhirn- und Klein-
hirnrinde, zur Entwicklung kommt. — Eine weitere Besonderheit des Gehirns ist
die *Ventrikelbildung*. Ihre Bedeutung liegt offenbar in der Vergrößerung der inneren
Oberfläche, von der die Bildung von peripherem Grau ausgehen kann; auch onto-
genetisch erfolgt die Bildung von peripherem Grau immer vom Ventrikel aus, von
dessen Wand die Zellen auswandern. — Im ganzen können demnach als die drei
grundlegenden anatomischen Merkmale des Gehirns aufgestellt werden: 1. das
branchiale System (schon im oberen Halsmark beginnend, aber vielleicht sekundär
dahin ausgedehnt), 2. das *periphere Grau*, 3. die *Ventrikelbildung*.

Noch im Bereich der Oblongata öffnet sich der Zentralkanal dorsalwärts zum *vierten Ventrikel*, dessen Boden die *Rautengrube (Fossa rhomboides*, Abb. 19*)* bildet, während das Dach vom Kleinhirn, den beiden Vela medullaria und der Tela chorioidea ventriculi IV gebildet wird. In dieser Tela befinden sich die Verbindungen des Ventrikelsystems mit dem Cavum leptomeningicum (subarachnoideale), und zwar die *Apertura mediana* (For. MAGENDIE) auf der Dorsalseite und im Bereich der Recessus laterales die basal gelegene paarige *Apertura lateralis* (LUSCHKA, KEY-RETZIUS). Die Oblongata nimmt nur ungefähr das hintere Drittel der Rautengrube ein; davor liegt die Brücke.

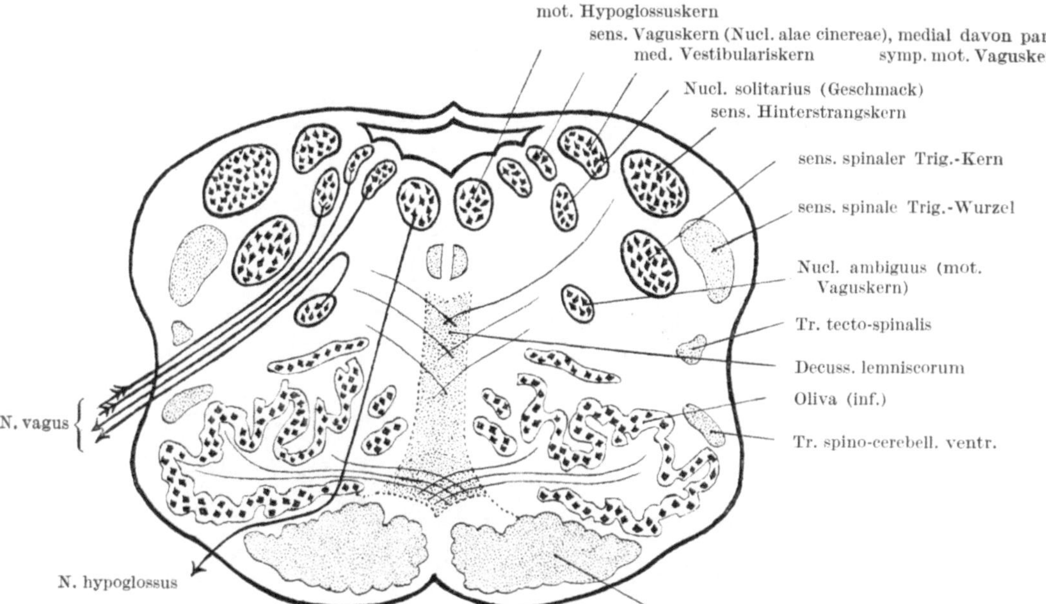

Abb. 20. Schnitt durch Olive, Pyramide und Vagus- und Hypoglossusursprung. Nach CLARA.

Die Wichtigkeit der Rautengrube beruht in erster Linie darauf, daß in ihren Boden die *Hirnnervenkerne* (Abb. 19) eingeordnet sind; sie zerfallen in die sensiblen *Nuclei terminales* (in ihnen enden die aus den Hirnnervenganglien kommenden Wurzelfasern, bzw. sie werden dort umgeschaltet) und die motorischen *Nuclei originis,* von denen die motorischen Hirnnervenfasern ausgehen. Die ersteren liegen lateral von den letzteren; sie gehören durchwegs Kiemenbogennerven an und entsenden ihre zentralwärts verlaufenden Fasern im Anschluß an den Lemniscus medialis zum Thalamus. Die motorischen Kerne, in eine, wie erwähnt, laterale tieferliegende *branchiale* und eine mediale oberflächliche *somatische Reihe* gegliedert, nehmen den Raum unter der Eminentia medialis ein. Nur der dritte und vierte Hirnnerv hat die Kerne noch weiter rostral (im Mittelhirn; Abb. 25). Die Zugehörigkeit des N. stato-acusticus zu den Branchialnerven ist nicht geklärt, zumal ihm kein Kiemenbogen entspricht; doch fügen sich seine Kerne in deren System ein. Die Vestibulariskerne liegen dorsal, die Cochleariskerne ventro-lateral (Abb. 21 und 22). Die zentrale Bahn der letzteren ist der *Lemniscus lateralis (acusticus)* zum hinteren Vierhügelpaar und zum Corpus geniculatum mediale (Abb. 24). Die zentralen Fasern der Vestibulariskerne werden an das extrapyramidale System des Hirnstammes und an das Kleinhirn (Wurm und Flocculus) abgegeben. — Die austretenden Fasern der branchial-motorischen Kerne streben zuerst der inneren Oberfläche (dem Ventrikel) zu und biegen dann zur basal gelegenen Austrittsstelle um. Dies sieht man an der motorischen Vaguswurzel (Abb. 20) und noch deutlicher an dem eigenartigen Verlauf der Facialiswurzel (Abb. 22), die um den Abducenskern herum das *innere Knie*

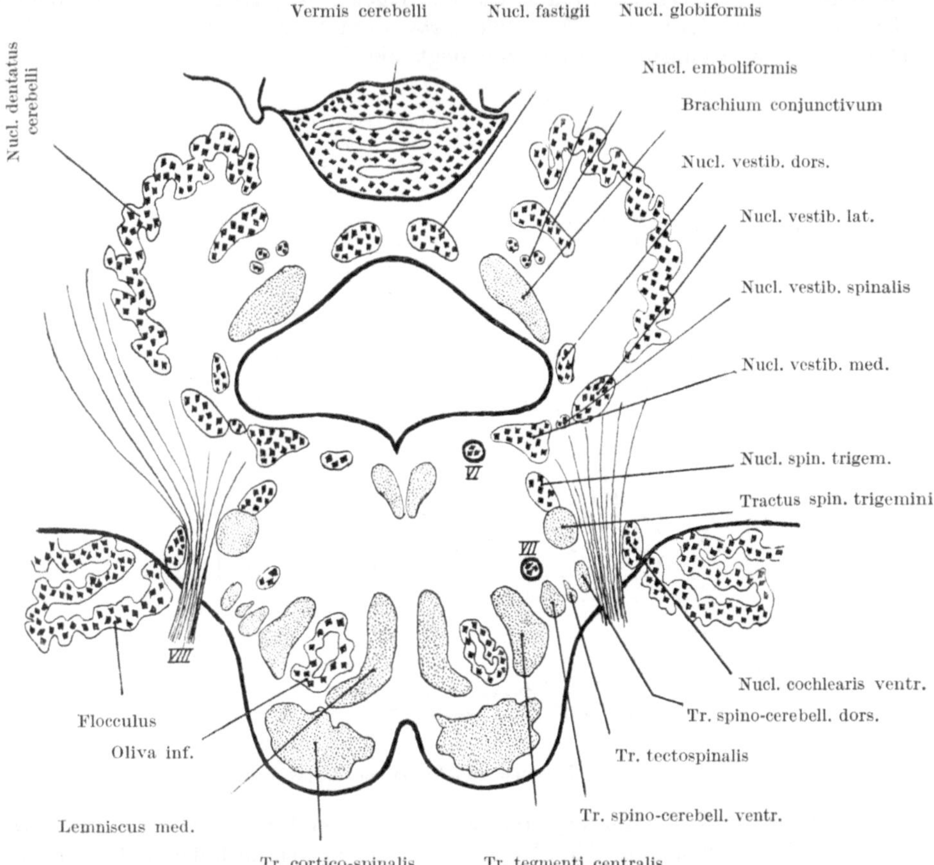

Abb. 21. Oblongata (knapp hinter der Brücke) und Kleinhirnkerne. Nach CLARA.

des Facialis bildet. Auf die Mannigfaltigkeit der Vaguskerne und der Vestibularis- und Cochleariskerne, die aus den Abbildungen zu entnehmen ist, kann hier nur kurz hingewiesen werden.

Brücke (Pons). Die *Brücke* (Abb. 23) stellt eine mächtige quere Fasermasse dar mit eingelagerten grauen Zellgruppen, den Brückenkernen, *Nuclei pontis*. An ihnen enden die vom Großhirn kommenden *Tractus cortico-pontini* (Abb. 25), und von ihnen gehen die gekreuzt verlaufenden *Tractus pontocerebellares* durch die Brachia pontis zur Rinde der Kleinhirnhemisphären. Sie gehören zum extrapyramidal-motorischen System und wirken bei der Koordination der Bewegungen mit. Der dorsale Teil der Brückengegend gehört zur *Haubenregion*, die einerseits in die Oblongata, anderseits ins Mittelhirngebiet hinüberreicht und durch die Verbindungen der Hirnnervenkerne untereinander und mit dem

Rückenmark (*Tractus tectospinalis*, S. 16) zahlreiche Reflexe vermittelt. Der Länge nach verlaufen durch die Brücke die Pyramidenbahnen, durch die Brückenkerne und die von ihnen ausgehenden queren Fasermassen in einzelne Bündel zersprengt, und in der Haube die beiden Lemnisci; auch liegt dort der motorische und lateral davon der sensible Kern des Trigeminus, der sich aber auch einerseits ins Mittelhirn, anderseits ins obere Cervicalmark erstreckt. — Über der Brücke liegt wieder der vierte Ventrikel und darüber das Kleinhirn.

Kleinhirn, Cerebellum. Das Kleinhirn ist im wesentlichen ein Koordinationsapparat der Körperbewegungen, ein Apparat, der beim Menschen im Zusammen-

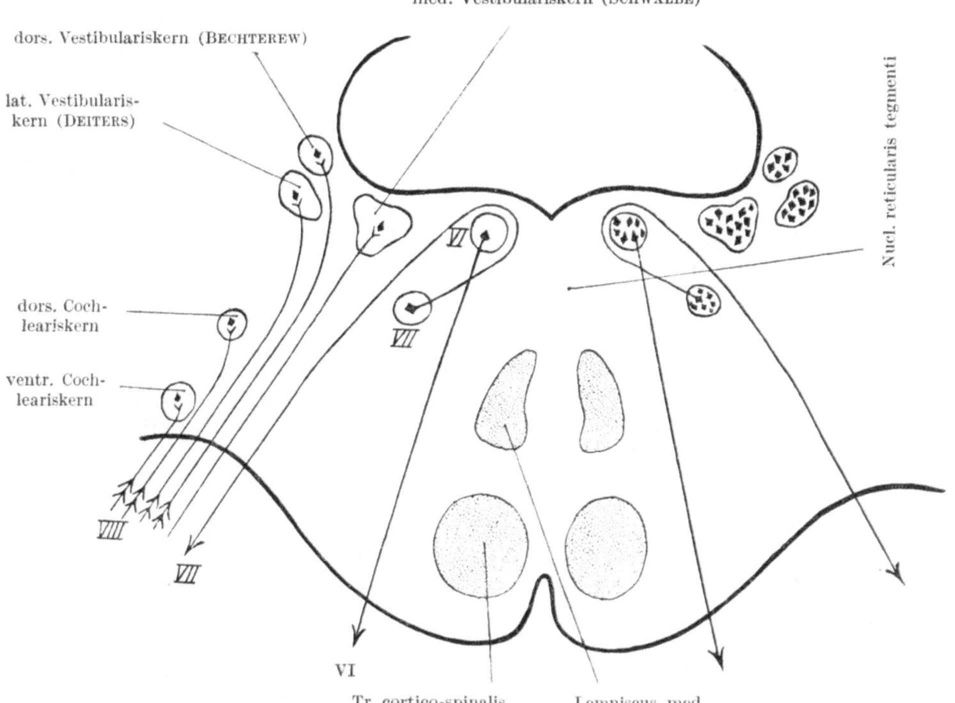

Abb. 22. Kerne des N. acusticus, facialis und abducens. Inneres Knie des N. facialis.

hang mit den Anforderungen der Erhaltung des Gleichgewichtes in der aufrechten zweibeinigen Körperhaltung bei hochgelegenem Schwerpunkt besonders gut entwickelt ist. Das Kleinhirn besteht aus dem phylogenetisch älteren *Wurm (Vermis cerebelli)* und den beim Menschen auffallend großen *Hemisphären.* Die Oberfläche ist von der fein gefältelten *Rinde (Cortex cerebelli)* bekleidet. In der weißen Markmasse des Inneren findet sich im Bereich des Wurmes eine Reihe von grauen Kernen, von denen nur der *Nucleus fastigii* und *emboliformis* (Abb. 21) genannt sei, während im Bereich des Markes der Hemisphären der sackförmige, dem Kern der Olive ähnliche *Nucleus dentatus cerebelli* gelegen ist. Das Kleinhirn ist durch mächtige Faserzüge mit der Oblongata (Corpus restiforme), der Brücke (Brachium pontis) und dem Mittelhirn (Brachium conjunctivum) verbunden.

Mittelhirn. Ein Schnitt weiter vorn trifft das *Mittelhirn, Mesencephalon* (Abb. 25), mit einem sehr charakteristischen Querschnittsbild. Das enge Lumen

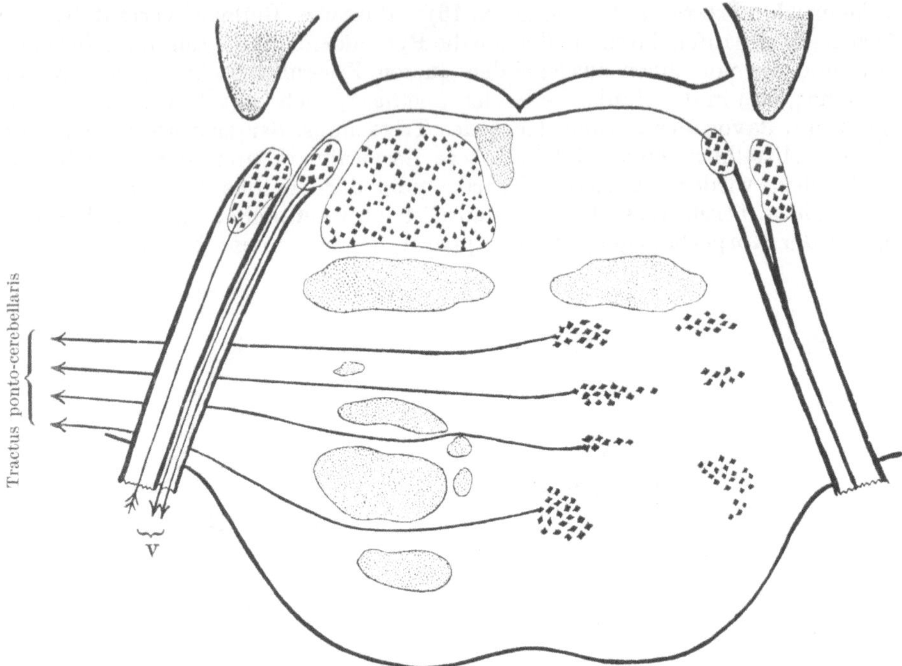

Abb. 23. Brücke und Trigeminuskerne. Der motorische Trigeminuskern entsendet auch gekreuzte Fasern. Medial davon der Nucleus reticularis tegmenti. Oben der Boden des vierten Ventrikels.

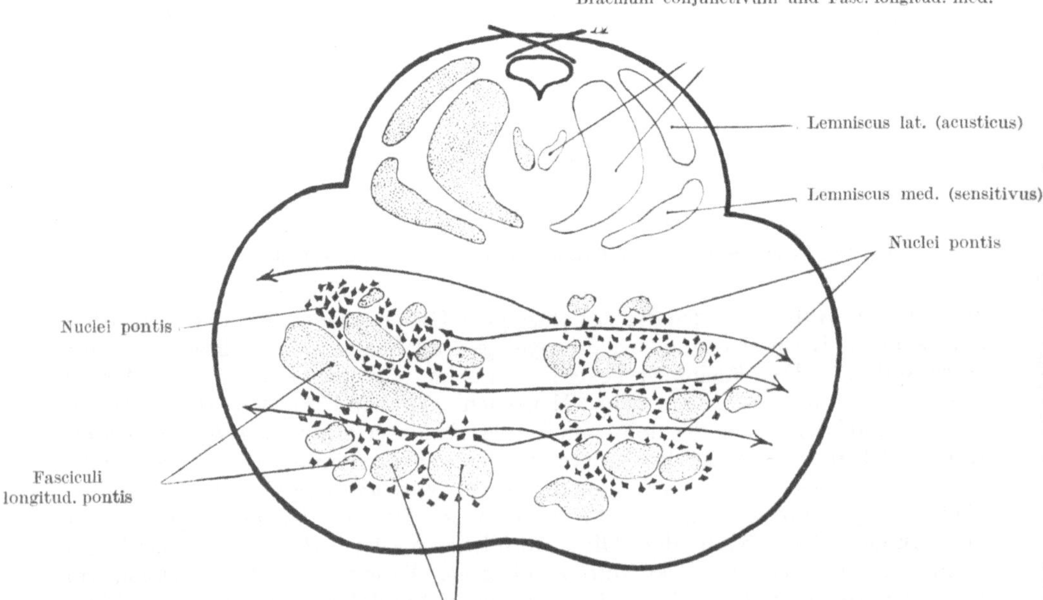

Abb. 24. Schnitt durch den vorderen Teil der Brücke und die Trochleariskreuzung.

ist der *Aquaeductus mesencephali* (Sylvii); oberhalb liegt die *Lamina quadrigemina* mit ihren beiden Hügelpaaren, von denen die *Colliculi rostrales* (optici) zum optischen Apparat gehören, die *Colliculi caudales* (acustici) zum Hörapparat. Am Boden des Aquädukts liegt graue Substanz, die Kerne der beiden vorderen Augenmuskelnerven; der *Trochlearis* tritt (als einziger peripherer Nerv) gekreuzt hinter den Vierhügeln auf der dorsalen Seite aus (Abb. 24), der *Oculomotorius* ventral an der medialen Grenze des Großhirnstieles. Das ventrale Gebiet ist der *Großhirnstiel* (*Pedunculus* oder *Crus cerebri*); er wird durch eine fast schwarz gefärbte Zellplatte (*Nucleus niger*, Substantia nigra) in Haube und Fuß, *Tegmentum* und *Pes* oder *Basis pedunculi*, geteilt. Im caudalen Teil der Haube

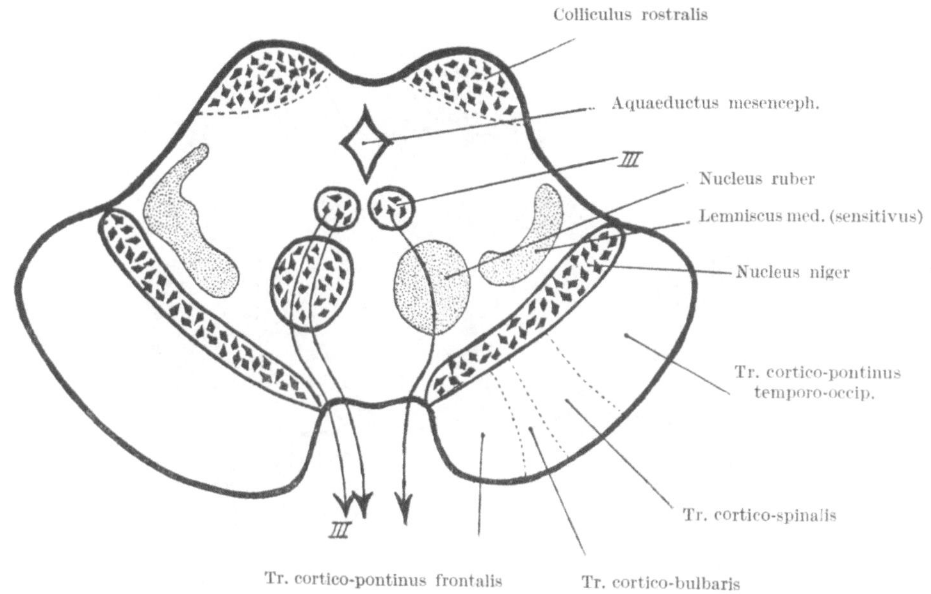

Abb. 25. Schnitt durch das Mittelhirn.

liegt in der Mitte die Kreuzung des vom Kleinhirn kommenden Bindearms (Abb. 24), *Brachium conjunctivum*, weiter vorn das Ziel des Bindearms, der *Nucleus ruber tegmenti* (Abb. 25), im Querschnitt kreisförmig, von rötlicher Farbe, von den weißen Wurzelfasern des Oculomotorius bogenförmig durchsetzt. Nucleus ruber und niger sind wiederum wichtige Teile des extrapyramidalmotorischen Systems. Weiter lateral liegt der *Lemniscus medialis (sensitivus)* und, in mehr caudal geführten Schnitten (Abb. 24), der *Lemniscus lateralis (acusticus)*, der in das hintere Vierhügelpaar eintritt. In der Basis finden sich nur weiße Fasermassen, medial und lateral die beiden mächtigen *Tractus corticopontini*, dazwischen innen die schmale motorische Hirnnervenbahn (Tr. corticobulbaris), lateral davon die stärkere motorische Rückenmarksbahn (Tr. corticospinalis), die aber nicht die Stärke der Brückenbahnen erreicht.

Zwischenhirn. Ein Frontalschnitt durch das *Zwischenhirn, Diencephalon* (Abb. 26), so genannt, weil es beim Menschen zwischen den Großhirnhemisphären liegt, trifft notwendigerweise auch das *Großhirn* und muß daher mit diesem zugleich beschrieben werden. Der Schnitt zeigt im Zwischenhirnbereich den *Thalamus* mit einer freien oberen und einer dem dritten Ventrikel zugewendeten medialen Seite, darunter den *Hypothalamus*, hauptsächlich von den weißen

Fasermassen der langen Bahnen zum Großhirn erfüllt, dann den spaltförmigen *dritten Ventrikel*, oben durch eine dünne Tela chorioidea, unten (je nach der Lage des Schnittes) z. B. durch die graue Masse des *Tuber cinereum* mit den sich noch weiter gegen den Hypothalamus erstreckenden *vegetativen Kernen* des Zwischenhirns (Temperatur-, Stoffwechsel-, Schlafzentrum usw.) abgeschlossen. Nur schmal ist daneben eine freie basale Fläche des Zwischenhirns, da sie von rückwärts von der Faserung des Großhirnstieles überlagert wird; über diese hinweg verläuft der *Tractus opticus* (Abb. 26 und 27). Dieser, vom *Chiasma opticum*[1] kommend, leitet die Fasern beider gleichseitiger Retinahälften (demnach

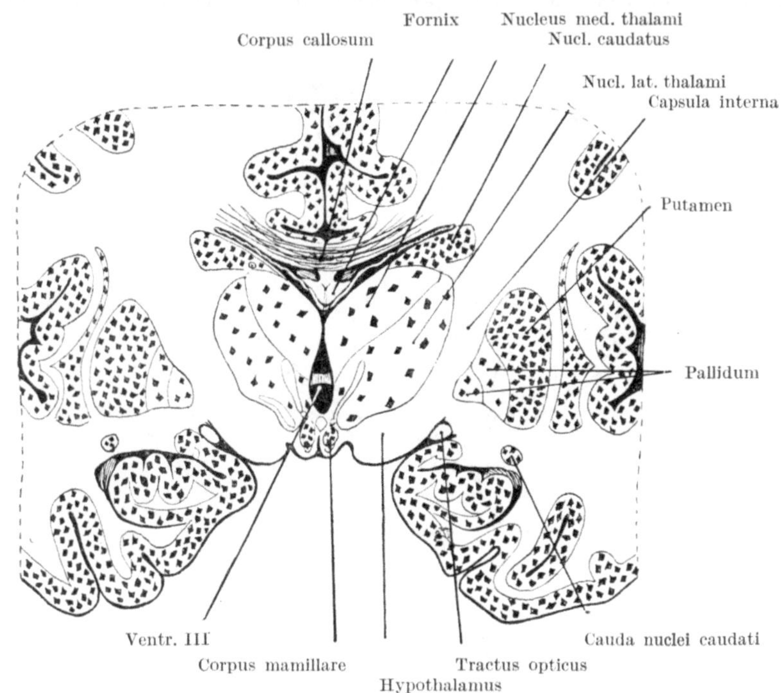

Abb. 26. Frontalschnitt durch Zwischenhirn und Stammganglien. Nach TOLDT-HOCHSTETTER.

der linke Tractus die Fasern von beiden linken Retinahälften und umgekehrt) zum *Corpus geniculatum laterale*, dem Pulvinar thalami, und dem *Colliculus rostralis* der Vierhügelplatte. Die Seitenfläche des Zwischenhirns geht in das Telencephalon über und wird hauptsächlich von den auf- und absteigenden Bahnen aus dem Großhirnstiel zur Hemisphärenrinde eingenommen; sie bilden zusammen die *Corona radiata* oder den *Stabkranz* und stellen eine dicke weiße Markschicht dar, die als *Capsula interna* des *Linsenkernes (Nucleus lentiformis)* diesen vom Thalamus und weiter dorsal (und rostral) vom *Nucleus caudatus* scheidet. In der Hemisphäre ist der *Seitenventrikel* zweimal getroffen: ober dem Thalamus im Bereiche seiner Pars parietalis und weiter seitlich und unten im Bereich des Unterhorns (Pars temporalis). Dem Rande des Thalamus folgt der *Nucleus caudatus*, dessen an den Kopf anschließender noch verdickter Teil

---

[1] Das Chiasma liegt nicht der Schädelbasis unmittelbar an, sondern erhebt sich über dieselbe, so daß der Hypophysenstiel von vorn her zwischen den vom Chiasma abgehenden Fasciculi optici sichtbar gemacht werden kann. Vgl. Abb. 11.

in die Pars parietalis des Ventrikels hineinsieht, während die Cauda, um die Corona radiata herumgelegt, am Dach des Unterhorns wieder erscheint. — Über dem dritten Ventrikel liegen Fornix und Balken und weiterhin die mediale Hemisphärenwand; lateral vom Linsenkern ist das *Claustrum* und dann die *Insula cerebri* in der Fossa lateralis cerebri getroffen.

Besonders wichtig ist die Topographie auf einem *Horizontalschnitt* durch Großhirn und Zwischenhirn (Abb. 28 und 29). Ein solcher muß so tief geführt sein, daß nicht nur der größte Teil von Balken und Fornix (alles, was den dritten Ventrikel von oben zudeckt) entfernt ist, sondern es muß auch der Thalamus abgekappt und der Schnitt etwas nach lateral abdachend gelegt werden. Durch einen solchen Schnitt wird der Mittelteil des Seitenventrikels gleichfalls entfernt, es bleiben nur die Hörner des Ventrikels im Präparat. — Der *Thalamus* ist durch dünne weiße Markblätter in drei Hauptkerne geteilt, von denen der vordere zum Riechapparat gehört, der ventrolaterale die Umschaltstelle der medialen (sensorischen) Schleife darstellt und der mediale Kern dem extrapyramidal-motorischen System angehört. Am caudalen Ende des Thalamus liegt das *Pulvinar*, anschließend das Corpus geniculatum laterale, welches die Faserung des Tractus opticus aufnimmt und die *Sehstrahlung* zum Hinterhauptslappen entsendet, während der Anteil des Pulvinar an der Sehbahn nicht völlig geklärt ist. Vor dem Thalamus liegt das *Caput nuclei caudati*, hinter demselben, etwas lateral, der in das Dach des Unterhorns umbiegende dünne Schweif. Lateral vom Thalamus, durch eine breite weiße Fasermasse (die innere Kapsel) getrennt, liegt der *Nucleus lentiformis*, aus dem (blassen) *Pallidum* (das durch ein dünnes Markblatt nochmals unterteilt ist) und dem (dunkleren) *Putamen* bestehend. Das Palli-

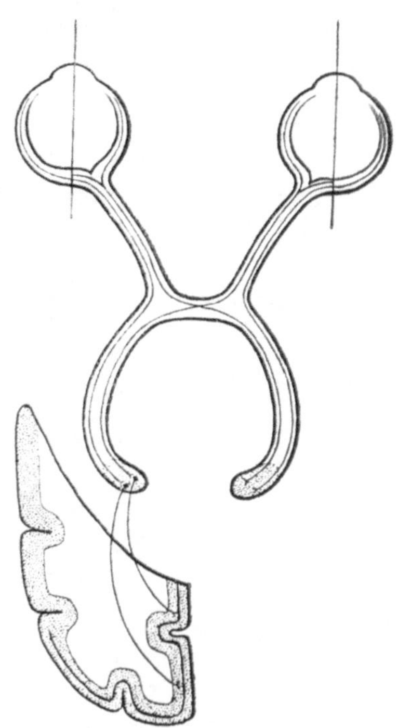

Abb. 27. Schema der Opticuskreuzung und der Projektion der Retina auf die Hirnrinde nach Umschaltung im Corpus geniculatum lat.

dum gehört genetisch zum Zwischenhirn, funktionell zum extrapyramidalen System, in naher Beziehung zum medialen Thalamuskern. Zu demselben System gehören aber auch Putamen und Nucleus caudatus, letzterer wie das Putamen dunkler (gleich der Hirnrinde) gefärbt; sie gehören dem Großhirn an und stehen in einem funktionellen Gegensatz zu den Zwischenhirnanteilen des Systems, derart, daß sie auf die letzteren hemmend einwirken. Putamen und Nucleus caudatus hängen basalwärts durch Streifen grauer Substanz untereinander zusammen, weshalb sie auch zusammen als *Corpus striatum* bezeichnet werden (die neurologische Diagnostik spricht von striären Symptomen, die von dort ausgelöst werden). — Der Schnitt zeigt weiters lateral vom Linsenkern wieder das *Claustrum* (dem Putamen ähnlich gefärbt, aber wahrscheinlich dem Riechapparat angehörig) und die Inselrinde. Vor dem dritten Ventrikel liegen die *Columnae fornicis*, das *Septum pellucidum* und das *Balkenknie*. Am Eingang in das Unterhorn sieht man den Pes hippocampi, die Fimbria hippocampi und ihr außen anliegend den Gyrus dentatus (Fascia dentata, die ursprüngliche

Riechrinde) sowie anschließend den Gyrus hippocampi. Von der Fimbria hippocampi erstreckt sich die Tela chorioidea ventriculi lateralis mit dem Plexus und Glomus chorioideum zum Thalamus herüber, um am lateralen Rand desselben zu haften.

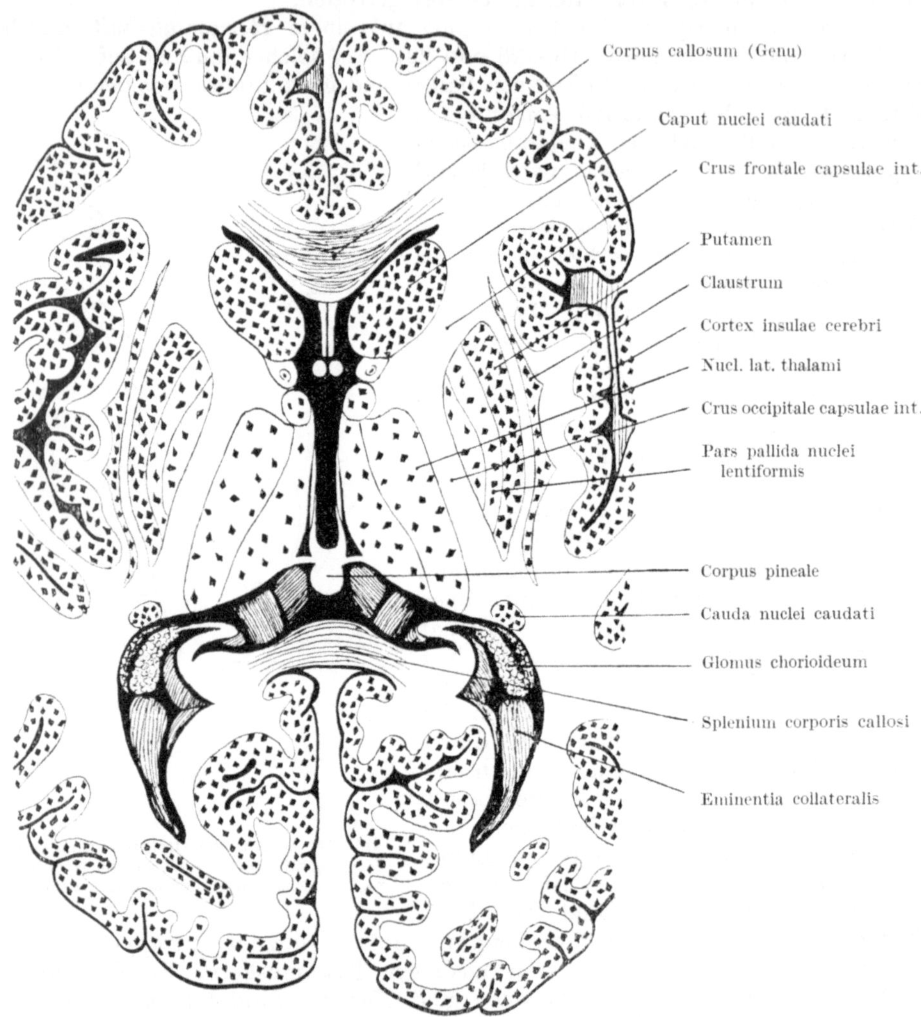

Abb. 28. Horizontalschnitt durch das Gehirn. Nach TOLDT-HOCHSTETTER.

Innere Kapsel. Die *Capsula interna* (Abb. 28) besteht aus zwei Schenkeln, die im Knie zwischen Caput nuclei caudati und Thalamus zusammentreffen. Durch die Kapsel geht die Masse der auf- und absteigenden Bahnen des Großhirns, die *Corona radiata* oder der *Stabkranz*, in bestimmter Anordnung (Abb. 29). Im vorderen Schenkel liegt der Tractus frontopontinus (zu den Brückenkernen), im Knie die motorische Hirnnervenbahn (Tr. corticobulbaris), gleich anschließend im hinteren Schenkel die motorische Spinalnerven- oder Pyramidenbahn (Tr. corticospinalis), dann folgt das letzte Stück der sensiblen Leitung vom lateralen Thalamuskern zur Rinde (Tr. thalamocorticalis; parietaler Thalamusstiel), dann

der mächtige Tr. temporo-occipito-pontinus zu den Brückenkernen und schließlich, nach hinten ausstrahlend, die Sehstrahlung, Radiatio optica, Tr. thalamo-
occipitalis. Die Hörstrahlung (vom caudalen Vierhügelpaar und dem Corpus
geniculatum mediale zu den HESCHLschen Querwindungen am temporalen
Operculum der Insel) kommt an einem solchen Schnitt nur mit ihrem peripheren
Teil zur Darstellung; der Anfang liegt basal vom Linsenkern. — Die innere

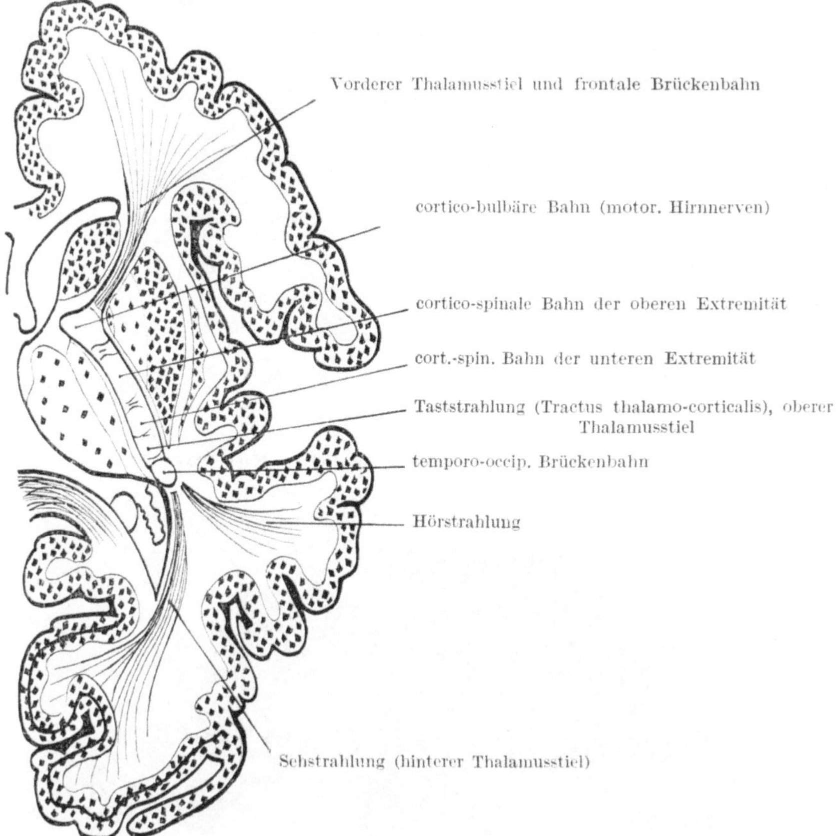

Abb. 29. Horizontalschnitt durch das Gehirn zur Darstellung der Bahnen im Bereich der Capsula interna nuclei lentiformis. Nach CLARA.

Kapsel bekommt ihre Gefäße (feine Endarterien) von der Basalseite und ist
im höheren Alter häufig der Sitz von Hirnblutungen.

Hirnventrikel. Die *Hirnventrikel* (Abb. 30) zerfallen in die beiden Seitenventrikel,
den dritten und den vierten. Entwicklungsgeschichtlich gehört ein Teil des
dritten Ventrikels zum Endhirn als Pars impar ventriculi telencephali, während
die Seitenventrikel die Partes laterales desselben darstellen. An jedem Seitenventrikel unterscheidet man ein Vorderhorn (Pars frontalis), ein Hinterhorn
(Pars occipitalis) und ein Unterhorn (Pars temporalis), die, von einem Mittelteil (Pars parietalis) ausgehend, in die dem lateinischen Namen entsprechenden
Hirnlappen vorragen. — Die Ventrikel lassen sich nach Luftfüllung (von rückwärts durch die Membrana atlantooccipitalis [ausnahmsweise auch durch lumbale
Lufteinblasung nach Ablassen des Liquors] oder von Bohrlöchern im Schädel)

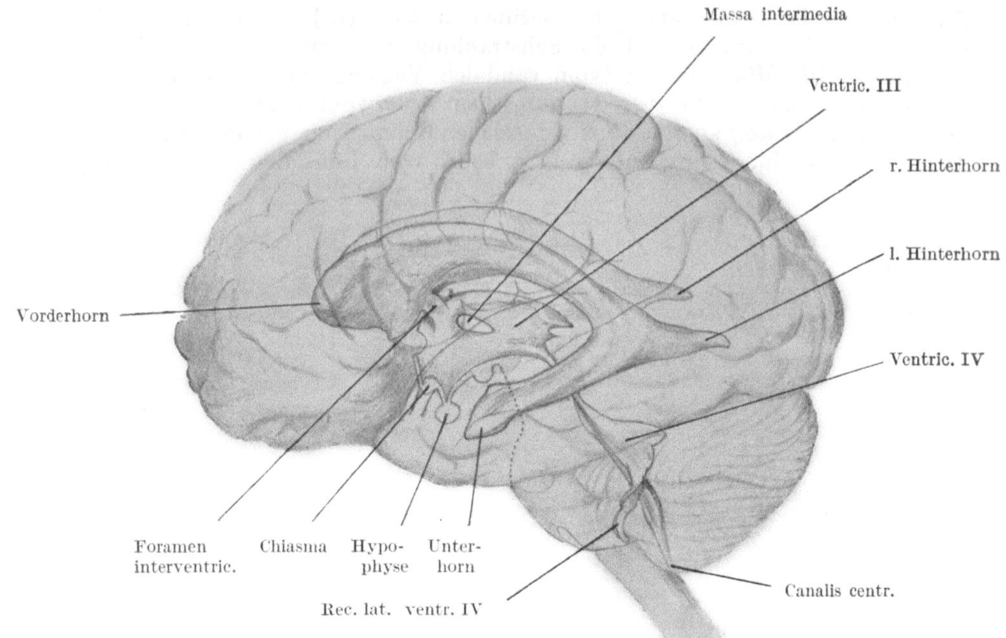

Abb. 30. Projektion der Ventrikel in das Gehirn. Nach CLARA.

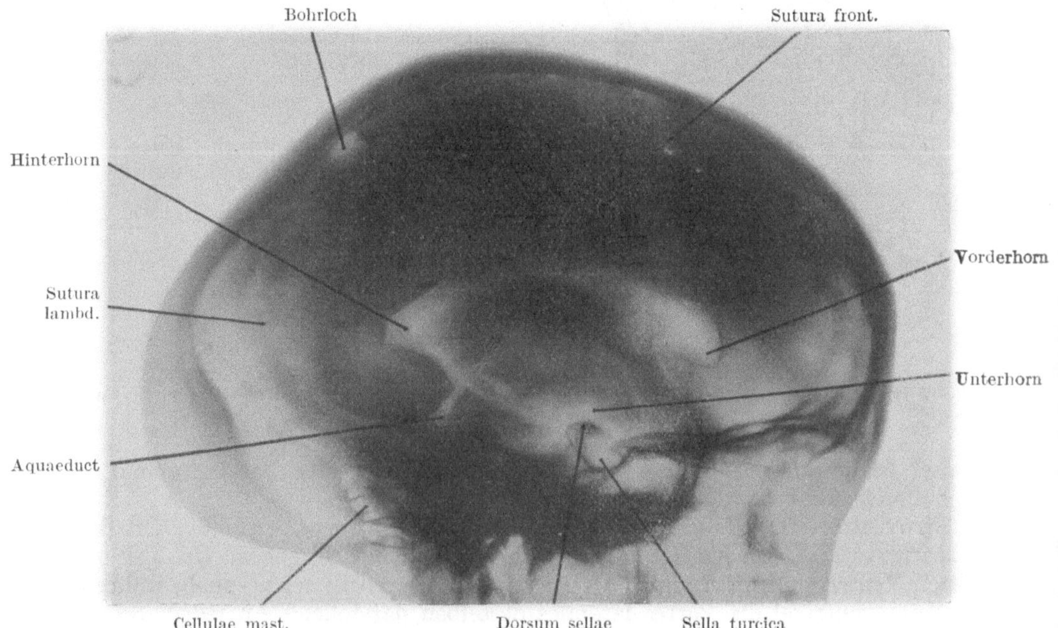

Abb. 31. Ventriculographie (Luftfüllung der Hirnventrikel). $^1/_2$ nat. Gr.

im Röntgenbild darstellen. Bei sagittalem Strahlengang werden die Seitenventrikel, durch das Septum pellucidum getrennt (Abb. 32 und 33), erkennbar,
bei seitlicher Durchleuchtung die gesamten Ventrikel (Abb. 31). Dabei sind

besonders Erweiterungen (Hydrocephalus) sowie Asymmetrien durch Verdrängung (bei Tumoren, Abscessen usw.) feststellbar. Nach Luftfüllung des Cavum leptomeningicum kommen Erweiterungen desselben nach Schwund von Hirnpartien zur Darstellung.

Liquor cerebri. Das Glomus chorioideum (s. oben) ist die Hauptstätte der *Liquorbildung*, an der übrigens alle Plexus chorioidei, demnach der im Seitenventrikel gelegene Plexus seiner ganzen Länge nach und die Plexus des dritten und vierten Ventrikels teilnehmen. Der Liquor fließt aus dem Seitenventrikel durch das Foramen interventriculare Monroi, zwischen dem vorderen Thalamuspol und der Columna fornicis, in den dritten Ventrikel, aus diesem durch den Aquädukt des Mittelhirns in den vierten und nun durch die Aperturen desselben (S. 19) in die Subarachnoidealräume. Der Liquorstrom ist ein ständiger, wenn

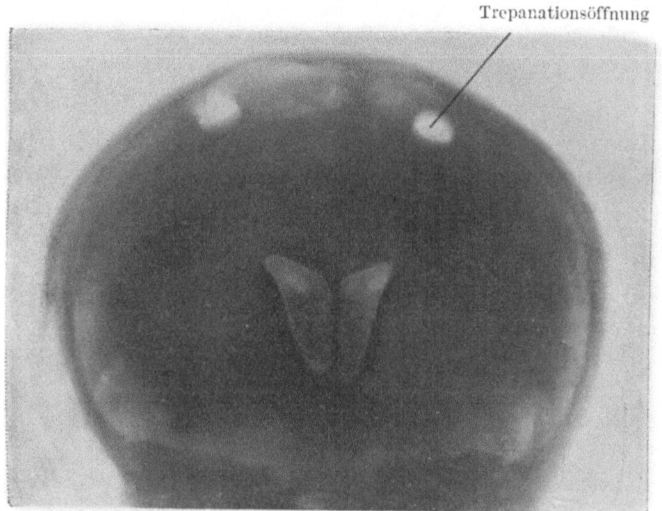

Abb. 32. Röntgenbild der luftgefüllten Vorderhörner der Seitenventrikel.

auch langsamer. Die Aperturen des vierten Ventrikels sind biologisch höchst eigenartige Stellen, weil dort das Epithel der Innenfläche der Tela chorioidea mit einem freien Rande aufhört, ohne die den Epithelien innewohnende Tendenz, Lücken zu schließen, wie sonst bei Epitheldefekten (ein ähnliches Verhalten kommt nur noch am Zahnfleisch im Bereich der Zahnhälse vor).

Großhirn (Cerebrum). Ein Überblick über die *Fasersysteme* der weißen Substanz des Großhirns läßt sie einteilen in *Assoziationssysteme*, welche die verschiedenen Teile einer Hemisphäre untereinander verbinden, in *Commissuren*, die symmetrische Teile beider Hemisphären verbinden (Balken und Commissura rostralis) und *Projektionssysteme*, welche die Rinde mit tieferen Centren verbinden, so mit dem Thalamus, dem Pallidum, dem Pons, und ganz besonders die cortico-nucleären Fasern, die als bewußt-motorische Bahn von der Rinde zu den motorischen Zellen in Hirnstamm und Rückenmark verlaufen (Tractus cortico-bulbaris und cortico-spinalis). Das *extrapyramidal-motorische System* hat keinen direkten Anschluß an die Hirnrinde und ist dem Bewußtsein mehr oder weniger entzogen. Es besteht aus einer Reihe hintereinander geschalteter Centren, welche die automatischen Bewegungen beherrschen; an der Spitze steht das Striatum (Putamen und Nucleus caudatus), dann das ihm unmittelbar untergeordnete Pallidum und der Nucleus medialis thalami, dann der Nucleus niger und ruber mesencephali und die Formatio reticularis tegmenti (oder Nucleus reticularis tegmenti, nicht scharf begrenzbare graue Massen, die sich vom Mittelhirn bis zur Oblongata in der Haubenregion, ventral von den Hohlräumen, erstrecken). Besonders das Striatum und Pallidum sind, wie bereits bemerkt, Antagonisten; der Ausfall des ersteren macht Hyperkinese (übermäßige und zwecklose Bewegungen, wie bei der Chorea, dem Veitstanz), der Ausfall des Pallidums bewirkt Muskelstarre. Die Hirnrinde wirkt hemmend und dämpfend auf den ganzen Apparat.

Hirnrinde (Cortex cerebri) (Abb. 34 und 35). Die Hemisphären zerfallen durch Furchen, welche eine weitgehende Konstanz zeigen, in *Lappen*, *Lobi*; die wichtigste Furche ist die *Fissura lateralis cerebri (Sylvii)*, in deren Tiefe

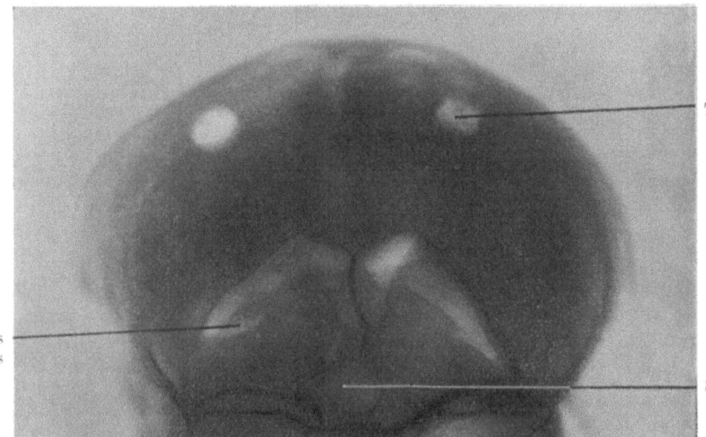

Abb. 33. Röntgenbild der luftgefüllten Seitenventrikel.

die ihrer Funktion nach kaum bekannte *Insula cerebri* (Assoziation akustischer Eindrücke?) gelegen ist. An der Außenfläche des Gehirns, etwa von der Mitte des Oberrandes ausgehend, verläuft wenig schräg nach vorn abwärts der *Sulcus centralis*, der nicht in die Fissura lateralis einschneidet; er trennt *Stirn-* und *Scheitellappen* und ist lokalisatorisch die wichtigste Furche des Gehirns. Eine an der medialen Hemisphärenwand besonders ausgeprägte Furche, die auf die Konvexität regelmäßig, aber meist nur in geringem Maß übergreift, ist der *Sulcus parieto-occipitalis*, der den Scheitellappen vom *Hinterhauptslappen* trennt. Unter der Fissura lateralis liegt der *Schläfenlappen*, der nach rückwärts in den Hinterhauptslappen meist ohne deutliche Grenze übergeht. Die Lappen zerfallen durch weitere, ziemlich konstante Furchen (Sekundärfurchen) in *Windungen, Gyri*. Von diesen sind die durch den Sulcus prae- bzw. postcentralis abgegrenzten Windungszüge, der *Gyrus prae-* und *postcentralis*, besonders wichtig, weil in ersterem das *motorische*, in letzterem das *sensorische Rindencentrum* derart lokalisiert ist, daß an der Oberkante und übergreifend auf die mediale Fläche Unterschenkel und Fuß, dann abwärts der Reihe nach Oberschenkel, Bauch, Thorax, Schulter, Ober- und Unterarm, Hand und die einzelnen Finger, Hals, Facialisgebiet, Zunge, Unterkiefer, Gaumen, Pharynx und Larynx vertreten sind, wobei ein praktisch völliger Parallelismus zwischen der motorischen Lokalisation in der vorderen und der sensorischen in der hinteren Centralwindung festgestellt werden kann. Doch sind diese Felder nur hauptsächlich, nicht ausschließlich, einer eng begrenzten Funktion zugeordnet, und jedes dient den anderen ebenso wie benachbarte Gebiete des Stirn- und Scheitellappens als „Nebenfeld", von dem aus durch Reizung gleichfalls motorische Effekte bzw. Sensationen ausgelöst werden können. Von den motorischen Feldern werden nicht einzelne Muskeln innerviert, sondern Bewegungstypen wie Beugung und Streckung, Pronation und Supination, wobei immer neben den Agonisten auch die Antagonisten zur Regelung und Begrenzung der Bewegung innerviert werden. — Der Stirnlappen zerfällt weiter durch zwei horizontale Furchen, die mit der Praecentralfurche zusammenhängen, in drei *Stirnwindungen*, von denen die dritte (untere) links (bei Rechtshändern; rechts bei Linkshändern) das *motorische Sprachcentrum* enthält, ein Associationscentrum, von dem aus die Bewegung der zum Sprechen nötigen Organe (Kehlkopf, Gaumen, Zunge, Lippen, Atmungsapparat) einheitlich geregelt wird, so daß die Ausschaltung des Centrums zwar keine periphere Lähmung, aber den völligen Verlust des Sprechvermögens hervorruft. Dem motorischen steht das *sensorische Sprachcentrum* gegenüber, das Centrum des Sprachverständnisses, das in den hinteren Anteil der oberen Schläfenwindung verlegt wird, neben das *akustische Centrum* im engeren Sinne, das Erinnerungsfeld für Gehörseindrücke aller Art, das hauptsächlich in den HESCHLschen Querwindungen, am Abhang des Schläfenlappens zur Insel bzw. Fossa lateralis cerebri, gelegen ist. Ein weiteres, besonders wichtiges Centrum, das *Sehcentrum*, liegt hauptsächlich an der medialen Hemisphärenfläche am Occipitalpol, sich in wechselndem Ausmaß auf die laterale Fläche des Occipitalpoles ausbreitend.

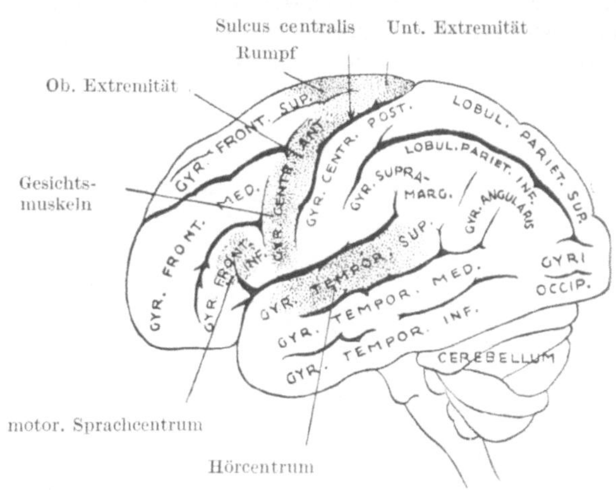

Abb. 34. Seitenansicht der linken Hemisphäre mit den wichtigsten Centren. Nach CORNING.

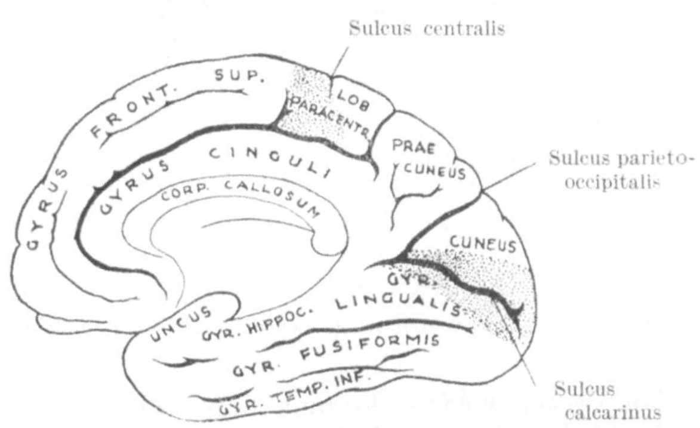

Abb. 35. Mediale Fläche der rechten Hemisphäre mit dem Sehcentrum am Sulcus calcarinus und dem motorischen Zentrum (Gyrus paracentralis). Nach CORNING, abgeändert. Der Gyrus lingualis heißt jetzt G. occipito-temporalis medialis, der G. fusiformis G. occ.-temp. lat.

An der medialen Seite liegt es zu beiden Seiten der *Fissura calcarina*, die im Ventrikel das Calcar avis des Hinterhorns hervorruft, sich außen mit dem ober ihr gelegenen Sulcus parieto-occipitalis vereinigt und mit ihm den *Cuneus* begrenzt, während unter ihr der *Gyrus occipito-temporalis medialis* (oder *lingualis*) gelegen ist. Die Fissura calcarina liegt nun gerade in der Mitte des Sehcentrums, ober ihr ist die obere Hälfte der Retina, unter ihr deren untere Hälfte in der Rinde vertreten *(optisches Wahrnehmungs-*

feld), und anschließend sind dann die Felder des Verständnisses und der Erinnerung des Gesehenen lokalisiert. Das optische Wahrnehmungsfeld ist das einzige makroskopisch erkennbare Rindenfeld; es ist auf dem Durchschnitt durch einen weißen Streifen, der die graue Rinde unterteilt, gekennzeichnet (Abb. 29). — An der medialen Hemisphärenfläche werden Balken und Fornix umkreist vom *Gyrus fornicatus*, der aus dem *Gyrus cinguli* oben und dem *Gyrus hippocampi* unten besteht; letzterer ist *Riech-* und *Schmeckcentrum*.

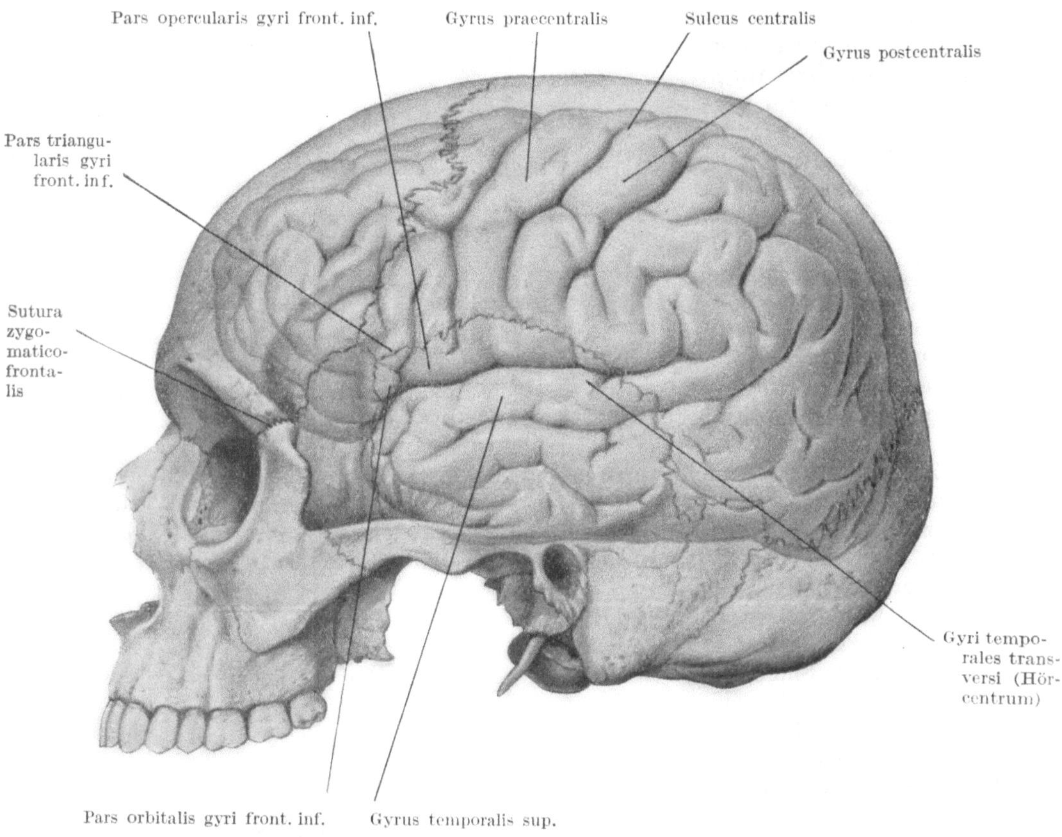

Abb. 36. **Die Lage des Gehirns im Schädel. Schädelnähte eingetragen.** Gezeichnet von E. LEPIER.

Von diesen Feldern kommt nun das *motorische Rindenfeld* wegen seiner oberflächlichen Lage und der dort auslösbaren Reizvorgänge (Krämpfe, sogenannte Rindenepilepsie) bzw. Lähmungen praktisch am meisten in Betracht. Seine Aufsuchung bei Verletzungen und Tumoren ist daher chirurgisch wichtig. Sie wird erschwert dadurch, daß weder die Schädelform noch die Lage des Gehirns ganz konstant ist; ein typischer Fall der gegenseitigen Beziehung ist in Abb. 36 dargestellt. In individuell wechselndem Ausmaß prägen sich die Hirnwindungen an der Außenfläche des Schädels, besonders an der Schläfenschuppe aus; es gelingt in der Regel durch sorgfältige Palpation, die erste und auch die zweite Schläfenwindung und oberhalb der ersteren die Fissura lateralis cerebri zu lokalisieren. Die letztere verläuft ungefähr längs einer Linie, die vom Übergang des oberen in den lateralen Orbitalrand leicht aufsteigend nach hinten

gezogen wird, doch beginnt die Fissur erst oberhalb der Mitte des Jochbogens.
Zur Festlegung der Centralfurche sind dann weitere Fixpunkte aufzusuchen.
Eine vom Kiefergelenk nach oben gezogene Vertikale trifft knapp oberhalb der
durch Abtasten bestimmten Fissura lateralis auf das untere Ende des Sulcus
centralis, eine dicht hinter dem Proc. mastoides errichtete Vertikale erreicht
das obere Ende am Scheitel, und die Verbindung beider Punkte ergibt den
Verlauf der Centralfurche.[1] Zur genaueren Lokalisation sind an den chirurgischen
Kliniken besondere Apparate in Gebrauch. Das motorische Feld liegt, wie vorn

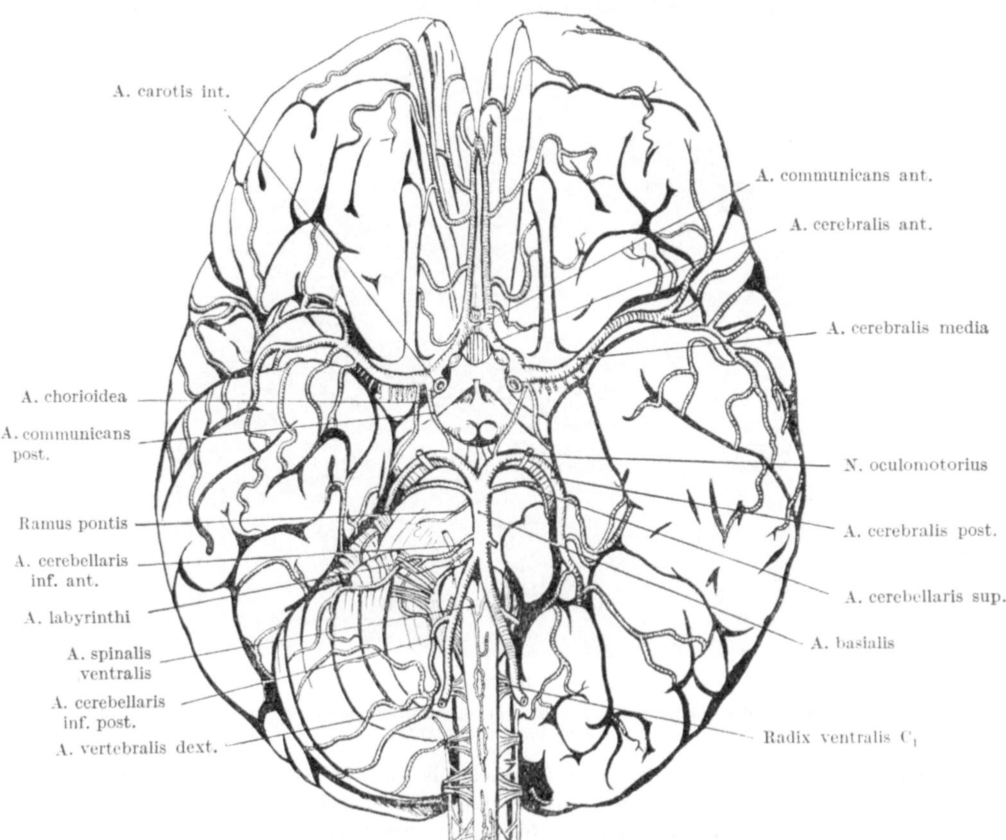

Abb. 37. Arterien der Hirnbasis; Circulus arteriosus cerebri. Nach TOLDT-HOCHSTETTER.

beschrieben, vor der Centralfurche. In seinem Bereich ist die Rinde etwas dicker
als sonst. Mikroskopisch ist sie durch eine tiefe Schicht großer Ganglienzellen
(Stratum gigantocellulare), den Ursprungszellen des Tractus cortico-nuclearis,
besonders der Pyramidenbahn, gekennzeichnet.

[1] Nach WITZEL und HEIDERICH findet man das obere Ende der Zentralfurche
daumenbreit hinter dem Halbierungspunkt einer Linie, die von der Glabella (zwischen
den Stirnwülsten) über den Scheitel zum Hinterhauptsvorsprung gezogen wird.
Die Centralfurche verläuft längs der oberen drei Fünftel einer Linie, die von da
zu einem Punkt auf dem Jochbogen daumenbreit hinter dem Processus frontalis
des Jochbeins geführt wird. Auf einer Verbindungslinie des oberen Endes der Centralfurche mit dem vorderen Ende des Ohrtragus liegt an der Grenze von unterem und
mittlerem Drittel das Rindenfeld der Gehörswahrnehmung im Bereich der Mitte
der oberen Schläfenwindung.

Gefäße des Gehirnes. Die *Arterien* (Abb. 37 und 38) sind die beiden *inneren Carotiden*, die durch den Canalis caroticus in den Schädel gelangen, und die beiden *Aa. vertebrales*, die nach Durchbohrung der Membrana atlanto-occipitalis den Schädel durch das Hinterhauptsloch betreten. Die Vertebrales geben die dorsalen und ventralen Spinalarterien und eine hintere untere Kleinhirnarterie ab und vereinigen sich unter der Brücke zur *Arteria basialis*, aus der eine vordere untere Kleinhirnarterie, die Labyrintharterie, Rami ad pontem und eine obere Kleinhirnarterie hervorgehen; am Vorderrand der Brücke teilt sich das Gefäß in die beiden *Aa. cerebrales posteriores*, die nach Abgabe feiner Zweige an die

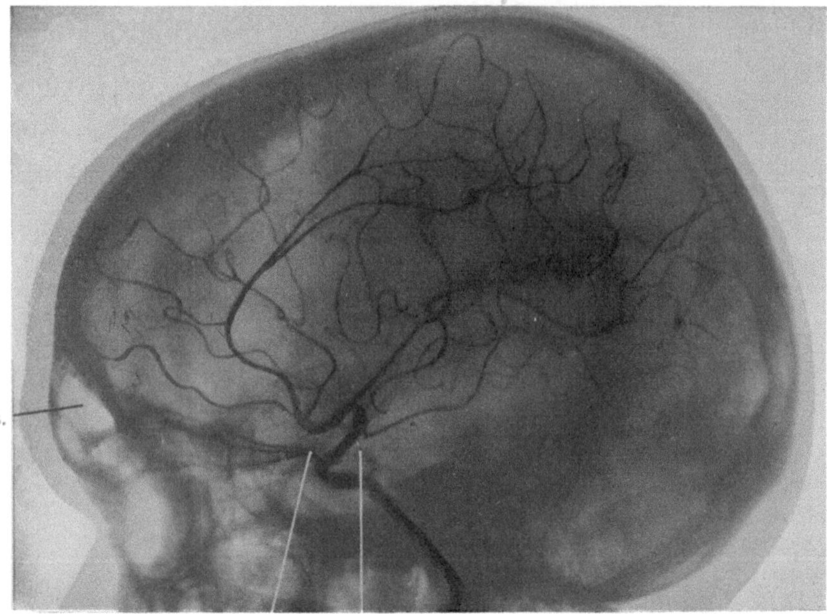

Abb. 38. Arteriographie des Gehirnes nach Injektion des Kontrastmittels in die Carotis interna. $^1/_2$ nat. Gr. Klinik Prof. SCHÖNBAUER.

basiale Seite des Zwischenhirns hauptsächlich für den Hinterhauptslappen bestimmt sind. Diese Arterien hängen jederseits durch eine meist dünne *A. communicans post.* mit den inneren *Carotiden* zusammen, die nach Abgabe der *Ophthalmica*, von feinen Zweigen an die Hypophyse und die basiale Seite des Zwischenhirns und der *A. chorioidea* (für den Plexus chorioides des Seitenventrikels und tiefe Teile des Großhirns) sich in *A. cerebralis media* und *anterior* spalten. Die erstere begibt sich nach Abgabe feiner Endarterien, die in die Area olfactoria (Substantia perforata ant.) eindringen und die Stammganglien und die innere Kapsel versorgen (sie haben deshalb große praktische Bedeutung), in die Fossa lateralis cerebri und versorgt den größten Teil der lateralen Hemisphärenfläche einschließlich der Insel. Die Art. cerebralis anterior ist mit der Gegenseite durch die starke *A. communicans ant.* verbunden und verteilt sich, auf der dorsalen Oberfläche des Balkens verlaufend, an der orbitalen und medialen Fläche der Hemisphäre. Im Bereich der Hirnwindungen besitzen die Arterien ausgiebige Anastomosen. Durch die Aa. communicantes entsteht an der basalen Seite des Gehirns ein Gefäßkranz, *Circulus arteriosus cerebri* (WILLIS), der aber zum Ersatz einer Carotis meist nicht ausreicht und überdies häufig defekt oder

asymmetrisch ist. Wird eine Carotisunterbindung überlebt (s. beim Hals), so hat die
Verbindung der Ophthalmica mit der A. facialis daran einen wesentlichen Anteil. —
Von den *Venen* des Gehirns münden die der Großhirnoberfläche in die Sinus,
namentlich den Sinus sagittalis sup.; die Venen des Inneren des Großhirns und
die des Hirnstammes sammeln sich hauptsächlich in der *V. cerebralis magna*,
die in den Sinus rectus (S. 11) mündet (Abb. 10), soweit die basialen Venen nicht
eine direkte Einmündung in basiale Sinus finden. — *Lymphgefäße* besitzt die
Hirnsubstanz nicht; an ihre Stelle treten die VIRCHOW-ROBINschen *periarteriellen
Räume*, die oberflächlich mit den Lymphgefäßen der weichen Hirnhaut zusammenhängen. — Auch eigene *Nerven* besitzt die Hirnsubstanz nicht; die Hirnhäute
aber und die Hirngefäße sind reichlich mit solchen versorgt. An die Dura gehen
Äste von jedem Trigeminusast (Abb. 43) und vom Vagus; die Leptomeninx
enthält wie die Gefäßwände Nerven, die vom Sympathicus stammen.

Augenhöhle (Orbita).

Die knöcherne Orbita stellt eine vierseitige Pyramide dar mit der Spitze
am Canalis opticus, mit einer oberen cerebralen, unteren maxillaren, medialen

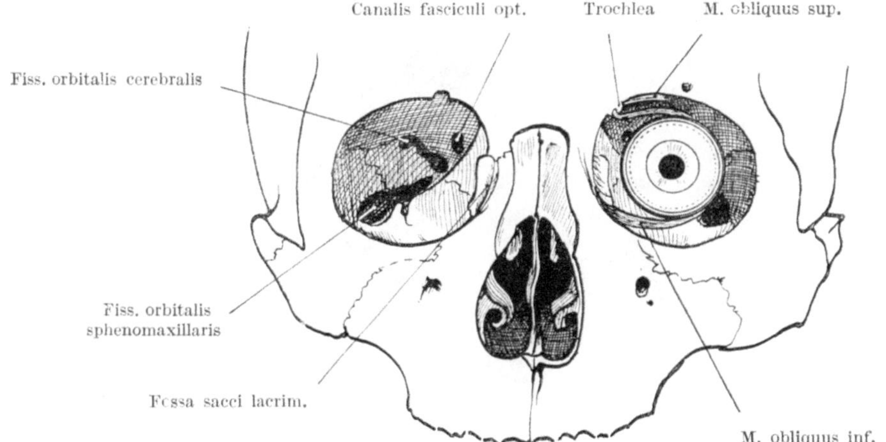

Abb. 39. Orbita von vorn (rechte Seite) und schräge Augenmuskeln (linke Seite).

nasalen und lateralen temporalen Wand. Diese wird vom großen Keilbeinflügel
und vom Jochbein gebildet und grenzt teils an die mittlere Schädelgrube, teils
nach außen an die Fossa temporalis, infratemporalis und pterygopalatina; die
Hauptbeziehung der anderen Wände ist in ihrem Namen ausgedrückt. Drei
große Öffnungen (Abb. 39) führen von rückwärts in die Orbita: der *Canalis
opticus* für den Fasciculus opticus und die Art. ophthalmica, die *Fissura orbitalis
cerebralis* (sup.) zwischen großem und kleinem Keilbeinflügel für die drei Augenmuskelnerven (III, IV, VI), den N. ophthalmicus (V_1) und die V. orbitalis sup.,
die *Fissura orbitalis sphenomaxillaris* (inf.) zwischen dem großen Keilbeinflügel
und dem Oberkiefer für Äste des N. maxillaris (V_2), nämlich den N. zygomaticus
und infraorbitalis, dann die A. infraorbitalis und die Verbindung der V. ophthalmica inf. mit dem Plexus pterygoideus. Aus der Orbita austretende Knochen-
kanäle sind an der medialen Wand oben der *Canalis orbito-cranialis* und *orbito-
ethmoideus* für Trigeminusäste, die in die Nasenhöhle gelangen, und vorn der
Canalis nasolacrimalis zum unteren Nasengang, an der lateralen Wand die

Kanälchen für Gesichts- und Schläfenzweig des N. zygomaticus, am oberen
Orbitalrand vorn als Varietät ein *For. frontale* (gewöhnlich nur eine Incisur,
für den N. frontalis), am unteren Orbitalrand der *Canalis* und das *Foramen
infraorbitale* für den gleichnamigen Nerven und die entsprechenden Gefäße.
Die *mediale Wand* (Abb. 40), an das Siebbeinlabyrinth angrenzend, ist durch
besonders geringe Dicke des Knochens ausgezeichnet: Tränenbein und Lamina
papyracea des Siebbeines. Sie kann schon durch stärkere Drucksteigerung in
der Nasenhöhle, so beim Schneuzen, gesprengt werden und dann Luft in das

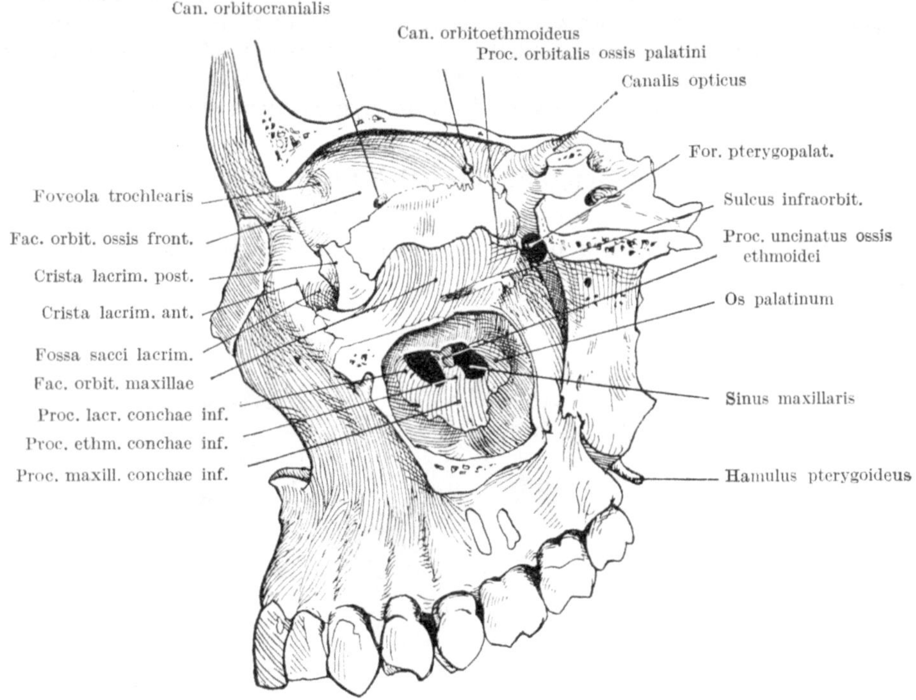

Abb. 40. Mediale Orbitalwand und Oberkiefer, von außen gesehen. Nach CORNING.

Bindegewebe der Orbita und der Lider eintreten lassen (Hautemphysem). Die
medial davon liegenden Siebbeinzellen (Abb. 55) können den Ausgang von infek-
tiösen Erkrankungen der Orbita bilden. Die *obere Wand*, von der Lamina orbitalis
des Stirnbeines gebildet, grenzt gewöhnlich an die vordere Schädelgrube und
den Stirnlappen des Gehirnes, doch kann sich der Sinus frontalis oder der Sinus
sphenoideus oder auch eine oder mehrere Siebbeinzellen in diese Wand erstrecken.
Die *untere Wand* grenzt an den Sinus maxillaris; ihr auf- und (im Canalis infraorbitalis) eingelagert (Abb. 44, 45 und 55) ist der N. infraorbitalis, der bei Erkrankungen des Sinus in Mitleidenschaft gezogen werden kann. — Nach vorn wird
die Orbita abgeschlossen durch das *Septum orbitale* (Abb. 42), bestehend aus der
Fascia tarso-orbitalis, die einerseits am knöchernen Orbitalrand, anderseits am zweiten Bestandteil des Septums haftet, an den bindegewebigen *Lidplatten* oder dem
Tarsus sup. und *inf.* Hinten wird der Abschluß der verhältnismäßig weiten
Fissura orbitalis sphenomaxillaris vervollständigt durch den darüberziehenden
glatten *M. orbitalis* (MÜLLER), der, vom Sympathicus innerviert, durch seine
Kontraktion eine Protrusio bulbi (Exophthalmus) hervorruft.

Den Inhalt der Orbita bildet der Bulbus oculi mit seinen Hilfsapparaten. Der *Bulbus oculi* (Abb. 41) besteht aus drei Häuten, welche die lichtbrechenden Medien einschließen. Es sind die äußere Augenhaut oder *Tunica fibrosa,* die Fortsetzung der Dura mater encephali, geteilt in die durchsichtige Hornhaut oder *Cornea* vorn und die weiße Lederhaut, *Sclera,* dann die mittlere Augenhaut oder *Tunica vasculosa,* die Fortsetzung der Leptomeninx, geteilt in die Regenbogenhaut oder *Iris* mit dem Sehloch, der Pupille, und den Strahlen- oder *Ciliarkörper* vorn und die Aderhaut oder *Chorioides* rückwärts, und die innere Augenhaut oder Netzhaut *(Retina)* oder *Tunica nervosa,* die in die *Pars caeca* vorn

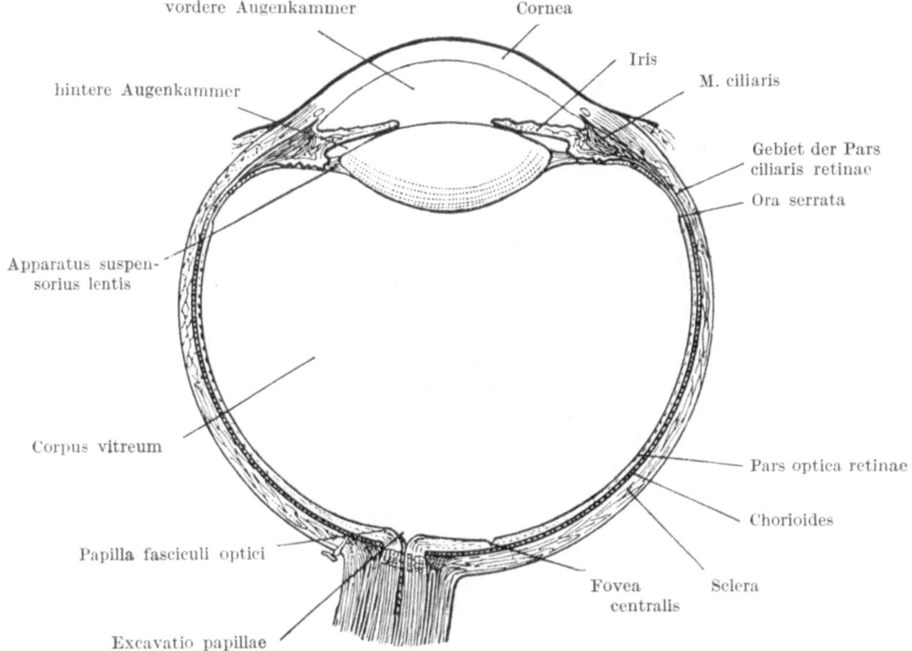

Abb. 41. Horizontalschnitt durch den rechten Augapfel. Nach TOLDT-HOCHSTETTER.

(mit der Pars iridica und ciliaris) und die *Pars optica* zerfällt. Die Retina besteht aus einem äußeren Blatt, dem Pigmentepithel, und einem inneren Blatt, das im Bereich der Pars optica den lichtempfindenden Apparat darstellt, vorn aber gleichfalls auf ein Epithelblatt reduziert ist. Im Bereich der Pars optica liegen beide Blätter nur lose aneinander, so daß eine Abhebung des inneren Blattes eintreten kann. — Die Häute umschließen die *vordere Augenkammer* zwischen Cornea und Iris, die *hintere Kammer* zwischen Iris und Linse bzw. deren Aufhängeapparat, die *Linse* (Lens crystallina) und den *Glaskörper,* Corpus vitreum. Die beiden Kammern hängen durch die Pupille zusammen und enthalten das *Kammerwasser,* Humor aqueus. Dieses wird vom Ciliarkörper gebildet und fließt am Rand der Vorderkammer (im Kammerwinkel) wieder ins Blut ab. — Der *Opticus* ist kein peripherer Nerv, sondern nach Entstehung (aus dem Augenblasenstiel) und Bau (markhaltige Fasern ohne Neurilemm, nicht regenerationsfähig) eine centrale Bahn und heißt daher richtig *Fasciculus opticus* und nicht Nervus opticus. Es wird von Fortsetzungen der Hirnhäute, einer leptomeningischen und duralen Scheide, *Vagina fasciculi optici interna* und *externa,* umhüllt, zwischen denen sich intervaginale Räume befinden, die mit den das

Gehirn umgebenden Räumen (Cavum subdurale und leptomeningicum) in Verbindung stehen, aber im Bereich des Canalis opticus veröden können. Doch sind die Räume für den Flüssigkeitswechsel im Bereich des Bulbus offenbar von Bedeutung, so daß es bei ihrer Verlegung zur Drucksteigerung im Bulbus kommen kann.

Der Bulbus liegt allseitig drehbar in einer von der *Capsula bulbi (Tenonis)* gebildeten Pfanne (Abb. 42), umgeben von einem gelenkähnlichen *Spatium circumbulbare*, das aber von zartem Bindegewebe durchzogen wird. Die Kapsel wird durch Fascienzipfel, die von den Augenmuskeln ausgehen, nach oben und unten sowie medial- und lateralwärts festgehalten, ruht aber hauptsächlich auf

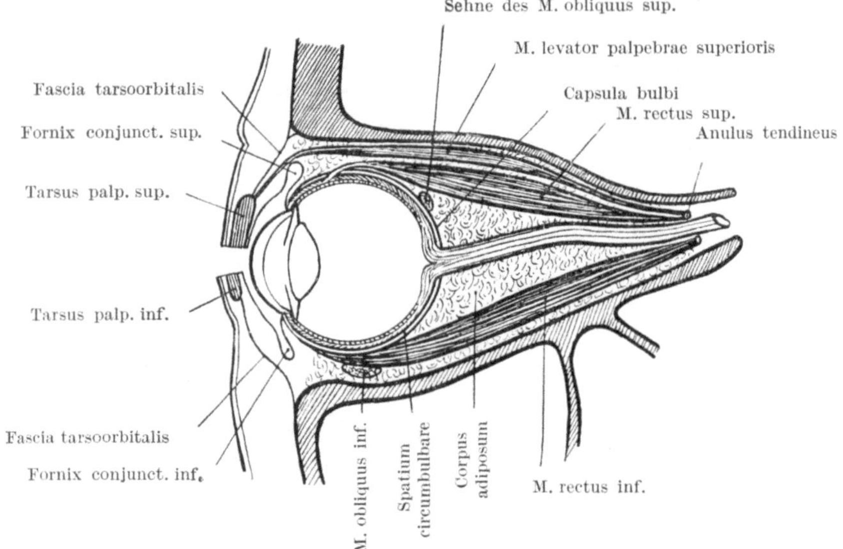

Abb. 42. Leicht schematisierter Sagittalschnitt durch die Orbita.

dem hungerfesten Orbitalfett, dem *Corpus adiposum orbitae*, auf. Der Opticus ist zur Ermöglichung der Bulbusbewegung leicht S-förmig gekrümmt. Das Orbitalfett schwindet auch bei schwersten Hunger- und Erschöpfungszuständen nicht vollständig, ist aber doch in seiner Menge von der Ernährung abhängig, so daß bei stark abgemagerten Menschen die Augen tief liegen, bei sehr fetten Menschen vorgetrieben werden. Im übrigen ist die Lage des Bulbus in erster Linie von den glatten Muskeln der Orbita (M. orbitalis, s. vorn), außerdem aber auch von der Füllung der Gefäße und der serösen Durchtränkung der Orbitalgebilde abhängig, so daß auch rasch wechselnde Lageveränderungen des Bulbus (Vorquellen bei starker Erregung, Einsinken bei acuten Erschöpfungen) ermöglicht sind.

Sechs *Muskeln* (vier Recti, der Obliquus sup. und der Levator palpebrae superioris) entspringen im Hintergrund der Orbita (Abb. 43) vom *Anulus tendineus (Zinnii)*, der den Opticus am Ausgang des Canalis opticus umkreist und auch noch ein Stück des medialen, erweiterten Anteiles der Fissura orbitalis cerebralis umschließt. In den Ring treten außer dem Opticus und der A. ophthalmica die Augenmuskelnerven III und VI sowie der N. nasociliaris ein; der N. trochlearis, frontalis und lacrimalis sowie die V. ophthalmica sup. und inf. bleiben außerhalb des Anulus. Die geraden Augenmuskeln verlaufen, den Orbitalwänden genähert (Abb. 55) (aber der Rectus sup. vom Levator palpebrae überlagert), direkt zum Bulbus, durchbohren die Capsula bulbi und haften innerhalb derselben in einigen mm Entfernung vom Cornealrand an der Sclera. Der Obliquus

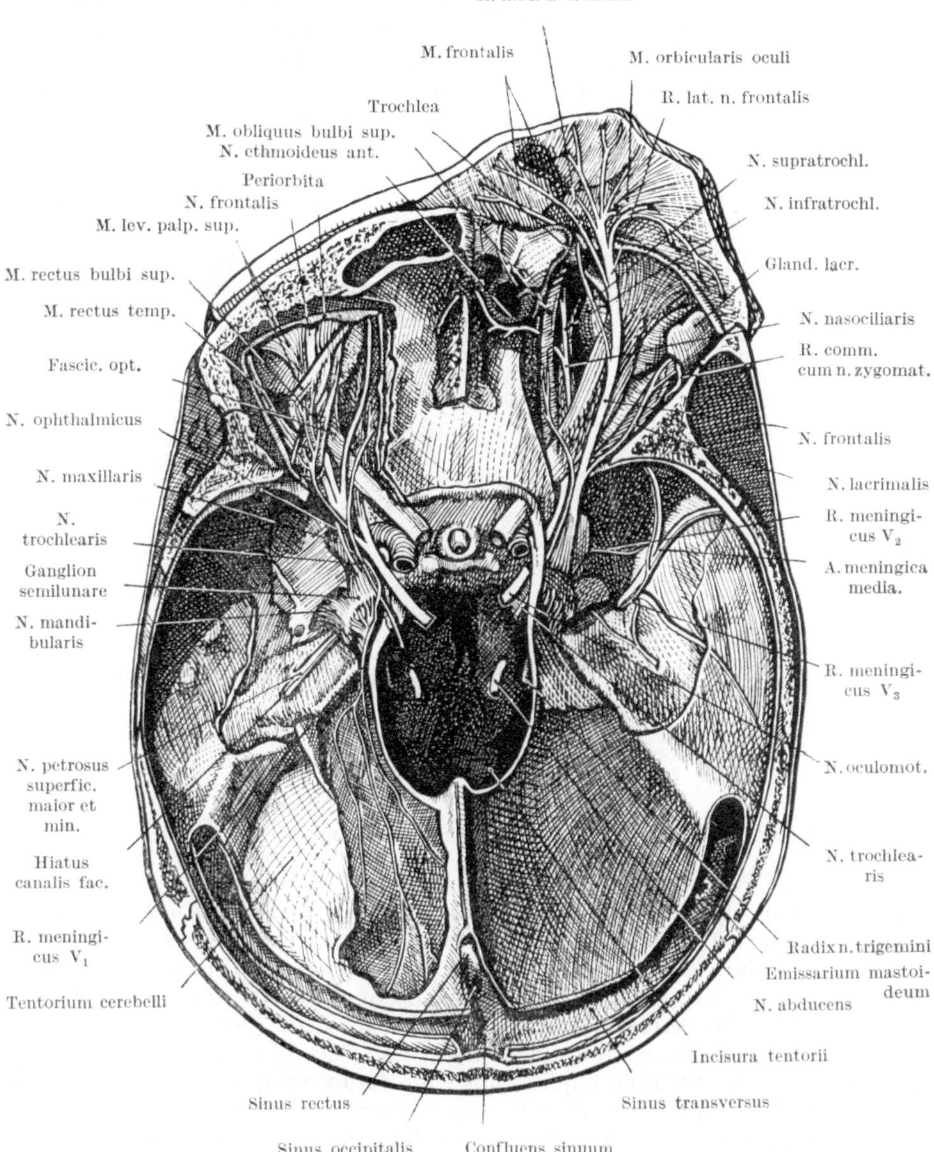

Abb. 43. Nerven der Orbita und der harten Hirnhaut. In der linken Orbita sind M. rectus sup. und levator palpebrae superioris seitlich umgelegt. Nach TOLDT-HOCHSTETTER.

sup. (Abb. 39) verläuft zum Winkel zwischen oberem und medialem Orbitalrand, wo in der Foveola trochlearis die *Trochlea*, eine bindegewebige Schlinge um die Muskelsehne, haftet; dort wird die Muskelsehne im spitzen Winkel nach hinten außen abgelenkt und geht unter dem Rectus sup. hinter dem Aequator des Bulbus an den oberen äußeren Quadranten desselben. Der Obliquus inf. entspringt zum Unterschied von den anderen Muskeln vorn, am Übergang des unteren in den medialen Vorderrand der Orbita, dicht hinter dem Septum orbitale, vom lateralen Umfang der Fossa sacci lacrimalis, und begibt sich, den Rectus inf. oberflächlich überkreuzend, schräg nach hinten außen, wo er, wieder hinter dem Aequator, am unteren äußeren Quadranten des Bulbus haftet. Der Levator palpebrae superioris strahlt mit breiter fächerförmiger Sehne in das obere Augenlid ein. — Von diesen Muskeln werden zwei von je einem eigenen Nerven (Abb. 43) versorgt, der Obliquus sup. vom Trochlearis, der Rectus temporalis

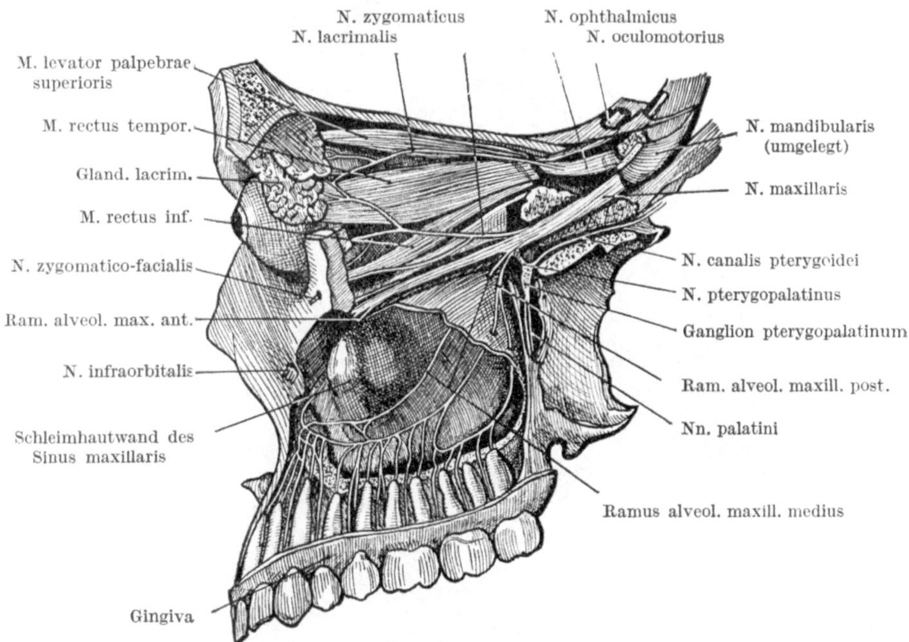

Abb. 44. Zweiter Ast des N. trigeminus nach Abtragung der lateralen Orbitalwand und der knöchernen Außenwand der Oberkieferhöhle. Nach TOLDT-HOCHSTETTER.

(lateralis) vom Abducens, die anderen fünf vom Oculomotorius, der mit einem Ramus sup. den Rectus sup. und Levator palpebrae, mit einem Ramus inf. den Rectus nasalis (medialis) und inf. und den Obliquus inf. innerviert; außerdem versorgt er durch die Radix brevis s. motoria des *Ganglion ciliare* (Abb. 45), das an der lateralen Seite des Opticus liegt, den M. ciliaris (den Accommodationsmuskel im Corpus ciliare des Augeninnern) und den Sphincter pupillae in der Iris, während der Dilatator pupillae über die Radix sympathica des Ganglions vom Sympathicus (aus dem Ramus communicans des achten Halsnerven über den Halsgrenzstrang und den Plexus caroticus int.) versorgt wird; die Radix sensibilis s. longa des Ganglions aus dem N. nasociliaris (V_1) bringt dem Bulbusinneren sensible Fasern. — Der sensible Nerv der Orbita ist der *N. ophthalmicus,* der erste Ast des Trigeminus (Abb. 43 und 45). Er teilt sich in den *N. frontalis,* der am Dach der Orbita nach vorn verläuft und mit drei Ästen (Ramus frontalis lat. und med. und N. supraorbitalis) die Stirngegend versorgt, dann den *N. lacrimalis,* der am lateralen Augenwinkel mit sehr feinen Ästen an die Haut gelangt (die sekretorischen Fasern für die Tränendrüse werden ihm durch eine

Anastomose mit dem N. zygomaticus aus dem Ganglion pterygopalatinum zugeführt), und schließlich den *N. nasociliaris*; dieser versorgt mit dem Ram. infratrochlearis den inneren Augenwinkel, mit den Nn. ethmoidei die Siebbeinzellen und die vorderen Abschnitte der lateralen Nasenwand, als N. nasalis externus Nasenrücken und Nasenspitze, mit den Nn. ciliares longi und mit der

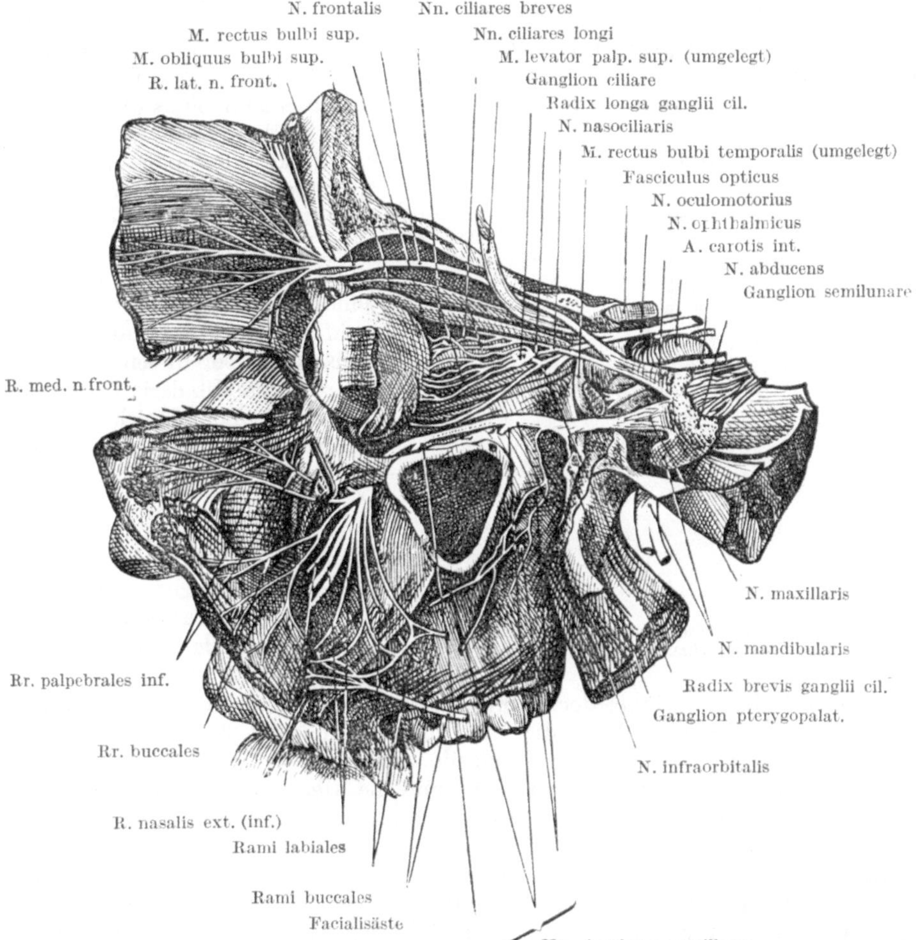

Abb. 45. Erster und zweiter Ast des N. trigeminus; Nerven der Orbita nach Entfernung der lateralen Orbitalwand und der Schädelseitenwand. ⁴/₅ nat. Gr. Nach TOLDT-HOCHSTETTER.

Radix sensibilis des Ganglion ciliare (von dem die Nn. ciliares breves ausgehen) sensibel das Innere des Bulbus. — Die Arterie der Orbita ist die *A. ophthalmica* aus der Carotis interna; sie tritt unter dem Fasciculus opticus in den Canalis opticus ein, gelangt in der Orbita zuerst an die laterale und dann obere Seite des Nerven und zieht an der medialen Orbitalwand nach vorne, wo sie am inneren Augenwinkel mit der A. angularis aus der A. facialis anastomosiert. Ihr wichtigster Ast ist die *A. centralis retinae*, die ziemlich weit rückwärts entspringt, in etwa 1 cm Entfernung hinter dem Bulbus von unten in den Fasciculus opticus eindringt und sich in der Hirnschicht der Retina verzweigt. Ausfall dieser Arterie bedingt Erblindung. An den Bulbus gehen noch *Aa. chorioideae* und *iridis* (früher

Aa. ciliares post. breves und longae genannt); andere Äste sind die A. lacrimalis, frontalis lat. und med., zwei Aa. ethmoideae, die sich wie die gleichnamigen Nerven verteilen, und Rami musculares an die Augenmuskeln; von ihnen gehen vorn *Aa. ciliares* (anteriores) zu Ciliarkörper und Iris. Ein Ast verbindet sich durch die Fissura orbitalis cerebralis in der Regel mit der A. meningica media und kann ausnahmsweise die A. ophthalmica ersetzen. — Die *Venen* der Orbita beginnen zumeist mit Stämmen, die den Arterien folgen; der Abfluß des Blutes aus dem Bulbus erfolgt hauptsächlich am Aequator durch die *Vv. vorticosae.* Aus der Orbita geht das Blut nach drei Richtungen. Der wichtigste Weg ist die *V. ophthalmica sup.* durch die Fissura orbitalis cerebralis zum Sinus cavernosus, und gesteigerter Hirndruck führt zur Stauung in den Bulbusvenen. Ein zweiter Weg, die *V. ophthalmica inf.*, mündet gleichfalls, direkt oder indirekt (durch die obere Vene), in den Sinus cavernosus, steht aber durch die Fissura orbitalis spheno-maxillaris regelmäßig in Verbindung mit dem Plexus pterygoideus der Fossa infratemporalis und über diesen mit der V. retromandibularis bzw. den tiefen Venen der Gesichtsregion. Schließlich gehen die Venen der Lider, des Tränenapparates und der Bindehaut in die oberflächlichen Gesichtsvenen, hauptsächlich die *V. facialis*, über; mit dieser steht auch die V. ophthalmica sup. durch eine *V. angularis* in Verbindung.

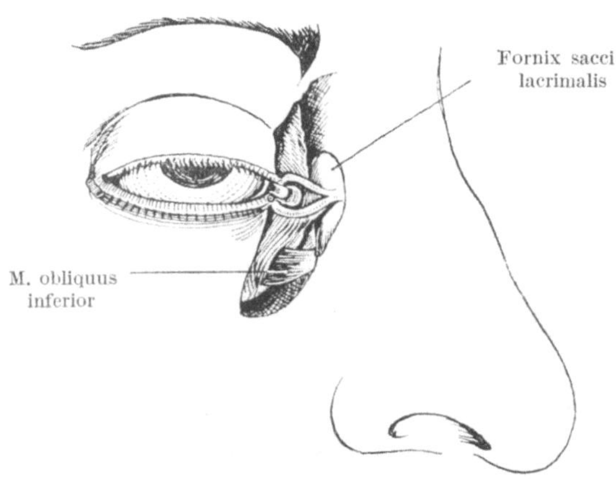

Abb. 46. Tränenröhrchen und Tränensack. Nach TOLDT-HOCHSTETTER.

Im lateral-oberen Winkel der Orbita, in der breiten flachen Fossa glandulae lacrimalis des Stirnbeins, liegt die im Durchmesser etwa 2 cm große, platte *Glandula lacrimalis* (Abb. 44), die durch die ausstrahlende Sehne des M. levator palpebrae superioris in die Pars orbitalis und die kleine oberflächlich gelegene Pars palpebralis geteilt wird. Die Ausführungsgänge münden, etwa sechs bis acht an der Zahl, mit zwei Reihen punktförmiger Öffnungen lateral-oben im *Fornix conjunctivae* (dem Übergang der Conjunctiva palpebrae auf die Conjunctiva bulbi); die *Bindehaut* oder *Tunica conjunctiva* ist die Schleimhaut, welche, Bulbus und Lider verbindend, die Innenfläche der Lider und die Vorderfläche des Bulbus bekleidet und einerseits bis an den freien Lidrand, anderseits bis an den Cornealrand reicht, wo sie in das hohe geschichtete Cornealepithel übergeht. — Die Tränen gelangen durch den Lidschlag in den medialen Augenwinkel, wo eine Ausbuchtung am Treffpunkt der Lidränder, der *Tränensee, Lacus lacrimalis*, sie vorerst aufnimmt (Abb. 46). Im Tränensee liegt die *Caruncula lacrimalis*, ein blutreiches rotgefärbtes Hautwärzchen; in den See tauchen die an den Enden der beiden Lidkanten gelegenen *Puncta lacrimalia*, aus denen oberes und unteres *Tränenröhrchen (Ductuli lacrimales)* hervorgehen. Sie vereinigen sich zu einem kurzen gemeinschaftlichen Stück, und dieses mündet in den *Saccus lacrimalis (Tränensack)*,[1] der in der Tränensackgrube der knöchernen medialen Orbitalwand gelegen ist und die Mündung des Tränenröhrchens mit

---

[1] Die vielfach als Tränensack bezeichnete dicke Hautfalte unter dem unteren Augenlid älterer fettleibiger Personen hat mit dem Tränenapparat nichts zu tun.

dem seichten Fornix sacci lacrimalis überragt. Er setzt sich nach unten ohne scharfe Grenze in den *Ductus nasolacrimalis* (Tränennasengang) fort, der gedeckt von der unteren Nasenmuschel in den unteren Nasengang nahe dem vorderen Ende desselben mündet.

Tabelle. 1. Orbitalwände.

Name der Wand	Bestandteile	Nachbarorgane	Varietäten	Complicationen
Paries sup. = cerebralis	Pars orbitalis ossis frontis und Ala parva sphenoidea	Lobus frontalis cerebri, Dura mater	Ausbreitung des Sinus front. oder sphenoid. oder von Siebbeinzellen	penetrierende Verletzungen
Paries inf. = maxillaris	Facies orbit. maxillae, Proc. max. ossis zyg.	Sinus maxill., N. infraorbitalis	Wechselnde Größe des Sinus max.	Aus dem Sinus max. aufsteigende Infekte
Paries lat. = temporalis	Ala magna sphen., Lamina orbit. ossis zygom.	Fossa temporalis, infra temp., pterygopalatina	—	—
Paries med. = nasalis	Lamina orbit. (papyracea) ossis ethmoid., Os lacrimale, Proc. front. max., Proc. orbit. oss. palatini	Sinus (Cellulae) ethmoidei, Ductus nasolacrim., Nasenhöhle	Vicariieren der Siebbeinzellgruppen	Aus den Zellen übergreifende Infekte, Verletzungen (Luftemphysem), aufsteigende Infektion im Ductus nasolacrim.

Gehörorgan.

Das Gehörorgan zerfällt in drei Abschnitte: *inneres Ohr* oder *Labyrinth*, *Mittelohr* oder *Paukenhöhle* und *äußeres Ohr*, bestehend aus *äußerem Gehörgang* und *Ohrmuschel*. Das Labyrinth ist das Sinnesorgan mit dem schallempfindenden und dem Gleichgewichtsorgan *(stato-akustisches Organ)* und enthält die Nervenendstellen; ihm stehen Mittelohr und äußeres Ohr als der schalleitende Apparat gegenüber.

Das *Labyrinth* ist flüssigkeitsgefüllt (die *Otolymphe* entspricht dem Liquor cerebrospinalis), der schalleitende Apparat ist luftführend. Das Labyrinth (Abb. 47) wird vom anatomischen Gesichtspunkt aus zuerst einmal eingeteilt in knöchernes und häutiges (membranöses) Labyrinth; das erstere ist ein Hohlraum- und Kanalsystem des Felsenbeines, das letztere ein darin aufgehängtes wesentlich engeres, von Epithel ausgekleidetes Röhrensystem. Der flüssige Inhalt des letzteren wird *Endolymphe*, die außen umspülende Flüssigkeit *Perilymphe* genannt, entsprechend dem Liquor der Hirnventrikel bzw. der Räume zwischen den Hirnhäuten. Eine andere Einteilung, zugleich die funktionelle, unterscheidet den *Vorhofs-* oder *Vestibularapparat* mit dem Vorhof und den drei Bogengängen als statisches oder Gleichgewichtsorgan und die *Schnecke* oder *Cochlea* als das eigentliche Gehörorgan. Im Vorhof des knöchernen Labyrinths liegen zwei Vorhofsäckchen, *Utriculus* und *Sacculus*, untereinander verbunden durch den *Ductus endolymphaceus* (der mit dem *Saccus endolymphaceus* subdural in der Schädelhöhle endet) und den in ihn einmündenden *Ductus utriculo-saccularis*. Vom Utriculus gehen die drei häutigen *Bogengänge* (oder halbkreisförmigen Kanäle) ab, mit je einer Erweiterung, der *Ampulle*, an einem Ende; vom Sacculus geht der *Ductus reuniens* zum häutigen Schneckengang. Im Utriculus und Sacculus liegt je eine Nervenendstelle, die *Macula*, mit einem an deren Sinneshaaren befestigten *Statolithen* („Hörsteinchen"), einer Schleimflocke mit eingelagerten Kalkkristallen. In jeder Ampulle liegt eine Nervenendstelle mit einem langen verklebten Sinneshaarschopf. Die *Schnecke* (Abb. 48) besteht aus zweieinhalb Umgängen oder Windungen; jede Windung wird unterteilt durch eine von der medialen Seite (der Schneckenspindel) her bis etwa zur Mitte der Windung vorspringende knöcherne Lamelle *(Lamina spiralis ossea)* und die sie vervollständigende straff gespannte bindegewebige *Lamina spiralis membranacea* oder *Membrana basialis*. Auf dieser Scheidewand ruht der endo-

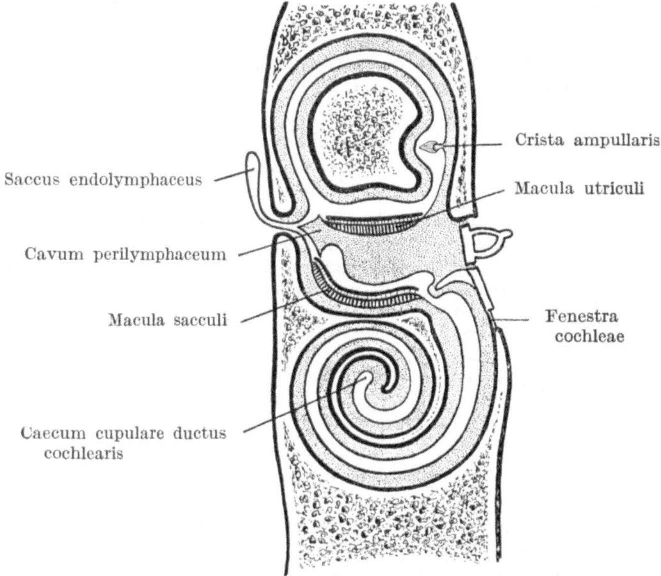

Abb. 47. Schema des Ohrlabyrinthes.

lymphatische Schneckengang des häutigen Labyrinths *(Ductus cochlearis)* mit dem eigentlichen Gehörorgan, dem CORTISchen *Organon spirale*; der (perilymphatische) Raum unterhalb ist die *Scala tympani* (Paukentreppe), der gleichfalls perilymphatische Raum oberhalb des Ductus cochlearis die *Scala vestibuli* (Vorhofstreppe). Beide Treppen hängen in der Spitzenwindung der Schnecke (neben dem oberen blinden Ende des Ductus cochlearis) im *Helicotrema* zusammen. Die *Otolymphe* wird an der lateralen Wand des Ductus cochlearis in der *Stria vascularis* gebildet, füllt das membranöse und durch Diffusion durch dessen dünne Wände auch das knöcherne Labyrinth und wird einerseits durch den Ductus und Saccus endolymphaceus hauptsächlich in die Gefäße der Dura, anderseits durch den aus der Scala tympani entspringenden Canaliculus (Aquaeductus) cochleae ins Lymphgefäßsystem bzw. in die V. jugularis interna abgeleitet.

Die drei *Bogengänge* stehen aufeinander senkrecht; einer ist horizontal gelagert, die beiden anderen stehen vertikal, sind aber nicht nach den Hauptebenen des Schädels, sagittal und frontal, angeordnet, sondern nach der Pyramidenachse, quer und parallel zu ihr; da die beiderseitigen Pyramidenachsen miteinander einen Winkel von rund 90° bilden, so stehen die vertikalen Bogengänge beider

Seiten wechselweise parallel zueinander, der quere der einen Seite parallel dem längs der Achse stehenden der anderen Seite. Die Bogengänge sind für die

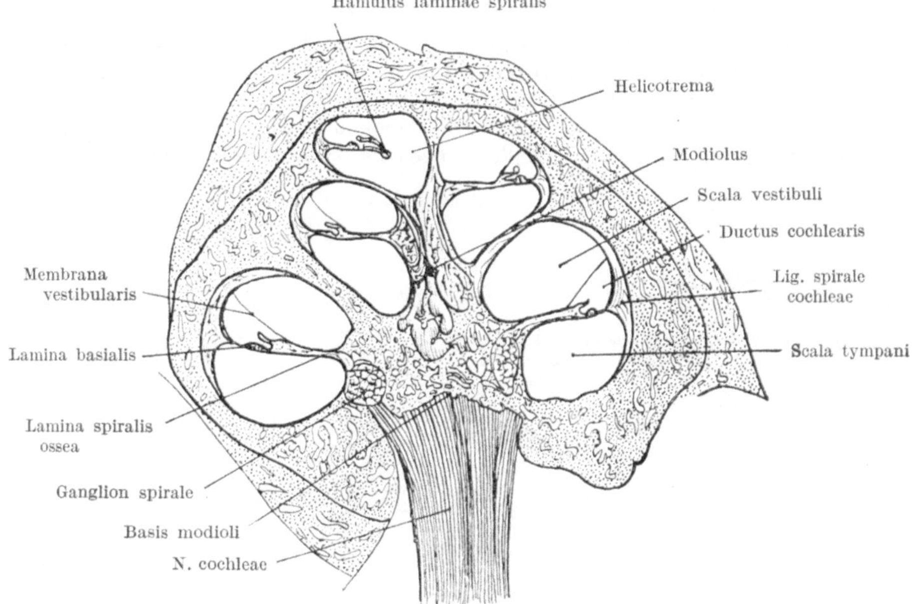

Abb. 48. Axialer Schnitt durch die Schnecke eines Neugeborenen. Nach TOLDT-HOCHSTETTER.

Wahrnehmung der drehenden Bewegungen bestimmt, da solche Bewegungen wegen der Trägheit der Endolymphe eine Strömung in den häutigen Bogen-

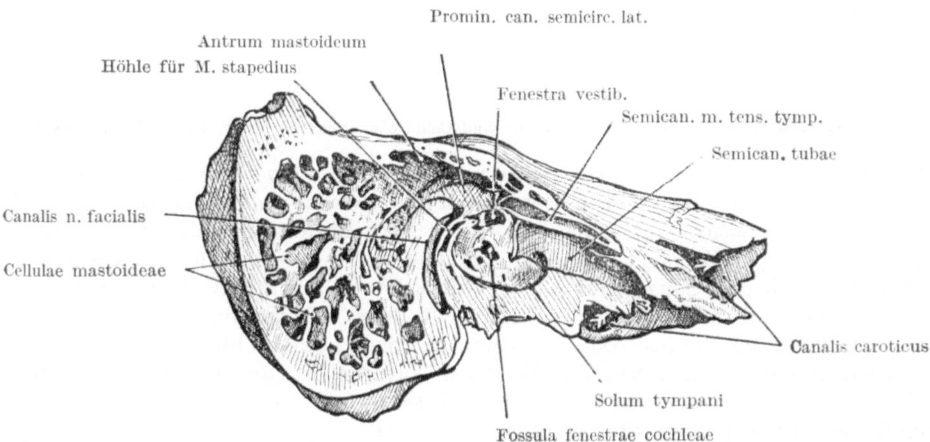

Abb. 49. Knöcherne mediale oder Labyrinthwand der rechten Paukenhöhle mit stark ausgebildeten Cellulae mastoideae. Nach TOLDT-HOCHSTETTER, vereinfacht.

gängen und damit eine Verbiegung der Haarschöpfe in den Ampullen erzeugen. Die *Maculae* der Vorhofsäckchen vermitteln die Empfindung der Neigung des Kopfes (durch Abgleiten der Statolithen) und der geradlinigen Bewegungsänderungen (durch Zurückbleiben bzw. Weiterbewegung der Statolithen, die wie alle Körper eine eigene Trägheit besitzen). Natürlich sind alle diese Trägheitseffekte minimal. — In der *Cochlea* ist trotz mancher physikalischer Schwierigkeiten die Theorie des Mitschwingens der gespannten Radiärfasern der Membrana basialis bei Toneinwirkung die wahrscheinlichste; die verschieden langen Fasern sind auf verschiedene Töne abgestimmt. — Der *N. stato-acusticus* gelangt zusammen mit dem Facialis und Intermedius durch den Meatus acusticus int. an das Labyrinth; am Boden des Meatus liegt das Ganglion vestibulare, in der Schneckenspindel das Ganglion cochleare, beide aus echt bipolaren Ganglienzellen (nicht pseudo-unipolaren Zellen, wie die typischen sensiblen Wurzel-

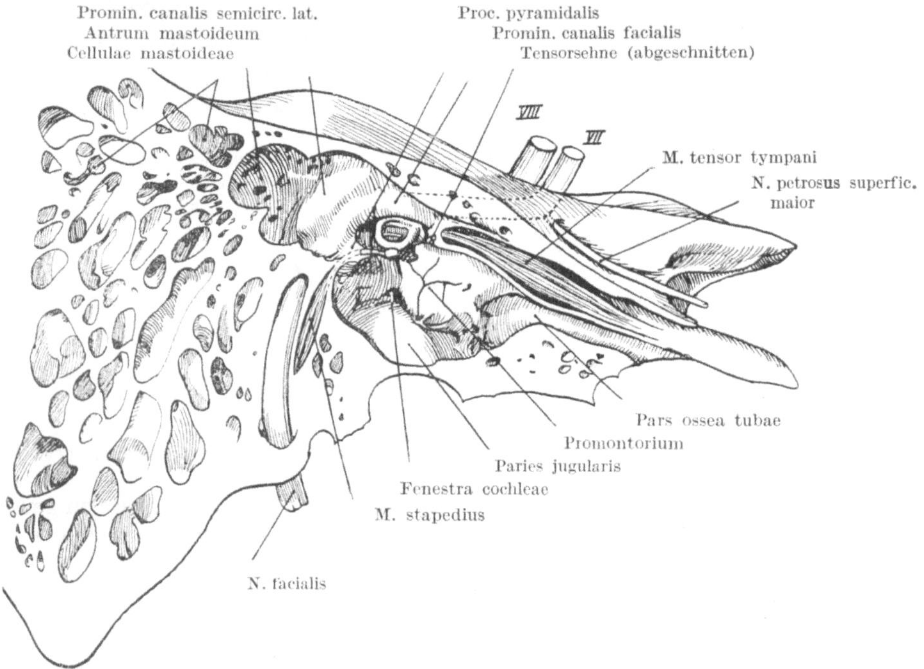

Abb. 50. Labyrinthwand der rechten Paukenhöhle und Cellulae mastoideae. Vergr. 2fach. Nach CORNING.

ganglien) aufgebaut. Mit den Nerven verlaufen A. und V. labyrinthi (auditiva int.). — Das Labyrinth hat außer durch die Nerven- und Gefäßkanäle, die vom Meatus acusticus int. ausgehen, auch noch andere Beziehungen, die als Infektionswege in Betracht kommen, nämlich mit der Schädelhöhle, wie schon erwähnt, durch den Canaliculus (Aquaeductus) vestibuli mit dem Ductus endolymphaceus, und mit der Schädelbasis bzw. der V. jugularis int. durch den Canaliculus (Aquaeductus) cochleae, dann mit der Paukenhöhle durch die beiden Labyrinthfenster, von denen die Fenestra cochleae, an der Basalwindung der Schnecke, durch die Membrana tympani secundaria, die Fenestra vestibuli durch die Fußplatte des Stapes verschlossen ist.

Die *Paukenhöhle, Cavum tympani* (Abb. 49 bis 54), ist der Hauptteil des Mittelohres, zu dem noch die *Ohrtrompete, Tuba pharyngotympanica* (Eustachii), gehört, und durch welche der Paukenhöhle ihr Hauptinhalt, die Luft, aus dem Pharynx zugeführt wird. Die Luftzufuhr muß offen sein, da die eingeschlossene Luft durch Resorption, besonders des Sauerstoffs, ständig vermindert wird und der äußere Luftdruck beim Steigen und Sinken im Luftraum, ja schon beim Bergabgehen sich rasch deutlich ändert. — Die Paukenhöhle ist ein enger, annähernd von sechs paarweise parallelen Flächen begrenzter Raum (ein Quader), ungefähr 1 cm lang und hoch und $^1/_2$ cm dick, was einem Rauminhalt von $^1/_2$ ccm oder etwa 10 Tropfen Flüssigkeit entspricht, so daß Entzündungsprodukte sehr bald sich einen Ausweg suchen müssen; die Tube kommt hierfür wenig in Betracht, weil ihre Wände (allenfalls mit Ausnahme des obersten Anteiles an der Schädelbasis, im Bereich des hakenförmig eingerollten Oberrandes des Tubenknorpels) im Ruhezustand aneinander liegen und bei entzündlicher Schwellung leicht das Lumen völlig verschließen. — Die Wände der Paukenhöhle sind (wie die Bogengänge) nicht nach den Hauptebenen des Schädels, sondern nach der Pyramidenachse orientiert und gegen alle drei Hauptebenen geneigt; der Quader ist so eingestellt, daß die beiden Hauptflächen nach vorn-unten-außen bzw. hinten-oben-innen geneigt sind. Man unterscheidet aber die Wände der Einfachheit halber als mediale oder Labyrinthwand, laterale oder membranöse Wand (mit dem Trommelfell), obere oder tegmentale und untere oder jugulare, vordere oder carotische und hintere oder mastoide Wand.

Die *mediale Wand* (Abb. 49) zeigt die zwei vorhin genannten Fenster (Fen. vestibuli und cochleae), dann das Promontorium, durch die unterste Schneckenwindung bedingt, mit dem nervösen Plexus (N. tympanicus, dem sensiblen Nerven der Paukenhöhle, vom Glossopharyngicus), die Eminentia pyramidalis mit dem M. stapedius und, praktisch wichtig, die Prominentia canalis facialis mit der Umbiegung des Facialis aus dem Verlaufsstück parallel zur Pyramidenachse nach abwärts zum Foramen stylomastoideum.

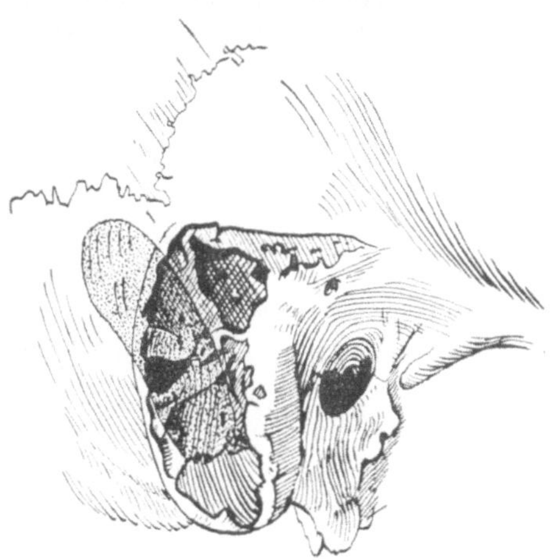

Abb. 51. Pars mastoidea des rechten Schläfenbeins mit großen Zellen und weitem Antrum mastoideum. Lage des Sinus sigmoides punktiert angegeben. Nach CORNING.

Am *Facialkanal* des Felsenbeins (Abb. 50) können drei Abschnitte unterschieden werden: 1. vom Grunde des Meatus acusticus int. quer zur Pyramidenachse nach vorn-außen bis zum Hiatus canalis facialis an der Vorderwand der Pyramide; dort bildet er das äußere Knie, enthält das sensible Ganglion geniculi des Intermedius (für Geschmacksfasern) und gibt durch den Hiatus den motorischen N. petrosus superficialis maior ab (Abb. 43). 2. Der Facialis wendet sich im rechten Winkel parallel zur Pyramidenachse nach hinten-außen und biegt nun 3. im Bogen vertikal nach abwärts zum Foramen stylomastoideum um; auf diesem letzten Stück gibt er den N. stapedius für den gleichnamigen Muskel und die Chorda tympani (mit den Geschmacksfasern aus dem Ganglion geniculi) ab. Das letzte Stück des Kanales entsteht erst allmählich nach der Geburt mit dem Wachstum des Proc. mastoides und des von ihm entspringenden, den Kopf haltenden M. sternocleido-mastoideus, so daß der Facialkanal beim Neugeborenen an der Seitenfläche des Schädels endet und z. B. von der Geburtshelferzange gequetscht werden kann. Der erste Abschnitt des Kanals liegt in der Substanz des Felsenbeins, der zweite aber und die Umbiegung nach abwärts oberflächlich in der Wand der Paukenhöhle, der dritte zwischen Paukenhöhle und den Zellen des Warzenfortsatzes, so daß der Facialis bei Operationen im Mittelohr mehrfach gefährdet ist.

Frei durch die Paukenhöhle (Abb. 53) zieht von der lateralen zur medialen Wand die Kette der Gehörknöchelchen; der Stapes ist mit seiner Fußplatte durch ein ringförmiges Band im Vorhoffenster befestigt und überträgt so die Schallwellen auf die Ohrlymphe, während das Schneckenfenster als Ausgleich für diese Schwingungen dient. Hammer und Amboß sind mit dem Kopf bzw. Körper im *Recessus epitympanicus* an der *lateralen Paukenwand* ober dem Trommelfell durch Ligamente fixiert, der Hammergriff in die Membrana tympani eingelassen, der Hammer (Abb. 52) selbst noch mit dem Processus brevis (lateralis) an dem *Ligamentum transversum membranae tympani* befestigt,[1] das zwischen den Spinae tympanicae des Os tympanicum ausgespannt ist und die Grenze zwischen *Pars tensa* und *flaccida* des Trommelfells bildet. Um diese Befestigung am Ligament machen Hammer und Trommelfell Ausgleichsbewegun-

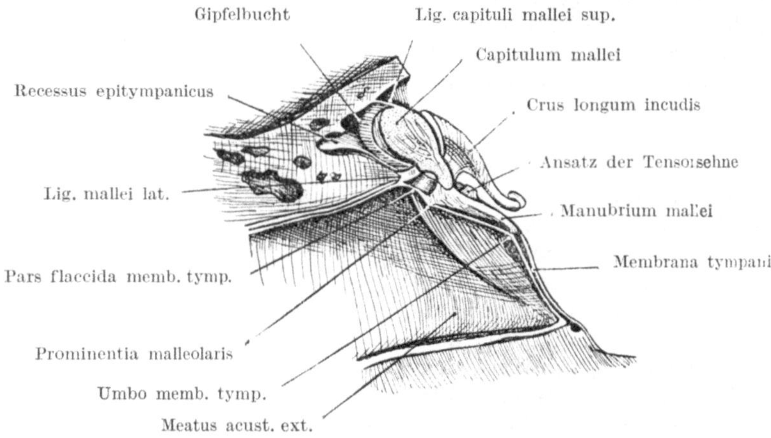

Abb. 52. Frontaler Durchschnitt durch das rechte Trommelfell und Umgebung. Vergr. $2^1/_2$mal. Nach TOLDT-HOCHSTETTER.

gen zur Regelung der Spannung des Trommelfells unter der Herrschaft des M. tensor tympani, der am Hammerhals haftet. — Das *Trommelfell* liegt, entsprechend der Orientierung der Paukenhöhle im ganzen, schräg nach allen drei Hauptrichtungen des Schädels so, daß die Außenfläche nach außen-vorn-unten gewendet ist (beim Neugeborenen fast horizontal nach unten); es ist trichterförmig gegen die Paukenhöhle vorgewölbt mit dem Ende des Hammergriffes an der Spitze des Trichters (dem *Umbo* des Trommelfells). Die Pars flaccida ist in die Incisura tympanica der Schläfenbeinschuppe eingefügt und ist offenbar zusammen mit dem vorgenannten Lig. transversum membranae tympani zum Schwingungsausgleich bestimmt.

Die *obere Wand*, der horizontal gestellte *Paries tegmentalis*, wird vom Tegmen tympani, einer dünnen Knochenplatte (Abb. 54), gebildet und trennt die Paukenhöhle von der mittleren Schädelgrube. Im höheren Alter können dort durch Knochenatrophie Lücken auftreten. Bei jungen Leuten grenzt sich das Tegmen vorn und seitlich durch die Sutura petrosquamosa, die auch feine Gefäße führt, gegen die Squama temporalis ab. Dadurch wird die Überleitung irgendwelcher Entzündungsprozesse von der Paukenhöhle auf die mittlere Schädelgrube und deren Inhalt (den Schläfenlappen des Gehirns mit seinen Häuten) erleichtert. —

---

[1] Dieses Ligament wird in der systematischen Anatomie nicht besonders beschrieben, ist aber ein mechanisch wichtiger Bestandteil des Trommelfells.

Die *untere Wand, Paries jugularis*, grenzt an die Fossa jugularis der Außenseite, in welcher der obere Bulbus der V. jugularis interna liegt. Kleine lufthaltige Zellen der Wand gelangen dadurch in die Nachbarschaft der Vene, eine Beziehung, die durch Dehiscenzen der Wand noch inniger werden kann.

Im Bereich der *hinteren Wand, Paries mastoideus* (Abb. 49 bis 51), liegt das *Antrum mastoideum*, eine Erweiterung der Paukenhöhle, an welche sich die lufthaltigen *Zellen des Warzenfortsatzes (Cellulae mastoideae)* anschließen. Diese Zellen treten ebenso wie die zapfenartige äußere Vorwölbung des Processus mastoides erst nach der Geburt auf und nehmen bis ins höhere Alter an Aus-

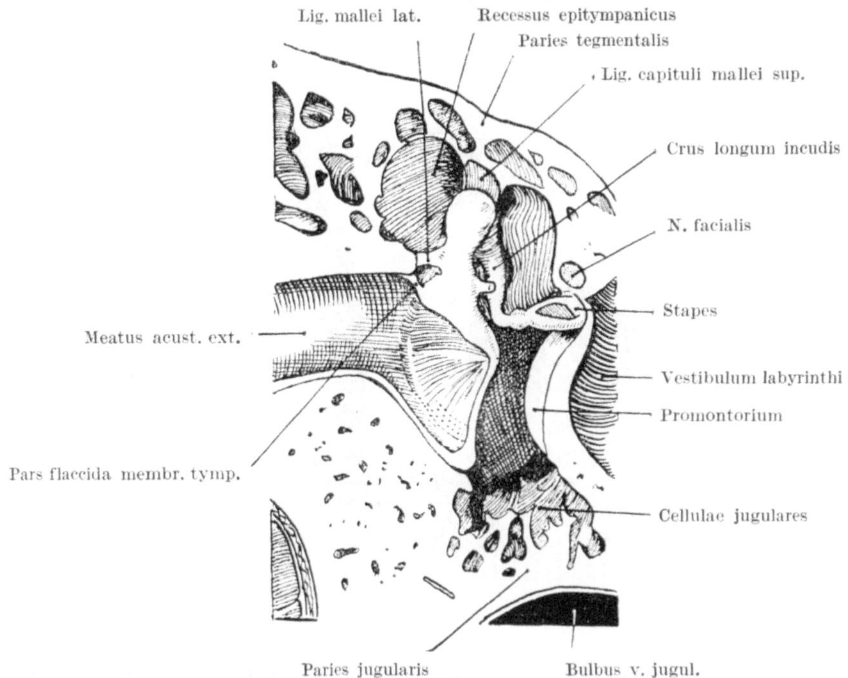

Abb. 53. Frontalschnitt durch die rechte Paukenhöhle mit den Gehörknöchelchen. Vergr. $2^{1}/_{2}$mal. Nach CORNING.

dehnung zu, sind aber außerordentlich variabel. Sie können in sehr wechselnder Größe der Einzelzellen (von Hanfkorn- bis zu Erbsengröße und darüber) den ganzen Fortsatz bis zur Spitze oder aber nur seinen Ursprung ausfüllen, sie können, bis zur hinteren Schädelgrube vordringend, die Rinne des Sinus sigmoides förmlich aus dem Knochen herausschälen und nur eine dünne Knochenwand bestehen lassen, sie können sich medialwärts bis in den Proc. jugularis des Hinterhauptsbeines, nach oben bis in die Schläfenbeinschuppe und das Tegmen tympani, ja in die Wurzel des Jochbogens oder in die Pyramide hinein ausdehnen und an das Labyrinth herankommen. Dem Facialkanal sind sie regelmäßig eng benachbart. In extremen Fällen ist auch die mediale Spitze des Felsenbeins pneumatisiert, und dazu kommen die (oben genannten) seichten Zellen an der unteren Wand der Paukenhöhle (Cellulae jugulares). Da die Zellen zur Bekämpfung chronischer Entzündungen freigelegt werden müssen, ist ihre Variabilität von Bedeutung.

Die sogenannte *vordere Wand, Paries caroticus*, besteht eigentlich mehr in einer Verschmälerung der Höhle gegen die Tube als in einer selbständigen Wand.

Sie ist dem im Felsenbein gelegenen Knie des Canalis caroticus benachbart. Die *Tube* liegt mit ihrer Pars ossea in der unteren Abteilung des *Canalis musculotubalis*, dessen obere Hälfte vom M. tensor tympani eingenommen wird. Die doppelt so lange Pars cartilaginea tubae, die sich nach vorn-innen anschließt, erweitert sich trichterförmig ein wenig gegen den Pharynx und hat eine hintere knorpelige und eine vordere membranöse Wand; an dieser sowie am hakenförmig umgebogenen oberen Rand des Tubenknorpels setzen Fasern des M. tensor veli palatini an, die bei ihrer Kontraktion diese Wand von der knorpeligen Wand abheben und damit, bei jedem Schluckakt subjektiv hörbar, die Tube öffnen. — Auch die knöcherne Tube ist ein wenig trichterförmig gestaltet, aber so, daß

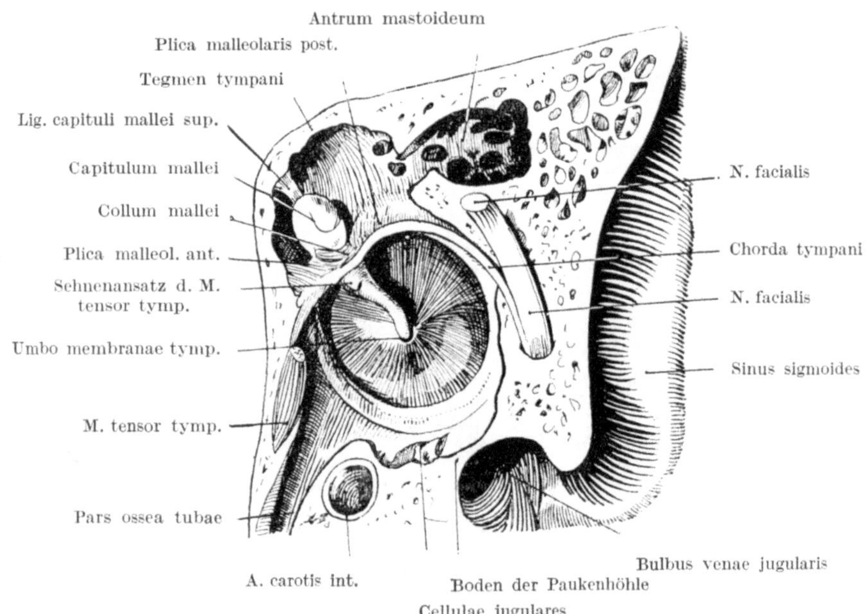

Abb. 54. Membranöse Wand der rechten Paukenhöhle von innen, nach Wegnahme des Ambosses. Nach CORNING.

sie medialwärts enger wird und daß an der Verbindungsstelle mit dem knorpeligen Abschnitt die engste Stelle liegt.

Die *Muskeln* des Mittelohres sind der *M. tensor tympani*, der in der oberen Abteilung des Canalis musculotubalis liegt, und der *M. stapedius*, in der Eminentia pyramidalis der medialen Labyrinthwand. Beide sind quergestreift, aber nur reflektorisch innervierbar; sie schränken die Bewegungen der Gehörknöchelchen bei lauten Geräuschen ein. Der Tensor, vom dritten Ast des Trigeminus innerviert, haftet am Collum mallei (Abb. 54) mit einer Sehne, die quer durch die Paukenhöhle verläuft, und hemmt die Schwingungen des Trommelfells und der Knöchelchen; der Stapedius, vom Facialis innerviert, spannt durch Insertion am Hals des Stapes und leichte Schiefstellung der Stapesplatte das Band, durch welches der Stapes im Vorhofsfenster befestigt ist. Facialislähmung erzeugt Überempfindlichkeit des Hörapparates.

Das *äußere Ohr*, *Auris externa*, besteht aus dem äußeren Gehörgang und der Ohrmuschel. Der *Gehörgang* setzt sich aus einem knorpeligen und einem knöchernen Teil zusammen; beide schließen einen nach unten-vorn offenen stumpfen Winkel ein, so daß zum Einblick in die Tiefe und zur Einführung von Instrumenten

Tabelle 2. Paukenhöhlenwände.

Namen	Bestandteile	Varietäten	Nachbarorgane	Gefährdungen bzw. Complicationen
Paries sup. = tegmentalis	Tegmen tympani, Sutura petrosquamosa, Squama temporalis	Gefäßkanälchen der Sutur, Dehiscenzen im Tegmen	Mittlere Schädelgrube, Hirnhäute, Schläfenlappen	Meningitis, Schläfenlappenabsceß
Paries inf. = jugularis	Solum tympani mit Cellulae jugulares	Wechselnde Größe und Tiefe der Zellen, Dehiscenzen der Wand	Fossa jugularis der Schädelbasis, Bulbus cranialis der Vena jugularis int.	Infektion und Thrombose der V. jugularis, Pyämie
Paries med. = labyrinthicus	Promontorium mit N. tympanicus, zwei Labyrinthfenster, Stapes und Eminentia pyramidalis, Prominentia canalis facialis	Dehiscenzen in der Wand des Canalis facialis	Labyrinth, zweiter und dritter Abschnitt des Canalis facialis	Labyrintherkrankung, Facialislähmung
Paries lat. = membranaceus	Trommelfell mit Pars tensa und flaccida, Hammer und Chorda tympani, Recessus epitympanicus	Wechselnde Größe des Recessus epitympanicus	Äußerer Gehörgang, Knochenwand des Recessus epitympanicus	Trommelfelldurchbruch
Paries ant. = caroticus	Mündung des Canalis musculotubalis bzw. der Tube	Eventuell Dehiscenzen im Canalis caroticus, apicale Zellen des Schläfenbeins	Canalis caroticus, Sinus cavernosus, N. abducens, Ganglion semilunare	Infektionsweg durch die Tube, Infektion apicaler Zellen, Abducenslähmung, Trigeminusneuralgie
Paries post. = mastoideus	Antrum mastoideum mit Prominentia canalis semicircularis lateralis, Cellulae mastoideae	Ausdehnung der Zellen um den Sinus sigmoides, wechselnde Pneumatisation des Warzenfortsatzes und der Nachbarknochen	Absteigender Teil des Facialkanals, hintere Schädelgrube mit Sinus sigmoides, Hirnhäute, Kleinhirn	Facialislähmung, Sinusthrombose (Pyämie), Meningitis, Kleinhirnabsceß

der Gehörgang durch Verziehung der Ohrmuschel nach hinten-oben gestreckt werden muß. Dann erscheint in der Tiefe das Trommelfell, wegen seiner vorn (S. 47) erwähnten Schräglage nur in starker Verkürzung von hinten-oben erkennbar. Die Haut des Gehörganges enthält zahlreiche apokrine Drüsen, *Glandulae caeruminosae,* und große Talgdrüsen (an feinen Härchen); das Sekret beider Drüsen mischt sich mit abgestoßenen Epithelien zum *Ohrenschmalz, Caerumen,* das durch Austrocknung leicht harte Pfröpfe bildet. Die Haut ist am Knochen und Knorpel straff befestigt, wodurch Furunkel der Gegend besonders schmerzhaft sind. — Die *Ohrmuschel, Auricula,* hat als Grundlage (wie der laterale äußere Gehörgangsteil) eine Platte aus elastischem Knorpel, der (im Gegensatz zum hyalinen Knorpel) biegsam ist. Die Haut haftet fest am Perichondrium; bei Gewalteinwirkung auf die Ohrmuschel treten eher Blutungen unter das letztere auf als unter die Haut, und bei der Abheilung schrumpft der vom Perichondrium abgelöste Knorpel, so daß es zu Verunstaltungen der Ohrmuschel kommt.

Eine Übersicht über die Wände der Paukenhöhle und ihre Beziehungen gibt Tabelle 2.

Nasenhöhle.

Die Nasenhöhle, durch ein *Septum nasi* in eine rechte und linke Hälfte geteilt (Abb. 55), zerfällt in das *Vestibulum* mit einer Auskleidung, die im Bau

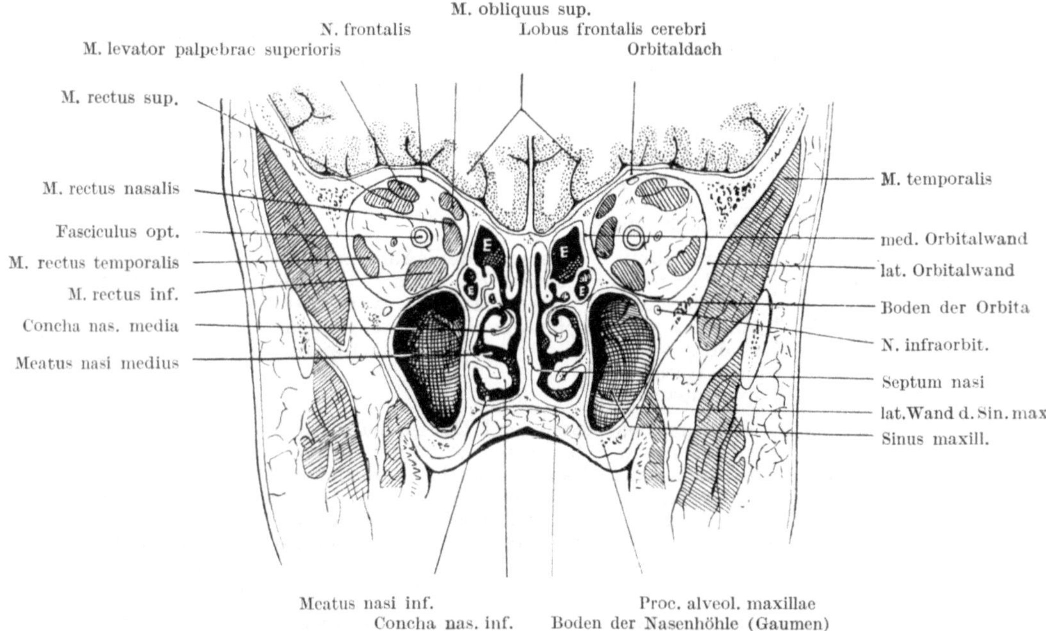

Abb. 55. Frontalschnitt durch den Kopf, knapp hinter dem Bulbus oculi. *E* = Sinus ethmoidei. Nach CORNING.

der äußeren Haut nahesteht, mit Haaren und Talgdrüsen, und die von Schleimhaut ausgekleidete *Regio olfactoria* oben und *Regio respiratoria* unten (Abb. 56). Die Grenze des Vestibulums bildet der *Limen nasi*, dem außen die Grenze zwischen Nasenflügel und Nasenrücken entspricht. Das Septum steht selten genau median, und Abweichungen bis fast zur Verlegung einer Seite sind häufig; ihre Ursache ist strittig, die Verbiegung ist häufig mit einem abnorm stark gewölbten (hohen) Gaumen verbunden und mag irgendwie auf einem Mißverhältnis in der (phylogenetischen) Reduktion von Geruchsorgan und Kieferapparat beruhen.

Zwei Bauprinzipien kommen in der Nasenhöhle zur Auswirkung: Einerseits die Oberflächenvergrößerung und anderseits die eben erwähnte Reduktion des Riechapparates. Die Nasenhöhle ist der physiologische Luftweg und dient sowohl der Prüfung der Luft in der Regio olfactoria wie ihrer Vorbereitung für die tieferen Luftwege — Erwärmung, Befeuchtung, Entstaubung — in der Regio respiratoria. Die Oberflächenvergrößerung wird durch die Muschelbildung erreicht. Die Reduktion aber ist einer der Hauptfaktoren für die Entstehung der pneumatischen (lufthaltigen) Nebenhöhlen, besonders der Siebbeinzellen. Einer einfachen Verschmälerung der Nasenhöhle bei der Reduktion mit Annäherung der beiden Augenhöhlen steht die Notwendigkeit der Erhaltung der Distanz beider Bulbi als Grundlage des stereoskopischen Sehens entgegen, und so kommt es zur Ausbildung der seitlich von der Nasenhöhle gelegenen Siebbeinzellen als Ausfüllung von toten Räumen. Die großen Nebenhöhlen, besonders Kiefer- und Stirnhöhle, sind aber durch die möglichst breite Befestigung des Kiefer- apparates am Hirnschädel und die Ausbildung von Strebepfeilern für diese Be-

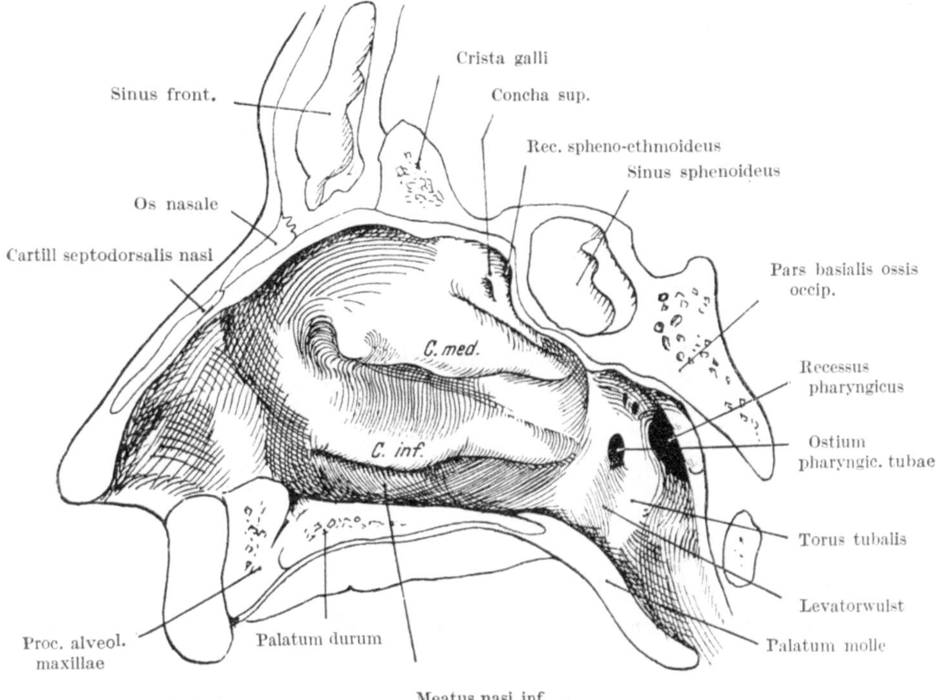

Abb. 56. Laterale Wand der Nasenhöhle (rechts). Nach CORNING.

festigung bedingt. Da wir demnach die Nebenhöhlen als Ergebnis der Schädel- konstruktion betrachten, erübrigt sich die Suche nach einer besonderen eigenen Funktion; allenfalls könnte an eine Wirkung als Resonatoren der Stimme ge- dacht werden. Die Erleichterung des Schädels durch ihren Luftgehalt kommt praktisch kaum in Betracht.

Die *Nasenmuscheln* sind dünne, am freien Rand nach unten eingerollte Knochenplatten (Abb. 55 und 58), die an der seitlichen Nasenwand entspringen und von Schleimhaut überzogen sind. Die zwei oberen Muscheln gehören dem Siebbein und der Regio olfactoria an, die untere, ein selbständiger Knochen, der Regio respiratoria. Das Ausmaß der Regio olfactoria umfaßt aber selten die ganze mittlere Muschel und kann sie beinahe freilassen. Die Region ist durch die braun pigmentierte Riechschleimhaut mit den Ursprüngen der Riechnerven- fasern, der Fila olfactoria, die direkt aus den Neuroepithelzellen der Region hervorgehen, und eigenartige Drüsen gekennzeichnet; gerochen kann nur werden, was sich in der Befeuchtung der Schleimhaut löst bzw. mit ihr reagiert. In der Regio respiratoria (Abb. 58) wird die Erwärmung durch das reiche Gefäßnetz, namentlich die Venen, die förmliche Schwellkörper bilden, vermittelt, die Befeuchtung durch reichliche seröse und gemischte Drüsen, die Entstaubung durch das Flimmerepithel der feuchten Oberfläche; der Flimmerstrom ist gegen das Vestibulum gerichtet.

Die Haftlinien der beiden oberen Muscheln stehen schräg (Abb. 57) an der Seitenwand, und ihre Vorderränder reichen bis an die Siebplatte hinauf; auf

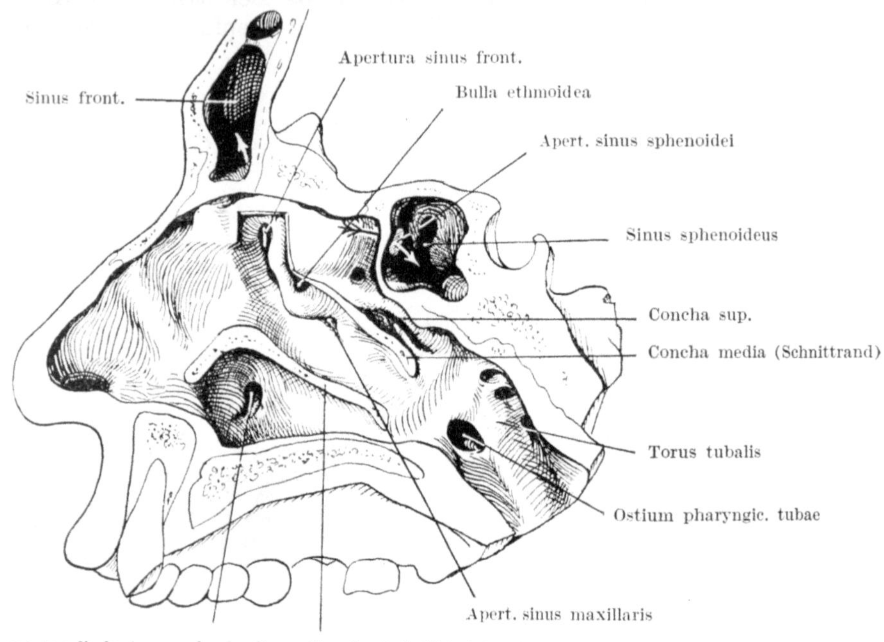

Abb. 57. **Laterale Wand der Nasenhöhle (rechts) nach Abtragung der unteren und mittleren Muschel. Nach** CORNING.

diesem Wege müssen ja die Riechnerven die Schädelhöhle erreichen. So hat namentlich die mittlere Muschel eine Vorder- und eine Unterkante und eine frei vorragende Ecke. Die untere Muschel aber hat eine horizontale Haftlinie.

Abb. 58. Schema der unteren Nasenmuschel mit Drüsen (schwarz) und Venengeflechten (leere ringförmige Querschnitte).

Zwischen den Muscheln liegen Spalten, die drei *Nasengänge* (Abb. 55 und 56), die jeweilig unter den gleichnamigen Muscheln gelegen sind. Hinter den Muscheln liegt, als Abschluß der Nasenhöhle nach rückwärts, oben der Keilbeinkörper, der mit dem Dach der Nasenhöhle (der Siebplatte) einen rechten Winkel bildet *(Recessus spheno-ethmoideus)* und darunter die *Choane,* die Öffnung der Nasenhöhle in den Nasopharynx (Abb. 61). Während beim Erwachsenen die Choane mindestens so hoch ist oder oft höher als der Keilbeinkörper, ist beim Kleinkind der Keilbeinkörper höher, die Choane klein, so daß Verlegungen derselben (durch die Rachenmandel, S. 74) leicht möglich sind. — In die Nasengänge münden die *Nebenhöhlen*; nur der Sinus sphenoideus mündet hinter den Muscheln in den Recessus spheno-ethmoideus, an der Vorderwand des Keilbeinkörpers (Abb. 55). In den oberen Nasengang münden die hinteren Siebbeinzellen, in den mittleren die vorderen Zellen und die Stirn- und Kieferhöhle (Abb. 57); in den unteren Nasengang mündet der Ductus nasolacrimalis. An der Seitenwand des mittleren Nasenganges liegt der *Hiatus semilunaris*, rückwärts von der Bulla ethmoidea, einer der vorderen Zellen, begrenzt; er führt meist nach oben in die Stirnhöhle, deren Öffnung allerdings auch selbständig im mittleren Nasengang oben liegen kann, während der Zugang zum Sinus maxillaris an seinem hinteren Ende oder auch selbständig dahinter liegt. Die Nebenhöhlen sind von Periost und einer sehr dünnen Schleimhaut ausgekleidet und münden in die Nasenhöhle durchwegs mit ziemlich engen Öffnungen, die hauptsächlich zum Ausgleich der Luftdruckschwankungen und zur Erneuerung des Luftgehaltes dienen. — Neben der Oberflächenvergrößerung ist für die normale Funktion eine nicht zu große Weite der lufthaltigen Spalten und Gänge wichtig, um Sekreteintrocknungen zu vermeiden. Bei den Nebenhöhlen ist die Infektion und die Stauung eines entzündlichen Produktes durch Abschluß der Öffnungen infolge Schleimhautschwellung von Bedeutung. Die Infektion kann auf Nachbargebiete übergreifen. Eine diagnostische Schwierigkeit liegt aber in der außerordentlichen *Variabilität der Nebenhöhlen*. Dabei ist noch zu beachten, daß die Pneumatisation mit Ausnahme der schon beim Neugeborenen als kleine Grube angelegten Kieferhöhle erst nach der Geburt beginnt und durch das ganze Kindes- und Jugendalter und in schwer feststellbarem Ausmaß auch noch beim Erwachsenen fortschreitet, stärker bei Männern als bei Frauen. So erstreckt sich die Stirnhöhle (Abb. 57, 60 und 33) in sehr wechselnder Weise in die Schuppe des Stirnbeines, durch ein häufig schief stehendes Septum in Rechts und Links

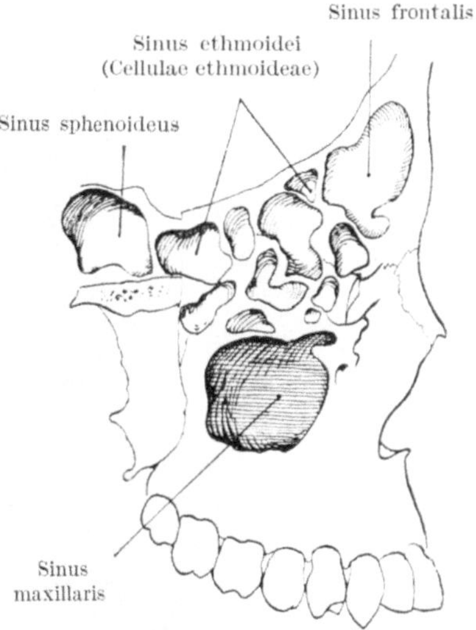

Abb. 59. Schema der Sinus paranasales. Nach CORNING.

geteilt, sie kann sich seitwärts bis zum Jochbein ausdehnen oder auf das Orbitaldach übergreifen, ja es ganz pneumatisieren. In dieses hinein dringen häufig auch Siebbeinzellen (vordere oder hintere) oder von rückwärts die wieder sehr häufig asymmetrische Keilbeinhöhle, die außerdem den kleinen Keilbeinflügel bis in den Proc. alae parvae pneumatisieren kann; es kommt vor, daß die eine Keilbeinhöhle klein bleibt und die andere weit über die Mittellinie übergreift. Dabei kann auch der Canalis opticus von lufthaltigen Zellen eingescheidet werden. Die Kieferhöhle (Abb. 55, 59, 44 und 45) hat ihre normale Öffnung nahe ihrem Dach (unter der Orbita), wodurch ein Sekretabfluß erschwert ist; in ihren Boden ragen die noch von der Alveolarwand umgebenen Spitzen der Zahnwurzeln in wechselndem Ausmaß vor. Auch die Kieferhöhle kann gegen das Jochbein vordringen. Eine Nebenöffnung in den mittleren Nasengang kann unter und hinter der normalen Öffnung gelegen sein, an einer Stelle, an der die knöcherne Begrenzung regelmäßig defekt ist (Abb. 40) und die daher zur operativen Eröffnung der Höhle geeignet ist.

Die *Innervation* der Nasenhöhle wird in der Regio olfactoria vom Olfactorius zusammen mit spärlichen Trigeminusfasern bestritten, weiter unten vorn vom ersten Ast des Trigeminus (N. nasociliaris), rückwärts vom zweiten Ast (Rami nasales post. aus dem Ganglion pterygopalatinum). Die Grenze läuft schräg etwa von der Mitte der mittleren Muschel nach vorn-unten vor das Foramen incisivum. Die *Arterien* stammen aus der A. ophthalmica (vorn-oben) und der A. maxillaris über die A. pterygopalatina (rückwärts und unten). Die *Venen* schließen sich im wesentlichen den Arterien an. Daß sie besonders im Bereich der Muscheln förmliche Schwellkörper bilden (die auch durch arteriovenöse Anastomosen gespeist werden), wurde vorn erwähnt. Die *Lymphgefäße* der Nasenhöhle ziehen zu den Nodi submandibulares.

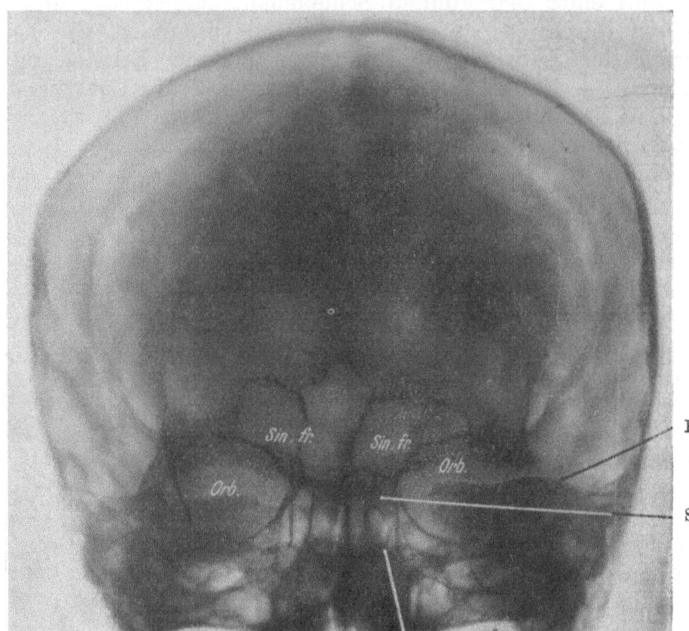

Abb. 60. Röntgenbild der Nasenhöhle mit Nebenhöhlen. Aufnahme occipito-frontal. Klinik Prof. SCHÖNBAUER.

Mundhöhle.

Die Mundhöhle kann als ein angenähert würfelförmiger Raum aufgefaßt werden, der im geschlossenen Zustand (Abb. 61) von der Zunge bis auf einen kapillaren Spalt ausgefüllt wird und nur bei geöffnetem Mund bzw. durch einen Inhalt ein weiteres Lumen gewinnt. Die obere Wand wird vom Gaumen gebildet, die seitlichen und die vordere Wand von den Alveolarfortsätzen der Kiefer und den Zähnen, die untere vom muskulösen Mundboden; die hintere Begrenzung entspricht der offenen Verbindung mit dem Pharynx, dem Isthmus faucium, zwischen den Arcus palatoglossi. Zwischen den Zahnreihen und den Wangen und Lippen erstreckt sich das Vestibulum oris.

Zähne und Kiefer. An einem Zahn (Abb. 62) unterscheidet man die *Krone (Corona)* als den von Schmelz überzogenen, frei vorragenden Teil, den *Hals (Collum)* als das vom *Zahnfleisch* (der *Gingiva*) umschlossene Stück und die *Wurzel (Radix)* als den im *Zahnfach*, der *Alveole*, steckenden Abschnitt. Hals und Wurzel sind von einer dünnen Lage von Knochensubstanz *(Cement)* überzogen. Die Hauptmasse des Zahnes besteht aus *Zahnbein, Dentin*, das im Aufbau dem Knochen nahesteht, sich aber von ihm wesentlich dadurch unterscheidet, daß es keine eingeschlossenen Zellen enthält, sondern nur von Ausläufern der

Zahnbeinbildner (Odontoblasten), die an der Innenfläche des Zahnbeins, in der Zahnhöhle (Pulpahöhle) liegen, durchzogen wird. Der weiße Überzug der Krone, der *Schmelz* oder das *Email*, ist zellfrei. Die *Pulpahöhle* hat ihre größte

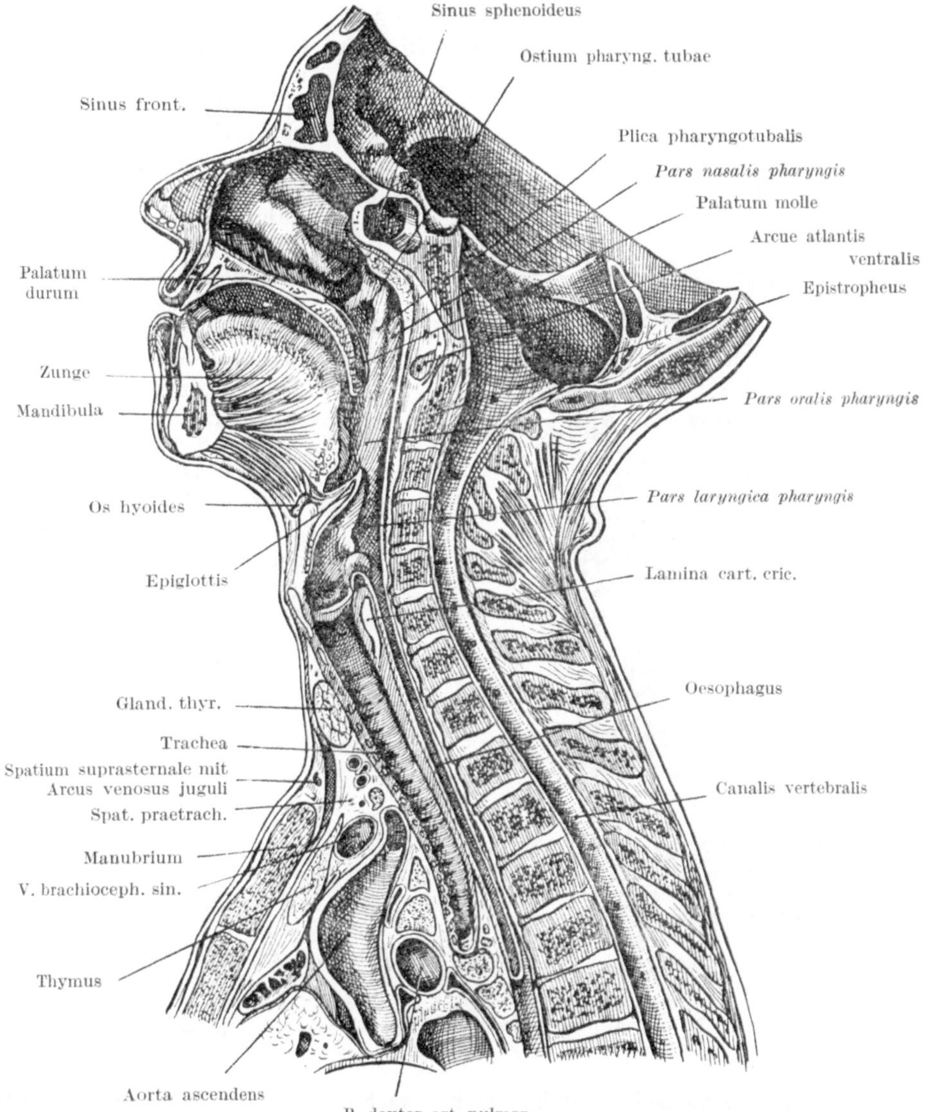

Abb. 61. Mediansagittaler Durchschnitt durch Kopf und Hals. Nach TOLDT-HOCHSTETTER.

Ausdehnung in der Krone und setzt sich als *Wurzelkanal* in die Wurzel fort, um an der Spitze mit einer feinen Öffnung zu enden. Durch diese Öffnung treten Nerven und Blut- und Lymphgefäße in die *Pulpa*, ein zellreiches Bindegewebe, ein. Die oberen *Zahnnerven* stammen aus dem zweiten Ast des Trigeminus, dessen Ramus infraorbitalis rückwärts an das Tuber maxillare Rami alveolares postt. (Abb. 44) und im Canalis infraorbitalis R. alveolares antt. abgibt; sie bilden in der äußeren Wand des Sinus maxillaris einen *Plexus dentalis*, aus dem die Rami dentales entspringen. Im Unterkiefer bildet der N. alveolaris mandibularis (Abb. 71) des dritten Trigeminusastes innerhalb des Canalis mandibulae (Abb. 63) wiederum einen Plexus, von dem die Rami dentales abgehen. Die Arterien stammen in ähnlicher Anordnung oben aus der A. infraorbitalis, unten aus der A. alveolaris mandibularis. Die Lymphgefäße gelangen zu den submandibularen Lymphknoten. — Es ist eine Eigentümlichkeit der Kieferschleimhaut *(Gingiva)*, daß ihr Epithel am Zahnhals mit freiem Rande aufhört, ohne einen Verschluß der Epithelöffnung durch Wucherung anzustreben. Doch besteht hier dauernd die Möglichkeit des Eindringens von Mikroorganismen.

Für das *Wachstum* und den *Wechsel der Zähne* (Abb. 64 bis 66) ist maßgebend, daß die einmal gebildeten Teile der Zähne gleich in der endgültigen Größe angelegt werden

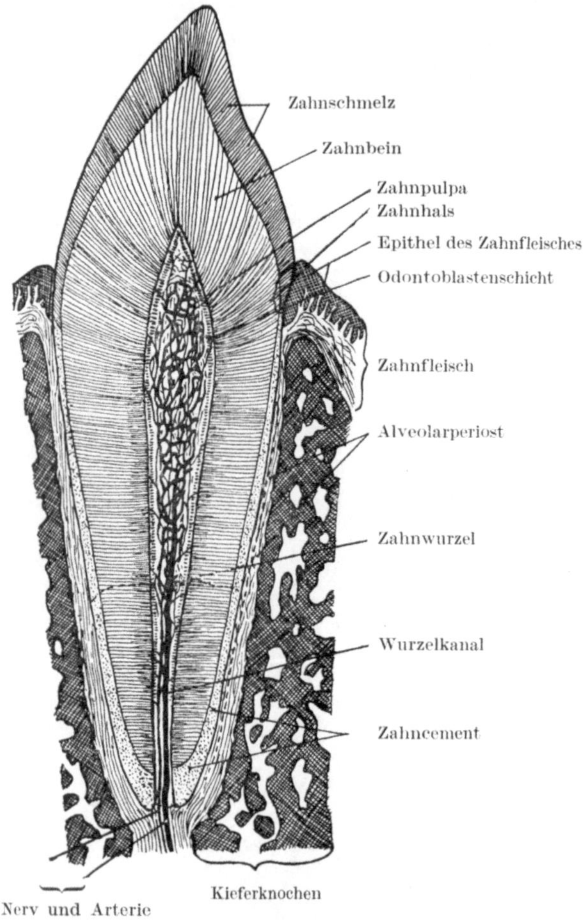

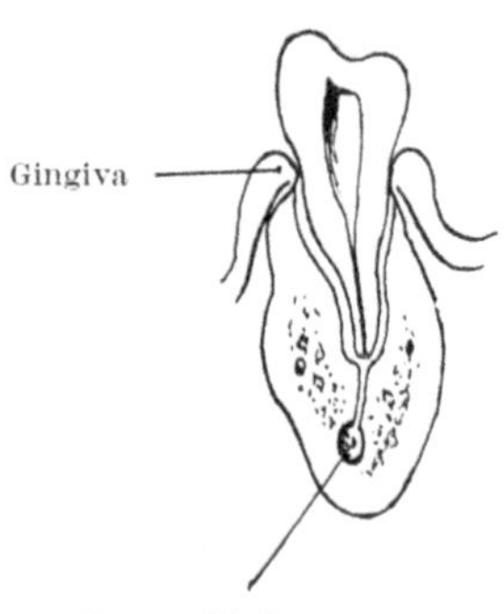

Abb. 62. Schematischer Längsschnitt eines Zahnes in der Alveole. Nach SOBOTTA.

Abb. 63. Mahlzahn im Unterkiefer.

müssen und nachträglich nicht mehr wachsen können. Namentlich gilt dies für die Krone, die durch ihre Schmelzbekleidung in ihrer Form und Größe festgelegt ist. Aber auch die Wurzel wächst zwar langsam in die Länge, wodurch der Zahn aus dem Kiefer herausgeschoben wird, doch nicht mehr in die Breite. Die Zähne können daher im kindlichen Kiefer nur nacheinander, von vorn nach rückwärts, ausgebildet werden und durchbrechen, und sie erscheinen in zwei Generationen, Dentitionen, als kleine Milchzähne, nur fünf in jeder Kieferhälfte, und als größere bleibende Zähne, je acht in jeder Kieferhälfte, wobei (bei den oberen Schneidezähnen des siebenjährigen Kindes besonders auffällig) die Zähne anfangs relativ sehr groß sind und der Zahndurchbruch sich über eine längere Zeit ausdehnt, ja bei den Weisheitszähnen sich bis an die Beendigung des Gesichts- und Kieferwachstums verschiebt. Die Kieferknochen sind beim Neugeborenen fast ganz von den Zahnanlagen erfüllt, bestehen demnach fast nur aus einem Proc. alveolaris, und der Oberkiefer besitzt kaum einen Körper (der Sinus maxillaris ist eine flache Nische). Beim Erwachsenen ist der Proc. alveolaris des Oberkiefers ein bogenförmiger, nach unten gerichteter Fortsatz des Körpers, außen mit wulstartigen Vorsprüngen der Zahnfächer, den Juga alveolaria, versehen; diese können leicht durch die Kieferschleimhaut, ja durch die Wangenhaut getastet werden. Die Zahnwurzeln reichen besonders im Bereich der Mahlzähne bis dicht an die Schleimhaut des Sinus maxillaris heran. Der nervöse Zahnplexus (Abb. 45) ist außen von einer ganz dünnen Knochenschale gedeckt, so daß Betäubungsmittel, die unter die Schleimhaut bzw. das Periost gebracht werden, die Nerven leicht außer Funktion setzen. Im Unterkiefer (Abbildung 63) sitzt der Proc. alveolaris breit der noch mehr verbreiterten Basis des Corpus mandibulae auf, und der Plexus dentalis ist im Canalis mandibularis nicht ohne Knochenoperation zu erreichen. Deshalb wird der N. alveolaris mandibularis von der Mundhöhle her am Eintritt in das Foramen mandibulare an der Innenfläche des Ramus mandibulae anästhesiert. Das Foramen wird von der Lingula

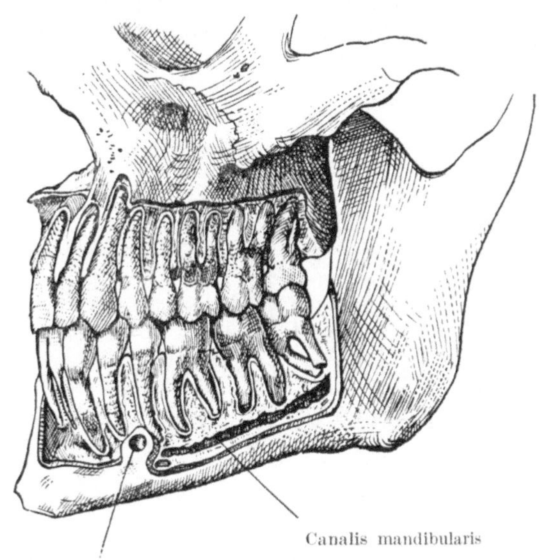

Abb. 64. Das bleibende Gebiß (linke Hälfte) mit von außen bloßgelegten Zahnwurzeln. Normaler Zusammenschluß (Articulation) der Zähne. Etwas verkleinert. Nach TOLDT-HOCHSTETTER.

mandibularis gedeckt; man tastet sich mit der Nadel bis über den Rand der Lingula vor. Dabei wird der ganze Unterkiefer und die Unterlippe darüber (N. mentalis) einseitig ausgeschaltet.

Der *Unterkiefer* besteht aus dem Corpus, das selbst wieder aus der massigen Basis und dem kräftigen Processus alveolaris besteht, und aus dem flachen, aber breiten, etwas schräg nach hinten geneigten Ramus, der rückwärts in den Proc. articularis (condyloideus) mit dem Köpfchen und vorn in den flachen Proc. muscularis (coronoideus), den Ansatz des M. temporalis, ausläuft. Am Kieferwinkel haftet außen der M. masseter, innen der M. pterygoideus medialis; der M. pterygoideus lat. mit mehr horizontalem Faserverlauf inseriert an der Vorderseite des Proc. articularis unter dem Köpfchen. Über die Innenfläche des Corpus verläuft schräg nach vorn absteigend die Linea mylohyoidea, die Ursprungslinie des gleichnamigen Muskels, der den Mundboden bildet; in die Begrenzung der Mundhöhle wird somit nur ein Teil der Kieferinnenfläche einbezogen, und der unterhalb des Mundbodens liegende Teil der Innenfläche des Unterkieferkörpers ist von außen erreichbar.

Kiefergelenk. Die beiden Kiefergelenke arbeiten zwangsläufig gleichzeitig und in der Regel auch parallel, nur bei den Seitwärtsbewegungen des Kiefers verschieden. Jedes Gelenk besteht aus zwei, durch einen *Discus articularis* getrennten Stockwerken, von denen das untere ein Scharniergelenk mit querer Achse ist, während das obere Gelenk als Schiebegelenk bezeichnet werden kann. An der Schädelbasis ist für das obere Gelenk eine Pfanne (*Fossa mandibularis des Schläfenbeins*) und davor ein walzenartiger Höcker, das *Tuberculum articulare*, bestimmt. In der Ruhelage steht das gleichfalls walzenartige Köpfchen des Unterkiefers *(Capitulum mandibulae)* in der Fossa mandibularis; beim Beginn der Öffnungsbewegung tritt das Köpfchen auf das Tuberculum und macht dann die Drehung im Sinne der Entfernung der Zahnreihen voneinander. Der Discus, der im Sagittalschnitt S-förmig gekrümmt und in seinem vorderen Anteil verstärkt ist, muß diesen Unterschied der oberen Gelenkfläche (einmal Fossa, dann Tuberculum articulare) ausgleichen. Bei Seitwärtsverschiebungen des Unterkiefers bleibt das eine Köpfchen in der Gelenkgrube, das andere tritt auf das Tuberculum. — Das Gelenk besitzt außen ein kräftiges Band *(Lig. temporomandibulare)*, innen eine schlaffe Kapsel und etwas weiter einwärts ein *Lig. sphenomandibulare* und *stylomandibulare*, die aber beide für die Gelenksmechanik weniger Bedeutung haben als für die neben dem Gelenk vorbeiziehenden Gefäße und Nerven. — Schließer des Gelenks (Muskeln des Zubeißens) sind der Masseter, Temporalis und

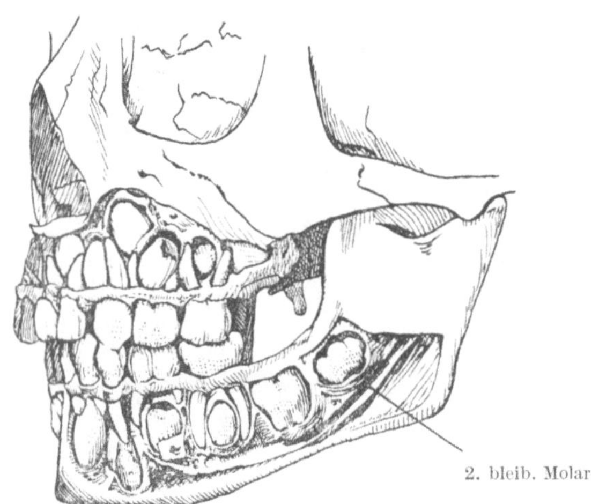

Abb. 65. Milchgebiß und Anlagen der bleibenden Zähne beim 5jährigen Kind. Etwas verkleinert. Nach SOBOTTA.

Pterygoideus medialis, Vorschieber des Unterkiefers der Pterygoideus lateralis, Rückzieher die occipitalen Fasern des Temporalis und der M. biventer mandibulae, Senker des Kiefers und damit Öffner des Mundes das ganze System der am Zungenbein haftenden Muskeln, wobei die unteren Zungenbeinmuskeln diesen Knochen fixieren und die oberen dann den Unterkiefer herabziehen.

Der *Mundboden* (Abb. 67) wird, wie oben erwähnt, von dem M. mylohyoideus gebildet, dem innen der M. geniohyoideus und die Zunge aufgelagert sind, außen (Abb. 73) der vordere Bauch des M. biventer mandibulae. Die Muskeln stehen alle in enger Beziehung zum Zungenbein, das an der Grenze von Kopf und Hals gelegen ist und noch zum Mundboden gerechnet werden kann, aber durch seine vielfachen Muskelverbindungen nach oben und unten ein wichtiges Glied in der Befestigung und Beweglichkeit nicht nur der Zunge und des Unterkiefers, sondern auch der Halseingeweide, des Larynx und Pharynx, darstellt. Wenn das Zungenbein durch die unteren Zungenbeinmuskeln (s. beim Hals) entweder festgehalten oder herabgezogen wird, so dient es den oberen Zungenbeinmuskeln als fester Ansatzpunkt, wobei es zur Öffnung des Mundes und zu maximaler Senkung der Zunge kommt.

Zunge, Lingua. Die Zunge (Abb. 61) ist ein Muskelkörper, von einer sehr fest haftenden Schleimhaut (ohne Submucosa) überzogen. Unter der Schleimhaut liegt ein sehniges Blatt, *Aponeurosis linguae*, an dem die Muskulatur zum Teil haftet. Die *Zungenmuskeln* sind nach den Hauptrichtungen des Raumes so angeordnet, daß sie eine allseitige Bewegung ermöglichen. Sie werden eingeteilt in äußere und innere. Die äußeren haften vorn, unten, hinten und oben. Der *M. genioglossus* entspringt vorn an der Innenseite der Kinngegend (Spina m. genioglossi); er ist der kräftigste Zungenmuskel und strahlt vom Kinn radiär in die Zunge aus. Er zieht sie nach vorn und streckt sie aus dem Mund heraus; sehr charakteristisch ist für die Lähmung des Zungenmuskelnerven (N. hypoglossus) die Abweichung der herausgestreckten Zunge nach der gelähmten Seite infolge Ausbleibens der Schubwirkung des gelähmten Muskels. Von unten herauf tritt seitlich der *M. hyoglossus*, vom großen Zungenbeinhorn ausgehend,

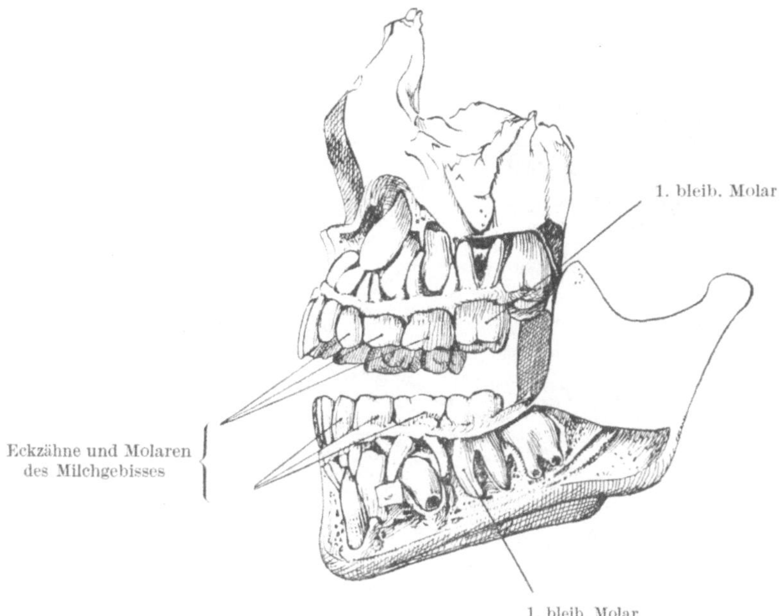

Abb. 66. Gebiß im Zahnwechsel beim 9jährigen Kind (Schneidezähne gewechselt). Etwas verkleinert. Nach SOBOTTA.

in die Zunge ein, von rückwärts der *M. styloglossus*, von oben der *M. palatoglossus* (durch den vorderen Gaumenbogen). Alle Muskeln der Zunge mit Ausnahme des letztgenannten werden vom *N. hypoglossus* versorgt, der Palatoglossus vom Glossopharyngicus. Die inneren Zungenmuskeln (durchwegs vom Hypoglossus versorgt) sind auf den Fleischkörper der Zunge beschränkt, lassen sich aber nicht überall von den in gleicher Richtung verlaufenden Endstücken der Fasern der äußeren Muskeln differenzieren. Es sind ein *M. longitudinalis superficialis* und *profundus*, ein *M. transversus* und *verticalis*; sie besorgen die feinere Verformung der Zunge. Deren motorische Hauptleistung besteht in der Einschiebung der Bissen zwischen die Zähne beim Kauen, in der Formung und Beförderung der Bissen beim Schluckakt und schließlich in der Formung der Mundhöhle beim Sprechen. — Die Zunge im ganzen (Abb. 68) zerfällt in den *Apex linguae*, den auch basal freien Teil, dessen Ausdehnung allerdings von der Lage der Zunge in der Mundhöhle oder dem Grad des Herausstreckens abhängig ist, dann in *Corpus* und *Basis linguae*. Die Schleimhaut zeigt auf der Oberfläche an Apex und Corpus *Papillae filiformes* und *fungiformes* und an der Grenze von Corpus und Basis die in Form eines V angeordneten sieben bis zwölf *Papillae circumvallatae*, meist in ungerader Zahl ausgebildet, mit einer in der Mitte liegenden Papille. Sie sind der Hauptsitz der spezifischen Endapparate des Geschmackssinnes, der Geschmacksknospen. Knapp hinter ihnen liegt der *Sulcus terminalis* mit dem *Foramen caecum* in der Mitte, dem Ausgangspunkt der Schilddrüsenentwicklung, was sich häufig in der Entwicklung einzelner kolloidhaltiger Follikel am Grunde des Loches äußert; sie können zur Entstehung eines Zungenkropfes Anlaß geben. Am Seitenrand der Zunge findet sich die beim Menschen mehr oder weniger rudimentäre *Papilla foliata*, vertikal gestellte Schleimhautfalten mit Geschmacksknospen. Hinter dem Sulcus terminalis, im Bereich der Basis oder Radix linguae, liegen die *Folliculi linguales*,

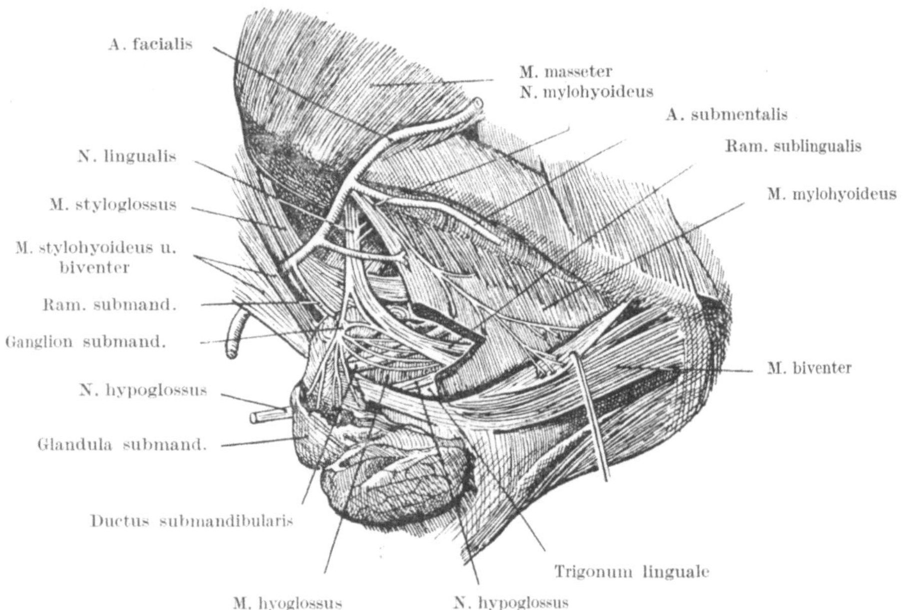

Abb. 67. Glandula submandibularis und Ganglion submandibulare; Mundboden. Nach TOLDT-HOCHSTETTER, ergänzt.

die zusammen die *Tonsilla lingualis* (s. weiter unten) bilden. Es handelt sich dabei um kryptenartige Einsenkungen der Oberfläche, deren Wandung von lymphoretikulärem Gewebe gebildet wird, mit in die Krypten einmündenden gemischten und Schleimdrüsen. Nach rückwärts wird die Zunge gegen die Epiglottis begrenzt durch die paarige *Vallecula epiglottica* (Abb. 68), eine ziemlich tiefe Einsenkung der Schleimhaut, seitlich bis an die Plicae glosso-epiglotticae laterales reichend und in der Mitte unterteilt durch die Plica glosso-epiglottica mediana. — An der Unterfläche der Zungenspitze (Abb. 69) sehen wir in der Mitte das Zungenbändchen, *Frenulum linguae*, eine zarte Schleimhautfalte ohne mechanische Bedeutung (bei keuchhustenkranken Kindern häufig der Sitz eines Geschwüres infolge ständiger Verletzung der Zunge an den Zähnen beim krampfhaften Hervorstoßen der Zunge beim Husten) und zur Seite die *Plica fimbriata* mit stärkeren Venen. Am *Mundboden* unter der Zungenspitze findet sich die Mündung der Unterkieferdrüse an der *Papilla sublingualis* und der Unterzungendrüse (mit mehrfachen Mündungen) an der *Plica sublingualis* (Abb. 69).

Die große Bedeutung der Zunge wird durch ihre *Innervation* zum Ausdruck gebracht; diese ist gleichzeitig ein Hinweis auf die komplizierte Stammesgeschichte des Organs, das erst bei landlebenden Wirbeltieren auftritt und aus der Kiemenregion stammt, während die Muskulatur von der dorsalen Seite, von Hinterhauptssegmenten, eingewandert ist. Nicht weniger als fünf Hirnnerven sind an der Innervation beteiligt. Im Bereiche von Apex und Dorsum linguae erfolgt die tactile, thermische und Schmerzinnervation durch den Trigeminus (N. lingualis des dritten Astes), die Geschmacksinnervation durch den Facialis bzw. Intermedius über die Chorda tympani, die sich dem Lingualis anschließt; die Papillae vallatae und die Basis linguae sind das Ausbreitungs-

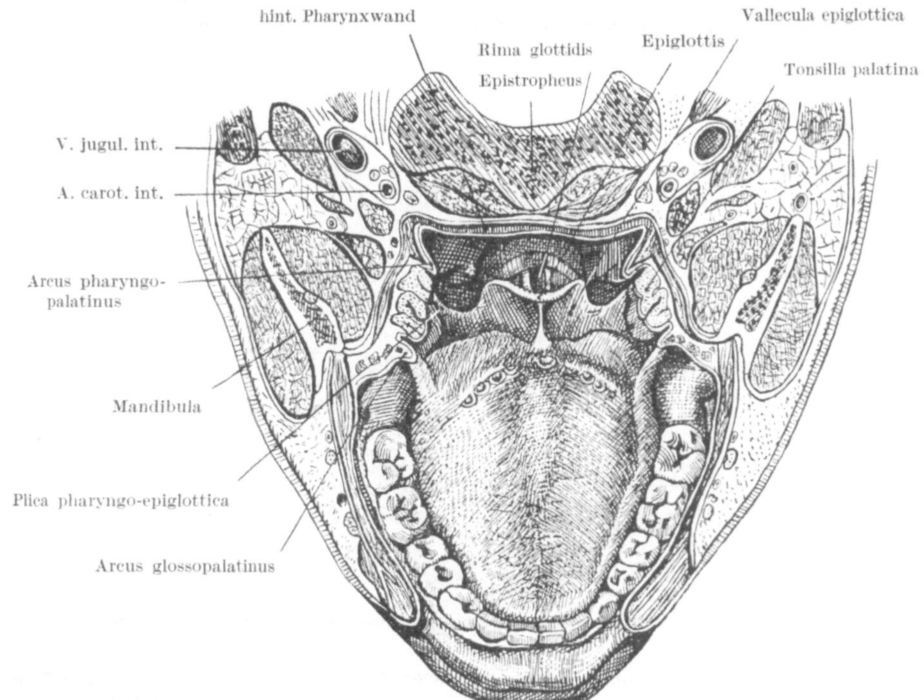

Abb. 68. Horizontalschnitt durch Mund und Pharynx; der Mundboden. $^2/_3$ nat. Gr. Nach Toldt-Hochstetter.

gebiet des Glossopharyngicus, die Valleculae das des Vagus, während die Muskulatur dem Hypoglossus angehört. Die Geschmacksempfindung ist hauptsächlich, aber nicht ausschließlich an den Papillae circumvallatae lokalisiert; die entsprechenden Nervenendorgane, die Geschmacksknospen, sind zwar dort (und an der Papilla foliata) gehäuft, aber doch über den ganzen Zungenrücken (im Gebiete der Chorda tympani) zerstreut und überdies am Gaumen und der Seitenwand des Isthmus faucium zu finden. Übrigens ist die Geschmacksempfindung nur im Bereich der Glossopharyngicus-Ausbreitung voll differenziert, weiter vorn für manche Unterarten des Geschmacks in individuell wechselnder Weise weniger oder nicht ausgebildet.

Die Follikel der Zungenwurzel bilden in ihrer Gesamtheit ein lymphoretikuläres Organ, das als *Tonsilla lingualis* bezeichnet wird. Sie bildet mit der Gaumenmandel, Tonsilla palatina (S. 73), der Tonsilla pharyngica (S. 74) oder Rachenmandel im Bereich des Nasopharynx und der nicht selten (bei Kindern) anschließenden Tonsilla tubalis an der pharyngealen Tubenmündung sowie mit den Follikeln der hinteren Pharynxwand den WALDEYERschen *lymphatischen Rachenring* am Eingang in die tieferen Teile des Eingeweiderohres. Die Bedeutung dieser Einrichtung ist ebenso wie die der weiterhin überall in den Schleimhäuten vorkommenden lymphoiden Apparate (Follikel) nicht ohne weiteres klar. Daß sie ein Schutzorgan darstellen, ist für den Rachenring schon aus der Lage zu erschließen. Da ferner die lymphoiden Organe besonders während der Zeit des Wachstums groß und gut entwickelt sind, aber im erwachsenen Alter normalerweise weitgehend zurückgebildet werden (ein Schicksal, das sie mit manchen Drüsen der inneren Sekretion teilen, wie Thymus und, in geringerem Grade, Epithelkörper), so ist an eine innere Sekretion zu denken. Mit der Vorstellung

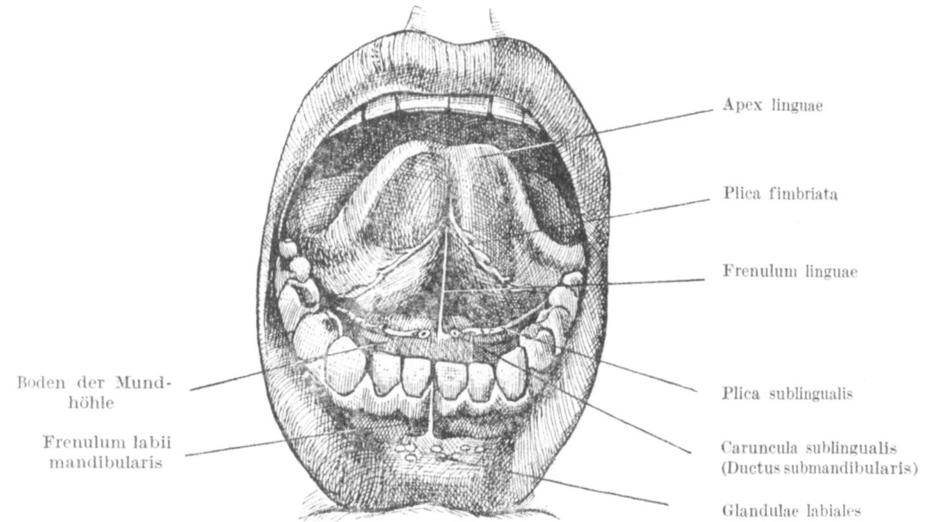

Abb. 69. Geöffneter Mund und emporgehobene Zungenspitze. Nach TOLDT-HOCHSTETTER.

eines Schutzapparates nicht ohne weiteres zu vereinigen ist die Anfälligkeit für Entzündungen, die freilich fast nur an der Gaumenmandel lokalisiert sind (Angina und ihre gelegentlich schwerwiegenden Folgen) und sich z. B. am Wurmfortsatz wiederfinden sowie die überhaupt geringe allgemeine Widerstandsfähigkeit bei Individuen mit Hypertrophie des Apparates (Status lymphaticus). Eine am ehesten den Erscheinungen Rechnung tragende Hypothese ist die, daß die Organe berufen sind, durch Aufnahme kleiner Mengen der in der Umgebung stets vorhandenen Bakterien und ihrer Gifte für die laufende Immunisierung des Körpers zu sorgen, wobei es eben bei abnormer Menge oder Virulenz der Keime zur Erkrankung des Organs kommt.

Das Hauptgefäß der Zunge ist die *Art. lingualis*, der zweite Ast der Carotis externa. Über ihren Verlauf am Halse s. S. 76. Im Zungenbereich teilt sie sich nach Abgabe der A. sublingualis für die Drüsen des Mundbodens in die A. profunda und mehrere Aa. dorsales linguae; eine starke quere Anastomose der Profunda mit der Gegenseite kann vorkommen, die Regel sind aber bloß schwache Anastomosen. Die Art. sublingualis anastomosiert mit der A. submentalis aus der A. facialis (maxillaris ext.). Die Arterien liegen im Gegensatz zu den Nerven (N. hypoglossus und mylohyoideus) an der Innenseite des M. hyoglossus, jedoch lateral vom M. genioglossus, wo sich auch der N. lingualis (unter der Schleimhaut des Mundbodens, medial von der Glandula sublingualis) findet. Die *Venen* schließen sich im wesentlichen den Arterien an, doch gibt es starke Anastomosen nach rückwärts. In der Plica fimbriata verläuft eine starke oberflächliche Vene. — Die *Lymphgefäße* sind sehr zahlreich und über die Mittellinie hinweg reichlich mit der Gegenseite verbunden; sie münden, von der Spitze kommend, in einen median unter dem Unterkiefer liegenden submentalen Lymphknoten, dann in die submandibularen oder in die tiefen cervicalen Lymphknoten, fast längs des ganzen Verlaufes der V. jugularis interna.

Gaumen. Das *Dach der Mundhöhle*, das *Palatum durum* oder der *harte Gaumen*, wird von Oberkiefer und Gaumenbein gebildet und von einer derben, fest haftenden Schleimhaut bekleidet, die taktil wenig empfindlich, aber bei Verletzungen recht schmerzempfindlich ist. Die Querleisten der Schleimhaut, Rugae palatinae, beim Kind am besten ausgebildet, werden im Laufe des Lebens mehr und mehr ausgeglättet. Die Papilla incisiva, in der Mittellinie hinter den Schneidezähnen auf dem Foramen incisivum des Knochens gelegen, wird gleichfalls immer weniger deutlich. Sie enthält Nerven und Gefäße, die von der Nasenhöhle aus in die Mundhöhle eintreten (N. und A. nasopalatina); der dort beginnende paarige Schleimhautgang zur Nasenhöhle, Ductus incisivus, obliteriert schon in der Fetalzeit. Das Foramen ist die Grenze zwischen primärem und sekundärem Gaumen und deshalb für die Lokalisation von Mißbildungen von Bedeutung; dahinter liegt bei solchen die stets mediane Gaumenspalte, davor die stets schräg seitlich verlaufende Kieferspalte. — Die Nerven und Gefäße des harten (und weichen) Gaumens (über den letzteren S. 71) benützen außer dem Foramen incisivum auch die Foramina palatina im Bereich des Gaumenbeins und in dessen Nahtverbindung mit dem Oberkiefer. Die Nerven stammen vom zweiten Ast des Trigeminus über das Ganglion pterygopalatium (Abb. 44); durch die Forr. palatina verlaufen der *N. palatinus maior*, am Gaumen in einer Knochenrinne nach vorn ziehend, der *N. pal. medius* und *minor* (letzterer zum weichen Gaumen), vorn der oben erwähnte *N. nasopalatinus*, der über das Septum herab zum Canalis incisivus verläuft. Die Arterien sind die *Aa. palatinae* aus dem Canalis pterygopalatinus, Endäste der A. maxillaris (int.), die namentlich bei Operationen am Gaumen zur plastischen Deckung von angeborenen oder erworbenen Defekten des Gaumens zu beachten sind, da sie für die Ernährung der zur Deckung verwendeten Schleimhaut wichtig sind. Die Schleimhaut läßt sich nur im Zusammenhang mit dem Periost auf größere Strecken ablösen.

Zu den drei großen *Speicheldrüsen* der Mundhöhle (Parotis, Submandibularis und Sublingualis, S. 68 und 76) kommen zahlreiche *kleine Drüsen* im Bereiche der Zunge, teils in der freien Spitze gelegen und mit mehreren Gängen an der Unterfläche mündend *(Glandula lingualis maior)*, teils über die ganze Oberfläche verstreut, dann Lippen-, Wangen- und Gaumendrüsen (im Bereiche des weichen Gaumens); sie sind teils seröse, teils Schleimdrüsen. Von den großen Drüsen ist die Parotis eine seröse Drüse; sie mündet, wie die Lippen- und Wangendrüsen, in das Vestibulum oris, außerhalb der Zahnreihe (S. 68), die anderen münden in die Mundhöhle selbst, am Mundboden (S. 60). Die Submandibularis ist eine gemischte, die Sublingualis wesentlich eine Schleimdrüse.

Gesicht.

Für das Gesicht muß beachtet werden, daß die sensible Innervation vom Trigeminus, die motorische (mit Ausnahme der Kaumuskeln) vom Facialis besorgt wird.

Das Gebiet der *Trigeminusäste* wird durch die natürlichen Öffnungen des Gesichts begrenzt und unterteilt. Die hintere Grenze des ganzen Gebietes geht durch den äußeren Gehörgang und wird von der Scheitel-Ohr-Kinnlinie gebildet, wobei die Linie am Kieferwinkel ein wenig nach vorn-oben ausbiegt. (Am Kieferwinkel wird die Haut von Cervicalnerven versorgt.) Die Grenze zwischen erstem und zweitem Ast läuft durch die Lidspalte und vom inneren Augenwinkel herunter zum Nasenloch, die zwischen zweitem und drittem Ast durch die Mundspalte; aber während der erste und dritte Ast mit ihren hinteren Grenzen an das Gebiet der Cervicalnerven anschließen, ist das Gebiet des zweiten Astes nach rückwärts weniger ausgedehnt, so daß im Schläfengebiet der erste und dritte Ast aneinander

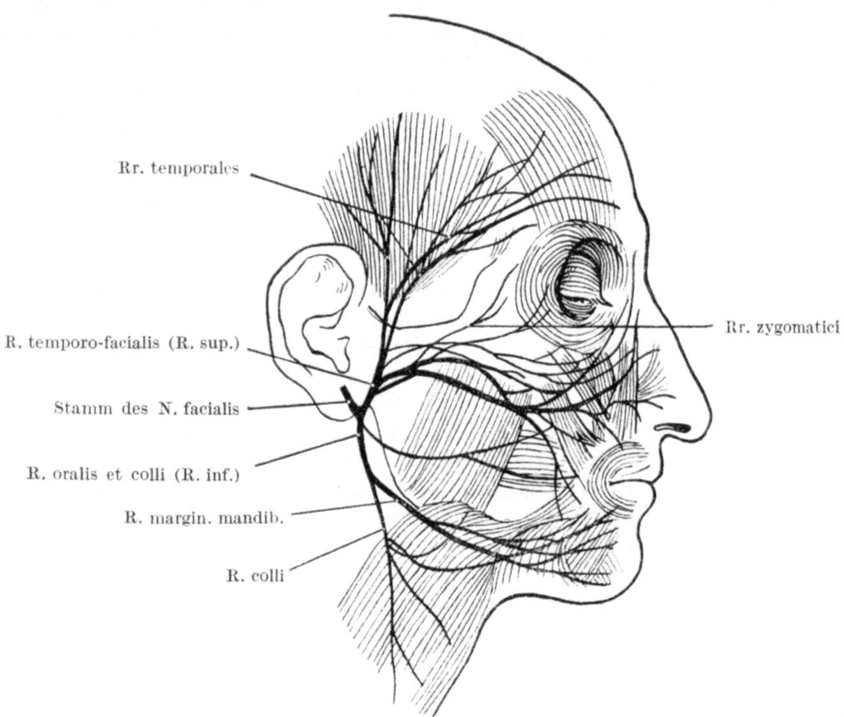

Abb. 70. Verzweigung des N. facialis. Die periphere Aufzweigung des N. facialis in einen oberen und unteren Ast ist selten so deutlich. Nach FROHSE und BOCKENHEIMER aus CORNING.

grenzen. Im Gebiete des ersten Astes (Abb. 43) treten der N. lacrimalis, frontalis, supra- und infratrochlearis und nasalis ext. in die Haut ein, im Gebiete des zweiten Astes (Abb. 44) der N. infraorbitalis mit einer besonders mächtigen Radiation (Pes anserinus minor) und seitlich der N. zygomaticus mit zwei Ästen (N. zygomatico-facialis und -temporalis), im Gebiete des dritten Astes (Abb. 70) der N. auriculo-temporalis in der Schläfengegend und der N. mentalis am Kinn, während dazwischen nur kleinere, ein Stück in der Bahn des Facialis verlaufende Hautäste anzutreffen sind. In den Gebieten aller drei Hautäste sind somit relativ große Hautstücke von so kleinen und vielfachen Zweigen versorgt, daß sie einem lokalen chirurgischen Eingriff entzogen sind und ein solcher sich an den Hauptstamm bzw. das Ganglion oder die Wurzel richten muß. — Nach hinten grenzt der Trigeminus unmittelbar an das Gebiet des Plexus cervicalis, vom zweiten bis vierten Cervicalnerven gebildet; der erste Cervicalnerv hat kein Hautgebiet (seine [häufig fehlende] hintere Wurzel führt nur Muskel- und Gelenkssensibilität). Nur im Bereiche des äußeren Gehörganges und der Concavität der Ohrmuschel schiebt sich das kleine Hautgebiet des R. auricularis vagi zwischen Trigeminus und Cervicalnerven. Ein großer Teil der sensiblen Trigeminusfasern ist (wie die gesamte Sensibilität des Facialis bzw. Intermedius und des Glossopharyngicus und der weitaus größte Teil der Vagussensibilität) für die Schleimhäute bestimmt. — Der *Facialis* innerviert nach seinem Austritt aus dem Foramen stylomastoideum den M. stylohyoideus und den hinteren

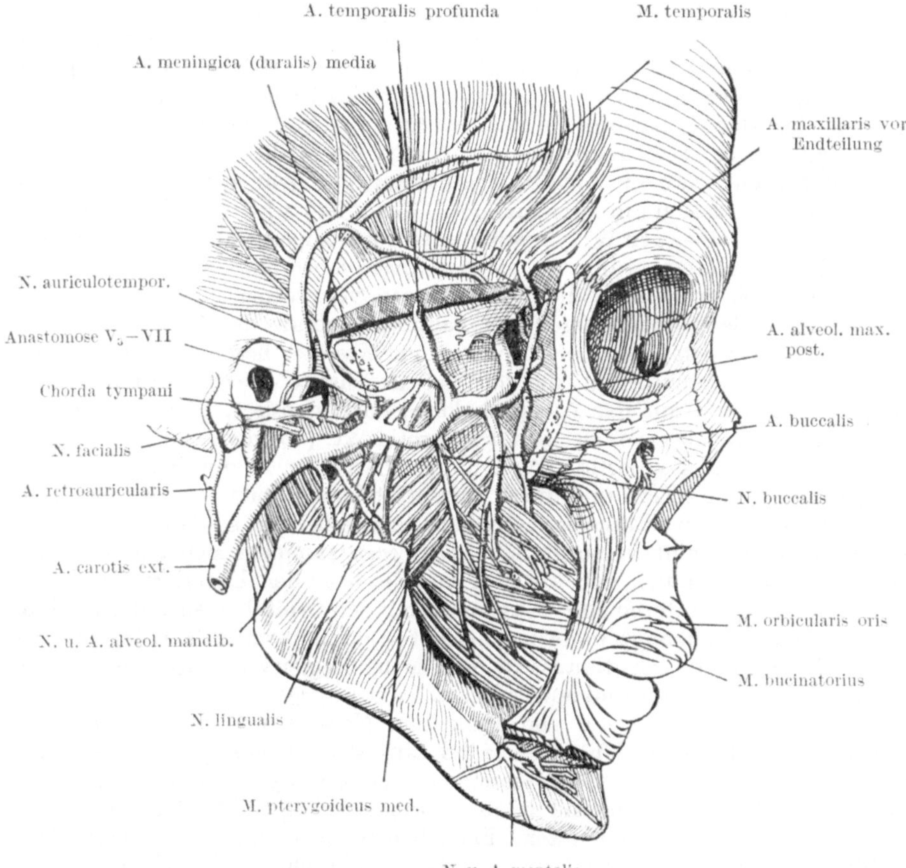

Abb. 71. **A. maxillaris** und **N. mandibularis** nach Entfernung des Jochbogens, des Unterkieferastes und des M. pterygoideus lateralis. Nach CORNING.

Bauch des M. biventer und tritt in die Parotis ein, um in ihr den Plexus parotidicus zu bilden. Aus diesem grobmaschigen, in die Substanz der Drüse eingebetteten Plexus, der mit dem N. auriculotemporalis des dritten Trigeminusastes reichlich anastomosiert (Abb. 71), entwickeln sich die peripheren Äste für die Gesichtsmuskulatur; die Äste gehen radiär aus dem Vorderrand der Parotis hervor, vergleichbar den gespreizten Fingern einer Hand (Pes anserinus maior). Während aber neurologisch (nach der Anordnung im Kern der Oblongata) ein Augenfacialis und ein Mundfacialis unterschieden werden kann, ist die periphere Ausbreitung nicht deutlich nach diesen beiden Schließmuskeln geschieden. Doch ist auch hier ein oberes Gebiet, einschließlich der mit dem Ductus parotidicus verlaufenden Äste, und ein unteres zu unterscheiden. Das untere Gebiet wird

aber nicht vom Ramus marginalis mandibulae begrenzt, sondern durch einen
vom Ramus colli in das Gesicht zurückkehrenden Ast ergänzt, so daß zur Vermeidung einer Teillähmung der unteren Gesichtsmuskulatur das Gebiet der
Halshaut unterhalb des Angulus mandibulae bis etwa zur Mitte des Unterkiefers nicht von der Gesichtshaut abgetrennt werden darf. Im übrigen sind
Schnitte im Gesicht radiär von der Parotis ausgehend zu führen.

Die *Parotis* (Abb. 6) liegt teils in der Fossa retromandibularis (S. 77), so
daß sie zwischen Unterkiefer und Schläfenbein (äußerer Gehörgang und Warzenfortsatz) sich einschiebt, bei Schwellung (Parotitis) geklemmt wird und die
Mundöffnung erschwert;[1] teils aber liegt sie auf der Außenfläche des M. masseter,
von der ziemlich derben Fascia parotideo-masseterica bedeckt. An ihrem Vorderrand tritt der Ductus parotidicus aus, häufig von einer kleinen accessorischen
Drüse begleitet; er läuft quer über die Wange bis in die Gegend des zweiten
oberen Mahlzahnes, wo er nach Durchbohrung der Wange mit einer Papilla
salivalis in das Vestibulum oris mündet. Innerviert wird die Drüse vom N.
glossopharyngicus über den N. tympanicus, petrosus superficialis minor, Ganglion
oticum, N. auriculotemporalis und dessen Anastomose mit dem N. facialis, in
dessen Bahn sich schließlich die Drüsennerven verzweigen.

Die *Arterien* des Gesichtes stammen hauptsächlich aus der A. facialis (maxillaris ext.), die über den Unterkieferrand vor dem Masseter heraufkommt (Abb. 6),
eine A. labialis inf. und sup., die mit der Gegenseite anastomosieren, abgibt
und als A. angularis mit der A. ophthalmica anastomosiert. Dazu kommt die
inkonstante A. transversa faciei aus der Carotis ext. (vor dem Ohr) und Zweige
aus der A. temporalis superfic., sowie die Stirnäste der A. ophthalmica (neben
den gleichnamigen Nerven) und die A. infraorbitalis als Endast der A. maxillaris
(int.). Alle Arterien anastomosieren vielfach untereinander, so daß die Gesichtshaut reichlich mit Blut versorgt ist. Die *Venen* sammeln sich hauptsächlich
zu einer V. facialis (ant.), neben der A. facialis über den Unterkieferrand verlaufend, die nach oben durch eine V. angularis mit den Orbitalvenen und dem Sinus
cavernosus zusammenhängt, dann zu einer V. retromandibularis (facialis post.), die
aus dem Unterrand der Parotis austritt, und zu den Begleitvenen der A. temporalis
superficialis, infraorbitalis und ophthalmica. Die *Lymphgefäße* sind sehr zahlreich
und gelangen aus der Gegend von Mund und Nase zu den Lymphonodi submandibulares unter dem Unterkieferrand, aus der Stirngegend zu den Lnn.
praeauriculares; hinter dem Ohr sammeln sich die Lymphgefäße der Kopfschwarte aus der Scheitelgegend in retroauriculären Lymphknoten und weiter
rückwärts in suboccipitalen Knoten. Für alle diese Knoten sind die tiefen Hals-
lymphknoten die nächste Station. — Die Gefährlichkeit der Gesichts- und
namentlich Lippenfurunkel wird aus dem Reichtum des Gebietes an Lymphgefäßen und an Venenverbindungen erklärt; so werden die Infektionskeime
rasch weiterverbreitet. Bei Einschneiden in solche Furunkel werden so viele
Gewebs- und Lymphspalten und Venen eröffnet, daß die Infektion sich leicht
in die Venen der Orbita und bis in den Sinus cavernosus ausbreitet. Lippenfurunkel sind daher nicht mit dem Messer anzugehen.

Die *Lippen* sind muskulöse Platten, außen von Haut, innen von Schleimhaut bekleidet. Der wichtigste Muskel ist der *M. orbicularis oris* (Abb. 6), der
mit teils ringförmigen, teils am Mundwinkel sich überkreuzenden Fasern die
Mundspalte verschließt; bei Lähmung bestehen Schwierigkeiten des Mund-
schlusses beim Essen und Sprechen, und der Speichel fließt aus dem Mundwinkel. Eine Reihe anderer Muskeln strahlt als Öffner der Mundspalte und Ver-

---

[1] Die gesunde Drüse wird nicht eingeklemmt, da sie infolge Vorwärtsgleitens
des Unterkieferköpfchens bei der Mundöffnung genug Platz findet.

former der sehr beweglichen Lippen in diese ein (M. levator labii superioris, caninus, risorius, zygomyticus maior und minor, bucinator, triangularis, quadratus labii inferioris); sie alle werden vom Facialis innerviert. An der Innenfläche liegen die kleinen gemischten Gll. labiales, an der Außenfläche Haare mit Talg- und Schweißdrüsen. Das dem Menschen eigentümliche Lippenrot ist durch besonders hohe Papillen mit Kapillarschlingen gekennzeichnet; die Grenze gegen die äußere Haut ist scharf und durch eine Kante, in welche der Rand des M. orbicularis eingelagert ist, bestimmt, während der Übergang in die Lippenschleimhaut ein allmählicher ist. Die Aa. labiales, aus der A. facialis stammend, bilden einen Gefäßkranz um den Mund; sie liegen an der Innenseite der Muskelplatte, zwischen diesen und den Lippendrüsen. Die Lymphgefäße ziehen zu den submandibularen Lymphknoten.

Die *Wangen*, zwischen Ohröffnung und Mundwinkel gelegen, oben vom Jochbogen, unten vom Unterkieferkörper begrenzt, enthalten oberflächlich eine Schicht mimischer Muskulatur, die in den Mundwinkel einstrahlt, und in der Tiefe, als Träger der Wangenschleimhaut, den *M. bucinator*, der außer an den Alveolarfortsätzen beider Kiefer (im Bereich der Molaren) auch am Hamulus pterygoideus und der von hier bis zum Unterkiefer verlaufenden *Raphe pterygomandibularis* entspringt und am Mundwinkel unter Faserüberkreuzung endigt. Den hinteren Teil der Wange nimmt der Masseter und die ihn teilweise überlagernde Parotis ein. Zwischen der oberflächlichen Muskulatur der vorderen Wangenteile und dem Bucinator liegt ein Fettpfropf *(Corpus adiposum buccae)*, der nach rückwärts sich unter den Masseter fortsetzt; er ist besonders beim Säugling und Kleinkind entwickelt. In der Schleimhaut finden sich die Gll. buccales, welche im Bau den Lippendrüsen entsprechen. Der über den Masseter verlaufende *Ductus parotidicus* durchbohrt den Bucinator und wird von ihm zwingenförmig umfaßt. Unter der Haut liegt die Ausbreitung des *Pes anserinus maior* des Facialis; die sensible Versorgung der Haut geschieht teils durch den zweiten Ast, teils mit unscheinbaren, dem Facialis angeschlossenen Ästen durch den dritten Ast des Trigeminus, die der Schleimhaut durch den N. buccalis des dritten Astes (Abb. 70).

Schläfengegend (Regio temporalis und infratemporalis).

Die verhältnismäßig einfach gebaute Regio temporalis gewinnt an Interesse dadurch, daß sie einen heute oft beschrittenen Zugang zum Schädelinneren ermöglicht. Ihre Grenze ist nach oben und seitlich die Linea temporalis (muscularis und fascialis), nach unten der Jochbogen; in ihrem Bereich entspringt der M. temporalis, dessen Grenzen beim Zubeißen deutlich fühlbar werden. Bei genauem Abtasten spürt man im unteren Abschnitt des Feldes mit von Fall zu Fall wechselnder Deutlichkeit schräg nach hinten oben verlaufende Knochenwülste, die Abdrücke der Schläfenwindungen des Gehirns, und den Verlauf der Fissura lateralis cerebri (S. 32).

Über die oberflächlichen Gefäße und Nerven s. Abb. 6. Die Galea läßt sich hier gegen die Temporalfascie nicht ganz scharf abgrenzen; die letztere spaltet sich ober dem Jochbogen in ein oberflächliches Blatt, das am oberen Rand des Jochbogens ansetzt, und ein tiefes Blatt, das den Muskel zum Unterkiefer begleitet. Zwischen beiden Blättern liegt hungerfestes Baufett. Auch zwischen dem tiefen Blatt und dem Muskel liegt Fett. — Nach Spaltung der Galea läßt sich auch die Sutura coronalis palpatorisch erkennen. Nach Eröffnung des Schädels im Bereich der Naht gelangt man an die Dura und den vorderen Ast der *A. meningica media*; an der hinteren Grenze des Muskelfeldes

kann auch der hintere Ast des Gefäßes erreicht werden. Doch ist dessen Lage
weniger konstant.

Der Zugang zur Regio infratemporalis ist schwieriger (Abb. 71). Nach Resektion des Jochbogens an seinen beiden Enden wird der Bogen mit dem M. masseter
nach abwärts umgelegt, wobei Nerv und Gefäße des Muskels an dessen Innenseite
in der Incisura mandibulae sichtbar werden. Dann muß die vordere Hälfte des
Unterkieferastes mit zwei aufeinander senkrechten Schnitten vorsichtig heraus-
gesägt werden, wobei genau auf N. und A. alveolaris mandibularis zu achten ist,
und das Knochenstück wird mit dem am Proc. muscularis haftenden M. temporalis nach oben geschlagen (kurze Muskelfasern vom Unterrand der Fossa
temporalis werden dabei durchtrennt). Nun erscheint die A. max. (int.) und der
zweiteilige M. pterygoideus lat., zwischen dessen Bäuchen der N. buccalis und
nicht selten auch der Stamm der A. maxillaris hervorkommen; gewöhnlich gelangt
allerdings die Arterie am unteren Rand des Muskels an dessen Außenfläche. Erst
nach Entfernung des M. pterygoideus lat. übersieht man den aus dem Foramen
ovale hervorkommenden *N. mandibularis*, den dritten Ast des Trigeminus
(Abb. 71), der gleich an der Schädelbasis in vier sensible Hauptzweige zerfällt,
den *N. lingualis* und *alveolaris mandibularis* nach unten, den *N. buccalis* nach
vorn und den *N. auriculotemporalis* nach rückwärts. Durch einen Spalt in dem
letzteren Nerven tritt die A. meningica media hindurch. Sie wird von dem zarten
N. spinosus, der sich am Abgang des N. auriculotemporalis gleichfalls vom
N. mandibularis abzweigt, begleitet; der Nerv versorgt die Dura der mittleren
Schädelgrube (Abb. 43) (mit Ausnahme des medialen Anteiles, der Sella, die zum
ersten und zweiten Ast des Trigeminus gehört) und die Schädelseitenwand. An
den vor dem N. alveolaris verlaufenden N. lingualis tritt von rückwärts und medial
die *Chorda tympani* heran (Abb. 71); sie bringt ihm vom Facialis (Intermedius)
Geschmacksfasern für die vordere Zungenhälfte und sekretorische Fasern, die
weiter distal, unter der Zunge, an das *Ganglion submandibulare* abgegeben werden
und von da zur Glandula submandibularis und sublingualis verlaufen (S. 77).
Das Ganglion bekommt auch sensible Fasern aus dem Lingualis und eine sympathische Wurzel aus dem Begleitgeflecht der A. facialis. — An der medialen
Seite des sich aufteilenden N. mandibularis liegt das kleine *Ganglion oticum* mit
einer sensiblen Wurzel aus dem Trigeminus, einer motorischen Wurzel für die
Mm. tensor tympani und tensor veli palatini (die Nerven laufen aber nur am
Ganglion vorbei), einer sekretorischen Wurzel, dem N. petrosus superficialis
minor aus dem Glossopharyngicus (über den N. tympanicus), und einer sym-
pathischen Wurzel vom Geflecht um die A. meningica media. Die sekretorischen
Fasern gehen über den N. auriculotemporalis und seine Anastomose mit dem
Facialis an die Glandula parotis (S. 68). — Die motorische Wurzel des Trigeminus
versorgt vier große Muskeln, die Kaumuskeln, und drei kleine Muskeln, den
Mylohyoideus, den vorderen Biventerbauch (S. 76), und den Tensor tympani.[1]
In der Fossa infratemporalis ist auch die Aufteilung der *A. maxillaris* (int.) und
ihre Endverzweigung in der Fossa pterygopalatina zu übersehen; die Arterie folgt
zuerst dem dritten Ast des Trigeminus mit der Abgabe von Rami musculares,
der A. alveolaris mandibularis für den Unterkieferkanal, der A. meningica media
und bucinatoria. In der Fossa pterygopalatina zerfällt sie neben der Radiation
des zweiten Trigeminusastes in die A. sphenopalatina für die Nasenhöhle, infraorbitalis für Oberkiefer und Gesicht und palatina descendens für den Gaumen.
Die tiefen Kaumuskeln und das Endstück der Arterie sind eingesponnen in

---

[1] Die Fasern für den Tensor veli palatini stammen nach klinischen Untersuchungen aus dem Glossopharyngicus und gehen über den N. tympanicus und
petrosus superficialis minor und das Ganglion oticum.

den *Plexus venosus pterygoideus*, der außer den starken Abflüssen der Kaumuskeln Blut aus dem Schädelinneren (durch den Plexus venosus foraminis ovalis und dem Venenplexus im Canalis caroticus aus dem Sinus cavernosus, und durch zwei Vv. meningicae mediae aus der Dura), dann aus der Orbita durch eine Anastomose mit der V. orbitalis inf. und aus der Nasenhöhle (durch das Foramen sphenopalatinum) und dem Proc. alveolaris des Oberkiefers aufnimmt, mit der V. facialis (ant.) durch Anastomosen zusammenhängt, mit den Pharynxvenen in Verbindung steht und schließlich, nach Aufnahme von Parotis- und Kiefergelenksvenen, als Begleitvene der A. maxillaris innerhalb der Parotis in die V. retromandibularis (facialis post.) übergeht und am unteren Pol der Drüse zum Vorschein kommt. Den Hintergrund der Fossa infratemporalis bildet schließlich der Processus pterygoides des Keilbeins, die Vorderwand bildet der Oberkiefer mit dem Tuber maxillare, das Dach der große Keilbeinflügel. Eine Begrenzung nach rückwärts wird durch den Processus mastoides und styloides sowie durch die von ihnen ausgehenden Muskeln und die Nacken- und Wirbelsäulenmuskulatur gegeben; nach unten geht die Region in das submandibulare Gebiet über. Über das *Kiefergelenk* s. S. 59.

Pharynx.

Der *Pharynx* (Abb. 11, 61 und 72) ist der Raum des Eingeweiderohres vor der Wirbelsäule, in dem Luft- und Speiseweg sich kreuzen. In dieser, beim Menschen offenkundig nicht in idealer Weise gesicherten Kreuzung und in den Gefahren, welche das Eindringen von festen und flüssigen Substanzen in die tieferen Luftwege mit sich bringt, liegt ein großer Teil der praktischen Bedeutung des Gebietes. Der Pharynx, aus quergestreifter Muskulatur aufgebaut und von Schleimhaut ausgekleidet, wird durch zwei aus der ventralen Wand vorragende Scheidewände, den *weichen Gaumen* (Palatum molle, Gaumensegel) und den *Kehldeckel*, in drei übereinanderliegende Abteilungen geteilt (Abb. 61 und 72): den Nasen-, Mund- und Kehlkopfrachenraum (*Naso-, Oro-, Laryngopharynx*, klinisch auch *Epi-, Meso-* und *Hypopharynx* genannt). Diese Teile schließen sich an die vor ihnen liegenden Abschnitte, die Nasen-, Mund- und Kehlkopfhöhle, an, und die Begrenzungen dazwischen sind die *Choanen*, der *Isthmus faucium* (zwischen den vorderen Gaumenbogen) und der Kehlkopfeingang *(Aditus laryngis)* zwischen der Epiglottis, den ary-epiglottischen Falten und der Incisura interarytaenoidea. Der Nasopharynx, ständig offengehalten, ist annähernd quaderförmig mit sechs Wänden, einer oberen Wand an der Schädelbasis mit der Rachentonsille, einer vorderen oder nasalen mit der paarigen Choane, einer hinteren muskulösen Wand, vom oberen Schlundkopfschnürer (M. cephalopharyngicus oder Constrictor pharyngis sup.) gebildet, zwei seitlichen Wänden mit den Öffnungen der Tuben, mit dem Torus tubalis und dem dahinter gelegenen Recessus lateralis pharyngis. Die untere Wand wird vom *weichen Gaumen* (Palatum molle) gebildet, läßt im Ruhezustand desselben die Verbindung mit dem nächsten Abschnitt frei, kann aber die Verbindung durch Hebung, Spannung und Heranziehung an die hintere Wand (beim Schlucken und rein oralen Lautgeben) verschließen. Dabei legen sich die hinteren Gaumenbogen *(Arcus palatopharyngici)*, die den freien Rand des weichen Gaumens bilden, der hinteren Rachenwand an, die ihnen durch Muskelkontraktion entgegenkommt (PASSAVANTscher Wulst), wobei der Spalt zwischen ihnen vom Zäpfchen (der *Uvula*) vollends ausgefüllt wird. Dementsprechend ist die Anordnung der Muskulatur des weichen Gaumens (Abb. 72): Hebung durch den M. levator veli palatini, der an der Schädelbasis hinter dem Tubenknorpel entspringt, Spannung durch den Tensor veli, der auch an der Schädelbasis, aber vor dem Tubenknorpel entspringt und seine Sehne im rechten Winkel um den

Hamulus pterygoideus herumschlingt und so in die Horizontale überleitet. Ein Teil des Muskels entspringt von der anterolateralen Tubenwand (s. S. 50) und öffnet das Lumen. Die Rückwärtsbewegung geschieht durch den M. palato-

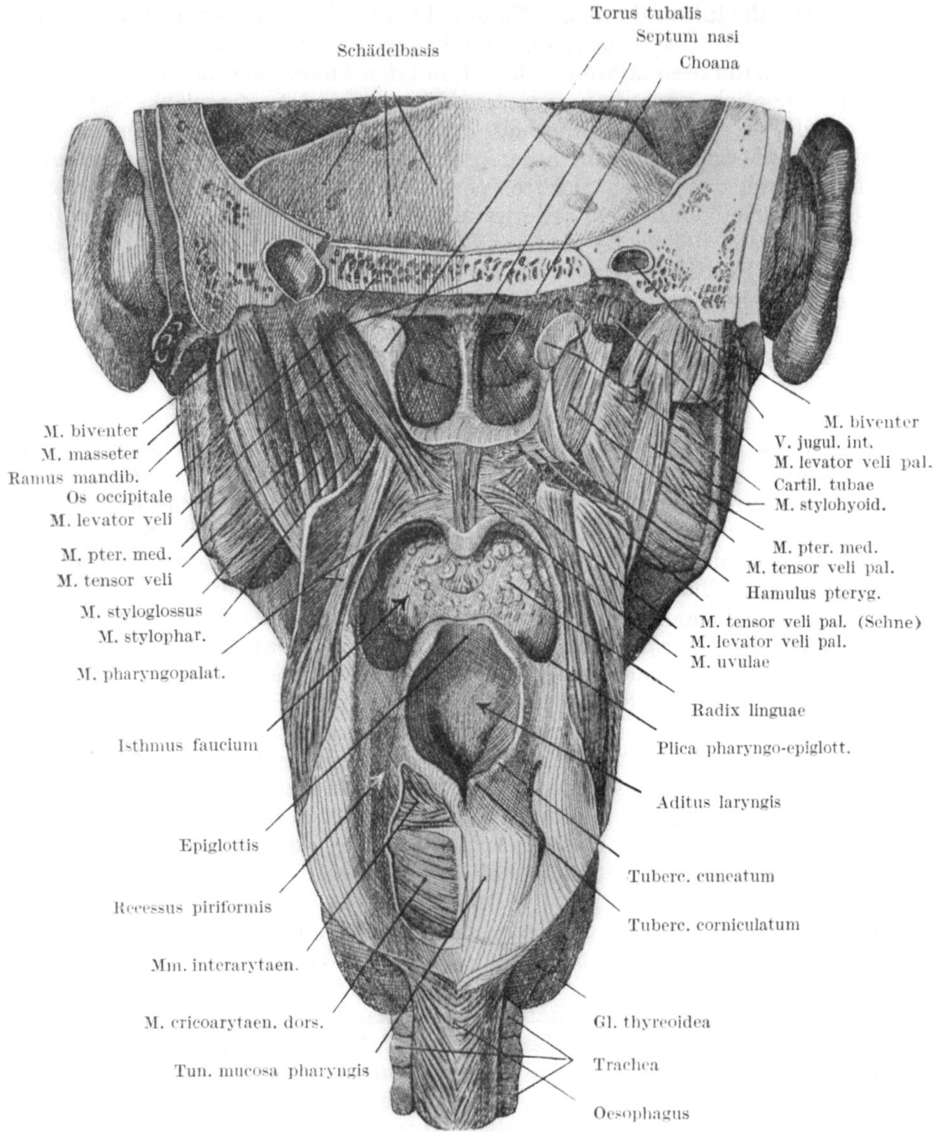

Abb. 72. Der Pharynx, von der dorsalen Seite her eröffnet. Nach SOBOTTA.

pharyngicus, der im hinteren Gaumenbogen liegt; Antagonist und Verkürzer des weichen Gaumens ist der M. uvulae. Die Senkung (Verkürzung und Senkung, wichtig für die Freimachung der Verbindung nach unten bei Nasenatmung und nasalen Lauten) geschieht durch den M. palatoglossus im vorderen Gaumenbogen *(Arcus palatoglossus)*. Die Innervation der Muskeln erfolgt durch den N. glossopharyngicus, für den Tensor veli auf dem Umweg über das Ganglion oticum.[1] Während die Gaumenmuskeln noch ziemlich gut willkürlich innervierbar sind, ist dies bei den Pharynxconstrictoren nicht mehr der Fall (s. unten). Diese sind ihrer drei, die nach ihren Ursprüngen als *Cephalo-*, *Hyo-* und *Laryngopharyngicus* (oberer, mittlerer und unterer Constrictor) bezeichnet werden; sie bilden die seitliche und hintere Rachenwand und überlagern sich derart, daß der caudal entspringende sich immer wieder über den oralen von außen darauflegt. Der obere haftet an der Schädelbasis, dem Proc. pterygoides (Lamina medialis), der Zungenmuskulatur und dem Unterkiefer; er läßt an der Schädelbasis ein Stück der Rachenwand frei, denn dort hätte eine bewegliche Pharynxwand kein Wirkungsgebiet, da in den Nasopharynx normalerweise kein fester oder flüssiger Inhalt gelangt. Der mittlere Constrictor entspringt vom kleinen und großen Zungenbeinhorn, der untere von Schild- und Ringknorpel. Diese beiden werden vom Vagus innerviert, doch sind die Grenzen gegen den Glossopharyngicus, der den oberen Constrictor versorgt, keine scharfen.

Der *Schluckakt* spielt sich nun so ab, daß der in der Mundhöhle hauptsächlich durch die Zunge geformte Bissen durch Hebung der Zunge nach hinten in den Isthmus faucium und bei verschlossenem Zugang zum Nasopharynx in die Pars oralis pharyngis befördert und nun von dem reflektorisch und koordiniert ablaufenden Schluckmechanismus erfaßt wird. Man kann einerseits den begonnenen Schluckakt nicht aufhalten, anderseits nicht leer schlucken. Beim Schlucken wird der Kehlkopfeingang mehr passiv als aktiv verschlossen, passiv durch die (am Hals außen sehr auffällige) Hebung des Kehlkopfes mit Hilfe des M. thyreohyoideus (bei Fixierung des Zungenbeins) und der Pharynxmuskulatur (M. palato- und stylopharyngicus und unterer Constrictor), wodurch der Kehlkopf von unten an die Epiglottis angedrückt wird, während diese an der Zunge einen Widerhalt findet. Aktiv kann der Kehlkopfeingang durch den in der ary-epiglottischen Falte gelegenen M. ary-epiglotticus verschlossen werden; doch ist der Muskel von wechselnder Stärke, ja nicht konstant, und daher zum Verschluß nicht unbedingt nötig. Bei Verschluß des Kehlkopfes bleibt aber für den Bissen nur der Weg in die Speiseröhre, die in ihrem oberen Drittel quergestreifte Muskulatur, von da ab (am Hals und Thoraxeingang bis zur Kreuzung mit dem Aortenbogen) zunehmend bis zum Alleinvorkommen glatte Muskulatur führt und den flinken Vorgang der Kontraktion quergestreifter Muskeln in die Peristaltik glatter Muskeln überführt.

Die Schleimhaut des weichen Gaumens trägt auf der oberen Fläche respiratorisches Cylinderepithel, auf der unteren Seite geschichtetes Plattenepithel wie in der Mundhöhle und im Mund- und Kehlkopfanteil des Pharynx. Der Nasopharynx hat respiratorisches Epithel.

Im Bereich des Isthmus faucium, der zwischen Arcus palatoglossus und palatopharyngicus die Verbindung zur Mundhöhle herstellt, ist die *Gaumenmandel*, *Tonsilla palatina*, gelegen (Abb. 68). Ober ihr liegt die Fossa tonsillaris. Die Gaumenmandel besteht aus einer Schleimhautverdickung, die hauptsächlich durch die Einlagerung von lymphoretikulärem Gewebe bedingt ist. An der Oberfläche trägt sie Einsenkungen des Epithels, die sich im Innern zu Krypten von einigen Millimetern Durchmesser erweitern; in die Krypten münden Schleimdrüsen, und in sie wie an der freien Oberfläche wandern Leukocyten aus, die sich als Speichelkörperchen dem Speichel beimischen. Über die Funktion der Tonsille s. S. 64. Die Innervation der recht empfindlichen Region erfolgt durch die Rami tonsillares des Glossopharyngicus, die Gefäßversorgung hauptsächlich

---

[1] Der Levator veli und der M. uvulae wird nach klinischen Untersuchungen vom Facialis (über das Ganglion pterygopalatinum) versorgt.

durch die A. palatina ascendens aus der A. facialis und durch die A. pharyngica ascendens aus dem ersten Stück der Carotis externa. Die Carotis interna kommt in ihrem Verlauf der Tonsille immerhin so nahe (Abb. 68), daß bei tiefgehenden Eingriffen die äußerst bedrohliche Verletzung des Gefäßes vorgekommen ist. Die *Lymphknoten* der Tonsille liegen submandibular und in der Fossa carotica.

Die *Rachenmandel, Tonsilla pharyngica,* besteht aus einigen hauptsächlich sagittal eingestellten Schleimhautfalten, die in lymphoretikuläres Gewebe umgewandelt und von Follikeln reichlich durchsetzt sind. Das Organ sitzt im Nasenrachenraum hinter der Choane, der Schädelbasis außen angeheftet (Abb. 61, ober der Tubenmündung). In der Kindheit wie andere lymphoretikuläre Organe gut ausgebildet, hypertrophiert sie häufig und verlegt die Choane und damit den normalen Luftweg. Auch die Tubenöffnung kann verlegt werden. Ihre Entfernung gelingt mit einem entsprechend gebogenen Instrument leicht von der Mundhöhle aus unter Zurückdrängung des weichen Gaumens. Im Anschluß an die Rachenmandel findet sich häufig auch lymphoretikuläres Gewebe an der Tubenmündung als *Tubentonsille.*

Spatium parapharyngicum. An der Seitenfläche des Pharynx, zwischen dem Unterkiefer mit den Kaumuskeln einerseits, der Halswirbelsäule und ihrer Muskulatur anderseits, liegt das Spatium parapharyngicum, von lockerem Bindegewebe erfüllt (Abb. 68 u. 61). Innerhalb desselben liegen die Carotis, die V. jugularis interna, die Hirnnerven IX bis XII, der Grenzstrang des Sympathicus mit seinem großen obersten Halsganglion und zahlreiche Lymphknoten. Nach außen grenzt das Spatium an die Fossa retromandibularis mit der Parotis. Die Tonsilla palatina liegt an der inneren Begrenzung des Raumes, daher ihre Beziehung zur Carotis. Nach unten geht das Spatium in die Gefäßscheide der Halsgefäße über. Hinter dem Pharynx findet sich ein *Spatium retropharyngicum* (Abb. 68), in dessen Bereich der Pharynx nur lose an die Wirbelsäule und die sie bedeckende Fascia praevertebralis angeheftet ist und sich ausgiebig verschieben kann; das Spatium hängt nach unten über die Halsregion hinweg mit dem Mediastinum thoracis zusammen.

Hals.

Wir unterscheiden am Hals eine vordere Region, die Halsgegend im engeren Sinn, und die Nackengegend, die bei Besprechung des Rückens Erwähnung finden soll.

Der Hals wird nach oben durch Unterkiefer und Warzenfortsatz des Schädels, nach unten durch Brustbein und Schlüsselbein begrenzt. Streng genommen bildet

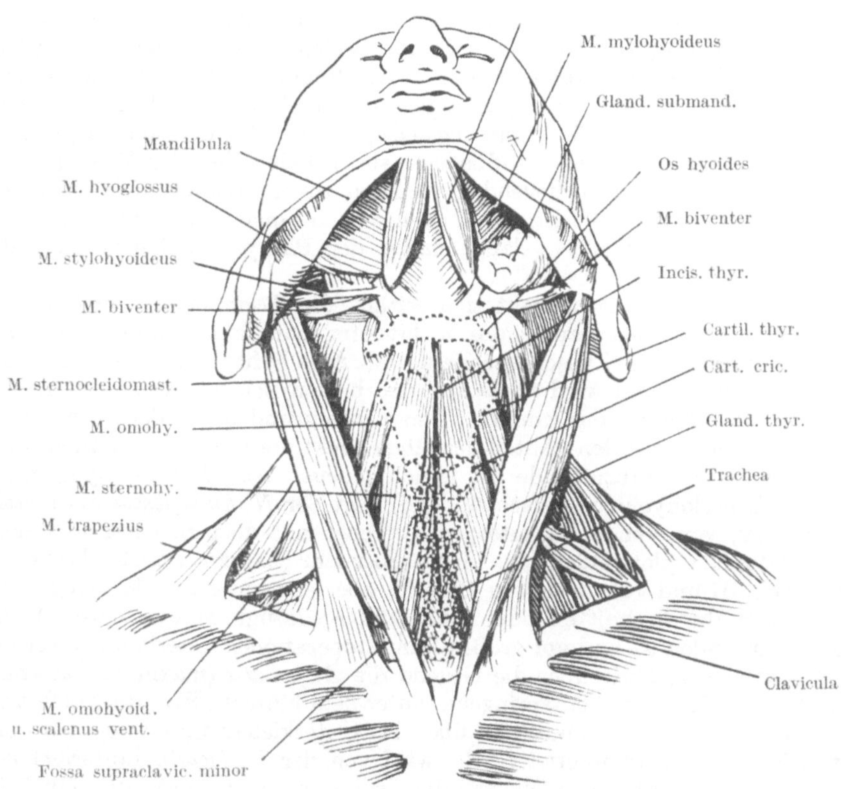

Abb. 73. Ventrale Halsmuskeln. Zungenbein, Kehlkopf, Luftröhre, Schilddrüse punktiert eingetragen. Nach CORNING, leicht abgeändert.

das Zungenbein die obere Begrenzung, doch wird praktisch die oberhalb desselben gelegene Regio submentalis und submandibularis zum Hals gerechnet. Durch die beiden Kopfwender zerfällt die Halsgegend (Abb. 73) in ein mittleres (vorderes) Halsdreieck mit der Basis am Unterkiefer und der Spitze am Brustbein und zwei seitliche Halsdreiecke in umgekehrter Einstellung mit der Basis am Schlüsselbein und der Spitze am Warzenfortsatz. Die Haut senkt sich am Unterrand des Halses zu fünf Gruben ein, der in der Mitte gelegenen Kehlgrube (Fossa jugularis) und jederseits zur kleinen und großen Schlüsselbeingrube (Fossa supraclavicularis minor und maior), von denen die erstere zwischen sternalem und clavicularem Ansatz des Kopfwenders, die zweite zwischen Kopfwender und Kapuzenmuskel, unmittelbar über dem Schlüsselbein einsinkend, gelegen ist. Sie verliert sich nach oben über den tieferen Gebilden des seitlichen Halsdreiecks und kann bei mageren Leuten durch den schwach vortretenden M. omohyoideus (S. 81) nach oben begrenzt sein (beim Sprechen wird der Muskel tastbar). Über beide Halsdreiecke breitet sich der Hautmuskel des Halses, das *Platysma*, aus, das nur die Mitte frei läßt. Bei jungen Leuten unter der elastischen Haut verschwindend, hebt der Innenrand bei alten Personen mit schlaffer Haut eine paarige sagittale Falte auf, die besonders beim Sprechen und Schlucken deutlich sichtbar wird.

Mittleres oder vorderes Halsdreieck.

Das mittlere Halsdreieck (Abb. 73) zerfällt weiter in die Regio mediana colli und die seitlich gelegene Fossa carotica, über welcher noch, gleichfalls seitlich, die Regio submandibularis angeordnet ist. Die Regio mediana teilt sich weiter in die Regio submentalis, hyoidea, laryngica und trachealis, und letztere geht in die Fossa jugularis über. Die *Regio submentalis* (Abb. 67) bis zum Zungenbein entspricht der Außenseite des Mundbodens; sie enthält daher den M. mylohyoideus und den ihm außen aufliegenden vorderen Biventerbauch. Die folgenden Gebiete sind hauptsächlich wichtig als Zugang zu den Eingeweiderohren. Zwischen Zungenbein und Schildknorpel gelangt man in den Pharynx, weiter unten in die Luftwege.

Der Regio submentalis schließt sich seitlich die *Regio submandibularis* an. Sie wird durch die beiden Bäuche des M. biventer mandibulae (Abb. 73 und 74) nach unten begrenzt; die Zwischensehne des Muskels haftet durch Bindegewebszüge am Zungenbein und wird meist von den beiden Schenkeln des am Ansatz gespaltenen M. stylohyoideus umfaßt. Den Hintergrund bildet der M. hyoglossus; den vorderen (ventralen) Anteil desselben deckt der schräg von hinten oben (vom Unterkiefer) herabziehende M. mylohyoideus. Auf dem M. hyoglossus, unter dem M. mylohyoideus verschwindend, liegt der *N. hypoglossus* als relativ kräftiger Nerv, von Venen begleitet; er begrenzt mit dem Biventer und dem Hinterrand des M. mylohyoideus das kleine, aber sehr charakteristische *Trigonum linguale* (Abb. 67 und 74), in dessen Bereich, aber erst unter dem M. hyoglossus (dessen Fasern durchschnitten oder auseinandergedrängt werden müssen), die A. lingualis zu finden ist und vor großen Zungenoperationen unterbunden werden kann. Rückwärts verläuft über die Gegend die *A. facialis* (maxillaris externa), die, aus der Carotis externa entspringend, unter dem hinteren Biventerbauch und dem Stylohyoideus hervorkommt und über den Unterkieferrand hinweg, vor dem Masseter, in das Gesicht übertritt. Sie wird von der *V. facialis* (anterior) begleitet; die Vene taucht aber nicht wie die Arterie unter die genannten Muskeln unter, sondern bleibt oberflächlich am Hals und verbindet sich in der Regel mit der V. retromandibularis (facialis post.) zu einer V. facialis communis, die dann in die V. jugularis int. einmündet. Im vorderen Winkel der Gegend, unter dem Unterkiefer, findet man den zarten N. mylohyoideus (des N. mandibularis) zum gleichnamigen Muskel und dem vorderen Bauch des Biventer; weiters die *Glandula submandibularis*, die sich um den Hinterrand des Mylohyoideus herum gegen den Mundboden fortsetzt und in ihren Ausführungsgang (zur Papilla salivalis sublingualis) fortsetzt. Nach Auspräparation ihrer Verbindungen hängt die

Drüse an drei Stielen, vorn am Ausführungsgang, der unter dem M. mylohyoideus verschwindet, hinten an den Drüsenzweigen der A. facialis und oben an den Verbindungszweigen mit dem leicht am Mundboden darstellbaren starken N. lingualis; in diese Zweige ist das graubräunliche kleine *Ganglion submandibulare* eingeschaltet. Es bekommt seine sekretorischen Zweige aus der Chorda tympani

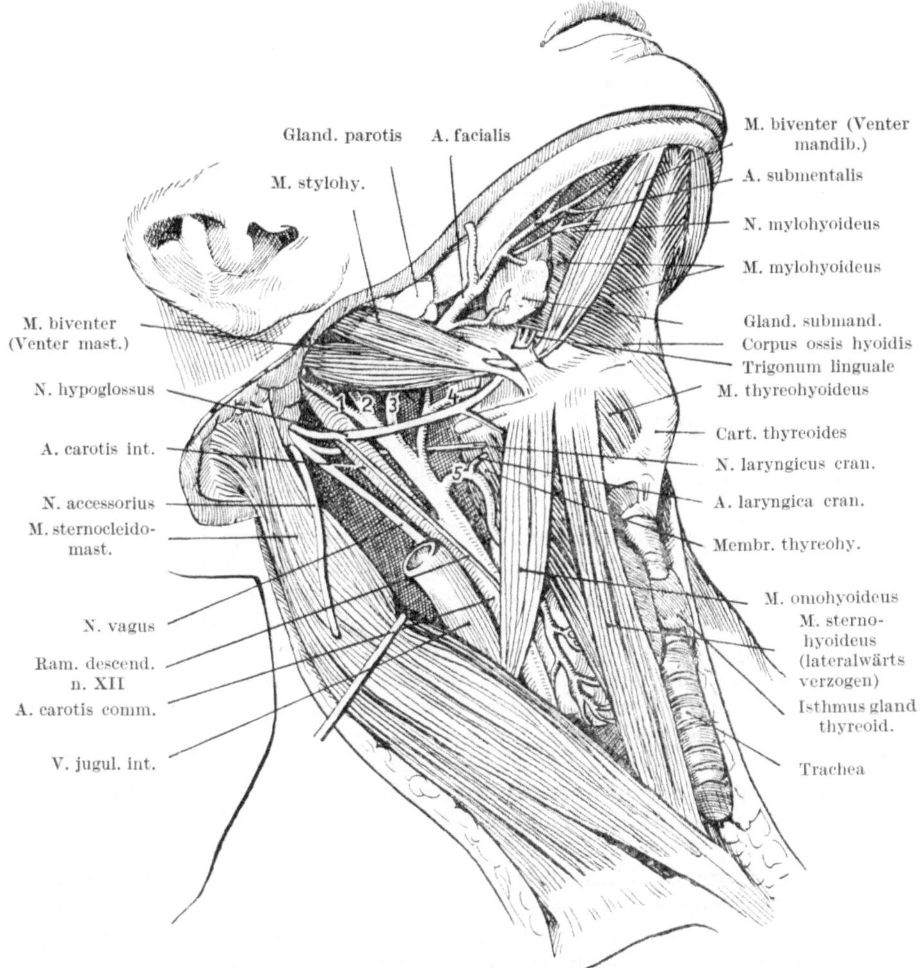

Abb. 74. Mittleres Halsdreieck nach Entfernung der oberflächlichen Schichten (Platysma, Fascia colli superficialis und media, M. sternothyreoideus). 1 A. occipitalis, 2 A. carotis ext., 3 A. facialis, 4 A. lingualis, 5 A. thyreoidea cranialis. Nach CORNING.

und von dem sympathischen Begleitgeflecht der A. facialis und sensible Zweige vom Lingualis und versorgt die Unterkiefer- und Unterzungendrüse. Dem Hinterrand der Drüse sind regelmäßig mehrere *Lymphknoten* angeschlossen, die die Lymphe aus dem Gesicht und dem Mund übernehmen.

An die Regio submandibularis schließt rückwärts noch die *Regio retromandibularis* an, die schon bei Besprechung des Gesichtes Erwähnung gefunden hat (S. 68). Sie besteht aus dem schmalen Zwischenraum zwischen Unterkiefer und Warzenfortsatz und wird im wesentlichen von der *Parotis* ausgefüllt. Der medial vom Warzenfortsatz durch das Foramen stylomastoideum aus dem Schädel austretende *N. facialis* senkt sich nach Abgabe der Äste für die äußeren Ohrmuskeln, den M. occipitalis (zur Galea), stylohyoideus und den hinteren Biventerbauch in die Parotis ein, der er auch die auf einem komplizierten Umweg übernommenen sekretorischen Fasern zuführt (S. 68). Medial von der Carotis liegt noch der Processus styloides mit seinen drei Muskelursprüngen (M. stylohyoideus, styloglossus und stylopharyngicus), und weiterhin geht die Region nach oben-innen in die Fossa infratemporalis über (S. 70). In die Parotis dringt von unten das Endstück der *Carotis externa* ein, begleitet von der *V. retromandibularis* (facialis post.); die Carotis teilt sich noch innerhalb der Drüsensubstanz in ihre Endäste, die A. maxillaris (int.) und temporalis superficialis. Die Gefäße liegen medial von dem Plexus parotidicus, in den der Facialis nach seinem Drüseneintritt zerfällt. *Lymphknoten* sind am hinteren Rand und an der Außenfläche der Drüse gelegen, teilweise auch in die Drüsensubstanz eingebettet.

Die *Fossa carotica*, hinten vom M. sternocleidomastoideus, oben vom M. biventer mandibulae und stylohyoideus begrenzt (Abb. 74), geht nach vorn in die Regio mediana ohne scharfe Grenze über. Sie enthält die *Gefäß-Nervenscheide* (Abb. 79), in der oberflächlich der *Ramus descendens n. hypoglossi* verläuft, der motorische Nerv der unteren Zungenbeinmuskeln (mit Ausnahme des N. thyreohyoideus, der etwas weiter distal vom Hypoglossus abgeht.[1]) Innerhalb der Gefäßscheide liegt vorn-außen die *V. jugularis interna*, hinten-innen die *Carotis* und zwischen ihnen oder hinten-außen der *N. vagus*. Die Carotis erscheint thoraxwärts als Carotis communis; in der Höhe des Schildknorpels liegt die Carotisteilung. Die *Carotis externa* setzt die Richtung der Carotis communis fort, während die *Carotis interna* kandelaberförmig nach hinten-außen abgeht und im Anfang leicht erweitert ist (*Sinus caroticus* mit blutdrucksenkenden Nervenendigungen). Im Teilungswinkel liegt das parasympathische Glomus caroticum. Bei atherosklerotischer Schlängelung kann die gegenseitige Lage der beiden Carotiden sich verschieben, doch ist die Car. interna an ihrer Astlosigkeit zu erkennen,[2] während die Carotis externa sehr bald ihre Äste abgibt. Die Carotis interna liegt weiter oben medial von dem M. stylohyoideus und dem hinteren Biventerbauch. Die Äste der Car. externa werden als vordere, hintere und Endäste unterschieden; ein Ast, die verhältnismäßig zarte *A. pharyngica ascendens*, geht an oder knapp oberhalb der Teilung medialwärts ab, um nach Verzweigung am Pharynx und Abgabe eines Astes an die Gaumenmandel als A. meningica (duralis) occipitalis zu enden.

Die sichere Unterscheidung von Carotis externa und interna ist praktisch wichtig, weil die Unterbindung der letzteren ebenso wie die der Carotis communis namentlich für ältere Personen lebensbedrohlich ist (bis zu 50% Mortalität durch Ernährungsstörungen des Gehirns), während die Unterbindung der Carotis ext. unbedenklich ist, da die Anastomosen mit der Gegenseite und der A. ophthalmica zur Versorgung der Teile ausreichen. Die vorderen Äste der Carotis externa sind die *A. thyreoidea cranialis* (mit der *A. laryngica cran.*), *lingualis* (die bald unter dem Hinterrand des M. hyoglossus verschwindet) und *facialis* (maxillaris ext.), die unter dem M. biventer und stylohyoideus zum Unterkieferrand und vor dem M. masseter ins Gesicht gelangt. Hintere Äste sind die *A. occipitalis* und *retro-*

---

[1] Alle Hypoglossusäste für untere Zungenbeinmuskeln und der Ast für den M. geniohyoideus stammen aus Cervicalnerven auf dem Weg einer an der Schädelbasis gelegenen Anastomose. Eine zweite Anastomose mit weiter caudal liegenden Cervicalnerven ist die Ansa hypoglossi.

[2] Das Vorkommen von extrakraniellen Ästen der Carotis interna (z. B. der A. occipitalis) ist eine sehr große Seltenheit. Auch die Carotis communis ist astlos; ausnahmsweise kann eine A. thyreoidea ima (S. 86) auftreten.

auricularis. Hinter dem Unterkieferwinkel tritt die Carotis ext. in die Parotis ein (S. 78), um sich am Unterkieferhals in ihre Endäste, *A. maxillaris* und *tem-*

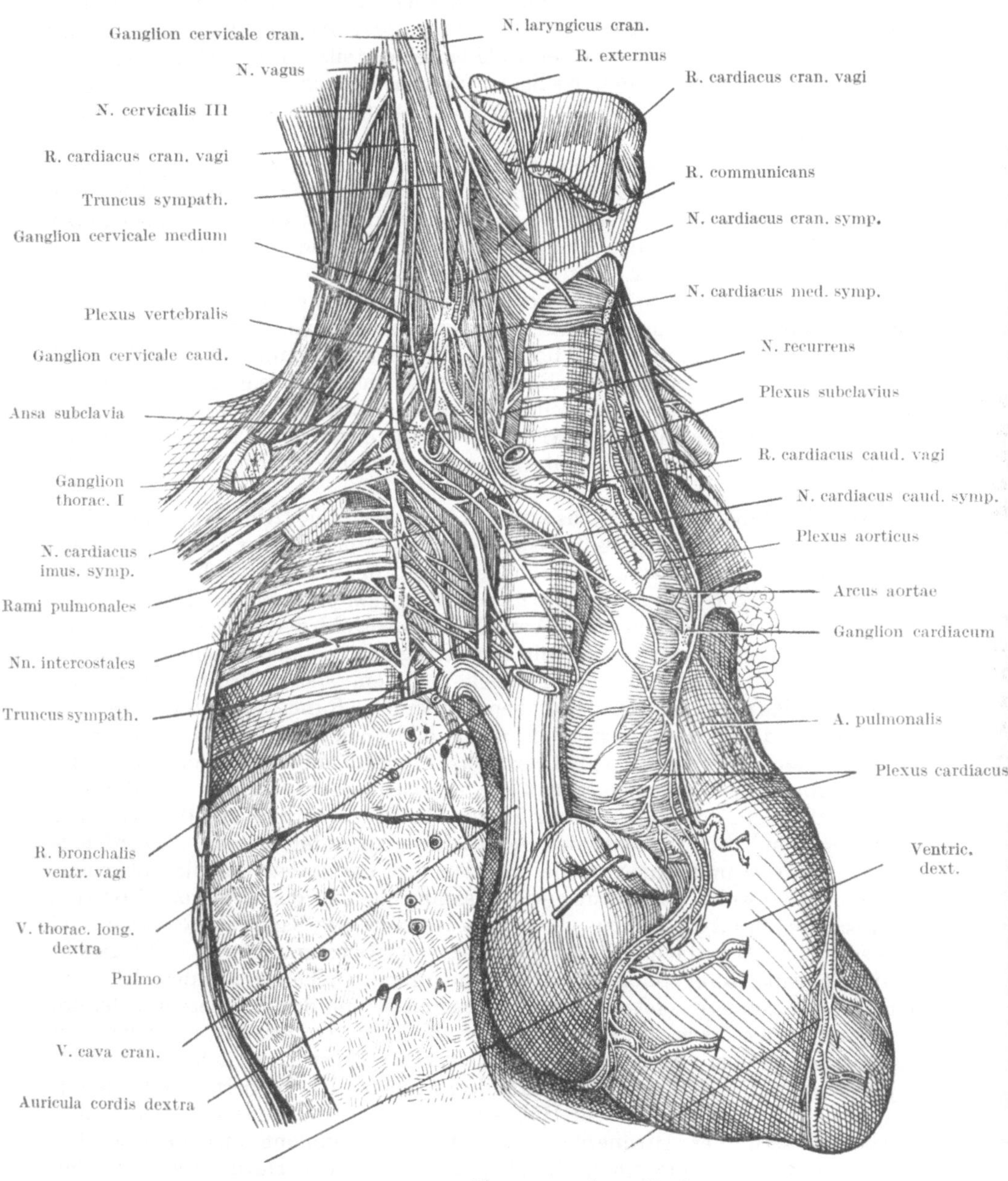

Abb. 75. **Halssympathicus, Herznerven und Herzgeflecht von rechts her.** Lunge größtenteils abgetragen. Nach TOLDT-HOCHSTETTER, leicht abgeändert.

poralis superficialis, zu teilen (S. 78). Die *V. jugularis interna* beginnt an der Schädelbasis am Foramen jugulare mit dem *Bulbus cranialis,* nimmt in ziemlich wechselnder Weise die Venen der Gesichtsregion und der Kopf- und Halseingeweide auf und erweitert sich vor ihrer Vereinigung mit der V. subclavia zum *Bulbus valvularis* mit einer schlußfähigen Klappe. Das proximale Stück ist vom M. sternocleidomastoideus gedeckt. Zahlreiche *Lymphknoten* (Lymphonodi cervicales profundi), teils innerhalb der Gefäßscheide, teils ihr benachbart gelegen, ergießen ihre Abflüsse in den wenig auffälligen *Truncus jugularis*, der in den Angulus venosus (S. 91) lateral von der V. jugularis oder (links) in den Ductus thoracicus mündet.

Lymphknoten des Halses. Die Lymphknoten sind in der Halsgegend besonders zahlreich. Von den ungefähr 800 Knoten des ganzen Körpers sollen sich rund 300 am Hals befinden. Sie sind so angeordnet, daß an der Kopf-Hals-Grenze eine erste Unterbrechung des Lymphstromes der Kopforgane erfolgt und weiter unten am Hals, zu beiden Seiten der medianen Halsorgane, im Bereich des Spatium parapharyngicum und retropharyngicum sowie in der Gefäßscheide entlang der Carotis und Vena jugularis interna eine zweite und dritte. Auch die von der oberen Extremität und der Thoraxwand (Mamma) kommende Lymphe wird in supraclavicularen Knoten (im Bereich des seitlichen Halsdreiecks) und oberhalb der oberen Brustapertur vielfach nochmals durch Lymphknoten filtriert, bevor sie in den Truncus jugularis eintritt, um dann mit diesem im Angulus venosus (zwischen V. jugularis interna und subclavia) ins Blut übergeleitet zu werden.

Der *Halssympathicus* (Truncus sympathicus cervicalis) (Abb. 75) verläuft über die Vorderseite der Halswirbelsäule (praevertebral) innerhalb der Lamina profunda der Halsfascie (S. 81); er ist ein ziemlich feiner Strang, in den typisch drei Ganglien eingeschaltet sind: *Ganglion cervicale craniale, medium* und *caudale*. Das Ganglion medium unterliegt ziemlich viel Abweichungen sowohl der Größe als der Lage nach; es kann ganz fehlen bzw. mit dem Ganglion caudale verschmolzen sein; dieses Ganglion verschmilzt häufig auch mit dem ersten Brustganglion zum *Ganglion stellatum*. Zu den Ganglien verlaufen Rami communicantes der Halsnerven; die Fortsetzung nach oben bildet der N. caroticus internus, der sich gleich in einen Plexus caroticus internus auflöst. Vom Halsgrenzstrang bzw. seinen Ganglien gehen die sympathischen Herzäste ab, die sich mit den Herzästen des Vagus zum Plexus cardiacus verbinden. Bei typischer Ausbildung sind drei Herzäste des Sympathicus zu unterscheiden, *N. cardiacus cranialis, medius* und *caudalis*, die von den drei cervicalen Ganglien abgehen; doch kommt sowohl Vermehrung wie Zusammenlegung der Äste vor. Von den *Nervi* cardiaci des Sympathicus werden die Herzäste des Vagus als *Rami* cardiaci unterschieden. Der Halsgrenzstrang ist aber dem Brustgrenzstrang nicht gleichwertig, da seine Rami communicantes keine efferenten Fasern aus dem Rückenmark führen, sondern solche aus dem Brustgrenzstrang den Halsnerven zuleiten. Der Hauptsache nach besteht aber der Halsgrenzstrang aus aufsteigenden Fasern, die aus dem untersten Hals- und obersten Brustmark stammen und den Kopfnerven und den Herznerven zugeführt werden. Er fungiert damit wie ein N. splanchnicus des Kopfes und Halses und ist der Antagonist der parasympathischen Fasern der Hirnnerven (s. später). So kommt aus dem achten Cervicalnerven das ciliospinale Bündel, das über den Halsgrenzstrang, den Plexus caroticus int. und die sympathische Wurzel des Ganglion ciliare dem Auge die Fasern für den M. dilatator pupillae und der Orbita die Fasern für den glatten M. orbitalis zuführt; die Unterbrechung des Bündels macht Verengerung der Pupille und der Lidspalte mit Zurücksinken des Auges, sowie Rötung der Conjunctiva (HORNERscher Symptomenkomplex). Caudal vom Ganglion bzw. ventral von ihm liegt die *Ansa subclavia* des Grenzstranges, welche die A. subclavia umgreift (Abb. 75). Die Herzäste können auch von der Ansa abgehen. Die Schmerzleitung des Herzens wird aber vom Ganglion stellatum aus erst durch die oberen thoracalen Rami communicantes dem Rückenmark zugeführt.

Die an das Zungenbein anschließende *Regio mediana colli* hat enge Beziehungen zu den Luftwegen. Sie wird unterhalb des Zungenbeins gedeckt von den *unteren Zungenbeinmuskeln*, die am Corpus ossis hyoidis entspringen (Abb. 73). Die *Mm. sternohyoidei* schließen in der Mittellinie aneinander und können durch eine Linea alba bindegewebig aneinander gebunden sein. Die größtenteils von ihnen gedeckten *Mm. thyreohyoidei* und *sternothyreoidei* liegen etwas weiter lateral; die *Mm. omohyoidei* entspringen gleichfalls in einiger Entfernung von der Mittellinie vom Zungenbein und laufen divergierend zu den Schulterblättern, wo sie am cranialen Rand, medial von der Incisura scapulae, haften. An ihrer in der Mitte des Verlaufes gelegenen Zwischensehne sind sie an die Halsfascie so fixiert, daß die laterale Hälfte stärker schräg liegt und die untere Hälfte der Fascie gespannt wird. Die *Halsfascien* bilden caudal vom Kehlkopf drei Schichten. Die *Lamina superficialis*, die im seitlichen Halsdreieck vom Vorderrand des Trapezius ausgeht und unten am Schlüsselbein haftet, spaltet sich am lateralen Rand des Sternocleidomastoideus, hüllt den Muskel ein und geht von dessen medialem Rand über die Mitte hinweg, wobei sie am oberen Rand des Sternums befestigt ist (Abb. 61, 79 und 80). Die *Lamina media* umhüllt die unteren Zungenbeinmuskeln; da diese nicht am Oberrand, sondern an der inneren Fläche des Sternums haften, so entsteht zwischen der oberflächlichen und der mittleren Fascie ein *Spatium suprasternale interfasciale*, das Fett und den *Arcus venosus juguli* enthält, eine Querverbindung der (inkonstanten), im lateralen Teil des Spatiums abwärts ziehenden *Vv. jugulares superficiales ventrales* (anteriores). Unter der Lamina media liegt, eng an sie angeschlossen, der Kehlkopf und weiter abwärts, sich schrittweise von den unteren Zungenbeinmuskeln und der Lamina media in die Tiefe entfernend, die Luftröhre, welche unter dem Kehlkopf von dem Isthmus glandulae thyreoideae gequert wird. Dadurch kommt zwischen Fascie und Luftröhre ein brustwärts an Tiefe zunehmendes *Spatium praetracheale* zustande, in welchem sich außer dem Isthmus der von ihm und den anschließenden medialen Rändern der Schilddrüsenlappen ausgehende *Plexus venosus thyreoideus impar* und seine Fortsetzung, die *V. thyreoidea ima* (Abb. 80) finden; manchmal kommt dort eine *A. thyreoidea ima* vor. Das Spatium geht brustwärts in das vordere Mediastinum über. Am rechten Rand des Spatiums verläuft, schräg lateralwärts aufsteigend, die *A. brachiocephalica* (anonyma), die besonders beim Kind mit seinem noch relativ hoch stehenden Herzen ins Gesichtsfeld kommen kann. Bei den Fascien und Bindegewebsräumen des Halses ist noch anzuführen die *Lamina profunda fasciae colli (Fascia praevertebralis)*, die (vorn schon erwähnte) *Gefäßscheide* und das *Spatium parapharyngicum*. Die tiefe Fascie (Abb. 79) liegt vor der Wirbelsäule und der an ihr haftenden Muskulatur (M. longus colli und capitis, M. rectus capitis ventralis) und geht seitwärts in die Fascie der Mm. scaleni über; sie umhüllt den Halsgrenzstrang des Sympathicus. Vor ihr liegt das Spatium retro- und parapharyngicum, das sich auch an die Seitenwand des Pharynx erstreckt und die Bewegungen des Pharynx beim Schlucken und Sprechen ermöglicht. Seitlich vom Pharynx und den Luftwegen hängen die Halsfascien unter Ausbildung der auf S. 78 schon erwähnten Gefäßscheide (Vagina vasorum) für die Carotis, die innere Jugularvene und den Vagus untereinander zusammen. Die Scheide enthält auch Lymphknoten, Lymphgefäßplexus und den Truncus lymphaceus jugularis. Die Gefäß- und Nervenäste verlassen die Scheide, um in lockerem Bindegewebe an ihre Bestimmungsorgane heranzutreten.

Der Kehlkopf.

Der Kehlkopf hat ein Knorpelgerüst mit gelenkig verbundenen Teilen, Muskulatur zur Bewegung der Teile und einen inneren Schleimhautüberzug, durch dessen Anordnung der Binnenraum in drei stockwerkartig übereinanderliegende Teile zerfällt. Die Grundlage bildet der *Ringknorpel, Cartilago cricoides*, siegelringartig gestaltet, mit dorsaler Platte und ventralem Bogen; an ihn ist seitlich der *Schildknorpel, Cart. thyreoides*, mit seinen unteren Hörnern gelenkig angefügt, während auf dem oberen Rand der Ringknorpelplatte die beiden *Stellknorpel, Cartt. arytaenoideae*, durch schlaffe Gelenkskapseln eine fast arthrodieartige Beweglichkeit gewinnen. Vom ventralen Ende der Stellknorpel (Proc. vocalis derselben) ziehen die *Stimmbänder, Ligamenta vocalia*, nach vorn zur Innenfläche des Schildknorpels knapp unterhalb von dessen in der Körpermitte gelegenen Incisura thyreoidea; gleich darüber haftet der *Kehldeckel, Cart. epiglottica*, mit seinem Stiel am Schildknorpel. Durch den *Conus elasticus* sind die Stimmbänder mit dem Ringknorpel so verbunden (Abbildung 76), daß die Luft durch den Spalt zwischen ihnen, die *Stimmritze* oder *Rima glottidis* (Abb. 77), wie durch eine Lippenpfeife durchströmen muß. Durch seitwärts gleitende und drehende Bewegungen der Stellknorpel kann die Stimmritze geöffnet (für die Atmung) oder geschlossen werden (für die Stimmbildung, aber auch

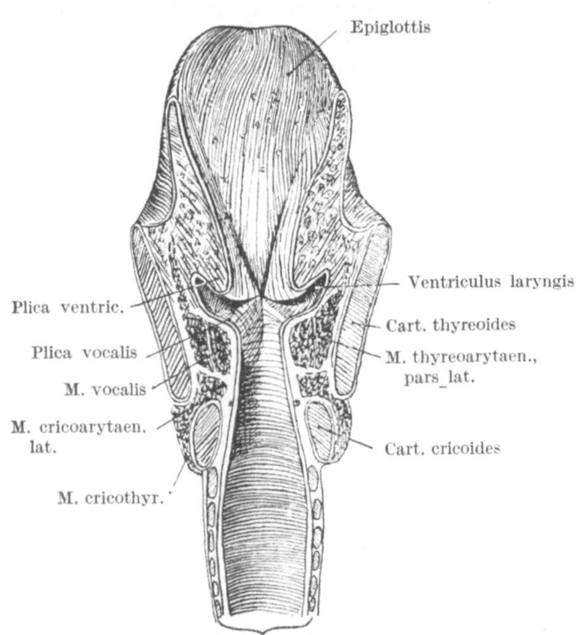

Abb. 76. Frontalschnitt durch den Larynx, ventrale Hälfte. Nach SOBOTTA.

für die Drucksteigerung im Thoraxraum vor der Stimmgebung oder bei Anwendung der Bauchpresse, zur Erhöhung der Festigkeit des Thorax bei Anspannung von Zwerchfell und Bauchmuskeln). Die Schleimhaut des Kehlkopfes, nach oben begrenzt von der variablen Plica pharyngo-epiglottica (Abb. 72), geht von der Innenseite der Membrana hyothyreoidea und dem cranialen Schildknorpelrand auf die Epiglottis über und bildet dabei seitlich von dieser eine Bucht, *Recessus piriformis*. Vom Epiglottisrand bis zum Apex der Stellknorpel mit der ihm aufsitzenden Cartilago corniculata bildet sie die *Plica aryepiglottica*, die den Kehlkopfeingang umfaßt und auch noch zwischen die Aryknorpel sich als Incisura interarytaenoidea einsenkt. Im Kehlkopflumen (Abb. 76) bildet die Schleimhaut jederseits zwei horizontal gestellte Falten, die stumpfrandige lockere *Plica ventricularis* und die scharfkantige straffe *Plica vocalis*, deren Grundlage das Ligamentum vocale darstellt. Zwischen Plica ventricularis und vocalis (falsches und wahres Stimmband) ist die Schleimhaut seitlich bis an den Schildknorpel ausgebaonht, als Kehlkopftasche, *Ventriculus laryngis*, die in eine meist nur kurze kopfwärts gerichtete Verlängerung, *Appendix ventriculi*, ausläuft; manchmal kann aber diese Ausbuchtung bis an das Zungenbein reichen. Durch die Falten zerfällt der Kehlkopfraum in drei Abteilungen, *Vestibulum, Pars ventricularis* und *Pars infraglottica.* Das lockere drüsenreiche Gewebe der Plica ventricularis und der Plica aryepiglottica ist durch Austritt von Gewebsflüssigkeit bei Entzündung ungemein schwellfähig (Glottisödem) und imstande, den Luftweg zu verschließen, so daß die operative Eröffnung der Luftwege bei Erstickung (S. 87) jedenfalls unter den Stimmbändern erfolgen muß. Die funktionelle Bedeutung der so häufig (durch Schwellung) lebensbedrohenden Plica ventricularis liegt offenbar darin, daß sie mit ihren Drüsen das Stimmband immer wieder befeuchtet, während der Ventriculus laryngis dem Stimmband die zur freien Schwingung notwendige selbständige Oberfläche verschafft. Vom Stimmband abwärts liegt die Schleimhaut der

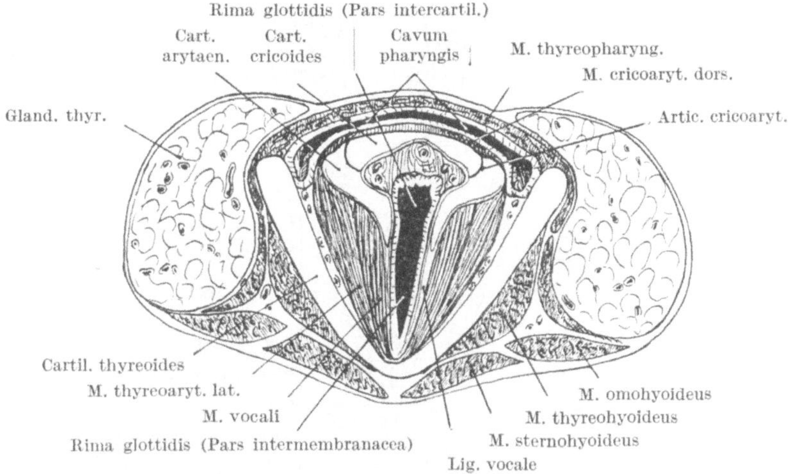

Abb. 77. Horizontalschnitt durch den Kehlkopf im Bereich der Stimmritze. Nach SOBOTTA.

Innenfläche des Conus elasticus und des Ringknorpels fest an, um dann weiterhin in die gleichfalls an der Wand ziemlich gut fixierte Schleimhaut der Luftröhre überzugehen.

Die *Innervation* des Kehlkopfes erfolgt durch zwei Vagusäste. Der *N. laryngicus cranialis* tritt von oben an den Kehlkopf heran (Abb. 75, 78, 82) und versorgt mit einem *Ramus externus* den M. cricothyreoideus (den einzigen äußeren Kehlkopfmuskel) und mit einem *Ramus internus*, der die Membrana thyreohyoidea im Bereich des Recessus piriformis durchbohrt, die Schleimhaut bis zur Rima glottidis. Der *N. laryngicus caudalis* ist der Endast des *N. recurrens*, der vom Vagusstamm rechts an der oberen Brustapertur abgeht und sich um die A. subclavia herumschlingt, links erst im Mediastinum vom Vagus abzweigt und den Aortenbogen umgreift. Die Recurrentes steigen in der Laryngo-Trachealrinne aufwärts, versorgen diese beiden Gebilde und innervieren im Kehlkopfbereich sämtliche inneren Kehlkopfmuskeln und die Schleimhaut unterhalb der Rima glottidis. Eine Anastomose der Nerven erklärt gelegentliche Verschiebungen der Sensibilitätsgrenze. Die *Arterien* des Kehlkopfes (Abb. 78, 82) stammen als *A. laryngica cranialis* und *caudalis* aus den gleichnamigen Schilddrüsenarterien (s. S. 86). Die *Venen* verlaufen mit den Arterien. Die *Lymphgefäße* ziehen zu benachbarten Lymphknoten.

Die *Luftröhre, Trachea,* stellt ein etwa 12 cm langes und bis zu 2 cm weites Rohr dar, das durch etwa 16 bis 20 hufeisenförmige quergestellte *Cartilagines tracheales* offengehalten wird; an der dorsalen Seite ist zwischen den Enden der Knorpel die membranöse Wand, querverlaufende glatte Muskeln enthaltend, eingefügt. Die Trachea ist im Bereich der Schilddrüse und an der Kreuzungsstelle mit dem links vorbeiziehenden Arcus aortae (S. 122) leicht verengt. Sie ist durch Einfügung der an elastischem Gewebe sehr reichen *Ligamenta anularia* zwischen den Knorpelringen sehr dehnbar, was besonders beim Schluckakt (bei der Hebung des Kehlkopfes) ausgenützt wird. An ihrem unteren Ende teilt sie sich in der

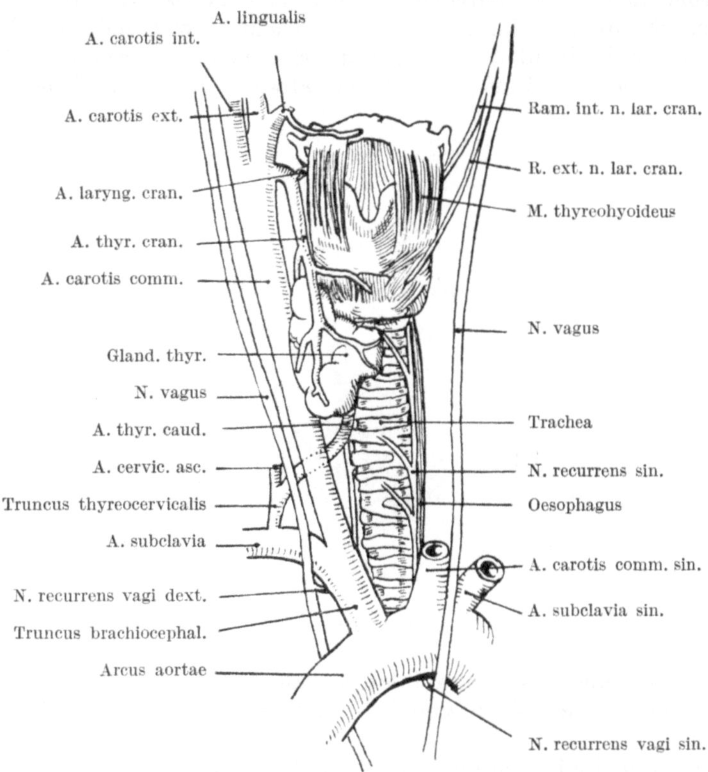

Abb. 78. Arterien und Nerven des Kehlkopfes, halbschematisch. Von der Schilddrüse nur die rechte Hälfte dargestellt. Nach CORNING, ergänzt.

Bifurcatio tracheae in den etwas weiteren und steileren *Bronchus dexter* und den etwas längeren *Bronchus sinister*; infolge dieser Asymmetrie gelangen aspirierte Fremdkörper häufiger in den rechten Stammbronchus als in den linken, sind aber auch aus ihm leichter herauszuholen. An der Teilungsstelle springt die Schleimhaut spornartig in das Lumen vor als *Carina tracheae*.

Schilddrüse.

Die Schilddrüse, *Glandula thyreoidea*, ist ein auffallend blutreiches Organ, das von vier (manchmal fünf) großen Arterien und fünf entsprechend großen, oft doppelten Venen versorgt ist. An den dorsalen Rand sind kleine besondere Drüsen, die *Epithelkörperchen* oder *Gll. parathyreoideae*, angeschlossen (Abb. 79 und 82). Die Lebensnotwendigkeit, aber auch die Häufigkeit pathologischer Veränderungen des Organs begründen eine eingehendere Darstellung. Das Schilddrüsengewebe besteht aus kleinen geschlossenen Drüsenbläschen,

Follikeln, mit einem klebrigen Inhalt, dem Kolloid; Wucherung des Gewebes, sei es durch Vergrößerung oder Vermehrung der Follikel, führt zum Kropf, Struma, der sich in sehr verschiedenen Krankheitsbildern äußern kann, aber nicht muß (Basedow einerseits, Kretinismus anderseits), während der kongenitale Mangel oder die vollständig operative Entfernung der Drüse zu andersartigen schweren Stoffwechselstörungen (Myxödem, Kachexie) führt. Die Epithelkörperchen, die den Kalkstoffwechsel beherrschen, können durch Tumorbildung schwere Skeletstörungen hervorrufen, während ihre Entfernung tödliche Krämpfe

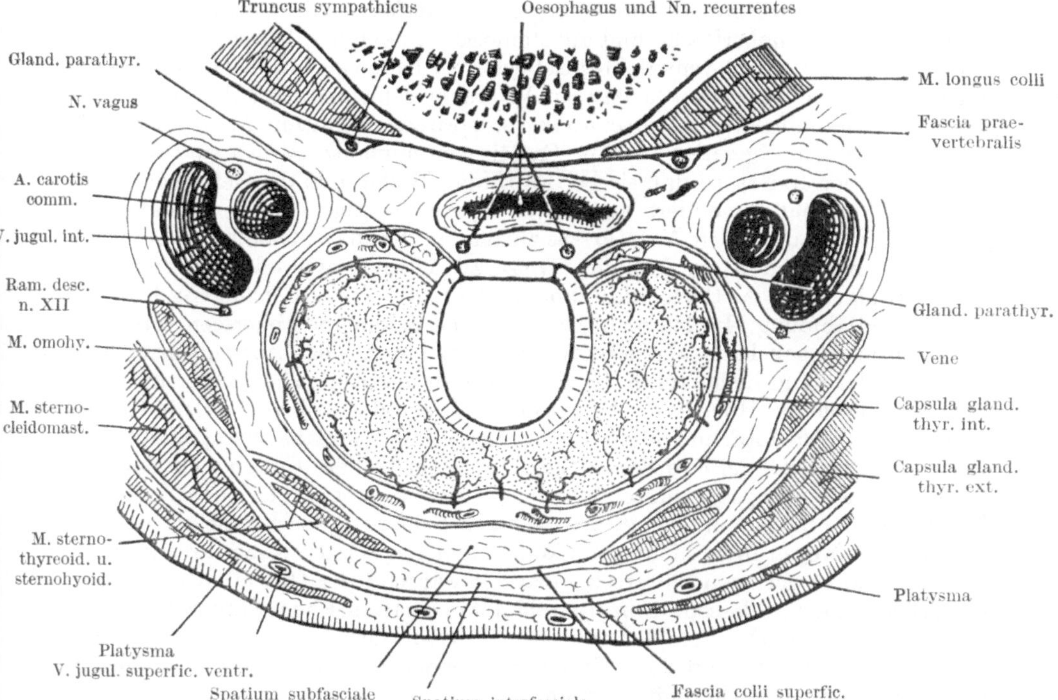

Abb. 79. Horizontalschnitt durch die Schilddrüse, halbschematisch. Nach CORNING, etwas abgeändert.

(Tetanie) auslöst; leichtere Formen derselben Krankheit treten bei Funktionsstörung der Epithelkörper auf. Die Schilddrüse stammt von einer medianen Anlage am Zungengrund; sie geht von dem späteren Foramen caecum linguae aus, bildet von dort aus den Ductus thyreoglossus und rückt bis unter den Kehlkopf abwärts, wobei Schilddrüsengewebe am Grunde des Foramen liegen bleiben kann (Grundlage einer Zungenstruma) oder einzelne abgelöste Drüsenkörper (Gll. thyreoideae accessoriae) im Bereich des Zungenbeins oder vor dem Kehlkopf zurückbleiben können oder schließlich, am häufigsten, ein medianer Lobus pyramidalis, vom Isthmus abgehend, vor dem Kehlkopf stehen bleibt. Die Drüse selbst besteht normalerweise aus zwei knapp eigroßen *Lobi laterales,* die durch eine quere Substanzbrücke, den oben genannten *Isthmus,* verbunden sind. Die Carotis communis liegt jederseits in einer Rinne des Seitenlappens. Die ganze Drüse ist von einer eng anliegenden bindegewebigen Kapsel und außerdem von einer Fascie umgeben (Abb. 79), welche die Epithelkörper und die feinere Gefäßverteilung mit einschließt und mit Kehlkopf und Trachea zusammenhängt, wodurch eine Fixierung der Drüse, manchmal verstärkt durch Muskelzüge, vom M. sternothyreoideus als M. levator glandulae thyr. abgezweigt, gegeben ist. Am oberen und unteren Pol der Seitenlappen treten die *Gefäße* (A. und V. thyreoidea cranialis und caudalis, Abb. 78, 82) durch die Fascie und nach Zerfall in Äste durch weite Gefäßlöcher der Kapsel in die Drüse ein. Die *A. thyreoidea cranialis*, von der Carotis externa als erster Ast entspringend, dringt nach Abgabe der A. laryngica cranialis von oben her in die Drüse ein; die *A. thyreoidea caudalis*, der Hauptast des Truncus thyreocervicalis aus der A. subclavia, gelangt von unten an die Drüse heran (Abb. 82). Sie wird nicht selten vor der Wirbelsäule von einer Schlinge des Grenzstranges des Sympathicus umfaßt. Die Gefäße verzweigen sich an der Drüsenoberfläche und anastomosieren reichlich; besonders die Venen bilden auf der Oberfläche ein dichtes Geflecht. Sie haben als fünfte Abflußbahn die median gelegene *V. thyreoidea ima* zur V. brachiocephalica sin. (Abb. 80); die gelegentlich vorkommende *A. thyreoidea ima* entspringt median vom Arcus aortae oder von der A. brachiocephalica oder der Carotis communis. Die Venen sind zum Teil an den Fascien fixiert, so daß sie bei Eröffnung klaffen und die Gefahr der Luftaspiration besteht, besonders an der V. thyreoidea ima. Bei der Gefäßunterbindung ist genau auf den *N. recurrens* zu achten, der in der Oesophago-Trachealrinne aufsteigt und in wechselnder Weise zwischen, hinter oder auch vor den Drüsenzweigen der A. thyreoidea caudalis verläuft. Seine Schädigung führt zu Stimmbandlähmung. In den nicht ganz seltenen Fällen von abnormem Ursprung der rechten A. subclavia als selbständigem letztem Ast des Aortenbogens zieht der Nerv, der dann nicht durch die Subclavia an die obere Thoraxapertur fixiert ist, in wechselnder Höhe vom Vagusstamm quer oder schräg über die Carotis hinweg zum Kehlkopf und kann zur A. thyreoidea cranialis in topographische Beziehung geraten. Bei Kropfoperationen muß ein Teil des Gewebes am dorsalen Rand der Seitenlappen erhalten werden, einerseits wegen der physiologischen Bedeutung der Drüse, anderseits zur sicheren Schonung der Epithelkörperchen, die sich teils wegen ihrer nicht ganz konstanten Lage, teils wegen ihrer im blutreichen Gewebe geringen Unterscheidbarkeit während der Operation nicht ganz verläßlich erkennen lassen. Am ausgebluteten anatomischen Präparat sind sie durch gelbliche Farbe von der rötlichen Thyreoideasubstanz abgehoben, aber auch dann wegen ihrer mit dem Alter zunehmenden Verfettung oft genug makroskopisch nicht mit Sicherheit bestimmbar.

Die nur einige (3 bis 10) Millimeter großen *Epithelkörperchen (Gll. parathyreoideae)* (Abb. 82) bestehen aus Strängen von Epithelzellen, die gelegentlich auch zu kleinen follikelähnlichen Bläschen mit färbbarem Inhalt zusammentreten; die Zellen sind beim Kind mit sauren Anilinfarben (z. B. Eosin) nicht färbbar (acidophob), zeigen aber später mancherlei Farbreaktionen, die anscheinend mit ihrer allmählichen Degeneration zusammenhängen. Gewöhnlich sind zwei untere (am caudalen Pol der Schilddrüsenseitenlappen liegende) und zwei obere, ungefähr in der Mitte des dorsalen Randes der Seitenlappen gelegene Epithelkörperchen vorhanden (in Abb. 82 liegen alle eher etwas weiter kopfwärts als gewöhnlich); die unteren stammen aus der dritten, die oberen aus der vierten embryonalen Schlundtasche, und es hat ein Platzwechsel stattgefunden, im Zusammenhang mit dem Descensus der Thymusanlage, die aus der dritten Schlundtasche stammt und in den Brustkorb abgestiegen ist. Bei dieser Verschiebung können Teilungen der Epithelkörperchenanlagen und weitgehende Verlagerungen bis in den Thorax vorkommen; auch der Einschluß in die Substanz der Thyreoidea kommt vor.

Eröffnung der Luftwege.

Von den unteren Zungenbeinmuskeln gedeckt, liegen in der Regio mediana colli Kehlkopf, Luftröhre und Schilddrüse. Der Kehlkopf wendet der vorderen Fläche den Schild- und Ringknorpel zu; der erstere ist an das Zungenbein durch die *Membrana hyothyreoidea* befestigt, die am oberen Rande des Zungenbeins (besonders am Körper an dessen hinterer Fläche vorbeiziehend) haftet und in der Mitte und an beiden Seitenrändern zu den Ligg. hyothyreoidea (medium und lateralia) verstärkt ist. Zwischen dem Zungenbeinkörper und der Membran liegt die in ihrer Ausdehnung variable *Bursa thyreo-hyoidea.* Da hinter der Membran an der Incisura thyreoidea des Schildknorpels die Epiglottis haftet, so gelangt

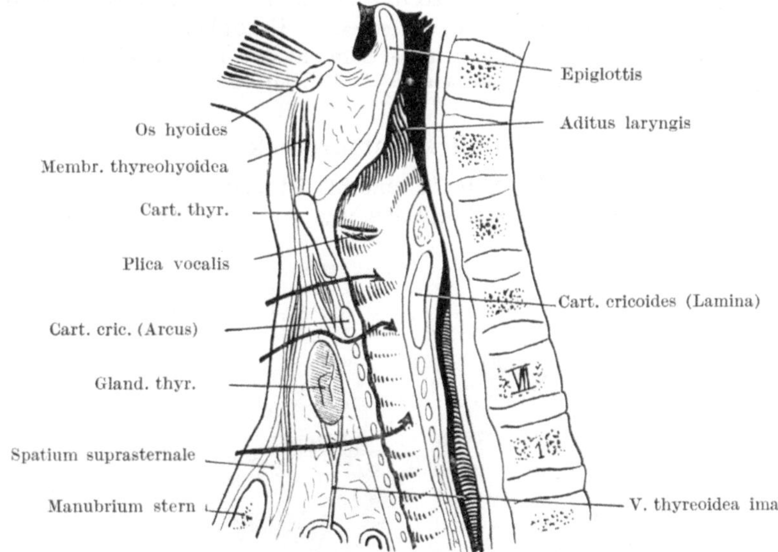

Abb. 80. Zugänge zu den Luftwegen: Coniotomie, obere und untere Tracheotomie. Nach CORNING.

man bei Eingehen durch die Membran zwischen Kehlkopf und Zungenbein oberhalb der Epiglottis in die Vallecula epiglottica hinter der Zunge und in die Pars oralis pharyngis (Abb. 61 und 80; *Pharyngotomia subhyoidea*). Bei einem mit Gewalt unterhalb des Zungenbeins geführten Querschnitt (Mord oder Selbstmord) kann die Epiglottis quer durchschnitten werden. Schild- und Ringknorpel hängen vorn in der Mitte durch das *Ligamentum crico-thyreoideum* (oder *conicum*) zusammen; das Band wird vorn von der unbedeutenden *A. crico-thyreoidea* durchbohrt. Quere Durchtrennung des Bandes (die *Coniotomie*) führt in die Pars infraglottica des Kehlkopfes (S. 83); sie ist der rascheste und einfachste Zugang zu den Luftwegen, hat aber den Nachteil einerseits der Nähe der Stimmbänder, anderseits der Gefahr des Schleimhautdecubitus am Ringknorpel durch Kanülendruck. Unterhalb des Kehlkopfes ist dann die Trachea das eigentliche Ziel der künstlichen Eröffnung der Luftwege, der *Tracheotomie*, die nach ihrer Beziehung zu dem (selten fehlenden) Isthmus glandulae thyreoideae in eine *Tracheotomia superior* und *inferior* eingeteilt wird. Die erstere ist die einfachere, schon wegen der noch ziemlich oberflächlichen Lage der Trachea, und ist die typische Operation bei Erwachsenen; sie findet aber bei Kindern meist nicht genügend Platz für die Kanüle, so daß dann die Tracheotomia inferior bevorzugt wird. Dabei sind nacheinander Haut und oberflächliche und mittlere Halsfascie (letztere in der Mitte zwischen den

unteren Zungenbeinmuskeln) zu durchtrennen und zwischen bzw. hinter ihnen
das Spatium suprasternale und praetracheale zu queren, wobei auf den Arcus
venosus juguli und auf den Plexus thyreoideus impar bzw. die V. thyreoidea ima
und außerdem auf die A. brachiocephalica an der rechten Seite der Trachea geachtet werden muß. Die Trachea liegt desto weiter von der Oberfläche entfernt,
je näher der oberen Brustapertur sie aufgesucht wird.

Oesophagus.

Der *Oesophagus* geht im Bereich des unteren Kehlkopfendes aus dem Pharynx
hervor und liegt der membranösen Wand der Luftröhre an; er verschiebt sich
etwas nach links (Abb. 78 und 79), so daß er am Hals links von der Luftröhre
aufgesucht werden muß. Das Lumen des leeren Oesophagus ist ein Querspalt,
die Schleimhaut ist in Längsfalten gelegt. Sein engster Teil ist sein Anfang hinter
dem Ringknorpel. Über die Muskulatur s. S. 73 und 126 (Abschnitt Brusthöhle).

Seitliches Halsdreieck.

Das seitliche Halsdreieck (Abb. 73 und 81) ist begrenzt von zwei Muskeln,
dem Sternocleidomastoideus und Trapezius, und von der Clavicula; es wird über-

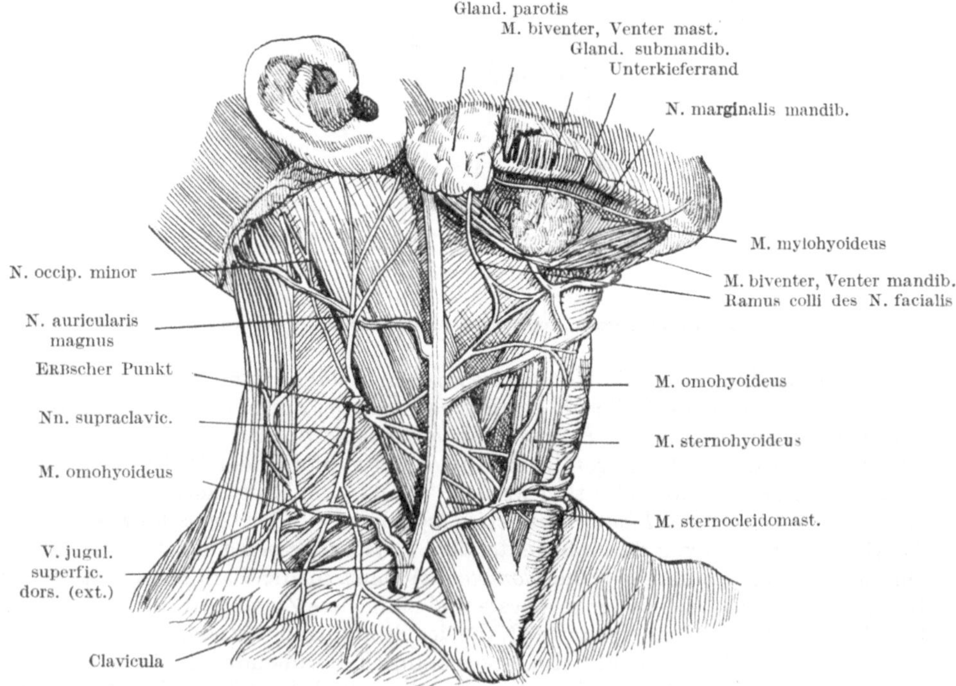

Abb. 81. Oberflächliche Gebilde des Halses, nach Entfernung des Platysma. Nach CORNING.

kreuzt vom seitlichen Bauch des Omohyoideus, bis zu dem die mittlere Halsfascie
reicht. Die oberflächliche Fascie haftet an der Clavicula; zwischen den beiden
Fascien liegt ein Spatium interfasciale supraclaviculare, und unter der Clavicula
ermöglicht ein subfascielles Gleitgewebe die Bewegungen des Knochens entlang der
Thoraxwand. Schräg über die oberflächliche Fascie verläuft nach außen-unten

die *V. jugularis superficialis dorsalis* (externa) (Abb. 81), am **Anfang** noch vom
Platysma gedeckt, um oberhalb der Clavicula, hinter dem Sternocleidomastoideus,
die Fascie zu durchbrechen und in die V. subclavia zu münden. Sie ist dabei an
die Fascie fixiert und offen gehalten (Gefahr der Luftaspiration); manchmal ist
hier deutlich eine Fossa ovalis mit einem Margo falciformis und einer Lamina
cribriformis für den Durchtritt der Vene und von Lymphgefäßen, wie am Oberschenkel, darzustellen. Auf der Fascie liegen auch die Hautnerven, noch von den

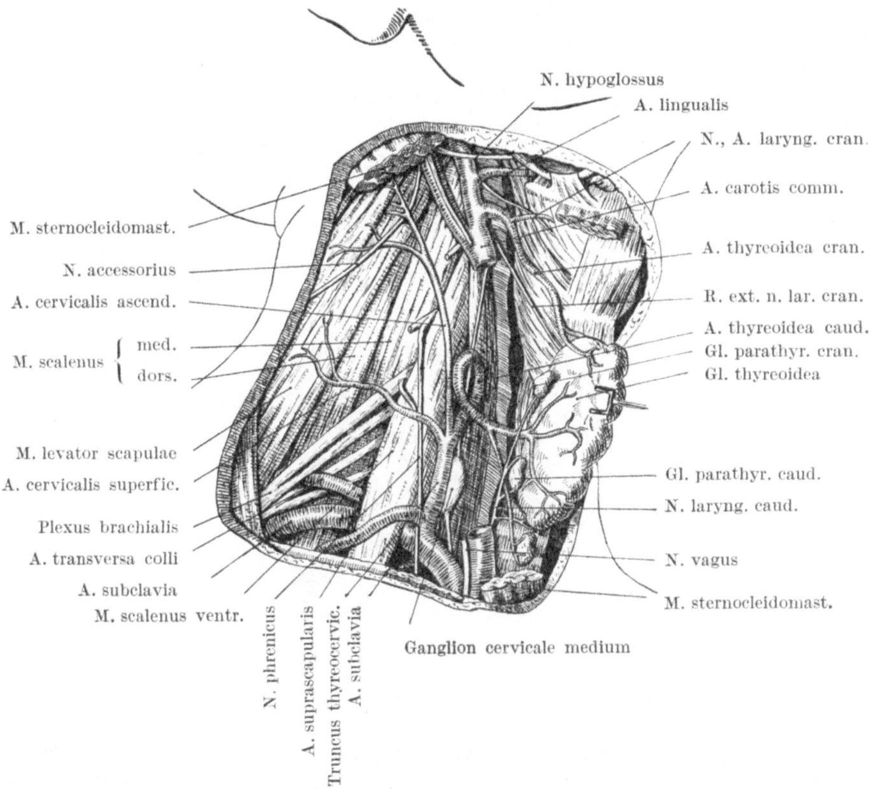

Abb. 82. Tiefe Schicht des seitlichen Halsdreiecks und Schilddrüsenarterien, nach Wegnahme des M. sternocleidomastoideus und omohyoideus und der Carotis communis, des Vagus und der Venen. Nach CORNING.

Ausläufern des Platysma gedeckt; sie gehen etwa in der Mitte des Sternocleidomastoideus an dessen hinterem Rande aus dem Plexus cervicalis hervor (ERB-
scher Punkt) und strahlen radiär nach allen Seiten aus, nach vorn der *N. cutaneus
colli*, nach oben der *N. auricularis magnus*, nach hinten oben der *N. occipitalis
minor*, nach unten die divergierenden *Nn. supraclaviculares*, welche noch die
Clavicula überschreiten, um am Oberrand von Brustkorb und Arm zu enden. Im
oberen Winkel des Dreiecks verläuft schräg nach außen-abwärts, aus dem Fleisch
des Sternocleidomastoideus hervorkommend, der *N. accessorius* zum M. trapezius;
letzteren durchbohrend, also bereits hinter der Region und dem Nacken zugehörig, erscheint auch der *N. occipitalis maior*, der Ramus dorsalis des zweiten
Cervicalnerven (Abb. 6 und 239).

Nach Wegnahme der Fascien und Durchschneidung oder Verlagerung des
Omohyoideus erscheinen die von der Wirbelsäule entspringenden Muskeln und

die zwischen ihnen bestehenden Durchtrittslücken für Nerven und Gefäße der oberen Extremität, die *Scalenuslücken* (Abb. 82, 83 und 84). Von den vorderen Höckern der Querfortsätze der Halswirbel verläuft der *M. scalenus ventralis* zur ersten Rippe (zum Tuberculum scaleni derselben), von den hinteren Höckern zieht der *Scalenus medius* zur ersten, der *Scalenus dorsalis* zur zweiten Rippe; zwischen dem Scalenus ventralis und den beiden andern bleibt die spaltförmige hintere Scalenuslücke, unten von der ersten Rippe begrenzt, zwischen Scalenus ventralis und Sternocleidomastoideus die etwas breitere vordere Scalenuslücke, gleichfalls nach unten bis auf die erste Rippe reichend. An den Scalenus dorsalis schließen sich lateral der Levator scapulae und der Splenius capitis an, medial der M. longus capitis et colli.

In der *hinteren Scalenuslücke* erfolgt der Austritt des *Plexus brachialis* aus der Wirbelsäule, gebildet von den Rami ventrales der vier unteren Cervicalnerven

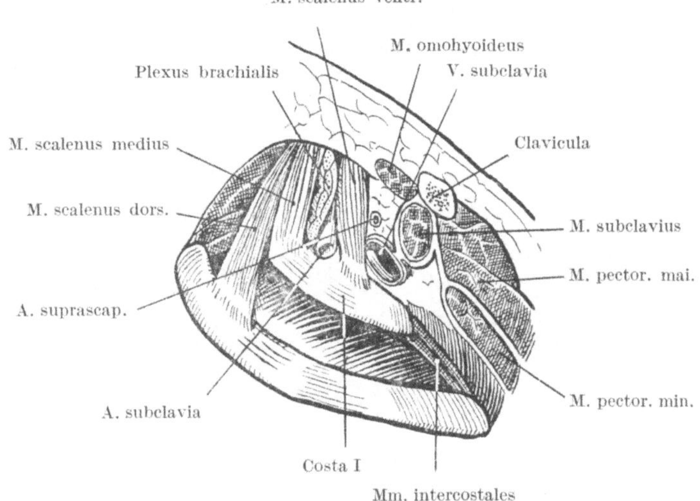

Abb. 83. Scalenuslücken rechterseits von der lateralen Seite. Nach CORNING, leicht abgeändert.

(C_5 bis C_8) und des ersten Thoracalnerven (Th_1), und der Übergang der *A. subclavia* aus dem Brustbereich auf den Hals; sie drückt auf der ersten Rippe den Sulcus art. subclaviae ein. Weiter oben treten auch die oberen Cervicalnerven durch denselben Muskelspalt. In der *vorderen Scalenuslücke* fällt außer dem *M. omohyoideus* zuerst der *N. phrenicus* auf (Abb. 82), der hauptsächlich aus dem vierten Cervicalnerven stammt, mit häufigen Anastomosen aus C_3 und C_5; er läuft der Länge nach über den Scalenus ventralis, um in der oberen Brustapertur zu verschwinden. An dieser Grenze nimmt er etwa in der Hälfte der Fälle einen *Nebenphrenicus* auf, meist aus dem *N. subclavius* (C_5, C_6) stammend. Ferner läuft durch die Lücke die *A. suprascapularis* (transversa scapulae), ein Ast des Truncus thyreocervicalis, und am Grunde der Lücke, durch das verdickte sternale Ende der Clavicula gedeckt, die *V. subclavia*, die knapp einwärts von der Lücke sich im Angulus venosus mit der V. jugularis interna zur V. brachiocephalica (anonyma) vereinigt. Die V. subclavia ist bindegewebig an die Clavicula fixiert und offengehalten, so daß der Blutabfluß gefördert wird (Luftaspirationsgefahr).

Der *Plexus brachialis* (Abb. 75 und 82), aus fünf Ursprungsbündeln entstehend (von ihnen ist C_5 das schwächste, C_7 das stärkste; Th_1 steigt über die erste Rippe hinweg aus der oberen Brustapertur auf und ist mit C_8 zu einer scheinbar einheitlichen Plexuswurzel verbunden), sondert sich unter wiederholtem Austausch von Bündelzweigen in eine *volare* und *dorsale Schicht,* von denen einerseits die Beuge- und Pronationsmuskeln und die Volarseite der Haut, anderseits die Strecker und Supinatoren und die dorsale Seite der Armhaut versorgt wird. Aus der volaren Schicht gehen schließlich unter der Clavicula, am Eintritt in die Achselhöhle, ein *Fasciculus medialis* und *lateralis* (s. beim Arm), aus der dorsalen Schicht ein *Fasciculus dorsalis* hervor, aus denen die Armnerven entspringen; bereits oberhalb der Clavicula, noch im Bereich des seitlichen Halsdreiecks, lösen sich ventral die *Nn. thoracici ventrales* für die Mm. pectorales und der *N. subclavius* für den gleichnamigen Muskel ab, dorsal der *N. dorsalis scapulae* für den Levator scapulae und die Rhomboidei, und der *N. suprascapularis,* der unter dem Lig. transversum scapulae zum M. supra und infra spinam gelangt.

Der im seitlichen Halsdreieck vorliegende Abschnitt der *A. subclavia* ist das Mittelstück dieses Gefäßes, das nach Abgang rechts vom Truncus brachiocephalicus, links vom Arcus aortae über die Pleurakuppel aus der oberen Brustapertur aufsteigt, die erste Rippe in der hinteren Scalenuslücke kreuzt und sich über das seitliche Halsdreieck hinweg durch den Infraclavicularspalt in die Axilla begibt. So zerfällt das Gefäß in drei Abschnitte, das *Bruststück* bis zur Scalenuslücke (s. S. 92), das *Halsstück* bis zur Clavicula und das *Achselstück,* die A. axillaris (s. beim Arm). Die Grenze zwischen zweitem und drittem Abschnitt ist schwankend und von der Stellung der Clavicula abhängig. Der erste und der dritte Abschnitt sind astreich, der zweite nicht. Hier hat die Subclavia nur einen, noch dazu inkonstanten größeren Ast, die A. transversa colli, deren Gebiet auf die A. suprascapularis (transversa scapulae) oder die A. cervicalis superficialis übertragen sein kann. Das Gefäß durchbohrt den Plexus brachialis zwischen C_6 und C_7, um sich in der Muskulatur medial vom Schulterblatt zu verteilen. Die A. subclavia kann hier gegen die erste Rippe komprimiert werden, so daß Blutungen aus weiter peripher gelegenen Teilen sofort gestillt werden können; doch ist tiefes Eindrücken bei möglichst weit gesenktem Schultergürtel erforderlich.

Obere Brustapertur.

Dadurch, daß in den Rahmen der ersten Rippe die Lungenspitze hereinragt (Abb. 109; sie überragt sogar die Clavicula noch um 2 bis 3 cm), ist eine kuppelförmige Vorragung auch der Pleura in die Halsgegend bedingt, die *Pleurakuppel,* welche die Lungenspitze überwölbt. Sie ist vom Hals her der Untersuchung, aber auch der Verletzung zugänglich. Hier wird die Pleura, welche dem Lungensog ausgesetzt ist und eingestülpt werden könnte, zum Teil durch Faserzüge festgehalten, welche von der Wirbelsäule an die Kuppel ausstrahlen *(Lig. pleurovertebrale);* außerdem aber wirken hier die über die Kuppel hinwegziehenden Gebilde, zuerst die konvex darüber verlaufende A. subclavia, die unter Wirkung des Blutdrucks steht, aber trotzdem in eine Rinne der Pleura und der Lungenspitze einschneidet, dann der Plexus brachialis, in geringem Maß auch die vor der Arterie liegende Vena subclavia. Lateral, vorn und hinten grenzt die Pleurakuppel an das Skelet (erste Rippe, Sternum und Wirbelsäule), medial an die Halseingeweide und Halsgefäße, die gleichfalls durch ihre Scheiden bindegewebig mit der Kuppel verbunden sind. Auch der N. phrenicus, von der ventralen Fläche des M. scalenus ventralis kommend, kreuzt die Pleurakuppel, um sich dem Mediastinum anzuschließen, und der Ductus thoracicus steigt links hinter ihr, von der Wirbelsäule kommend, über die A. subclavia auf (Abb. 85), um sich von oben (in der Stromrichtung des Blutes) in den Angulus venosus zwischen V. jugularis int. und subclavia zu ergießen.

Aus dem *Bruststück* der *A. subclavia* stammen typisch vier Äste: die A. vertebralis, der Truncus thyreocervicalis, die A. thoracica (mammaria) interna und der Truncus costocervicalis. Die *A. vertebralis* tritt, nach hinten-oben verlaufend, zwischen M. scalenus ventralis und longus colli, im Bereich des Trigonum scalenovertebrale (s. unten) in das Foramen costotransversarium des sechsten Halswirbels ein (das Tuberculum ventrale des siebenten Halswirbelquerfortsatzes ist, um Platz zu schaffen, niedrig, das Querfortsatzloch des Wirbels führt bloß Venen),[1] verläuft durch die Reihe der Querfortsatzlöcher aufwärts, macht am Atlas eine seitlich ausladende Schlinge, durch welche die Bewegungen der Kopfgelenke ermöglicht werden, verläuft dann im Sulcus art. vertebralis des hinteren Atlasbogens weiter medialwärts (dort ist sie, wenn auch schwierig, von

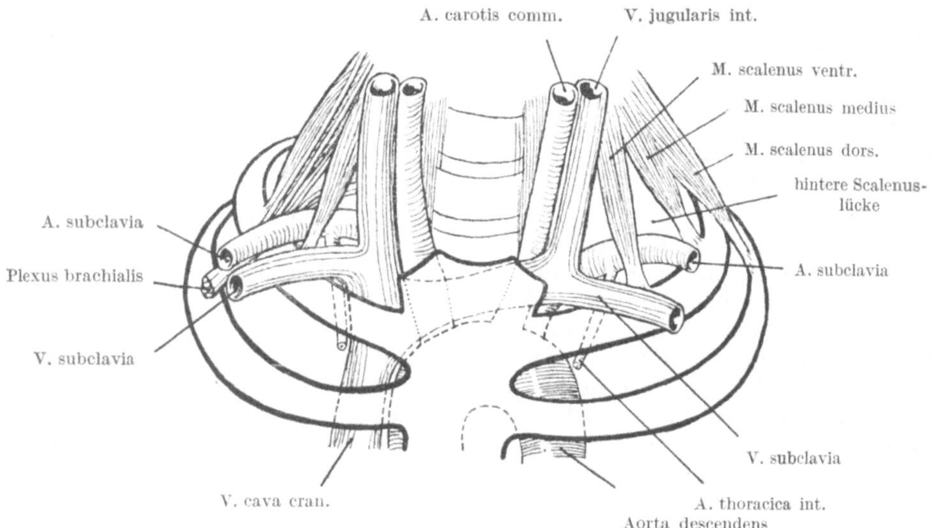

Abb. 84. Gefäße der oberen Brustapertur. Nach CORNING, abgeändert.

außen erreichbar, Abb. 239) und durchbohrt die Membrana atlanto-occipitalis, um an die Hirnbasis zu gelangen (S. 34). Der *Truncus thyreocervicalis* endet hauptsächlich als A. thyreoidea caudalis (S. 86); er gibt außerdem die A. suprascapularis (transversa scapulae) ab, die über das seitliche Halsdreieck zur Incisura scapulae verläuft und über dem Lig. transversum zur Muskulatur der Dorsalseite des Knochens geht, und die A. cervicalis superficialis und ascendens. Die *A. thoracica (mammaria) interna* begibt sich an die Innenseite der vorderen Brustwand und läuft neben dem Sternum abwärts (S. 95). Der *Truncus costocervicalis*, an der Hinterwand der Subclavia abgehend, teilt sich in die absteigende A. intercostalis suprema für die beiden ersten Intercostalräume und die A. cervicalis profunda für die Gebilde an der Wirbelsäule. Der gedeckte Ursprung und die tiefe Lage des Truncus führen bei Verletzungen des Gefäßes zu besonders schwer beherrschbaren Blutungen bzw. zu Gefäßaneurysmen.

Das oben genannte *Trigonum scalenovertebrale* (zwischen M. scalenus ventralis, M. longus colli und dem Ursprung der ersten Rippe) ist außer durch seine Be-

---

[1] Dafür ist das Tuberculum ventrale des sechsten Halswirbelquerfortsatzes wegen verstärkter Muskelursprünge kräftiger als die Nachbarn und als *Tuberculum caroticum* (hinter der Carotis communis gelegen) ein Widerlager, gegen welches die Carotis komprimiert werden kann.

ziehung zur A. vertebralis, die hier in das Querfortsatzloch des sechsten Halswirbels eintritt, wichtig durch seine Beziehung zum Grenzstrang des Sympathicus, der, in die Fascia praevertebralis eingewebt, hier das *Ganglion cervicale caudale* (als *Ganglion stellatum* häufig mit dem ersten Thoracalganglion verbunden) und (meist knapp darüber) das wechselnd ausgebildete Ganglion cervicale medium bildet (Abb. 75). Im Bereich des Ganglion stellatum liegt die Schlinge des Grenzstranges um die A. subclavia, die Ansa subclavia. Von dort gehen Nn. cardiaci caudales aus, die für die Schmerzleitung vom Herzen und der Aorta verantwortlich sind (sie verlaufen centralwärts vom Ganglion über die Rami communicantes der

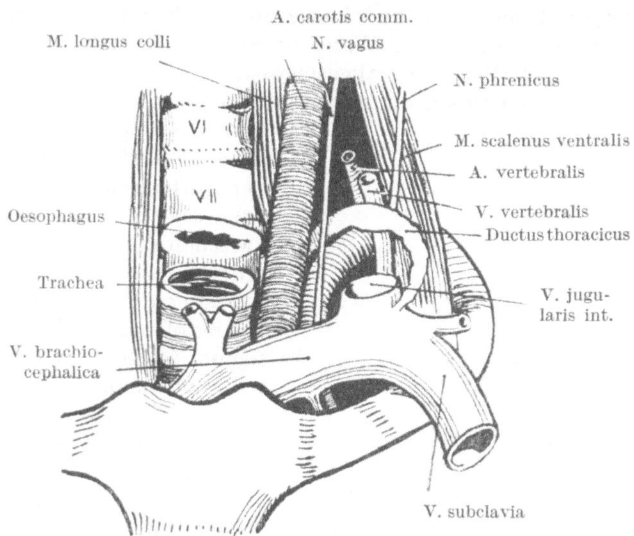

Abb. 85. Trigonum scaleno-vertebrale und Mündung des Ductus thoracicus. Nach CORNING.

oberen Thoracalnerven), und kopfwärts verlaufen durch den Grenzstrang die aus dem achten Cervicalnerven stammenden Fasern des cilio-spinalen Bündels zum Auge für den M. dilatator pupillae und den M. orbitalis (S. 80).

Halsrippe. Das Rippenrudiment des siebenten Halswirbels kann sich zu einer freien Halsrippe ausgestalten. Sie erreicht sehr verschiedene Grade der Ausbildung, von einem kurzen freien Knöchelchen über Fälle mit strangförmiger oder knöcherner Fortsetzung und Anheftung an die erste Brustrippe bis zur typischen Rippenhaftung am Sternum; sehr häufig ist sie asymmetrisch entwickelt. Palpatorisch ist sie meist nur schwer, am Röntgenbild aber mit Sicherheit diagnostizierbar. Sie macht Beschwerden bei Senkung des Armes, besonders beim Lastentragen, teils durch Klemmung der unter ihr durchziehenden Plexuswurzel, wobei der M. scalenus ventralis sich an der Klemmung beteiligt (die Klinik spricht von einem Scalenus-Syndrom, und die Beschwerden können meist schon durch eine Operation am Muskel behoben werden), teils durch den Umweg, zu dem sie die A. subclavia zwingt; die Arterie läuft spitzwinklig über die Halsrippe hinweg.

Brustkorb (Thorax).

Der Thorax ist durch seine knöcherne äußere Wand (Wirbelsäule, Rippen, Brustbein) gekennzeichnet. Diese Wand ist nicht vollständig, da die Zwischenrippenräume nur durch Weichteile abgeschlossen sind, und sie ist nicht starr und unveränderlich, da die Rippen einerseits an beiden Enden gelenkig, daher beweglich eingebaut, anderseits elastisch sind; ihrer Elastizität kommt der Aufbau aus zwei Anteilen, Knochen und Knorpel, und der Winkel zwischen diesen Anteilen, der an den unteren Rippen vorhanden ist, besonders entgegen. Obere und untere Thoraxöffnung (Abb. 86) sind durch eigene Mechanismen verschlossen; während die obere, in einen ziemlich starren Knochenrahmen eingefügt, wenig beweglich ist, wird die untere Öffnung durch das kuppelförmig nach oben gewölbte Zwerchfell überspannt und in besonders hervorragendem Maße der Hauptfunktion des Thorax, der Atmung, dienstbar gemacht.

Rückwärts wird der Thorax bis zu den Anguli costarum von den Rückenmuskeln bedeckt; seitlich werden die Intercostalräume von den Zwischenrippenmuskeln ausgefüllt, deren Bedeutung wir hauptsächlich in der Aufnahme des

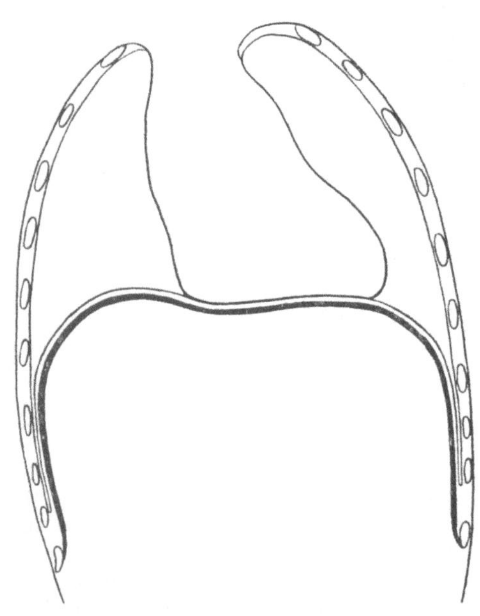

Abb. 86. Pleurasäcke und Mediastinum. Nach PERNKOPF, vereinfacht.

Überdruckes der Außenluft gegenüber der Saugkraft der sich retrahierenden Lunge sehen (S. 108). Die Intercostalmuskeln sind äußere und innere; die äußeren entspringen von der scharfen unteren Kante der Rippen und ziehen zu Oberrand und Außenfläche der nächsten, die inneren entspringen vom Innenrand des Sulcus costae und gehen an die Innenseite des Oberrandes und zur Innenfläche (Abb. 87 und 88). Im ventralen Teil der Rippen entspringen sie teilweise auch an der Unterkante. So entstehen tunnelartige Spalten zwischen ihnen, die von den Intercostalnerven und Gefäßen benützt werden. Im dorsalen Bereich der Zwischenrippenräume liegen die Gebilde im Sulcus costae zwischen den beiden Muskeln, zu oberst die Vene, dann die Arterie, am freien Rand der Rippe der Nerv, so daß eine Punktionsnadel sich an den Oberrand der nächsten Rippe halten muß; etwa von der Mitte der Rippe angefangen (oder auch schon weiter dorsal) verläuft gewöhnlich ein Nervenast, nicht selten auch ein begleitender

Gefäßzweig auch am Oberrand der nächsten Rippe (Abb. 89), zwischen den beiden Anteilen des inneren Zwischenrippenmuskels, und die Punktion muß in der Mitte zwischen den Rippen erfolgen. Vorn hängen die Gefäße mit den intercostalen Zweigen der Vasa thoracica interna zusammen.

Die *Art. thoracica* (mammaria) *interna* entspringt aus dem Bruststück der Subclavia (S. 92) und zieht über die Pleurakuppel zur vorderen Brustwand, an der sie etwa 1 cm lateral vom Sternalrand, innen gedeckt vom M. transversus

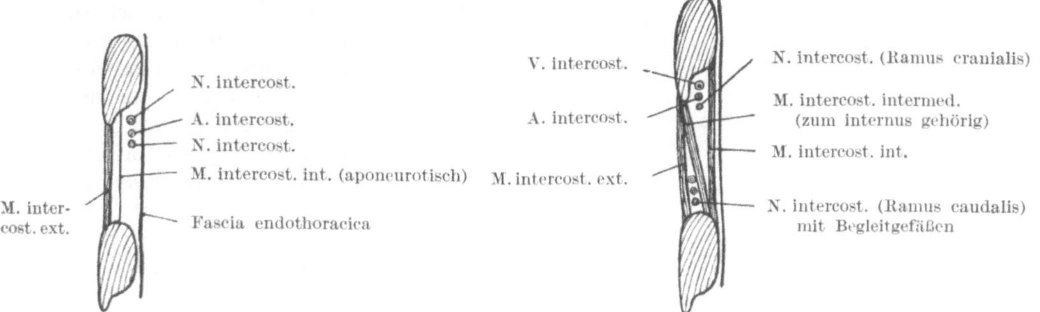

Abb. 87 und 88. Zwischenrippenraum im Schnitt dorsal und lateral. Nach PERNKOPF.

thoracis, abwärts verläuft (Abb. 90), den Zwerchfellansatz durchbohrt und als *A. epigastrica cranialis* an der Innenseite des M. rectus abdominis endet bzw. mit der A. epigastrica caudalis anastomosiert. Sie gibt hinter dem Manubrium die *A. pericardiacophrenica* (S. 113) und vor der Durchbohrung des Zwerchfells die *A. musculophrenica* ab, die dem Zwerchfellursprung an der pleuralen Seite folgt. Das Hauptgefäß entsendet Rr. intercostales ventrales, die mit den dorsalen anastomosieren und perforierende Äste zur Muskulatur und Haut und besonders

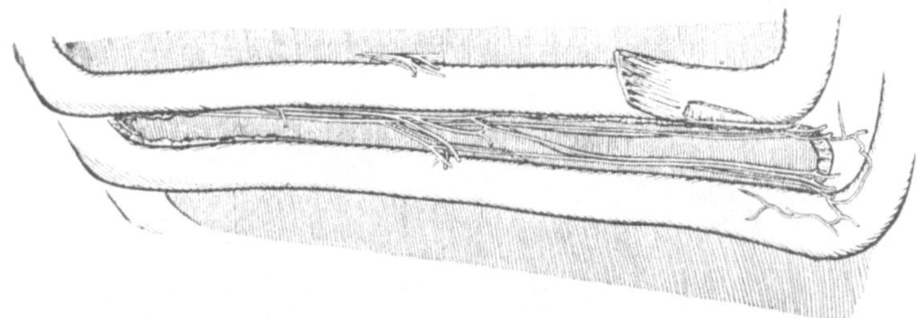

Abb. 89. Sechster Intercostalraum nach Entfernung des M. intercostalis externus. Detail aus einem Bild von PERNKOPF.

beim Weibe zur Mamma abgeben. Die begleitende *Vene* ist im caudalen Bereich (bis zur dritten oder vierten Rippe) doppelt. Bei Stichverletzungen des Thorax ist auf die Gefäße zu achten und auch bei der Pericardpunktion ist an sie zu denken. Die *Lymphgefäße* der Brustwand folgen den Blutgefäßen und anastomosieren reichlich, so daß der Abfluß sowohl dorsal wie ventral erfolgen, auch die Seite kreuzen und an beiden Enden des Intercostalraumes regionäre Knoten benützen kann. Das *Sternum*, knorpelig angelegt, verknöchert segmental unter Bildung von Sternebrae, die allerdings im caudalen Teil nicht mehr in regelmäßiger Weise ausgebildet werden. Zwischen Manubrium und Corpus bleibt ein Wulst bestehen, der häufig mit einer Abknickung beider Teile gegeneinander verbunden ist *(Angulus sterni)*, dessen auffällige Grade aber pathologisch sind. Der

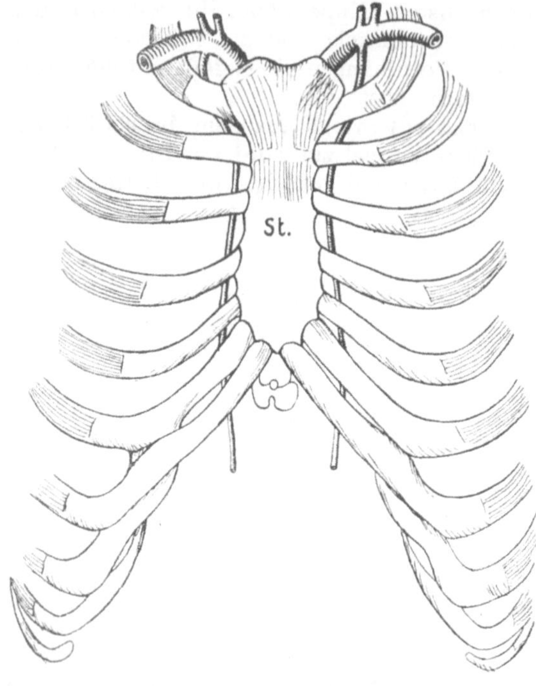

Abb. 90. Lagebeziehung der A. thoracica interna zum Sternum.

genannte Wulst entspricht dem Ansatz der zweiten Rippe und ermöglicht so die sichere Zählung der Rippen. Die paarige Anlage bewirkt, daß häufig der Schwertfortsatz, manchmal auch das Corpus in der Mitte durchlocht oder auch gespalten ist; höhere Grade ergeben die seltene Fissura sterni congenita, die mit Herzprolaps einhergehen kann. Der Knochen ist von einem derben Periost mit straffen einstrahlenden Rippen-Haftbändern umhüllt *(Membrana sterni)*; die Membran ist reich vascularisiert. Der Knochen enthält innerhalb einer dünnen Corticalis zeitlebens rotes Knochenmark, das durch Sternalpunktion gewonnen werden kann; die Weite der Knochenmarksvenen ermöglicht die direkte Infusion von Flüssigkeit ins Gefäßsystem durch Einstich ins Mark.

Zwerchfell.

Das Zwerchfell *(Diaphragma)* (Abb. 91 und 92) entspringt am ganzen Umfang der unteren Brustapertur, an der Lendenwirbelsäule als *Pars lumbalis*, an den

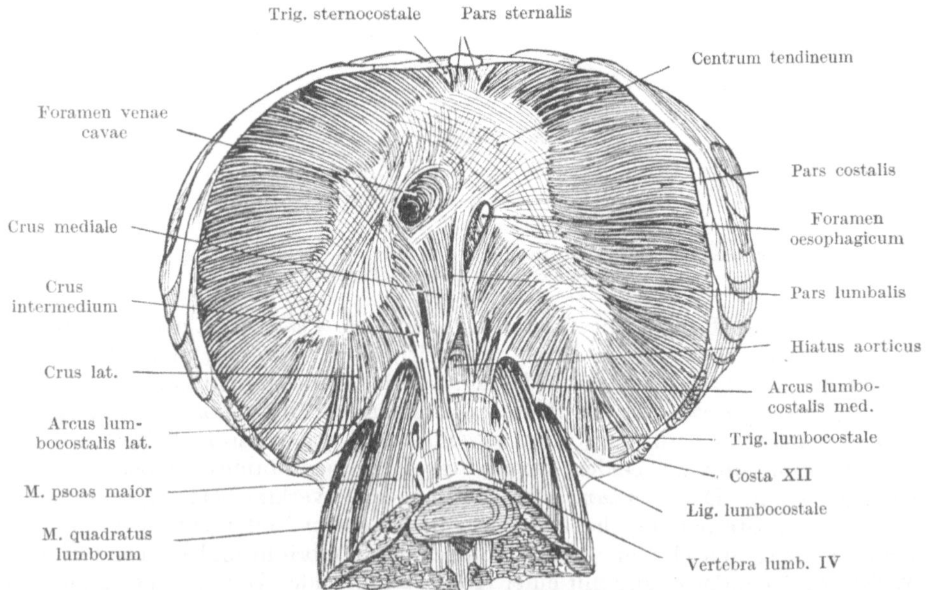

Abb. 91. Kaudale Seite des Zwerchfelles. Nach TOLDT-HOCHSTETTER.

Rippen als *Pars costalis*, am Sternum als *Pars sternalis*. Die Pars lumbalis, mit zwei kräftigen sehnigen Muskelzügen, den medialen Zwerchfellschenkeln, an der Lendenwirbelsäule entspringend, erstreckt sich bis an die zwölfte Rippe, wobei sie seitlich vom medialen und lateralen sehnigen *Arcus lumbocostalis* abgeht; die Arcus überbrücken den M. psoas und quadratus lumborum, wobei der mediale Bogen vom Körper zum Querfortsatz des ersten Lendenwirbels, der laterale von diesem Querfortsatz zur Spitze der zwölften Rippe geht. Durch den Durchtritt der Nn. splanchnici und der V. lumbalis ascendens einerseits, des Grenzstranges anderseits wird die Pars lumbalis in ein *Crus mediale, intermedium* und *laterale*

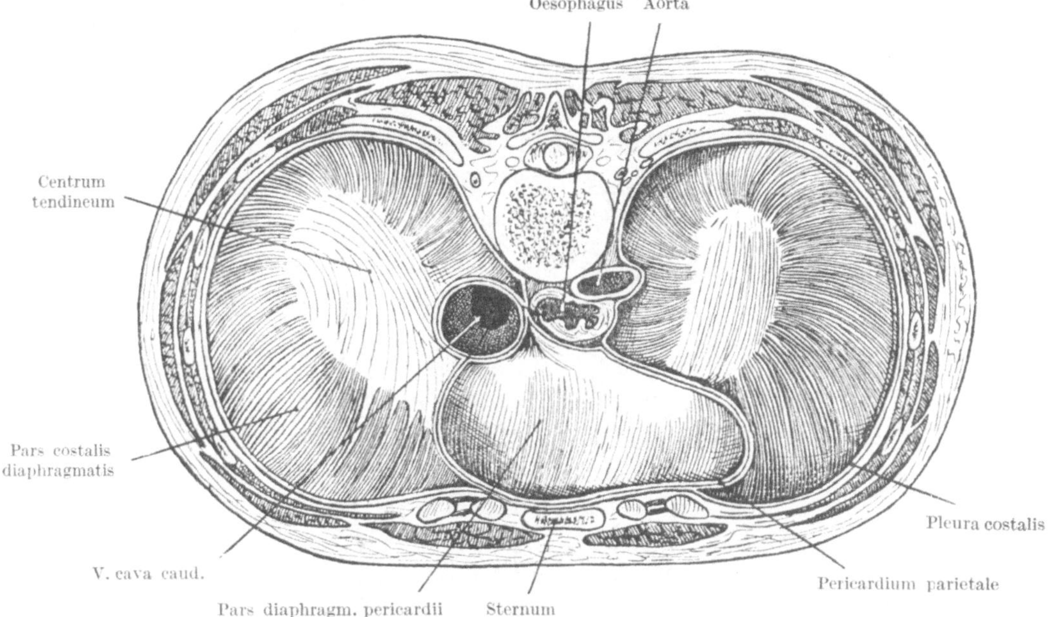

Abb. 92. Zwerchfell von oben. Nach CORNING.

geteilt (Abb. 91). Die Crura medialia überkreuzen sich in der Mitte und bilden den *Hiatus aorticus* für die Aorta dorsalis und den Ductus thoracicus; weiter oben überkreuzen sich die Fasern nochmals und rahmen das *Foramen oesophagicum* ein, für den Oesophagus und die ihn begleitenden Vagusäste. Die Pars costalis entspringt mit sechs einzelnen Zacken von der siebenten bis zwölften Rippe, die Pars sternalis mit zwei Zacken von der Innenfläche des Corpus sterni. Zwischen Pars lumbalis und costalis, über dem lateralen Abschnitt des Arcus lumbocostalis lateralis, liegt eine wechselnd große, dreieckige muskelfreie Zone, *Trigonum lumbocostale*, in deren Bereich das retroperitonaeale und das subpleurale Bindegewebe aneinandergrenzen; an die Lücke legt sich links die Niere, rechts die Leber an. Eine ähnliche, aber viel kleinere Lücke liegt als *Trigonum sternocostale* vorn zwischen Pars costalis und sternalis; durch sie verläuft die A. epigastrica cranialis mit zwei Begleitvenen. Die Mitte des Zwerchfelles ist sehnig *(Centrum tendineum)*; die Gestalt der Sehne wird mit einem Kleeblatt verglichen. Auf dem Centrum tendineum ruht der Herzbeutel. Rechts von der Mittellinie wird das Centrum vom *Foramen venae cavae* durchbohrt; neben der V. cava caudalis dringen Endzweige des rechten N. phrenicus zur unteren Zwerchfellfläche vor. Die Seitenränder des Zwerchfells liegen im Ruhezustand der Thoraxwand an,

von ihr durch einen Pleuraspalt (Sinus pleurae, S. 101) getrennt (Abb. 86, 109
und 110); bei der Atmung heben sie sich ab (S. 108 und 109).

Dermatome.

Dermatome der Rumpfhaut. Die einzelnen Thoracalnerven innervieren (mit
Ausnahme der ersten zwei, die auf die Extremität übergreifen) gürtelförmige
Zonen der Haut, welche im Thoraxbereich rein quer zur Wirbelsäule verlaufen,

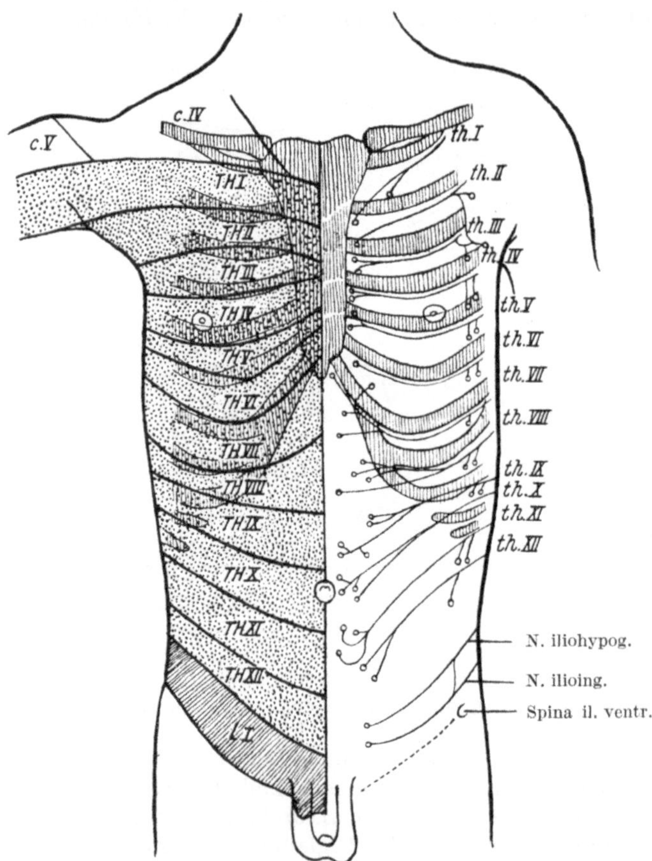

Abb. 93. Dermatome (nach BOLK) und Verlauf der Intercostalnerven (nach Untersuchungen des Ver-
fassers). Aus CORNING. Die Eintrittstellen in die Haut durch kleine Kreise bezeichnet.

im Abdominalbereich ein wenig nach vorn absteigen (Abb. 93). Dabei liegen
diese Zonen in nach unten zunehmendem Maß weiter caudal als die zugehörigen
Wirbel, so daß die Brustnerven auch die gesamte Bauchhaut versorgen und das
Gebiet der Lendennerven auf die untere Extremität verschoben ist. Diese mit
dem absteigenden Rippenverlauf in überraschendem Gegensatz stehende horizontale Anordnung der Dermatome erklärt sich daraus, daß die Haut embryonal
wie ein elastischer Schlauch auf die Extremität hinübergezogen wird, wodurch
besonders die Rami dorsales der Thoracalnerven innerhalb der Rückenmuskulatur
einen caudalwärts zunehmend absteigenden Verlauf nehmen. Im Zusammenhang damit, daß auch schon die Nervenwurzeln innerhalb des Wirbelkanals einen
solchen Verlauf zeigen, ergibt sich eine Caudalverschiebung zwischen Nerven-

ursprung am Rückenmark und Hautausbreitung, die von drei bis zu sechs
Segmentbreiten ausmacht (letzteres am unteren Rand des Gebietes), was besonders
für die Anästhesiegrenzen bei Rückenmarksschädigungen zu berücksichtigen ist.

Mamma.

Die weibliche Brustdrüse ist ein Organ, das erst durch die Schwangerschaft
hormonal zur Sekretion angeregt wird, außerhalb derselben aber und namentlich

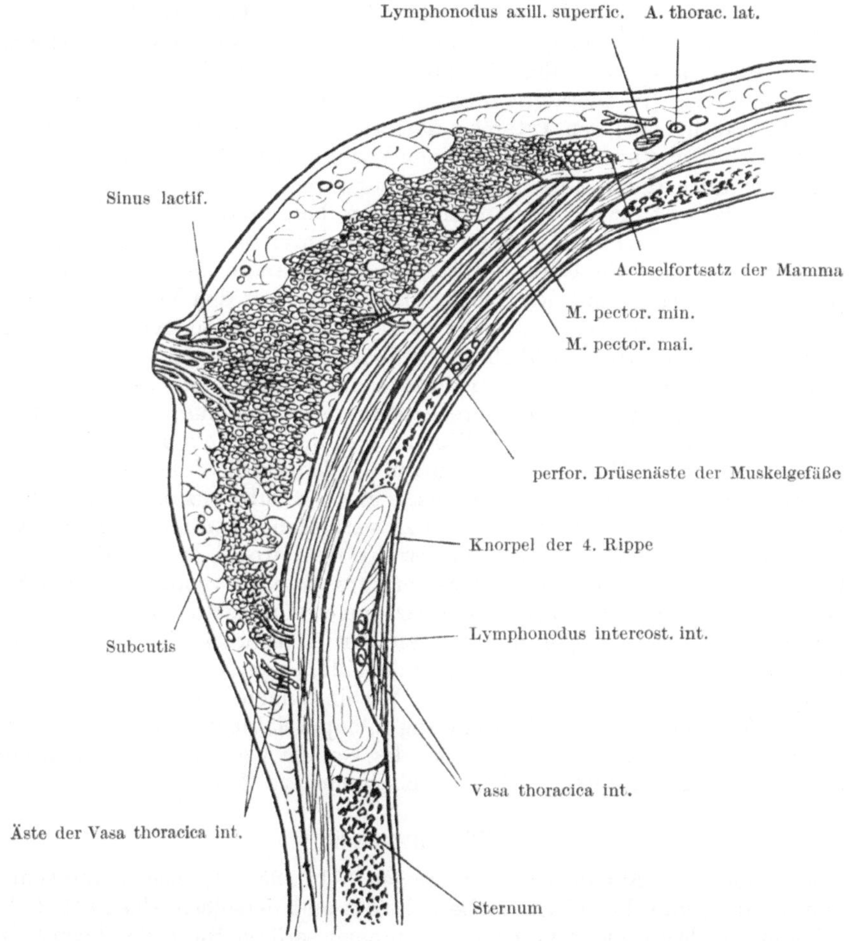

Abb. 94. Horizontalschnitt durch Mamma (rechts) und Brustwand. Nach PERNKOPF.

bei nulliparen Frauen vorwiegend aus einem bloßen Gangsystem mit bindegewebigen Septen und Stützfasern sowie aus eingelagertem und umhüllendem
Fett besteht. Es hat eine scheibenförmige oder kegelförmige Gestalt und besteht
aus einer größeren Zahl (etwa 12 bis 15) von Läppchen, die radiär angeordnet
sind und mit eigenen Milchgängen, *Ductus lactiferi*, an der Spitze der Brustwarze
(*Papilla mammae* oder *Mamilla*) münden, nachdem sie vorher innerhalb oder
unter der Warze eine leichte Erweiterung *(Sinus lactiferi)* gezeigt haben (Abb. 94).
Die Läppchen lassen sich präparativ nicht vollkommen isolieren, da sie bindegewebig zu fest zusammenhängen; doch sind Einschnitte (bei Eiterungen) immer

radiär anzulegen. Das sezernierende Parenchym entsteht aus dem Gangsystem erst
während der Schwangerschaft und bildet sich nach dem Stillen weitgehend zurück, das Gangsystem aber entsteht aus den Drüsenanlagen kurz vor und während
der Pubertät. Die Drüse ist auf der Unterlage, der Fascie des M. pectoralis maior,
verschieblich befestigt, und die Haut auf der Drüse ist gleichfalls verschieblich.
Die Mamilla enthält glatte Muskulatur und besondere Nervenendkörperchen, wodurch die Warze erectil ist und vom Kind beim Saugen besser gefaßt werden
kann. Eine Fortsetzung der Drüse von sehr wechselnder Ausbildung erstreckt
sich am Rand des Pectoralis maior gegen die Axilla (Oberbrust).

Reich ist die *Gefäßversorgung* (Abb. 94). Die *Arterien* kommen teils von der
lateralen Seite, aus der Axilla (A. thoracica lateralis und thoracodorsalis), teils
von der medialen (A. thoracica interna und deren Rami perforantes), teils von
der Unterlage her aus den Intercostalarterien. Die *Venen*, die unter der Haut
ein reiches Netz und um die Mamilla einen Venenkranz bilden, folgen den Arterien,
stehen aber auch durch anschließende Hautvenen mit den Halsvenen und den
Venen der Bauchhaut in Verbindung. Von besonderer Wichtigkeit sind die
Lymphgefäße, als Verbreitungswege des Carcinoms; sie sind maßgebend für die
Operationsmethode, die Operabilität und den Dauererfolg im Einzelfall. Sie
schließen sich naturgemäß den Blutgefäßen, besonders den Venen, an, sind aber
durch die Vielfalt der Wege und die netzartigen Verbindungen gekennzeichnet.
Sie besitzen eine Hauptabflußbahn, die chirurgisch gut zugänglich ist, die Axilla,
mit der ersten Umschaltstelle, den axillaren Lymphknoten, etwa in der Höhe
der dritten Rippe, auf der entsprechenden Serratuszacke; weiter geht es zu
Knoten, die etwas weiter dorsal liegen und auch die Lymphgefäße des Armes
aufnehmen. Von der Mamma aus benützen die Gefäße die Subcutis am Pectoralis-
rand, aber sie durchbohren auch die Fascie und die Substanz des Pectoralis maior,
um im Gleitgewebe unter dem Muskel zu verlaufen. Von den axillaren Knoten
geht es zu infra- und supraclavicularen Knoten, wobei die Gefäße durch den
Infraclavicularspalt verlaufen, und weiter zum Angulus venosus. Minder häufig,
aber auch im Einzelfall wenig erkennbar und verfolgbar ist der Abfluß medialwärts zu subpleuralen Lymphknoten an der A. thoracica interna, selbst mit
Seitenkreuzung, oder längs der Intercostalgefäße, besonders neben deren lateralen
Hautzweigen in der Axillarlinie, mit Verbindungen selbst zu mediastinalen
Knoten. Auch eine direkte Einmündung in supraclaviculare Knoten, unter Um-
gehung der Axilla, kommt vor, wobei die Gefäße zwischen dem M. pectoralis
maior und minor verlaufen, ferner Verbindungen zu Zwerchfell und Leber.

Thoraxraum.

Der Thorax zerfällt in drei Abteilungen (Abb. 86), die beiden Lungenräume
(Pleurahöhlen) und die inhaltsreiche Scheidewand derselben, das Mittelfell oder
Mediastinum. Die Lungenräume sind von einer serösen Haut, der *Pleura* (Brust-
fell, Rippenfell) ausgekleidet. Da das Lungenvolumen sich bei der Atmung
ändert, so kommt der Pleura für die Verschiebungen der Lunge in ihrem Gehäuse
eine beträchtliche Bedeutung zu; sie ermöglicht gleitende Verschiebungen der
Lunge an der Wand. Die Pleura zerfällt, wie die serösen Auskleidungen der Ein-
geweidehöhlen überhaupt, in ein parietales und ein viscerales Blatt, das parietale
Blatt wiederum in *Pleura costalis, diaphragmatica* und *mediastinalis*. Die Pleura
costalis liegt auf einer kräftigen, von der Brustwand gut ablösbaren Fascie, der
Fascia endothoracica. Nur oben gehen costale und mediastinale Pleura ohne
scharfe Grenze in der Pleurakuppel ineinander über;[1] sonst stoßen sie mit Kanten,

---

[1] Über die Topographie der Pleurakuppel s. S. 91.

den Pleurarändern, aneinander, und im Anschluß an diese Ränder liegen die anstoßenden Abschnitte der parietalen Pleuraflächen in einem vom Atmungsvorgang abhängigen Außmaß aneinander. Sie bilden damit die *Pleurasinus*, Reserveräume, in welche die Lungenränder bei der Einatmung vordringen, ohne sie normaler Weise völlig in Anspruch zu nehmen. Drei Pleurasinus lassen sich unterscheiden. Der größte und wichtigste ist der *Sinus phrenicocostalis*, der untere Pleurasinus, (Abb. 86, 109) in den die Lunge bei der Inspiration etwa drei Querfinger breit vordringen kann, der nächstgrößte ist der *Sinus costomediastinalis* (Abb. 111—113), der vordere Sinus, mit einer Verschiebbarkeit des Lungenrandes von etwa Fingerbreite. Weniger ausgedehnt ist der *Sinus phrenicomediastinalis*, der mediale Sinus, zwischen Zwerchfell und Mediastinum (Abb. 86, 103). Die praktische Bedeutung der Sinus liegt, abgesehen von ihrer Funktion, darin, daß ihre Eröffnung auch ohne Lungenverletzung zum Pneumothorax (S. 106) führt, und daß die Erkrankung der Pleura entweder die Erfüllung der Räume mit Exsudat oder ihre Verödung und in beiden Fällen eine Einschränkung der Atmung zu Folge hat. Außer den Pleurasinus gibt es noch den *Recessus mediastinovertebralis* zwischen Wirbelsäule und Mediastinum, der von einem stumpfen hinteren Lungenrand völlig ausgefüllt wird und bei der Atmung nur der Breite nach schwankt (S. 111, Abb. 111—113).

Lunge.

Die Lunge, *Pulmo* (Abb. 95 und 96), zerfällt in eine rechte und linke, auch rechter und linker *Lungenflügel* genannt, und jede wieder in Lappen, die rechte

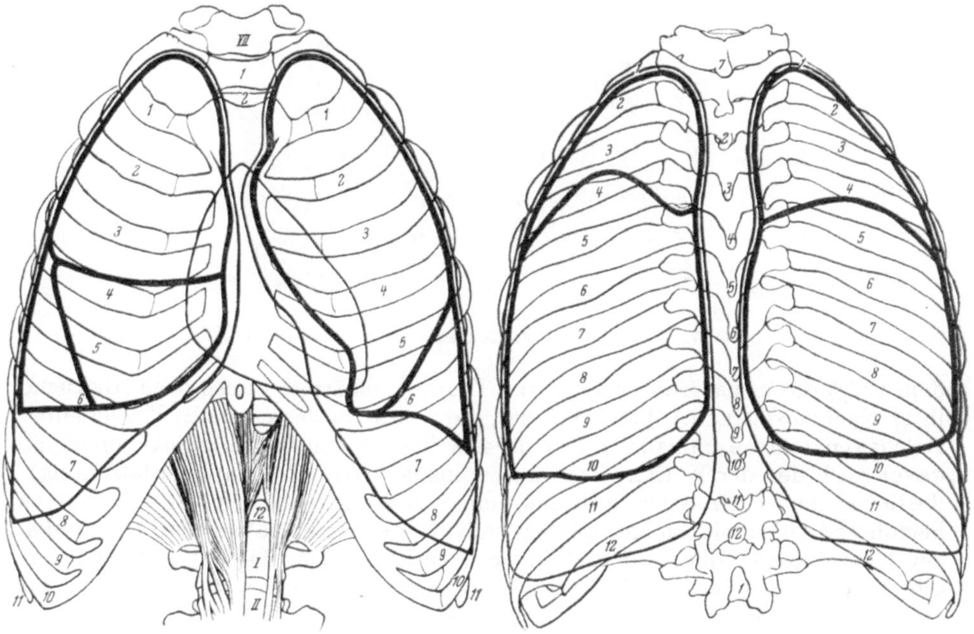

Abb. 95 und 96.
Pleuragrenzen und Lungenlappengrenzen von vorn und von rückwärts. Nach PERNKOPF, vereinfacht.

in drei (Ober-, Mittel- und Unterlappen, *Lobus ventricranialis*, *medius* und *dorsocaudalis*), die linke in zwei (Ober- und Unterlappen, *Lobus ventricranialis* und *dorsocaudalis*). Die Lappen sind nicht völlig selbständig, sondern hängen

am Eintritt der Bronchien und Gefäße (am Lungenhilus) untereinander geweblich
zusammen. Jede Lunge ist in erster Annäherung kegelförmig gestaltet, mit Basis
und Spitze. Die stark concave Basis ruht auf dem Zwerchfell *(Facies diaphragmatica)*, die Spitze paßt in den Rahmen der ersten Rippe bzw. in die Pleurakuppel. Die convexe Außenfläche *(Facies sternocostalis)* liegt der Thoraxwand
an. Doch hat die Kegelgestalt noch eine Abänderung erfahren durch Ausbildung
einer medialen concaven Fläche, *Facies mediastinalis*, mit Abdruck des Herzens,
Impressio cardiaca, wodurch außer dem unteren scharfen Rand noch ein scharfer
vorderer (ventraler) und ein stumpfer dorsaler Rand zustande kommt. Außer-

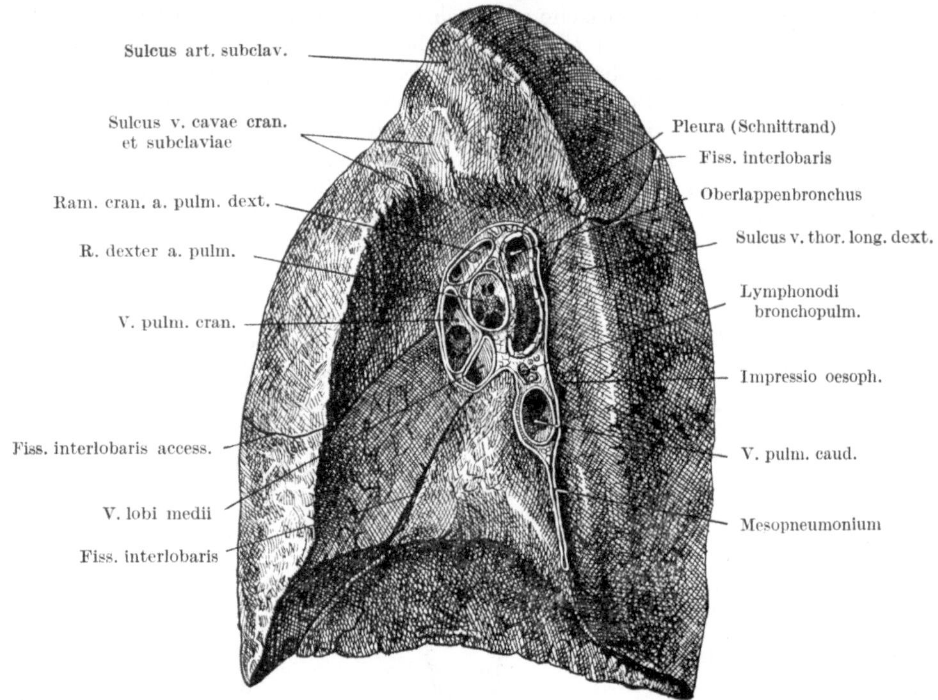

Abb. 97. Rechte Lunge; Facies mediastinalis. Nach PERNKOPF.

dem trägt die in natürlicher Lage (im Thorax) gehärtete Lunge noch Abdrücke
ihrer Nachbarorgane (Abb. 97 und 98), die rechte an der medialen Fläche einen
Sulcus venae cavae cranialis und am dorsalen Rand einen Abdruck des Oesophagus,
davor auch den der V. thoracica longitudinalis dextra (bei starker Blutfüllung),
die linke Lunge einen Sulcus aorticus, vom Aortenbogen und der Aorta descendens
herrührend; über die Lungenspitzen verläuft beiderseits, aber deutlicher links,
ein Sulcus arteriae subclaviae und davor in wechselnder Ausbildung eine Rinne für
die entsprechende Vene. Die Grenze zwischen Ober- und Unterlappen *(Fissura
interlobaris)* beginnt beiderseits rückwärts (Abb. 96) in der Höhe des dritten
Brustwirbeldorns, entsprechend dem medialen Ende der Spina scapulae, und
zieht von da schräg über die Seitenfläche des Thorax etwas vor die Grenze von
Knochen und Knorpel der sechsten Rippe. Rechts zweigt die Grenze zwischen
Ober- und Mittellappen *(Fissura interlobaris accessoria*, Abb. 95, 97) in der mittleren
Axillarlinie von dieser Grenze ab und läuft fast horizontal nach vorn entlang oder
unterhalb der vierten Rippe bis zum Ansatz dieser Rippe an das Sternum. Links

ragt ober dem unteren Ende der Fissura interlobaris medialwärts der *Processus lingualis* des linken Oberlappens vor, der, in ziemlich wechselnder Breite ausgebildet, den unteren Abschnitt der Incisura cardiaca des Lungenvorderrandes begrenzt. Die caudale Begrenzung des unteren Pleurasinus liegt an der Wirbelsäule in der Höhe des zwölften Brustwirbeldornes, geht von hier horizontal über die abwärts geneigte zwölfte und elfte Rippe bis an den Rippenbogen und in geringer Entfernung cranial von demselben rechts bis an den Ansatz der siebenten Rippe an das Sternum, während sie links entsprechend der Anlagerung des Herzbeutels an die vordere Brustwand (S. 111) vor Erreichung des Sternums nach oben

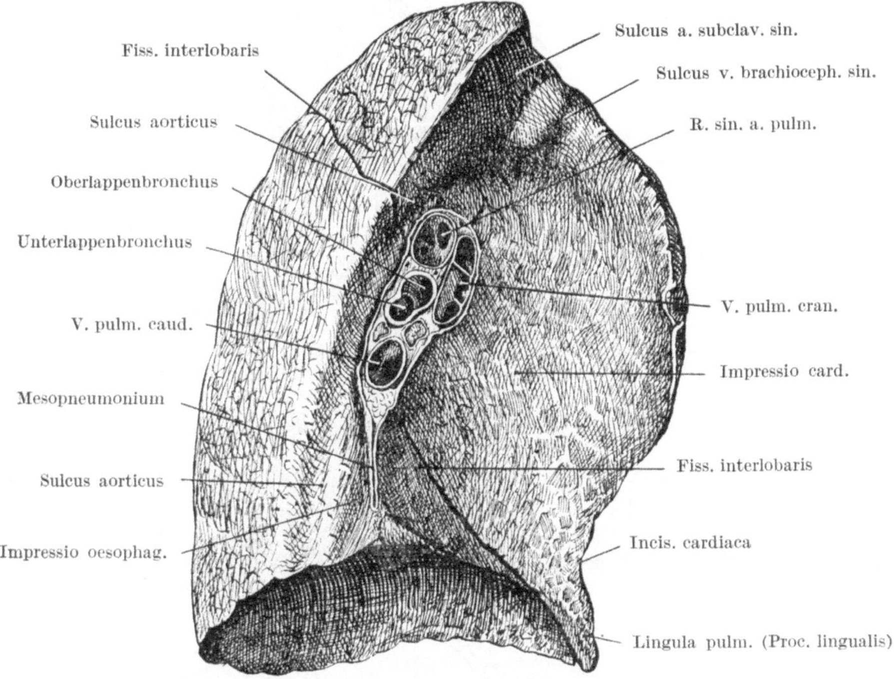

Abb. 98. Linke Lunge, Facies mediastinalis. Nach PERNKOPF.

(cranialwärts) ausbiegt. Beide Grenzen verlaufen dann als Grenzen des vorderen Pleurasinus an der Innenseite des Sternums knapp nebeneinander (S. 111, Abb. 110, 112) und divergieren erst im Bereich des Manubriums zur Pleurakuppel, welche die Clavicula um 1¹/₂ bis 2 cm überragt. Die vorderen Lungenränder bleiben der Sinusgrenze nahe, nur im Bereich der Incisura cardiaca des Randes, über dem Herzen, weichen sie stärker nach links aus. Der untere Lungenrand dagegen steht bei ruhiger Atmung fast vier Querfinger breit mit geringer respiratorischer Verschiebung über dem Pleurarand, in den er sich nur bei tiefer Inspiration deutlich vorschiebt, ohne ihn unter normalen Verhältnissen auszufüllen (S. 101).

In jedem *Lungenhilus* (Abb. 97 bis 100 und 109) finden wir den *Hauptbronchus*, den entsprechenden Ast der *A. pulmonalis* und *zwei Lungenvenen*, eine craniale und caudale, ferner Nerven (Vagus- und Sympathicusäste), Lymphgefäßstämme und bronchale und broncho-mediastinale Lymphknoten, durch Ruß schwarz gefärbt. In der Anordnung der Teile besteht ein charakteristischer Unterschied zwischen links und rechts (Abb. 101), der

auf der Entwicklung der Bronchusäste beruht. Diese sind grundsätzlich in
je eine dorsale und ventrale Reihe geordnet, zwischen denen die A. pulmonalis
verläuft. Der erste dorsale Bronchus ist rechts zur Lungenspitze gerichtet
(apikaler Bronchus), und die Arterie tritt unter ihm (caudal-ventral) an
den Stammbronchus heran, so daß der Spitzenbronchus „eparteriell" liegt.
Links ist aber der erste dorsale Bronchus nicht zur Entwicklung gelangt (an entsprechender Stelle liegt embryonal der Ductus arteriosus Bo-

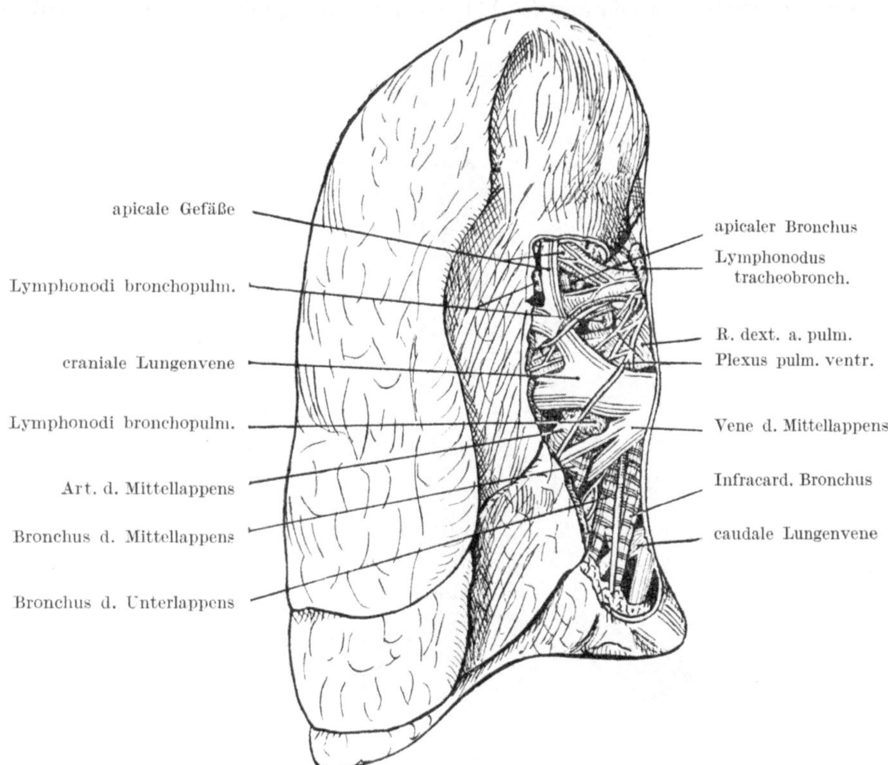

Abb. 99. Rechter Lungenstiel. Nach PERNKOPF, vereinfacht.

talli), die Spitze wird von einem besonders starken Seitenast des ersten ventralen
Bronchus versorgt, und über diesen hinweg (cranial von ihm) läuft am Lungenhilus die Arterie, so daß der linke Spitzenbronchus an seinem Abgang „hypar-
teriell" gelegen ist. Dadurch finden wir im rechten Lungenhilus cranial den
Bronchus, dann die Arterie, caudal die beiden Venen, während links cranial die
Arterie, dann der Bronchus, dann die beiden Venen angetroffen werden. Wenn
wir aber die ventrodorsale Schichtung beachten, so finden wir beiderseits am
weitesten ventral die Venen, dann die Arterie und dorsal den Bronchus. Im
Innern der Lunge ist die Anordnung nicht mehr so regelmäßig, daß ein Einblick
in die Astfolge leicht zu gewinnen wäre, und namentlich gibt das Röntgenbild
(Abb. 103 und 118) nur ein unübersichtliches „besenreiserartiges" Bild der Bronchi
und Gefäße. Die Arterie verlagert sich von der lateralen an die dorsale Seite des
Stammbronchus, aber mit Rücksicht auf die starke phylogenetische Verkürzung
und Verbreiterung der menschlichen Lunge ist das System der dorsalen und ven-

tralen Äste stark verwischt (allenfalls der rechte Mittellappenbronchus als ventraler Ast zu erkennen), die Äste sind dem Hauptbronchus besonders im Unterlappen vielfach an Länge und Stärke gleich. Dadurch kommt auch an Thorax- und Lungenquerschnitten die Anordnung der Bronchi und Gefäße nicht deutlich zum Ausdruck.

Im Lungenhilus sind *funktionelle* und *nutritive Gefäße* deutlich geschieden. Die funktionellen Gefäße, die dem Gasaustausch dienen, sind die Vasa pulmonalia;

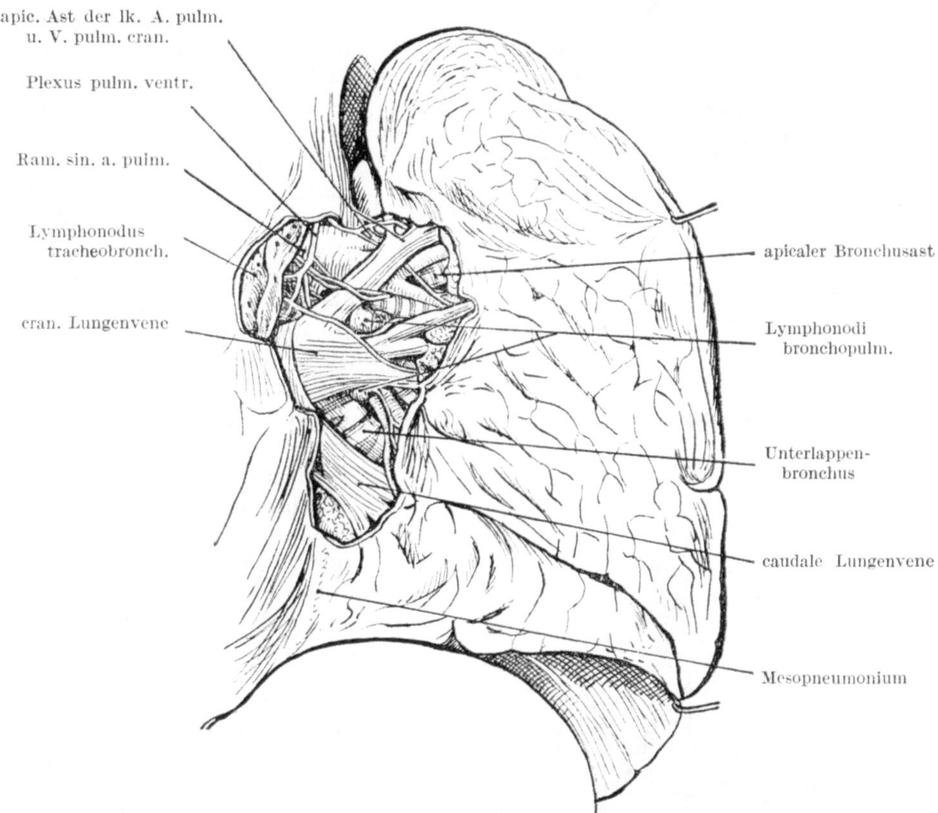

Abb. 100. Linker Lungenstiel. Nach PERNKOPF, vereinfacht.

sie besorgen auch die Ernährung des eigentlichen Lungenparenchym, dem der Sauerstoff aus dem Alveolensystem unmittelbar zu Verfügung steht. Das Bronchialsystem aber wird von den *Aa. bronchales* ernährt, die entweder von der Concavität des Arcus aortae oder aus der Aorta descendens stammen und auch von entsprechenden *Venen* begleitet sind, die in die thoracalen Längsvenen münden. Die Lymphknoten gehören gleichfalls zum Stromgebiet dieses Systems, dessen Endzweige aber mit Sperrarterien auch in das Pulmonalsystem übergehen. Die *Lymphknoten*, die für die Pathologie der Lunge von großer Bedeutung sind, folgen dem Bronchialsystem (Abb. 102) und liegen zumeist als *bronchale Knoten* in den Astwinkeln, dann in größerer Anhäufung als *Hilusknoten* im Bereich der Lungenstiele, als *tracheobronchiale Knoten* unter und zur Seite der Trachealteilung und schließlich als *tracheale Knoten* längs der Trachea, neben welcher der bronchomediastinale Lymphstamm mit der Lungenlymphe aufsteigt; er mündet

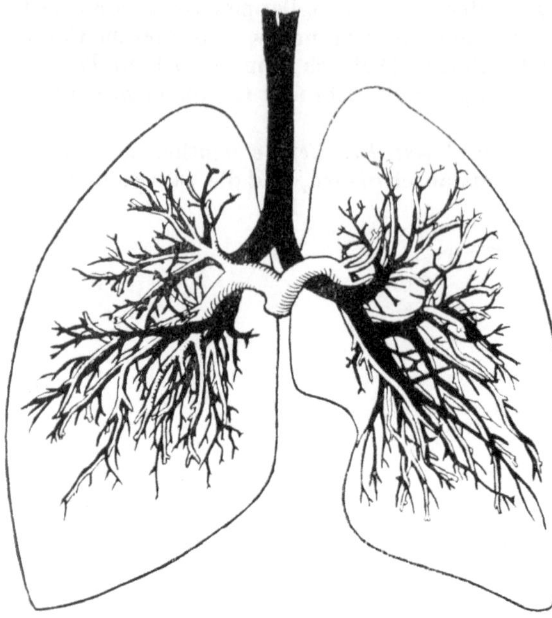

Abb. 101. Bronchialbaum und A. pulmonalis.

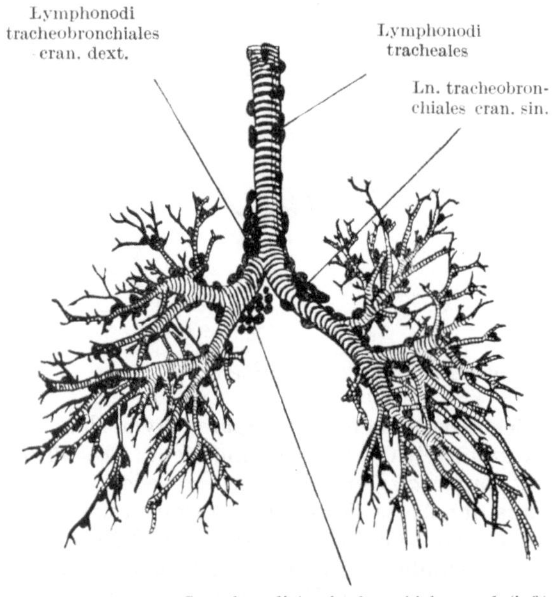

Abb. 102. Anordnung der Lymphknoten der Lunge, halbschematisch, nach den Angaben von Sukiennikow.

häufig von beiden Seiten her in den rechten Angulus venosus. Die *Nerven* stammen vom Vagus und Sympathicus; der Vagus wirkt auf die Bronchialmuskulatur bronchusverengernd, auf die Gefäße erweiternd, der Sympathicus umgekehrt. Die Vagusäste gehen an der Kreuzung des Lungenstieles mit dem Vagus ab, die Sympathicusäste vom Grenzstrang. (Abb. 75).

Die Lunge wird mit dem ersten Atemzug des Kindes über ihre Gleichgewichtslage hinaus elastisch gespannt und bleibt es während des ganzen Lebens. Durch diese Spannung übt sie einen besonders bei der Einatmung verstärkten Sog auf die Wände ihres Raumes aus, sowohl auf die Thoraxwand wie auf das Herz, den Herzbeutel und die Gefäße. Aus ihrem Gehäuse herausgenommen, fällt sie stark in sich zusammen; wenn der Thoraxraum am Lebenden mit Luft oder einem anderen Gas gefüllt wird (Pneumothorax, Gasbrust), so zieht sie sich am Lungenhilus zu einem faustgroßen Körper zusammen. Durch plötzliche Eröffnung der Pleurahöhle und Kollaps der Lunge werden auch die Gefäße plötzlich sehr stark verengt, und das Herz wird vor eine große Erschwerung des Kreislaufes gestellt; doppelseitiger offener Pneumothorax führt zu plötzlichem Herztod, bevor Erstickung eintreten könnte.

Atmung.

Die *Atmung* besteht in einer Vergrößerung des Thoraxraumes mit passiver Dehnung der Lunge, wodurch die Luft in der Lunge verdünnt und die äußere Luft zum Nachströmen veranlaßt wird — *Einatmung* — und in einer nachfolgenden Verkleinerung des Thoraxraumes und der Lunge, wodurch die Luft ausgetrieben wird — *Ausatmung*. Während die Einatmung ausschließlich

durch Muskelkraft erfolgt, geschieht die Ausatmung teils durch elastische
Kräfte der Lunge und der Wandung, so daß die Lunge daran aktiv
beteiligt ist, teils wiederum durch Muskelwirkung. Die Einatmung geschieht
auf zwei Wegen: durch Kontraktion des muskulösen Zwerchfells und damit
Senkung der Zwerchfellkuppel[1] — *diaphragmale* oder *abdominale Atmung*
(Abb. 105 und 106), so genannt, weil durch Senkung der Zwerchfellkuppel
die Baucheingeweide nach unten und vorn gedrängt werden und die Bauchwand gedehnt und vorgewölbt wird; oder durch Hebung der schräg nach unten und
vorn verlaufenden Rippen, wodurch der Brustkorb im sagittalen und queren Durch-

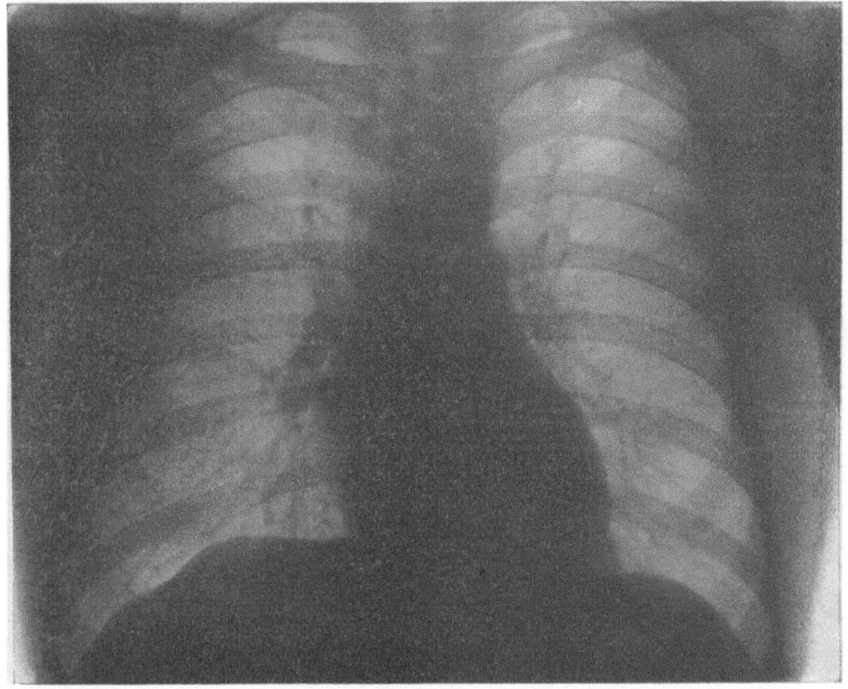

Abb. 103. Männlicher Thorax in maximaler Inspiration. Zirka $^1/_3$ nat. Gr. Klinik Prof. SCHÖNBAUER.

messer vergrößert wird — *costale* oder *thoracale Atmung* (Abb. 107). Beide Typen
greifen ineinander, doch kommt die erstere bei ruhiger Atmung fast ausschließlich
zur Anwendung, während bei körperlicher Anstrengung und Erregung die letztere
sich geltend macht. Allerdings kann die diaphragmale Atmung weitgehend
entbehrt werden, wie das Ergebnis der operativen Zwerchfellähmung durch
Nervendurchschneidung (Phrenicotomie) beweist. Daß das Zwerchfell bei seiner
Kontraktion nicht seine Ansatzpunkte, besonders Rippen und Sternum, nach
innen zieht und dadurch seinen Effekt selbst vernichtet, beruht auf dem Widerlager, welches durch die Bauchorgane innerhalb der Zwerchfellkuppel gebildet
wird. Durch die Kontraktion kommt es zur Senkung der Zwerchfellkuppel, zur
Abhebung der Muskelursprünge von der Thoraxwand und zur Eröffnung der

---

[1] Die Bewegung des Zwerchfells kann einigermaßen mit der Auf- und Abwärts-
bewegung eines Kolbens in einem Zylinder verglichen werden. Die Zwerchfellkuppeln
senken sich bei ruhiger Atmung um etwa 2 cm, bei tiefer Atmung noch mehr, und
dann wird auch das Centrum tendineum um 1 bis 2 cm gesenkt (Abb. 103, 104).

Pleurasinus, in welche die Lungenränder vorrücken (Abb. 103). Die Rippen sind
(mit Ausnahme der beiden letzten) rückwärts zweimal und vorn (mit Ausnahme
der ersten und der beiden letzten) einfach gelenkig angeschlossen, rückwärts mit
Körper und Querfortsatz der Wirbel, vorn mit dem Brustbein oder dem Rippenbogen. Die doppelte dorsale Wirbel-Rippenverbindung (Abb. 108) bedingt eine
gemeinsame Achse für beide Gelenke, die schräg steht, so daß die Achsen beider
Seiten nach vorn konvergieren und eine Hebung der abwärts geneigten Rippen

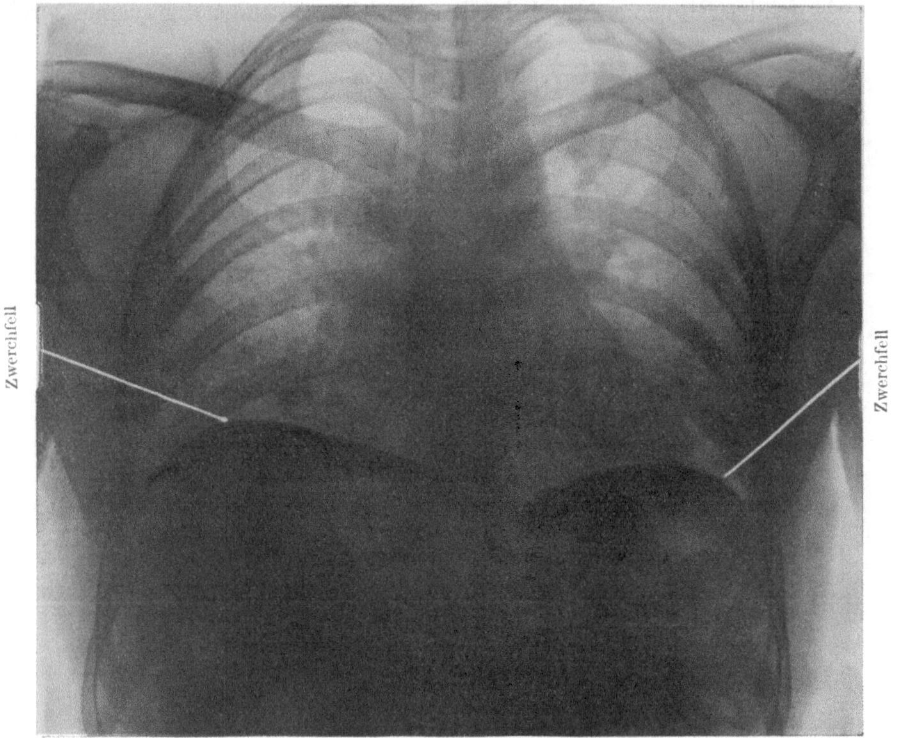

Abb. 104. Männlicher Thorax in maximaler Exspiration. Vgl. Abb. 103.

das Vorderende nicht nur ventralwärts, sondern auch seitwärts führt; daher die
Ausdehnung des Thorax bei der Rippenhebung in beiden horizontalen Durch-
messern. So muß jede Hebung der Rippen eine Inspiration bewirken und jeder
Muskel, der die Rippen heben kann, muß als Inspirationsmukel tätig sein können.
Danach können solche Muskeln eingeteilt werden in solche, die regelmäßig bei
der costalen Einatmung verwendet werden, die *eigentlichen thoracalen Atemmuskeln*, und solche, die nur gelegentlich, bei außerordentlicher Beanspruchung der
Atmung, eingesetzt werden, *auxiliäre Atemmuskeln*. Über die Hauptmuskeln der
Rippenatmung herrscht in manchen Punkten eine gewisse Unsicherheit. Die
Mm. scaleni und serrati dorsales, auch die Mm. transversocostales (levatores
costarum) gehören sicher hierher; zweifelhaft ist dies von den Intercostales externi, die nach ihrer Verlaufsrichtung hierzu befähigt sind, aber wahrscheinlich
innervatorisch dafür nicht in Anspruch genommen werden, sondern zusammen
mit den Intercostales interni die Aufgabe haben, die Intercostalräume, auf denen
zeitlebens die Saugwirkung der retraktionsbereiten Lunge lastet, mit einem

unter Dauerwirkung nicht nachgiebigen Material auszufüllen; als solches ist ja Muskulatur überall bei Dauerbeanspruchung eingesetzt, wie in der Bauchwand, am Beckenboden, in der Fußwölbung. Bestritten ist auch meist die thoraxerweiternde Leistung des M. serratus dorsalis caudalis; aber er zieht die Rippen dorsalwärts, nicht abwärts, und ist somit Inspirator. Die *auxiliären Atemmuskeln* lassen sich wiederum einteilen in solche, die noch unter physiologischen Bedingungen, wenn auch erst bei gesteigerter Beanspruchung, in Tätigkeit treten, und in solche, welche praktisch nur bei hochgradiger Atemnot, unter krankhaften Umständen, eingesetzt werden. Zu den ersteren zählt besonders der Sternocleido-

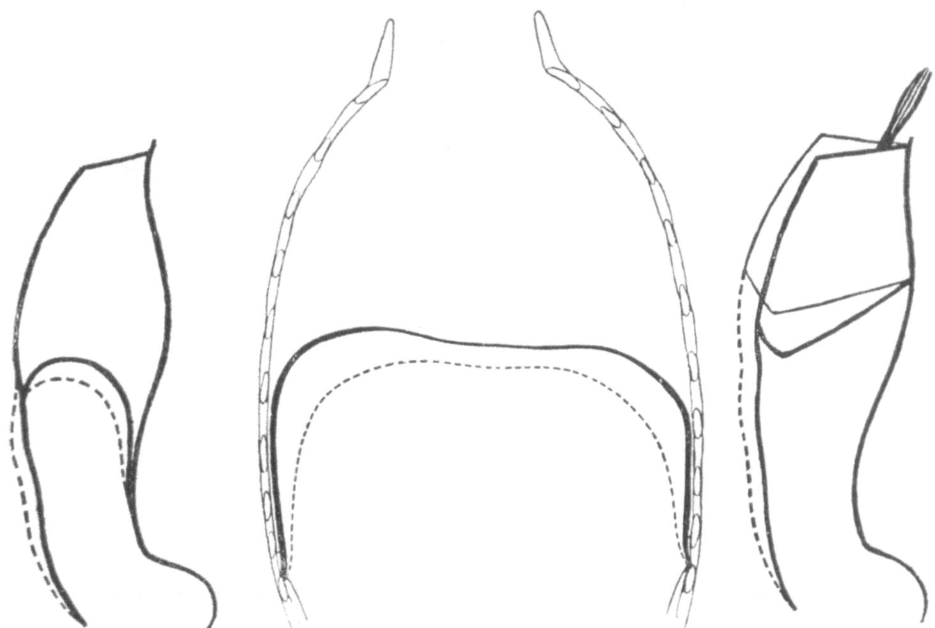

Abb. 105. Schema der diaphragmalen Atmung. Inspirationsstellung punktiert.

Abb. 106. Schema der Zwerchfellbewegung im Frontalschnitt. Inspirationsstellung punktiert, Exspirationsstellung voll ausgezogen.

Abb. 107. Schema der costalen Atmung. Inspirationslage der vorderen Bauchwand punktiert. An der ersten Rippe ein Rippenheber angedeutet.

mastoideus, der (bei Rückwärtsbeugung und Fixierung des Kopfes durch die Nackenmuskeln) beim Singen und Schreien sehr tiefe und ausgiebige Atembewegungen ermöglicht dadurch, daß er, unten an der oberen Brustapertur (Sternum und Clavicula) haftend, als kräftiger Heber der vorderen Thoraxwand wirkt. Unter pathologischen Verhältnissen, bei krankhaft gesteigerter Atemnot, setzen Muskeln ein, die zwar an den Rippen haften, aber gewöhnlich die Extremität bewegen: die beiden Pectorales, der Serratus lateralis, auch der Latissimus dorsi mit seinen kostalen Zacken; bei Fixierung der Extremität sind sie imstande, die Rippen zu heben. Dann klammert sich der Kranke, aber auch der extrem Erregte, um diese Fixierung zu erreichen, an die Griffe eines Lehnstuhles oder irgendeine andere feste Stütze.

Weil die respiratorische Wirkung der Rippenhebung von der abwärts geneigten Ruhestellung derselben abhängig ist, wird die costale Atmung bei geringer Ausbildung dieser Verlaufsrichtung weniger wirksam. So in erster Reihe beim *kindlichen Thorax*, dessen erste Rippe fast rein quer zur Wirbelsäule steht, und bei pathologischen Thoraxformen, wie dem faßförmigen Thorax bei Lungenemphysem.

Dem einatmenden Mechanismus steht nun der *ausatmende* gegenüber. Durch die Inspiration wird die ohnehin schon im Thorax gedehnte Lunge noch weiter elastisch gespannt; durch beide Atmungstypen werden im Thorax, der Bauchwand, den Baucheingeweiden elastische Kräfte wachgerufen, die eine Rückkehr in die Ruhelage anstreben. Sie bedingen die sogenannte passive, besser *elastische Exspiration*. Ihnen steht die aktive, *muskuläre Exspiration* gegenüber; alle Muskeln, die imstande sind, die Baucheingeweide in die Zwerchfellkuppel zurückzuverlagern oder die Rippen zu senken, sind Ausatmer. Demnach gehören hierher besonders die Muskeln der Bauchwandung: die Bauchmuskeln im engeren Sinn,

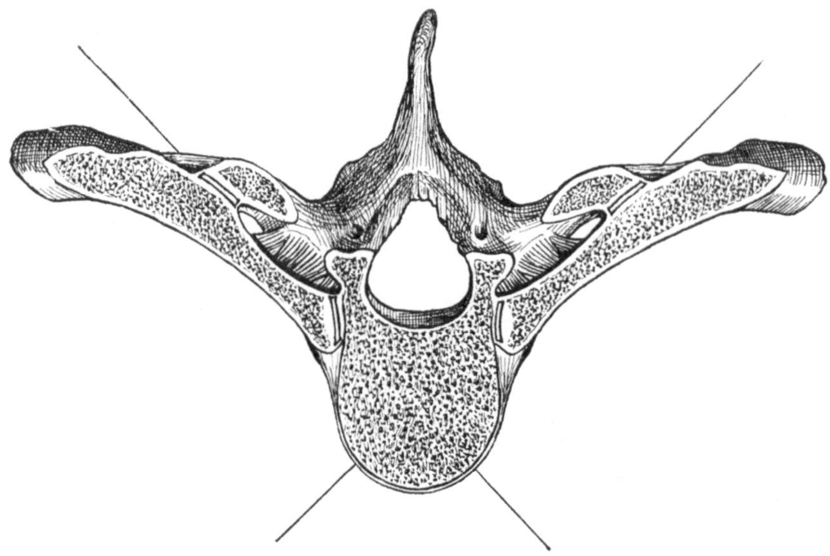

Abb. 108. Die dorsalen Wirbel-Rippengelenke mit eingezeichneten Gelenksachsen. Knochen nach TOLDT-HOCHSTETTER.

welche die bei der Bauchatmung nach abwärts verdrängten Baucheingeweide zurückverlagern und Sternum und Rippen nach abwärts ziehen, dann der muskulöse Beckenboden. Weiters Muskeln, die speziell als Rippensenker wirken, die Mm. subcostales, der Transversus thoracis, der Quadratus lumborum. Sie alle treten bei beschleunigter und erschwerter Ausatmung, aber auch bei allen Vorgängen, welche eine Drucksteigerung innerhalb des Thorax erfordern (Sprechen, Husten, Blasen, Schreien, Lachen), in Tätigkeit.

Mediastinum.

Die Scheidewand der beiden Pleurahöhlen ist das *Mittelfell, Mediastinum* (id quod in medio stat) (Abb. 86, 111—113). Es reicht von der Wirbelsäule bis zum Sternum und von der oberen Brustapertur bis an das Zwerchfell und ist seitlich durch die Pleura mediastinalis, an der der Lungenstiel und das caudal anschließende dünne, gekröseartige Mesopneumonium (Ligamentum pulmonale) (Abb. 97 und 98) haften, begrenzt. Das Mediastinum ist kein Cavum, sondern ein Bindegewebsraum, ein Spatium, in das allerdings Hohlräume wie die Herzbeutelhöhle oder Eingeweide- und Gefäßlichtungen eingeschlossen sind. Die dorsale Begrenzung ist durch die Breite der Wirbelsäule gegeben; doch verschmälert sich diese Breite vor der

Aorta durch das von rechts erfolgende Eindringen des *Recessus mediastino-vertebralis* (Abb. 111—113), der am Lebenden tiefer ist als an der Leiche (s. beim Oesophagus). An der vorderen Brustwand wird die Begrenzung durch den Ansatz der Pleura gegeben. Diese erfolgt rechts in einer Linie, welche oben nahe

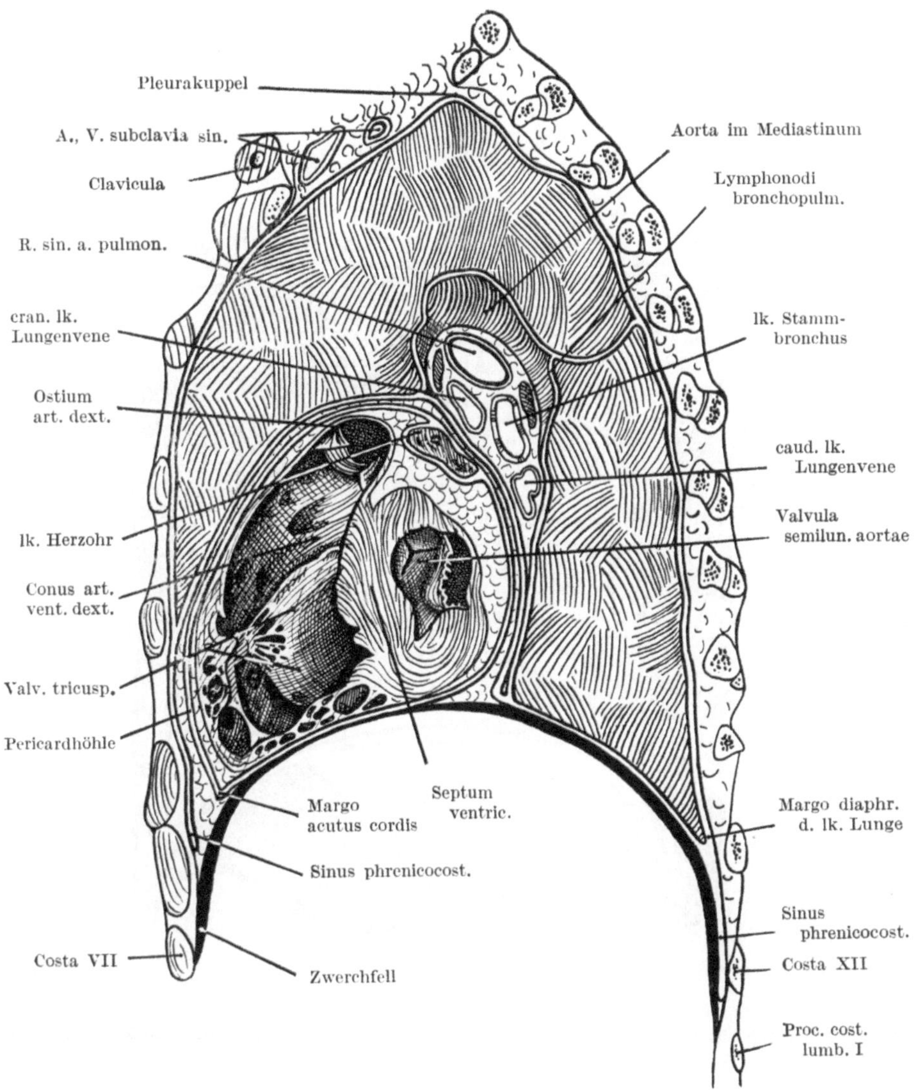

Abb. 109. Paravertebraler Sagittalschnitt links vom Mediastinum dorsale. Lungenstiel quer getroffen. Nach PERNKOPF.

dem rechten Seitenrand des Manubriums, aber von dessen unteren Ende an fast geradlinig neben der Mittellinie nach abwärts verläuft (Abb. 110), während links unter dem Manubrium, das gleichfalls frei bleibt, die Ansatzlinie zuerst an die rechte herangeht, um dann im Zusammenhang mit der Anlagerung des Herzbeutels an die vordere Brustwand eine deutliche Ausbiegung lateralwärts zu erfahren. So kommt es nur in der Mitte zu einem gekröseartigen Ansatz der mediastinalen Pleurablätter (Abb. 112), und zwei Gebiete bleiben pleurafrei; sie ermöglichen einen Zugang zum Mediastinum unter Vermeidung der Pleurahöhlen und des Lungenkollapses (eine Möglichkeit, die heute angesichts der Einführung des Druckdifferenzverfahrens und der künstlichen Aufblähung der Lunge bei Thoraxoperationen weniger Bedeutung hat). Das eine Gebiet, das pleurafreie *Thymus-*

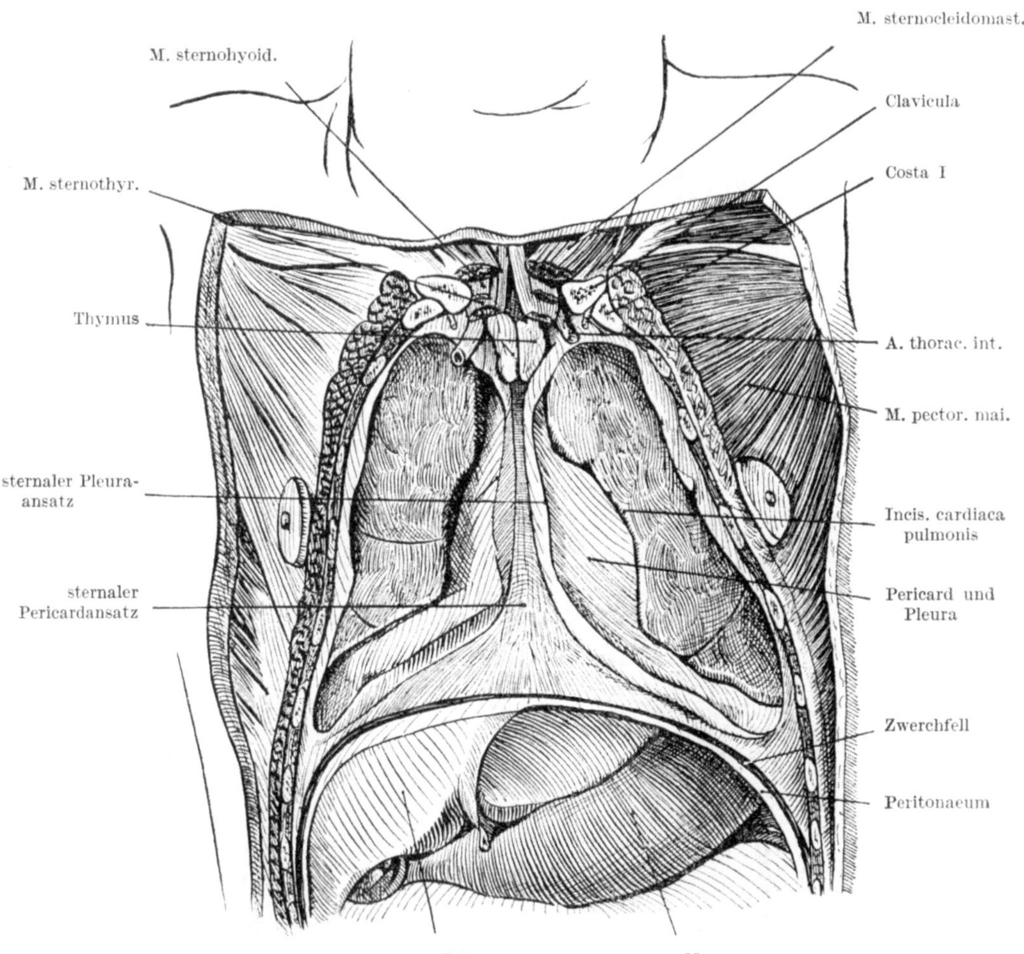

Abb. 110. **Pleurahöhlen und Mediastinum nach Entfernung von Sternum und Rippenknorpeln.** Nach CORNING.

feld, liegt hinter dem Manubrium sterni, das zweite, der pleurafreie *Herzbezirk,* hinter dem unteren Sternumende und kann für die rasche Zugänglichkeit des Herzbeutels und Herzens bei Verletzungen Bedeutung gewinnen. Leider sind die Ansatzlinien keine ganz festliegenden. Gewöhnlich verlaufen sie allerdings der Länge nach über die Mitte des Sternums und die Ausbiegung des Herzbezirks beginnt etwa im fünften Intercostalraum, doch kommen Verschiebungen nach beiden Seiten bis an die Sternalränder vor. Daher ist für den Zugang zum Herzen nur am Ansatz des sechsten oder noch besser des siebenten linken Rippenknorpels an das Sternum mit Sicherheit auf Vermeidung der Pleura zu rechnen.

Das Mediastinum wird durch die Trachea und den Ansatz der Lungenstiele in ein *vorderes* und *hinteres* unterteilt. Während das hintere Mediastinum vorwiegend von längsverlaufenden Gebilden eingenommen wird, läßt sich das vordere nochmals unterteilen in ein *oberes* mit der Thymusdrüse und den Gefäßen der Herzkrone und ein *unteres* mit dem Herzen im Herzbeutel; längs verlaufend durch beide Abteilungen sind die beiden Nn. phrenici mit ihren Begleitgefäßen.

Der *N. phrenicus* (Abb. 111—113, 121, 122), ein gemischter Nerv, ist mit seinem motorischen Anteil für das Zwerchfell bestimmt, sensibel für

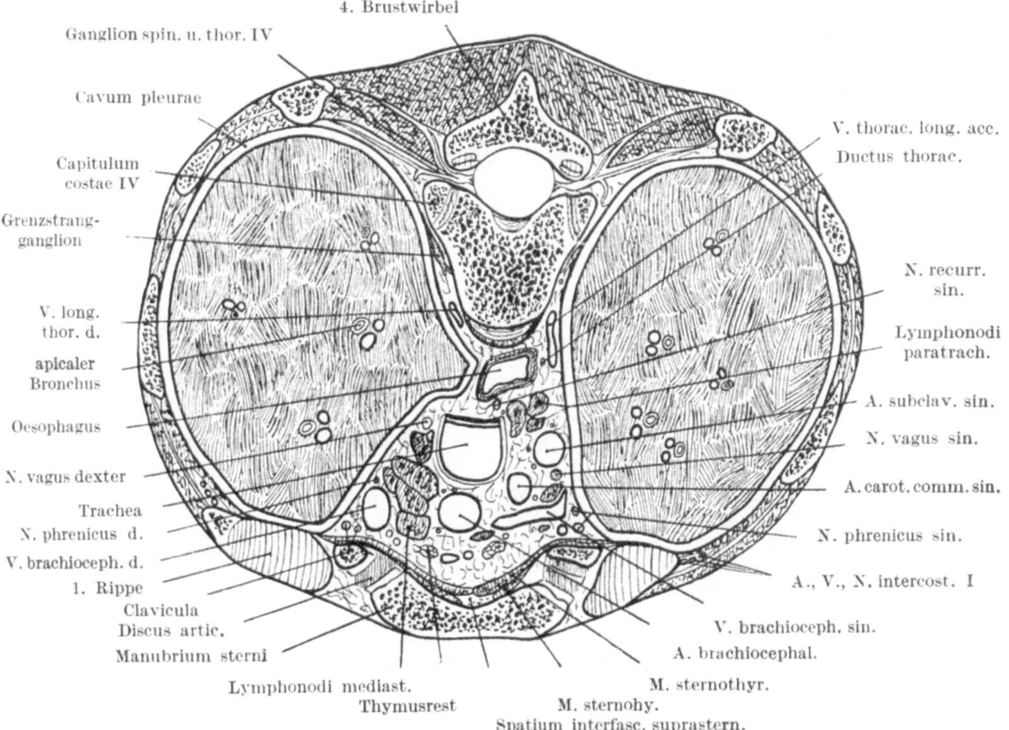

Abb. 111. **Horizontalschnitt durch den Thorax in Höhe des 4. Brustwirbels. Breite ventrale Anhaftung des Mediastinums (Thymusfeld). Nach PERNKOPF.**

die Pleura mediastinalis und diaphragmatica und das Pericard; der rechte innerviert auch noch die abdominelle Seite der rechten Zwerchfellfläche und das Peritonaeum von Leber und Gallenblase. Die Phrenici verlaufen der Länge nach vor den Lungenstielen über das ganze vordere Mediastinum; der rechte liegt knapp vor dem Lungenstiel (Abb. 112 und 113), der linke etwas weiter ventral, aber noch an der Rückseite des Herzbeutels (Abb. 113), so daß der rechte von vorn trotz seiner tieferen Lage leichter erreichbar ist. Beide Phrenici werden von je einer Art. pericardiacophrenica begleitet, die hoch oben von der A. thoracica interna abgeht und das Hauptgefäß der Thymusdrüse und des Herzbeutels ist; zum Zwerchfell geht noch eine Reihe anderer Gefäße (A. musculo-phrenica, S. 94, A. phrenica abdominalis, Abb. 187, Zweige der Intercostalarterien). Über Nebenphrenici s. S. 90.

Thymus.

Die *Thymusdrüse* (Abb. 110; dem griechischen Wort entspricht das Masculinum, „der" Thymus, doch ist auch die weibliche Form mit dem gedachten Beisatz „Drüse" vielfach in Gebrauch) ist ein paariges lymphoepitheliales Organ, das cranialwärts sich in zwei „Hörner" fortsetzt und, entsprechend seiner Herkunft aus dem Schlundspaltengebiet, besonders beim Kleinkind bis in die Halsregion reichen kann. Es hat seine größte Entfaltung im Kindesalter und wird später

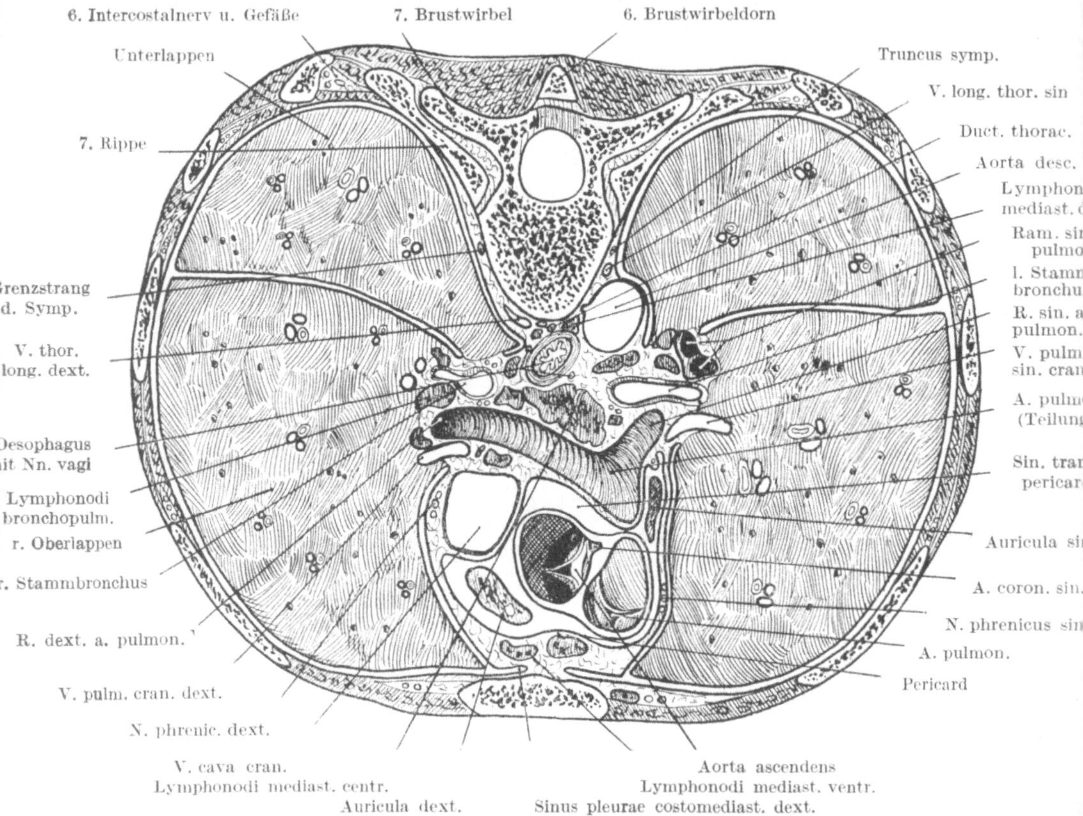

Abb. 112. Horizontalschnitt durch den Thorax in Höhe des 7. Brustwirbels. Gekröseartig schmale Anheftung des Mediastinums an das Sternum. Nach PERNKOPF.

weitgehend durch Fettgewebe ersetzt (retrosternaler oder suprapericardialer Fettkörper), enthält aber in diesem Fettgewebe immer noch nicht unbeträchtliche Reste von Thymusgewebe. Die Rückbildung beginnt normalerweise etwa mit dem zehnten Lebensjahr (vielleicht auch, bei steter völliger Gesundheit des Individiums, erst nach Beendigung des Wachstums), ist aber sehr häufig durch fieberhafte Erkrankungen beschleunigt (accidentelle Involution). Das Organ hat lympho-reticuläre (den Lymphknoten ähnliche) und hormonale, auf das Wachstum Einfluß nehmende Funktionen, die aber nicht deutlich abgrenzbar sind; Thymuspersistenz ist ein Zeichen von körperlicher Minderwertigkeit. Die Drüse liegt unmittelbar hinter dem Sternum, vor den Vv. brachiocephalicae, und wird durch Äste der A. thoracica interna versorgt; die Venen münden vorwiegend in die V. brachiocephalica sin. ein.

Vorderes oberes Mediastinum.

Zum Herzen zieht durch das vordere obere Mediastinum die *V. cava cranialis*, die retrosternal durch den Zusammenfluß der beiden Vv. brachiocephalicae entsteht und ober dem rechten Lungenstiel die im Bogen von rückwärts kommende V. thoracica longitudinalis dextra (azygos) aufnimmt. Aus dem Herzen (dem

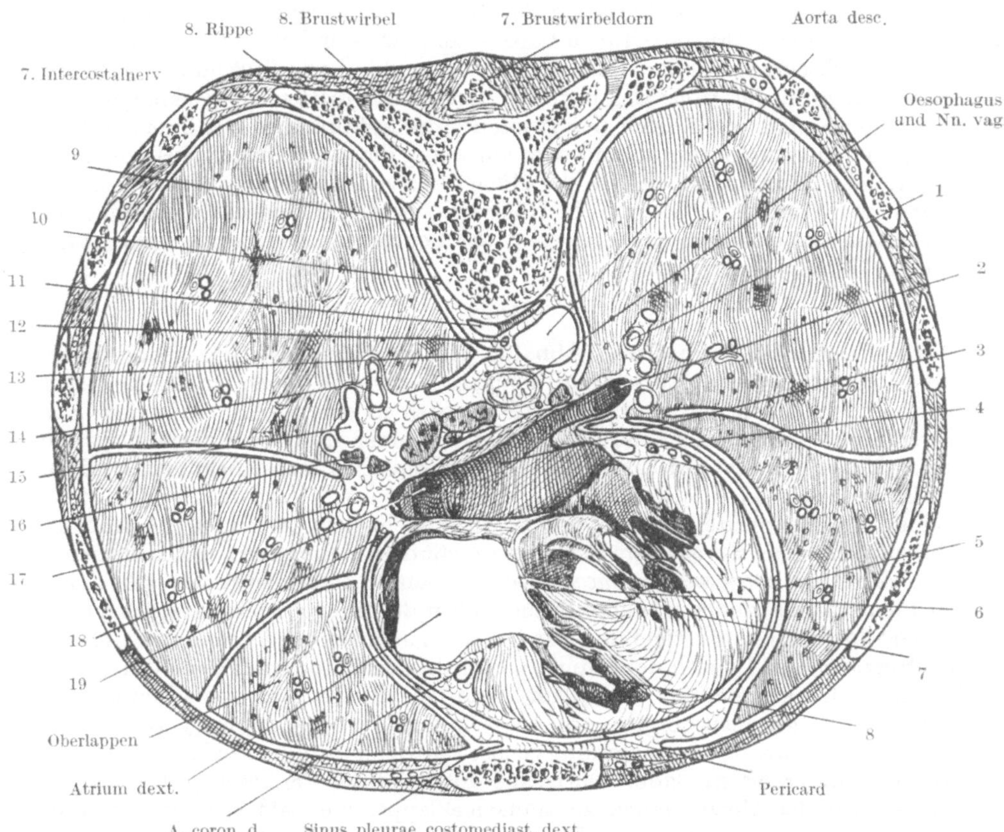

Abb. 113. Horizontalschnitt durch den Thorax in Höhe des 8. Brustwirbels. Breite ventrale Anheftung des Mediastinums (Herzbezirk). Nach PERNKOPF.

1 dors. Ast d. Unterlappenbronch.	8 Ventriculus dexter	15 Ram. dext. a. pulmon.
2 V. pulm. sin. caud.	9 Truncus sympath.	16 Lymphonodi bronchopulm.
3 Atrium sin.	10 Wurzel d. N. splanchn. mai.	17 Mittellappenbronchus
4 A. coron. sin.	11 V. thor. long. dext.	18 Vv. pulm. mediae et caudales
5 N. phrenicus sin.	12 Ductus thoracicus	dext.
6 Ventriculus sin.	13 Recessus mediastino-vertebralis	19 N. phrenicus dexter
7 Septum membran. (Pars atrioventr.)	14 Unterlappenbronchus	

Herzbeutel) kommen die A. pulmonalis und die Aorta hervor; die erste teilt sich nach ganz kurzem Verlauf in die beiden Äste für die Lungen und ist mit ihrem linken Ast, knapp neben dem Teilungswinkel, durch die Chorda ductus arteriosi mit der concaven Seite des Aortenbogens an dessen Ende verbunden. Um die Chorda schlingt sich der linke Ramus recurrens vagi (Abb. 78), der als N. laryngicus caudalis endet; dadurch kommt der linke Vagus am Recurrensabgang so weit ventral zu liegen, daß der Anfang seines Bruststückes noch zum vorderen Mediastinum gerechnet werden kann (Abb. 111, 122). Der rechte Ast der Pulmonalis wendet sich sogleich nach rechts hinter die Aorta ascendens, um an den rechten Hauptbronchus von vorn heranzutreten, der linke Ast überkreuzt den linken Hauptbronchus (S. 104). Die Aorta ascendens zieht aus dem Herzbeutel zuerst cranial- und sogar ein wenig ventralwärts, um dann in den Arcus aortae überzugehen und an Trachea und Oesophagus vorbei, an beiden Impressionen erzeugend (S. 84 und 122), in das hintere Mediastinum überzutreten. Noch zum vorderen Mediastinum gehört der erste Ast des Arcus aortae, die A. brachiocephalica (anonyma), die sich an der oberen Brustapertur in Carotis communis und Subclavia (um die sich der rechte Recurrens schlingt) teilt. Der Anfang der Aorta liegt hinter der linken Sternalhälfte in der Höhe des unteren Randes des dritten Rippenknorpels; sie reicht höher oben im Bereich des zweiten Intercostalraumes mit ihrem rechten Rand an den rechten Sternalrand oder ein wenig darüber hinaus. (Stelle der Auskultation der Aortenklappen). In der Höhe des zweiten Rippenknorpels biegt der Bogen nach rückwärts ab, um in Höhe des vierten Thoracalwirbels links die Wirbelsäule zu erreichen (S. 126). Von der Concavität des Bogens geht häufig eine A. bronchalis zur Lunge.

Herz.

Der *Herzbeutel (Pericardium)* (Abb. 109, 110) umschließt das Herz nicht so knapp wie die andern serösen Häute ihren Inhalt; es findet sich immer eine kleine Menge freier Flüssigkeit in ihm als Gleitmittel des sich ja viel rascher als andere Eingeweide bewegenden Herzens. Er besteht aus einer fibrösen Außenschicht und einer glatten, mit plattem Epithel bekleideten serösen Innenschicht, dem parietalen Blatt des Epicards, während das viscerale Blatt als Epicard das Herz selbst bekleidet. Der Herzbeutel ruht mit breiter Unterfläche dem Zwerchfell auf (Abb. 92, 109) und schließt sich vorn dem Sternum an, mit dem er durch auf- und absteigende Faserzüge, *Ligg. sternopericardiaca*, zusammenhängt. An beiden Seiten steht er mit der Pleura mediastinalis in breiter flächenhafter Berührung; rückwärts grenzt er an die Gebilde der Lungenstiele und den Oesophagus, oben wird er von den Gefäßen der Herzkrone im Bereich der Cupula pericardii durchbrochen. Die großen Gefäße haben je eine gemeinsame venöse und arterielle Pforte, was sich schon aus der Entwicklungsgeschichte ergibt. Der ursprünglich fast gerade, längs verlaufende Herzschlauch hatte eine gemeinsame venöse Eintrittspforte am caudalen Ende, eine arterielle am cranialen Ende. Durch die craniodorsale Verlagerung des venösen Endes wird der Herzschlauch zusammengeklappt, die beiden Pforten werden einander stark genähert nnd der Zwischenraum wird zum *Sinus transversus pericardii*, einer Spalte hinter den beiden, gemeinsam umgreifbaren Arterien. Hohlvenen und Lungenvenen sind gleichfalls nur gemeinsam umgreifbar, doch sind die zwei Hohlvenen in eine längsgestellte, die vier Lungenvenen in eine quergestellte Abzweigung der gemeinsamen Umschlagfalte des Pericards einbezogen.

Das Herz liegt im Thorax schräg nach allen drei Hauptrichtungen derart, daß seine Achse von cranial-dorsal-rechts nach caudal-ventral-links verläuft und die Herzspitze der vorderen Thoraxwand im Bereich des fünften Intercostalraumes ganz nahekommt; der Spitzenstoß ist dort normalerweise daumenbreit einwärts von der Mamillarlinie tastbar. Als *Herzbasis* wird die Gegend der Vorhöfe und der Veneneintritte bezeichnet; zwischen Vorhöfen und Ventrikeln verläuft die *Kranzfurche*, über die Ventrikel (weniger deutlich auch zwischen den Vorhöfen) eine Längsfurche, die *Interventricularfurche* (Abb. 119). Der rechte Ventrikel zeigt außen einen scharfen Rand, der linke eine stumpfe Auswölbung; dadurch werden Flächen der Herzaußenwand voneinander abgegrenzt. Durch den scharfen Rand (der zwischen Zwerchfell und Diaphragma eingepaßt ist) sind eine Facies sterno-

costalis und diaphragmatica getrennt; über den stumpfen Rand geht die Facies
sternocostalis allmählich in eine Facies pleuralis sinistra und weiterhin mediastinalis über. Von den Vorhöfen liegt der rechte noch teilweise der vorderen Brustwand, teilweise der rechten mediastinalen Pleura an, der linke hauptsächlich
dem trachealen Teilungswinkel und dem hinteren Mediastinum. Der rechte Ventrikel, über den der scharfe Rand läuft, liegt mit der einen Hälfte seiner Außenfläche auf dem Zwerchfell, von der andern Hälfte liegt eine Teil mit dem Herzbeutel unmittelbar an Sternum und Rippen, der Rest wird vom linken costo-
mediastinalen Pleurasinus (Abb. 113), ja vom Lungenrand überdeckt. Der linke

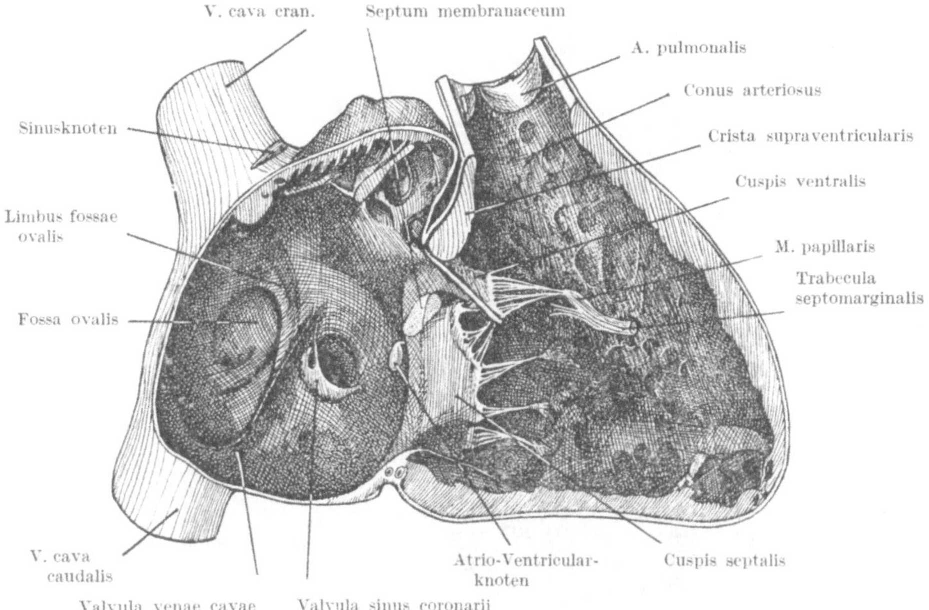

Abb. 114. Rechtes Herz im Frontalschnitt. Halbschematisch.

Ventrikel, über den der stumpfe Herzrand verläuft, wird bereits vorn und auch
seitlich von der linken Lunge überlagert und erstreckt sich wieder bis auf das
Zwerchfell. Zusammengefaßt liegen demnach des vorderen Brustwand direkt an,
nur vom Herzbeutel gedeckt, der rechte Anteil der rechten Vorhofs mit dem Herzohr und ein großer Teil des rechten Ventrikels; vom linken vorderen Pleurasinus
und dem Lungenrand gedeckt der linke Rand des rechten Ventrikels, der vordere
(rechte) Rand des linken Ventrikels und das linke Herzohr. Diese Lage bringt
besonders den rechten Ventrikel, daneben auch den rechten Vorhof in Gefahr,
durch Stich oder Schuß von vorn verletzt zu werden; die Verletzungen können
in die linke Hälfte durchgreifen. Dagegen sind isolierte Verletzungen des linken
Ventrikels selten und jedenfalls mit Eröffnung der linken Pleurahöhle verbunden.
Dem Schrägstand des Herzens entspricht auch ein Schrägstand des ein wenig
schraubig gedrehten Septums derart, daß der rechte Ventrikel und besonders
das Ostium pulmonale mehr vorn liegt (Abb. 109) und mit seinem Conus arteriosus
den linken Ventrikel namentlich an der Vorhof-Kammergrenze überlagert. Das
herausgenommene Herz wird in seine natürliche Lage so eingestellt, daß die beiden
Hohlvenen in einer Vertikalen (bzw. in der Körperachse) stehen; dann ergibt
sich auch sofort die Lage seiner sternocostalen Fläche parallel zur vorderen

Brustwand. Dann sehen auch die Anfangsstücke der großen Arterien kopfwärts und die Lungenvenenstümpfe liegen dorsal.

Herzinneres. Im rechten Vorhof (Abb. 114) prallen die einander entgegengesetzt gerichteten Ströme der beiden Hohlvenen nicht voll aufeinander; der Strom der unteren Hohlvene wird durch die Valvula venae cavae gegen das Septum, der der oberen aber durch den Torus intervenosus (die Ausbuchtung des Vorhofsseptums nach rechts) lateralwärts abgelenkt, so daß die beiden Ströme unter Bildung eines Wirbels umeinander kreisend in den Ventrikel eintreten. Hier

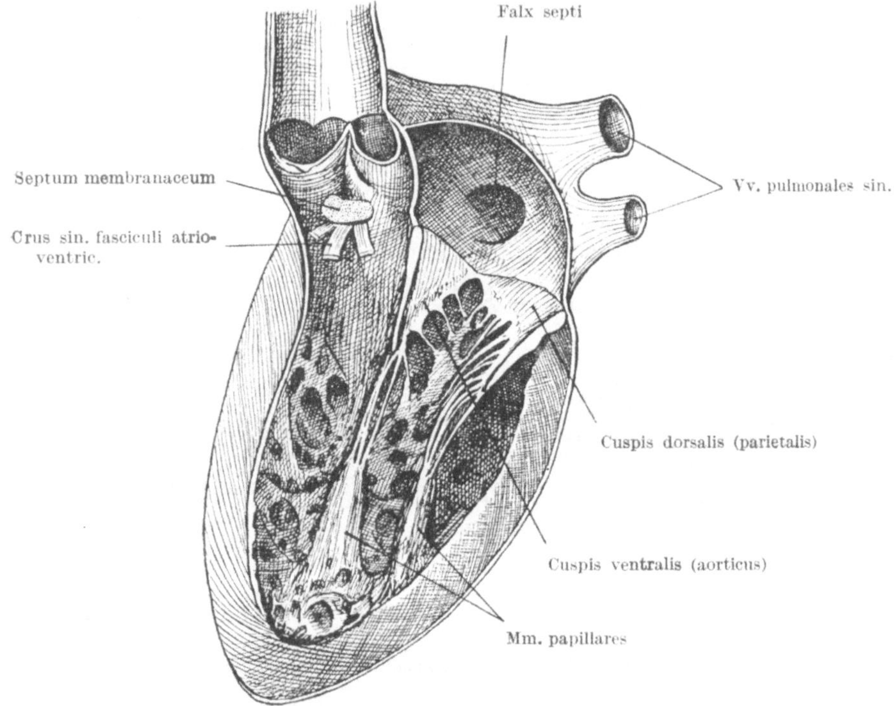

Abb. 115. Linkes Herz im Frontalschnitt, halbschematisch.

biegt der Strom in den Conus arteriosus um und dringt in die Pulmonalis ein; da der linke Ast derselben weniger scharf aus der Richtung des Stammes abweicht als der nach rechts umbiegende rechte Ast, so gelangen verschleppte Partikel mit dem Blutstrom eher in den linken Pulmonalisast. Die Herzostien (Abb. 116) sind so angeordnet, daß die venösen nebeneinander, die arteriellen aber hintereinander liegen; während die beiden linken Ostien unmittelbar nebeneinander liegen (das Aortenostium paßt sich vorn in den Winkel zwischen den beiden venösen Ostien ein), ist zwischen den beiden rechten Ostien die Rückwand des Conus arteriosus mit der *Conussehne* gelegen. Dadurch kann der linke Ventrikel (Abb. 115) schematisch als V-förmig, der rechte als U-förmig beschrieben werden; zwischen den beiden linken Ostien hängt der Aortenzipfel der Mitralklappe herab, während die rechten Ostien innen durch die *Crista supraventricularis* geschieden sind. Vielleicht kann man annehmen, daß im rechten Herzen das Blut kontinuierlich strömt und nur in der Ventrikelsystole eine ruckartige Beschleunigung erfährt, während links die Blutsäule im Ventrikel einen Augenblick stehenbleibt, um dann in fast umgekehrter Richtung ausgetrieben zu werden. Da die Vorhöfe das Blut nur in die Ventrikel treiben, die keinen Widerstand leisten, sondern sich eher aktiv dilatieren (durch das Einschießen des Blutes in die Arterienzweige), so sind die Wandungen beider Vorhöfe praktisch gleich stark, und suffiziente Klappen an den Venenmündungen (beim Embryo anfangs an den Körpervenen vorhanden) werden überflüssig; die Ventrikel aber arbeiten gegen den sehr verschiedenen Druck im großen und kleinen Kreislauf, und der linke Ventrikel (ebenso das Septum ventriculorum) ist drei- bis viermal stärker als der rechte. Das Gesamtvolumen des Herzens bleibt während seiner Tätigkeit beinahe gleich, da die Vorhöfe sich während der Ventrikelsystole durch Ansaugung des Venenblutes füllen (Lungensog und inspiratorischer Sog). Während der normalen Herz-

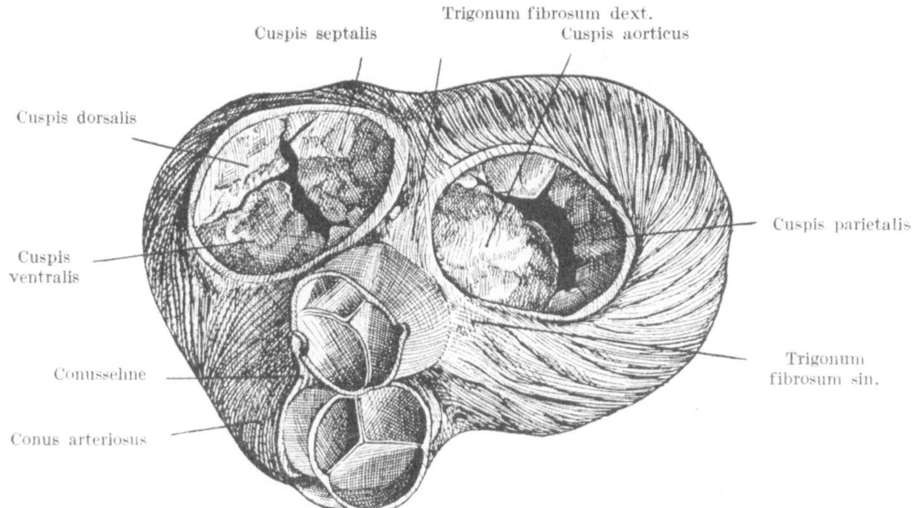

Abb. 116. Die Kammerbasis (Ventilebene) des Herzens mit den Herzklappen. Nach PERNKOPF.

tätigkeit verschiebt sich hauptsächlich die Ventilebene des Herzens auf- und abwärts.

Infolge der Schräglage des Herzens ist die Lage der Herzostien und Klappen (Abb. 116, 117) schwierig zu beschreiben. Die vier Ostien liegen ungefähr in einer Ebene, die auf der Herzachse senkrecht steht, der Ventilebene, die, wie erwähnt, sich bei der Herztätigkeit in der Richtung der Achse auf- und abwärtsbewegt. Doch sind namentlich die arteriellen Ostien etwas gegeneinander verdreht, entsprechend dem spiraligen Verlauf der großen Arterien umeinander (Abb. 119). Am weitesten vorn, hinter dem Sternum in der Mitte, liegt in der Höhe des fünften Rippenknorpelansatzes das Ostium venosum dextrum mit der Valvula tricuspidalis, dahinter, etwas links und cranialwärts, in der Höhe des vierten Zwischenknorpelraumes, das linke mit der Mitralis. Die arteriellen Ostien liegen etwas höher, das der Pulmonalis hinter dem Unterrand des linken dritten Rippenknorpelansatzes am Sternum, das Aortenostium dorsal und etwas caudal und medial davon hinter dem vierten linken Rippenknorpelansatz. Da aber die Herztöne fortgeleitet werden, so ist der Ort ihrer deutlichsten Hörbarkeit verschieden von obiger Lokalisation; die Pulmonalis wird am deutlichsten im zweiten Intercostalraum links vom Sternum, die Aorta in gleicher Höhe rechts, die Tricuspidalis im vierten Intercostalraum rechts vom Sternum, die Mitralis über dem Spitzen-

stoß (im fünften Intercostalraum etwas einwärts von der Mamillarlinie) gehört
bzw. von den andern unterschieden.

Nach neueren Untersuchungen (O. FRANK 1906, weitere Untersucher 1926/27)
werden die Herztöne nicht durch den an sich lautlosen Klappenschluß hervorgerufen.
Der erste Herzton entsteht durch Schwingung des gesamten Ventrikelapparates
im Moment seiner Anspannung am Beginn der Systole, während sämtliche Klappen
geschlossen sind; der zweite Ton entsteht dann, wenn am Beginn der Diastole der
Rückstoß in den Arterien an die bereits geschlossenen Semilunarklappen anprallt

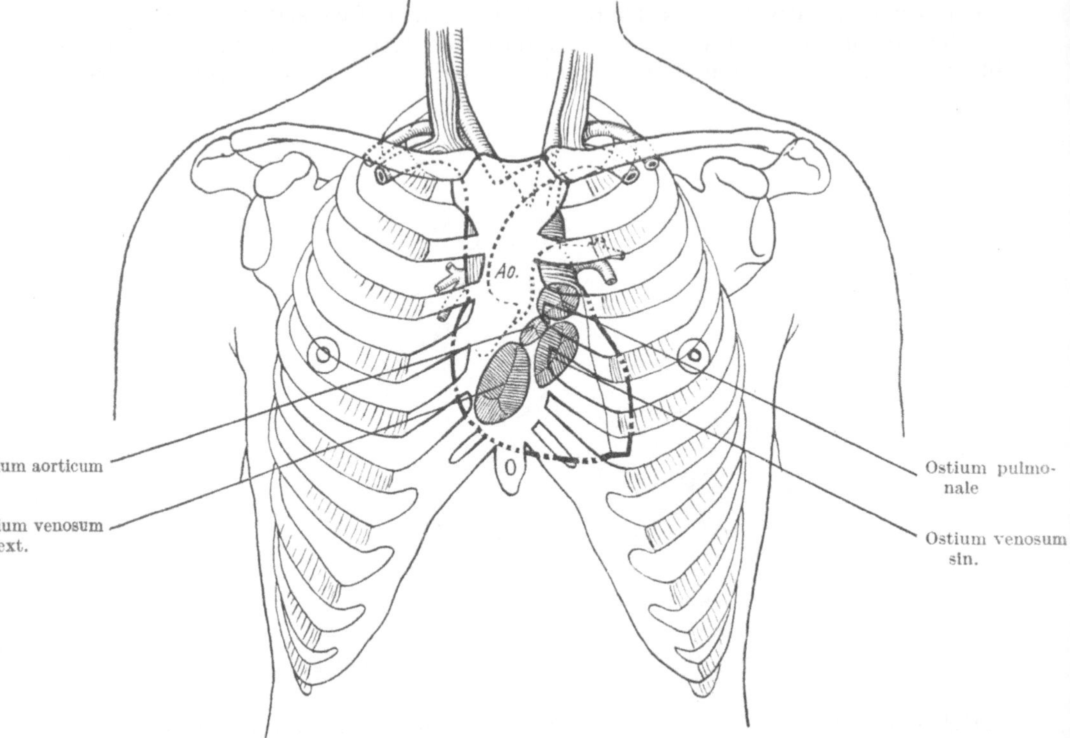

Abb. 117. Projektion der Herzostien (bei Kammerdiastole) auf die vordere Brustwand. Nach PERNKOPF,
vereinfacht.

und in der Gefäßwand, den Klappen und der Blutsäule einige rasch abklingende
Schwingungen verursacht. An den pathologischen Herzgeräuschen sind allerdings
die Klappen beteiligt.

Im *Röntgenbild* zeigt der Herzschatten an seinen Rändern die Grenzen
der einzelnen Herzabschnitte, und außerdem sind im Bereich des oberen
Mediastinums auch die Ränder der Schatten der großen Gefäße erkennbar
(Abb. 118). Rechts ist der Außenrand der oberen Hohlvene, ihre Einmündungs-
stelle in den Vorhof und an der Zwerchfellkuppel die Vorhofs-Kammergrenze
abgezeichnet, links ist der Rand des Arcus aortae als „Aortenknopf", die
Schattengrenze des Pulmonalisstammes als Pulmonalisbogen und wiederum
die Vorhof-Kammergrenze, diesmal weit vom Zwerchfell entfernt, schließlich
am Zwerchfell der Schatten der Herzspitze zu sehen.

Das *Reizleitungssystem* beginnt mit dem KEITH-FLACKschen *Sinusknoten*
(*sinu-atrialer Knoten*, Abb. 114), der im Sulcus terminalis (zwischen ehemaligem
Sinus venosus und eigentlichem Vorhof) subepicardial oberhalb des rechten Herz-

ohres als länglicher („rübenartiger") Körper von etwa 15 mm Länge und 2 mm
Dicke gelegen ist. Von hier gelangt der Reiz auf einer nur annähernd bekannten
Bahn über die Vorhofswand zum ASCHOFF-TAWARAschen *Atrioventricularknoten*
in der Vorhofscheidewand, unterhalb des Limbus fossae ovalis und vor der Mündung
des Sinus coronarius gelegen, dann durch das Crus commune des HISschen
Atrioventricularbündels, das sich am hinteren Rand des Septum membranaceum
in das schwächere Crus dextrum und das sogleich bandförmig abgeflachte Crus
sinistrum teilt. Beide verlaufen unter dem Endocard des betreffenden Ventrikels,
der rechte Schenkel vorwiegend über die Trabecula septomarginalis zur lateralen

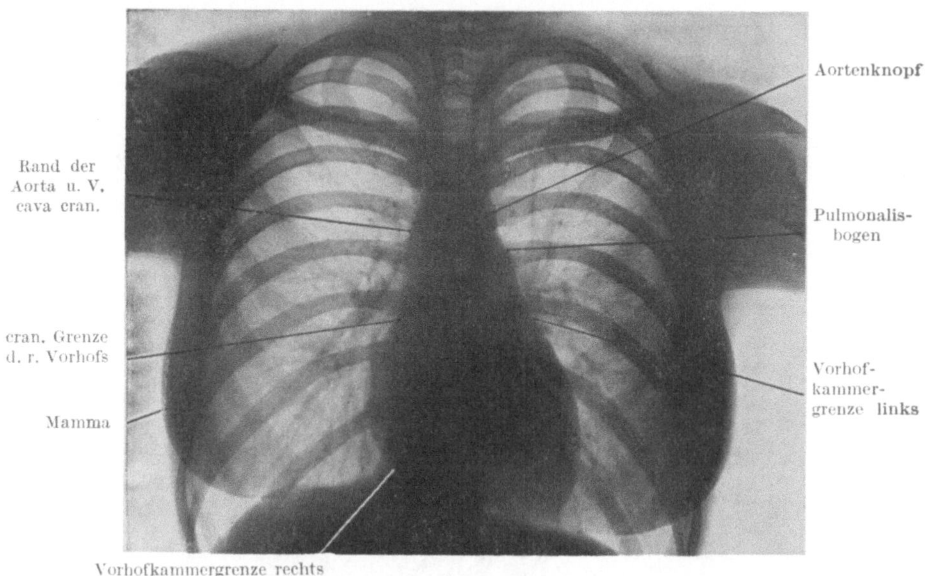

Abb. 118. Röntgenbild des Herzens. ¹/₄ nat. Gr. Weiblicher Thorax. Klinik Prof. SCHÖNBAUER.

Ventrikelwand und zum vorderen Papillarmuskel des rechten Ventrikels, der
linke Schenkel (Abb. 115) zu den zwei großen Papillarmuskeln des linken
Ventrikels.

Ausnahmsweise (selten) kommen neben dem Atrioventrikularbündel auch
atypische muskulöse Vorhof-Ventrikel-Verbindungen vor, die dann Abnormitäten
der Herzaktion hervorrufen. Sie sind als Atavismen aufzufassen, entsprechend den
multiplen Muskelverbindungen des Gebietes bei kaltblütigen niederen Wirbeltieren.

Die *Herzarterien* (Abb. 119) verzweigen sich in der Norm so, daß die rechte
Coronararterie den größten Teil der sternocostalen und diaphragmalen Fläche
des rechten Ventrikels und die hintere Längsfurche versorgt, die linke die vordere
Längsfurche mit einem Ramus interventricularis (descendens) und die Seitenfläche des linken Ventrikels mit einem *Ramus circumflexus*. Im Bereich der Längs-
furchen gibt jede Arterie Zweige an beide Ventrikel und das Septum. Die Vorhöfe
gehören vorwiegend ihren gleichseitigen Arterien an. Doch kommen außerordentlich weitgehende Abweichungen von diesem Schema vor, Übergreifen einer Arterie
auf das Gebiet der andern bis zum völligen Ausfall eines Gefäßes, selten eine Vermehrung auf drei und selbst vier gesonderte Abgänge. Auch die Versorgung des
so wichtigen sinu-atrialen Knotens, die normalerweise der rechten Coronararterie zufällt, kann bei sonst normaler Verteilung von der linken übernommen

werden. Die diagnostisch viel weniger wichtigen *Venen* sammeln sich größtenteils im *Sinus coronarius*; daneben kommt regelmäßig die Einmündung einer Reihe von selbständigen Venen in den rechten Vorhof vor, und in allen Abschnitten, selbst im linken Ventrikel, finden sich kleinste direkt einmündende Gefäße *(Vv. minimae)*. Die regionären *Lymphknoten* der zahlreichen Lymphgefäße des Herzens liegen am Teilungswinkel der Pulmonalis, von wo die Lymphgefäße weiter zu mediastinalen Knoten gehen.

Die *Herznerven* (Abb. 75) stammen als Hemmungsfasern aus dem Vagus (Ramus cardiacus cranialis und caudalis, mit den gleichnamigen Kehlkopfästen

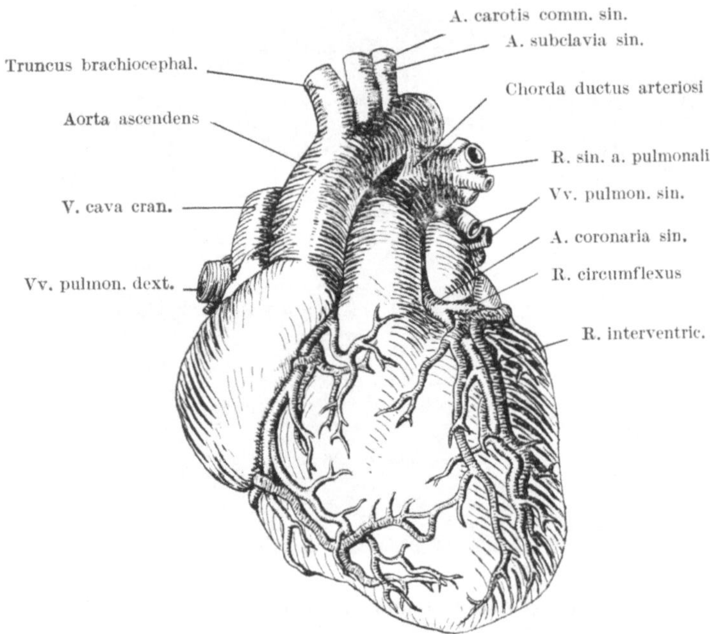

Abb. 119. Herz von vorn mit den Coronargefäßen. Nach CORNING.

vom Vagus abgehend) und als Erregungsfasern aus dem Sympathicus (drei Nervi cardiaci, aus den drei Ganglien des Halsgrenzstranges bzw. dem Ganglion stellatum; ein vierter Nerv, N. cardiacus imus, stammt häufig aus dem Brustsympathicus, S. 127). Die Schmerzfasern des Herzens gelangen über das Ganglion stellatum zu den oberen Spinalganglien der Brustregion, besonders zum dritten und vierten thoracalen Ganglion. Die Herznerven bilden einen Plexus cardiacus ventralis, vorwiegend aus den linken Herznerven, an der Vorderseite der Aorta und Pulmonalis, und einen dorsalen Plexus, besonders aus den rechten Nerven, an der Rückseite. Die Plexus sind reichlich mit Ganglienzellen durchsetzt. Sie lassen sich bis an die Coronararterien verfolgen; jede Arterie bekommt Fasern von beiden Körperseiten.

Hinteres Mediastinum.

Die Grenze zwischen vorderem und hinterem Mediastinum bilden Trachea und Lungenstiele. Über die erstere wurde bereits beim Hals (S. 83) berichtet, über die letzteren S. 103. Ein verbindendes Gebilde beider Abschnitte ist der *Arcus aortae* (S. 116), der von vorn-rechts nach hinten-links verläuft und dabei unmittelbar an Trachea und Oesophagus vorbeizieht, an beiden einen Eindruck bzw.

eine Enge verursachend. Der linke Stammbronchus wird dabei von oben überkreuzt; an der Concavität des Bogens haftet die Chorda ductus arteriosi, um welche
sich der N. recurrens vagi sin. schlingt. Erweiterungen der Aorta (Aneurysmen)
drücken auf den linken Recurrens bis zur linksseitigen Stimmbandlähmung, auf
Trachea und Bronchi (sie können damit dem Kehlkopf eine pulsatorische Ab-

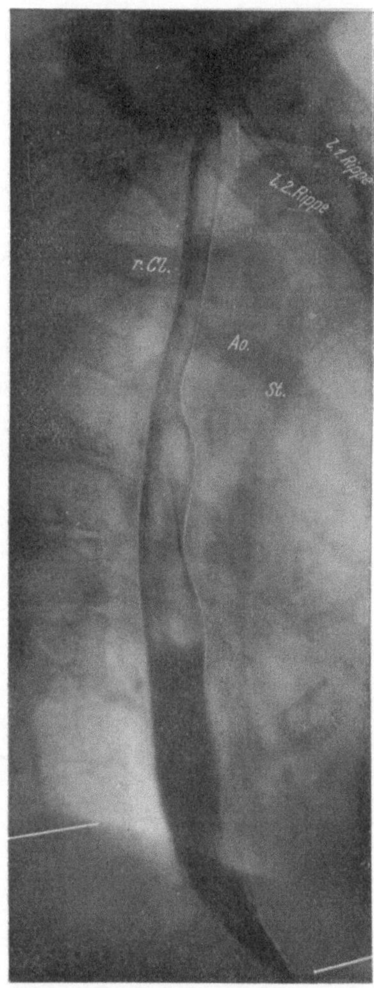

Abb. 120. Röntgenbild des Oesophagus nach Füllung mit Kontrastbrei. Film links hinten. Sternum, Aorta,
Clavicula bezeichnet. Klinik Prof. SCHÖNBAUER.

wärtsbewegung aufzwingen) und den Oesophagus. Von der Convexität des Bogens
entspringen der Reihe nach A. brachiocephalica, carotis sinistra und subclavia
sin. In ähnlicher Weise wie der Aortenbogen über den linken Lungenstiel, zieht
über den rechten die V. thoracica longitudinalis dextra (azygos) zur V. cava
cranialis (Abb. 121).

Das hintere Mediastinum enthält den Oesophagus mit den Nn. vagi, die Aorta
descendens mit ihren Ästen, den Ductus thoracicus, die Längsvenen an der Wirbelsäule und den Grenzstrang des Sympathicus mit seinen Zweigen. Der *Oesophagus,*

am Hals, wie berichtet (S. 88), gegen die Trachea etwas nach links verschoben,
stellt sich knapp unter der oberen Brustapertur wieder fast median ein, hat die
Bifurkation der Trachea vor sich und liegt zuerst knapp vor der Wirbelsäule,
sich dann allmählich von ihr entfernend (Abb. 111 bis 113), von der Aorta dorsalis
verdrängt, und schließlich, besonders beim aufrechtstehenden Lebenden, von

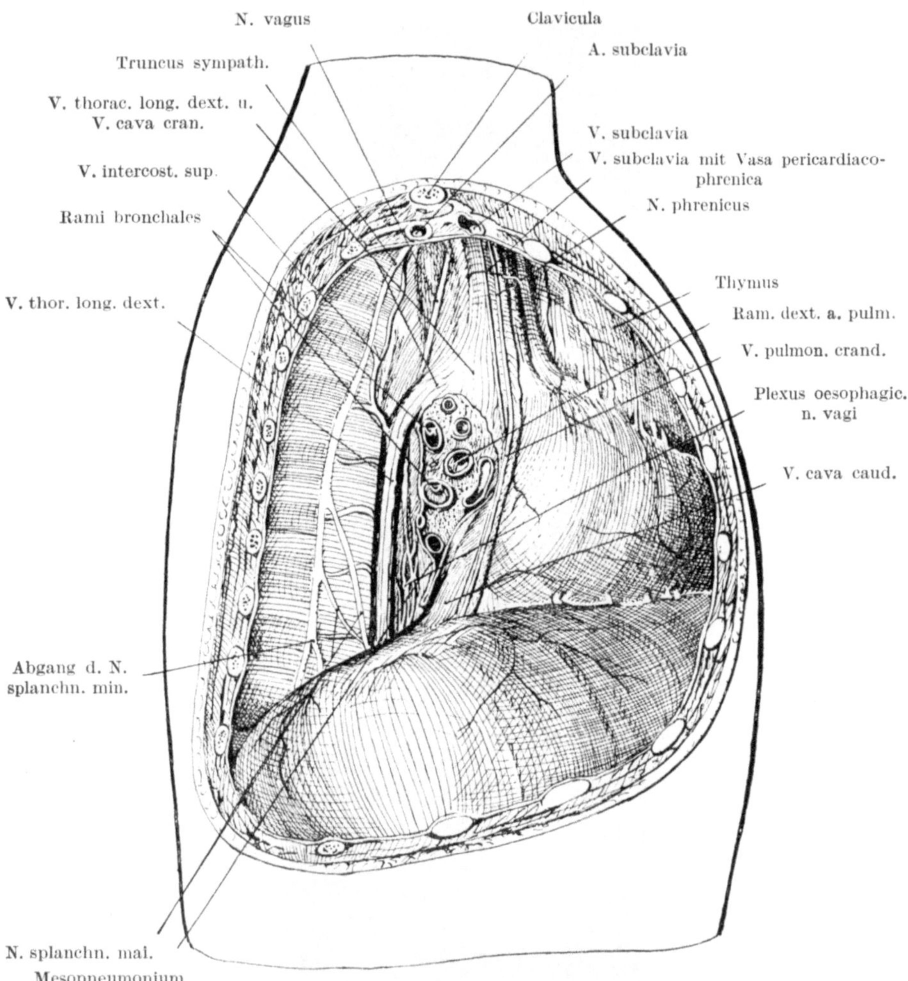

Abb. 121. Rechte Seitenansicht des Mediastinums beim Kind. $^3/_5$ nat. Gr.
Nach SOBOTTA.

der Wirbelsäule abgehoben (Abb. 120), manchmal bis zur Ausbildung einer Art von
Gekröse, eines Meso-Oesophagicum, hinter bzw. caudal vom Herzen, im Spatium
infracardiacum, zwischen Oesophagus und Aorta.[1] Dabei gelangen der rechte
Recessus mediastino-vertebralis und eine Pleuraeinbuchtung links zwischen
Aorta und Oesophagus zur Berührung. In der Leiche fehlt diese Abhebung des

---

[1] Bei manchen großen Säugetieren kann es an entsprechender Stelle zu einer
Kommunikation der Pleurahöhlen kommen. Beim Menschen mag die Abhebung
des Oesophagus manche quere Durchschüsse durch den Thorax ohne Verletzung
eines wichtigen Organs erklären.

Oesophagus von der Wirbelsäule, da der Thorax durch seine Schwere zusammensinkt. Der Oesophagus senkt sich weiters in das Foramen oesophagicum des Zwerchfells ein und wird dort von den Ausläufern der lumbalen Zwerchfellschenkel zwingenartig umfaßt. In diesem kanalartigen Teil wird er von einer Bindegewebsplatte *(Membrana phrenico-oesophagica)* umgeben, die von der unteren Zwerch-

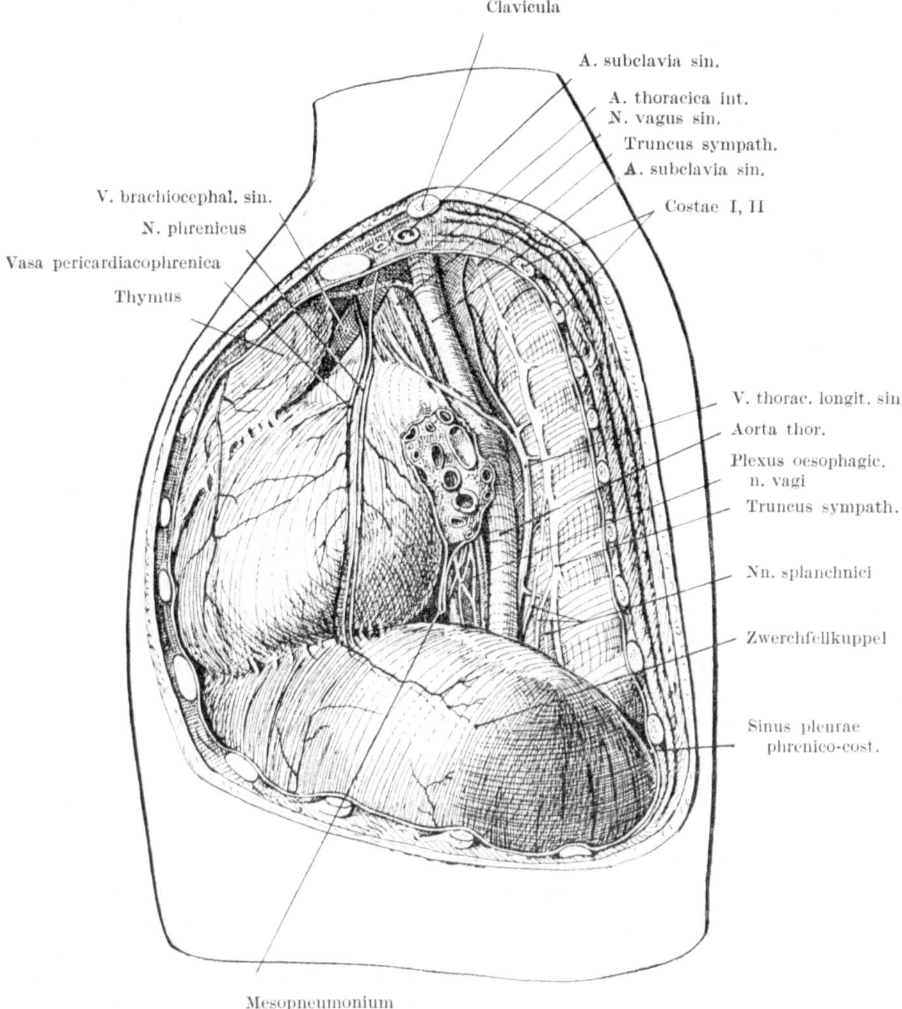

Abb. 122. Linke Seitenansicht des Mediastinums beim Kind. ³/₅ nat. Gr. Nach SOBOTTA.

fellfläche ausgeht; dadurch bleibt der Oesophagus im Kanal bis zu einem gewissen Grad beweglich und kann von der Bauchhöhle aus ein Stück heruntergezogen werden. Die Länge des Rohres beträgt (beim Mann) etwa 25 cm, das Stück von der Zahnreihe bis zu Beginn etwa 15 cm, so daß die Entfernung des Magens von der Zahnreihe rund 40 cm ausmacht. Im ganzen ist der Verlauf in der Brusthöhle leicht dorsal convex, mit einer besonderen sanften dorsalen Ausbuchtung im Bereich des linken Vorhofs. Er ist an seine Umgebung nur locker durch Bindegewebe fixiert; ein paar glatte Muskelzüge zur Umgebung (M. pleuro-

und broncho-oesophagicus) in der Mitte des Verlaufes sind ohne wesentliche Bedeutung. Er ist auch im ganzen ziemlich erweiterungsfähig; doch sind drei typische Engen zu unterscheiden: der Eingang hinter dem Ringknorpel (Oesophagusmund, die engste Stelle), dann die Kreuzung mit Aortenbogen und linkem Bronchus, die besonders im Fall von Erkrankungen der Aorta bei Sondierungen perforationsgefährdet ist, und die Zwerchfellsenge, wo ein tonischer, ja manchmal spastischer Muskelverschluß vorkommt. Der Anfang des Oesophagus liegt vor dem sechsten Halswirbel, das Foramen oesophagicum des Diaphragmas vor dem zehnten und das Ende des Rohres am Magen (die Cardia) vor dem elften Brustwirbel. Auf die vordere Brustwand bezogen, liegt die Aortenenge etwa in der Höhe der Mitte des Manubriums. In der Gegend der Aortenenge wird die quergestreifte Muskulatur des Anfangsteiles durch glatte Muskeln ersetzt. Gerade dort können wegen der Enge entzündliche Verwachsungen (z. B. mit Lymphknoten des Lungenhilus) zur Bildung von Divertikeln führen. Die Schleimhaut ist an der Muskelschicht verschieblich und bildet Längsfalten; im Halsteil ist das Lumen in Ruhe ein Querspalt, im Thorax sternförmig. Die *Arterien* sind kleinere Äste aus der Umgebung (von den Aa. thyreoideae caudales, den Aa. bronchales und phrenicae craniales); die *Venen* bilden submucöse Geflechte, welche einerseits mit den Magenvenen (Pfortadergebiet), anderseits mit der V. thoracica longitudinalis dextra (zur oberen Hohlvene) zusammenhängen, sich bei Lebererkrankungen mit Pfortaderstauung (Leberschrumpfung) beträchtlich ausweiten und zu lebensbedrohenden Blutungen Anlaß geben können. Die regionären *Lymphknoten* verteilen sich über das Mediastinum und reichen von den supraclaviculären Knoten bis zu denen an der Cardia des Magens.

Die *Nn. vagi* schließen sich erst in der Höhe der Trachealteilung dem Oesophagus an; oberhalb wird dieser von Zweigen der Nn. recurrentes versorgt. Was unterhalb des Recurrens (des letzten branchialen Astes) als Vagusstamm verbleibt, ist der parasympathische oder Eingeweideteil des Nerven und kann als *Ramus visceralis* desselben bezeichnet werden. Diese Rami viscerales bilden auf dem Oesophagus ein Geflecht, dem sich auch sympathische Zweige aus den Grenzstrangganglien beimischen; doch läßt sich in der Regel in diesem Geflecht je ein stärkerer ventraler und dorsaler Strang, die *Chordae oesophagicae*, unterscheiden, von denen der ventrale hauptsächlich aus dem linken, der dorsale aus dem rechten Vagus stammt, entsprechend der embryonalen, auf den Oesophagus fortgesetzten Magendrehung. Die linke Chorda erschöpft sich hauptsächlich am Magen, während die stärkere rechte nur einen Teil der Fasern an den Magen, den Rest an das Ganglion coeliacum abgibt (Abb. 148, beim Magen). Die Resection der Vagusäste im Thoraxbereich ist ein moderner Weg zur Behandlung des Magengeschwürs; an der Seitenwand des Mediastinums wird der rechte Vagus und auch der Plexus unter der Pleura sichtbar [unterhalb des Recurrens- und Cardiacus caudalis-Abganges (Abb. 121 und 122)], links nur der Stamm bei Überkreuzung des Aortenbogens, ober dem Abgang des Recurrens und des R. cardiacus caudalis, und erst ober dem Zwerchfell ist wieder der Plexus am Oesophagus zu erkennen.

Die *Aorta* descendens thoracica gelangt im Bogen an die linke Seite der Wirbelsäule, wo sie in der Höhe des vierten bis sechsten Brustwirbels eine seichte Impressio aortica erzeugen kann, und verschiebt sich von da allmählich gegen die Mitte vor die Wirbelsäule (Abb. 112 und 113), um zu dem median gelegenen Hiatus aorticus des Zwerchfells zu gelangen. Aus ihr gehen zehn Paare von Intercostalarterien hervor, von denen die obersten steil aufsteigen müssen, um zu ihren Zwischenrippenräumen zu gelangen, entsprechend dem embryonalen Abstieg von Herz und Aorta, der überhaupt zur Ablösung der beiden obersten Arterien geführt hat (*A. intercostalis suprema*, aus der Subclavia, S. 92). Dabei müssen die rechtsseitigen Gefäße im oberen Brustteil wegen der Linkslage der Aorta die Wirbelsäule überqueren. Ventralwärts gehen von der Aorta nur kleine Zweige ab, z. B. manchmal eine A. bronchialis, dann Äste zu Oesophagus und Zwerchfell.

Neben bzw. hinter der Aorta verläuft der *Ductus thoracicus*. Er durchsetzt als dünnwandiges, 2 bis 3 mm starkes Gefäß, in der Leiche häufig etwas Blut enthaltend, das Zwerchfell im Hiatus aorticus rechts hinten, verläuft dann an der rechten Seite der Aorta, stets vor den rechten Intercostalarterien, aufwärts, um im oberen Drittel des Thorax sich hinter dem dort der Wirbelsäule anliegenden Oesophagus nach links zu verschieben und hinter der Aorta bzw. dem Arcus aortae an der linken Seite der Wirbelsäule bis über die obere Brustapertur aufzusteigen (Abb. 85, 111 bis 113) und sich im Bogen hinter Carotis und Vagus, aber vor der A. vertebralis sin. und dann über die A. subclavia sin. hinweg von oben in den Angulus venosus, zwischen V. jugularis interna und V. subclavia, einzusenken. Er teilt sich nicht selten vor der Mündung in zwei oder selbst mehrere Äste; die Mündung selbst ist durch Taschenklappen gegen Rückstrom verschließbar. Vor der Mündung nimmt er den Truncus jugularis und subclavius sin. auf; doch können diese Gänge auch getrennt münden.

Die *Längsvenen* an der Wirbelsäule, die *V. thoracica longitudinalis dextra* und *sinistra* (*azygos* und *hemiazygos*), verlaufen zu beiden Seiten der Aorta (die rechte lateral vom Ductus thoracicus) über die Wirbelkörper und die Intercostalarterien hinweg. Etwa am siebenten Brustwirbel leitet gewöhnlich eine Queranastomose das Blut der linken Längsvene hinter der Aorta nach rechts (bei mehrfachen Anastomosen liegen die andern meist weiter caudal). Oberhalb der Queranastomose kann die linke Vene unterbrochen sein oder sich kontinuierlich in die V. longitudinalis sin. accessoria fortsetzen, die medial von der Pleurakuppel (Abb. 85) in die V. brachiocephalica sin. einmündet. Die beiden Längsvenen nehmen ihren Ursprung aus den Vv. lumbales ascendentes des Retroperitonealraumes, durchbohren das Zwerchfell mit den Nn. splanchnici zwischen medialem und mittlerem Zwerchfellschenkel und nehmen die Intercostalvenen (mit Ausnahme der ersten zwei) und hintere Mediastinalvenen, besonders die des Oesophagus (S. 126) auf. Die rechte Vene umkreist als ziemlich dicker Stamm von hinten her den rechten Lungenstiel (Abb. 120) und ergießt sich, mit einer Klappe versehen, in die obere Hohlvene.

Der *Grenzstrang* des Sympathicus (Abb. 111 bis 113, 120, 121 und 75) liegt weiter lateral, am seitlichen Abhang der Wirbelsäule, bereits auf den Rippenköpfchen und den von ihnen ausgehenden Ligg. radiata, ventral von den Intercostalarterien. Seine Ganglien sind im ganzen ziemlich regelmäßig segmental angeordnet, nur das erste ist häufig mit dem letzten Cervicalganglion (S. 80) verschmolzen (Ganglion stellatum) und dann an der Schlinge des Grenzstranges um die A. subclavia (Ansa subclavia) beteiligt. Von ihm geht noch ein N. cardiacus imus ab, vom cranialen Teil des Stammes Rami pulmonales, oesophagici und aortici, dann etwa vom fünften (sechsten) bis neunten Ganglion die Wurzeln des *N. splanchnicus maior*, von den folgenden ein bis zwei *Nn. splanchnici minores*. Die Splanchnici liegen auf den Wirbelkörpern, unmittelbar unter der Pleura parietalis. Sie durchbohren gemeinsam mit der Wurzel der Längsvene das Zwerchfell zwischen medialem und mittlerem lumbalen Schenkel, der Grenzstrang selbst zwischen mittlerem und lateralem Schenkel.

Es sei besonders darauf hingewiesen, daß man an der Seitenfläche des Mediastinums die wichtigsten Gebilde durch die Pleura hindurch erkennen kann (Abb. 120 und 121; auch beim Lebenden durch Thorakoskopie, wenn durch Lufteinblasung ein teilweiser Kollaps der Lunge hervorgerufen wird, E. Kux), so rechts den Ramus visceralis des Vagus und seinen Plexus oesophagicus, den Grenzstrang,

die Splanchnici, den Phrenicus, links den Vagus ober dem Abgang des Recurrens,
den Plexus oesophagicus, den Sympathicus samt Splanchnici, Aorta und A. subclavia, den Phrenicus. Die oberflächlichen Gebilde des Mediastinums können dort auch
auf dem Wege der Thorakoskopie anästhesiert oder unterbrochen werden und
damit können über die Nn. splanchnici, den Grenzstrang oder selbst den Vagus (besonders den rechten) sehr intensive Einwirkungen auf die Bauchorgane (Magen
und Darm) bei Geschwürsbildung im Sinne einer Heilung erzielt werden.

Tabelle 3. *Mediastinum.*

Grenzen: rückwärts Wirbelsäule, vorn Sternum, oben obere Brustapertur, unten
Zwerchfell, beiderseits Pleura mediastinalis.

Frontale *Unterteilung:* Trachea, Lungenstiele, Mesopneumonium.

Vorderes Mediastinum	Grenzgebiet	Hinteres Mediastinum

Längsverlauf:
  N. phrenicus;
a) vorderes oberes Med.:
  Thymus,
  V. cava cranialis,
  Aorta ascendens,
  Arcus aortae,
  A. brachiocephalica;
b) vorderes unteres Med.:
  Herz im Herzbeutel
	Trachea,
	Lungenstiele,
	mediastinale Lymphknoten
		Oesophagus,
		Vagus,
		Aorta descendens,
		Ductus thoracicus,
		Vv. longitudinales,
		Truncus sympathicus und
		Nn. splanchnici

Bauch.

Bauchwand.

Der Bauch hat nur teilweise eine knöcherne Begrenzung, rückwärts in der Lendenwirbelsäule, unten im Becken und oben im Rippenbogen und Sternum; im übrigen ist die Wandung wesentlich durch Muskulatur gegeben, die allein

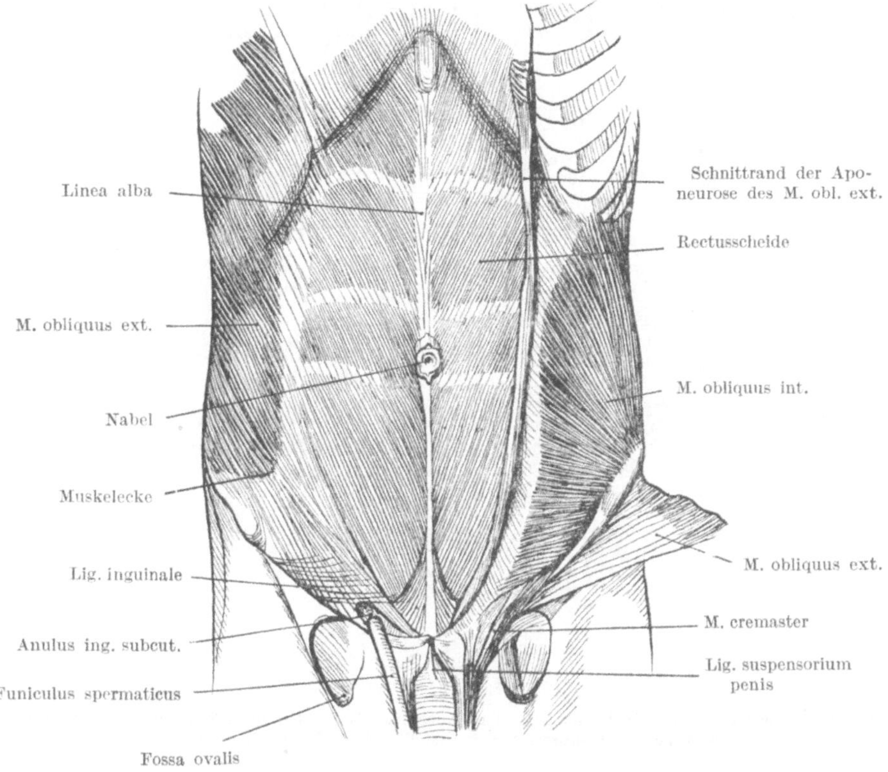

Abb. 123. Die beiden schrägen Bauchmuskeln. Der linke M. obliquus externus wurde durchschnitten und zurückgeschlagen. Nach TOLDT-HOCHSTETTER.

befähigt ist, sich dem rasch wechselnden Füllungszustand der Baucheingeweide (Magen, Darm, Blase, Uterus) anzupassen. Sie trägt durch ihre tonische Spannung das Gewicht der Baucheingeweide, vermag durch aktive Zusammenziehung den Inhalt der Eingeweide auszutreiben und hat (S. 108) einen wesentlichen Einfluß auf die Atmung, und zwar im Sinne der Inspiration (Zwerchfell) wie der Exspiration (die übrige Wand).

Durch zwei horizontale Linien, Tangenten an die beiden Rippenbögen oben
und die Darmbeinkämme unten, wird der Bauch in drei Stockwerke geteilt:
Epigastrium, Meso- und *Hypogastrium.* Das seitlich vom Rippenbogen begrenzte
Epigastrium wird lateral durch die unter der Zwerchfellkuppel gelegenen Räume,
rechtes und linkes *Hypochondrium,* ergänzt. Das Mesogastrium enthält in der
Mitte die *Regio umbilicalis* und geht seitwärts über die *Flankengegend* in die

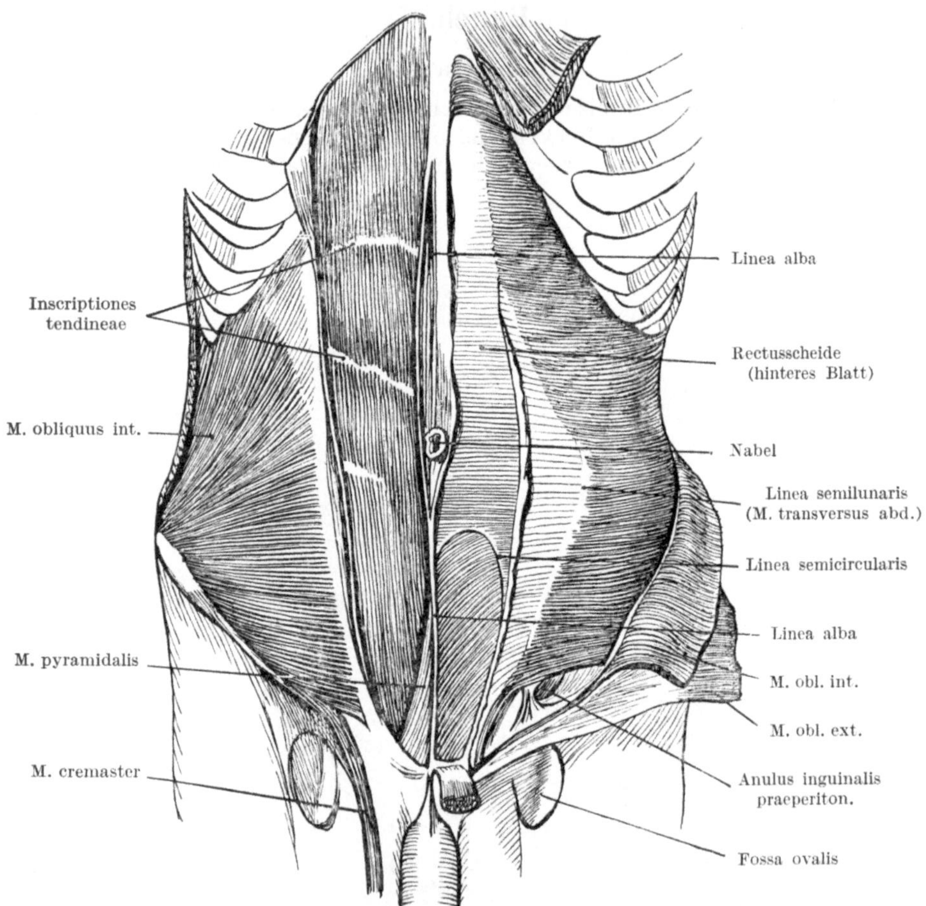

Abb. 124. Mittlere und tiefe Schicht der ventralen Bauchmuskulatur. Der linke M. rectus wurde entfernt, die
hintere Wand der Rectusscheide dargestellt. Nach TOLDT-HOCHSTETTER.

rückwärts anschließende *Regio lumbalis* über. Das Hypogastrium besteht in
der Mitte aus der *Regio pubica* und seitwärts aus der *Regio inguinalis,* der *Leistengegend,* die durch die Leistenbeuge gegen den Oberschenkel abgegrenzt wird.
    Die Bauchhaut wird von Thoracalnerven, nur unten noch auch vom ersten
Lendennerven, versorgt. Die gürtelförmig verlaufenden Zonen dieser Nerven
(Dermatome) haben oben einen queren, weiter unten einen nach vorn etwas absteigenden Verlauf (Abb. 93) und sind gegen die zugehörigen Wirbel beträchtlich
caudalwärts verschoben. Dies erklärt sich aus der embryonalen Verschiebung
der Haut des Rumpfes durch die auswachsenden unteren Extremitäten (S. 98)
und wird ermöglicht dadurch, daß besonders die dorsalen Hautäste, weniger auch

die Seitenäste caudalwärts absteigen, bevor sie in die Haut eintreten, um in der gleichen Höhe wie die mit den schrägen Rippen verlaufenden und über sie hinaus fortgesetzten ventralen Äste zu enden. Dieser quere Verlauf ermöglicht es, selbst große Querschnitte der Bauchwand unterhalb des Rippenbogens ohne schwere Störung der Innervation der Muskulatur anzulegen, während Längsschnitte mit Ausnahme des Medianschnittes immer mit solchen Störungen zu rechnen haben. Die Blutgefäße der vorderen Bauchwand sind in erster Linie die *Aa. epigastricae* mit ihren Begleitvenen, eine craniale als Endast der A. thoracica interna und eine caudale aus der A. ilica communis; sie verlaufen innerhalb der Rectusscheide (S. 132) und anastomosieren miteinander. Zahlreiche kleine Äste perforieren die Rectusscheide. Zu den Seitenteilen der Bauchwand gehen oben Äste der *A. musculophrenica*, unten solche der *A. circumflexa ilium profunda*. Die *Venen* sind Begleitvenen, bilden aber auch ein System oberflächlicher Hautvenen, unter denen mit dem Nabel in Verbindung stehende radiär verlaufende Venen besonders dann, wenn der Abfluß der Pfortader gehemmt ist (S. 176), deutlich hervortreten (Caput Medusae). Diese Venen fließen teils nach unten ab (V. epigastrica superficialis, Abb. 128), teils nach oben gegen die Axilla und gegen Intercostalvenen. Die *Lymphgefäße* verlaufen von der oberen Hälfte der Bauchwand hauptsächlich zu axillaren Knoten, von der unteren zu inguinalen Knoten. Doch kommen entlang der kleineren Arterienzweige auch Verbindungen zu intercostalen Lymphknoten vor.

Die muskulöse Bauchwand besteht vorn und seitlich aus den Bauchmuskeln im engeren Sinn, oben aus dem Zwerchfell (Abb. 91), unten aus dem Beckenboden (Abb. 198) und rückwärts aus der an die Wirbelsäule angeschlossenen Muskulatur. Die eigentlichen *Bauchmuskeln* (Abb. 123 und 124) teilen sich in den geraden und die drei breiten Bauchmuskeln. Der *M. rectus abdominis* entspringt als breites flaches

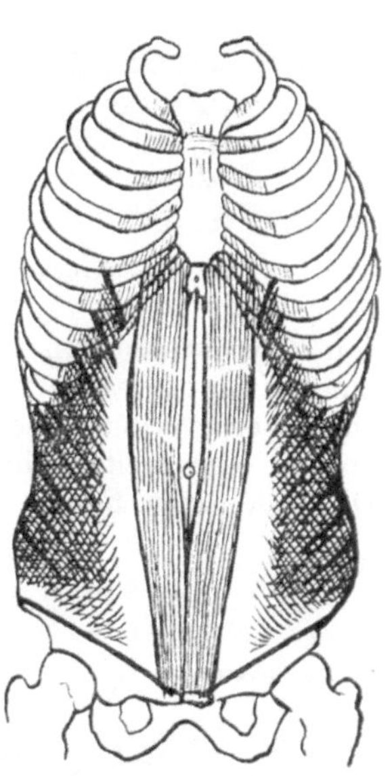

Abb. 125. Anordnung der Bauchmuskeln, schematisch. Die Fasern verlaufen längs und quer zur Bildung eines stehenden Kreuzes und schief von beiden Seiten zur Bildung eines schrägen Kreuzes.

Band von der Außenseite des Sternums und den drei unteren sternalen Rippen und verläuft, sich nach unten verschmälernd, zum Tuberculum pubicum des Schambeins sowie ausstrahlend zur Symphyse; er ist durch drei bis vier Zwischensehnen, *Inscriptiones tendineae*, unterteilt. Von diesen liegt eine in Nabelhöhe, zwei darüber und eine (oft unvollständige oder fehlende) darunter. Der *M. obliquus externus* entspringt mit acht (sieben) Rippenzacken von der fünften (sechsten) bis zwölften Rippe, zieht schräg nach vorn abwärts und geht noch lateral vom Rectus in eine breite flache Sehne, Aponeurose, über; die Muskel-Sehnengrenze bildet in der Höhe des vorderen oberen Darmbeinstachels die „Muskelecke" und verläuft dann quer zum Darmbeinkamm, an dessen äußerer Lippe sich der untere Teil des Muskels befestigt. Die Aponeurose deckt den Rectus, verflicht sich in der Mittellinie mit der Gegenseite zur Linea alba und endet am unteren Rand mit einer Verdickung, dem Leistenband, *Lig. inguinale*, das von der Spina ilica ventralis (Sp. il. ant. sup.) zum Tuberculum pubicum verläuft und den Rahmen des Bauchmuskelansatzes ergänzt (Abb. 129). Der *M. obliquus internus* steigt schräg von unten gegen die Mitte auf; er entspringt von der mittleren Lippe des Darmbeinkammes (rückwärts noch von der Fascia lumbodorsa-

lis, vorn vom Leistenband) und befestigt sich teils muskulös, teils sehnig am Rand
des Rippenbogens und weiter an Sternum und Linea alba; die Muskel-Sehnengrenze verläuft in einer S-förmig gebogenen Linie vom Knorpelende der zehnten
Rippe gegen das Tuberculum pubicum. Mit der Annäherung der Faserursprünge
an die Spina ilica ventralis ändert sich ihre Richtung in eine quere und absteigende,
so daß die caudalsten, am Leistenband entspringenden Fasern als *M. cremaster*
(Aufhängemuskel des Hodens) über den Samenstrang bis auf die Außenfläche
der Hodenhüllen herabreichen. Der *M. transversus abdominis* entspringt rückwärts in langer Linie von der Innenfläche der siebenten bis zwölften Rippe (mit

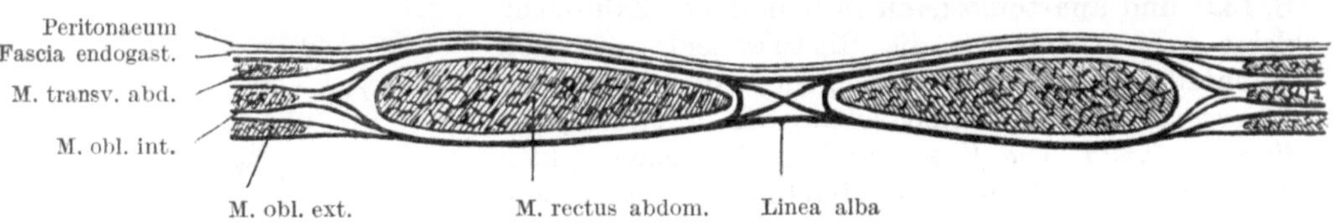

Abb. 126. Schematischer Querschnitt der vorderen Bauchwand oberhalb der Linea semicircularis.

den Zwerchfellzacken interferierend), dann von der Fascia lumbodorsalis, der
inneren Lippe des Darmbeinkammes und der lateralen Hälfte des Lig. inguinale.
Die Fasern verlaufen horizontal und gehen längs einer halbmondförmigen Grenzlinie in eine breite Sehnenplatte über, die wieder in die Linea alba einstrahlt.
Die caudalsten Fasern wenden sich nach abwärts und sind vom M. obliquus

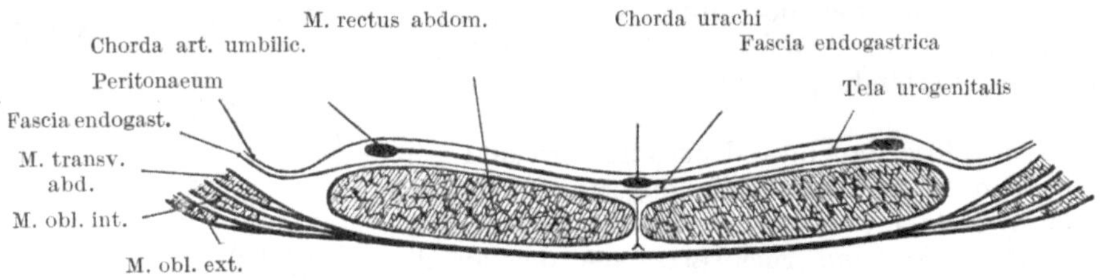

Abb. 127. Querschnitt unterhalb der Linea semicircularis.

internus nicht zu trennen; sie gehen auch mit diesem in den M. cremaster über.
In ihrer Gesamtheit sind die Bauchmuskeln hervorragend befähigt den Bauch-
inhalt unter Druck zu setzen; M. rectus und transversus verlaufen senkrecht
aufeinander und bilden ein stehendes Kreuz (Abb. 125), während die beiden
Obliqui sich wechselseitig zu einem schräg liegenden Kreuz ergänzen.

Die breiten Bauchmuskeln bilden die *Rectusscheide* (Abb. 126 und 127). Dies
geschieht bis etwa drei Querfinger unterhalb des Nabels derart, daß die
Aponeurose des Obliquus ext. vor dem Rectus verläuft, die des Obliquus int. sich
lateral vom Rectus in ein vorderes und hinteres Blatt spaltet und die des Transversus hinter dem Rectus zur Mitte gelangt; die Spalthälften der Internussehne
verbinden sich mit dem vorderen und hinteren Blatt. Durch die Verflechtung der
Blätter in der Linea alba erlangt diese Linie eine gewisse Breite, die etwa 1 cm
oder etwas mehr (Fingerbreite) erreicht und damit eine leichte Zugänglichkeit
zur Bauchhöhle ermöglicht. In der Unterbauchgegend aber gehen alle drei Bauchmuskeln in das vordere Blatt der Scheide über; dadurch hört die fibröse Scheide
an der Rückseite mit einer bogenförmigen Grenze *(Linea semicircularis Douglasii,*
Abb. 124) auf bzw. wird nur von der fasciellen Auskleidung des Bauchraumes,
Fascia endogastrica, gebildet. Zwischen dieser Fascie und dem Peritonaeum liegt

noch die dünne *vesico-umbilicale Leitplatte* (PERNKOPF), eine dreieckige Binde-gewebsplatte, deren Spitze am Nabel liegt, die Basis an der Blase und dem Becken-bindegewebe. Die Platte enthält den Urachus (S. 134) und in den Rändern die Chordae artt. umbilicalium; zwischen ihr und der Fascia endogastrica liegt das *Spatium praeperitonaeale Retzii*, in das hinein die Blase sich bei der Füllung aus-dehnt, während die Leitplatte dabei gegen den Nabel zusammengeschoben wird. Die Leitplatte verdankt ihre Entstehung dem Umstand, daß sowohl Blase und Urachus wie die Umbilicalarterien embryonal ein gemeinsames ventrales Gekröse haben, sich aber später der vorderen Bauchwand anlegen und mit ihr verschmelzen. Unterhalb der Linea semicircularis wird die Scheidewand der Recti zu einer ganz dünnen Platte, so daß die saubere Trennung der Muskeln (z. B. bei Blasenopera-tionen) Aufmerksamkeit erheischt. Bei kräftiger Muskulatur sind die Recti ober-halb dieser Grenze außen durch eine Rinne getrennt, die am Lebenden sichtbar ist, aber ein Stück unterhalb des Nabels verschwindet. Der Rectus ist im Bereich der Inscriptionen an das vordere Blatt der Scheide angewachsen, rückwärts nicht. Da die Inscription unterhalb des Nabels häufig fehlt oder doch nicht bis zum lateralen Rand reicht, läßt sich der Muskel nach Eröffnung der Scheide leicht medialwärts verdrängen. Man kann dann durch das hintere Blatt in die Bauch-höhle eingehen, nach Wiedervernähung dieses Blattes den Muskel auf die Schnitt-linie zurücklegen und gewinnt so nach Vernähung auch des vorderen Blattes einen besonders sicheren Verschluß der Bauchwunde (Pararectalschnitt, z. B. bei Appendicitis). An der Rückseite des Rectus verlaufen die Aa. epigastricae (S. 131); die Nerven dringen segmental in den Muskel ein und gehen mit ihren Rr. cutanei ventrales durch die Scheide zur Haut, wobei sie in der Scheide Lücken (auch für Gefäße) benützen, die manchmal zu kleinen Fetthernien Anlaß geben.

Bruchpforten.

Als Bruch (Eingeweidebruch, Hernie) im weiteren Sinn wird das Vordringen oder der Vorfall eines inneren Organs durch eine abnorme Öffnung der Wand des betreffenden Eingeweideraumes bezeichnet; echte Brüche und insbesondere echte Unterleibsbrüche setzen aber eine abnorme Ausstülpung der wandständigen serösen Membran (hier des Peritonaeum parietale) voraus, so daß man den Bruch-sack (die vorgetriebene Wand), die Bruchpforte und den Bruchinhalt unter-scheiden kann. Als Bruchpforten sind bestimmte Stellen der Wand durch ihren Bau prädisponiert; außerdem können Brüche namentlich als Narbenbrüche an irgendwelchen Stellen nach Verletzungen (auch Operationen) auftreten. Die typischen Bruchstellen sind in erster Linie der Nabel und der Leistenkanal, somit Stellen, an denen embryonal der Durchtritt von Organen stattgefunden hat, dann der Schenkelkanal und eine Anzahl anderer Stellen, an denen Gefäße und Nerven die Wand der Körperhöhlen durchsetzen (Canalis obturatorius, Foramen ischiadi-cum maius) und schließlich schwache Stellen der Muskulatur (Lumbaldreieck, Abb. 174, Beckenboden) oder Mißbildungen (Zwerchfellücken).

Nabel. Der Nabel *(Umbilicus)* ist bis zur Geburt bzw. einige Tage danach die Ansatzstelle der Nabelschnur, in welcher zwei Arterien und eine Vene, die Nabelgefäße *(Vasa umbilicalia)*, verlaufen. Außerdem tritt der in der Regel früh embryonal obliterierende *Dottergang* mit den Dottergefäßen und der gleichfalls bald obliterierende, aber etwas länger nachweisbare *Allantoisgang* hindurch. Nach der Geburt thrombosieren und veröden die intraabdominellen Teile der Nabelgefäße (sie werden zu den von unten aufsteigenden Chordae artt. umbili-calium und der zur Leber verlaufenden Chorda venae umbilicalis); der am Nabel verbliebene Rest des Nabelstranges vertrocknet und fällt in einigen (fünf bis neun)

Tagen ab. An der Durchtrittsstelle durch die Linea alba sind die Nabelstrang-
gebilde von einem Bindegewebsring umgeben, der nach Obliteration der Gefäße
schrumpft und die Öffnung in der Bauchwand verschließt. Mangelhafte Schrumpfung führt bei Kindern, Dehnung der Bauchwand (Schwangerschaft, Fettan-
sammlung, Bauchwassersucht) bei Erwachsenen zu Nabelhernien, die sich besonders bei Frauen in mittleren und späteren Lebensaltern nach (oder auch nur
während) Schwangerschaften finden. Ausnahmsweise kann der Dottergang als
Strang vom Ileum zum Nabel erhalten bleiben und Anlaß zu inneren Einklem-
mungen werden, oder es bleibt wenigstens der Anfangsteil des Ganges als offenes
MECKELsches Divertikel des Ileums bestehen; dieses geht in $^{1}/_{2}$ bis 1 m Entfernung von der Ileocaecalklappe handschuhfingerförmig von der Convexität
des Ileums ab. Auch die obliterierten Dottergefäße (Vasa vitellina) können als
Stränge, vom Dünndarmgekröse abgehend, bestehen bleiben, und schließlich kann
der offengebliebene Allantoisgang bzw. sein intraabdomineller Teil, der *Urachus*,
als offene Verbindung zur Blase (Urachusfistel) im Nabelbereich münden oder
in Form von praeperitonaealen Cysten der Bauchwand teilweise erhalten bleiben.

Leistenkanal. Der Leistenkanal *(Canalis inguinalis)* ist ein embryonal bei
beiden Geschlechtern die Bauchwand nur wenig schräg durchsetzender Kanal,
durch den zuerst das Urnieren-Leistenband in den Geschlechtswulst übertritt;
diesem Band entgegen stülpt sich die Bauchmuskulatur als *Conus inguinalis*
ein, zieht sich aber wieder zurück und erzeugt eine Ausstülpung des Peritonaeums,
den *Processus vaginalis.* Beim männlichen Geschlecht tritt nun die Geschlechts-
drüse, der Testikel, teils durch Wiederausstülpung des muskulösen Conus inguinalis, teils durch Schrumpfung des zum Gubernaculum testis gewordenen
Urnieren-Leistenbandes und unter Wirkung des intraabdominellen Druckes durch
den weit offenen Kanal nach außen *(Descensus testis)*; der Hoden bleibt dabei
beständig durch sein Mesorchium an die hintere Wand des Kanales angeheftet
und wird (nach Art eines sogenannten Gleitbruches, etwa so wie ein an die
hintere Bauchwand fixiertes Caecum unter Mitnahme des wandständigen
Bauchfells in eine Leistenhermie hineingleiten kann) im Zusammenhang mit
dieser Hinterwand in den Hodensack verschoben, wobei er seinen Ausführungsgang und seine Gefäße nach sich zieht, während das Gubernaculum schwindet.
Der Descensus ist aber nicht nur mechanisch, sondern auch hormonal bedingt;
er soll einige Wochen vor der Geburt erfolgen, kann unterbleiben (Bauchhoden)
oder auf seinem Wege gehemmt werden (Leistenhoden), aber in letzterem Fall
bei Kindern durch Hormonzufuhr noch nachträglich bewirkt werden. Der
Processus vaginalis obliteriert nach der Geburt mit Ausnahme der unmittel-
baren Umgebung des Hodens (Cavum periorchii; seine Ausdehnung durch ab-
gesonderte Flüssigkeit wird als Hydrokele bezeichnet), kann aber offenbleiben
und zur angeborenen Leistenhernie oder durch streckenweises Offenbleiben zu
Cystenbildung Anlaß geben (Hydrokele funiculi spermatici); neben dem Samenstrang sich vordrängende Baucheingeweide können unter Vortreibung des parietalen Bauchfells zur erworbenen Leistenhernie führen. Beim weiblichen Geschlecht
wandelt sich das Urnieren-Leistenband in die *Chorda utero-inguinalis* (Lig. teres
uteri) um; der Processus vaginalis obliteriert. Seine Persistenz wird als *Diverticulum Nuckii* bezeichnet. Auch hier treten Hernien auf, die sich in das Labium
maius vordrängen. Nach der Obliteration ist der Leistenkanal ein stark schräg
von innen-oben-lateral nach außen-unten-medial verlaufender Bindegewebs-
kanal, der durch alle Schichten der Bauchwand hindurchgeht bzw. diese nach
außen ausstülpt und den Samenstrang enthält, während die Schichten der Bauchwand zu den Hüllen des Samenstranges werden. Der *Samenstrang (Funiculus
spermaticus)* besteht nun aus 1. dem *Ductus deferens*, dem Samenleiter, charakteri-

siert durch seine dicke glatte Muskulatur (auf dem Querschnitt macht die Wand etwa zwei Drittel, das Lumen ein Drittel des Durchmessers aus; dadurch fühlt sich der Samenleiter hart an, wie eine nasse Spagatschnur, und bei Operationen in Lokalanästhesie erscheint er weiß), 2. der *Art. spermatica* (interna), 3. einem Venengeflecht, *Plexus pampiniformis*, welches das Blut des Testikels ableitet und noch im Leistenkanal oder erst innerhalb der Bauchhöhle (Abb. 187) in die einfache V. spermatica (int.) übergeht, 4. den *Lymphgefäßen* des Hodens, die zu

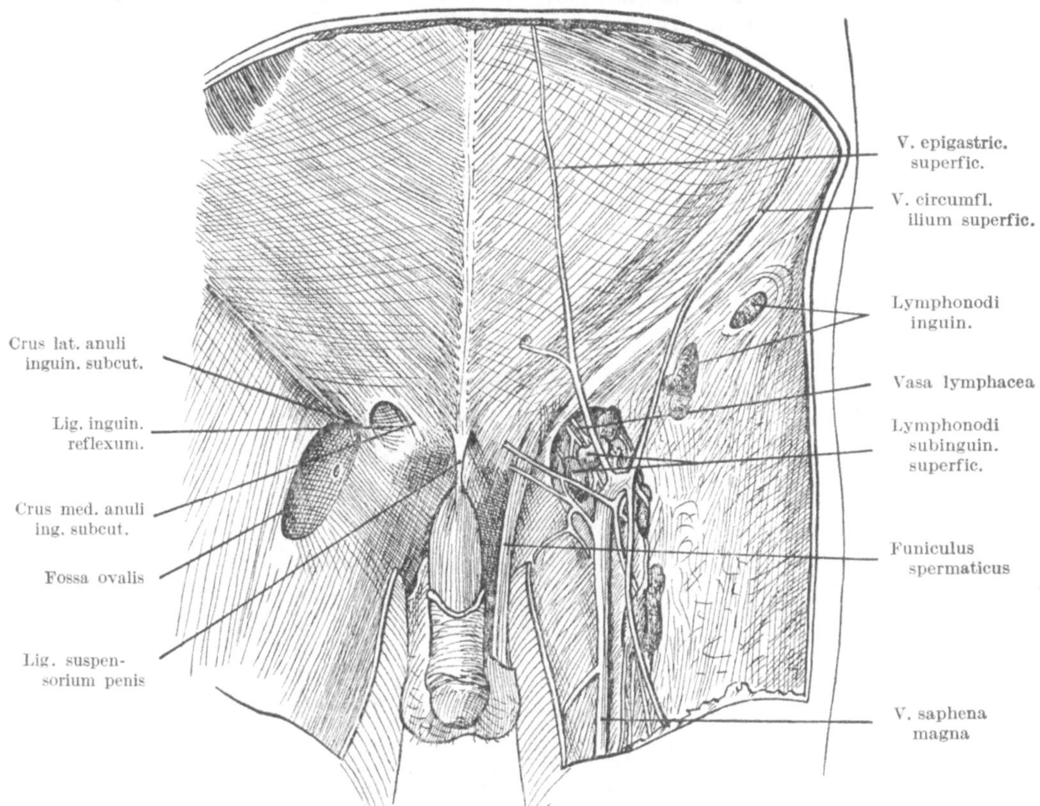

Abb. 128. Äußerer Leistenring und Fossa ovalis. Nach TOLDT-HOCHSTETTER, etwas abgeändert.

Lymphknoten an der Lendenwirbelsäule verlaufen, 5. einem sympathischen *Plexus nervosus spermaticus* (internus). Die beiden letzten Bestandteile sind nur durch besonders sorgfältige Präparation bzw. Injektion darstellbar. An den Samenstrang werden nun sukzessive von den Schichten der Bauchwand die Hüllen abgegeben: 1. das Peritonaeum ist im Kanalbereich nach Obliteration des Proc. vaginalis geschwunden; im Bereich des Hodens bildet es als *Periorchium* die Außenwand des Cavum periorchii; 2. die Fascia endogastrica (transversalis) bildet die *Tunica vaginalis* des Samenstranges und des Hodens (deshalb früher „communis" genannt); 3. der M. transversus und obliquus internus setzen sich zusammen als *M. cremaster* bis auf den Hoden fort; 4. der M. obliquus externus, in seinem aponeurotischen Teil ausgestülpt, bildet mit dieser Aponeurose unter Funktionswechsel ein dünnes Blatt auf dem M. cremaster, die *Fascia cremasterica*; 5. die Haut ist zum *Hodensack, Scrotum*, ausgestülpt; sie ist fettlos, reichlich mit

Schweißdrüsen versehen und durch eine besondere Schicht glatter Muskulatur,
die *Tunica dartos*, gekennzeichnet. Die Muskulatur dient (mit dem Cremaster)
als Tragapparat des Hodens und zeigt namentlich bei Kälteeinwirkung peristaltikähnliche Kontraktionswellen.

Bei schichtweiser Darstellung der Regio inguinalis (Abb. 128 und 129) zeigt sich
zuerst im Fettgewebe der Leistengegend die *Vena epigastrica superficialis* und eine
Unterteilung des Bauchfettes durch eine (oder auch mehrere) Bindegewebslage,
die *Fascia superficialis*. Dann kommt man ober dem Tuberculum pubicum auf
den *äußeren Leistenring, Anulus inguinalis subcutaneus*. Er liegt in der Aponeurose

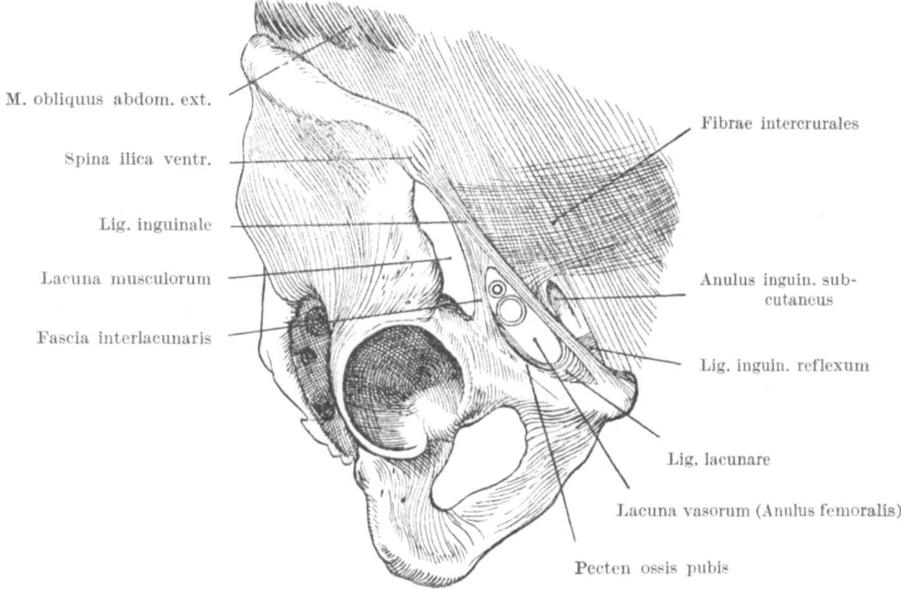

Abb. 129. Lig. inguinale und Umgebung. Nach CORNING, etwas abgeändert.

des Obliquus externus und entsteht durch Auseinanderweichen der Aponeurosen-
fasern, die sich einerseits als *Crus laterale* (inferius) am Tuberculum pubicum
sammeln, anderseits als *Crus mediale* (superius) in die Linea alba einstrahlen.
Quer verlaufende oberflächliche Fasern der Aponeurose *(Fibrae intercrurales)*
runden den Schlitz nach lateral-oben ab, während Fasern, die vom Lig. inguinale
zur Linea alba aufsteigen (*Lig. inguinale reflexum* Collesii), das andere Ende
einengen. Vom Rand des äußeren Leistenringes geht die zarte Fascia cremasterica
ab. Unter ihr erscheint der *M. cremaster*, dessen Fasern in ihrer peripheren Ausbreitung die Fleischfarbe allmählich verlieren; der Zusammenhang des Muskels
mit den beiden inneren breiten Bauchmuskeln kann nach Spaltung des Leistenringes deutlich gemacht werden (Abb. 124). Medial von dem noch vom Cremaster
bedeckten Samenstrang erscheint im Leistenring (oder in einer eigenen Lücke der
Aponeurose) der *N. ileoinguinalis*, lateral der *Ramus genitalis* des N. genitofemoralis. Wird auch der M. cremaster gespalten oder entfernt, so kann man die trichterförmig aus der Fascia endogastrica auf den Samenstrang übergehende *Tunica vaginalis* darstellen; ihr Abgang stellt den *inneren Leistenring, Anulus inguinalis praeperitonaealis (abdominalis)*, dar (Abb. 130). Schließlich kann man an der Innenseite
eine narbige Stelle im Peritonaeum auffinden, an welcher in der Embryonalzeit der

Proc. vaginalis peritonaei abgegangen ist. Dadurch, daß der innere Leistenring
mehrere Zentimeter lateral und cranial vom äußeren Ring liegt, muß der Samenstrang (und der Leistenkanal) schräg durch die Bauchwand verlaufen, und der
Kanal wird durch den intraabdominellen Druck und das Anpressen der Hinterwand an die Vorderwand verschlossen. In den Bindegewebsbildungen an der
Innenseite der breiten Bauchmuskeln sind noch einige Einzelheiten von Bedeutung zu erkennen. Unmittelbar medial vom Anulus inguinalis praeperitonaealis finden sich in der Fascia endogastrica schräg medialwärts aufsteigende Binde-

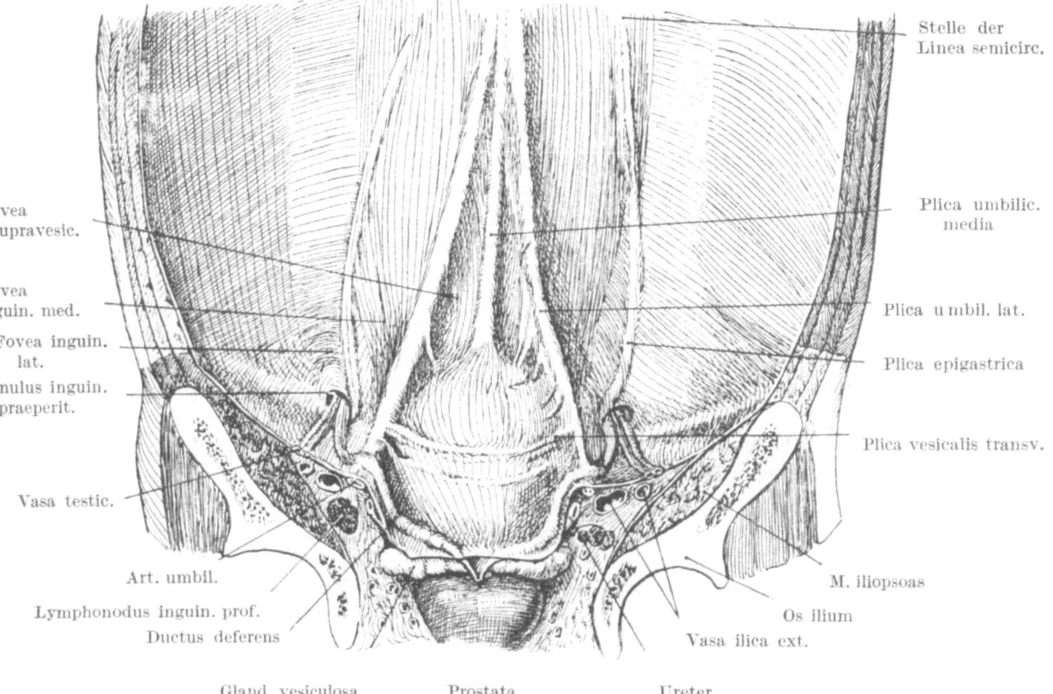

Abb. 130. Unterer Abschnitt der vorderen Bauchwand von innen beim Neugeborenen. Nach SOBOTTA.

gewebszüge, die als *Lig. interfoveolare* die Bauchwand zwischen den Foveae inguinales (s. S. 138) verstärken und den Anulus begrenzen. In dieser Gegend können
auch vom M. transversus abgezweigte Muskelfasern als *M. interfoveolaris* angetroffen werden. Vom lateralen Rand des Rectus und seiner Sehne abzweigend,
geht ein dünnes Blatt mit concavem Außenrand zum Leistenband, die *Falx
aponeurotica inguinalis*. Durch beide Bildungen wird die Rückwand des Leisten-
kanals und besonders die Unterlage des äußeren Leistenringes verstärkt und
gegen Ausstülpungen (Hernien) nach Möglichkeit gesichert.

Die Topographie der Region ist durch Beschreibung der Einzelheiten an der
Innenseite der vorderen Bauchwand zu ergänzen (Abb. 130). Hinter der Symphyse
liegt die Harnblase, solange sie leer ist; von ihrer Spitze verläuft zum Nabel die
Chorda urachi (S. 134). Daneben ziehen zu beiden Seiten aus dem Becken zum
Nabel die Chordae artt. umbilicalium, zwischen denen sich die dünne vesico-
umbilicale Leitplatte ausspannt (S. 133), und noch weiter seitlich laufen, aus der
A. ilica externa entspringend, die Aa. epigastricae caudales an die Innenseite der
Mm. recti, die in ihrem unteren Teil bis zur Linea semicircularis (S. 132) nur von

der Fascia endogastrica und in der Mitte von der Leitplatte bedeckt sind. Bei
Füllung der Blase wird das Peritonaeum von der vorderen Bauchwand abgehoben, während die Blase über die Symphyse emporsteigt (Abb. 211). Über diese
Einzelheiten breitet sich das Peritonaeum parietale aus, das an jeder der genannten Bildungen eine Falte aufwirft. Dadurch entstehen zwischen den Falten
Buchten, die zum Leistenkanal bzw. zu den Hernien Beziehung gewinnen.
Lateral von der *Plica epigastrica* liegt die *Fovea inguinalis lateralis*, innerhalb
welcher der Anulus ing. praeperitonaealis gelegen ist; zu ihm verlaufen subperitonaeal der Samenleiter und die Samengefäße (Abb. 130 und 209). Zwischen Plica
epigastrica und *Plica art. umbilicalis* (Plica umbilicalis lat.), in der *Fovea inguinalis medialis*, liegt die Innenprojektion des Anulus inguinalis subcutaneus,
und demnach verläuft der Leistenkanal von der Fovea ing. lat. schräg medialwärts und abwärts bis vor die Fovea ing. medialis; er wird innen von der A.
epigastrica caud. und ihrer Peritonaealfalte überkreuzt. Am weitesten medial
liegt die *Fovea supravesicalis* zwischen Plica umbilicalis lateralis und media
(Plica urachi). Vor ihr liegt in der Bauchwand der M. rectus. Wenn nun die
Obliteration des Processus vaginalis unterbleibt oder wenn Eingeweide sich unter
Vortreibung des Peritonaeums längs des Samenstranges vordrängen, dann entsteht der schräge Leistenbruch, die *Hernia inguinalis obliqua*, die am inneren
Leistenring beginnt und am äußeren in das Scrotum vordringt; sie beginnt im
Bereich der Fovea inguinalis lateralis und hat die A. epigastrica caud. an ihrer
Innenseite. Solche Hernien sind meist angeboren. Wenn die Sicherungen des
äußeren Leistenringes (Lig. interfoveolare und Falx inguinalis aponeurotica)
nachgeben, dann drängen sich Bruchsack und Eingeweide medial von der Arterie
im Bereich der Fovea ing. medialis geradeaus durch die Bauchwand und den
äußeren Leistenring vor *(Hernia directa)*; sie ist immer eine erst im Laufe des
extrauterinen Lebens erworbene *Hernia acquisita* (im Gegensatz zur *Hernia
congenita*). In der Fovea supravesicalis können Hernien nicht auftreten, da
der M. rectus davorliegt.

Schenkelkanal, Canalis femoralis. Dem Leistenkanal eng benachbart und als
Bruchpforte wichtig, aber von ihm streng zu unterscheiden ist der Schenkelkanal. Obwohl er topographisch zur unteren Extremität gehört, ist seine Besprechung am besten hier anzufügen. Der Kanal ist unterhalb (caudal) vom
Leistenband gelegen und unter normalen Verhältnissen im Gegensatz zum Leistenkanal zu keiner Zeit des Lebens ein offener Kanal, sondern eine durch Binde-
gewebsformationen gesicherte Stelle der Bauchwand, die nachgeben kann.

Zwischen dem Leistenband als unterer Grenze der Bauchwand und dem
Hüftbein bleibt ein Raum, *Spatium lacunare* (Abb. 129), das zum Übertritt von
Verbindungen zwischen Rumpf und Bein dient. Er zerfällt durch eine Scheidewand, die von Tuberculum ileo-pectineum schräg auf- und lateralwärts zum
Leistenband verläuft *(Fascia interlacunaris*, ein Teil der Fascia ilica), in die
laterale *Lacuna musculorum* für den Musc. iliopsoas, den N. femoralis und
den N. cutaneus femoris lateralis, und die *Lacuna vasorum*, die von lateral
nach medial von der Art. femoralis, der V. femoralis und den Lymphgefäßen
des Beines benützt wird; außerdem geht noch der Ramus femoralis des N. genitofemoralis hindurch, um an der Haut der Vorderseite des Oberschenkels zu enden
(s. auch Abb. 283 und 285). Der mediale Winkel der Lacuna vasorum wird von einer
scharfrandigen Abzweigung des Lig. inguinale zum Pecten ossis pubis, dem *Lig.
lacunare* Gimbernati, gebildet; der Pecten (Schambeinkamm) trägt eine selbst wieder kammartige Verdickung des Periostes, das *Lig. pubicum* Cooperi, das medialwärts in das gleichnamige craniale Begrenzungsband der Symphyse übergeht. Der
für die Lymphgefäße bestimmte Raum ist der *Schenkelring, Anulus femoralis*, die

Stelle, an der es zur Hernia femoralis kommen kann; er wird lateral von der Vena femoralis, oben vom Leistenband, medial vom Lig. lacunare und unten vom Lig. pubicum begrenzt und von einer Bindegewebsmasse, dem *Septum femorale*, erfüllt, durch welches die Lymphgefäße verlaufen und in die ein *Lymphonodus inguinalis profundus* (ROSENMÜLLER) eingelagert ist. An der Innenseite des Leistenbandes entspringt die *A. epigastrica caudalis*, von der medialwärts ein gewöhnlich schwacher *Ramus pubicus* (Abb. 194) abgeht; wenn er mit der Art. obturatoria durch einen an der Innenseite des Lig. lacunare verlaufenden Ast anastomosiert oder die Art. obturatoria überhaupt übernimmt, dann entsteht der von den alten Chirurgen gefürchtete *Totenkranz*, dessen Durchschneidung bei der damals geübten Operationsmethode der eingeklemmten Schenkelhernien (subcutane Durchschneidung des Lig. lacunare) fast unvermeidlich, aber von einer schwer stillbaren Blutung begleitet war.

Der Anulus femoralis bildet den Zugang in die trichterförmig sich verschmälernde Gefäßscheide am Oberschenkel; diese hat an ihrer Vorderseite eine eiförmige Lücke für den Eintritt von Venen und Lymphgefäßen, die *Fossa ovalis* (Abb. 123 und 128), durch welche im Fall einer Hernie die Eingeweide aus der Gefäßscheide austreten und subcutan werden. Die Fossa ovalis liegt im oberflächlichen Blatt der Fascia lata des Oberschenkels, die medialwärts in die Fascie des M. pectineus ausläuft; die letztere bildet den Hintergrund der Gefäßscheide, deren laterale Wand von der Fascie des M. ileopsoas, der peripheren Fortsetzung der Fascia interlacunaris, gebildet wird. Die Fossa ovalis wird lateral von einem scharfen Rand der Fascia lata, dem *Margo falciformis*, begrenzt, dessen Enden als *Hörner (Cornua)* auf der Fascia pectinea auslaufen; nicht selten sind diese Hörner durch Fetteinlagerungen in mehrere Schichten zerlegt. Die Lücke ist durch eine lockere Bindegewebsplatte mit Gefäßlücken, *Lamina cribriformis*, erfüllt; durch diese Lücken treten die V. saphena magna, dann Vv. pudendales externae und die V. epigastrica superficialis neben kleinen Arterienzweigen und die oberflächlichen Lymphgefäße des Beines und des äußeren Genitales hindurch. Damit erhält die Fossa ovalis einen viel größeren Durchmesser, als für ihr Hauptgebilde, die V. saphena magna, erforderlich wäre; so ist aber auch der subcutane Ausgang für einen Hernienweg, den (pathologischen) Canalis femoralis, geschaffen. Der Margo falciformis liegt so weit lateral, daß die Vena femoralis in der freigelegten Fossa ovalis noch sichtbar wird.

Bei Männern, bei denen der Leistenkanal fetal zum Durchtritt des Hodens weit offen sein muß, ist der Leistenbruch die häufigste Bruchform; bei Frauen ist es der Nabelbruch nach durchgemachten Schwangerschaften, dann der Schenkelbruch, der bei ihnen schon mit Rücksicht auf die größere Beckenbreite häufiger ist als bei Männern, während der Leistenbruch seltener ist und ein Zeichen unvollständiger sexueller Differenzierung sein kann. Leisten- und Schenkelbruch werden durch schwere Arbeit in gebückt stehender Haltung (bei Bodenbearbeitung) mit Entspannung der vorderen Bauchwand bei erhöhtem intraabdominellem Druck in ihrer Entstehung gefördert.

Bauchsitus.

Bei Eröffnung des Bauches durch einen Medianschnitt (den Nabel links umgehend, wegen der Chorda venae umbilicalis) und einen Querschnitt unterhalb des Nabels gelangt man zuerst an das große Netz, das vom Unterrand des Magens (von der großen Curvatur) ausgeht und die Därme zudeckt. Bei Aufheben des Netzes wird an dessen Unterfläche das Colon transversum sichtbar. Netz und

Colon transversum mit seinem Gekröse bilden eine unvollständige quere Scheidewand, welche die Bauchhöhle in zwei übereinanderliegende Stockwerke teilt, den *Drüsenbauch (Oberbauch)* oben mit Magen, Leber, Milz, und den *Darmbauch* darunter, der den Hauptteil des Dünndarmes, vom Dickdarm eingerahmt, enthält. (Abb. 138 und 155.)

Es ist kaum möglich, ohne Kenntnis der Entwicklung (Abb. 131 bis 138) zu einem Verständnis des Darmsitus zu kommen. Man muß dabei die *Magendrehung* einerseits, die *Drehung der Nabelschleife* anderseits und schließlich die auf die Drehungen folgenden *Anwachsungen* (Fixationen) unterscheiden. Der Magen steht anfangs sagittal; er besitzt ein dorsales und ein ventrales, am Darm bis zum Gallengang und der Nabelvene caudalwärts reichendes Gekröse. Beide Gekröse werden im Lauf der Entwicklung durch eingefügte Organe unterteilt (Abb. 131),

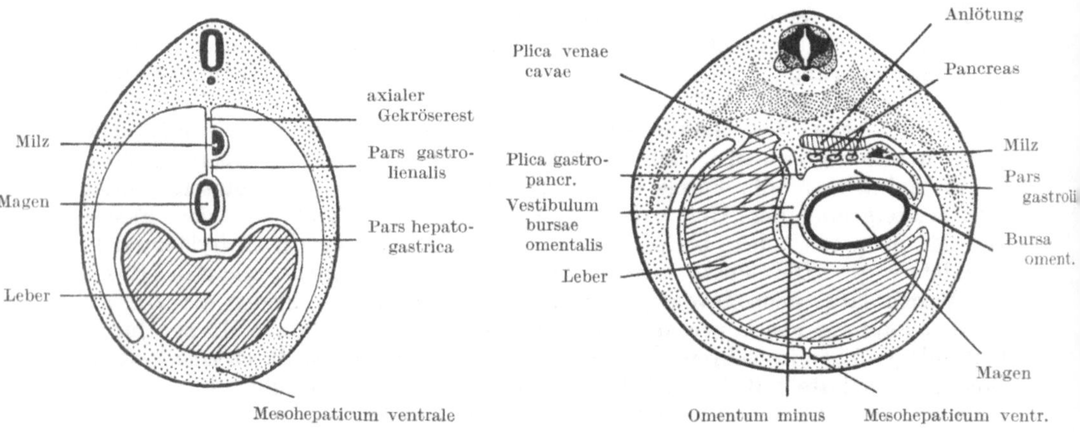

Abb. 131 und 132. Schematische Querschnitte durch die Magengegend vor und nach der Magendrehung.

das ventrale durch die Leber in ein Mesohepaticum ventrale (Lig. falciforme hepatis), caudalwärts bis zur V. umbilicalis reichend, und ein Omentum minus, das mit dem Gallengang abschließt. Das dorsale Gekröse wird durch die Milz in eine Pars gastrolienalis und den von der Milz bis zur Wirbelsäule (Körperachse) reichenden axialen Gekröserest geteilt. Das Pankreas wächst aus dem Duodenalgekröse in den axialen Gekröserest bis an die Milz vor. Durch die stärkere Entwicklung der rechten Leberhälfte (bedingt durch die Herzentwicklung) wird der Magen veranlaßt, sich nach links zu drehen, wodurch auch seine Gekröse aus der sagittalen in eine frontale Stellung gelangen (Abb. 132). Dabei entsteht zwischen Magen und dorsalem Magengekröse eine Gekrösetasche, die *Bursa omentalis*, deren Zugang durch eine von der hinteren Bauchwand entspringende, die Art. gastrica sin. führende Gekrösefalte (Plica gastropancreatica, Abb. 132 und 152) unvollständig gegen das rechts davon verbleibende *Vestibulum bursae omentalis* abgegrenzt wird. Das Vestibulum wird ventral vom kleinen Netz, nach rechts von der Verwachsung der Leber mit der hinteren Bauchwand (Plica venae cavae caudalis, zur Überleitung der Lebervenen in die untere Hohlvene), rückwärts von der hinteren Bauchwand begrenzt und bleibt von der caudalen Seite her um den freien Rand des kleinen Netzes (Lig. hepatoduodenale) herum zugänglich (der weiße Pfeil in Abb. 152; der Zugang heißt *Foramen epiploicum*, ventral vom Lig. hepatoduodenale, dorsal von der hinteren Bauchwand begrenzt). Das dorsale Magengekröse wächst aber stärker als um den zur Ermöglichung der Magendrehung nötigen Betrag und bildet einen sich besonders nach abwärts ausdehnenden Sack, das

Omentum maius (Abb. 138), das somit aus zwei Blättern besteht, einem ventralen und einem dorsalen Blatt, und als Hohlraum den Recessus caudalis der Bursa omentalis enthält. Die *Fixation* betrifft nun hier hauptsächlich den axialen Ge-

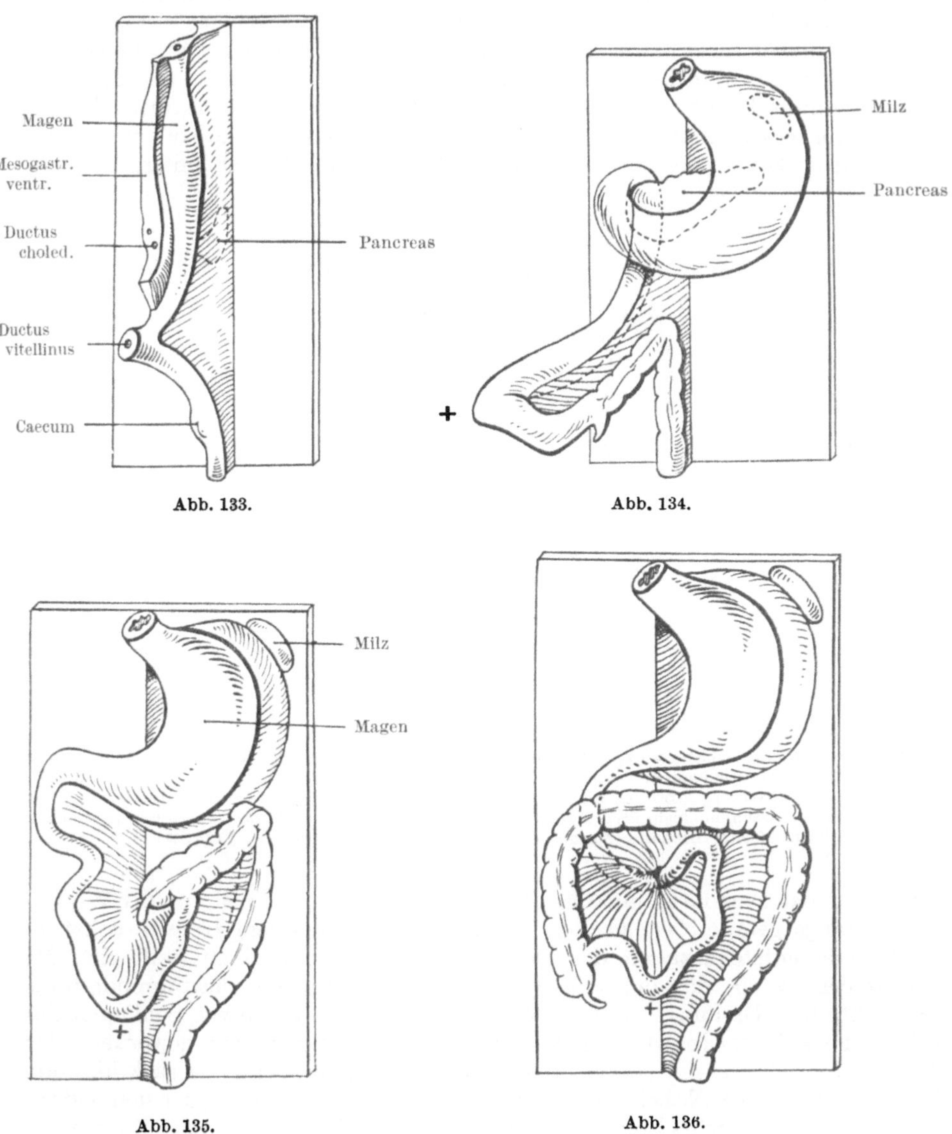

Abb. 133.   Abb. 134.

Abb. 135.   Abb. 136.

Abb. 133 bis 136. (Erklärung bei Abb. 137.)

kröserest, der mit der hinteren Bauchwand verwächst (Abb. 132) und damit auch den Schweif des Pankreas an die hintere Bauchwand befestigt (während der Kopf zugleich mit dem Duodenum fixiert wird, s. S. 142). Es kommt dann auch zur Verwachsung zwischen Netz und Colon transversum (s. S. 164) und postfetal zur mehr oder weniger weitgehenden Verödung des Recessus caudalis bursae omentalis durch Verklebung der Blätter des großen Netzes untereinander (Abb. 138).

Die *Nabelschleife* kommt dadurch zustande, daß die Bauchhöhle sich anfangs als Nabelstrangcoelom in den der Bauchwand breit aufsitzenden Nabelstrang hinein vorwölbt, wodurch dem in die Länge wachsenden Darm die Möglichkeit gegeben wird, sich in das Nabelstrangcoelom hinein auszudehnen und die physiologische Nabelhernie zu bilden. Er stellt zuerst eine einfache Schlinge dar (Abb. 133), die an ihrer Kuppe eine Zeitlang durch den Dottergang und die Dottergefäße fixiert ist. Man kann an ihr einen zuführenden und einen rückführenden Schenkel unterscheiden; an letzterem entsteht frühzeitig eine kleine Ausbuchtung, das Caecum, wodurch Dünn- und Dickdarmabschnitt unterscheidbar werden. Der Dickdarm ist lange Zeit schwächer als der Dünndarm. An der hinteren Bauch-

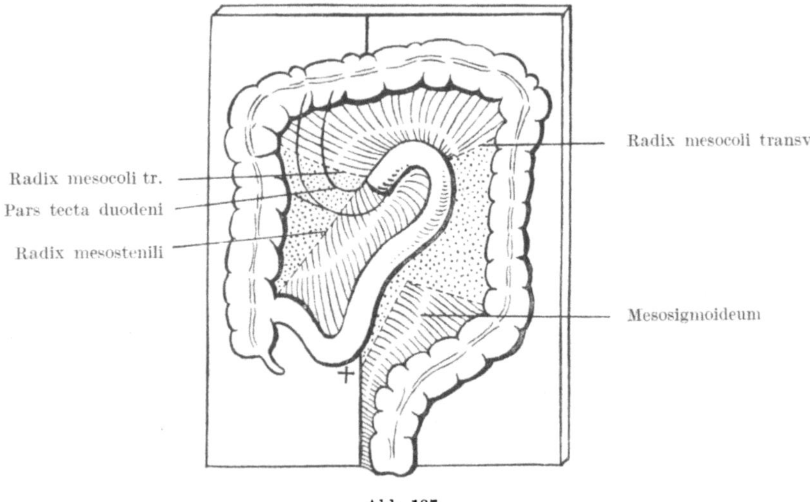

Abb. 137.

Abb. 133 bis 137. Halbschematische Darstellung der Drehung der Nabelschleife. Bei + Abgangsstelle des Dotterganges. Abb. 133, sagittal eingestellter Darm (Keimling von 5 mm). Abb. 134 Drehung um 90⁰, Caecum links (15 mm). Abb. 135, Colon im Begriff den Dünndarm zu überkreuzen (Drehung um 180⁰, 40 mm). Abb. 136 Duodenum überkreuzt, Caecum um mehr als drei rechte Winkel gedreht (60 mm). Abb. 137 Anwachsung der Gekröse nach erfolgter Drehung (Zustand bei der Geburt). Vereinfacht nach PERNKOPF.

wand geht der Dickdarm mit der Flexura coli lienalis in einen vor der Wirbelsäule anfangs gerade absteigenden Abschnitt über. Mit dem Längenwachstum des Darmes entsteht zuerst das Duodenum als Schlinge, dann stellt sich die Nabelschleife so ein, daß der zuführende Schenkel rechts, der rückführende links liegt (Abb. 134; Drehung um 90°). Weiter entsteht eine Reihe von Schlingen des rechten Schenkels. Inzwischen ist die Bauchhöhle geräumiger geworden, der Darm zieht sich aus der Nabelhernie zurück, und dabei wird der rückführende (linke) Schenkel der Nabelschleife mit dem Caecum und Colon über den Dünndarm hinweg nach rechts hinübergeschlagen (Abb. 135/6), so daß er das Duodenum überkreuzt (Weiterdrehung um etwa 180°). Das Caecum liegt nun anfangs rechts oben, unter der Leber, um erst in der zweiten Hälfte der Schwangerschaft und nach der Geburt nach rechts unten an seinen endgültigen Ort abzusteigen (Abb. 137). Im ganzen beträgt die Drehung der Nabelschleife mehr als drei rechte Winkel oder etwa 300°, entgegen dem Sinne des Uhrzeigers.

Auf die Drehung folgt nun wieder die *Fixation* (Abb. 137). Sie betrifft das Duodenum (mit Ausnahme seines Anfangsteiles) und sein Gekröse samt dem Pankreaskopf sowie das Mesocolon ascendens und descendens, wodurch diese

Organe an die Hinterwand der freien Bauchhöhle angeheftet werden und nun
sekundär retroperitonaeal gelegen sind. Die Grenzen der Gekröseanwachsungen
bilden weiterhin sekundäre Ursprungslinien *(Radices)* der freibleibenden Ge-
kröseabschnitte. So entspringt dann das Gekröse des Jejuno-Ileum von der
schräg über die hintere Bauchwand von links-oben nach rechts-unten verlaufenden *Radix mesostenii* (Abb. 137 und 155), das Gekröse des Colon transversum von
der queren (etwas nach links aufsteigenden) *Radix mesocoli transversi*, welche
aus einer rechten und linken Hälfte, den cranialen Anwachsungsgrenzen des
Mesocolon ascendens und descendens, besteht. Da das ganze Darmconvolut

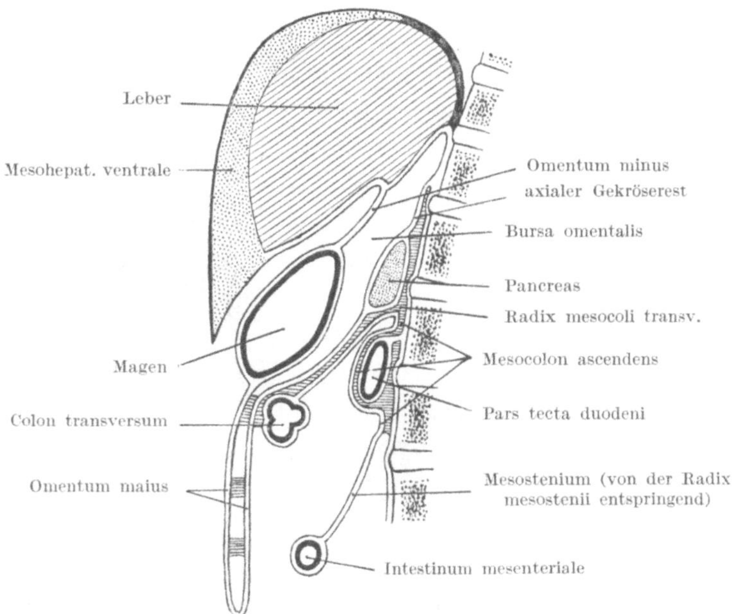

Abb. 138. Schematischer Sagittalschnitt durch die Bauchhöhle eines Erwachsenen; Endzustand der Gekröse.

über das Duodenum hinübergeschlagen wurde, müssen beide Radices das Duodenum überkreuzen; der zwischen ihnen gelegene Darmabschnitt ist die *Pars tecta
duodeni* (Abb. 137 und 155), welche, vom Mesocolon ascendens bedeckt, von der
freien Bauchhöhle überhaupt gänzlich ausgeschlossen (tertiär retroperitonaeal
gelegen) ist. Die Anwachsung des Mesocolon descendens reicht caudalwärts bis
an das freibleibende Gekröse des Colon sigmoideum, das frühzeitig zu einer
längeren Colonschlinge auswächst und daher sich nicht mit seinem Gekröse der
hinteren Bauchwand anlegen kann; so **entsteht** auch noch eine *Radix mesocoli
sigmoidei*. Den Abschluß der Verwachsungen bildet noch in früher Fetalzeit
die Vereinigung der hinteren Platte des großen Netzes mit dem Mesocolon und
Colon transversum (Abb. 138), so daß bei Aufheben des großen Netzes das Colon
immer mitgehoben wird und die Bursa omentalis sowie die Hinterwand des
Magens nur durch das Mesocolon transversum zugänglich ist (Abb. 171). Nach
Obliteration des Recessus caudalis bursae omentalis (S. 141) ist der Magen mit
dem Colon transversum durch eine dreifache Gekröseplatte (*Pars gastrocolica* der
Gekröse, *Lig. gastrocolicum*) in Zusammenhang.

Oesophagus, Magen.

Der *Oesophagus* tritt nach seinem Verlauf durch das Zwerchfell mit einer 1—2 cm langen *Pars abdominalis*, die vorn lose vom Peritonaeum bekleidet, rückwärts noch locker an das Zwerchfell angeheftet ist, an den Magen heran (Abb. 139, 149). Da der Oesophagus im Foramen oesophagicum nicht fest angewachsen ist, kann er von unten freigemacht und ein Stück herabgezogen werden. Am *Magen* (Abb. 139, 142) unterscheidet man die *Cardia*, als Eintrittsstelle des Oesophagus, daneben links die Incisura cardiaca, dann das *Corpus*, den nach links ausgewölbten Blindsack desselben oder *Fundus* und den *Pylorus* oder *Pförtner*, der den Abschluß gegen das Duodenum bildet,

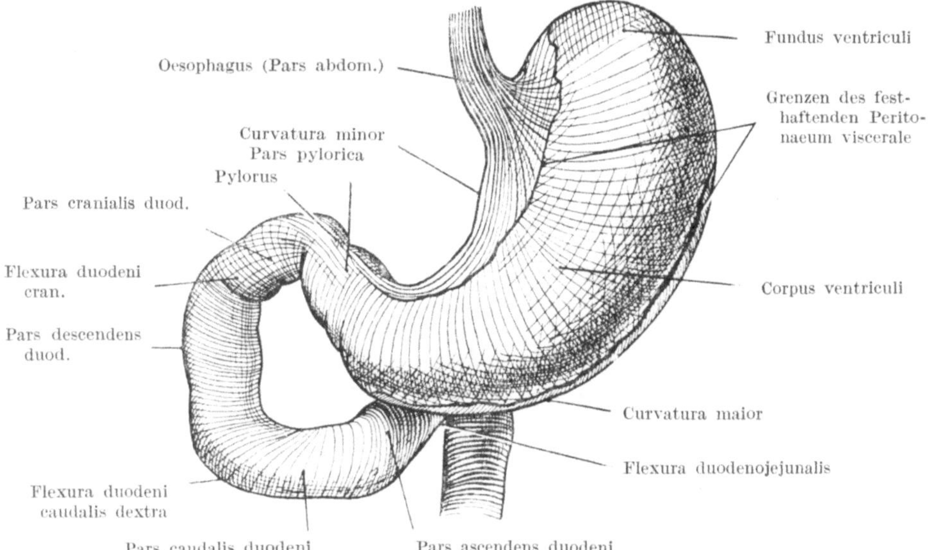

Abb. 139. Mäßig ausgedehnter Magen mit Duodenum. Das Peritonaeum, soweit nicht festhaftend, abgelöst. Nach TOLDT-HOCHSTETTER.

ferner einen rechten und linken Rand, *Curvatura minor* und *maior*. Im übrigen ist die Form des Magens in erster Linie vom Füllungszustand, außerdem aber vom Körperbautypus und von der Stellung des Rumpfes (aufrecht oder liegend) abhängig. Man unterscheidet hauptsächlich auf Grund der Röntgenbefunde zwei Hauptformen, die *Hakenform* und die *Hornform*. Die erstere (Abb. 140, 143, 144) findet sich besonders bei leerem oder wenig gefülltem Magen im Stehen und bei schmalem Körperbautypus; der Magen steht dann nahezu vertikal neben der Wirbelsäule und hat eine *Incisura angularis* (Abb. 143), welche in der Höhe des zweiten Lendenwirbels eine *Pars pylorica* gegen das Corpus abgrenzt; die Pars pylorica ist schräg nach aufwärts gegen den Pylorus gewendet, der in Höhe des ersten Lendenwirbels an die Wirbelsäule lose angeheftet ist und sich bei Füllung des Magens nach rechts verschiebt. Im Liegen und bei breitem Körperbautypus tritt die Hornform (Abb. 141) hervor, in welcher der Magen mehr quer liegt; bei zunehmender Füllung und noch mehr in der Leiche verschwindet die Incisura angularis und die Querlage wird verstärkt. Ein gefülltes Colon transversum drängt den Magen nach oben. An beiden Rändern setzen sich Gekröse an, das *kleine* und *große Netz*, die sich unter Verbreiterung locker an den Magen anheften (Abb. 139, 149, 162), wobei die Magengefäße, Nervenstämme und Lymphknoten,

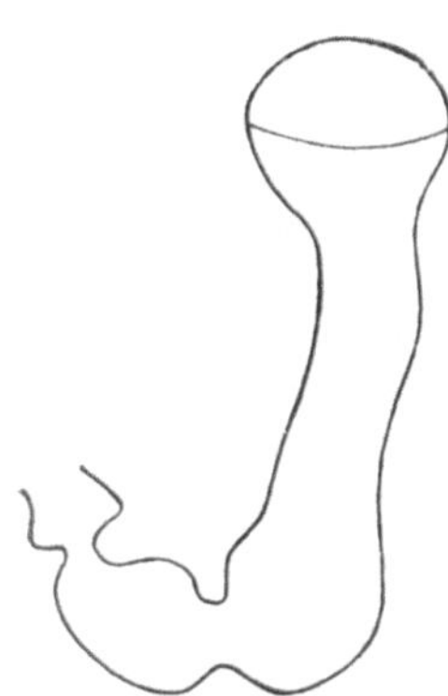

Abb. 140.

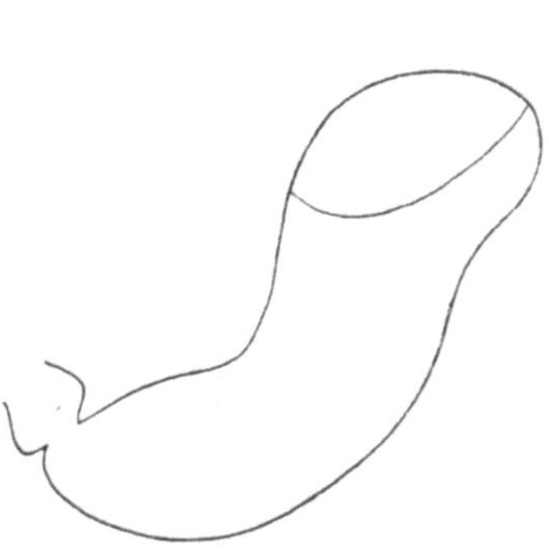

Abb. 141.

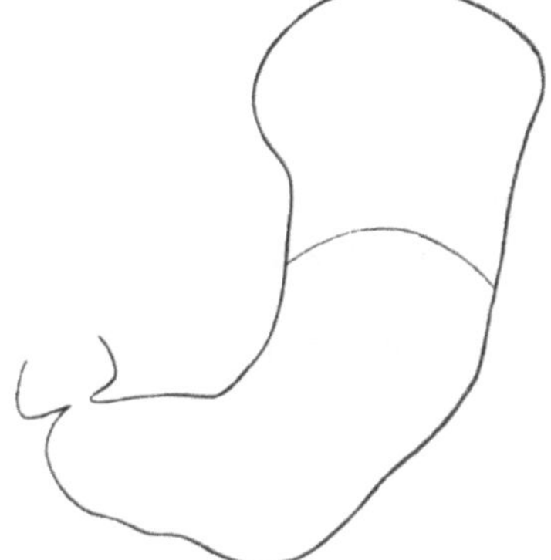

Abb. 142. Umriß des Röntgenbildes eines mäßig gefüllten Magens ohne peristaltische Einziehung. Oben eine große Gasblase. Nach TOLDT-HOCHSTETTER.

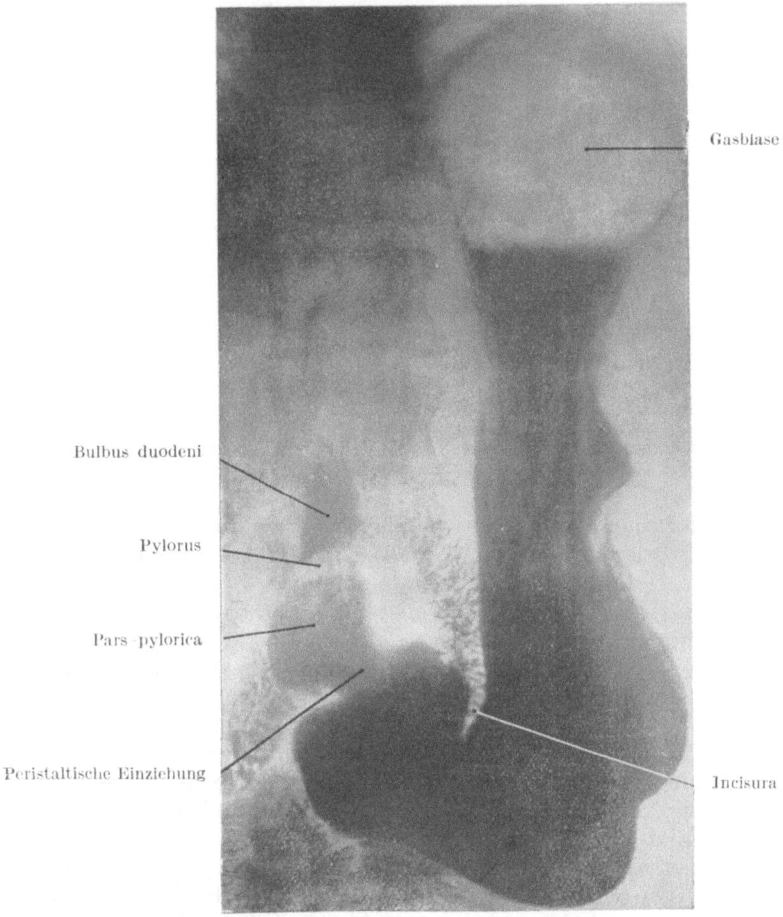

Abb. 140 und 141. Hakenmagen und Stierhornform des Magens nach Röntgenbildern des Magens bei PERNKOPF, a) in aufrechter, b) in liegender Stellung der betreffenden Männer.

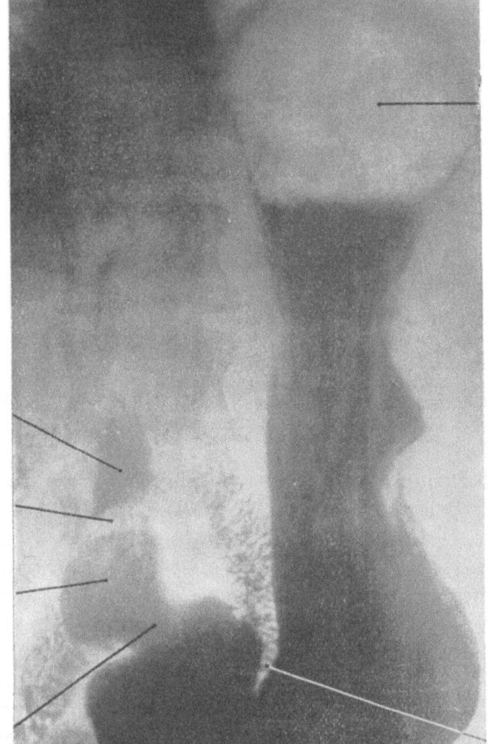

Abb. 143. Röntgenbild des Magens. An der großen Curvatur zwei Einbuchtungen, durch Rippenbogen und Peristaltik. Aufnahme dorsoventral, spiegelbildlich wiedergegeben. $^2/_5$ nat. Gr. Klinik Prof. SCHÖNBAUER.

von Fett umhüllt, im Bereich dieser Ansätze untergebracht sind. Im Anschluß an den Oesophagus ist auch ein schmaler Streifen am Fundus im Bereich der Incisura cardiaca, der *Fundussattel*, an die hintere Bauchwand (das Zwerchfell) angewachsen. Die vordere und hintere Wand, nach ihrer Lage jetzt *Facies ventrocranialis* und *dorsocaudalis* genannt, sind glatt vom Bauchfell überzogen. Der *Pylorus* besteht aus einer starken Verdickung der Ringmuskulatur (Abb. 146), dem *M. sphincter pylori*, und einer gegen das Lumen vorspringenden Schleimhautfalte, *Valvula pylori* (Abb. 154), die auf der einen Seite von Magenschleimhaut, auf der anderen von Darmschleimhaut mit Zotten überzogen ist. Dem von außen sich

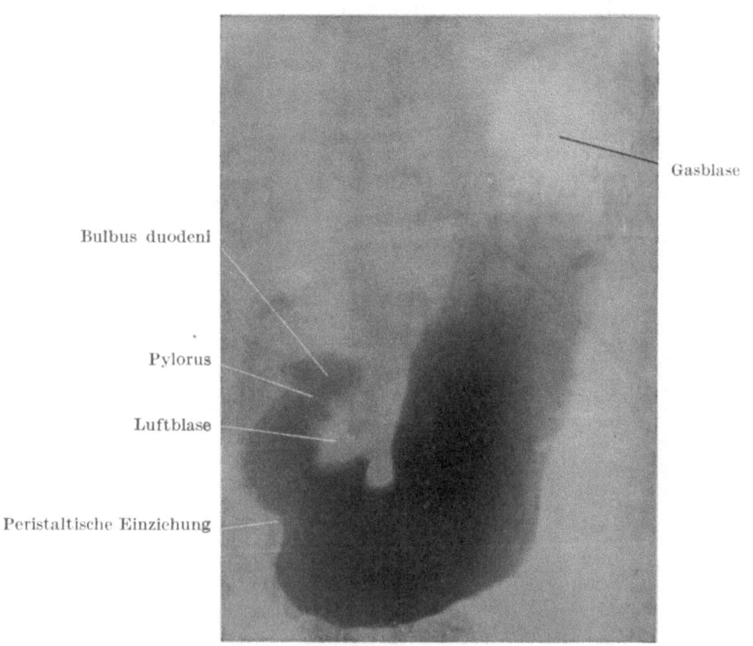

Abb. 144. Röntgenbild des Magens. (Aufnahme dorsoventral, Wiedergabe spiegelbildlich.) $^2/_5$ nat. Gr. Klinik Prof. SCHÖNBAUER.

hart anfühlenden Pylorus entspricht oberflächlich eine seichte Rinne und eine zarte, subseröse, quer verlaufende Vene, *V. pylorica* (Abb. 149). Im Bereich der Incisura angularis liegt der durch die Fibrae obliquae (s. unten; Abb. 147) bedingte *Isthmus ventriculi*, der eine unvollständige Scheidung des Magens in eine *Pars cardiaca* (Pars receptoria, Corpus ventriculi) und *pylorica* (egestoria) hervorruft (Abb. 140, 143, 144) und auch eine unscharfe Grenze der zwei Typen von Magendrüsen darstellt. In den schlauchförmigen Drüsen der Pars cardiaca sind Haupt- und Belegzellen (Pepsin- und Säurebildner) vorhanden, in der Pars pylorica verzweigte Drüsen mit nur einem einzigen Typus schleimbildender Zellen. An der Schleimhautoberfläche finden sich Falten, *Plicae gastricae*, die eine grobe Felderung erzeugen und im Bereich der kleinen Curvatur parallel zu dieser verlaufen (die *Magenstraße, Sulcus salivalis*, in deren Bereich getrunkene Flüssigkeiten herabfließen), dann kleinere Felder von 3—5 mm Durchmesser, die *Areae gastricae*, durch die Contraction der eigenen Schleimhautmuskulatur hervorgerufen und besonders bei Reizzuständen der Schleimhaut deutlich, und schließlich die mit der Lupe sichtbar zu machenden Drüsenmündungen, die *Foveolae gastricae*. In der Muskulatur (Abb. 145 bis 147) ist eine äußere, nicht durchaus geschlossene Längsschicht zu unterscheiden, die in den Sphincter pylori einstrahlt und ihn öffnen kann, dann die überall entwickelte, im Spincter pylori besonders verstärkte Ringschicht und

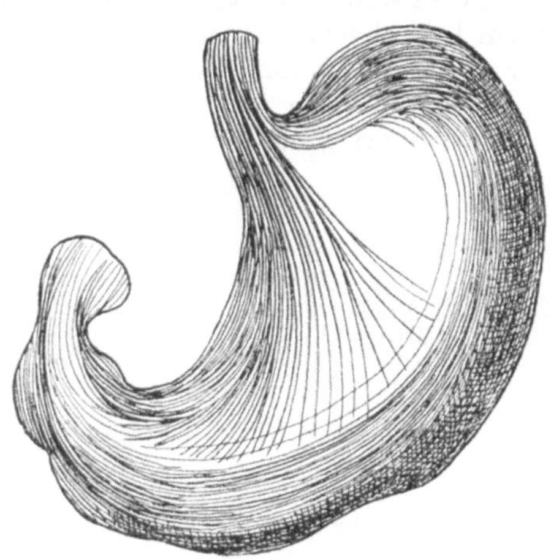

Abb. 145.

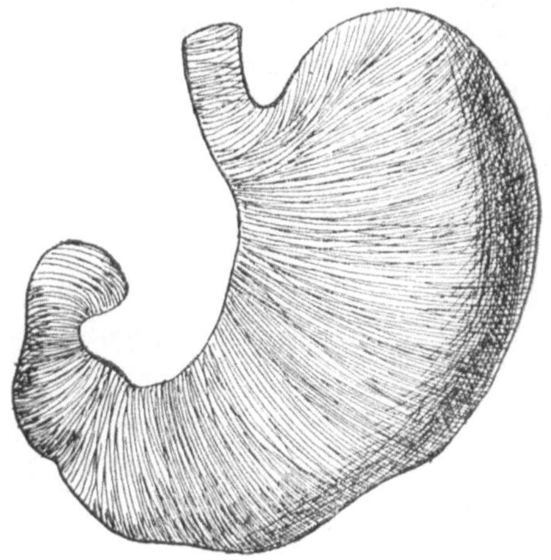

Abb. 146.

als eigene dritte (innerste) Lage die *Fibrae obliquae*, die hauptsächlich von der Incisura cardiaca parallel zur kleinen Curvatur herabziehen, die Magenstraße frei lassen und begrenzen und in der Gegend des Isthmus breit gegen die große Curvatur ausstrahlen.

Die *Arterien* des Magens stammen alle aus der A. coeliaca und treten im Bereich der Gekröseansätze (somit der Curvaturen) an ihn heran. Sie anastomosieren untereinander an den Curvaturen, vor dem Eintritt in die Magenwand, dann netzförmig zwischen Längs- und Ringmuskulatur und nochmals in der Submucosa. Aus dieser steigen die Arterienstämmchen senkrecht, ohne andere als capillare Anastomosen, in die dicke Schleimhaut auf. Der Gefäßkranz an der kleinen Curvatur (Abb. 149 bis 151) wird von der *A. gastrica sin.* (direkt aus der A. coeliaca) und

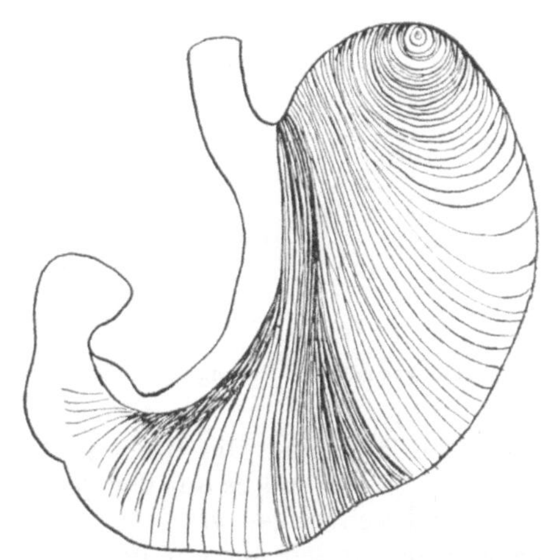

Abb. 147.

Abb. 145 bis 147. Oberflächliche Schicht der Magen-muskulatur (Stratum longitudinale), mittlere Schicht (Stratum circulare) und tiefe Schicht (Fibrae obliquae; sie lassen die kleine Curvatur frei). Nach TOLDT-HOCHSTETTER, etwas abgeändert.

der A. coeliaca) und *dextra* (aus der A. hepatica propria), der an der großen von den *Aa. gastricae breves* (aus der sich bereits für die Milz aufteilenden A. lienalis), dann der *A. gastro-epiploica sin.* (aus dem Stamm der A. lienalis) und *dextra* (aus der A. gastroduodenalis) gebildet. Der erstere Kranz liegt ziemlich knapp an der kleinen Curvatur, der letztere etwas weiter (bis zu 1 cm) entfernt im Ansatz des großen Netzes, an das feine Rami epiploici abgegeben werden. Die *Venen* laufen neben den Arterien und sind (beim Erwachsenen) klappenlos.

An der kleinen Curvatur liegt die *V. coronaria ventriculi*, die direkt in den Pfortaderstamm mündet, aber anderseits auch über die Oesophagusvenen mit der V. azygos in Verbindung steht. Die Venen der großen Curvatur gehen in die V. lienalis und mesenterica cranialis. Die *Lymphknoten* (Abb. 149) liegen vorwiegend an der kleinen Curvatur und der Dorsalseite des Pylorus, vereinzelt auch an der großen Curvatur. Die ableitenden Lymphgefäße münden (über Nodi pancreatici) in den Truncus intestinalis oder in die Trunci lumbales. Die *Nerven* (Abb. 148) stammen vom Vagus und Sympathicus, die hier wie anderwärts antagonistisch wirken, der erstere an Magen und Darm erregend, der letztere dämp-

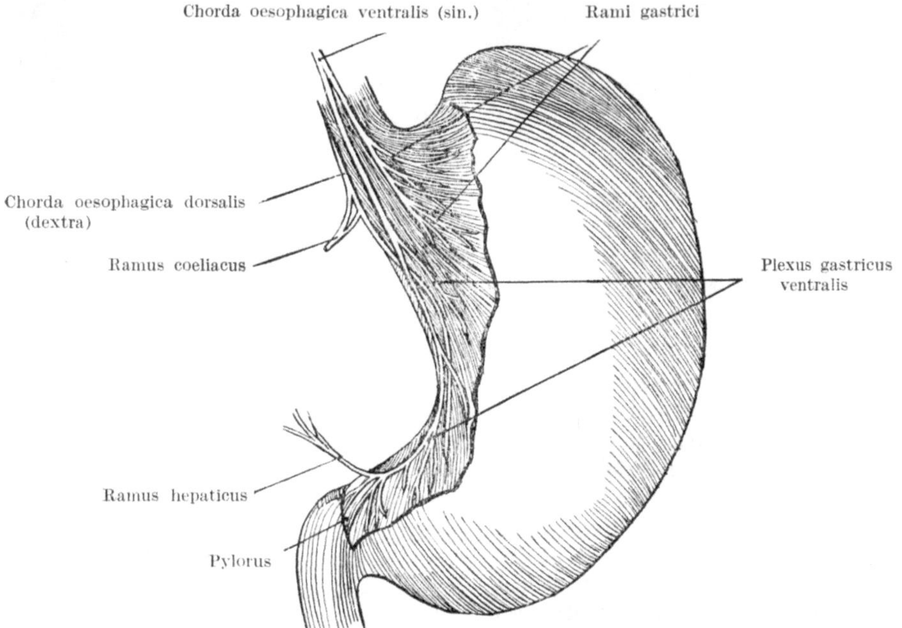

Abb. 148. Vagusäste zu Magen, Leber und Ganglion coeliacum. Nach TOLDT-HOCHSTETTER, kombiniert.

fend oder lähmend. Die Rami gastrici des Vagus stammen aus den Chordae oesophagicae, besonders aus der ventralen (linken), treten an die kleine Curvatur heran und verzweigen sich von dieser aus über die Vorder- und Hinterfläche des Magens. In der Magenwand liegt (wie im ganzen Darmtrakt überhaupt) ein doppeltes System von Nervengeflechten mit eingelagerten Ganglienzellen, der *Plexus myentericus* zwischen Längs- und Ringmuskulatur und der *Plexus submucosus* in der Submucosa. Sie beherrschen die Bewegungen und die Sekretion.

Angesichts der möglichen Verwachsungen (bei Ulcus und Carcinom) hat das *Magenbett*, die nächste Umgebung des Magens, Bedeutung (Abb. 152). Der Magen liegt der hinteren Wand der Bursa omentalis an, die vom axialen Gekröserest (S. 140) gebildet wird und mit der hinteren Bauchwand zum sekundären Peritonaeum parietale verwachsen ist. Unter diesem Blatt liegt die linke Zwerchfellkuppel und ein Teil des linken Retroperitonaeums mit seinen Organen, nämlich der linken Nebenniere und Niere und vor ihnen Körper und Schweif des Pankreas, welche die Mitte der Niere überlagern und an sie angewachsen sind. Am oberen Rand des Pankreas verlaufen die starken Vasa lienalia. Links schließt sich die (intraperitonaeal gelagerte) Milz an, und caudal zwischen Pankreas und

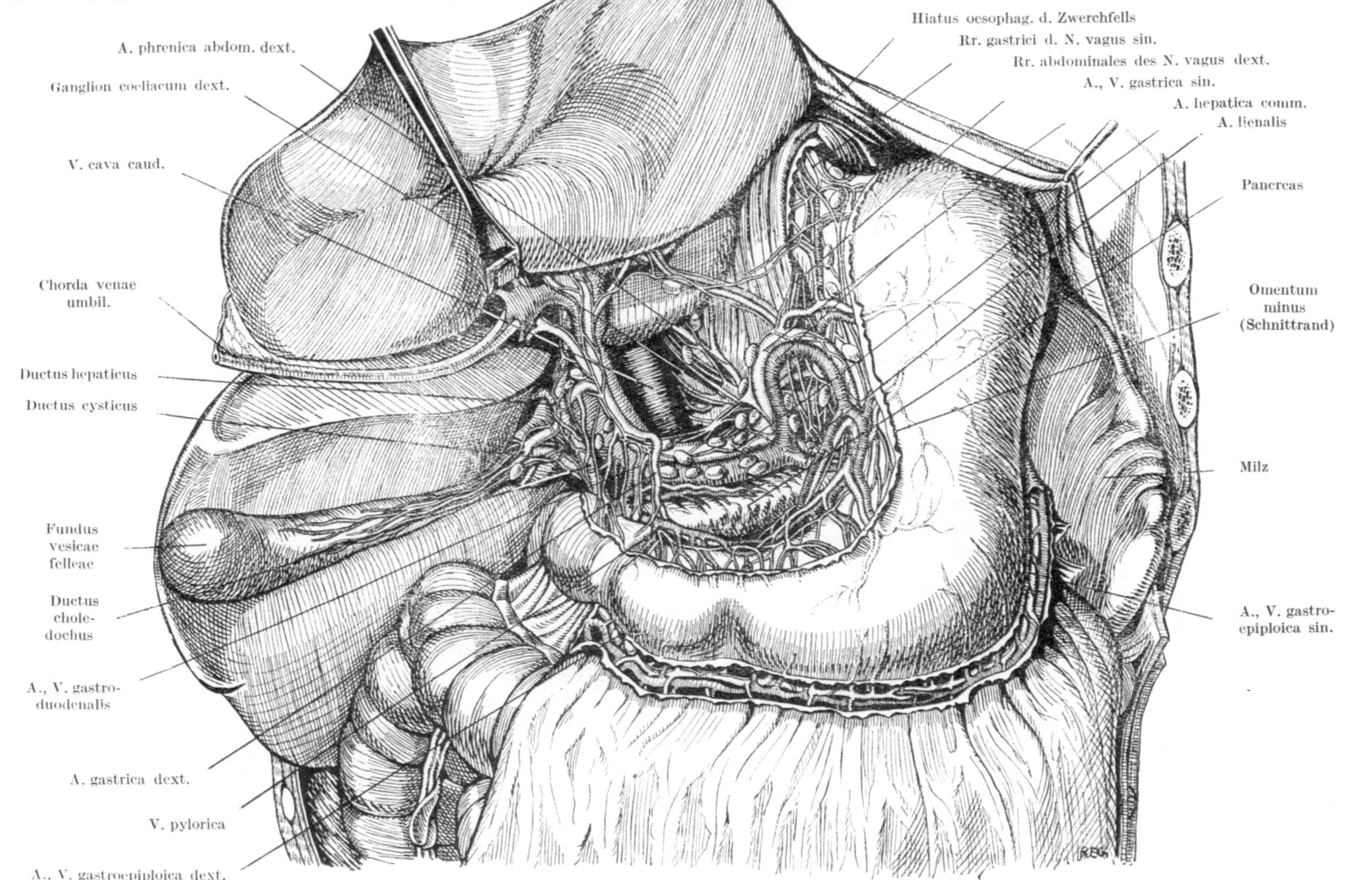

Abb. 149. Gefäße, Lymphknoten und Nerven des Magens und des Leberstieles. Leber emporgehoben. Nach PERNKOPF.

Colon transversum das mit dem Mesocolon verwachsene hintere Blatt des großen Netzes, dann das Colon transversum selbst, das dem unteren Magenrand bei stärkerer Füllung anliegt. Über die Zugänglichkeit zur hinteren Magenwand s. S. 174. Die vordere Magenwand wird im Costoxiphoidwinkel vom linken Leberlappen bedeckt; caudal davon liegt der Magen in der Mitte unmittelbar der vor-

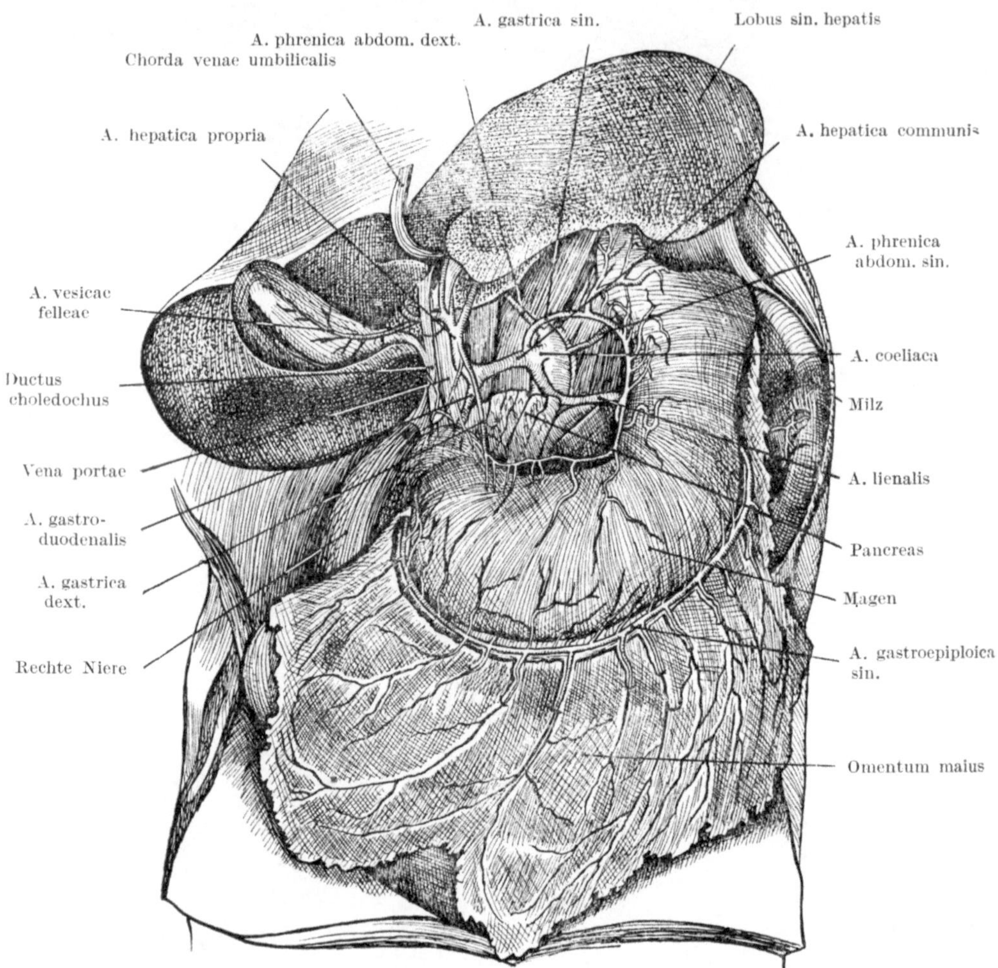

Abb. 150. Verzweigung der Art. coeliaca. Omentum minus entfernt. Nach TOLDT-HOCHSTETTER.

deren Bauchwand an, seitlich im Bereich des linken Hypochondriums dem Brustkorb und den ventralen Zwerchfellursprüngen. Befestigt ist der Magen hauptsächlich an der Cardia, zusammen mit dem Oesophagus, und am Pylorus; aber auch die an den Magen herantretenden Gefäße haben an der Befestigung einen wesentlichen Anteil.

Dünndarm.

Der drei bis fünf Meter lange Dünndarm ist durch seine Schleimhaut charakterisiert; sie trägt quer verlaufende Falten *(Plicae circulares)* (Abb. 153, 154) und Zotten *(Villi intestinales)*. Die ersteren sind besonders am Anfang dichtgestellt und hoch, werden aber in der caudalen Hälfte niedriger und weiter voneinander entfernt, um schließlich fast zu verstreichen. Die ungefähr 1 mm langen Zotten, etwa fünf Millionen an Zahl, sind anfangs blattförmig, später fingerförmig und stehen dann auch weniger gedrängt. Zwischen den Zotten sind überall kurze schlauchförmige Drüsen in die Schleimhaut eingefügt, die LIEBER-KÜHNSchen *Krypten.* Ein wichtiger Bestandteil der Schleimhaut ist der lymphoreticuläre Apparat, der in den beiden ersten Abschnitten kleine Knötchen,

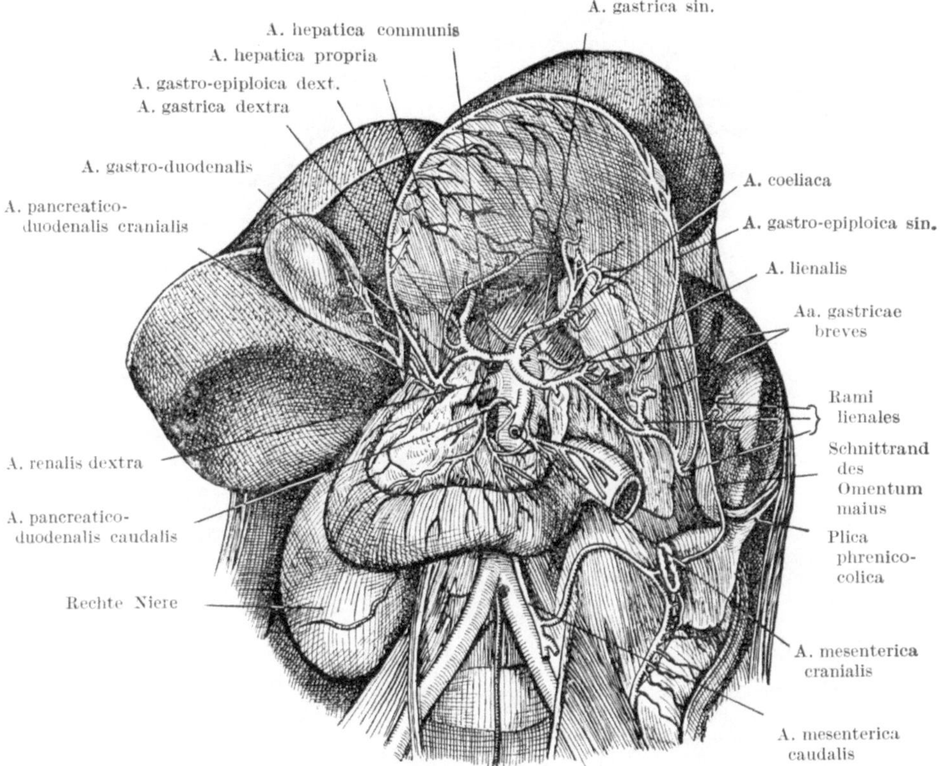

Abb. 151. Verzweigung der Art. coeliaca. Großes Netz und Colon transversum entfernt. Magen emporgeklappt. Pancreas in der Mitte durchschnitten, zur Darstellung der Aorta. Nach TOLDT-HOCHSTETTER.

Folliculi solitarii, im Ileum mit seiner stärkeren Bakterienentwicklung größere (drei bis fünf und mehr Zentimeter lange, bis zwei Zentimeter breite), antimesenterial gelegene Haufen, *Folliculi aggregati* (PEYERsche *Platten)* bildet. Die Muscularis propria besteht (wie auch die Muscularis mucosae) in typischer Weise aus einer inneren Ring- und äußeren Längsmuskelschicht.

Der Dünndarm zerfällt in drei Abteilungen, in Zwölffingerdarm, Duodenum (Abb. 139 und 151), und in Jejunum und Ileum, althergebrachte, aber wenig bezeichnende Namen, deren deutsche Übersetzungen, Leer- und Krummdarm, kaum gebräuchlich sind. Das *Duodenum,* so genannt, weil es etwa zwölf Fingerbreiten lang ist, ist an die hintere Bauchwand in Form einer fast ringförmig geschlossenen Schlinge angeheftet, der übrige Dünndarm ist frei und hat ein freies Gekröse (*Intestinum mesenteriale* mit dem *Mesostenium* als Gekröse). Das Duodenum enthält die Mündungen der großen Drüsen (Leber und Pancreas) und außerdem in der Submucosa, am dichtesten im ersten Teil bis zu diesen Mündungen, die BRUNNERschen *Glandulae duodenales*, die den Pylorusdrüsen gleichen und zwischen den Zotten münden. Das Duodenum ist manchmal fast genau kreisförmig gestaltet, in andern Fällen nach rechts unten V-förmig aus-

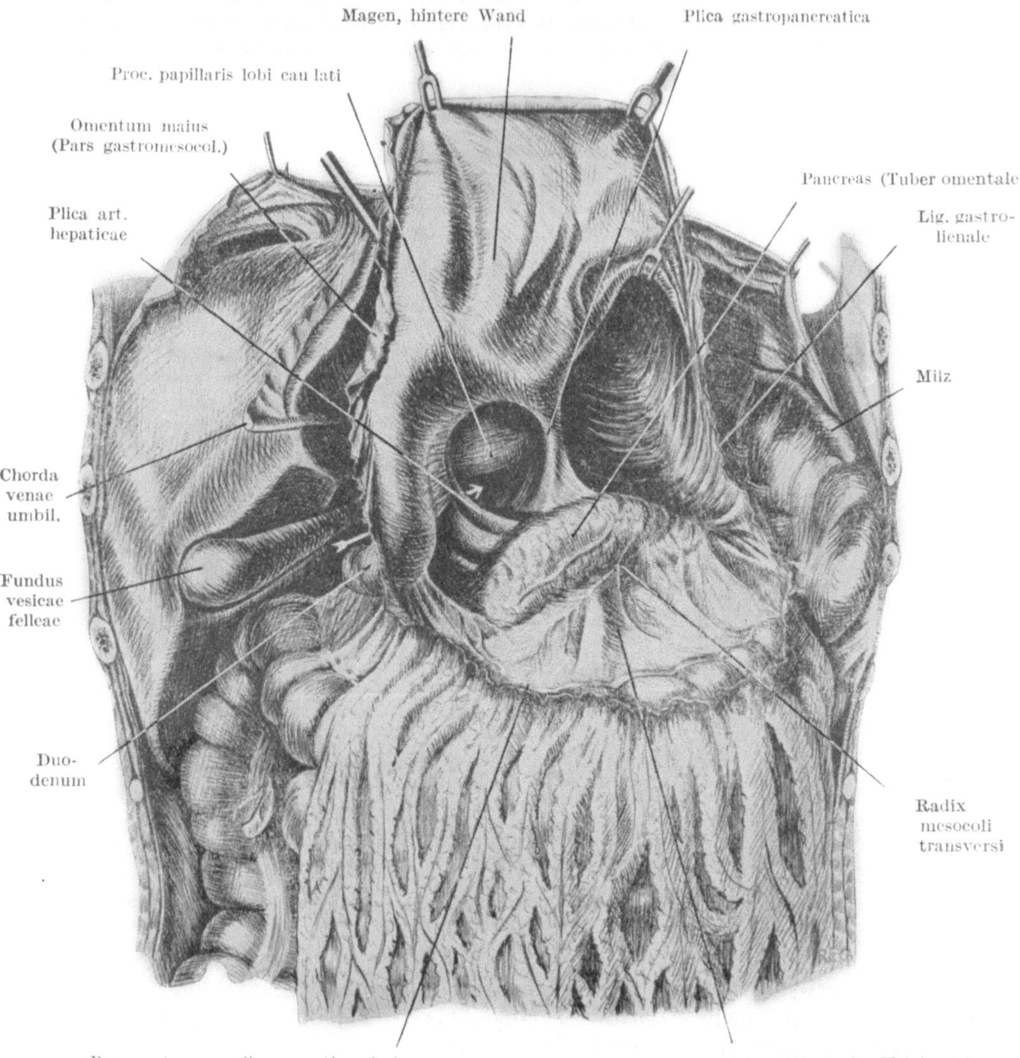

Abb. 152. Einblick in den Netzbeutel und dessen Vestibulum nach Durchschneidung der Pars gastromesocolica des großen Netzes und Emporhebung des Magens; Magenbett. Im Foramen epiploicum ein weißer Pfeil. Nach PERNKOPF.

gezogen. Es wird üblicherweise, besonders bei Ringform, eingeteilt in eine *Pars horizontalis cranialis* (Abb. 139 und 153), die unmittelbar an den Pylorus anschließt und erweiterungsfähig ist *(Bulbus duodeni)*, dann eine *Pars descendens*, in welche die großen Drüsen münden, eine *Pars horizontalis caudalis*, die von den Vasa mesenterica cranialia überkreuzt wird, und eine mehr links gelegene *Pars ascendens*, die mit der *Flexura duodeno-jejunalis* (Abb. 156) in den freien Dünndarm übergeht. Der erste Teil hat auch rückwärts eine Peritonaealbekleidung und damit eine gewisse Beweglichkeit und auch Dehnbarkeit, so daß er (als *Bulbus duodeni*) den aus dem Pylorus schubweise austretenden Mageninhalt aufnehmen und langsamer abfließen lassen kann. Der letzte Teil, die Pars ascendens, hat den Recessus duodeno-mesocolicus (S. 174) hinter sich. Die Pars descendens wird etwa in der Mitte von der Radix mesocoli transversi überkreuzt (Abb. 137 und 155), die Pars horizontalis caudalis schräg von der Radix mesostenii, in welcher die Vasa mesenterica cranialia verlaufen; zwischen den beiden Radices liegt die *Pars tecta duodeni*, die durch das angelötete Mesocolon ascendens mit seinen Gefäßen bedeckt und von der freien Bauchhöhle abgeschlossen ist (S. 143). Oberhalb des

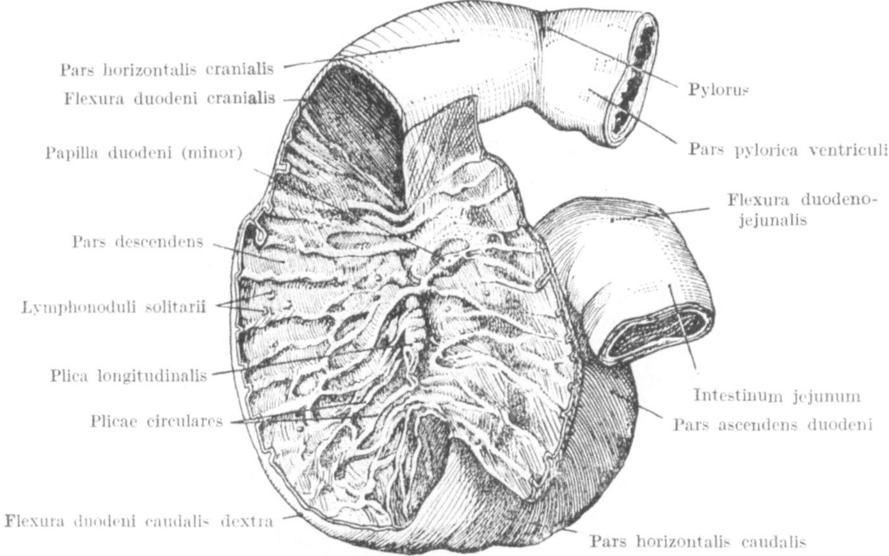

Abb. 153. Duodenum, von vorn eröffnet. Nach TOLDT-HOCHSTETTER.

Mesocolon transversum liegt die *Pars supramesocolica* (Pars patens cranialis), die nach Aufheben der Leber leicht zugänglich ist. Links von der Radix mesostenii liegt die Pars patens caudalis, aus der linken Hälfte der Pars horiz. caudalis und der Pars ascendens bestehend, die aber erst nach Aufhebung des Netzes und Verschiebung des Jejunums nach rechts sichtbar wird (Abb. 156). Innerhalb der Duodenalschlinge liegt der Kopf des Pancreas, an dem man in ähnlicher Weise eine Pars tecta unterscheiden kann.

Bei Eröffnung des Duodenums (Abb. 153) von vorn (operativ unter Verdrängung der Radix mesocoli transversi nach abwärts) wird die *Plica longitudinalis duodeni* sichtbar, die mit der *Papilla duodeni maior* endet. Auf ihr liegt die Öffnung des innerhalb der Plica liegenden *Diverticulum duodeni*, das mit Darmschleimhaut (mit Zotten und Querfalten) ausgekleidet ist und am oberen Ende die nebeneinander liegenden, getrennt oder auch vereint mündenden großen Drüsengänge (Ductus choledochus rechts, pancreaticus links), die durch einen glatten *Sphincter* Oddi gegen den Darm abgeschlossen werden können, aufnimmt. Wenige Zentimeter cranial und etwas links liegt die *Papilla duodeni minor*, auf welcher der Ductus pancreaticus accessorius (ehemals der dorsale Pancreasgang) mündet, wenn sein Ende nicht, wie häufig, obliteriert ist (S. 161). Durch diese Mündungsverhältnisse kommt das Duodenum in besonders enge Lagebeziehungen namentlich zum Gallengang (Abb. 149, 154), der, schräg von rechts kommend, zuerst hinter dem Duodenum an dessen linken Rand gelangt, dann, in den Pancreaskopf eingebettet, ein Stück an seinem linken Rand herunter verläuft, um nun, zusammen mit dem Pancreasgang, an die Mitte der Hinterwand heranzutreten. Die *Gefäßversorgung* des Duodenums erfolgt teils von oben, teils von unten. Aus der A. hepatica communis entspringt die *A. gastroduodenalis* (Abb. 150, 151), die sich in A. gastroepiploica dextra und *pancreatico-duodenalis cranialis* teilt. Diese anastomosiert am concaven Rand des Duodenums mit der *A. pancreatico-duodenalis*

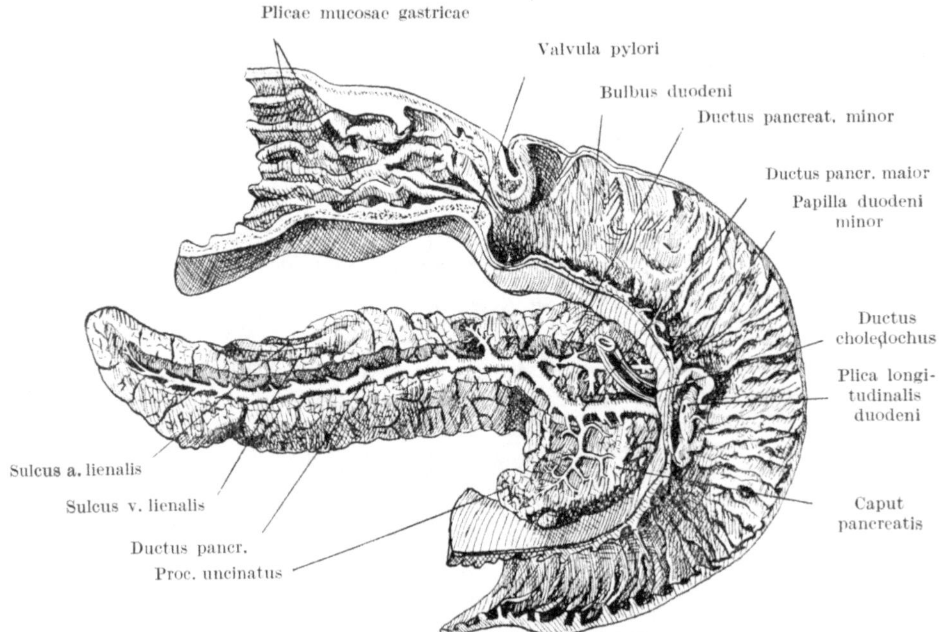

Abb. 154. Duodenum (eröffnet) und Pancreas von rückwärts. Nach PERNKOPF.

caudalis aus der A. mesenterica cranialis. Die gleichnamigen Venen gehen zur Pfortader. Diese verläuft hinter dem Duodenum schräg hinüber zum Lig. hepatoduodenale und zur Leber (S. 175).

Nachbarbeziehungen des Duodenums. Durch seine Fixierung an der hinteren Bauchwand hat das Duodenum mehr als der übrige Dünndarm konstante Nachbarbeziehungen. Die Pars horizontalis cranialis liegt in der Höhe des Pylorus am ersten Lendenwirbel und verläuft bei leerem Magen quer (frontal), bei vollem Magen der Sagittalen genähert (Abb. 143) zwischen der Leber und den Gebilden des Lig. hepatoduodenale bzw. der Leberpforte (Gallenwege, Pfortader, Leberarterie); an der oberen Duodenalflexur tritt die Gallenblase an das Duodenum heran, so daß es bei Erkrankung der ersteren zu einem Durchbruch von Steinen in den Darm kommen kann. Auch die rechte Nebenniere reicht dort an den Darm heran. An ihrer caudalen Seite kommt die erste Strecke des Duodenums mit dem Pancreaskopf und dem ersten Abschnitt des Colon transversum, der Pars fixa coli transversi (S. 170), in Berührung. Die Pars descendens, rechts vom zweiten und dritten Lendenwirbelkörper gelegen, liegt auf dem Hilus der rechten Niere (Abb. 151) und kann bei stärkerer Ausdehnung der Duodenalschlinge nach rechts noch mehr von der Niere bedecken; links grenzt der Darm an den Ductus choledochus, der sich in den Pancreaskopf einbettet. Vorn wird das Duodenum hier,

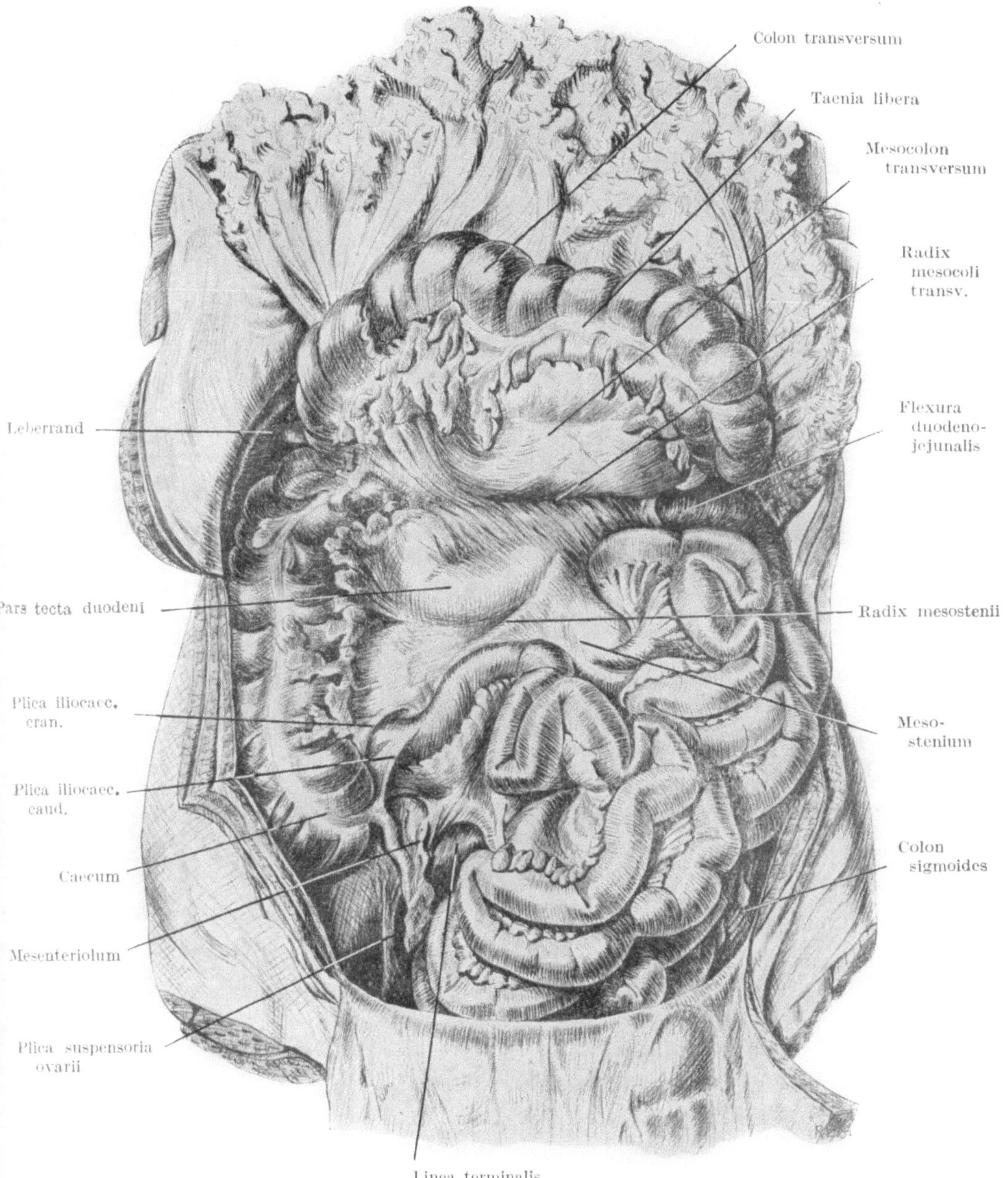

Abb. 155. Darmsitus in der unteren Bauchhöhle. Großes Netz und Colon transversum emporgeschlagen. Nach PERNKOPF.

wie erwähnt, von der Radix mesocoli transversi überkreuzt. Die Pars horizontalis caudalis wird vorn von der Radix mesostenii mit den Vasa mesenterica

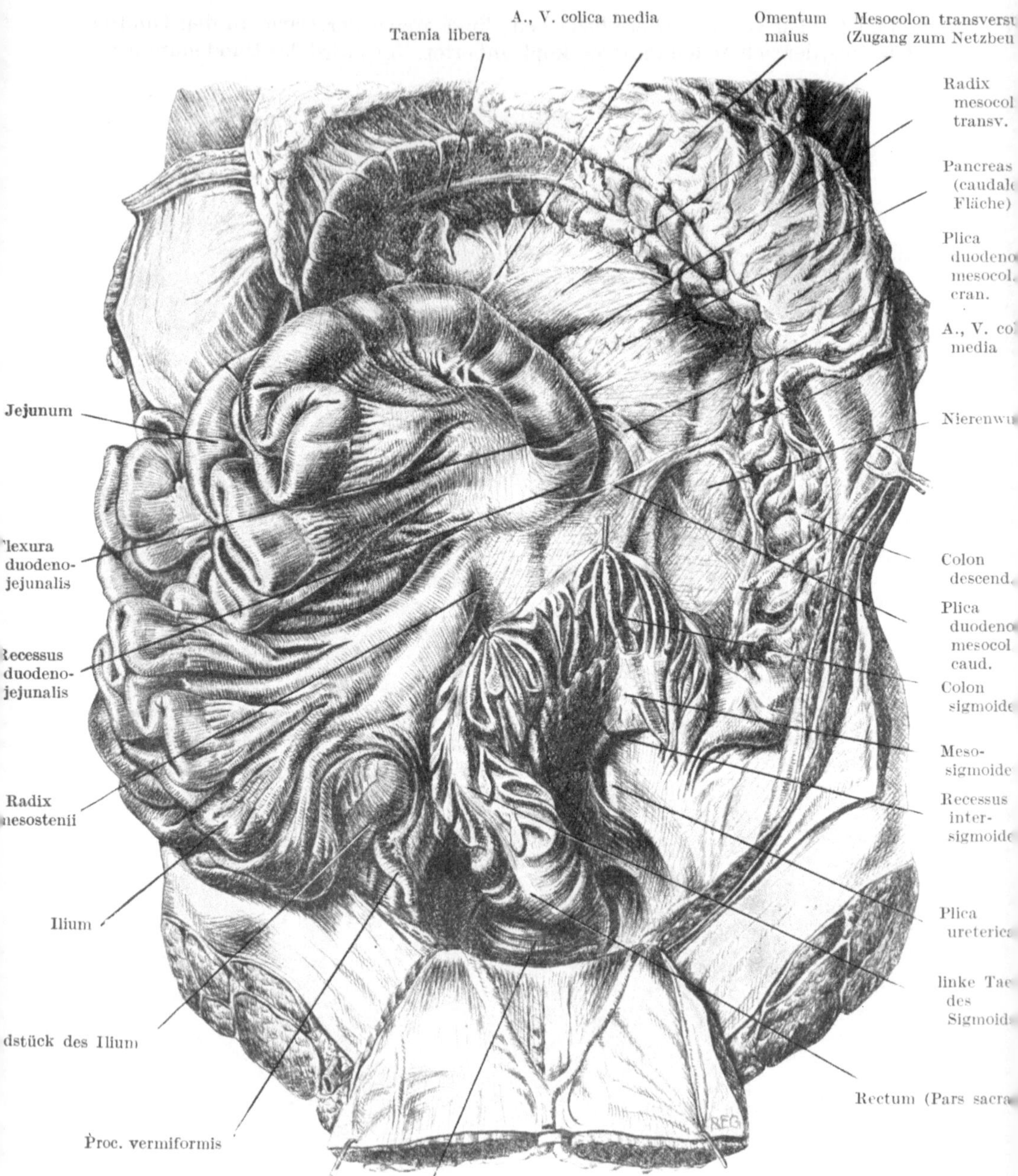

Abb. 156. Darmsitus in der unteren Bauchhöhle. Großes Netz, Colon transversum und Colon sigmoides nach oben, Dünndarm nach rechts geschlagen. Nach PERNKOPF.

cranialia (rechts die Vene, links die Arterie) gekreuzt und lagert sich in den Abgangswinkel der Arterie von der Aorta ein; der Darm überkreuzt die Wirbelsäule und die großen Gefäße an derselben (Vena cava caudalis, Aorta) und wird

am cranialen Rand vom Processus uncinatus des Pancreas begleitet. Die Pars
ascendens, zugänglich nach Verlagerung des Jejunums nach rechts, ist nicht mehr
in direkter Beziehung zum Pancreas. Sie hat hinter sich, wie erwähnt, den
Recessus duodeno-mesocolicus (S. 174, Abb. 156) und spannt sich im Fall einer
Hernie in demselben über die Bruchpforte.

Leber.

Die Leber, die größte Drüse des Körpers, von über $1^{1}/_{2}$ kg Gewicht, hat
eine doppelte, äußere und innere Sekretion. Die erstere besteht in der Gallen-

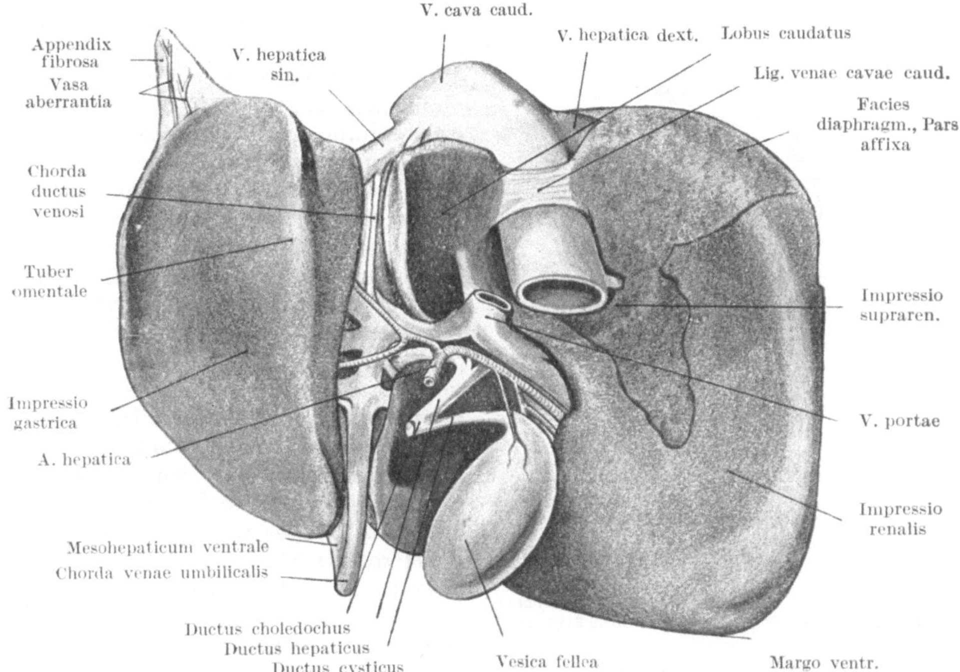

Abb. 157. Kaudale Fläche der Leber. Nach TOLDT-HOCHSTETTER.

bildung, die letztere einerseits in der Bildung und Abgabe des Blutzuckers,
dessen Bestandteile aus dem Pfortaderblut entnommen werden, daneben auch
im Aufbau und Speicherung von Eiweißkörpern, anderseits in Entgiftung des
Blutes, darunter auch in Bildung von Harnstoff und Harnsäure. Besonders ist
es das Pfortaderblut, das dieser Kontrolle unterliegt. In embryonaler Zeit kommt
hinzu Blutbildung und Kontrolle der aus dem mütterlichen ins fetale Placentar-
blut übergetretenen Stoffe. Das Lebergewebe ist ziemlich starr und daher brüchig,
so daß es bei Gewalteinwirkung zu Zertrümmerungen und sehr starken Blutungen
kommen kann. Die Leber bildet beim Menschen ein ziemlich einheitliches Organ,
das nur an der Unterseite durch mäßig tiefe Furchen eine Lappenteilung aufweist; an der Oberseite ist eine Einteilung in rechten und linken Lappen nur
durch die Gekröseanheftung (das Mesohepaticum ventrale) gegeben. Vorwiegend rechts gelegen, paßt sich die Leber mit convexer glatter Oberfläche in
die Zwerchfellwölbung (hauptsächlich ins rechte Hypochondrium) ein und ist
dort durch unvollkommene Lösung vom Zwerchfell *(Facies diaphragmatica)*

sowie mittelst verhältnismäßig zarter Gekröseplatten (dem sagittalen *Meso-hepaticum ventrale* = Lig. falciforme und dem frontalen *Mesohepaticum laterale dextrum und sinistrum* = Lig. coronarium und triangulare dext. u. sin.) fixiert. Sie überschreitet normalerweise den Rippenbogen nur in der Mitte, im Angulus costoxiphoideus (= epigastricus), und reicht mit der Spitze des linken Lappens ins linke Hypochondrium (etwa bis zur Mamillarlinie). Eine respiratorische Verschieblichkeit läßt sich perkutorisch feststellen. Die Erhaltung in ihrer Lage erfolgt aber hauptsächlich dadurch, daß sie auf den lufthaltigen Därmen wie auf einem Kissen aufruht und durch die Bauchpresse in die Zwerchfellwölbung gedrückt wird (dem durch das Zwerchfell wirkenden „Lungensog" ist kaum Bedeutung zuzumessen); erst in zweiter Linie kommt die Befestigung am Zwerchfell und an der unteren Hohlvene sowie die glatte Muskulatur der Chorda venae umbilicalis (Lig. teres) in Betracht. Bei Erschlaffung der Bauchwand kann es zum Herabsinken der Leber (Hepatoptose) mit Zerrung an den genannten Befestigungen und zur Einlagerung von Darmschlingen zwischen Leber und Zwerchfell kommen. An der Unterfläche (Abb. 157) wird die Leber durch zwei Längs- und eine Querfurche in vier Lappen geteilt, *Lobus dexter* und *sinister*, *Lobus caudatus* im dorsalen und *quadratus* im ventralen Anteil der Mitte. Durch den *Processus caudatus* (vom Lobus caudatus zum Lobus dexter) wird die rechte Längsfurche unterbrochen und zerfällt in die *Fossa venae cavae* dorsal und die *Fossa vesicae felleae* ventral; die meist einheitliche spaltförmige *Fossa sagittalis sin.* teilt sich in eine *Pars chordae venae umbilicalis* ventral und eine *Pars*

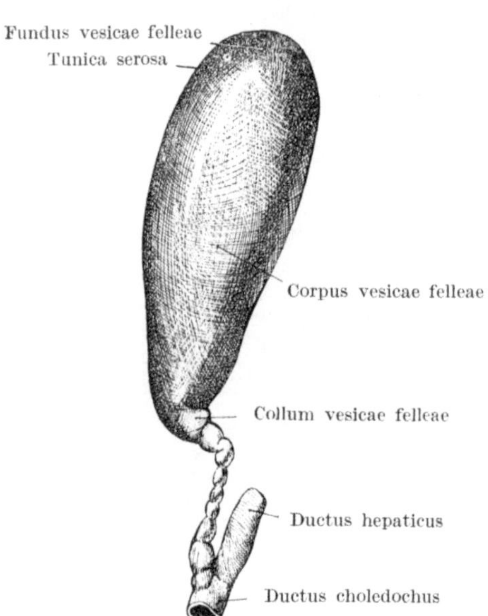

Abb. 158. Mäßig ausgedehnte Gallenblase mit Ductus cysticus. $^1/_2$ nat. Gr. Nach TOLDT-HOCHSTETTER.

chordae ductus venosi dorsal; beide Chordae sind obliterierte Reste embryonaler Gefäße und häufig (wie embryonal regelmäßig) von Lebergewebe überbrückt. Der Schwund gewisser embryonaler Lebergebiete äußert sich außerdem in der Überbrückung der V. cava caudalis durch ein meist nur bindegewebiges *Lig. venae cavae* und besonders in der *Appendix fibrosa* des linken Lappens; überall, wo Lebergewebe rückgebildet wurde, können im Bindegewebe Gefäß- und Gallengangsreste als *Vasa aberrantia* bestehen bleiben. Am variabelsten ist die Ausbildung des linken Lappens, dessen Rückbildung in der zweiten Hälfte der Fetalzeit beginnt, aber nach der Geburt (durch den Magen verdrängt) noch weiterschreitet; er kann ausnahmsweise über den Magen hinweg bis zur Milz hinüberreichen, selten fast ganz fehlen. In der Querfurche, der *Porta hepatis*, findet sich dorsal die *Vena portae*, in der Mitte die *A. hepatica propria* und ventral (vorn) der *Ductus hepaticus*, alle drei mit je einem Ramus dexter und sin. Auch liegen hier *Lymphknoten* und *Vagus-* und *Sympathicusäste*. An der Porta haftet das *Lig. hepatoduodenale*, während die *Pars hepatogastrica* des Omentum minus im dorsalen Abschnitt der linken Längsfurche, über der Chorda ductus venosi, ansetzt. Der vordere, ziemlich scharfe Rand der Leber hat rechts eine *Incisura vesicae felleae*, die von der Gallenblase, wenn gefüllt, überragt wird, und weiter links (aber noch etwas rechts von der Körpermitte) die *Incisura venae umbilicalis*, in welche sich die Chorda venae umbilicalis einlagert. An der Unterfläche haben sich die Nachbarorgane in das plastische Lebergewebe abgedrückt. Hier liegt am linken Lappen eine *Incisura oesophagica*, die in den dorsalen Rand einschneidet, die *Impressio gastrica* mit dem rechts anschließenden *Tuber omentale* (entsprechend dem kleinen Netz), dann an den Magenabdruck anschließend eine *Impressio duodenalis*, die über den Lobus quadratus wechselnd auf den rechten Lappen

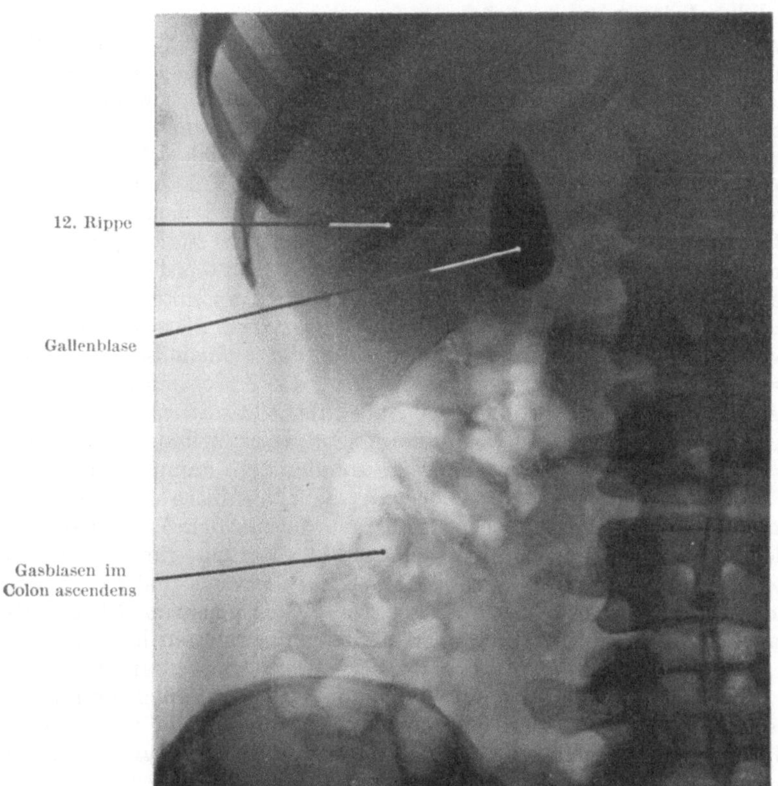

Abb. 159. Röntgenbild der Gallenblase nach intravenöser Injektion von Tetragnost. Klinik Prof. SCHÖNBAUER.

herüberreicht, ferner rechts eine *Impressio suprarenalis* (die rechte Nebenniere ist in der Regel mit der Leber etwas fester verlötet), eine *Impressio renalis* und, nahe dem Vorderrand, in der Ausdehnung wieder sehr wechselnd, eine *Impressio colica* vom Colon transversum. Der *Processus papillaris* des Lobus caudatus wölbt sich gegen die Pars hepatogastrica des kleinen Netzes vor (Abb. 152).

Die *Vena portae* ist das funktionelle, die *Art. hepatica* das nutritive Gefäß des Lebergewebes; Unterbindung der letzteren führt zur Nekrose, in erster Linie aus Sauerstoffmangel. Nicht selten finden sich (vielleicht in einem Viertel der Fälle) *accessorische Leberarterien*, zumeist als *A. hepato-mesenterica* von der A. mesenterica cranialis, aber auch von der A. gastrica sin. oder von der A. gastroduodenalis kommend. Sie verlaufen auch im Lig. hepatoduodenale und sind bei Operationen wie die A. hepatica propria zu schonen. Die A. hepato-mesenterica versorgt, wenn vorhanden, stets einen Teil des rechten Lappens, ein acces-

sorisches Gefäß von links her Teile des linken Lappens. Bei der Aufteilung der
V. portae soll das aus der V. lienalis stammende Blut hauptsächlich dem linken,
das Blut der V. mesenterica cranialis dem rechten Lappen zugeführt werden.
Die *Lymphgefäße* der Leber gelangen zu portalen Knoten am Ductus choledochus
und über das Lig. hepatoduodenale längs der Arterien an die hintere Bauchwand.
Die *Nerven* sind Vagus- und Sympathicusäste, verlaufen über die Ganglia coeliaca
und begleiten die Arterien. Der rechte Phrenicus versorgt den Serosaüberzug
der Leber und Gallenblase; ausstrahlende Schmerzen können sich in der rechten
Schultergegend lokalisieren.

Extrahepatische Gallenwege. Ihre chirurgische Bedeutung liegt in ihrer Beziehung zu Infektionen und zu den Gallensteinen. Der *Ductus hepaticus* entsteht aus einem Ramus dexter und sinister und vereinigt sich gewöhnlich am
Leberhilus (der Leberpforte; Abb. 157, 149) mit dem *Ductus cysticus*, der von der
Gallenblase kommt. An der *Gallenblase (Vesica fellea)* lassen sich *Collum, Corpus*
und *Fundus* (Abb. 158) unterscheiden; im gefüllten Zustand überragt auch die
gesunde Gallenblase den Leberrand und kommt dadurch mit dem Fundus an
die vordere Bauchwand heran. Der Körper der Blase ist an die entsprechende
Lebergrube nur locker fixiert (doch treten Gefäße über, s. unten), ist an der freien
Fläche von Bauchfell bekleidet, ruht dem Quercolon auf und steht auch mit dem
Duodenum in Kontakt (S. 154). Die Tunica muscularis der Blase besteht aus
spiralförmig verlaufenden Muskelfasern und ist mit der Schleimhaut fest verbunden. Diese weist ein feines Netz von Fältchen, die *Plicae reticulares*, auf.
Die Gallenblase hat eine eigene Arterie (Abb. 150), die *A. vesicae felleae*, die aus
der A. hepatica propria (zumeist aus dem rechten Ast, aber auch aus dem linken
Ast, dem Stamm oder sogar aus der A. gastroduodenalis) stammt und keine
Anastomosen von Bedeutung hat, so daß sie für die Gallenblase unentbehrlich
ist. Bei Vorkommen einer accessorischen Leberarterie aus der A. mesenterica
cran. pflegt sie von dieser abzugehen. Sie teilt sich in zwei Äste, für die Vorder-
und Rückseite der Blase, versorgt auch den Ductus hepaticus und ist an der
Versorgung des Ductus choledochus beteiligt. Die *Venen* gehen am Blasenhals
als *accessorische Pfortaderwurzeln* direkt in die Lebersubstanz ein, hängen aber
auch längs des Choledochus mit Duodenal- und Pancreasvenen zusammen. Die
Lymphgefäße durchsetzen einen Knoten links am Gallenblasenhals und noch
weitere Knoten am Ductus choledochus und am Pancreas. Die *nervöse Versorgung* (N. phrenicus dext.) wurde bei der Leber erwähnt. Der *Ductus cysticus* ist
an seinem Ursprung von der Gallenblase bajonettförmig geknickt und caudalwärts gerichtet und in seinen Krümmungen bindegewebig fixiert. Da die Gallenblase mit dem Fundus nach abwärts gerichtet ist (Abb. 159), so verläuft der Gang,
im ganzen genommen, U-förmig oder V-förmig und kann heberartig den Gallen-
abfluß fördern, wenn der Weg in den Darm während der Verdauung freigegeben ist.
Eine spiralig verlaufende Schleimhautfalte, *Valvula spiralis*, stellt keine Sper-
rung des Gallenflusses dar. Der aus der Vereinigung von Ductus hepaticus und
cysticus hervorgehende *Ductus choledochus* besitzt ebenso wie der D. hepaticus
zahlreiche Schleimdrüsen. Der Gallenfluß geht außerhalb der Verdauung aus
der Leber in die Gallenblase, wo die Galle eingedickt und rückresorbiert wird;
während der Verdauung fließt die Galle auch aus der Blase in den Darm. Am
Choledochus lassen sich topographisch vier Abschnitte unterscheiden, eine *Pars
supraduodenalis* am rechten Rand des Lig. hepatoduodenale, der Pfortader
eng angeschlossen, eine *P. retroduodenalis*, welche den Bulbus duodeni schräg
überkreuzt, eine *P. pancreatica*, welche in den Kopf des Pancreas mehr oder
weniger tief eingebettet ist, und eine *P. intramuralis*, welche von hinten her die
Wand des Duodenums durchsetzt, um im Diverticulum duodeni zu münden.

Namentlich das erste Stück ist in seiner Länge sehr variabel, was durch das wechselnde Verhalten der Verbindung von Duct. hepaticus und cysticus bedingt ist. Denn die beiden Gänge können sich knapp an der Leber vereinigen oder bis weit hinunter getrennt sein, ja in Extremfällen sogar getrennt ins Duodenum münden, und sie können umeinander spiralig gedreht sein, wobei der Cysticus dorsal vom Hepaticus vorüberzieht, um von links in ihn einzumünden. Auch mündet manchmal nur der eine Ast des Hepaticus mit dem Cysticus, der andere selbständig ins Duodenum. Die A. vesicae felleae verläuft dorsal oder ventral vom Choledochus. Der Ramus dexter der A. hepatica propria kreuzt den rechten Ast des D. hepaticus gewöhnlich an dessen Rückseite, manchmal aber auch vorn. Die A. gastroduodenalis, die gewöhnlich hinter den Gallenwegen bleibt, kann auch einmal vor ihnen gefunden werden. Der Durchmesser des D. hepaticus beträgt etwa 4 mm, die Länge 2 bis 5 cm oder mehr, beim Cysticus der Durchmesser etwa 3 mm, die Länge etwa 4 cm, aber auch bis zum Dreifachen, beim Choledochus der Durchmesser 5 mm, die Länge 5 bis 7 cm oder auch mehr.

Pancreas.

Das Pancreas (Abb. 154) ist eine gemischte exo- und endokrine Drüse, deren Ausführungsgänge ins Duodenum münden (S. 153), während das Inkret (Insulin) ins Blut übertritt. Das Pancreas besteht aus dem *Kopf, Caput,* der im Rahmen des Duodenums liegt, und dem *Schweif, Cauda,* der hinter dem Magen und der Bursa omentalis bis zum Hilus der Milz verläuft und sich an diese anlegt. Man kann den Mittelteil auch als Körper, *Corpus* unterscheiden, doch fehlt jede Abgrenzung gegen ein dann als Schweif zu bezeichnendes Endstück. Das ganze Pancreas liegt sekundär-retroperitonaeal (nachträglich an die hintere Bauchwand angewachsen), nur das Endstück des Schweifes ist mit der Pars phrenico-lienalis des dorsalen Magengekröses intraperitonaeal gelegen und beweglich. Der Kopf ist plattgedrückt und hat an seinem unteren Rand einen ziemlich tiefen Einschnitt, *Incisura pancreatis*; unterhalb desselben begleitet der *Processus uncinatus* zugespitzt die Pars horizontalis caudalis des Duodenums bis über die Mittellinie. In den Einschnitt legen sich die Vasa mesenterica cranialia, die Vene rechts, weil sie zu der rechts gelegenen Leber verläuft, und zwischen ihnen liegt der Truncus lymphaceus intestinalis. Der dreiseitige Schweif (Abb. 160) krümmt sich über die Wirbelsäule und die großen Gefäße (Aorta und untere Hohlvene) und wölbt sich dadurch zum Tuber omentale auf (Abb. 152). Am oberen Rand läuft in einer tiefen Rinne (Abb. 154, 160) die von oben kommende A. lienalis, die den Schweif versorgt, und an der hinteren Fläche, gleichfalls in einer tiefen Rinne, die V. lienalis, die zur Pfortader zieht. Durch die ganze Länge des Organs verläuft der etwa 2 mm dicke *Ductus pancreaticus,* der zahlreiche Seitenzweige aufnimmt, im Bereich des Tuber omentale den Vasa mesenterica cranialia ventralwärts ausweicht, im Pancreaskopf an dessen dorsale Seite gelangt und sich an den Ductus choledochus anlegt, um neben diesem in das Diverticulum duodeni zu münden (Varietäten S. 153 beim Duodenum). Noch im Kopfbereich gibt er den *Ductus pancreaticus minor* (accessorius) ab, der zur Papilla duodeni minor verläuft und dort mündet; doch kann diese Mündung obliterieren, anderseits (aber selten) auch zur Haupt- oder alleinigen Mündung werden. Eingesprengt in den exokrinen Anteil ist der endokrine in Form der LANGERHANS*schen Inseln,* die (vorwiegend) aus der dorsalen Anlage stammen und sich daher hauptsächlich im Schweif der Drüse finden. Sie sind $^1/_2$ bis 1 mm groß, etwa 200 an Zahl, mit freiem Auge nicht erkennbar (außer am gefärbten Mikrotomschnitt). Ihr Hormon, das Insulin, gelangt in die Milzvene. Bemerkenswert ist die rasche

postmortale Veränderung des Organs (Erweichung) durch Selbstverdauung.
Die *Gefäßversorgung* ist reichlich, am Kopf durch die untereinander anastomosierenden Duodenalgefäße, am Schweif durch Äste der Milzgefäße. *Lymphknoten*, die meist auch den Nachbarorganen dienen, liegen an den Rändern von
Kopf und Schweif, namentlich am oberen Rand. Vielfach ist die Nachbarbeziehung zu großen Gefäßen. Daß Aorta und untere Hohlvene hinter dem Tuber
omentale liegen und die Milzgefäße sich in die Rinnen des Schweifes, die großen
Darmgefäße in die Incisur des Kopfes einlagern, wurde bereits erwähnt. Hinter
dem Kopf vereinigen sich die V. lienalis und mesenterica cranialis zum Pfortaderstamm; die kleinere V. mesenterica caudalis mündet in die eine oder die
andere (meist in die Lienalis) oder in den Vereinigungswinkel. Die Pfortader
tritt dann in das Lig. hepatoduodenale über. Auch auf die Versenkung des Ductus
choledochus in die Substanz des Pancreaskopfes (S. 160) sei nochmals hingewiesen. Der Kopf liegt wie das Duodenum im Ganzen
sekundär retroperitonaeal, aber unterhalb der Radix
mesocoli transversi und rechts von der Radix mesostenii, wie die Pars tecta duodeni, als *Pars tecta
pancreatis* noch vom Mesocolon ascendens (zwischen
den genannten Radices) bedeckt (tertiär retroperitonaeal). Von den drei Flächen des Schweifes (Abbildung 160 und 138) ist eine der hinteren Bauchwand angeheftet, eine gegen die Bursa omentalis
gerichtet, eine dem Mesocolon transversum und damit
der unteren Abteilung des Bauchraumes zugewendet.

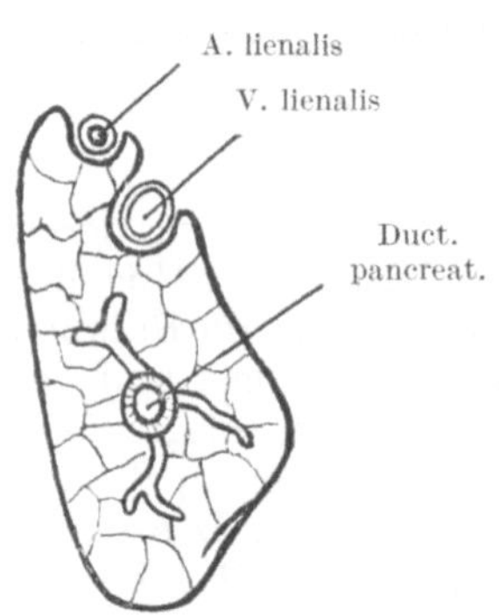

Abb. 160. Querschnitt durch die
Cauda pancreatis, von links gesehen. Nat. Größe.

Der Schweif des Pancreas liegt der linken Niere
an deren vorderer Fläche an und kann je nach der
Höhenlage der Niere mehr oder weniger von dieser
Fläche, regelmäßig aber den Hilus und das Nierenbecken mit dem Ureterabgang bedecken. Er reicht bis
an den Hilus der Milz im Bereich von deren Facies
gastrica. Zugänglich ist das Pancreas entweder durch das kleine Netz, wenn der
Magen nach abwärts gezogen wird (Abb. 150, 152), wobei aber nur das Tuber omentale direkt freiliegt und sowohl der Kopf wie namentlich das Ende des Schweifes
nur sehr unvollkommen übersehen werden können, oder durch Abtrennung der
Pars gastrocolica des großen Netzes vom Quercolon, wobei nur die schwachen
Rami epiploici der Vasa gastroepiploica durchtrennt werden müssen; die Bursa
omentalis (S. 166) wird dabei breit eröffnet und das Pancreas läßt sich seiner
ganzen Länge nach übersehen. Von unten ist das Pancreas durch das Mesocolon
transversum gedeckt, dessen quere Durchtrennung die Ernährung dieses Darmabschnittes gefährdet und besondere Rücksichtnahme auf die Gefäße erfordert
(S. 174).

Milz.

Die normale Milz (Abb. 161) hat ungefähr die Größe der Faust ihres Trägers,
ist länglich mit zwei Polen (*Extremitas vertebralis* und *ventralis*) und drei Flächen,
einer lateralen convexen *Facies diaphragmatica*, die dem Zwerchfell zugewendet
ist, und zwei concaven Flächen, einer größeren ventralen (cranialen) *Facies
gastrica* und kleineren *Facies renalis*. Der vordere (obere) Rand, *Margo acutus* oder
crenatus, ist scharf und gekerbt, der hintere Rand *(Margo obtusus)* stumpf.
Im Bereich der Magenfläche liegt der lange, aus mehreren Öffnungen bestehende
Hilus für die Gefäße, die mit einer Reihe von Zweigen, von relativ starken Nerven
begleitet, ein- und austreten. Die Milz hängt an einem Gekröse, das sie einer-

seits mit der großen Curvatur des Magens verbindet (*Pars gastrolienalis* des Mesogastriums), anderseits durch den freigebliebenen Teil *(Pars phrenico-lienalis)* des sonst angewachsenen axialen Gekröserestes mit der hinteren Bauchwand verbindet. Dort kommt mit den Gefäßen auch der Schweif des Pancreas an den Hilus heran. Der untere Milzpol wird in wechselnder Weise von dem *Saccus lienalis* (S. 173) gestützt; dort kommt die Milz auch in Berührung mit der Flexura coli lienalis. Sie liegt schräg im linken Hypochondrium unter dem Rippenbogen parallel zur zehnten Rippe und erreicht den Rippenbogen normalerweise nicht; sie zeigt eine ausgesprochene respiratorische Verschieblichkeit mit Tiefer-

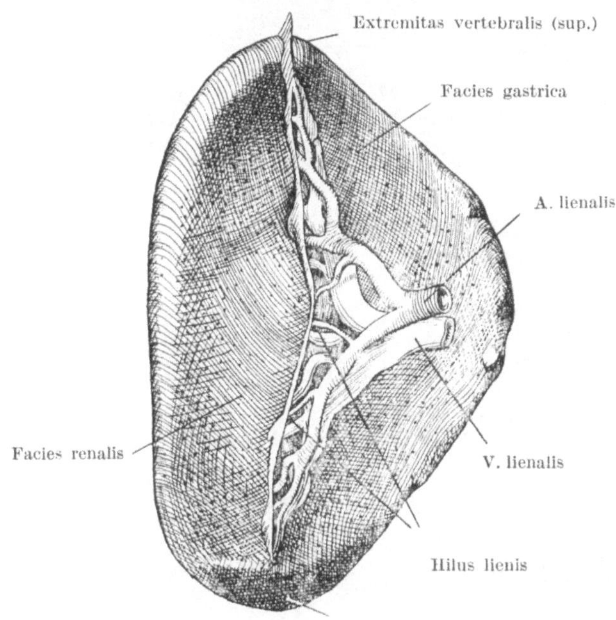

Abb. 161. Milz. Facies visceralis. Nach SOBOTTA.

treten bei der Inspiration. Dadurch, daß sie auf dem vom Magen und den Därmen gebildeten Luftkissen aufruht, bedarf sie keiner besonders festen Fixation ihrer Lage. Die *A. lienalis* ist einer der drei Äste der A. coeliaca, die *V. lienalis* einer der beiden Hauptäste der V. portae (Abb. 149 bis 151 und 172). Die Milzgefäße treten nicht einheitlich, sondern bereits in mehrere Äste geteilt durch den Hilus.

Dem Bau nach gehört die Milz zu den lymphoreticulären Organen; ihr besonderes Merkmal liegt darin, daß das Blut zwischen den letzten Arterienzweigen und den verhältnismäßig weiten und durch Stützfasern offen gehaltenen Venenanfängen (den kapillaren Milzvenen) durch das Parenchym hindurch filtrieren muß, wobei unbrauchbar gewordene rote Blutkörperchen abgefangen und im Parenchym aufgelöst, anderseits neugebildete weiße beigemischt werden. Fremdkörper des strömenden Blutes (Bakterien, Zerfallsprodukte von roten Blutkörperchen) werden dabei gleichfalls abgefangen. Auch als Blutspeicher dient die Milz, allerdings beim Menschen nur in mäßigem Grade. *Lymphgefäße* fehlen dem Milzparenchym; sie kommen nur der Kapsel zu. Diese ist von festhaftendem Peritonaeum bekleidet, enthält glatte Muskeln in mäßiger Menge und entsendet in das Innere ein System von Bindegewebsbalken und -bälkchen, welche das Parenchym, die Milzpulpa, stützen und die größeren Blutgefäße enthalten.

11*

Gekröse im Oberbauch (Lig. hepatoduodenale und Bursa omentalis).

Bei Eröffnung der Bauchhöhle wird das große Netz *(Omentum maius)* sichtbar (Abb. 162); es wird von Gefäßen (Rami epiploici) durchzogen, die von den Gefäßen der großen Curvatur des Magens ausgehen, und ist bei gut genährten

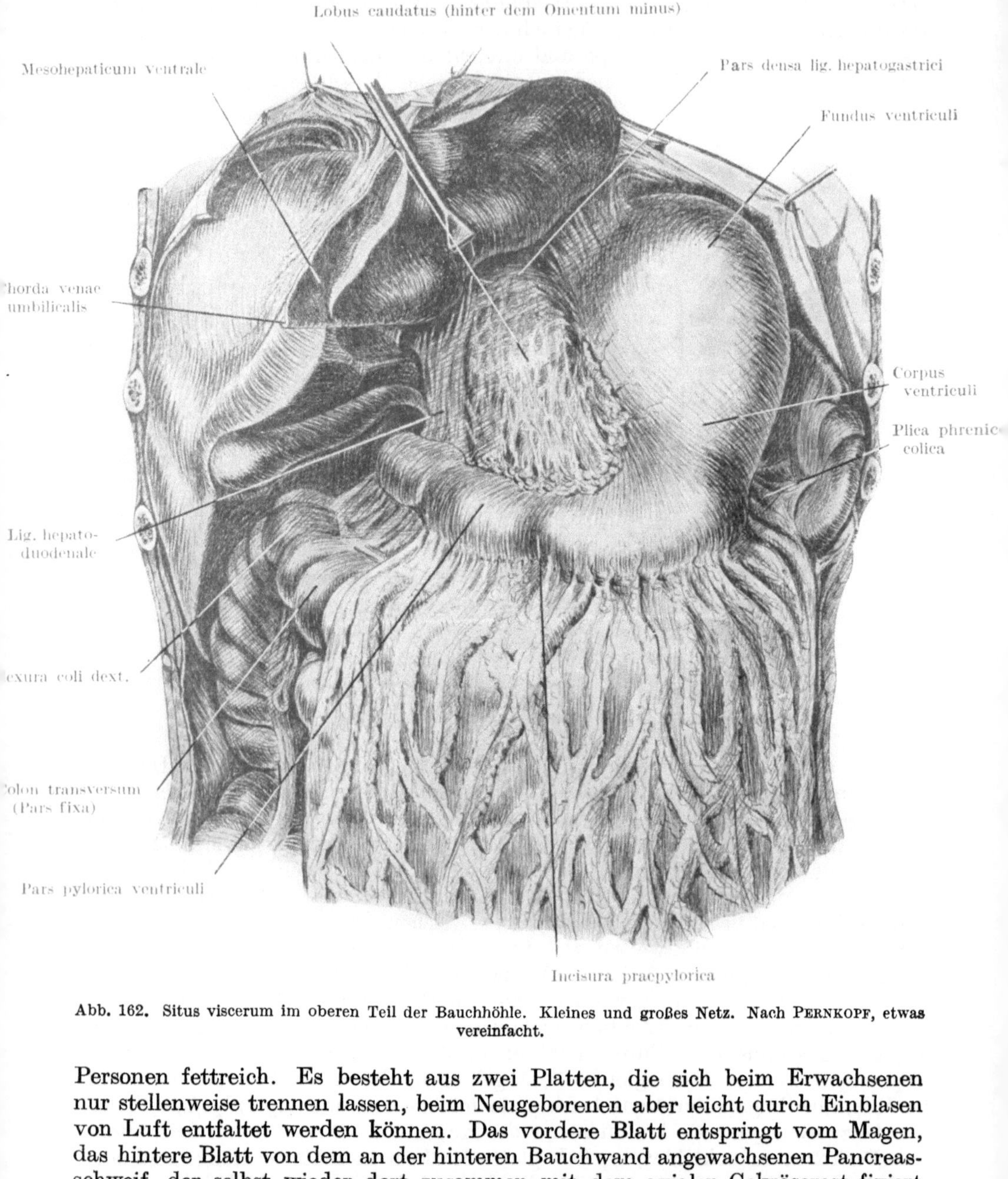

Abb. 162. Situs viscerum im oberen Teil der Bauchhöhle. Kleines und großes Netz. Nach PERNKOPF, etwas vereinfacht.

Personen fettreich. Es besteht aus zwei Platten, die sich beim Erwachsenen nur stellenweise trennen lassen, beim Neugeborenen aber leicht durch Einblasen von Luft entfaltet werden können. Das vordere Blatt entspringt vom Magen, das hintere Blatt von dem an der hinteren Bauchwand angewachsenen Pancreasschweif, der selbst wieder dort zusammen mit dem axialen Gekröserest fixiert wurde (Abb. 132). Da dieses hintere Blatt mit dem Colon und Mesocolon transversum verwachsen ist, so wird mit dem Netz immer auch das Colon transversum aufgehoben.

Das Verhalten mancher Organe zur freien Bauchhöhle wechselt im Laufe der Entwicklung, aber auch bei Varietäten, so daß hieıfür bestimmte Begriffe einzuführen sind. Als *intraperitonaeal* bezeichnen wir Organe, die allseitig mit Ausnahme der Haftlinien der Gekröse vom Peritonaeum bekleidet sind und daher innerhalb der freien Bauchhöhle gelegen und nur durch sie zugänglich sind. Wir rechnen hierher den Magen, den Dünndarm mit Ausnahme des Duodenums, das Colon transversum und sigmoides, den Anfang des Rectums, die Leber, die Milz, den Uterus mit Tube und Ovar. Ihnen stehen die in der Wand des Bauchraumes gelegenen Organe gegenüber. Eines von ihnen fügt sich der vorderen Bauchwand an, die sich ausdehnende Harnblase, und wird damit *praeperitonaeal* gelegen. Andere sind der hinteren Bauchwand angefügt, hinter der freien Bauchhöhle und daher *retroperitonaeal* gelegen. Hier unterscheiden wir wieder solche, die von Anfang an der hinteren Bauchwand angehören und somit die eigentlich oder *primär-retroperitonaealen* Organe darstellen, wie die großen Gefäße an der Wirbelsäule, die Nieren und der Abdominalteil der Ureteren, die Nebennieren, der sympathische Grenzstrang mit den großen Bauchganglien und schließlich der Nervenplexus des Beines. Ihnen stehen gegenüber die Organe, die durch Anheftung an die hintere Bauchwand *sekundär-retroperitonaeal* geworden sind, wie Duodenum, Pankreas, Colon ascendens und descendens. Schließlich gibt es noch die gewissermaßen *infraperitonaealen Organe* des Beckenbodens, wie der Beckenanteil des Ureters, die Samenblasen und die Prostata, der Fornix vaginae und der Mittelteil des Rectums. Die retroperitonaealen Organe sind grundsätzlich von rückwärts unter Vermeidung der freien Bauchhöhle zugänglich, doch gilt dies praktisch nur für die primär so gelegenen Organe; bei den sekundären kommt aber eine Ausbreitung krankhafter Prozesse an der Rückwand der Peritonaealhöhle vor, während bei den intraperitonaealen Organen (abgesehen von vorausgehenden Verklebungen) immer gleich die Gefahr der Ausbreitung über das Bauchfell selbst besteht.

Durch den Proceß der Magendrehung (S. 140 und Abb. 132) ist die *Bursa omentalis* (s. S. 166) entstanden: durch die Querstellung auch des ventralen Gekröses bis zur Leber (des Omentum minus, Abb. 162) ist auch vor bzw. rechts von der Bursa ein Raum abgegrenzt worden, das *Vestibulum bursae omentalis*. Es wird vorn (ventral) vom kleinen Netz, rückwärts von der hinteren Bauchwand, gegen die Mitte von der Wirbelsäule und der *Plica gastropancreatica* mit der A. gastrica sin. (Abb. 152) begrenzt. Unter dieser Plica liegt die Verbindung mit der Bursa omentalis, die aber durch Vergrößerung und Verklebung der Falte mit ihrer Umgebung verschlossen werden kann. Von rechts her ragt der Processus caudatus der Leber in den Raum vor (Abb. 152). Das kleine Netz haftet mit der Pars hepatoduodenalis ventral in der Leberpforte, mit der Pars hepatogastrica in der linken Längsfurche der Leber, über der Chorda ductus venosi. Nach unten bildet das Duodenum teilweise eine Begrenzung; hauptsächlich aber liegt hier die Verbindung mit der freien Bauchhöhle, das *Foramen epiploicum* Winslowi (Abb. 152). Dieses wird ventral begrenzt vom Lig. hepatoduodenale, rechts von der Leber, links vom Duodenum, rückwärts von der hinteren Bauchwand mit der rechten Niere.

Während die cranialen Teile des *Omentum minus* (Pars hepatogastrica, mit einer Pars densa vom abdominellen Teil des Oesophagus und dem Beginn der kleinen Curvatur, und einer Pars flaccida vom Rest derselben) geringe praktische Bedeutung haben, ist der caudale Teil, die Pars hepatoduodenalis oder das *Ligamentum hepatoduodenale*, von Wichtigkeit wegen der darin verlaufenden

Gallenwege und Gefäße. Am rechten (ursprünglich caudalen) Rand liegt der *Ductus choledochus*, links oberflächlich die *Art. hepatica propria* und in der Tiefe, zwischen den genannten Gebilden (Abb. 149, 150), die mächtige, bis zu 2 cm dicke *Vena portae*. Außerdem verlaufen *Lymphgefäße* und die *Lebernerven* hindurch und sind *Lymphknoten* eingefügt. Kompliziert werden die Verhältnisse durch die bereits erwähnten Varietäten der Gallenwege und Leberarterien (S. 158 und 160); der möglicherweise selbständige Verlauf des Ductus cysticus selbst bis zum Duodenum, seine gelegentliche schraubige Drehung um den D. hepaticus, die selbständige Mündung eines Hepaticusastes in das Duodenum, dann der mögliche Verlauf einer A. hepatomesenterica im rechten Anteil des Bandes, eines Leberzweiges der A. gastrica sin. im linken Anteil mahnen zur Vorsicht bei der Präparation des Bandes.

Die *Bursa omentalis* wird vorn vom Magen und der Pars gastrolienalis des großen Netzes begrenzt, hinten von dem an die hintere Bauchwand angewachsenen axialen Gekröserest mit dem Schweif des Pancreas und den Milzgefäßen. Teile des axialen Gekröserestes bleiben in wechselndem Außmaß frei, so die Pars phrenicolienalis und die Kuppe des Netzbeutels mit dem Recessus cranialis der Bursa. Hinter dem angelöteten Abschnitt liegen noch der obere Pol der linken Niere und Nebenniere; sie haben hinter sich nicht mehr die Muskeln der hinteren Bauchwand, sondern bereits die Zwerchfellschenkel. Zugänglich wird der Raum entweder durch Abtrennung des vorderen Blattes des großen Netzes von der großen Curvatur (unter Schonung des Gefäßkranzes am Magen) oder durch das Mesocolon transversum und das hintere Netzblatt (s. S. 174).

Unterer Bauchraum (Darmbauch).

Wird das große Netz mit dem anhaftenden Colon transversum hinaufgeschlagen, so ist der Überblick über den gesamten Dickdarm und den größten Teil des Dünndarmes zu gewinnen (Abb. 155). Der Dickdarm bildet den Rahmen, in den die Dünndarmschlingen sich einfügen.

Jejuno-Ileum. Es verläuft im allgemeinen mit seinen Schlingen von links oben nach rechts unten; die Schlingen hängen auch ins kleine Becken hinein, doch ohne daß aus der Lage ein sicherer Schluß auf die Einordnung einer einzelnen Schlinge in den Gesamtverlauf möglich wäre. Der Durchmesser des Darmes nimmt allmählich etwas ab, ebenso, wie schon erwähnt, die Zahl und Höhe der Falten und Zotten, während der Follikelapparat in Beziehung zur steigenden Bakterienflora zunimmt und in der Entwicklung der PEYERschen *Platten* (S. 151) gipfelt. Auf das bereits erwähnte MECKELsche Divertikel (S. 134) sei nochmals hingewiesen. Die Gefäßversorgung geschieht durch die nach links abgehenden Äste der *A. mesenterica cranialis* (Abb. 166), die im Gekröse eine im cranialen Teil meist einfache, weiter distal eine doppelte und dreifache Anastomosenkette längs des Darmes (die *Arkaden* der Arterien) bilden. Die klappenlosen *Venen* folgen den Arterien und sammeln sich in der *V. mesenterica cranialis*, der einen Hauptwurzel der V. portae. Die zahlreichen, klappenhaltigen *Lymphgefäße* (Chylusgefäße) führen zu den überall im Gekröse, aber hauptsächlich an der Gekrösewurzel liegenden Lymphknoten; von diesen ausgehende Lymphgefäße vereinigen sich zum *Truncus intestinalis*, der in die Cisterna chyli mündet. Der Chylus muß mehrere Lymphknoten passieren. Blut- und Lymphgefäße kreuzen die Pars tecta duodeni an deren Vorderseite und treten in die Incisura pancreatis ein; über den arterio-mesenterialen Verschluß s. S. 172.

Dickdarm.

Der Dickdarm ist von außen charakterisiert durch seine Taenien, Haustra und Appendices epiploicae, im Bereich der Schleimhaut durch Plicae semilunares, dicht gedrängte LIEBERKÜHNsche Krypten und zahlreiche Einzelfollikel sowie durch das Fehlen von Zotten. Am Rectum verschwinden Taenien und Haustra durch gleichmäßige Ausbreitung der Längsmuskulatur und damit verschwinden

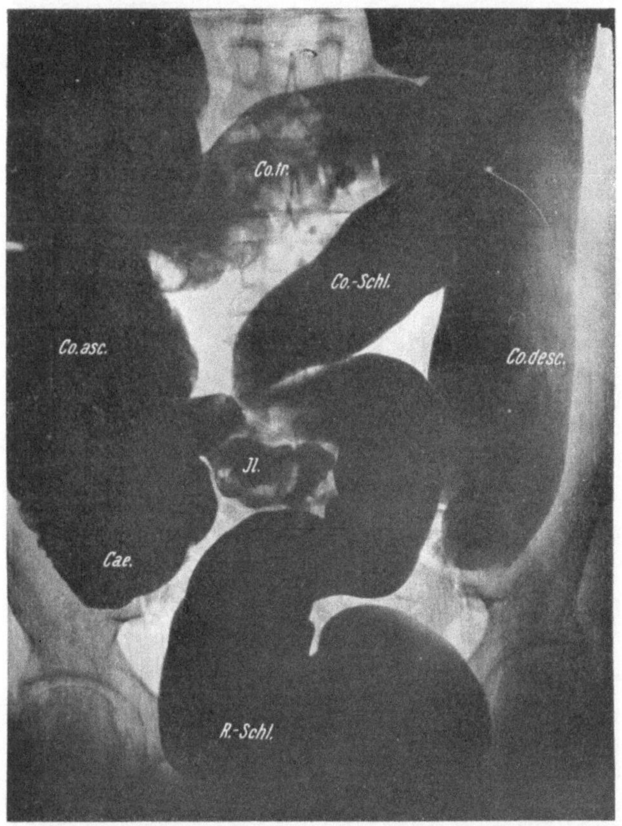

Abb. 163. Röntgenbild des Dickdarms nach Kontrastfüllung. Fall mit Doppelschlinge des Colon sigmoides (Colonschlinge, Co.-Schl., welche das Colon descendens, Co. desc., teilweise überlagert, und Rectumschlinge, R.-Schl.). Bild der Klinik Prof. Schönbauer. Cae. = Caecum; Co. asc., tr., desc. = Colon ascendens, transversum, descendens; Il. = unterstes Ileum.

auch die Appendices. Die *Taenien*, drei an der Zahl, sind zusammengefaßte Züge von Längsmuskulatur in Bandform; zwischen ihnen sind nur spärliche Längsfasern zu finden. Eine Taenie (die dorsale) verläuft am Gekröseansatz (Taenia mesenterica), eine, die ursprünglich linke, ist am Colon transversum mit dem großen Netz verklebt (Taenia omentalis) und dort nach vorn, am Colon descendens und ascendens und am Caecum nach hinten gewendet, die dritte, ursprünglich rechte Taenia libera (Abb. 155, 212) ist am Colon transversum nach unten, sonst nach vorn gewendet. Die *Haustra* sind Ausbuchtungen der Darmwand einschließlich der Mucosa; sie liegen zwischen den Taenien und sind daher gleichfalls in drei Reihen angeordnet. An der Innenfläche des Darmes werden sie durch

die queren *Plicae semilunares* voneinander getrennt. Trotz ihrer besonders bei
contrahiertem Colon sehr deutlichen Sonderung voneinander ist am Lebenden auf
dem Röntgenschirm ein Wandern der Grenzen der Taenien zu sehen, so daß
Contractionszustände bei deren Begrenzung jedenfalls eine Rolle spielen. Dafür
spricht auch, daß bei starker Dehnung der Wandung Haustra und Taenien fast
verschwinden können, so daß zur äußeren Kennzeichnung des Dickdarmes nur die

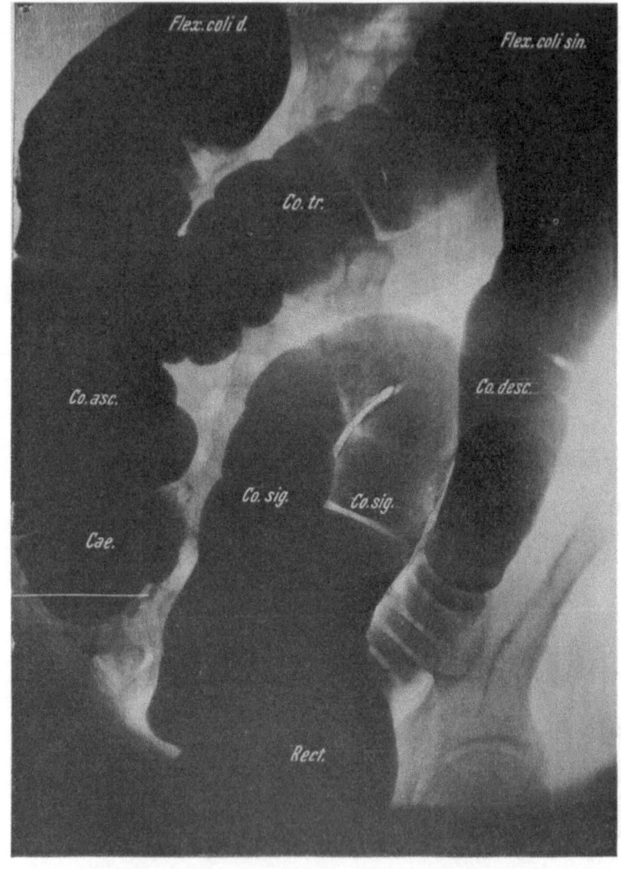

Abb. 164. Röntgenbild des Dickdarmes nach Kontrastfüllung. Einfache Schlinge des Colon sigmoides. Proc.
vermiformis gefüllt. Bild der Klinik Prof. SCHÖNBAUER.

Appendices epiploicae übrigbleiben. Diese sind fetthaltige Anhänge des Peritonaeums, zapfen- oder klöppelartig gestaltet, auch oft breitere Falten, den Taenien
aufsitzend; bei starker Abmagerung werden sie ziemlich unscheinbar. Sie scheinen
einerseits als Fettspeicher, anderseits als Rollen oder Walzen bei Bewegungen
des Darmes zu wirken, doch sind sie gegen Stieldrehung und Abklemmung empfindlich und machen dann Erscheinungen innerer Einklemmung.

Der Dickdarm zerfällt in drei Abschnitte, *Caecum* (Blinddarm), *Colon* (Grimm-
darm) und *Rectum* (Mastdarm). Das Colon unterteilt sich in *Colon ascendens*
bis zur *Flexura coli dextra* oder hepatica unter der Leber, *C. transversum* bis zur
Flexura coli sinistra oder lienalis, *C. descendens* bis zur Fossa ilica sin. und *C.
sigmoides* bis zum Beckeneingang; im Becken liegt das *Rectum*. Die Grenze von

Caecum und Colon bildet die Einmündung des Ileums, welches von links an den
Dickdarm herantritt, etwa vier Querfinger oberhalb seines blinden Endes (Abb. 155),
und in den Dickdarm mit Schleimhaut und Ringmuskulatur so eingeschoben
(invaginiert) ist, daß eine wulstige Klappe (*Valvula coli* oder ileocaecalis, Abb. 165)
entsteht. Die Längsmuskulatur und die Serosa gehen außen (erstere wenigstens zum Teil) von dem einen Darmteil auf den andern über. Die Klappe ist
bei Füllung des Dickdarmes ventilartig schlußfähig und verhindert einen Rück-
fluß des Dickdarminhaltes, allerdings auch durch sphincterartige Wirkung der

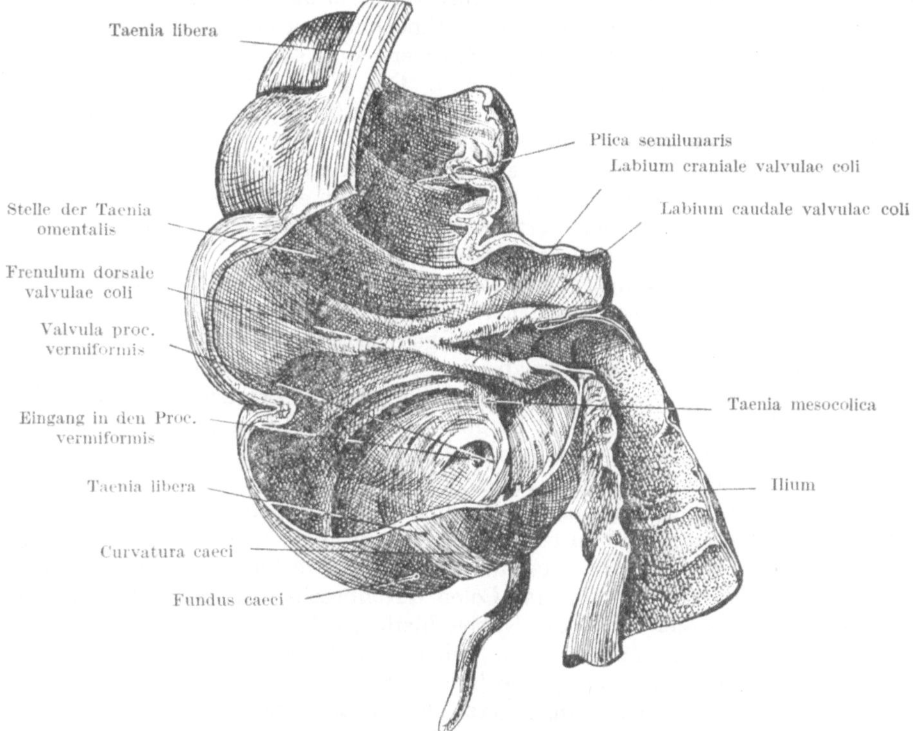

Abb. 165. Caecum nach PERNKOPF. Vorderwand entfernt.

Ringmuskulatur, so daß sie bei Darmlähmung insuffizient wird. Bei Erschlaffung
der Muskeln bildet die Klappe zwei flache Lippen oder *Labien*, die sich seitwärts
in gemeinsame Ausläufer, *Frenula*, fortsetzen. Die Dünndarmseite der Lippen
ist zottentragend, die andere Seite nicht.

Blinddarm (Caecum). Das *Caecum* (Abb. 155) ist der weiteste Abschnitt des
Dickdarmes mit einem Durchmesser bis etwa 8 cm, ohne eigenes Gekröse
(da dieses vom Ileum unmittelbar auf das Colon ascendens übergeht), aber in
sehr verschiedenem Ausmaß, meist in der Gegend der Fossa ilica dextra, an die
Bauchwand fixiert (S. 173). Es ist meist gegen das Colon medialwärts abgebogen.
An seinem blinden Ende laufen die drei Taenien zusammen, und dort findet sich
an der medialen und hinteren Wand des Caecums der in seiner Länge außerordentlich wechselnde *Wurmfortsatz, Processus* oder *Appendix vermiformis*,
normal etwa kleinfingerlang, aber von 3 bis 20 cm und mehr an Länge vari-
ierend, etwa bleistiftdick, mit glatter Außenfläche. Er ist normalerweise
gegen den Blinddarm deutlich abgesetzt, sein Lumen durch eine Schleimhautfalte begrenzt, die *Valvula processus vermiformis* (Abb. 165) heißt, aber, wenn

nicht angeschwollen, nicht schlußfähig ist, so daß Dickdarminhalt (z. B. Röntgen-Kontrastbrei) in den gesunden Wurmfortsatz übertreten kann (Abb. 164). Beim Neugeborenen geht das Caecum trichterförmig in den Wurmfortsatz über und eine scharfe Abgrenzung fehlt, ein Verhalten, das als lokaler Infantilismus beim Erwachsenen bestehen bleiben kann. Die Schleimhaut des Wurmfortsatzes enthält zahlreiche Lymphfollikel, so daß die Funktion des Gebildes der einer Tonsille gleichgesetzt wird als einer Sicherungseinrichtung, die an den Anfang des Dickdarmes mit seiner gesteigerten bakteriellen Zersetzung des Darminhalts gestellt ist. Mit der Gaumentonsille teilt der Wurmfortsatz auch die Häufigkeit akuter Entzündung, die durch die Möglichkeit einer Einschließung des Eiterherdes infolge Schleimhautschwellung proximal vom Eiterherd und des Durchbruches in den Peritonaealraum besonders gefährlich wird. Der Wurmfortsatz fehlt selbst bei schweren Mißbildungen des Darmes nicht. Er hängt an einem eigenen kleinen Gekröse, dem *Mesenteriolum* (Abb. 155, 156, 212), das hinter dem Endstück des Iliums vom gemeinsamen Gekröse entspringt und an seinem freien Rand die Gefäße und Nerven führt. Die *A. appendicularis* kann einfach sein und sich entlang dem ganzen Wurmfortsatz verzweigen, oder es gehen mehrere selbständige Zweige von der A. iliocolica ab (Abb. 166).

Das *Colon ascendens* steigt, in der Leiche meist gebläht, an der rechten Seite des Bauches, der Bauchwand angeheftet, ziemlich gerade auf, um unter der Leber scharf ins *Colon transversum* umzubiegen. Dieses verläuft von rechts nach links aufwärts bis unter die Milz, ist aber in seiner Länge und damit auch in seiner Lage recht wechselnd, je nach angeborener Länge und Contractionszustand. Es kann bei angeborener Kürze selbst im gefüllten Zustand fast geradlinig von der Leber zur Milz verlaufen, anderseits weit herunter, selbst bis ins kleine Becken hängen oder eine Doppelschlinge bilden. Der Anfangsteil des C. transversum (*Pars fixa*, Abb. 162) ist meistens eng an Duodenum und Pancreaskopf angelötet; das freie Mesocolon transversum beginnt in einigen Zentimetern Entfernung von der Flexura hepatica. Die Pars fixa steht auch mit dem Fundus der Gallenblase in Kontakt, so daß Gallensteine ins Colon durchbrechen können. Die Flexura lienalis soll dem distalen Ende der Nabelschleife (S. 142) und der Innervationsgrenze des Vagus (der Grenze zwischen bulbärem und sacralem Parasympathicus, S. 172) und auch der Versorgungsgrenze der beiden Mesenterialarterien (S. 172) entsprechen, doch werden diese Punkte jetzt eher in das Colon transversum selbst (sogar bis gegen die Mitte desselben) verlegt. Die Länge des Transversums mag daher manchmal auf Einbeziehung eines Abschnittes beruhen, der sonst zum C. descendens gehört, wie solche wechselnde Einbeziehungen auch auf der rechten Seite vorkommen, im Zusammenhang mit wechselnder Länge des Colon ascendens und wechselnder Lage des Caecums (S. 173). Ermöglicht werden Längen- und Lagewechsel des C. transversum durch sein freies Gekröse.

Von der scharfen Knickung der Flexura lienalis geht das *Colon descendens*, wieder der hinteren Bauchwand angeheftet, ziemlich geradlinig an der linken Seite herab, um am linken Darmbeinteller in das *Colon sigmoides*, das wieder durch ein freies Gekröse gekennzeichnet ist, überzugehen. Die Beweglichkeit dieses Abschnittes ist die Grundlage seiner chirurgischen Bedeutung; es kann vorgezogen, der Bauchwand vorgelagert, außerhalb des Bauchraumes eröffnet werden (Anus praeternaturalis) und liegt nahe genug dem Ende des Darmes überhaupt, um bei Eröffnung die Ausschaltung eines für die Verdauung wichtigen Darmabschnittes zu vermeiden.[1] Wieder ist, wie beim Quercolon, die Länge

---

[1] Eine solche Eröffnung wird heute ins Colon transversum verlegt, wenn das Colon sigmoides zum Ersatz von operativ entfernten Anteilen des Rectums herangezogen werden soll.

wechselnd. Gewöhnlich hängt es in das Becken hinunter, kann sich aber weit
nach rechts oder nach oben (bis zur Leber oder Milz) als doppelläufige Schlinge
mit parallel verlaufenden Schenkeln ausdehnen (Abb. 164) oder, wie häufig, in
zwei getrennte Schlingen, die als *Colon-* und *Rectumschlinge* des Sigmoids (Abb. 163)
unterschieden werden, zerfallen. Besonders das contrahierte Sigmoid kann

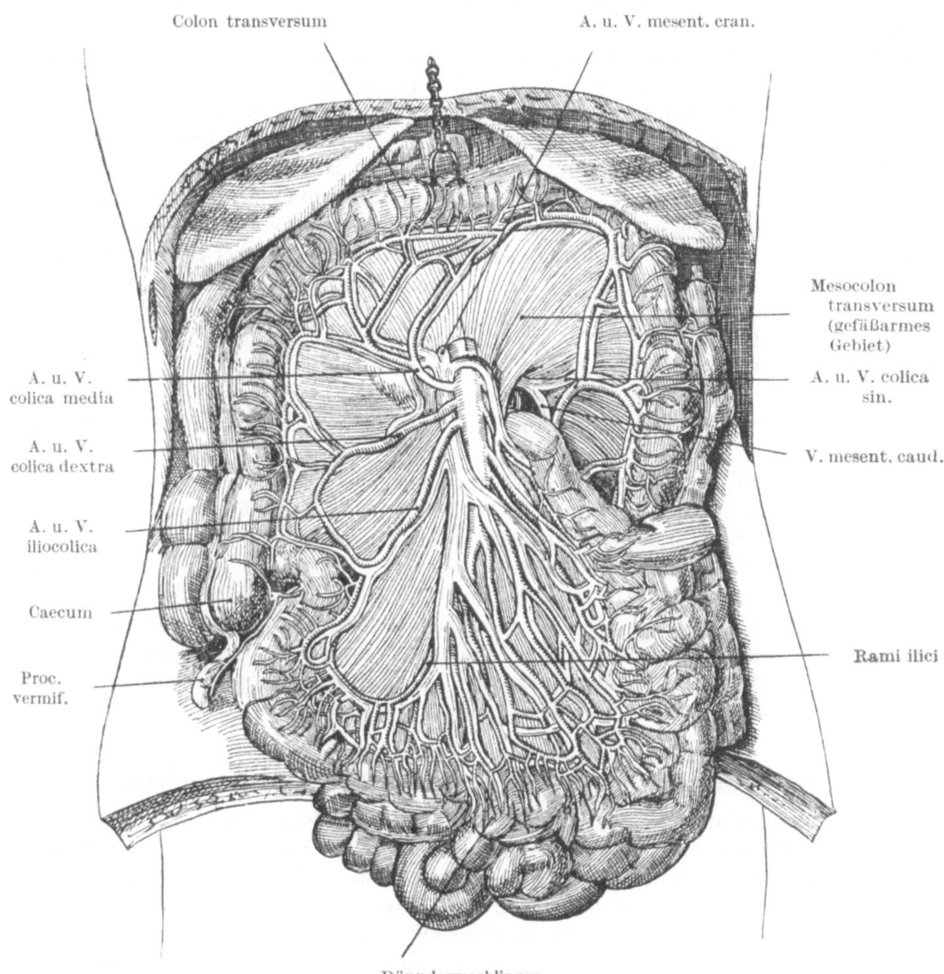

Abb. 166. Gefäße des Dünn- und Dickdarms. Nach CORNING.

aber auch auf kurzem Weg ins Rectum übergehen (Abb. 204, 212). Es besteht
ein gewisser Ausgleich für die Gesamtlänge des Darmes im Verhalten von Colon
transversum und sigmoides derart, daß abnorme Länge des einen zusammen mit
Kürze des andern vorkommt. Über das *Rectum* siehe beim Becken.

Die *Arterien* des Dickdarms (Abb. 166) stammen aus den beiden *Aa. mesen-
tericae.* Aus der *cranialen* entstehen die *A. ileocolica* und *colica dextra,* die miteinander vicariieren, für Caecum und Colon ascendens, und die *A. colica media*
für das C. transversum. Diese tritt meist etwas rechts von der Mitte an das
Colon heran. Die *A. mesenterica caudalis* versorgt das Colon descendens mit der

A. colica sin., das Sigmoid mit der *A. sigmoidea* und den oberen Teil des Rectums mit der *A. rectalis cranialis* (A. haemorrhoidalis sup.). Alle Arterien anastomosieren reichlich miteinander und bilden im Bereich der Gekröse einfache oder doppelte Arkaden. Doch ist die A. colica media für ihr Verbreitungsgebiet trotz der Anastomosen unentbehrlich, da die Distanz von ihr bis zur A. colica sin. eine verhältnismäßig große ist und ein direkter Collateralkreislauf aus der A. colica dextra zur sinistra bloß über die Arkaden den Darm entlang sich nicht einstellt; die Verletzung der Colica media zwingt zur Resektion des Quercolons. Eine bewußte Opferung des Gefäßes mit Darmresection kann aber bei Tumoren der Gegend und solchen der Nachbargebiete (Magen, Pancreas) notwendig werden. Das verhältnismäßig große gefäßfreie Gebiet links von der Arterie (Abb. 156 und 166) ist der Zugang zur Bursa omentalis und zur Hinterwand des Magens (S. 174). Auf die Arkaden muß auch bei Operationen am Colon sigmoides und am Rectum genau geachtet werden; Unterbindungen der Stämme müssen proximal von den Arkaden angelegt werden, wenn z. B. zur Mobilisierung des Darmes (behufs Herabziehens ins Becken) die A. rectalis cranialis durchtrennt werden muß. Die mit den Arterien verlaufenden *Venen* gehen bis einschließlich der (unpaaren) V. rectalis cranialis in die Pfortader über; die (paarigen) anschließenden Rectalvenen führen in das Gebiet der V. cava caudalis, so daß am Darmende wie am Oesophagus das Pfortadergebiet mit dem direkt zum Herzen ableitenden Hohlvenengebiet zusammenhängt. Über andere porto-cavale Anastomosen s. S. 176. Die Grenze zwischen V. mesenterica cranialis und caudalis liegt (wie die der Arterien) an der Flexura lienalis. Die *Lymphgefäße* des besprochenen Gebietes gelangen zum Truncus intestinalis. Die *Innervation* des Dickdarms ist eigenartig durch die bereits erwähnte Innervationsgrenze zwischen Vagus und Beckensympathicus (bulbärem und sacralem Parasympathicus) im Bereich des Colon transversum. Orthosympathicus (Brust- und Lendensympathicus) und Parasympathicus erstrecken sich über den ganzen Darm, sind aber funktionelle Antagonisten, wobei an den Baucheingeweiden der erstere (im Gegensatz zur Herzwirkung) Hemmungsnerv und Vasoconstrictor, der Parasympathicus erregender Nerv und Vasodilatator ist und die Defäkation fördert (Näheres beim Becken).

Gekröseverhältnisse und Lagevarietäten im Unterbauch.

Das Charakteristische der Darmanordnung im Unterbauch ist der Colonrahmen um die Dünndarmschlingen (Abb. 155, 166). Die Konstanz und Regelmäßigkeit dieser Anordnung ist bedingt durch die (teilweise) Anwachsung des Colons und Mesocolons, während die im Rahmen liegenden Dünndarmschlingen ein freies Gekröse (Mesostenium) besitzen (S. 151). Angewachsen sind, wie erwähnt, Colon und Mesocolon ascendens und descendens mit ihren Gefäßen und Nerven und im wechselnden Ausmaß auch das Caecum, während die andern Darmstücke für ihr freigebliebenes Gekröse sekundäre Haftlinien, *Radices*, mit einem bestimmten Verlauf an der hinteren Bauchwand erworben haben. Die *Radix mesostenii* verläuft von der linken Seite des zweiten Lendenwirbelkörpers schräg über die Bauchwand zur Fossa ilica dextra (Abb. 155) und überkreuzt dabei die Pars horizontalis inf. duodeni. Sie enthält die Stämme der A. und V. mesenterica cranialis. Bei Rückenlage und starker Erschlaffung der glatten Muskulatur der Gekröse können die ins kleine Becken herabhängenden Dünndarmschlingen einen solchen Zug an der Gekrösewurzel ausüben, daß diese Gefäße das Duodenum komprimieren und einen sog. arterio-mesenterialen Verschluß hervorrufen. Die *Radix mesocoli transversi* beginnt rechts unter der Leber, kreuzt die rechte Niere in oder unterhalb der Mitte, dann die Pars descendens duodeni und den Pancreaskopf, berührt die Radix mesostenii und geht nun am unteren Rand der Cauda pancreatis etwas schräg nach aufwärts über die linke Niere (die etwas höher liegt als die rechte) unterhalb von deren Mitte, um unterhalb der Milz zu enden. Die *Radix mesosigmoidei* (Abb. 156) läuft von der linken Darmbeingrube zuerst am M. ilicus abwärts, dann am M. psoas aufwärts, überschreitet am Scheitel des Verlaufes den linken Ureter (der wahrscheinlich beim Zustandekommen dieses Verlaufes der Haftlinie eine Rolle spielt; dort liegt der Recessus subsigmoideus, S. 175) und gelangt an das Promontorium, von wo die Haftlinie des kurzen Mesorectums noch bis zum zweiten oder dritten Sacralwirbel, bis zum Beckenboden, absteigt. Durch den Verlauf der beiden ersten Haftlinien wird nicht nur das Gekröse der betreffenden Organe fixiert, sondern auch die Organe, über welche die Radices hinweg verlaufen, nämlich Duodenum, Pancreas und die beiden Nieren; das ganze System dieser Fixierungen hat besondere Bedeutung beim aufrechten Gang des Menschen, bei welchem die Organe nach der Schwere die Neigung haben, nach unten zu gleiten, während bei den Vierfüßern das Gewicht der Baucheingeweide von der vorderen Bauchwand getragen wird. Lockerung der Fixationen führt beim Menschen zur Enteroptose. Bei der Fixation hat übrigens auch die oben erwähnte glatte Muskulatur der Gekröse eine Rolle; sie ist im Bereich der Duodenumschlinge als *M. suspensorius duodeni* stärker ausgebildet.

Mit der Fixation hängt nun auch die Entwicklung von Peritonaealfalten zusammen, die an den beiden Colonflexuren abgehen. Links findet sich regelmäßig eine *Plica phrenicocolica* (Abb. 151, 162) zur Unterfläche des Zwerchfells; sie bildet gleichzeitig eine Stütze für den unteren Pol der Milz und kann zur Wand einer förmlichen Tasche, *Saccus lienalis*, werden. Mit Vorsicht sind Anheftungen an der rechten Seite zu beurteilen; wohl kann im Anschluß an das Lig. hepatoduodenale schon beim Neugeborenen eine zarte *Plica hepato-* oder *cystocolica* vorkommen, doch sind brückenartige Verwachsungen der Lebergegend mit dem Colon häufig durch Entzündungen der Gallenblase bedingt.

Das *Caecum* hat bei der Nabelschleifendrehung den längsten Weg zurückzulegen und wird von der Anwachsung zuletzt erfaßt. Damit hängen die häufigen Varietäten des Gebietes zusammen. Es sind Varietäten der Lage und solche der Befestigung. Bei unvollständiger Drehung der Nabelschleife kann das Caecum auch ohne gröbere Mißbildung rechts höher oben als normal, bis unter der Leber, liegen; es liegt im allgemeinen noch beim Neugeborenen höher als später. Bei schwereren Störungen kann es ausnahmsweise links oder wenigstens in der Gegend des normalen Colon transversum verblieben sein; bei Situs inversus kommen diese Varietäten in spiegelbildlicher Anordnung vor. Weit häufiger sind die Varianten der Befestigung eines normal gelagerten Caecums. Man kann etwa drei Grade der Befestigung unterscheiden, das *Caecum liberum, mobile* und *fixum.* Das letztere verhält sich zur hinteren Bauchwand so wie das anschließende Colon ascendens; es liegt, an die Bauchwand angewachsen, sekundär retroperitonaeal. Das erstere aber, auch rückwärts frei, kann in der Bauchhöhle verlagert werden, kann nach links zumindest bis zur Mitte verschoben oder nach oben umgeschlagen werden, desto ausgiebiger, je mehr etwa auch Teile des Colon ascendens beweglich sind. Als Caecum mobile kann dann ein mittlerer Grad unvollständiger Anwachsung bezeichnet werden. Außer der Lage des Caecums ist die des *Processus vermiformis* (Abb. 167 bis 170 und 212) zu beachten. Er hängt häufig über die Linea terminalis ins kleine Becken hinunter, besonders bei mittlerer Länge: *Caudalposition* oder *descendierende Lage.* Er kommt dann mit der Blase oder den weiblichen Adnexen (Tube, Ovarium) in Berührung (s. beim weiblichen Genitale) oder kann in Leisten- oder Schenkelhernien, ja selbst in

Beckenhernien geraten. Bei freiem Caecum kann er hinter dasselbe (retrocaecal) gelagert und nach aufwärts *(ascendierend)* gerichtet sein (*Cranialposition* bzw. *Craniodorsalposition*) und bei nachträglicher Anheftung des Caecums verdeckt und von der freien Bauchhöhle ganz abgeschlossen sein; Eiterungen können dann direkt ins Caecum durchbrechen und von selbst ausheilen. Der Wurmfortsatz kann medialwärts neben oder hinter dem Ilium bis an das Promontorium und darüber hinaus reichen und damit nach links geraten *(Medialposition)* und schließlich auch an die Außenseite des Caecums verlagert sein *(Lateralposition)*; dann können sich im Falle der Entzündung abgesackte Abscesse der Iliocaecalgegend bilden. Der Punkt des häufigsten Druckschmerzes bei Erkrankung (McBurnescher Punkt) liegt in der Mitte zwischen Nabel und Spina ilica ventralis.

Das *Mesocolon transversum* (Abb. 156 und 166) schwankt nach Länge und Breite entsprechend den vorn erwähnten Varianten des Colon selbst. Es hat gewöhnlich

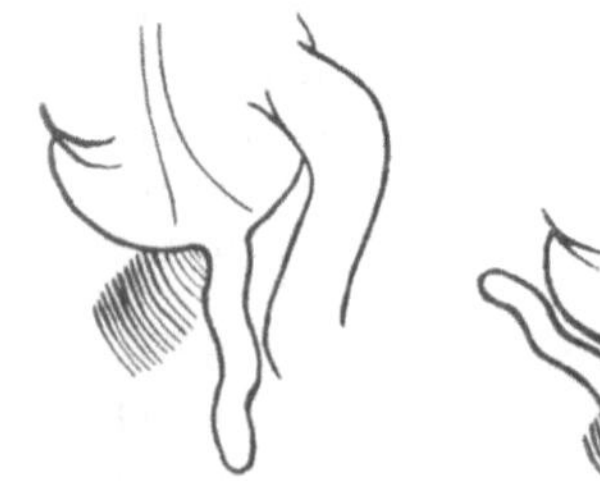

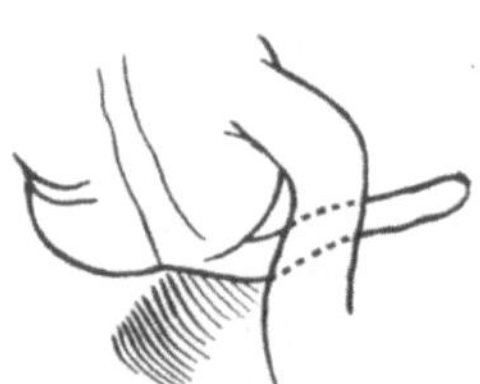
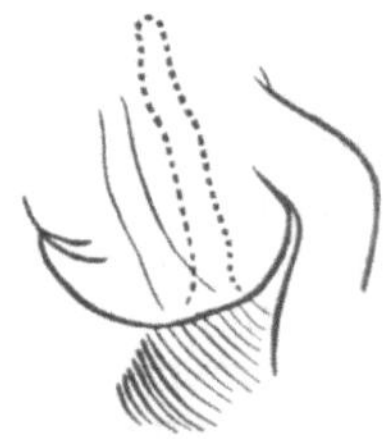

Caudalposition.   Lateralposition.   Medialposition.   Dorsocranialposition.

Abb. 167—170. Die Lagen des Wurmfortsatzes. Nach Tandler, Topographie dringlicher Operationen.

links von der A. colica media einen verhältnismäßig großen gefäßfreien Bezirk (Abb. 166), der als Zugang zur Bursa omentalis wichtig ist. Ein solcher kommt bei der Herstellung einer Magen-Darmverbindung *(Gastro-Enterostomie)* z. B. bei narbiger Verengerung oder operativer Entfernung des Pylorus oder von Teilen des Duodenums in Frage. Dann kann die Vereinigung einer Dünndarmschlinge entweder mit der vorderen oder der hinteren Magenwand ausgeführt werden (Abb. 171). Im ersteren Fall muß das Netz zusammengeschoben werden, und das Quercolon verläuft innerhalb eines von Magen, Darm und Mesostenium gebildeten Tunnels. Im zweiten Fall (Verbindung des Darmes mit der hinteren Magenwand) fällt diese Behinderung von Netz und Colon weg, wenn der Weg zum Magen über die Bursa omentalis durch das Mesocolon transversum und das hintere Blatt des großen Netzes genommen wird. Daß dabei die A. colica media geschont werden muß, wurde bereits ausgeführt (S. 172). Auch müssen die Ränder des Mesocolonschlitzes an die Magen-Darmverbindung befestigt werden, weil sonst Därme durch ihre Peristaltik in den Schlitz gelangen und dort eingeklemmt werden können. Die Bedeutung des *Mesocolon sigmoideum* für die Möglichkeit der Verlagerung dieses Darmteiles nach außen und seine Eröffnung (Anus praeternaturalis) wurde gleichfalls bereits angeführt (S. 170).

Bei der Anheftung der Gekröse entstehen an bestimmten Stellen Buchten und Taschen (Recessus), die Bedeutung erlangen können. Die wichtigste ist der *Recessus duodeno-mesocolicus* (Rec. duodeno-jejunalis der älteren Nomenklatur; Abb. 156), der sich in wechselnder Ausdehnung unter die nicht völlig angewachsene Pars ascendens duodeni erstreckt, während der Zugang von zwei Falten begrenzt wird, der *Plica duodeno-mesocolica cranialis* und *caudalis*. In der oberen verläuft die V. mesenterica caudalis von links nach rechts zur Pfortader und manchmal eine Anastomose der A. colica sin. zur A. colica media; die untere Falte läuft gegen das angewachsene Mesocolon descendens aus. Ist der Recessus ausnahmsweise sehr tief, so erstreckt er sich hinter Duodenum und Pancreaskopf bis unter das sonst angewachsene Mesocolon ascendens und kann Dünndarmschlingen aufnehmen (fälschlich *Hernia retroperitonaealis* genannt, TREITZsche Hernie) und es kann auch zu ihrer Einklemmung an der Eintrittstelle kommen. An der Einmündung des Iliums in den Dickdarm kommt es durch Falten, die vom Ilium auf den Dickdarm übergehen (Abb. 155), in ziemlich wechselnder Weise zu Taschen (*Recessus iliocaecalis cranialis* und *caudalis*), in deren Begrenzungsfalten Gefäße verlaufen; an der caudalen Tasche nimmt auch das Mesenteriolum teil. Sie können bei Austritt von Fremdkörpern aus dem Darm (z. B. bei perforiertem Wurmfortsatz) Bedeutung erlangen, weil diese Körper sich dort verbergen können. Die wechselnde Befestigung des Caecums läßt unterhalb derselben eine *Fossa caecalis* oder einen *Recessus retrocaecalis* entstehen. Endlich sind unterhalb des Mesocolon sigmoideum der *Recessus subsigmoideus* (S. 173) und längs des Colon ascendens und descendens die kleinen unregelmäßigen *Recessus paracolici* zu erwähnen.

Bleiben die Anwachsungen überhaupt aus, so besteht bei normaler Lage, aber abnormer Beweglichkeit ein *Mesenterium commune* für Dünn- und Dickdarm. Umgekehrt kann es trotz Störung der Drehungen zur Anwachsung der Gekröse in ungewöhnlicher Lagerung kommen. Bei Ausbleiben der Nabelschleifendrehung kann der Dünndarm im Anschluß an Magen und Leber den Oberbauch ausfüllen, der Dickdarm den Unterbauch.

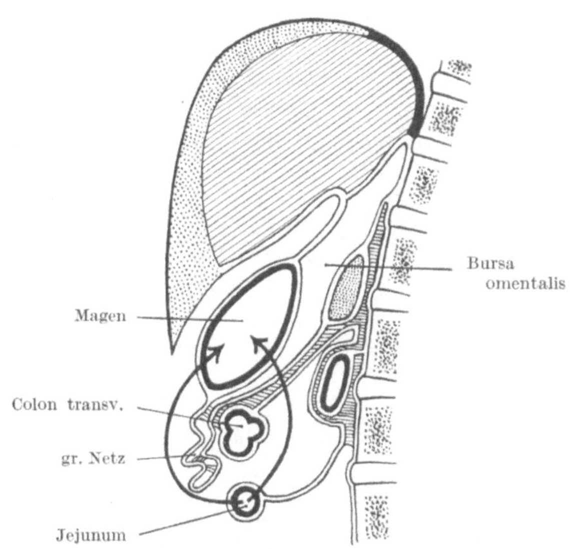

Abb. 171. Die Wege der Verbindung des Magens mit dem Dünndarm (Gastro-Enterostomia ante- und retrocolica). Bei der ersteren wird das große Netz zusammengefaltet. — An der hinteren Bauchwand das Pancreas und darunter die Pars horizontalis caudalis duodeni im Bereich ihrer Pars tecta.

Pfortader.

Das Blut des Magen-Darmkanals, des Pankreas und der Milz sammelt sich in den drei Stämmen der V. mesenterica cranialis und caudalis und lienalis, um hinter dem Pankreaskopf sich zur *Vena portae* zu vereinigen und durch das Lig. hepatoduodenale in die Leber einzutreten, wo das mit den resorbierten Stoffen beladene Blut weiterverarbeitet wird (Abb. 172). Da das Blut somit zweimal Capillargebiete passieren muß, bevor es zum Herzen zurückkehrt, so bestehen Erschwerungen des Blutstroms, die durch verschiedene Mechanismen ausgeglichen werden (Einschluß des Pfortadergebietes innerhalb des unter Muskelspannung stehenden Bauchraumes, Klaffen der Lebernerven und der unteren Hohlvene, Saugwirkung der Atmung und der Tätigkeit des Herzens, accessorische Impulse durch die Peristaltik usw.); bei Störungen der Leberdurchgängigkeit oder der Herz-

tätigkeit kommt es leicht zu Stauungen im Pfortadergebiet. Für den Fall der Leber-
störungen (Leberschrumpfung oder Cirrhose) sind die Verbindungen der Pfortader mit den übrigen Körpervenen, die *porto-cavalen Anastomosen*, von Bedeutung. Sie liegen hauptsächlich an drei Stellen: am Oesophagus und am
Rectum zur oberen bzw. unteren Hohlvene (S. 126 und 172) und längs der Chorda
venae umbilicalis, an der die *Vv. parumbilicales* die Leberpforte mit dem Nabel

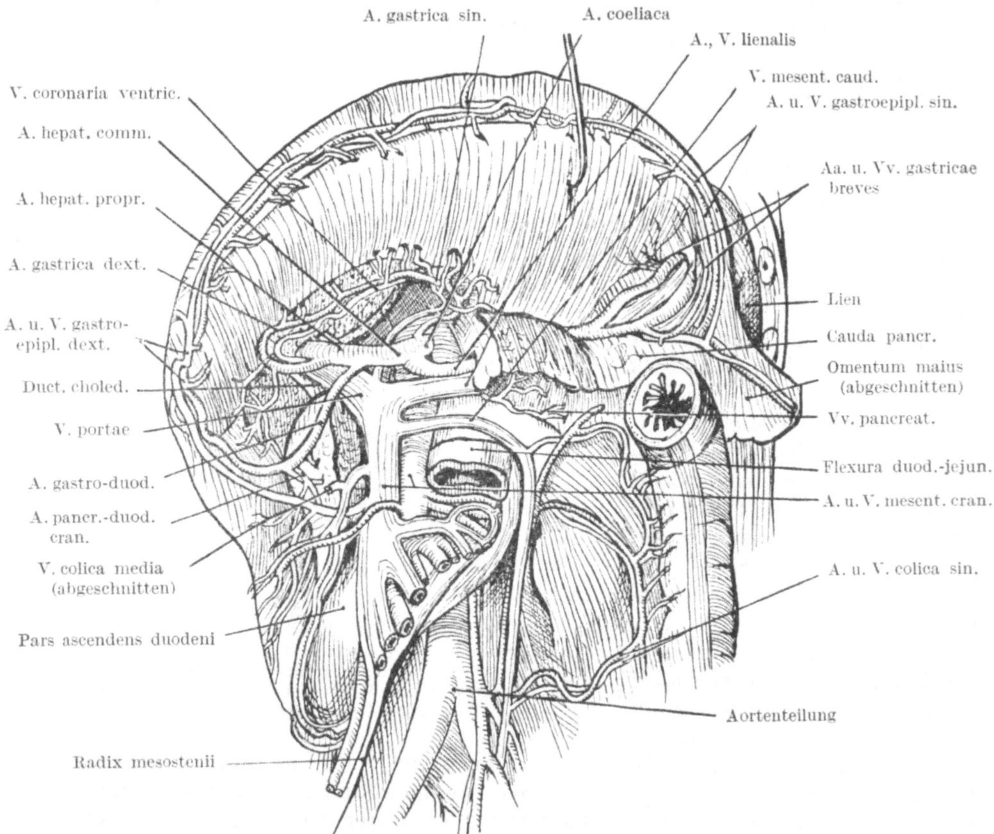

Abb. 172. Zusammensetzung der Pfortader. Das große Netz wurde entfernt, der Magen kranialwärts umgeschlagen, Jejunum, Ileum, Colon ascendens und transversum sowie der Mittelteil des Pankreas reseziert. ²/₅ nat. Gr.
Nach TOLDT-HOCHSTETTER, vereinfacht.

und weiter mit den Venen der Bauchhaut verbinden; bei Ausweitung dieser
Bahnen entsteht das *Caput medusae*, stark geschlängelte, radiär vom Nabel aus-
gehende Hautvenen, die sich teils zum Gebiet der oberen Hohlvene, teils zu dem
der unteren fortsetzen. Außerdem aber gibt es in sehr wechselnder Zahl und
Lage kleine Anastomosen zwischen Pfortaderästen und Venen der hinteren
Bauchwand im Bereich der sekundären Gekröseanwachsungen (am Duodenum
und im Bereich des Mesocolon ascendens und descendens), deren pathologische
Bedeutung noch strittig ist und davon abhängt, ob ein direkter Übertritt von
Pfortaderblut (das aus dem Darm giftige Zerfallsprodukte aufnehmen kann)
in den allgemeinen Kreislauf schädlich sein kann.

Retroperitonaealraum.

Zwischen Peritonaeum parietale und der knöchern-muskulösen hinteren Bauchwand findet sich lockeres Bindegewebe, das *Spatium retroperitonaeale,*

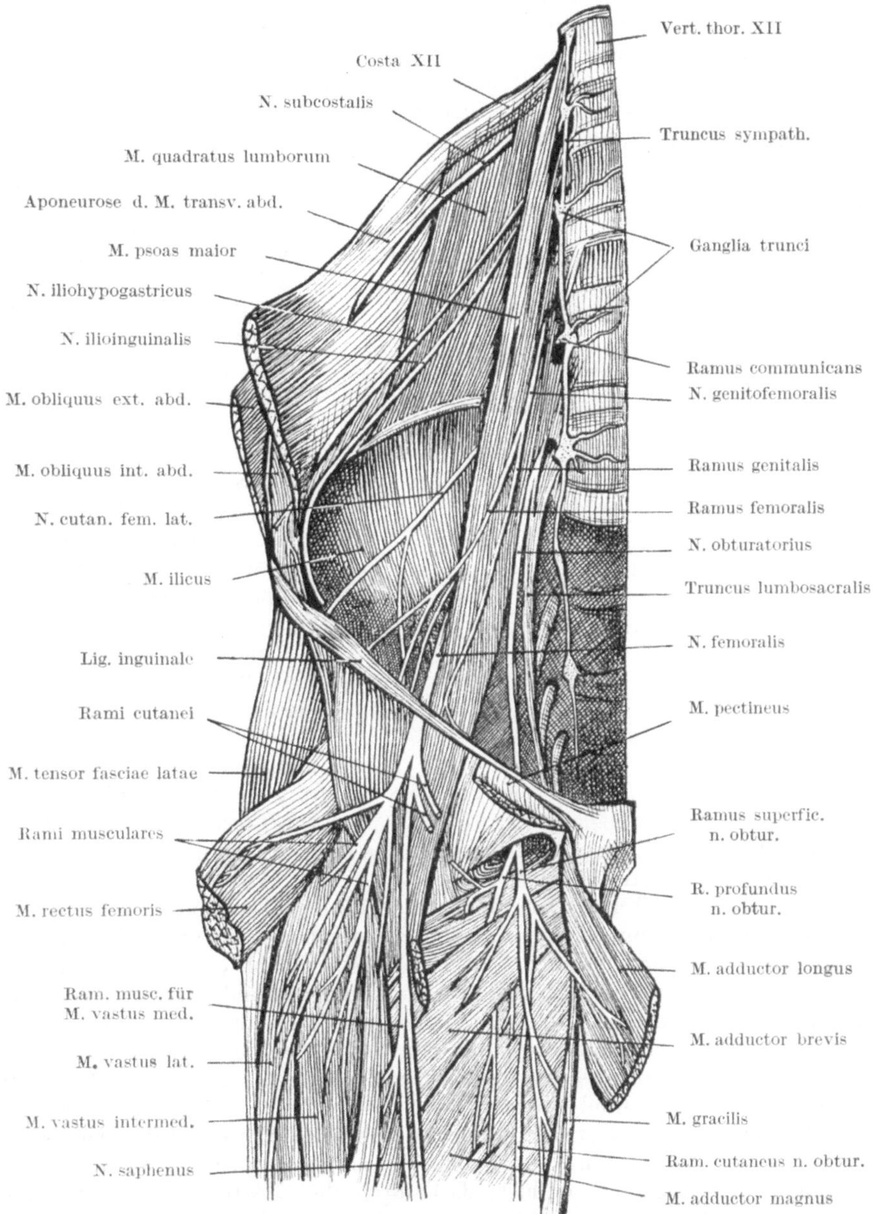

Abb. 173. Die Äste des Plexus lumbalis. Nach TOLDT-HOCHSTETTER, aus zwei Bildern kombiniert.

in welches eine Reihe von (primär retroperitonaealen) Organen eingebettet ist. Wir unterscheiden sie als *unpaare,* die drei Hauptgefäßstämme (Aorta, Vena cava caudalis, Ductus thoracicus), und *paarige*, die Nieren, Nebennieren, Ureteren, Vasa spermatica, Grenzstrang des Sympathicus, Gefäß- und Nervenzweige zu den Organen, schließlich das cerebrospinale Lendengeflecht (Plexus lumbalis) für das Bein. Die chirurgische Bedeutung der Lage dieser Organe besteht in ihrer Zugänglichkeit von rückwärts ohne Eröffnung des Peritonaealraumes.

Die hintere Wand des Gebietes (Abb. 91 und 173) wird von der Lendenwirbelsäule und ihrer Muskulatur sowie vom Lumbalteil des Zwerchfells gebildet. Die stark vorspringenden Lendenwirbelkörper (einschließlich des zwölften Brustwirbels) dienen an ihren Seitenflächen den medialen Ursprungszacken des M. psoas maior zum Ursprung, während laterale Zacken des Muskels von den Processus costarii der Lendenwirbel abgehen. Längsverlaufende Sehnenbogen überbrücken am medialen Rand des Muskels die Wirbelkörper von Bandscheibe zu Bandscheibe und darunter verlaufen die Lumbalgefäße und die Rami communicantes des lumbalen sympathischen Grenzstranges. Der Arcus lumbocostalis medialis des Zwerchfells (Abb. 91) überbrückt in querer Richtung das obere Psoasende vom Körper zum Rippenfortsatz des ersten Lendenwirbels, so daß der in eine einheitliche Fascie eingeschlossene M. psoas bis ins hintere Mediastinum hinaufreicht. Die Fascie bildet um den langen Muskel ein Rohr, das, vereint mit der Fascie des M. ilicus, bis zur Lacuna musculorum und

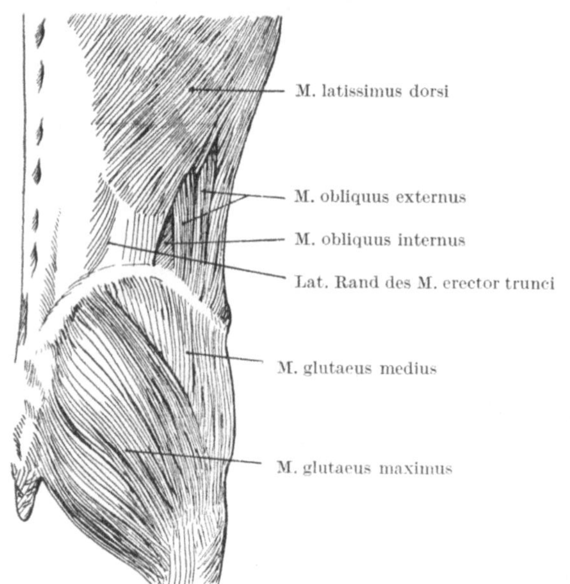

Abb. 174. Lumbalgegend mit Trigonum lumbale. Nach CORNING.

über diese hinaus auf den Oberschenkel bis zum zugehörigen Muskelansatz (Trochanter minor femoris) sich fortsetzt, so daß Wirbelerkrankungen (vorwiegend tuberkulöser Natur) sich mit sog. Senkungsabscessen von der unteren Brust- und der Lendengegend bis an die Körperoberfläche unter dem Leistenband ausbreiten können. Neben dem Psoas liegt der M. quadratus lumborum, der von der zwölften Rippe zum Darmbeinkamm verläuft, mit accessorischen Ursprüngen und Ansätzen an den Rippenfortsätzen der Lendenwirbel. Der Muskel wird vom Arcus lumbocostalis lat. des Zwerchfells überbrückt; dieser reicht vom Proc. costarius des ersten Lendenwirbels zur Spitze der zwölften Rippe. Das Zwerchfell selbst nimmt gleichfalls mit seiner Pars lumbalis an der Begrenzung des Retroperitonaealraums teil. Einzelheiten über die drei Crura der Pars lumbalis und das muskelfreie Trigonum lumbocostale s. S. 97 und Abb. 91. Wiederholt sei hier, daß durch den Hiatus aorticus die Aorta und der Ductus thoracicus, durch das Foramen oesophagicum der Oesophagus und die Chordae oesophagicae des Vagus durchtreten und daß zwischen medialem und mittlerem Zwerchfellschenkel die Nn. spanchnici und die V. lumbalis ascendens, zwischen mittlerem und lateralem Schenkel der Grenzstrang in den Bauchraum gelangen.

Die hintere Bauchwand wird ergänzt durch die *Darmbeinschaufeln*; so wie der Raum des großen Beckens in den Bauchraum einbezogen ist, wird auch die knöcherne Wand desselben der Bauchwand einverleibt. Die Darmbeinschaufel ist innen gehöhlt zur Fossa ilica, die vom *M. ilicus* bedeckt wird; der Muskel ist in eine kräftige Fascie eingehüllt, welche mit der des M. psoas sich vereinigt, so daß beide Muskeln gemeinsam durch die Lacuna musculorum (S. 138) hindurchtreten. In der Rinne zwischen ihnen liegt der N. femoralis (S. 192), der gleichfalls die Lacune benützt. Den unteren Rand der Fossa ilica bildet die Linea terminalis, die Grenze des kleinen Beckens, der entlang die Vasa ilica verlaufen. Am Darmbeinkamm entspringen, wie erwähnt, die breiten Bauchmuskeln. Der Ursprung des Obliquus externus reicht aber nicht bis an das dorsale Ende des Kammes, sondern hört am Beginn des Ursprunges des Latissimus dorsi auf. Die beiden Muskeln stoßen in der Regel aneinander, doch kommt es vor, daß der Obliquus schon früher aufhört, und dann entsteht zwischen den Ursprüngen das kleine *Trigonum lumbale* (PETITI, Abb. 174), das zur Bruchpforte werden kann. Unter dem Trigonum liegt der dorsalste Abschnitt des Obliquus internus und noch tiefer der aponeurotische Ursprung des Transversus von der Fascia lumbodorsalis (vgl. auch Abb. 182 und 183).

Nieren.

Die wichtigsten Organe des Retroperitonaealraumes sind die *Nieren*, ovale, etwas flach gedrückte Körper mit einer charakteristischen Einziehung am medialen Rand, dem *Hilus*, durch den man in eine Aussparung der Nierensubstanz, den *Sinus renalis*, gelangt. Der laterale Rand ist convex; ein cranialer und caudaler Pol ist zu unterscheiden. Die ziemlich ebene dorsale Fläche liegt hauptsächlich dem M. quadratus lumborum und dem lateralen Zwerchfellschenkel (ev. auch dem muskelfreien Trigonum lumbocostale) an, die ventrale Fläche zeigt undeutliche Abdrücke der benachbarten Eingeweide (rechts Leber und Duodenum, links Milz und Pancreas, beiderseits in der unteren Hälfte Colon transversum). Im Hilus liegen ventral die Zweige der Vena renalis, dann die Arterie und dorsal das Nierenbecken mit dem Ureter; doch wird das Nierenbecken immer von einzelnen dorsalen Gefäßzweigen umgriffen. Auf dem Längsschnitt (Abb. 175) sieht man eine Rinden- und Marksubstanz; die erstere ist gekörnt (in ihr liegen die Glomeruli und Tubuli contorti), die letztere gestreift (sie enthält die HENLEschen Schleifen und die Sammelröhren) und bildet die *Pyramiden*, 16 bis 20 an Zahl, häufig zu Doppelpyramiden vereinigt; sie sind mit der Spitze gegen den Hilus gerichtet und laufen in die *Papillen* aus, die in die Nierenkelche eingesenkt sind und auf denen die Sammelröhren münden. Die *Kelche (Calices)* sind Ausläufer des Nierenbeckens, zu dem sie sich in sehr wechselnder Art vereinigen; das *Nierenbecken (Pelvis renalis)* geht mit starker caudalwärts gerichteter Krümmung in den Ureter über. Je nach der Länge der Kelche und dem Grade der Zerteilung des Nierenbeckens kann man wenig und stark zerteilte Becken (plumpe *ampulläre* oder feingliedrige *dendritische Typen*, Abb. 176 bis 178) und Zwischenformen unterscheiden, ein Umstand, der besonders bei Steinbildungen für deren Form und Größe in Betracht kommt. Nierenbecken und Ureter besitzen eine innere Längs- und äußere Ringschicht einer grobbalkigen glatten Muskulatur, die (hier wie auf der Blase) nicht so geschlossene Lagen bildet wie am Darm. Die Arterienzweige dringen an der Seitenfläche der Pyramiden in das Parenchym ein, verlaufen an der Basis derselben (an der Grenze gegen die Rindensubstanz) ein Stück weit bogenförmig (Aa. arciformes) und geben zahlreiche gerade zur Oberfläche aufsteigende Äste (Arteriolae rectae) ab,

an welchen traubenartig die Glomeruli hängen; außerdem werden hiluswärts
Äste zu den Pyramiden selbst abgegeben. Die Mehrzahl der Arterienäste liegt
ventral vom Nierenbecken, so daß ein mehr an die Dorsalseite verlagerter Flachschnitt (Sektionsschnitt) auch am Lebenden ohne übergroßen Blutverlust ausgeführt werden kann, um z. B. Steine aus Kelchen in der Tiefe der Nierensubstanz
zu entfernen. Das Blut der Vasa efferentia der Glomeruli fließt weiter durch
Kapillaren, welche die Harnkanälchen umspinnen, in Venen, die der Haupt-

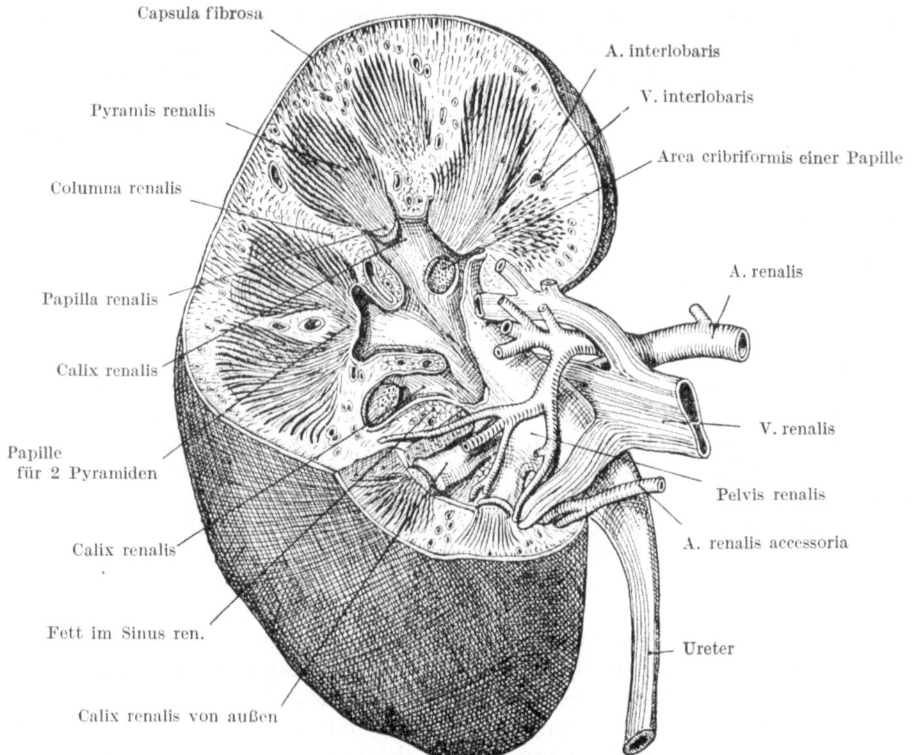

Abb. 175. Niere, Nierenstiel, Nierenbecken und Nierenkelche nach Abtragung eines Teiles der vorderen Nieren-
hälfte. Nach PERNKOPF.

masse nach durch die Nierenvenen des Hilus austreten, zum Teil aber an der
Oberfläche als selbständige Vv. stellatae der Nierenkapsel erscheinen. Zahl-
reiche Lymphgefäße gelangen zu Lymphknoten des Hilus und weiter zu lumbalen
Knoten. Die Nerven (von Vagus und Sympathicus) bilden starke Plexus um
die Arterie. Schmerznerven gelangen über den Sympathicus zu den Segmenten
Th. 10 bis Lu. 1.

Die Niere ist von einer fibrösen Kapsel umgeben (*Tunica (Capsula) fibrosa
renis*, Abb. 179), die knapp anliegt, aber von der normalen Niere leicht abziehbar
ist; sie kann bei acut entzündlicher Schwellung des Organs das Nierengewebe
so einschnüren, daß das Einströmen des Blutes gehemmt ist und die Kapsel
operativ gelöst werden muß. Als nächste Umhüllung erscheint die Fettkapsel
der Niere *(Corpus adiposum renis)*, die zwar als Baufett dazu dient, die eigenartige Form der Niere in die Umgebung einzupassen, aber doch auch in hervorragendem Maße zur Speicherung von Fett herangezogen wird und dem Er-

nährungszustand entsprechend entwickelt ist. Über ihre Rolle bei der Befestigung der Niere s. unten. An den Grenzen der Fettkapsel finden sich Verdichtungen des Bindegewebes als *Fascia prae-* und *retrorenalis,* welche die Nebenniere mit einschließen und nach oben und unten sich einander nähern oder (besonders oben) zusammenfließen (Abb. 180). Zwischen der Fascia retrorenalis und der

Fascia lumbalis (an der retroperitonaealen Muskelwand) liegt nochmals eine mit dem Ernährungszustand wechselnde Fettschicht. Vor der Fascia praerenalis liegt das Peritonaeum parietale, wieder streckenweise von wenig retroperitonaealem Fett unterpolstert,[1] bzw. es liegen dort die an das parietale Peritonaeum angehefteten Organe. Die *Befestigung der Niere* in ihrem Bett (Abb. 179) ist ein Problem, das sich aus dem aufrechten Stand ergibt, da das Gewicht die Niere nach abwärts drängt; an ihr nehmen teil der. Gefäßnervenstiel, die Fettkapsel, die Fascien, das Peritonaeum parietale, die Radix mesocoli transversi und das den unteren Pol überziehende Mesocolon ascendens bzw. descendens, an der oberen Hälfte der linken Niere auch der axiale Gekröserest des Magens (die Hinterwand der Bursa omentalis mit dem Ende des Pancreasschweifs), und schließlich der intraabdominelle Druck. Erschlaffung der Bauchwand einerseits, rasche Abmagerung mit Schwund der Fettkapsel anderseits ohne entsprechende Zeit für die Schrumpfung des Bindegewebes der Kapsel führen zur Lockerung (Ren

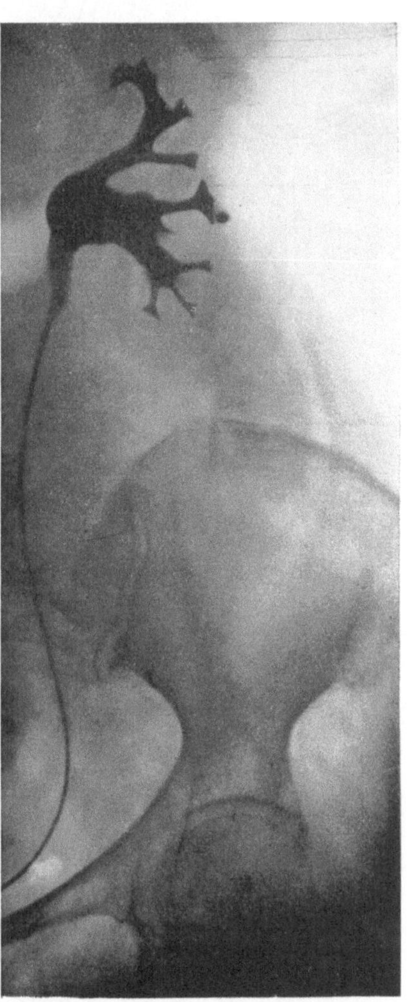

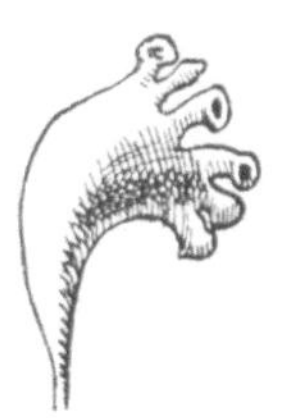 

Abb. 176 und 177. Massiger und verzweigter Typus des Nierenbeckens nach Ausgüssen desselben. Aus CORNING.

Abb. 178. Pyelogramm der linken Niere. Mischtypus des Nierenbeckens. $^2/_5$ nat. Gr. Klinik Prof. SCHÖNBAUER.

mobilis) und zur Wanderniere, wobei diese herabgleitet, an den Gefäßen und Nerven zerrt und zur Abknickung des Ureters führen kann. Doch ist eine kleine respiratorische Verschiebung der Niere und auch eine geringe Lageveränderung beim Liegen und Stehen noch normal. Die beiden Nieren liegen normalerweise verschieden hoch, die rechte fast ein Segment tiefer als die linke, in ihrem embryonalen Ascensus durch die Leber gehemmt; die rechte überragt die zwölfte Rippe, die

---

[1] Die Fascia praerenalis kann nur stellenweise von der Fascia subperitonaealis unterschieden werden.

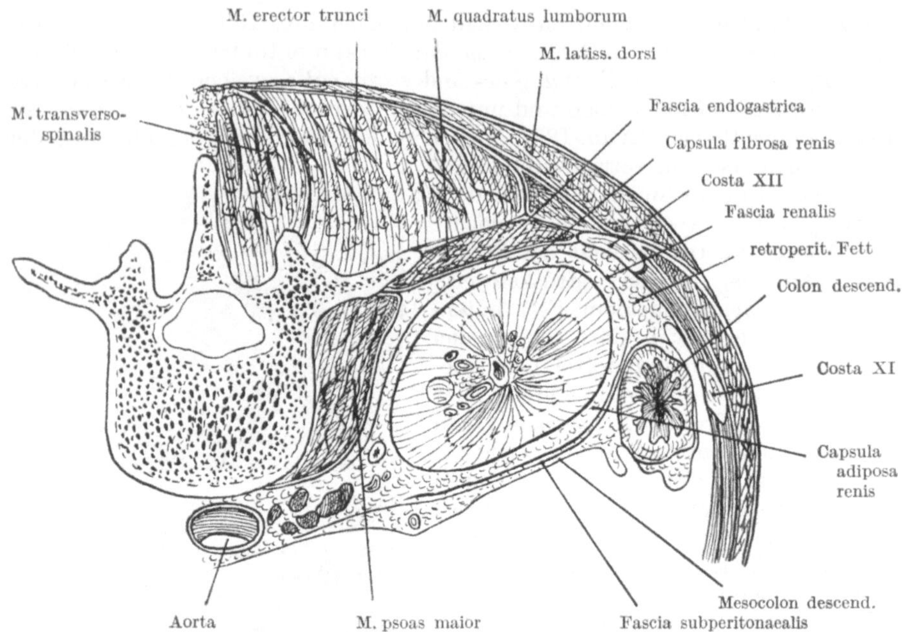

Abb. 179. Querschnitt der hinteren Bauchwand in Höhe des 3. Lendenwirbels. Hüllen der Niere, Befestigung von Colon und Mesocolon descendens an der hinteren Bauchwand. Nach PERNKOPF, vereinfacht.

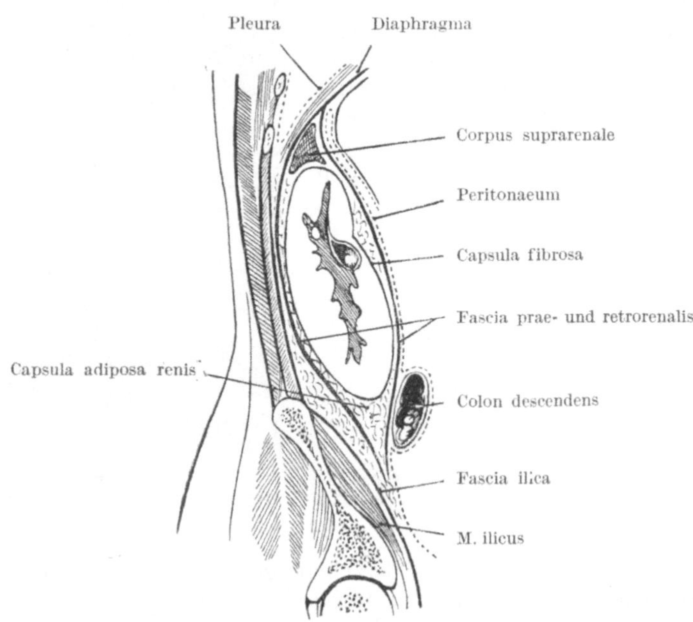

Abb. 180. Längsschnitt durch die Niere und Nebenniere und ihre Fascien. Nach GEROTA, aus CORNING.

linke erreicht die elfte Rippe (Abb. 181). Da der Pleurasinus bis an und über die zwölfte Rippe herabreicht, so liegt die linke Niere mit der oberen Hälfte dem Sinus auf, die rechte in geringerer Ausdehnung. Doch ist die wechselnde Länge der zwölften Rippe die Ursache variabler Beziehung auch zur Pleura; ist die Rippe sehr klein, so kann der Sinus scheinbar die letzte zählbare Rippe beträchtlich überschreiten. Der untere Pol der Niere liegt links gewöhnlich am zweiten Lendenwirbel, rechts am Oberrand des dritten. Die Niere des Neugeborenen liegt tiefer und reicht mit ihrem unteren Rand bis nahe an den Darmbeinkamm.

Nierenbett. Die Rückwand des Nierenbettes (Abb. 179 bis 181 und 173) wird vom M. quadratus lumborum (Abb. 91) und dem lateralen Zwerchfellschenkel einschließlich des muskelfreien Trigonum lumbocostale gebildet; im Bereich dieses in seiner Ausdehnung schwankenden Trigonums grenzt das Nierenbett, nur durch eine Fascie getrennt, an die Pleura diaphragmatica. Der Außenrand der

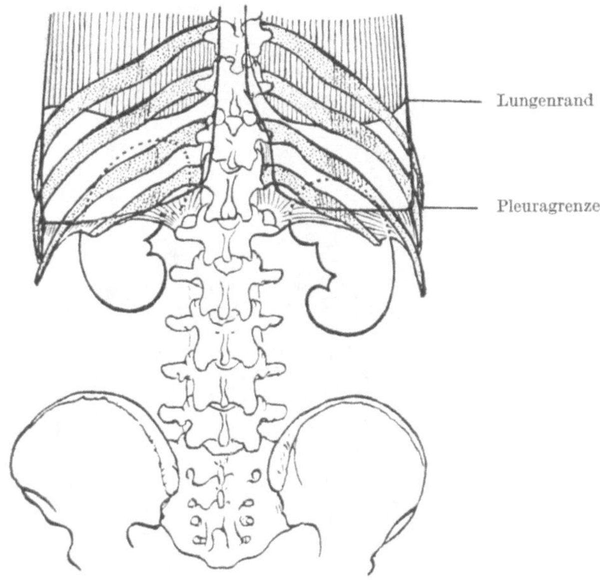

Abb. 181. Lage der Nieren zu den unteren Rippen und den Pleuragrenzen, auf Grund der Bilder von PERNKOPF. Ansicht von rückwärts.

Niere überragt noch den Quadratus, so daß dort der M. transversus abdominis mittels seines sehnigen Ursprunges von der Fascia lumbodorsalis (der Hülle der langen Rückenmuskeln) mit der Niere in Berührung kommt. Noch weiter dorsal liegen die beiden andern breiten Bauchmuskeln (vgl. auch S. 131). Hinter der Niere, auf der ventralen Fläche des Quadratus und des Transversus, verlaufen der N. subcostalis, iliohypogastricus und ilioinguinalis; bei operativer Freilegung der Niere von rückwärts, bei der am Rand des Transversus eingegangen wird (Abb. 182 und 183), ist auf diese Nerven zu achten. Mit dem Hilus reichen die Nieren bis an den Psoas. Da sie nicht genau parallel liegen, sondern (mit den Psoasrändern) caudalwärts divergieren, so sind die unteren Pole einige (drei bis vier) Zentimeter weiter voneinander entfernt als die oberen (Abb. 188).

Varietäten der Nieren. Die Nieren gehören zu den variabelsten Organen des Körpers, nach Form, Lage, Gefäßversorgung, ja nach Zahl, da angeborener einseitiger Mangel mit kompensatorischer Vergrößerung der anderen Niere vorkommt. Es ist daher diagnostisch sehr wichtig, daß man die Varietäten (mit Ausnahme derjenigen der Gefäße) am Lebenden mit dem Röntgenverfahren nachweisen kann. Selbst bei normaler Lage variiert besonders die Länge

der Niere; die langen Formen sind meist Doppelnieren mit zwei Nierenbecken oder
doch mit weitgehender Spaltung desselben und auch des Ureters. Die Lage-
und Formvarietäten ergeben sich aus der Entwicklung; die Niere entsteht im
Bereich des zweiten bis fünften Sacralsegmentes und steigt aus der Beckenregion
bis an das obere Ende der Lumbalgegend auf, wobei sie sich dreht, denn der
Hilus sieht zuerst ventral und wird erst am Ende der Wanderung medialwärts

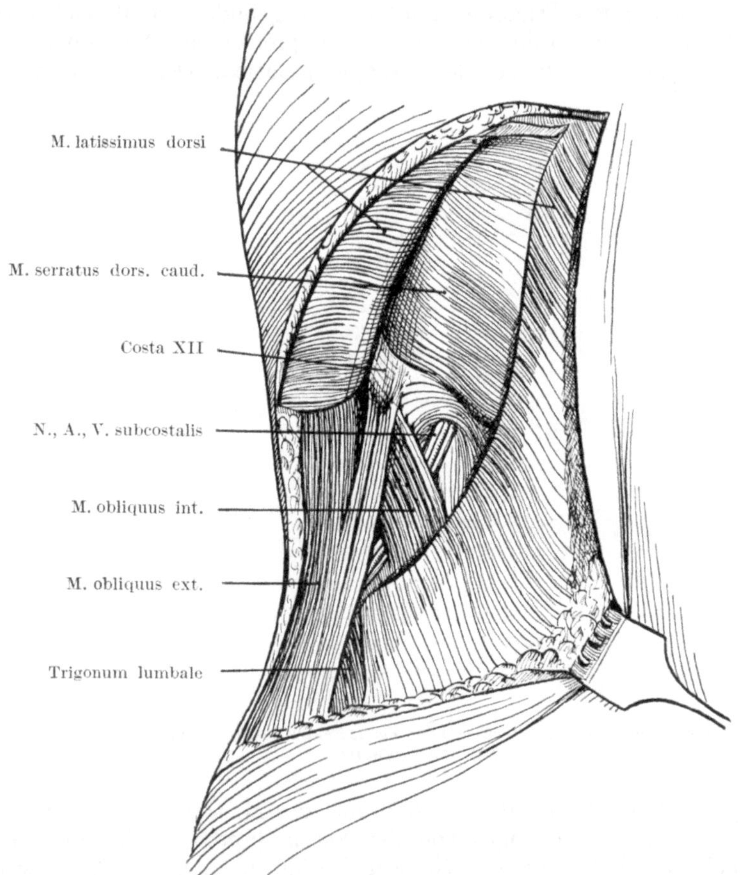

Abb. 182. Lumbaler Zugang zur Niere, oberflächliche Schicht. Nach Tandler, Topographie dringlicher Operationen.

gewendet, wobei sich der Sinus renalis verschmälert und vertieft. Daher sind
die angeborenen Lagevarietäten Hemmungen des Ascensus und immer mit
Formvarietäten verbunden. Es gibt Beckennieren, Nieren auf der Linea terminalis oder in der Darmbeingrube; sie sind sog. *Kuchennieren* (Abb. 184) von flach-
rundlicher Form, mit breitem, nach vorn gewendetem Hilus, in den die Gefäße
von vorn eintreten und aus dem Nierenbecken und Ureter nach vorn abgehen.
Die Gefäße haben einen abnormen Ursprung, von der A. ilica interna oder communis oder dem Endstück der Aorta abdominalis; denn die Nierenanlage wird
aus der Umgebung erst vascularisiert, wenn der Ascensus zum Stillstand kommt.
Sekundär verlagerte Nieren (Wandernieren, deren Befestigung nachgegeben
hat) haben selbstverständlich normale Form und Gefäßursprünge. Statt einer

einzigen Arterie bestehen nicht selten *mehrere* selbständige *Aa. renales*, die auch neben dem Hilus in die Nierensubstanz eintreten können; ihr Vorkommen ist wahrscheinlich auf Einbeziehung mehrerer Urnierenarterien in die Nierenversorgung zurückzuführen. Vereinzelte kleine *Cysten*, durch mangelhaften Anschluß von Harnkanälchen an die Sammelröhren entstanden, sind nicht selten; bei größeren Störungen dieses Anschlusses entstehen *Cystennieren*, die zu großen

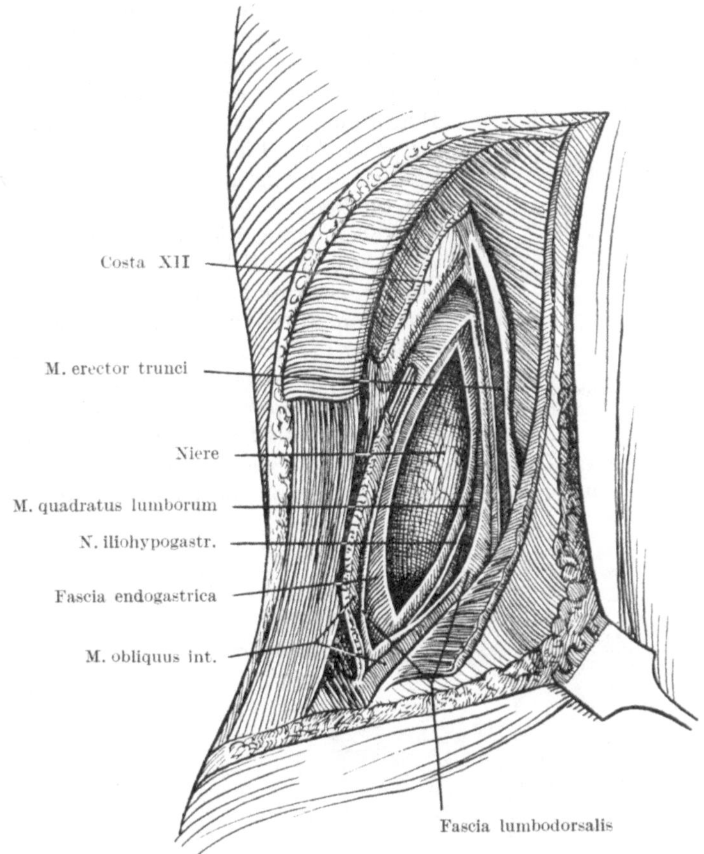

Abb. 183. **Lumbaler Zugang zur Niere, tiefe Schicht.** Nach TANDLER, Topographie dringlicher Operationen.

Tumoren, ja bei fetaler Entstehung zu Geburtshindernissen werden können. Eine besondere Gruppe bilden die *Verschmelzungsnieren*, deren Vorkommen mit der engen Nachbarschaft der beiden embryonalen Nierenknospen, solange sie noch im Sacralgebiet liegen, zusammenhängt. Sie können ganz zu einem einheitlichen Körper oder nur an einem Pol, besonders dem unteren, verschmelzen; beim Ascensus bleibt die Brücke am mächtigen embryonalen Beckensympathicus, dem streckenweise unpaaren Plexus hypogastricus (Abb. 188) hängen (*Hufeisenniere*, Abb. 185). Da unmittelbar über dem Plexus die A. mesenterica caudalis verläuft, so sieht man später hauptsächlich diese Arterie die Substanzbrücke der Nieren queren und hat den Eindruck, als ob die Arterie an der Mißbildung beteiligt wäre (was aber nicht der Fall ist, da embryonal die Hemmung des Ascensus durch den Plexus hypogastricus viel maßgebender ist). Die Urete-

ren der Hufeisenniere verlaufen immer ventral von der Brücke. Eine einheitlich
gewordene Doppelniere bleibt gewöhnlich schon im kleinen Becken oder auf
dem Promontorium liegen; sie kann aber auch ganz auf eine Seite verlagert werden, so daß dann trotz normaler beiderseitiger Blasenmündung der Ureteren nur eine einzige und natürlich unentbehrliche, aber übergroße Niere in ungefähr normaler Lage besteht. Die *kindliche Niere* ist deutlich gelappt, und die einzelnen Lappen entsprechen den Pyramiden samt zugehöriger Rinde (*Renculi*, Abb. 186). Die Lappengrenzen können in wechselndem Ausmaß erhalten bleiben.

Nebennieren. Die Nebennieren *(Corpora suprarenalia)* sind Organe der inneren Sekretion, die aus einem mesodermalen Anteil, der epithelialen *Rinde* (Hormon: Cortin) und einem vom Sympathicus abgeleiteten chromaffinen Anteil, dem *Mark* (Hormon: Adrenalin), bestehen. Es sind platte Organe, die dem

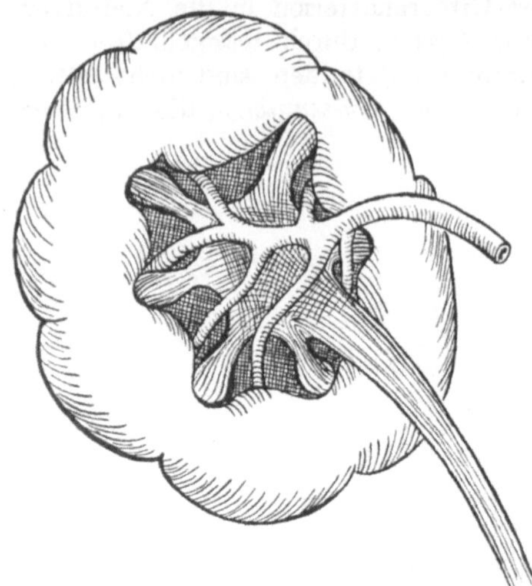

Abb. 184. Dystopische Niere (Kuchenniere) mit Arterie und Nierenbecken, schematisch.

oberen Pol der Niere aufsitzen (Abb. 180, 185 bis 188); die rechte ist im Umriß
helmförmig, hoch, die linke mehr kappenförmig, mehr an die mediale Seite ver-

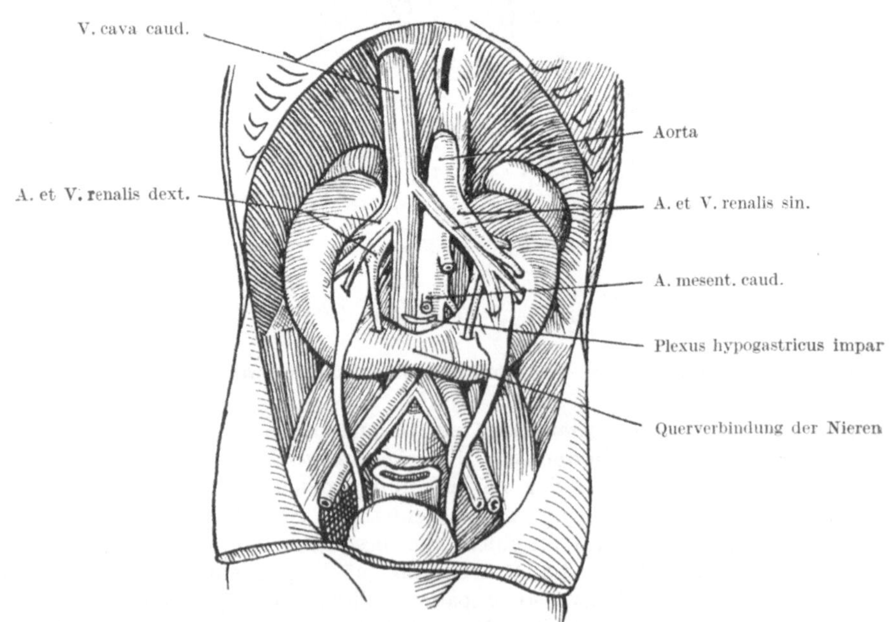

Abb. 185. Hufeisenniere. Nach CORNING, Bild leicht abgeändert.

lagert, niedrig. Trotz der verschiedenen Höhenlage der Nieren reichen die beiden
Nebennieren infolge ihrer Formverschiedenheit etwa gleich hoch cranialwärts bis

über den Oberrand der elften Rippe; sie liegen beide der Pars lumbalis des Zwerchfells auf und sind in die Fettkapsel und die Fascien der Niere mit eingeschlossen. Die rechte ist mit ihrer Spitze an die Leber und die untere Hohlvene angeheftet und darunter von Peritonaeum parietale bekleidet. Der untere Rand berührt das Duodenum. Die linke ist vorn vom axialen Gekröserest des Magens bedeckt und der Bursa omentalis zugewendet; der Schweif des Pancreas und die Milzgefäße verlaufen über den unteren Rand. Beide Nebennieren sind durch Faserzüge etwas stärker an ihr Bett befestigt als die Nieren und machen daher eine Lockerung der letzteren in ihrem Bett im allgemeinen nicht mit. Sie sind sehr reichlich mit Nerven und Gefäßen versehen; die Nerven kommen vom Sympathicus und Vagus besonders über die Ganglia coeliaca und den Plexus solaris. Die *Arterien* sind einerseits ein direkter Ast von der Aorta, anderseits Zweige von der A. phrenica abdominalis und renalis. Die starken *Hauptvenen* (neben denen schwächere Zweige vorkommen) münden rechts direkt in die Hohlvene, links in die Nierenvene.

Ureter. An den *Ureteren* kann eine *Pars abdominalis* und eine *Pars pelvina* unterschieden werden. Über die letztere siehe das Kapitel Becken. Der Abdominalteil (Abb. 187) verläuft im lockeren retroperitonaealen Bindegewebe auf dem M. psoas, wird überkreuzt und dann an der lateralen Seite begleitet von den Vasa spermatica; der N. genitofemoralis, der aus der Substanz des Psoas hervorkommt, verläuft unter dem Ureter gleichfalls an dessen laterale Seite. Der Ureter überkreuzt

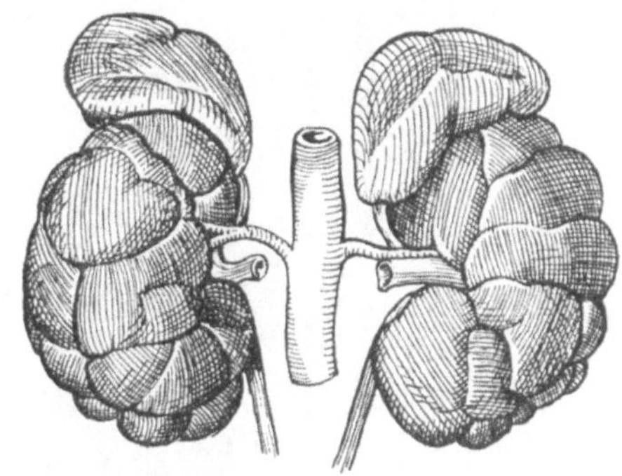

Abb. 186. Nieren und Nebennieren eines Kindes mit deutlicher Lappung der ersteren. Nach Sobotta.

mit ziemlich scharfer Biegung die den Beckeneingang umrahmenden großen Gefäße, um sich dann in das Becken einzusenken; er kreuzt dabei rechts die A. ilica externa, links die Teilungsstelle der A. ilica communis. Knapp oberhalb der Abbiegung ins Becken hat er eine leichte spindelförmige Erweiterung, in der Steine liegenbleiben können *(Ureterspindel, Ampulla ureterica)*. Rechts liegt vor dem Anfangsstück des Ureters die Pars descendens duodeni; dabei wird er von der Radix mesocoli transversi und ober dem Beckeneingang von der Radix mesostenii überkreuzt, zwischen beiden ist er vom Mesocolon ascendens bedeckt; unterhalb der Radix mesostenii wirft er eine niedrige *Plica ureterica* auf (Abb. 155). Links wird er zuerst vom Mesocolon descendens bedeckt, durch das er bei geringer Fetteinlagerung durchschimmert; dann wird er an der Spitze des Recessus subsigmoideus sichtbar und wieder in einer niederen Plica ureterica verfolgbar (Abb. 156). Seine zarten *Gefäße* stammen aus der A. renalis, spermatica und (im Becken) vesicalis cranialis und caudalis und bilden eine fortlaufende Anastomosenkette. An Varietäten ist der *Ureter fissus* mit Verdopplung des cranialen Abschnittes und der *Ureter duplex* zu erwähnen; letzterer hat eine doppelte Blasenmündung. Gewöhnlich sind dann beide Ureteren umeinander gedreht, wobei der cranial entspringende dorsal vom caudalen vorbeizieht und unterhalb des Trigonums mündet, während der caudale sich in normaler Weise am Trigonum einstellt. Es handelt sich dabei um eine ähnliche spiralige Abspaltung des caudalen Ureters vom cranialen, wie sie der normale Ureter embryonal gegenüber dem Wolffschen Gang durchmacht, und bei der er, zuerst von der dorsalen Wand des Ganges entspringend, an dessen lateraler Seite vorbei schließlich cranialwärts in die Blase geführt wird.

12 a*

Große retroperitonaeale Gefäße.

Die *Aorta abdominalis* (Abb. 187) erscheint im Hiatus aorticus in der Höhe
des ersten Lendenwirbels ein wenig links von der Mittellinie und teilt sich in
der Regel vor dem vierten Lendenwirbel in die *Aa. ilicae communes*; die Teilung

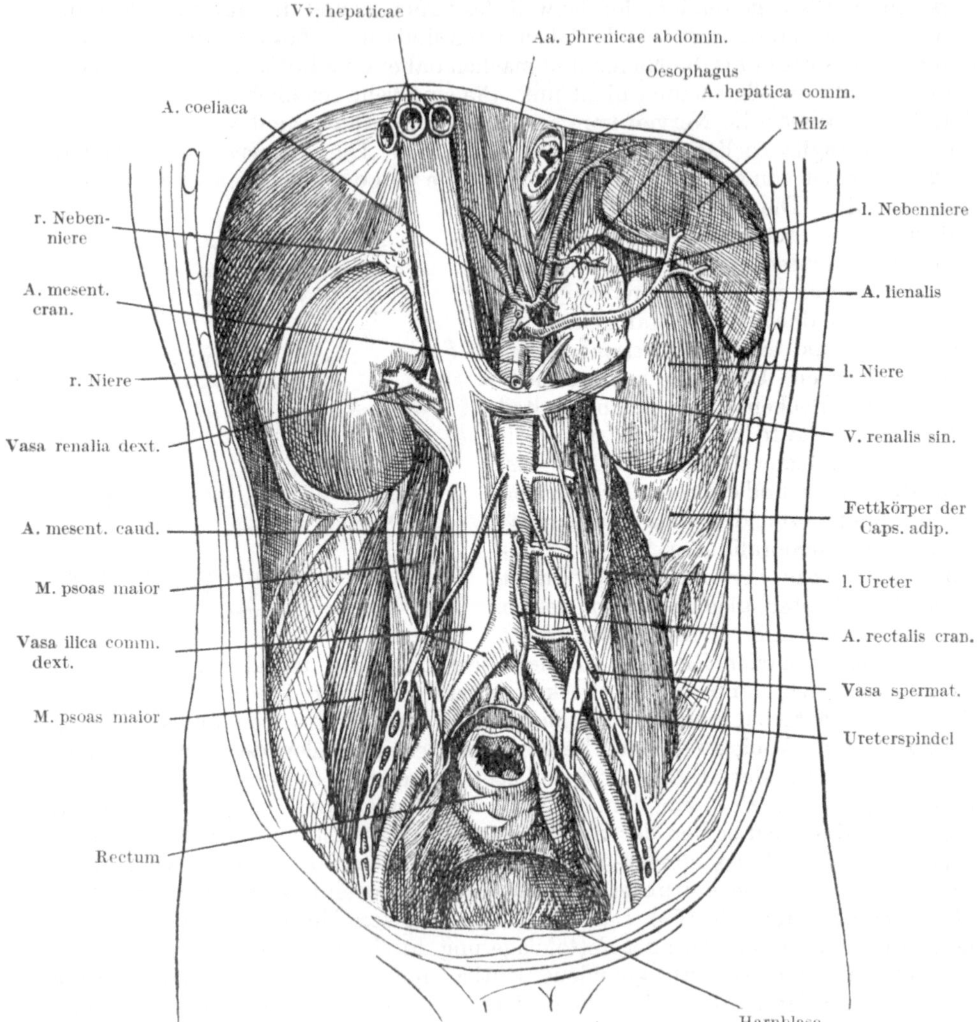

Abb. 187. Retroperitonaealraum. Nach CORNING.

kann aber auch tiefer liegen. Da die Aorta der Wirbelsäule anliegt, kann sie
zur Blutstillung von außen gegen die Wirbel komprimiert werden. Die Fortsetzung der Aorta bildet die dünne *Aorta caudalis* (A. sacralis media), die mit
dem *Glomus coccygicum*, einem Konvolut arteriovenöser Anastomosen, an der
Steißbeinspitze endet. Die *Äste* der Aorta werden eingeteilt in *unpaare ventrale*,
paarige viscerale und *paarige parietale*. Die unpaaren sind die noch im Bereich
des Hiatus aorticus entspringende A. coeliaca, dann gleich unter ihr die A. mesenterica cranialis und weiter caudal die A. mesenterica caudalis. Die *A. coeliaca*

hat einen kaum 2 cm langen Stamm (Abb. 149 bis 151) und zerfällt im *Tripus Halleri* in die A. gastrica sinistra, hepatica communis und lienalis. Die *A. mesenterica cranialis* versorgt Dünn- und Dickdarm von der Mitte des Duodenums bis zur Flexura coli lienalis, die *A. mesenterica caudalis* Colon descendens und sigmoides und den Oberteil des Rectums (Abb. 166). Einzelheiten siehe beim Darm. Die *paarigen visceralen Äste* sind ehemalige Urnierenarterien, welche an die im Urnierengebiet entstandenen oder in dasselbe (wie die Nieren) eingewanderte Organ übergegangen sind; es sind die Aa. suprarenales, renales und spermaticae (ovaricae) und auch die Aa. phrenicae abdominales, da das Zwerchfell zum Teil aus dem cranialen Teil der Urnierenfalte hervorgegangen ist. Der Ursprung aller dieser Gefäße ist mancherlei Wechsel unterworfen. Die Aa. phrenicae können auf die Coeliaca oder einen ihrer Äste übertragen sein (Abb. 150, 151). Die Aa. spermaticae entspringen in der Regel knapp unterhalb der Aa. renales als lange dünne Gefäße, überkreuzen die Ureteren und laufen lateral von diesen auf dem Psoas abwärts, um beim Mann oberhalb des Beckeneingangs zum inneren Leistenring, bei der Frau nach Überschreitung der Linea terminalis in der Plica suspensoria ovarii zu dem letzteren zu ziehen. Ihr Ursprung und Verlauf erklärt sich aus dem Descensus der in der Lendengegend entstandenen Keimdrüsen. Der Ursprung ist häufig auf die A. renalis verschoben. Die Varietäten der Nierenarterien wurden schon im Abschnitt über die Nierenvarietäten erwähnt. Die *paarigen parietalen Äste*, die Fortsetzung der Intercostalarterien, sind die Aa. lumbales (Abb. 187), von denen vier aus der Hinterwand der Aorta abdominalis, die fünfte aus der Aorta caudalis entspringen. Sie verschwinden unter den Ursprungsarkaden des Psoas, welche die Wirbelkörper überbrücken (S. 178), und versorgen die hintere Rumpfwand. Die *Aa. ilicae communes* verlaufen astlos an die Linea terminalis des Beckens und teilen sich in *A. ilica externa* und *interna*, von denen die erstere weiter den Beckeneingang entlang zur Lacuna vasorum (S. 138) verläuft und erst knapp vor derselben zwei Zweige (A. epigastrica caudalis und circumflexa ilium profunda) abgibt, während die zweite ins Becken eintritt und sich an dessen Organen verzweigt; nur die A. iliolumbalis, dorsal vom Psoas verlaufend, verbleibt an der Wand des großen Beckens.

Die *V. cava caudalis* (Abb. 187) entsteht rechts von der Aorta aus der Vereinigung der Vv. ilicae communes, die beiderseits aus dem Zusammenfluß der Vv. ilicae externae und internae entstehen. Diese liegen symmetrisch, die Vv. externae medial, die internae dorsal von (hinter den) gleichnamigen Arterien. Die V. ilica comm. dextra unterkreuzt ihre Arterie und gelangt so an deren rechte (äußere) Seite, die linke Vene, länger als die rechte, bleibt caudal von der zugehörigen Arterie und unterkreuzt gleichfalls die rechte A. ilica comm., um sich mit der Gegenseite zu vereinigen. Daß sich aus diesen Unterkreuzungen kein Druck auf die Venen ergibt, beruht einerseits auf der Einbuchtung der Linea terminalis des Beckens neben dem Promontorium, wodurch eine Nische für die Venen geschaffen wird, anderseits darauf, daß die Arterien von der Teilungsstelle der Aorta zur Lacuna vasorum ziemlich straff gespannt sind und der Linea terminalis nicht anliegen. In Bezug auf die Aufnahme von Ästen verhalten sich die Wurzeln der V. cava wie die Arterien; nur die oft doppelte Begleitvene der Aorta caudalis mündet in die linke V. ilica comm., und die (wie die Arterie) hinter dem Psoas verlaufende V. iliolumbalis mündet entweder in die V. ilica int. oder comm. Die Zuflüsse des Längsstammes der V. cava caudalis sind durchwegs paarige viscerale und parietale Äste; den unpaaren Baucharterien entspricht die Pfortader. Die *visceralen Äste* sind, von unten nach oben angeführt, die Vv. spermaticae (ovaricae), die neben den gleichnamigen Arterien verlaufen, die Vv. renales, suprarenales und phrenicae abdominales und schließlich die

Vv. hepaticae, die allerdings nicht streng paarig sind. Die Rechtslage der Cava bedingt aber asymmetrische Einmündungsverhältnisse der Zuflüsse. Die große *V. renalis sinistra*, wesentlich länger als die rechte (bei den Arterien ist es, wenn auch mit geringerem Unterschied, umgekehrt), nimmt die linke V. spermatica,[1] suprarenalis und phrenica auf und kreuzt die Aorta in der Regel an deren ventraler Seite; ausnahmsweise verläuft sie auch dorsal, in der leichten craniocaudalen Concavität des zweiten Lendenwirbelkörpers. Sie liegt etwas caudal von der linken A. renalis. Die rechte V. spermatica mündet gleichfalls nicht selten in die V. renalis. Die kleinfingerdicken, kurzen, klappenlosen und im Gewebe klaffenden Lebervenen münden unmittelbar vor dem Durchtritt der Cava durch das Zwerchfell; es sind ihrer meist drei, von denen zwei dem rechten, eine dem linken Lappen angehört. Die kleineren Venen des Lobus caudatus münden außerdem zumeist direkt im Bereich der Fossa venae cavae der Leber. In der Lebergegend hebt sich die Hohlvene etwas von der hinteren Bauchwand ab, um das Foramen venae cavae, das am Hinterrand des Centrum tendineum des Zwerchfells liegt (Abb. 92), zu erreichen. Die *Vv. lumbales* verhalten sich der Anordnung nach wie die Arterien, sind aber reichlich durch Anastomosen verbunden, und namentlich liegt eine Anastomosenkette als *V. lumbalis ascendens* unter dem Psoas an der lateralen Seite der Lendenwirbelkörper; sie setzt sich, medialwärts ablenkend, durch das Zwerchfell neben den Nn. splanchnici in die Vv. longitudinales thoracicae fort und kann bei Störungen im Bereich des Cavastammes als Collateralbahn Bedeutung erlangen.

Der *Ductus thoracicus* beginnt vor dem dritten Lendenwirbelkörper hinter der Aorta mit einer unregelmäßigen Erweiterung, der *Cisterna chyli*, in welche die Chylusgefäße aus dem Mesenterium mit einem manchmal doppelten *Truncus intestinalis*, der neben der A. mesenterica cranialis verläuft, einmünden; auch die Lymphgefäße der unteren Bauch- und der Beckenorgane münden hier mit den *Trunci lumbales*. Von diesen liegt der rechte lateral von der Cava, der linke lateral von der Aorta. Der Ductus thoracicus steigt als dünnwandiges, einer zarten Vene ähnliches Gefäß (in der Leiche häufig etwas Blut führend) hinter der Aorta, etwas nach rechts verschoben, durch den Hiatus aorticus (wo er am leichtesten zu finden ist) auf, um sich in das hintere Mediastinum (S. 127) zu begeben. Die *Lymphknoten* der Retroperitonaealgegend sind *Nodi intestinales*, die noch der Gekrösewurzel angehören (ihnen sind die im Gekröse selbst liegenden Knoten vorgeschaltet), oder *Nodi aortici abdominales*, längs der Aorta gelegen, welche die Lymphe der unteren Extremitäten, der Rumpfwand und der Eingeweide mit Ausnahme des Darmes passieren lassen und an die Trunci lumbales abgeben. Diese führen somit die Lymphe der Beckeneingeweide, der Nieren, Nebennieren und Geschlechtsdrüsen; aber auch die Lymphe der Oberbauchgegend (Magen, Leber, Gallenwege, Duodenum, Pancreas, Milzkapsel) gelangt nach Durchtritt durch die an den Organen gelegenen und die an das Pankreas angeschlossenen Lymphonodi pancreatici nur teilweise in den Truncus intestinalis, teils über die aortalen Knoten und die Trunci lumbales zur Cisterne.

Nerven.

Der *Grenzstrang des Sympathicus* (Abb. 188) verläuft, nachdem er das Zwerchfell zwischen lateralem und mittlerem Schenkel durchsetzt hat, etwas medialwärts verschoben (Abb. 173) am Innenrand des Psoas abwärts, eine Kette von

---

[1] Das proximale Stück der linken V. spermatica, von dem Punkt an, an dem sie sich von der Arteria trennt, ist ursprünglich eine *V. cava caudalis sin.* gewesen; diese kann in Fortsetzung der V. ilica comm. sin. an der linken Seite der Lendenwirbelsäule erhalten bleiben.

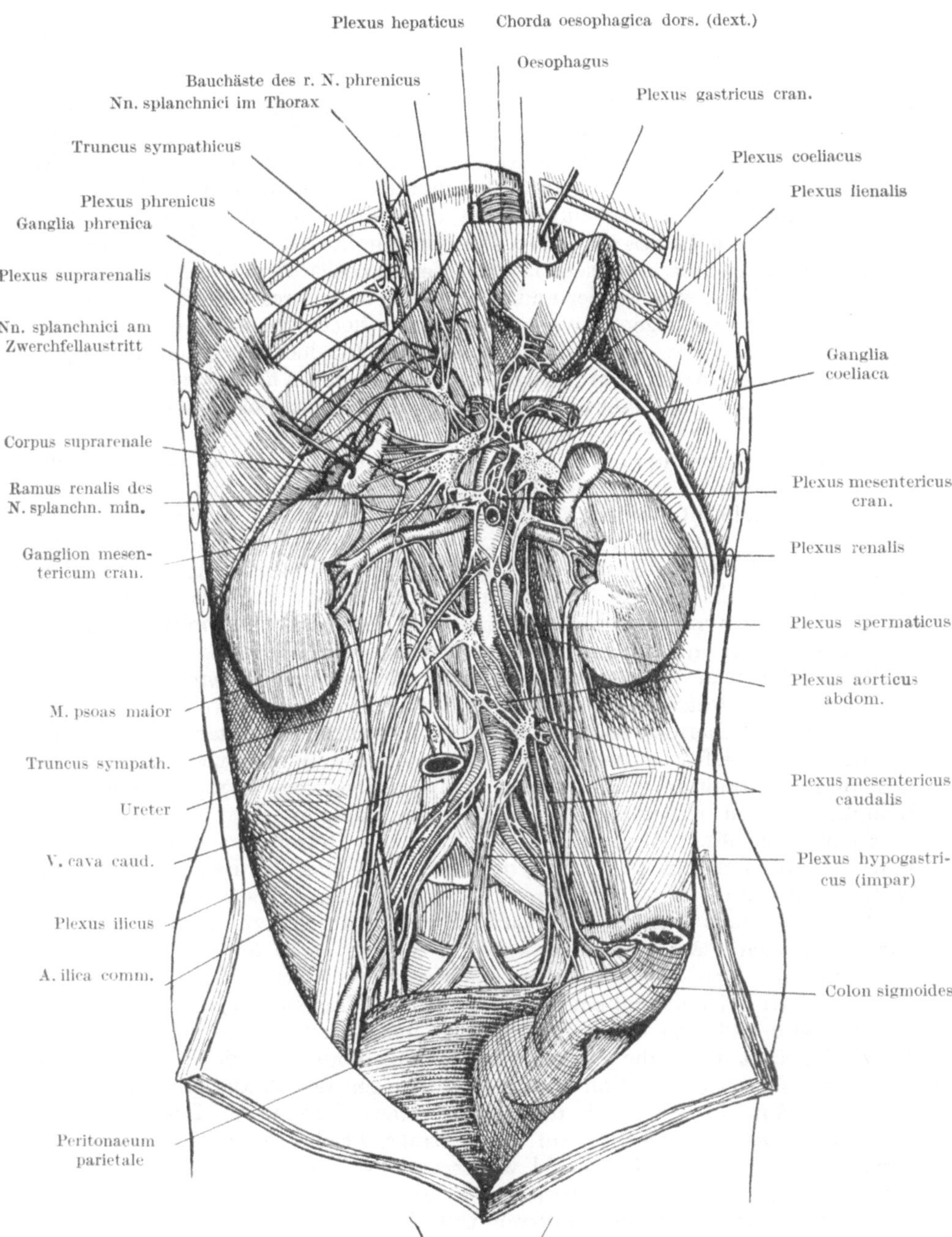

Abb. 188. Der Bauchteil des Sympathicus. Nach TOLDT-HOCHSTETTER.

häufig etwas unregelmäßig angeordneten Ganglien bildend und durch Rami communicantes, die mit den Lumbalgefäßen unter den Psoasarkaden hindurchziehen, mit den Spinalnerven verbunden. Der Grenzstrang überkreuzt die Lumbalgefäße ventral, geht aber dorsal von den Vasa ilica in den Beckenteil über.

Die Eingeweideäste, verstärkt durch Fasern aus den Ganglia coeliaca (s. unten), bilden hauptsächlich längs der Aorta einen *Plexus aorticus abdominalis*, der schließlich distal von der Aortenteilung zu einem platten *Truncus hypogastricus impar* wird; dieser teilt sich vor dem Promontorium wieder in einen rechten und linken Plexus (Truncus) hypogastricus, der ins Becken übertritt (Abb. 194, 209). Für die oberen Bauchorgane ist der *Plexus solaris* das Nervenzentrum. Er wird gespeist durch die Nn. splanchnici (thoracici), die zwischen mittlerem und medialem Zwerchfellschenkel durchtreten, dann durch den Vagus, besonders die rechte Chorda oesophagica (Abb. 148, 149) und direkte Äste vom obersten Bauchgrenzstrang und enthält zu beiden Seiten der A. coeliaca größere Nervenknoten, die *Ganglia coeliaca*, welche ober und unter der Arterie durch dicke Nervenstränge verbunden sind. Sie liegen vor der Aorta, rechts noch von der V. cava gedeckt, links hinter dem Tuber omentale des Pancreas. Von hier aus gehen die Organgeflechte längs der Arterien ab, überall von Ganglienzellen durchsetzt, welche sich an der A. mesenterica cranialis und renalis zu besonderen makroskopischen Ganglien anhäufen können; zahlreiche feine Fäden verbinden jederseits das Ganglion coeliacum als Plexus suprarenalis mit der Nebenniere. Von dem Hauptgeflecht geht auch der die A. spermatica begleitende Plexus spermaticus (internus) ab; größere Organgeflechte werden als Plexus hepaticus, gastricus, lienalis, mesentericus cranialis und caudalis und als Plexus renalis bezeichnet. Die parasympathischen Fasern des Gebietes sind die Vagusfasern, die am Darm bis in die Nähe der Flexura lienalis reichen (S. 172) und caudal davon wahrscheinlich Fasern, die aus den parasympathischen Zellsäulen an der Basis des lumbalen Vorderhorns entspringen und den lumbalen Sympathicus durchlaufen (s. beim Becken).

Retroperitonaeales Bindegewebe. Nicht nur Nieren und Nebennieren, sondern alle Organe des Retroperitonaealraumes sind in lockeres Gewebe eingebettet, das zur Fettspeicherung befähigt ist, aber natürlich einen stark wechselnden Gehalt an Vorratsfett aufweist. Besonders vor der Wirbelsäule durchflechten sich dieses fetthaltige Bindegewebe, Eingeweidenerven, Lymphstämme und Lymphknoten zu einem schwer auflösbaren Komplex.

Plexus lumbalis. Im seitlichen Abschnitt des Retroperitonaeums liegt der spinale Plexus lumbalis (Abb. 173), die obere Abteilung des Beingeflechtes. Er kommt größtenteils unter dem Psoas an dessen lateraler Seite hervor; der *N. genitofemoralis* (aus dem zweiten Lumbalnerven) durchsetzt ihn und läuft an seiner ventralen Fläche abwärts, wobei er sich in einen *Ramus genitalis* und *femoralis* teilt. Von diesen tritt der erstere an der lateralen Seite des Samenstrangs in den Leistenkanal ein und versorgt den M. cremaster, das Periorchium und Scrotum und eine kleine Zone an der medialen Seite des Oberschenkels; der zweite läuft durch die Lacuna vasorum zur Vorderseite des Oberschenkels unter dem Leistenband. Von den andern Zweigen des Plexus lumbalis liegen der *N. iliohypogastricus* und *ilioinguinalis* (aus dem ersten Lumbalnerven) (wie der *N. subcostalis*, S. 183) auf der ventralen Fläche des M. quadratus lumborum (dorsal von der Niere) und weiter auch vor dem M. transversus abdominis, um dann zwischen die breiten Bauchmuskeln einzudringen und sie und die Haut der seitlichen und vorderen Unterbauchgegend zu innervieren. Der *N. cutaneus femoris lateralis* (fibularis), aus dem zweiten Lumbalnerven, läuft schräg über den M. ilicus und den Darmbeinteller zur Spina ilica ventralis, durchsetzt die Lacuna musculorum in ihrer lateralen Ecke und innerviert die laterale Seite des Oberschenkels. Der starke *N. femoralis* (erster bis vierter Lumbalnerv) liegt zwischen M. ilicus und psoas und gelangt durch die Lacuna musculorum auf den Oberschenkel; der *N. obturatorius* (gleichfalls erster bis vierter Lumbalis) gelangt, unter dem Psoas verlaufend, über die Linea terminalis hinweg

an die seitliche Beckenwand und zum Canalis obturatorius. Der Rest der Lumbalnerven (der halbe vierte und der ganze fünfte) überschreitet als *Truncus lumbosacralis* medial vom Psoas gleichfalls die Linea terminalis, um sich dann dem
Plexus sacralis anzuschließen. Die beiden ins Becken eintretenden Nerven
(N. obturatorius und Truncus lumbosacralis) sind an der Linea terminalis der
Druckwirkung intraabdominaler Gebilde (besonders des graviden Uterus, aber
auch von Tumoren) ausgesetzt und reagieren darauf in erster Linie mit Schmerzen
und Parästhesien, eventuell auch mit Lähmungen.

Becken.

Der knöcherne Beckengürtel bildet zum Unterschied vom Schultergürtel einen geschlossenen Ring, der für die Übertragung der Körperlast auf das Bein besonders geeignet ist. Die Wirbelsäule ist durch eine Reihe verschmolzener Wirbel, das Kreuzbein, ins Becken eingeschaltet und die Gürtelknochen, die Hüftbeine, sind direkt untereinander in der Symphyse zusammengeschlossen. Die drei Knochenverbindungen, zwei Articuli sacroilici und die Symphyse (Kreuz-Darmbeingelenke und Schamfuge), sind zwar straff, ermöglichen aber doch eine gewisse federnde Stoßdämpfung beim Auftreten und Springen und erlangen in der Schwangerschaft eine etwas größere Beweglichkeit zur Erleichterung des Durchtrittes des Kindes durch das Becken beim Geburtsvorgang.

Man unterscheidet ein *großes* und ein *kleines Becken (Pelvis maior* und *minor)*; doch wird nur das letztere in topographischen Darstellungen als eigener Abschnitt betrachtet, da das große Becken, von Lendenwirbelsäule und Darmbeinschaufeln gebildet, keine eigene Vorderwand besitzt, vom Bauchraum nicht scharf abgegrenzt werden kann und mit diesem behandelt wird (S. 179). Somit ist hier vom kleinen Becken einerseits die Wand, der Beckenkanal und sein Abschluß nach unten, anderseits der Inhalt, die Beckenorgane, zu untersuchen. Letztere lassen sich einteilen in solche, die ständig dem Becken angehören, und solche, welche von oben in den peritonaealen Beckenraum (die peritonaealen Excavationen) hineinhängen; es sind das große Netz, Dünndarmschlingen, Colon transversum und sigmoides. Sie werden bei steigender Füllung der Beckenorgane aus dem Beckenraum verdrängt und sind bereits besprochen. Anderseits steigen Harnblase und Uterus bei Füllung in den Bauchraum auf, wie noch zu erörtern sein wird.

Beckenwand. Das *Kreuzbein, Os sacrum,* aus fünf Wirbeln durch Verwachsung entstanden, ist im Umriß dreiseitig, mit breiter oberer Basis und einem caudal gerichteten Apex, mit ziemlich gleichmäßig gekrümmter ventral concaver Facies pelvina und einer convexen Facies dorsalis, an der durch Verschmelzung der Wirbelfortsätze Leisten entstehen, die *Crista sacralis media* aus den Dornfortsätzen, die *Crista articularis* aus den Gelenkfortsätzen und die *Crista sacralis lateralis* aus den (rudimentären) Querfortsätzen. Die Leisten liegen unmittelbar unter der Haut, so daß bei bettlägerigen Patienten gerade dort leicht Drucknekrosen entstehen. Die Crista media spaltet sich am unteren Ende (am vierten oder fünften Kreuzwirbel) in zwei Ausläufer, *Cornua sacralia,* zwischen denen der *Canalis sacralis,* die Fortsetzung des Wirbelkanals, dorsal klafft: *Hiatus sacralis.* Der Spalt, durch Ausbleiben der Wirbelbogenverschmelzung entstanden, kann ausnahmsweise durch das ganze Kreuzbein durchgehen und ist dann, auch wenn nicht, wie oft, mit tieferen Störungen des Rückenmarkes und seiner Hüllen verbunden, als Vorstufe einer Mißbildung *(Spina bifida)* zu werten. An der Vorder- und Rückseite des Kreuzbeines sind Öffnungen vorhanden, die *Foramina sacralia pelvina* und *dorsalia,* die mit dem Sacralkanal zusammenhängen und die Rami ventrales und dorsales der sacralen Spinalnerven durchtreten lassen; sie stehen durch *Foramina intervertebralia* an der Seitenwand des Canalis sacralis mit diesem in Verbindung. Die Seitenteile (Rippenanteile) des Knochens sind stark verdickt *(Massae laterales)* und tragen die Gelenkflächen, *Facies auriculares*, für das Hüftbein; die leicht wellig gekrümmten Flächen haben keine geometrische Regelmäßigkeit und daher auch keinen durch die Gelenkform selbst bedingten Bewegungsmechanismus (s. S. 199).

Das *Steißbein, Os coccygis,* besteht aus (vier bis) fünf weitgehend rudimentär gewordenen Wirbeln; es ist mit dem Apex ossis sacri durch eine Bandscheibe verbunden und kann daher nach hinten ausweichen (z. B. bei der Entbindung). Seine Bedeutung liegt hauptsächlich darin, daß es in den Beckenboden eingefügt ist und Bändern und Muskeln zum Ansatz dient. Ein Lig. sacrococcygicum ventrale und dorsale profundum halten in Fortsetzung der Längsbänder der Wirbelsäule die Steißwirbel untereinander und mit dem Kreuzbein zusammen; ein starkes Lig. sacrococcygicum dorsale superficiale deckt oberflächlich den Hiatus sacralis und die Kreuz-Steißbeinverbindung. Die Steißwirbel verschmelzen miteinander zu einem einheitlichen Knochen im mittleren Lebensalter. Später kommt es oft zu knöcherner Verbindung mit dem Kreuzbein.

Das *Hüftbein, Os coxae,* besteht in den ersten Lebensjahren aus drei Knochen, *Darm-, Sitz-* und *Schambein (Os ilium, ischii* und *pubis),* die mit ihren Körpern im *Acetabulum,* der Hüftgelenkspfanne, zusammentreffen und dort während des Wachstums durch eine dreistrahlige Knorpelfuge verbunden sind. Sitz- und Schambein umgeben das *Foramen obturatum* und sind an dessen unterer Umrahmung beim Kleinkind nochmals knorpelig verbunden; diese Fuge verknöchert im sechsten Lebensjahr, so daß das Hüftbein dann nur in zwei Stücke *(Darm-* und *Leistenbein, Os ilium* und *inguinale)* zerfällt, um etwa im sechzehnten Lebensjahr einheitlich zu verknöchern, unter Einbeziehung zweier Knochenkerne, *Ossa acetabuli,* im Bereich der Hüftpfanne. Accessorische (epiphysäre) Knochenkerne treten dann noch am Tuber ossis ischii, am Tuberculum ilicum (der Spina iliaca anterior inferior) und pubicum, am perinaealen Rande des vereinigten Os pubis und ischii und schließlich an der Crista ilica auf; diese Epiphyse verschmilzt als letzte um das zwanzigste Lebensjahr mit der Ala. An der Innenseite des Hüftbeins werden eine Pars abdominalis (die *Darmbeinschaufel* oder *Ala)* und eine Pars pelvina durch eine vorspringende stumpfe Kante, die *Linea arcuata,* voneinander getrennt. Dadurch werden die für das große und kleine Becken bestimmten Teile des Knochens begrenzt; die Kante ist ein Teil der Grenzlinie des kleinen Beckens, der *Linea terminalis.* Am Hüftbein endet sie vor der Facies auricularis, die der des Kreuzbeins entspricht. Die Ala ist vertieft *(Fossa ilica)* zur Aufnahme des M. ilicus; ihr freier verdickter Rand, die *Crista ilica,* weist drei Ansatzlinien für die drei breiten Bauchmuskeln auf und endet vorn mit der *Spina ilica ventralis* (Abb. 190), rückwärts mit der *Spina ilica dorsalis cranialis.* Unter dem vorderen Darmbeinstachel liegt das *Tuberculum ilicum* (Ursprung des M. rectus femoris und des Lig. iliofemorale); anschließend ist der Knochenrand ausgebuchtet, und medial davon bildet das *Tuberculum iliopectineum* die Grenze von Darm- und Schambein sowie von der Lacuna musculorum und vasorum (S. 138).

Die *Pars pelvina* des Darmbeins (das Stück unter der Linea terminalis) vereinigt sich mit Sitz- und Schambein zur Bildung der Seitenwand des kleinen Beckens. Die drei Knochen bilden an ihrer Vereinigungsstelle eine größere glatte, leicht concave Knochenfläche, der außen das Acetabulum entspricht und die zum Muskelansatz dient. Sitz- und Schambein umrahmen das *Foramen obturatum,* an dessen oberem Rand ein *Sulcus obturatorius* ausgespart ist; durch Einfügung der *Membrana obturatoria,* die dem Sulcus entsprechend gleichfalls ausgespart ist, und durch die von der Membran innen und außen entspringenden Muskeln entsteht der *Canalis obturatorius*. Am Sitzbein ragt nach hinten der Sitzbeinstachel *(Spina ossis ischii)* und nach unten der derbe Sitzhöcker *(Tuber ossis ischii)* vor; am Schambein ist das mediale Ende verdickt und mit einer der Gegenseite zugewendeten *Facies symphyseos* versehen. Neben der Symphyse ist am oberen Rand des Knochens das *Tuberculum pubicum* gelegen, für den Ansatz des M. rectus abdominis und des Lig. inguinale.

Am kleinen Becken (Abb. 189 bis 191) unterscheiden wir den *Beckeneingang* (*Introitus* oder *Aditus pelvis*), von der Linea terminalis umgrenzt, und den *Beckenausgang, Exitus pelvis*, vom Steißbein, von Bändern, den Tubera ossis ischii und

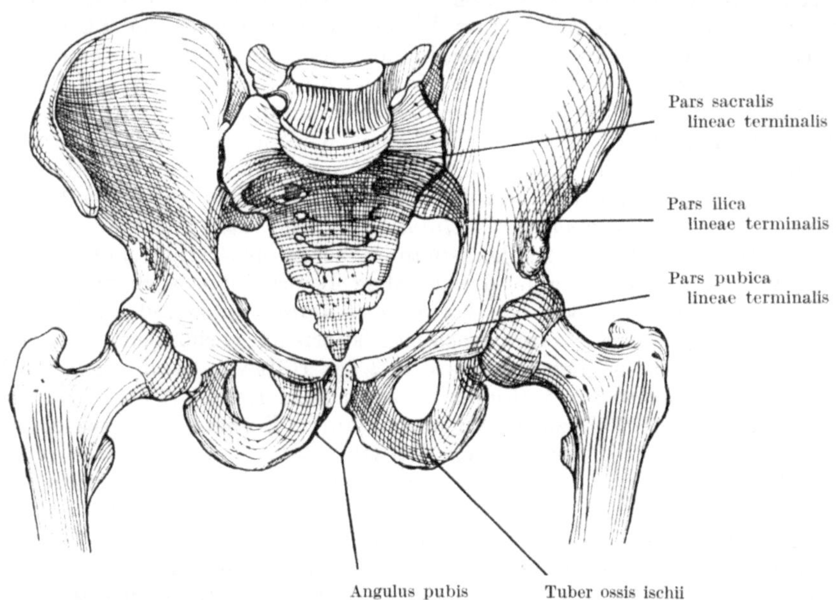

Abb. 189. Männliches Becken von vorn. Nach TOLDT-HOCHSTETTER.

den Sitz- und Schambeinen bis zur Symphyse begrenzt. Die *Linea terminalis* besteht aus dem ventralen Rand der Basis ossis sacri, der Linea arcuata des Hüftbeins, dem Pecten ossis pubis und der Symphyse. Der Beckeneingang hat charakteristische Durchmesser; die *Diameter mediana* oder *Conjugata anatomica* vom Promontorium zum Oberrand der Symphyse, die *Diameter transversa* als größten Querdurchmesser und die *D. obliqua* vom Art. sacroilicus zum Tuberculum iliopectineum der Gegenseite. Dazu kommt als geburtshilflich wichtigstes Maß die *Conjugata vera* oder *obstetricia* vom Promontorium zu dem an der Innenseite der Symphyse stärkst vorspringenden Punkt, mit etwa 11 cm gewöhnlich der kleinste am knöchernen Becken vorkommende Durchmesser; er ist etwa $^{1}/_{2}$ cm kleiner als die Conjugata anatomica. Die Maße sind an der Gebärenden nicht direkt, aber durch Aufnahme eines Röntgenbildes meßbar; durch vaginale Untersuchung ist an der Schwangeren bei entsprechender Auflockerung der Weichteile die *Conjugata diagonalis* bestimmbar, die Distanz vom Unterrand der Symphyse zum Promontorium. Sie ist etwa $1^{1}/_{2}$ cm länger als die Conjugata vera. Der sagittale Durchmesser des *Beckenausganges* ist zwar kleiner (von der Steißbeinspitze zur Symphyse ungefähr 9 cm), aber da das Steißbein und ein wenig auch die Kreuzbeinspitze nach hinten ausweichen können, so fällt am

Beckenausgang ein knöcherner Widerstand weg und es sind bei der Entbindung nur die Weichteilwiderstände zu überwinden.

Geschlechtsunterschiede am Becken (Abb. 189 und 190). Im Bau des Beckens konkurrieren zwei Prinzipien. Für die Fortbewegung ist möglichste Annäherung der Unterstützungspunkte des Körpers, der Hüftgelenke, an die Körpermitte, somit möglichste Beckenenge erwünscht, für den Gebärakt aber möglichste Weite des Beckenkanals. Demzufolge ist das männliche Becken schmal, das weibliche breit. Trotz der geringeren Körpergröße sind die Durchschnittswerte für die Beckenbreite der Frau um $1^1/_2$ bis 2 cm größer als beim Mann und die Beckenbreite wird neben der Mamma zum hervorstechendsten äußeren Merkmal

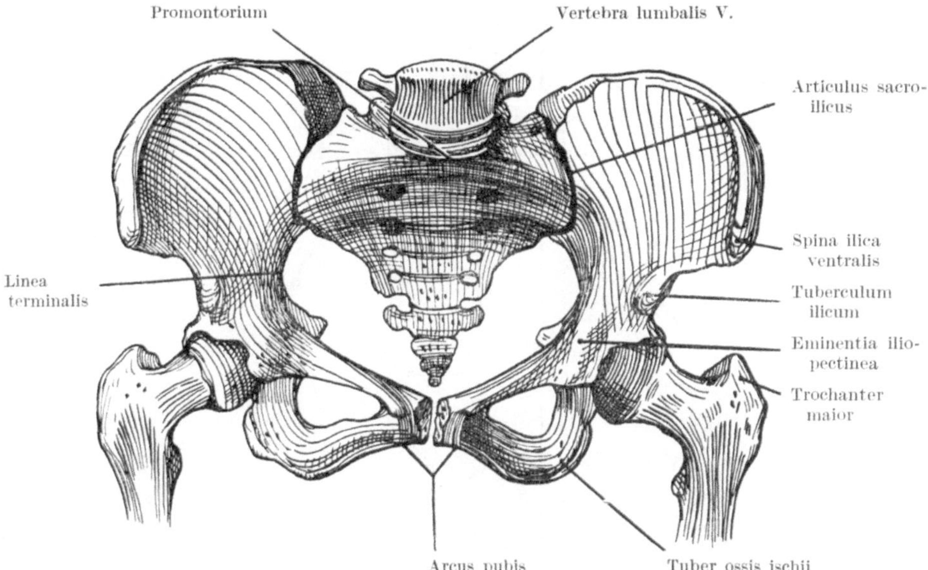

Abb. 190. Weibliches Becken von vorn. Nach TOLDT-HOCHSTETTER.

der weiblichen Figur, zu einem Merkmal, das auch bei Verkleidung nur schwer zu verdecken oder zu übersehen ist. Schon das große Becken der Frau ist durch stärkere Schrägstellung der Darmbeinschaufeln weiter als das männliche. Noch ausgeprägter ist diese Weite beim kleinen Becken, das bei der Frau cylindrisch, beim Mann trichterförmig ist. Der Beckeneingang ist beim Mann längsoval, richtiger kartenherzförmig, weil das Promontorium deutlich vorspringt, bei der Frau queroval mit wenig vorragendem Promontorium. Die größere Breite wird hauptsächlich erreicht rückwärts durch größere Breite des Kreuzbeines, das beim Mann in der Regel lang und schmal ist, bei der Frau aber ein im Umriß ungefähr gleichseitiges Dreieck; vorn ist die größere Breite bedingt durch breitere Entwicklung des Symphysenteils des Schambeins und größere Breite des Foramen obturatum. Dadurch kommt es zur charakteristischen Gestaltung des Schambeinwinkels unter der Symphyse, der nur beim Mann wirklich ein spitzer Winkel (*Angulus pubis*) unter einer hohen Symphyse ist, bei der Frau aber unter einer niedrigen Symphyse zum breit geschwungenen *Arcus pubis* wird. Die Cylinderform und Breite des weiblichen Beckens äußert sich am Beckenausgang besonders durch die merklich größere Distanz der Tubera ischii. Doch sind die Geschlechtsmerkmale des Beckens nicht selten undeutlich ausgeprägt, auch bei sonst normaler Geschlechtsdifferenzierung.

Das *Becken des Neugeborenen* ist relativ klein; das kleine Becken ist bei beiden
Geschlechtern trichterförmig, und auch das große Becken ist mit steil gestellten
Beckenschaufeln eng und trichterförmig. Infolgedessen haben neben dem besonders weiten Rectum (S. 214) die Organe des Urogenitalsystems im Becken
wenig Platz und liegen zum Teil über dem Becken in der Bauchhöhle (Blase,
Uterus, Abb. 204 und 224). Wegen Kürze des Lig. iliofemorale kann das Hüftgelenk
nicht wirklich gestreckt werden (eine Streckung in utero wäre ja ohnehin nicht
möglich gewesen), und selbst noch beim Gehenlernen des Kindes ist der Beckeneingang viel steiler eingestellt als später, ja nach vorn überhängend; die Wirbel-

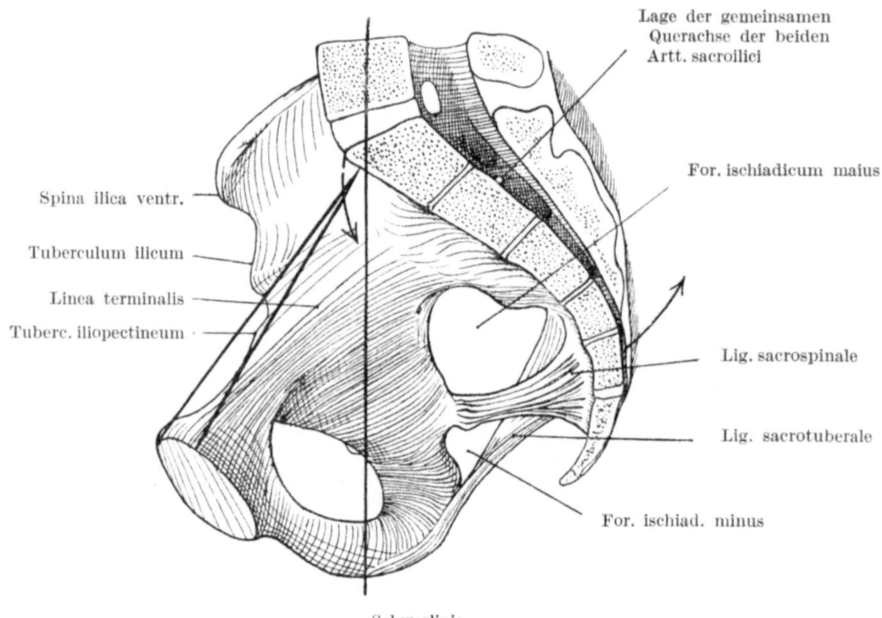

Abb. 191. Medianschnitt des weiblichen Beckens. Am Beckeneingang die Conjugata anatomica und obstetricia.
Die Pfeile am Promontorium und am 5. Kreuzwirbel geben die Wirkung der Schwerkraft auf das Kreuzbein
bei aufrechtem Stand an.

säule muß stark lordosiert werden, um den Rumpf aufzurichten, der Bauch wird
vorgewölbt.

Beckenneigung. Für den Bau und die Beanspruchung der Knochenverbindungen des Beckens ist die *Beckenneigung (Inclinatio pelvis)* maßgebend
(Abb. 191). Sie besagt, daß bei aufrechter Körperhaltung die Ebene des Beckeneingangs bzw. dessen gerader Durchmesser mit der Horizontalen einen Winkel
von 50 bis 60° bildet; er ist beim Mann in der Regel etwas kleiner als bei der
Frau. Er wird bestimmt durch die Länge des Lig. iliofemorale des Hüftgelenks
(s. daselbst); bei vertikal eingestelltem Oberschenkel (beim Stehen) und bei
Verlauf der Schwerlinie hinter der frontalen Beugungsachse der Hüftgelenke
(nur dann ist das Gleichgewicht ein stabiles) ist das Band gespannt und die
Beckenneigung kann durch Vorwärtsbeugen vermehrt, aber nur durch Vorwärts-
führen des Oberschenkels (z. B. beim Hocken oder Sitzen) vermindert werden.
Durch die Beckenneigung wird die Facies pelvina des ersten Kreuzwirbels beim
Stehen in eine wenig geneigte, fast horizontale Lage gebracht; zwischen Lenden-
wirbelsäule und Kreuzbein entsteht ein scharfer Knick, *Angulus lumbosacralis,*

und der letzte freie Wirbelkörper springt als *Promontorium* in den Beckeneingang mehr oder weniger vor. Durch das Körpergewicht (die Schwerlinie
geht durch das Promontorium) wird das craniale Ende des Kreuzbeins nach
abwärts (ins kleine Becken) gedrückt und auf den Knochen, der etwa in seiner
Mitte zwischen den Hüftbeinen befestigt ist, eine kippende Wirkung ausgeübt,
die im Bandapparat des Kreuz-Darmbeingelenkes aufgefangen wird. Denn
das Gelenk ist zwar eine Amphiarthrose, ein straffes Gelenk, läßt aber doch
federnde Bewegungen zu. Es ist am stärksten zusammengehalten durch die
Ligg. sacroilica interossea, welche den Raum hinter der Gelenkfläche, zwischen
der Tuberositas ossis sacri und ossis ilium, fast ausfüllen und durch welche eine
Art gemeinsamer Querachse für die Gelenke beider Seiten gelegt werden kann.
Sie liegt hinter der Facies auricularis. Wenn nun die Basis ossis sacri durch das
Körpergewicht nach abwärts gedrückt wird, sucht die Kreuzbeinspitze nach
oben auszuweichen (s. die Pfeile in Abb. 191). Das wird in erster Linie durch das
sehr kräftige *Lig. sacrotuberale*, vom Tuber ossis ischii zum Kreuzbein, weiter
auch durch das *Lig. sacroilicum longum* und *breve* (an der Rückseite) verhindert.
Diese Art der Beanspruchung erklärt, daß bei Knochenweichheit (besonders
bei Rachitis) das Kreuzbein in der Mitte förmlich abgeknickt werden kann.

Bei richtiger Einstellung der Beckenneigung liegen die Spinae ilicae ventrales
und die Symphyse in einer Frontalebene, die Kreuzbeinspitze in einer Horizontalen mit dem Oberrand der Symphyse und die beiden Enden der Crista
ilica (Spina ilica ventralis und dorsalis cranialis) liegen gleichfalls in einer Horizontalen.

Ein weiteres Band, das *Lig. sacrospinale*, von der Spina ossis ischii zum
Kreuzbein, hat für die Festigung des Beckenringes kaum Bedeutung; es ist ein
Bestandteil des Beckenbodens (S. 210), manchmal fast ganz durch Muskulatur
ersetzt und von Wichtigkeit für die Gliederung der seitlichen Beckenwand.
Denn durch die Bänder werden an der Seitenwand des Beckens jederseits zwei
Öffnungen begrenzt, das *Foramen ischiadicum maius* und *minus* oberhalb bzw.
unterhalb der Spina ossis ischii und des Lig. sacrospinale. Das Lig. sacrotuberale,
welches die Öffnungen nach unten begrenzt, setzt sich ventralwärts in einen
Proc. falciformis fort, der, an die Fascie des M. obturator internus angeschlossen,
vom Tuber am Knochenrand nach vorn verläuft und den N. pudendalis und die
Vasa pudendalia interna eine Strecke weit bedeckt.

Die *Symphyse* ist ein Halbgelenk; sie besteht aus einer faserknorpeligen
Zwischenscheibe zwischen den Knochen, in der ein unregelmäßiger Spalt auftritt. Die Verbindung wird oben durch das *Lig. pubicum* (superius), unten durch
das *Lig. arcuatum pubis* gefestigt. In der Schwangerschaft wird sie etwas ge-
lockert und breiter, so daß das Becken um einige Millimeter weiter und nach-
giebiger wird. Auch die übrigen Bandverbindungen werden nachgiebig und
dehnbar, so daß das Kreuz-Darmbeingelenk, wie schon bemerkt, etwas mehr
beweglich wird und das Kreuzbein sich in seiner Einstellung dem Durchtritt
des Kindes anpassen kann; es kann beim Eintritt des kindlichen Kopfes in den
Beckeneingang mit der Basis ein wenig nach rückwärts ausweichen, beim Austritt des Kopfes mit der Spitze nach hinten.

Seitenwand des kleinen Beckens. An der Seitenwand finden sich die schon
genannten Öffnungen (Foramen obturatum, ischiadicum maius und minus), dann
Muskeln, welche diese Öffnungen größtenteils verschließen, sowie Nerven und
Gefäße. Die Muskeln sind der *M. obturator internus* und *piriformis*. Der erstere
entspringt von der gesamten dem kleinen Becken zugewendeten Fläche des
Hüftbeins einschließlich der Membrana obturatoria und des Knochenrahmens
des Foramen obturatum, jedoch unter Freilassung des Canalis obturatorius; die

sehr stark convergierenden Fasern sammeln sich im Foramen ischiadicum minus,
gehen in eine starke Sehne über, die um die Incisura ischiadica minor, von einer
Bursa synovialis unterlagert, in spitzem Winkel herumgeschlungen ist und in der

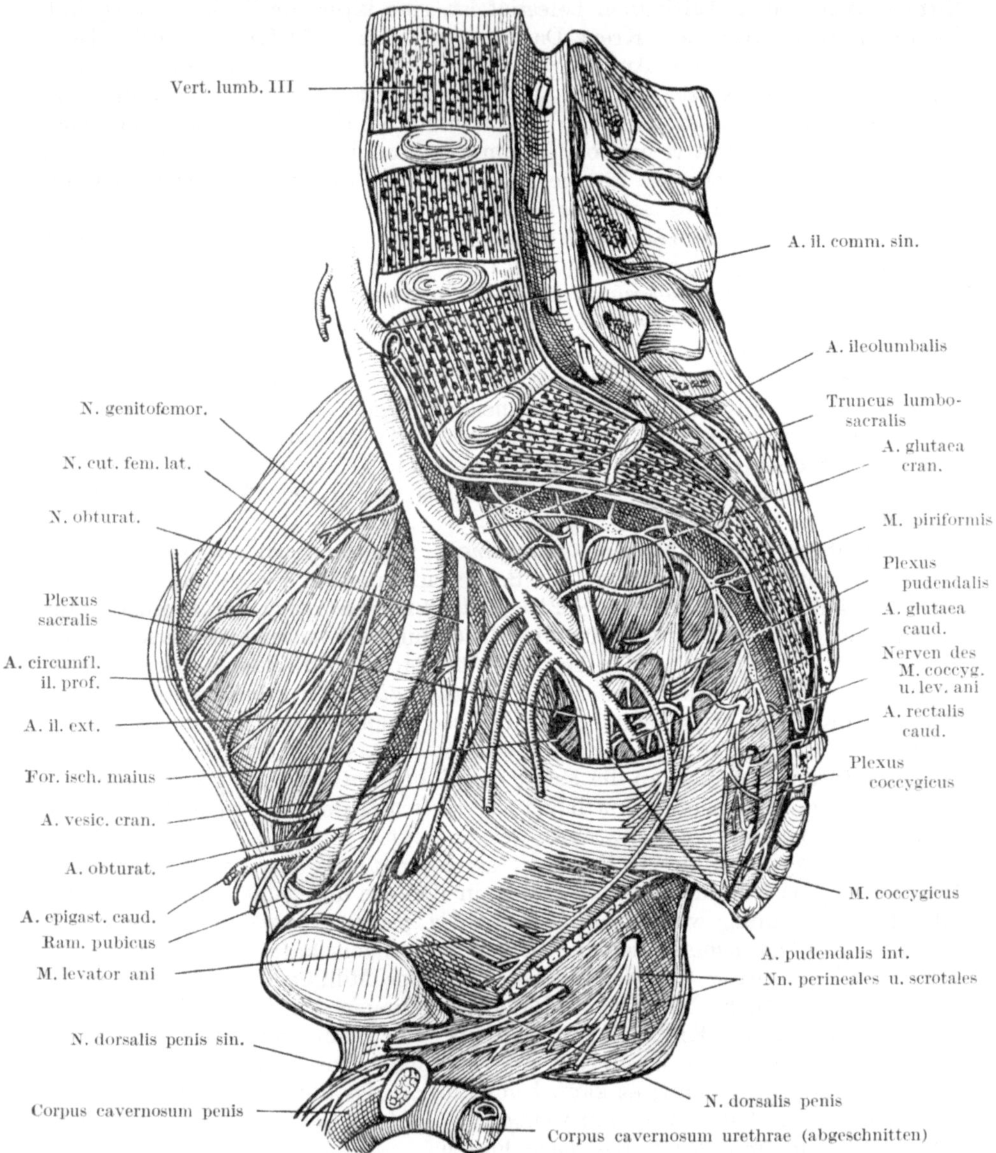

Abb. 192. Plexus sacralis, pudendalis und coccygicus und Beckenteil des Truncus sympathicus. Nach TOLDT-
HOCHSTETTER. Arterien eingezeichnet.

Fossa trochanterica des Oberschenkels ansetzt, begleitet von zwei kurzen Köpfen,
die an der Außenseite des Hüftbeins entspringen, den *Mm. gemelli*. Der *M. piriformis* (Abb. 192) entspringt von der Innenseite des Kreuzbeins, bis zum Körper
des vierten Kreuzwirbels reichend, wobei er das dritte und vierte Foramen sacrale

umrahmt, dann, anschließend an das Kreuzbein, noch vom Hüftbeinrand des
Foramen ischiadicum maius und einem kleinen Gebiet an der Außenfläche des
Darmbeins; er tritt durch das Foramen aus und endet am Trochanter maior. Er

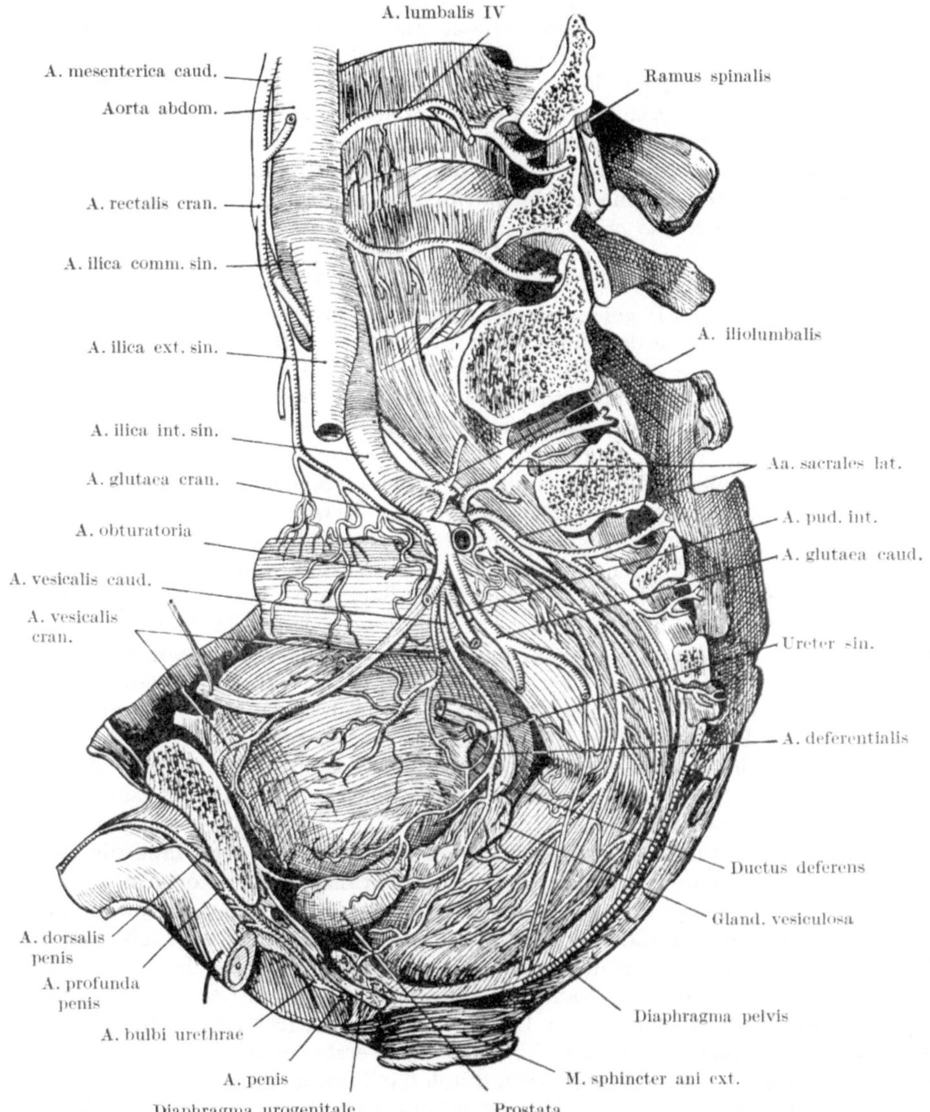

Abb. 193. Die visceralen Äste der A. ilica interna beim Mann, nach Wegnahme der seitlichen Beckenwand.
Nach Toldt-Hochstetter.

füllt aber das Foramen ischiadicum maius nicht aus; ober- und unterhalb bleibt
je eine Lücke, *Foramen supra-* und *infrapiriforme*, oben für den N. glutaeus
cranialis und die gleichnamigen Gefäße, unten für den N. glutaeus caudalis, den
N. ischiadicus, cutaneus femoris dorsalis und pudendalis sowie die Vasa glutaea
caudalia und pudendalia. Der Seitenwand des kleinen Beckens liegen rückwärts
der Plexus lumbosacralis, pudendalis und coccygicus (Abb. 194) und die Haupt-

stämme der Gefäße und sympathischen Nerven an. Vom lumbalen Teil des
Plexus lumbosacralis stammen die zwei Stämme, welche die Linea terminalis überschreiten, nämlich der *N. obturatorius* und der *Truncus lumbosacralis* (S. 193).
Der erstere hat einen langen subperitonaealen Verlauf unterhalb der Vasa ilica
communia und externa und verschwindet mit den gleichnamigen Gefäßen im
Canalis obturatorius, denselben nicht gänzlich ausfüllend, so daß der Kanal erst
durch einen Fettpfropf geschlossen wird, aber eben deswegen Anlaß zu einer
Hernienbildung geben kann. Der *Plexus sacralis*, durch den Truncus lumbosacralis (mit der Hälfte des vierten und dem ganzen fünften Lumbalnerven) verstärkt, nimmt den ersten und zweiten und Teile des dritten Sacralnerven auf,
liegt auf der pelvinen Fläche des M. piriformis und gibt in das Foramen suprapiriforme den *N. glutaeus cranialis*, in das Foramen infrapiriforme den starken
N. ischiadicus, den *N. glutaeus caudalis* und den *N. cutaneus femoris dorsalis* ab.
Der Ischiadicus ist nicht selten schon hier durch ein Bündel des M. piriformis in
den lateral (und cranial) gelegenen N. fibularis (peroneus) und den N. tibialis
geteilt. Gleichfalls durch das Foramen infrapiriforme tritt der *N. pudendalis* aus,
der Endast des *Plexus pudendalis*, der aus dem ersten bis vierten Sacralnerven
(mit einem Zuschuß aus dem fünften) entsteht; der Nerv gelangt mit den entsprechenden Gefäßen um die Spina ischiadica herum sofort durch das Foramen
ischiadicum minus wieder in den knöchernen Beckenraum, aber bereits außerhalb des Eingeweideraums, unterhalb des Beckenbodens. Noch oberhalb des
Beckenbodens gehen von ihm Zweige für das Diaphragma pelvis und (parasympathische) Äste für die Beckeneingeweide ab. Wieder wird das Foramen
infrapiriforme durch die genannten Gebilde nicht völlig ausgefüllt und enthält
einen Fettpfropf. Schließlich bilden der fünfte Sacralnerv und der Coccygealnerv
den *Plexus coccygicus*, dessen Äste *(Nn. anococcygici)* die Haut der Steißbein-
gegend und zusammen mit dem N. pudendalis die Analhaut versorgen.

Die *A. ilica interna* oder *hypogastrica* (Abb. 193) verläuft an der Sacrum-
Iliumgrenze über den Articulus sacroilicus herab und liegt mit den Venen auf der
Innenseite des Plexus sacralis an der Beckenwand, hinter dem Ureter, vom
Peritonaeum parietale bedeckt. Sie gibt *fünf parietale* und *fünf viscerale Äste* ab.
Die ersteren sind die *A. iliolumbalis*, die im großen Becken verbleibt (sie verläuft
hinter dem M. psoas zum M. ilicus, auf dem sie sich verzweigt und mit der A. cir-
cumflexa ilium profunda aus der A. ilica externa anastomosiert), dann die *A. sa-
cralis lateralis* für das Kreuzbein, den M. piriformis und levator ani und den
Plexus sacralis. Ferner die *A. obturatoria*, die unter der Linea terminalis nach
vorn verläuft und am Canalis obturatorius sich dem Nerven anschließt; ein
Ramus pubicus, gewöhnlich nur schwach, anastomosiert an der Innenfläche der
Symphysengegend mit dem Ramus pubicus der A. epigastrica caudalis, kann
aber zum alleinigen Ursprung der Obturatoria werden (S. 139). Schließlich die
Aa. glutaea cranialis und *caudalis* (Abb. 194); die erste gelangt zwischen Truncus
lumbosacralis und erstem Sacralnerven durch das Foramen suprapiriforme hauptsächlich an den M. glutaeus medius und minimus (sie legt sich mit ihrer Begleitvene so dicht an den oberen Knochenrand der Incisur an, daß ihre Unterbindung
von außen her Schwierigkeiten machen kann), die zweite, im Becken meist einen
gemeinsamen Stamm mit der A. pudendalis interna bildend, tritt durch das
Foramen infrapiriforme an den M. glutaeus maximus und die tiefen Hüftmuskeln,
das Hüftgelenk und als *A. comes n. ischiadici* an diesen Nerven heran. Die
letztere, embryonal vorübergehend das Hauptgefäß des Beines, kann (sehr selten)
als arterieller Hauptstamm des Beines erhalten bleiben. Die beiden Aa. glutaeae
anastomosieren am Bein sehr reichlich untereinander und mit Arterien der
Vorderseite des Oberschenkels, wodurch sie im Fall von Unterbindung der

A. femoralis diese ersetzen können. Die *visceralen Äste*, die sich von der Beckenwand ablösen und im lockeren Beckenbindegewebe an die Organe herantreten, sind die *A. vesicalis cranialis*, aus der A. umbilicalis bzw. später von dem wegsam gebliebenen Anfangsstück der Chorda a. umbilicalis abgehend (häufig ist mehr als ein Blasenast vorhanden), die *A. vesicalis caudalis*, die erst am Beckenboden vom gemeinsamen Stamm der A. glutaea caudalis und pudendalis abzugehen pflegt, dann die starke *A. uterina* (Näheres beim Uterus); ihr wird beim Mann die *A. deferentialis* gleichgestellt, die mit der A. vesicalis caudalis entspringt und den Ductus deferens entlang sich bis zum Hoden und Nebenhoden verfolgen läßt. Eine meist schwache und sehr variable *A. rectalis caudalis* (früher A. haemorrhoidalis media, Abb. 194) versorgt den Sacralteil des Rectums und gibt beim Mann Zweige an die Blase und das innere Genitale ab; sie anastomosiert ausgiebig mit der (unpaaren) A. rectalis cranialis (haemorrhoidalis sup.) aus der A. mesenterica caudalis und den unten genannten Aa. anales. Schließlich die *A. pudendalis interna*, die durch das Foramen infrapiriforme auf die Außenseite des Sitzbeinstachels und mit dem N. pudendalis durch das Foramen ischiadicum minus in den ALCOCKschen Kanal an der Außenwand der Fossa ischiorectalis gelangt, bedeckt von Fascia obturatoria; sie gibt zwei bis drei *Aa. anales* (früher Aa. haemorrhoidales inferiores) ab, die durch den Fettkörper der Fossa ischiorectalis an die Pars analis recti und ihre Muskulatur gelangen, und teilt sich in der Regel in eine *A. perinei* für Dammuskulatur und Scrotum und *A. penis* mit A. bulbi urethrae, urethralis, profunda und dorsalis penis (s. beim männlichen Genitale).

Die *Venen* (Abb. 194, 208, 209 und beim weiblichen Genitale, Abb. 232, 233) schließen sich zwar im allgemeinen den Arterien an, sind aber doch gerade im Becken durch besondere Merkmale gekennzeichnet. Dahin gehört in erster Linie die reichliche *Plexusbildung* und Vervielfachung der anastomosierenden dünnwandigen Stämme für die Eingeweide, so daß eine Menge Blut in den Plexus sich sammeln und anstauen kann, besonders bei sexueller Erregung und in der Schwangerschaft (wodurch bei Entzündungen Platz und Gelegenheit für Gerinnselbildung und eitrige Einschmelzung gegeben ist). Ein Unterschied gegen die Arterienverzweigung besteht ferner in einer abgekürzten Verbindung zwischen äußerem Genitale und dem Beckeninneren durch die V. dorsalis penis (clitoridis) subfascialis, die vom Dorsum des Gliedes direkt durch die Lücke zwischen Lig. arcuatum pubis und L. praeurethrale in das Spatium pelvis subfasiale und zur V. ilica interna gelangt, während die Arterie den Umweg über die Fossa ischiorectalis macht. Die *V. ilica interna* liegt als kurzer Stamm dorsal von der gleichnamigen Arterie, schiebt sich an ihre laterale Seite und nimmt wie diese parietale und viscerale Äste auf; doch fehlt unter diesen das Gegenstück der A. umbilicalis, da die Vena umbilicalis unpaar vom Nabel direkt zur Leber verläuft. Die parietalen Äste sind ziemlich typische, wenn auch weite und dünnwandige paarige Venen, die reichlich mit den Nachbargebieten anastomosieren (Vv. iliolumbales, sacrales laterales, obturatoriae und glutaeae craniales und caudales). Plexus werden aber von den visceralen Ästen gebildet. Die *V. pudendalis interna* beginnt im Bereich des Diaphragma urogenitale mit einem dichten Plexus (*Plexus trigonalis*, weil auf dem Trigonum urogenitale = Diaphragma urogen. gelegen), mit dem auch die Penisvenen zusammenhängen (über die V. dorsalis penis s. oben und beim Genitale); sie nimmt Vv. scrotales posteriores, perinei und anales auf, ist plexusartig gestaltet und begleitet die gleichnamige Arterie. Die Eingeweide geben ihr Blut an die oben erwähnten Organplexus ab, von denen etwas willkürlich und schwer abgrenzbar ein *Plexus vesico-pudendalis* mit Aufnahme der V. dorsalis penis (clitoridis) subfascialis und der seitlichen Blasenvenen, ein *Plexus vesicalis* der vorderen Blasenwand, ein beide aufnehmender *Plexus pro-*

staticus bzw. *uterovaginalis* und schließlich ein *Plexus rectalis* unterschieden werden kann. Der letztere stellt eine Verbindung der V. pudendalis interna mit der Pfortader her, da aus ihm zu letzterer nach oben die unpaare klappenlose

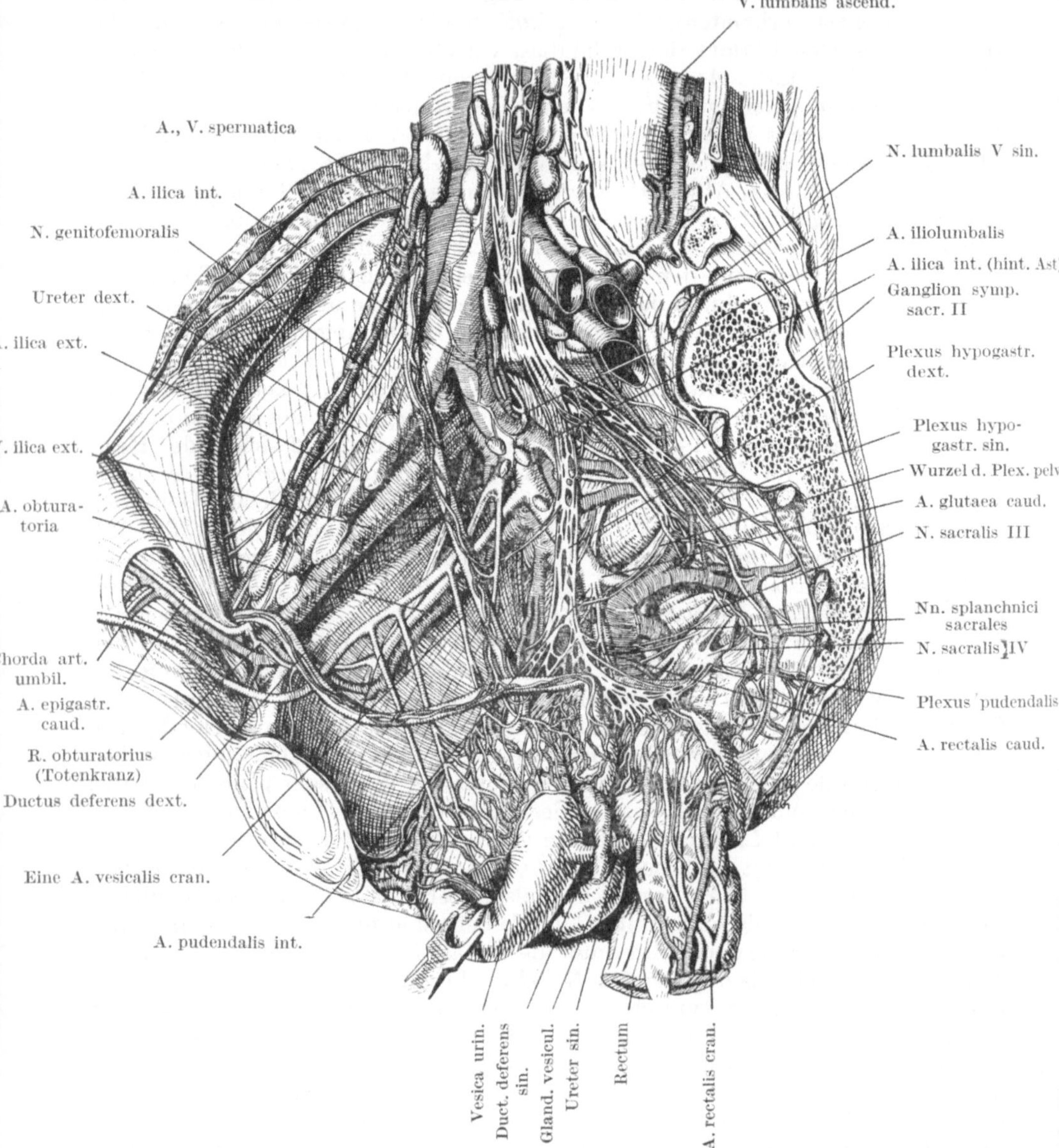

Abb. 194. Gefäße und Nerven (bes. Beckensympathicus) der rechten Innenwand eines männlichen Beckens. Nach PERNKOPF.

V. rectalis cranialis verläuft, seitwärts eine V. rectalis caudalis zur V. hypogastrica und von unten die Vv. anales abgehen. Die Äste des Plexus rectalis stehen durch Lücken in der Muskulatur des Rectums mit reichlichen submucösen Geflechten, die besonders in der Pars analis gut entwickelt sind, in Verbindung; von diesen geht die Bildung der Haemorrhoiden aus.

Nach einwärts von den Gefäßen liegt am Kreuzbein der *sympathische Grenzstrang* (Abb. 192), der fünf Grenzstrangganglien (häufig in nicht ganz regelmäßiger Anordnung) aufweist und vor dem Steißbein, mit der Gegenseite vereinigt, in einem unpaaren *Ganglion coccygicum* endet, und dann die *sympathischen Nervengeflechte*, die als *Plexus pelvicus* zusammengefaßt werden können. Die Hauptwurzel derselben ist der *Plexus hypogastricus* (Abb. 188, 208, 209), der noch an der Lendenwirbelsäule vor der Aorta unpaar und median herabsteigt, sich am Promontorium in einen Ramus dexter und sinister teilt und zur Seite der Becken-

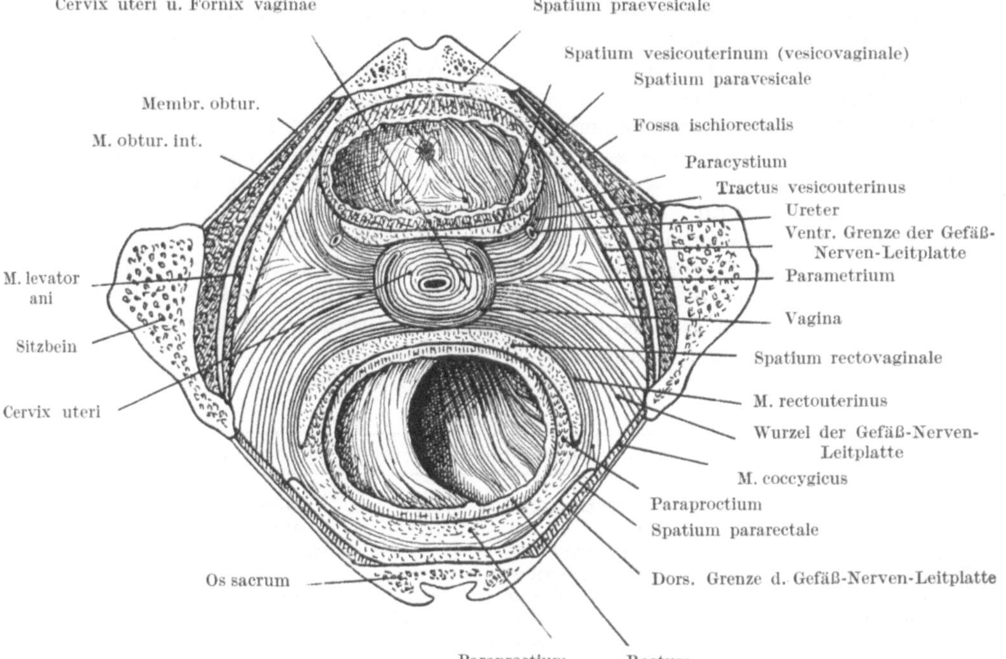

Abb. 195. **Bindegewebsräume und Bindegewebs- und Muskelzüge (glatte Muskulatur) im weiblichen Becken, auf einem Transversalschnitt dargestellt. Nach PERNKOPF und PICHLER, vereinfacht.**

eingeweide ein großes plattes, überall von Ganglienzellen durchsetztes Geflecht bildet, in das besonders vom dritten und vierten Sacralnerven starke Zuschüsse, die *Nervi splanchnici pelvici* (Abb. 194, 208, 232) mit den parasympathischen Fasern, eintreten; das Geflecht läßt sich unvollkommen in Organgeflechte (*Plexus rectalis cranialis* und *caudalis, vesicalis, uretericus, deferentialis* und *prostaticus* bzw. *uterovaginalis*) auflösen und gibt Nn. cavernosi an die Nerven des äußeren Genitales, namentlich an den N. dorsalis penis (clitoridis) aus dem N. pudendalis ab. Die Nn. pelvici wirken als Nn. erigentes, welche die Füllung der Corpora cavernosa beherrschen. Die Ausläufer des Plexus gehen überall mit den Arterien an die Organe heran (s. auch Abb. 232 und 233).

Der Antagonismus von *Sympathicus* und *Parasympathicus* tritt bei den Eingeweiden immer wieder zutage. Ein Sympathicus (Orthosympathicus) ist beim Säugetier nur zwischen den Extremitätenplexus entwickelt, beim Menschen zwischen C 8 und Lu 2 (oder 3); seine Fasern entspringen von Zellgruppen an der lateralen Seite des Vorderhorns (Abb. 15), treten durch vordere Wurzeln aus und werden in Grenzstrangganglien umgeschaltet. Der Parasympathicus erstreckt sich über den ganzen Bereich der Hirn- und Rückenmarksnerven, angefangen vom Oculomotorius, ist aber besonders am Anfang und Ende (dort, wo der Orthosympathicus fehlt) stärker entwickelt; seine Fasern entspringen von einer etwas weiter dorsal liegenden Zellsäule, treten in der Bahn von Hirn- und Rückenmarksnerven aus und werden erst in den peripheren Ganglien (an den Trigeminusästen, dann hauptsächlich Ganglion coeliacum und pelvicum) oder in der Wand der Eingeweide selbst (intramural) umgeschaltet. Der kraniale Anteil verläuft durch die Hirnnerven III zum Ganglion ciliare, VII zum Ganglion pterygopalatinum und submandibulare, IX zum Ganglion oticum und X (Ramus visceralis des Vagus, der Teil caudal vom Abgang des N. recurrens) zu Ganglien an Brusteingeweiden wie am Herzen (Abb. 75) und zum Ganglion coeliacum. Der spinale Teil aus dem Brust- und Lendenmark tritt durch vordere oder hintere Wurzeln aus und ist beim Menschen wenig entwickelt, am meisten für die Schweißsekretion von Bedeutung. Der sacrale Teil, von S 2 bis C 1, bildet besonders im Bereich von S 3 und S 4 die vorn genannten Nn. splanchnici pelvici, die aus dem zum cerebrospinalen System gehörigen Plexus pudendalis in den sympathischen Plexus pelvicus übertreten. Sie beherrschen (anschließend an das Gebiet des Ramus visceralis vagi) das letzte Drittel des Colon transversum, den Enddarm, Blase, Urethra, inneres und äußeres Genitale und führen erregende Fasern für Peristaltik und Blasenentleerung, Hemmungsfasern für die glatten Sphincteren am Beckenboden und gefäßerweiternde Fasern für das Genitale. Bei Reizung erhalten wir an den Organen die folgenden Wirkungen (Tabelle nach CLARA):

Tabelle 4.

Organ	(Ortho-)Sympathicus	Parasympathicus
Herz	Beschleunigung	Verlangsamung (sogenannte Vaguswirkung)
Gefäße	Verengerung	Erweiterung
Bronchien	Erweiterung	Verengerung
Oesophagus	Erschlaffung	Krampf
Magen, Darm	Hemmung von Peristaltik und Drüsentätigkeit	Anregung derselben (Durchfall)
Blase	Harnverhaltung	Harnentleerung
Genitale	Gefäßverengerung	Gefäßerweiterung (Erection)
Pupillen	Erweiterung	Verengerung
Lidspalte	Erweiterung	Verengerung
MÜLLERscher Musc. orbitalis	Exophthalmus	Enophthalmus
Speicheldrüsen, Schweißdrüsen	spärlicher zähflüssiger Speichel, klebriger Schweiß	reichliches dünnflüssiges Sekret
Stoffwechsel	Abbau, Dissimilation	Aufbau, Assimilation

Beckenbindegewebe. Gefäße und Nerven sind im Becken in reichliches Bindegewebe eingebettet. Diesem *Beckenbindegewebe* kommt praktische Bedeutung zu, einerseits deshalb, weil es für die eben genannten Bildungen zusammenhängende *Gefäß-Nerven-Leitplatten* bildet, anderseits wegen seiner reichlichen Durchsetzung mit Lymphgefäßen und Lymphknoten, wodurch es bei Eiterungen und Carcinomausbreitung wichtig wird. Es ist vielfach von glatter Muskulatur durchsetzt und haftet an der seitlichen Beckenwand, gliedert sich aber entsprechend den Hauptorganen des kleinen Beckens in einzelne Abteilungen. Als solche kann (Abb. 195) ein *Rectumpfeiler*, am weitesten dorsal gelegen, und beim Mann ein *Urogenitalpfeiler* zu Blase, Samenblasen, Prostata und Beckenteil der Urethra unterschieden werden, bei der Frau ein *Uterovaginal-* und ein *Vesicalpfeiler*. Jeder dieser Pfeiler enthält als auffallendste Bildung das entsprechende Venengeflecht (Plexus rectalis und vesicoprostaticus, bzw. uterovaginalis und vesicalis, mit dem verbindenden Plexus vesicovaginalis), ferner die entsprechenden Arterien und sympathischen Geflechte und schließlich die Lymphgefäßgeflechte mit ihren regionären Lymphknoten. Besonders der Uterovaginalpfeiler ist als *Parametrium* (Lig. cardinale uteri) der Weg der Verbindungen zum Uterus (s. daselbst); beckenbodenwärts wird die Verbindung zur Vagina als *Paracolpium*, ventral zur Blase als *Paracystium*, dorsal zum Rectum als *Paraproctium* unterschieden. Vom Paracystium aus erstreckt sich das Bindegewebe als vesico-umbilicale Leitplatte (S. 133) an der vorderen Bauchwand aufwärts zwischen Urachus und den Chordae aa. umbilicalium bis gegen den Nabel. Auf dem Parametrium baut sich gegen die Bauchhöhle das Mesometrium bzw. die Plica lata uteri auf.

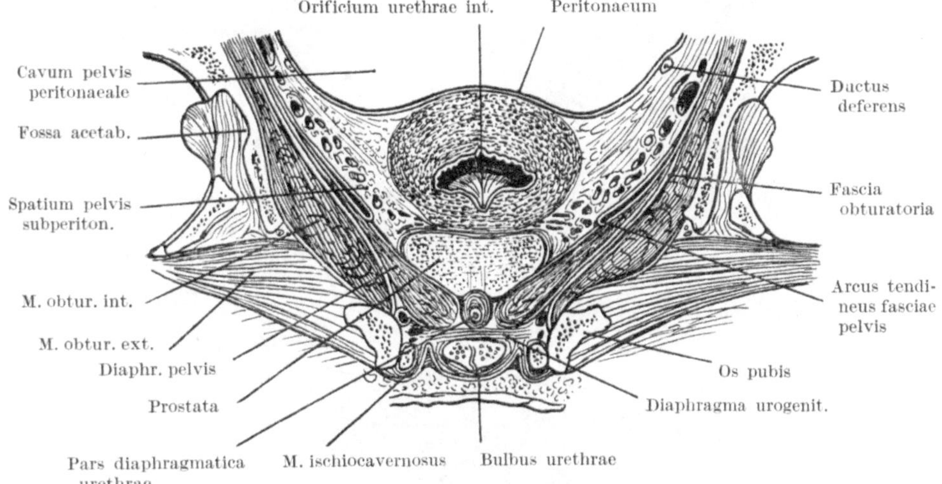

Abb. 196. Frontaler Durchschnitt durch das männliche Becken im Bereich des Orificium urethrae internum, bei kontrahierter Harnblase. Ansicht von vorn. Nach TOLDT-HOCHSTETTER. ³/₅ nat. Gr.

Das Beckenbindegewebe ist seitlich in seinem ventralen Abschnitt durch eine *Fascia pelvis* gut begrenzt; diese überzieht, an der Linea terminalis beginnend, den M. obturator internus als *Fascia obturatoria interna* und, weniger gut als Fascie differenziert, den M. piriformis, dem der Plexus sacralis innig aufgelagert ist; überhaupt geht das Bindegewebe im dorsalen Teil einerseits seitlich in das Bindegewebe des Foramen supra- und infrapiriforme über, anderseits rückwärts über das retrorectale Bindegewebe nach oben in das retroperitonaeale Gewebe des Bauchraumes. Beckenbodenwärts aber, am Außenrand des M. levator ani, ist die Fascia pelvis über dem M. obturator internus durch einen kräftigen sehnigen und von glatter Muskulatur durchsetzten Streifen verstärkt, den *Arcus tendineus fasciae pelvis*, der von der Gegend der Spina ischiadica und der darüberliegenden Umrahmung des Foramen ischiadicum maius ausgeht (Abb. 201), den häufig wenig deutlichen Levatorursprung (*Arcus tendineus fasciae obturatoriae* bzw. *levatoris ani*) schräg überkreuzt und nun auf der Innenfläche des Levator zum Unterrand der Symphyse zieht, wo er sich mit bindegewebigen Zügen und glatten Muskelfasern verbindet, die von der Blase bzw. beim Manne von Blase und Prostata kommen (*Lig. pubovesicale* bzw. *puboprostaticum*, Abb. 207). Diese Ligamente sind zugleich der Vorderrand eines eigenen Fascienblattes, das als *Fascia intrapelvina* (endo-

pelvina; Abb. 197 und 227) vom ganzen Verlauf des Arcus fasciae pelvis medialwärts abgeht und sich auf die Beckeneingeweide, am deutlichsten auf die Blase,
hinüberschlägt, um sich an ihnen zu verlieren oder, nach anderer Auffassung
(PERNKOPF) umzubiegen und als mediale Begrenzung der Gefäß-Nervenleitplatte
wieder nach aufwärts zu verlaufen und mit der Fascia pelvis ein spaltförmiges
Spatium fibrosum paravesicale und pararectale zu begrenzen, wobei die Gefäß-
Nervenleitplatte durch den Abgang der Gefäß- und Nervenzweige von den Haupt-
stämmen mit der seitlichen Beckenwand fast linear zusammenhängt.

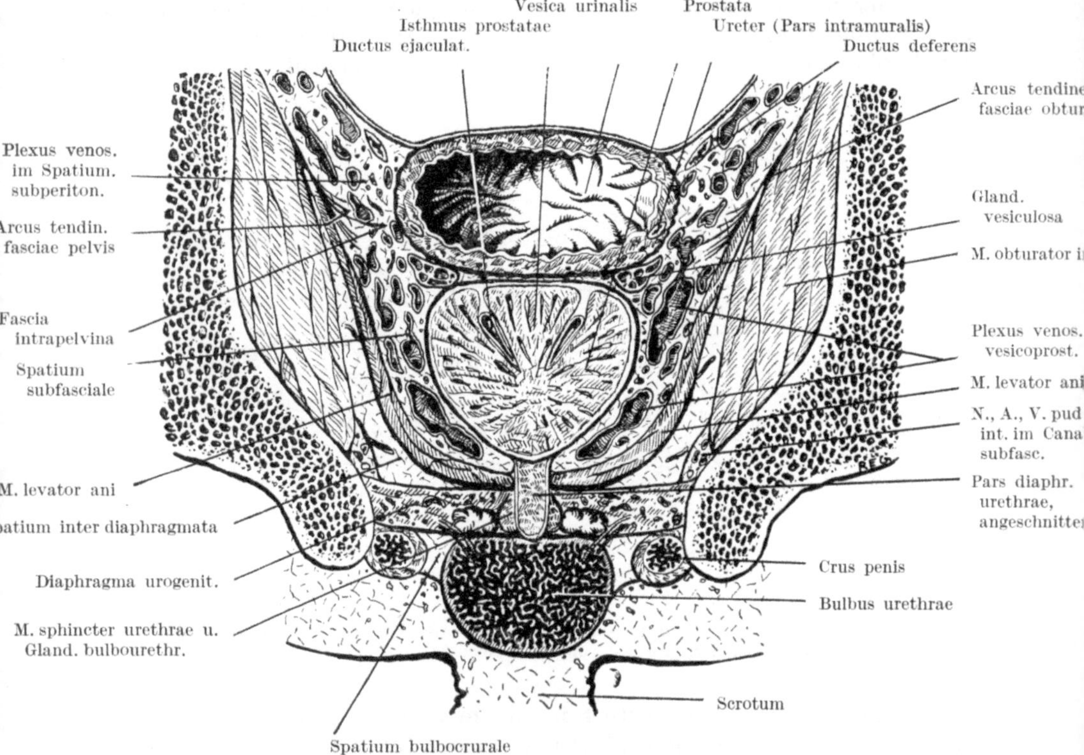

Abb. 197. Etwas schräg nach hinten unten abfallender Frontalschnitt durch ein männliches Becken. Nach
PERNKOPF, vereinfacht.

Man kann nun den Beckenraum in mehrere Stockwerke einteilen (Abb. 196,
197, 226 und 227). Da das Peritonaeum, von einer dünnen Fascie getragen, sich,
von der seitlichen Beckenwand abgehend, auf die Beckeneingeweide hinüberschlägt, so ist das oberste Stockwerk das *Cavum pelvis peritonaeale*. In dieses lagern
sich in wechselnder Weise Bauchorgane ein. Von ihm bis zum Beckenboden erstreckt sich das *Spatium pelvis subperitonaeale*, von dem, am deutlichsten lateral
von der Blase, durch die Fascia intrapelvina (s. S. 207) nochmals ein dem Beckenboden unmittelbar aufsitzendes *Spatium subfasciale* (*interfasciale*, Abb. 197 und 227)
abgetrennt wird. Es enthält hauptsächlich Venengeflechte, während der Raum
darüber von dem mehr lockeren Beckenbindegewebe (der Gefäß-Nervenleitplatte)
eingenommen wird. Unter dem Diaphragma pelvis, zwischen ihm und der Haut,
liegt das *Spatium pelvis subcutaneum* (Abb. 217, 226 und 227), das auch als *Fossa
ischiorectalis* bezeichnet wird (besser wäre die Bezeichnung als *Fossa tubero-analis*).

Schließlich kann noch, da die beiden Diaphragmen nicht in gleicher Höhe an der seitlichen Beckenwand entspringen, ein *Spatium inter diaphragmata* (PERNKOPF) unterschieden werden (Abb. 197 und 227); es ist spaltförmig, da das höher entspringende Diaphragma pelvis durch die Last der Baucheingeweide an das Diaphragma urogenitale angedrückt wird, ist von außen in ventraler Fortsetzung der Fossa ischiorectalis zugänglich und hängt über den Innenrand der Levatorschenkel hinweg mit dem Spatium subfasciale zusammen.

Beckenboden.

Der Beckenboden (Abb. 198 bis 201) ist ein quergestreift-muskulöser und daher willkürlich innervierbarer Abschluß des Beckenausganges, der den Bauch-Becken-

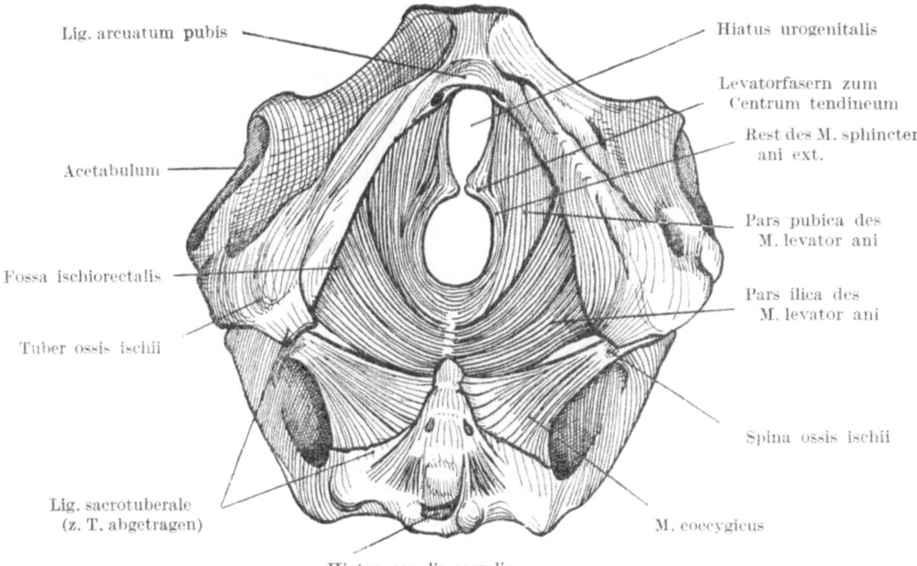

Abb. 198. Diaphragma pelvis des Mannes von außen. Nach TOLDT-HOCHSTETTER.

raum zu begrenzen und wenn nötig unter Druck zu setzen hat, ferner ständig die Last der Beckeneingeweide tragen, aber auch den Inhalt der Bauch- und Beckeneingeweide hindurchtreten lassen muß. Nur Muskulatur ist einerseits der dauernden Belastung, anderseits einer Beanspruchung auf Dehnung, wie sie am stärksten der Geburtsakt mit sich bringt, gewachsen. Es handelt sich hier um zwei Muskelplatten, die als Diaphragma pelvis und Diaphragma urogenitale unterschieden werden. Das *Diaphragma pelvis*, aus Schwanzmuskulatur hervorgegangen, stellt eine menschliche Anpassung an den aufrechten Stand dar, bei dem das Gewicht der Baucheingeweide nicht mehr auf der vorderen Bauchwand, sondern auf dem Beckenausgang lastet. Das Diaphragma haftet aber nicht unmittelbar am Beckenausgang, sondern oberhalb desselben an der Seitenwand des kleinen Beckens und ist trichterförmig nach unten ausgebaucht. In ihm sind zwei Muskelindividuen vereinigt, der *M. coccygicus* (ursprünglich ein M. spinosocaudalis) und der *M. levator ani* (M. ilio- und pubocaudalis). Der erstere, von der Spina ossis ischii entspringend, strahlt medialwärts zum Kreuz- und Steißbein aus; er ist stark sehnig durchsetzt (wohl im Zusammenhang damit, daß eine Verkürzung nur in sehr beschränktem Maß möglich ist) und geht ohne deutliche

Grenze in das *Ligamentum sacrospinale* (S. 199) über. Der M. levator ani ist
von ihm durch einen von Bindegewebe erfüllten, gewöhnlich nur schmalen Spalt
getrennt; er entspringt von einem (oft undeutlichen) Sehnenbogen an der seitlichen Beckenwand. Der Bogen (*Arcus tendineus fasciae obturatoriae* bzw. *m.
levatoris ani*) liegt in der Fascie des M. obturator internus und verläuft, an den
Ursprung des M. coccygicus anschließend, von der Spina ossis ischii über den
M. obturator internus schräg hinweg unterhalb des Canalis obturatorius an die
Innenfläche des Schambeins, neben der Symphyse, wo er in einiger Entfernung
von der Symphyse mit freiem Rande endigt. Dieser Arcus tendineus wird oberflächlich von dem der Fascia pelvis (s. S. 207) überkreuzt. Der Muskel hat zwei

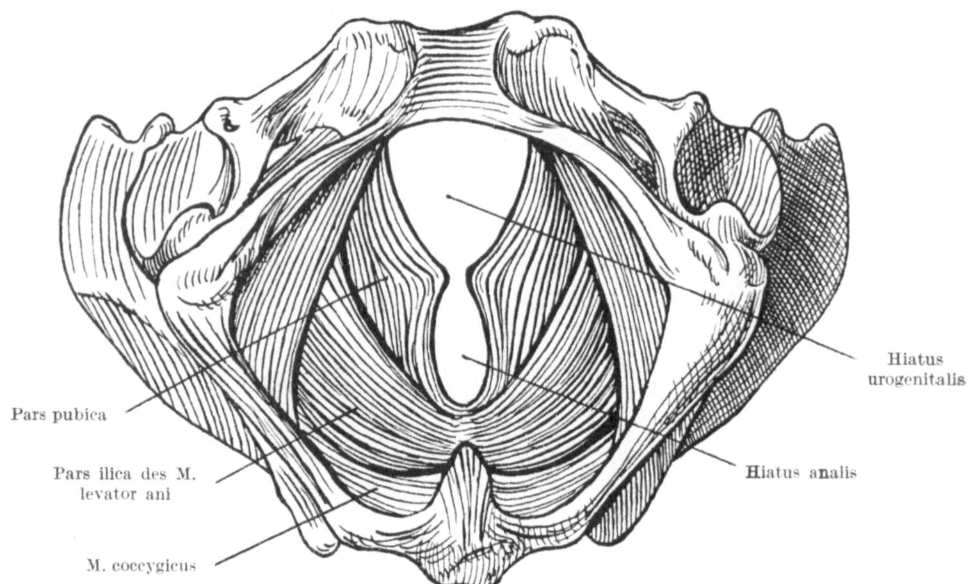

Abb. 199. Diaphragma pelvis des Weibes von außen.

nicht immer deutlich geschiedene Portionen, einerseits vom Sehnenbogen entspringend (Pars ilica; sie stammt ursprünglich vom Darmbein und wurde ausgiebig
caudalwärts verschoben) und anderseits vom Schambein (Pars pubica). Die erstere
verläuft hauptsächlich quer und endet an einer vom Steißbein zum After verlaufenden Rhaphe ano-coccygica, als Quergurte des Beckenbodens; der zweite Teil
verläuft hauptsächlich sagittal, als Längsgurte des Beckenbodens, zu einer hinter
dem Anus, beckenwärts von der Rhaphe, gelegenen, aber mit der Rhaphe zusammenhängenden sehnigen Platte, in welche auch vom Kreuzbein her Muskelfasern und Sehnenstreifen (M. und Lig. sacro-coccygicum ventrale) einstrahlen. In
der Mittellinie bleibt vorn zwischen den medialen Levatorrändern der Pars pubica
(den Levatorschenkeln) ein Spalt, der *Hiatus urogenitalis* oder das Levatortor,
durch welches das Urogenitalsystem nach außen hindurchtritt. Vor dem Anus
zweigt ein Teil der Levatorschenkel ab und vereinigt sich in der Mitte mit der
Gegenseite und anderen Muskeln der Region im Centrum tendineum perinei
(S. 211); andere Fasern dringen in den Sphincter ani externus ein und wirken
als Öffner des Verschlusses sowie tatsächlich als Heber des Anus; die Hauptmasse
der Fasern läuft aber am Anus vorbei nach rückwärts. Da der Hiatus urogenitalis
bei beiden Geschlechtern sehr verschiedene Organe durchtreten läßt, ist er auch

bei ihnen deutlich verschieden. Beim Mann (Abb. 198) ist er ein fingerbreiter Spalt mit fast parallelen Rändern, für die Urethra bestimmt, bei der Frau (Abb. 199), entsprechend der Schambeinbreite in der Symphysengegend (S. 197), eine etwa doppelt so breite dreieckige Lücke, durch welche Urethra und Vagina hindurchtreten, und welche daher beim Geburtsakt außerordentlich gedehnt wird. Die Levatorränder (Levatorschenkel) sind von der Vagina aus bei ihrer Contraction (z. B. beim Pressen wie zum Stuhl) tastbar. Der Muskel wird außen und innen von einer zarten Fascia diaphragmatis pelvis externa und interna gedeckt.

An der Außenseite des Diaphragma pelvis wird der Hiatus urogenitalis vom *Diaphragma urogenitale* (Abb. 196, 197, 200, 201) gedeckt und verschlossen. Dieses

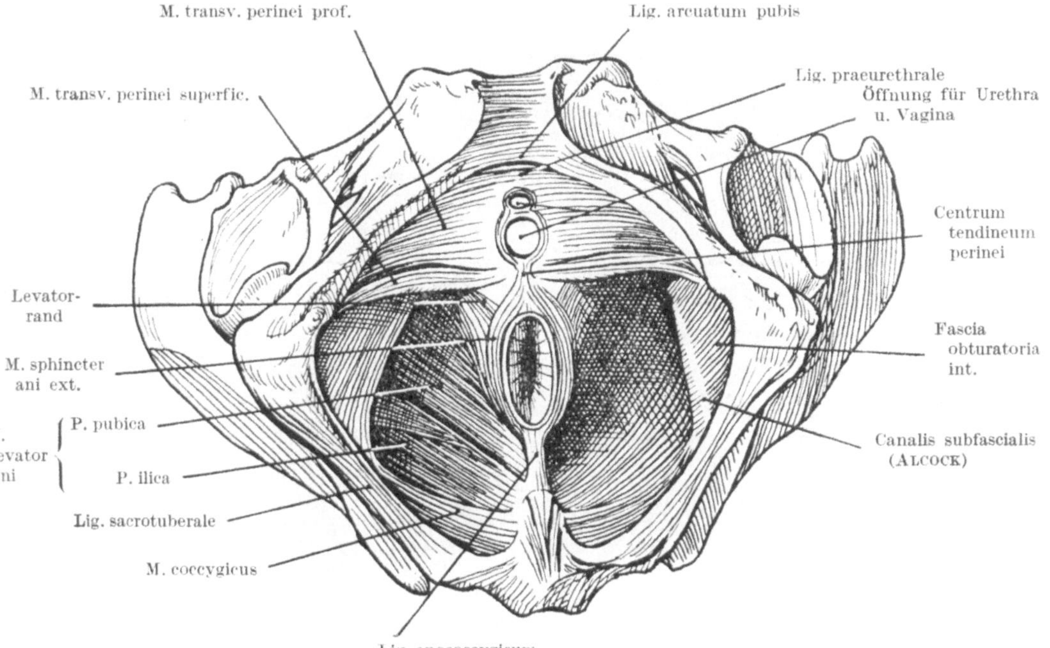

Abb. 200. Weiblicher Beckenboden von außen. Nach PERNKOPF und PICHLER.

Diaphragma ist am Beckenausgang selbst, im Bereich des Angulus bzw. Arcus pubis, fixiert und quer ausgespannt. Es besteht aus einem quergestreiften Muskel, dem *M. transversus perinei profundus*, der reichlich von glatten Muskelzellen durchsetzt ist und in seinen vordersten Abschnitten mehr und mehr sehnig wird, wohl wieder in Zusammenhang mit der vorn immer kleiner werdenden Excursionsmöglichkeit; er geht so in das *Lig. praeurethrale* über, das durch eine Gefäßlücke für die V. dorsalis penis (clitoridis) subfascialis vom Lig. arcuatum pubis geschieden ist. Der Muskel ist an der inneren Oberfläche von einer zarten, außen von einer derben Fascie bekleidet und hat nahe Beziehungen zur männlichen Urethra bzw. Urethra und Vagina (s. beim Genitale).

Die Stützfunktion des Beckenbodens wird gesichert durch den Treffpunkt der Diaphragmen und der quergestreiften Eingeweide-Schließmuskeln, das *Centrum tendineum perinei*. Vor dem Anus, zwischen diesem und der Urogenitalöffnung gelegen, besteht es aus einer sehnigen Durchflechtung der Muskeln, auf welcher sich beckenwärts die Hauptscheidewand der Beckenorgane aufbaut

(Septum rectovaginale bzw. rectourethrale). Fünf Muskeln sind daran beteiligt: 1. der *Levator ani* mit dem Innenrand der Levatorschenkel (S. 211), 2. der *Transversus perinei profundus* mit seinem Hinterrand, 3. der *Sphincter ani externus*, besonders seine oberflächliche zwingenartige Portion (S. 213), 4. der *Bulbocavernosus*, bei der Frau als *Constrictor cunni* wirkend (s. beim Genitale), 5. der variable *M. transversus perinei superficialis*, der oberflächlich vom Tuber ossis ischii entspringt und gegen die Mitte (manchmal auch nach vorn) ausstrahlt.

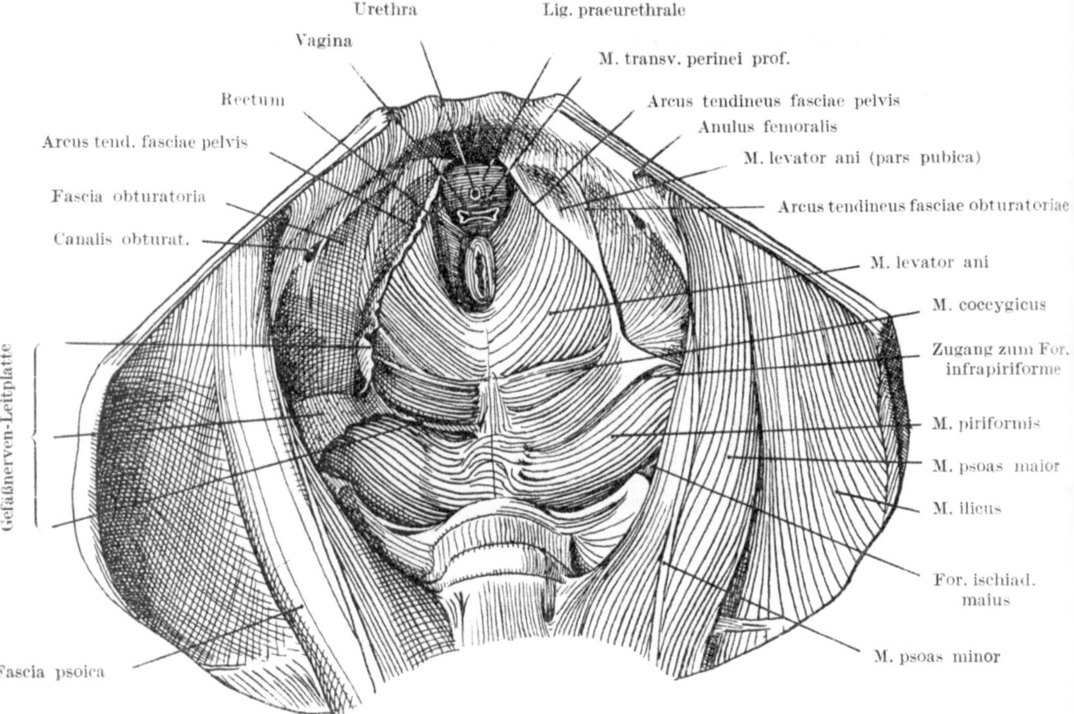

Abb. 201. Weiblicher Beckenboden von innen. Nach PERNKOPF und PICHLER.

Beckeneingeweide.

Auf dem Beckenboden ruhen die *Beckeneingeweide*. Zu ihnen werden Rectum, Harnblase und die inneren Geschlechtsorgane gerechnet. Das Rectum durchsetzt den Beckenboden hinter dem Centrum tendineum perinei, die anderen Organe benutzen den davor gelegenen Hiatus urogenitalis.

Rectum. Das *Rectum*, der *Mastdarm*, verdankt seinen althergebrachten, aber irreleitenden lateinischen Namen der Übertragung tierischer Befunde auf den Menschen. Es verläuft nicht gerade, sondern ist in der Sagittalebene stark S-förmig gekrümmt (Abb. 203, 211, 222, 223), da es sich einerseits in die Kreuzbeinhöhlung einbettet (*Curvatura sacralis*, nach hinten konvex), anderseits scharf um die Steißbeinspitze herumbiegt (*Curvatura perinealis*, nach vorn konvex), um dann mit einem kurzen, fast geraden Endstück (*Pars analis recti*) den Beckenboden und die Schließmuskulatur in der Richtung nach hinten-unten zu durchsetzen. Außerdem besteht eine Krümmung in der Frontalen, hervorgerufen durch seitlich einschneidende Falten aller Schichten, deren größte als *Plica transversalis recti* (KOHLRAUSCH) von rechts her (und etwas von vorn) etwa handbreit über dem Anus vorspringt (Abb. 203, 211 und 223), meist oben und unten von weniger hohen Falten der Gegenseite begleitet. Die Plica transversalis bedingt, daß Instrumente vorwiegend entlang der linken Seite des Darmes einzuführen sind. Die Pars sacralis ist als Kotsammelstelle stark erweiterungsfähig *(Ampulla recti)* ; die Pars analis funktioniert bloß als Durchgang, und ihre Füllung ruft Stuhldrang hervor. Die obere Hälfte der Pars sacralis, bis zur Querfalte, ist von Peritonaeum bekleidet und besitzt ein kurzes Gekröse *(Mesorectum)*, die untere Hälfte liegt extraperitonaeal

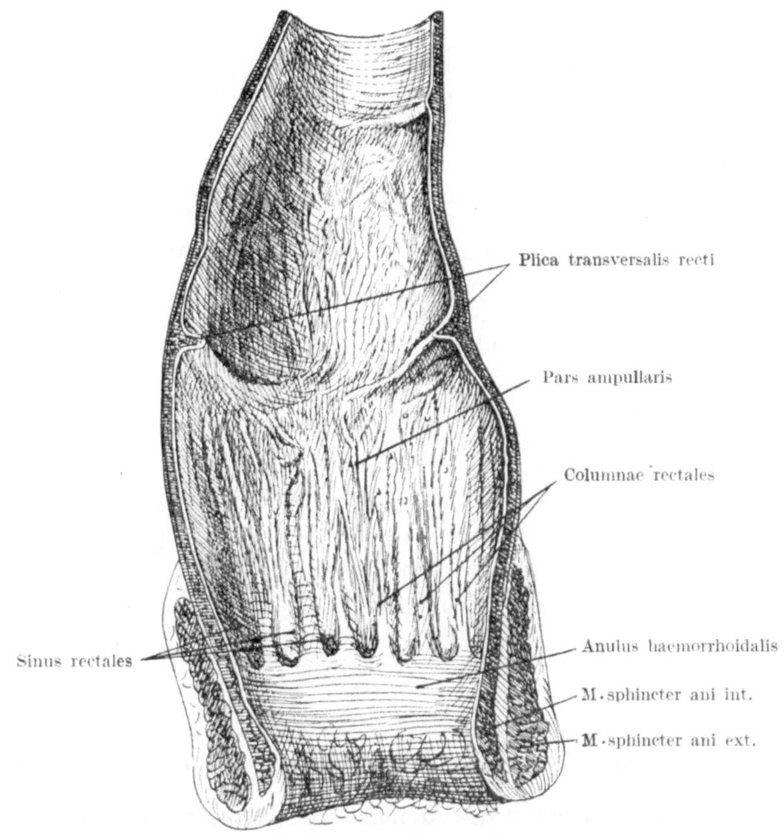

Abb. 202. Rectum, der Länge nach aufgeschnitten. Nach SOBOTTA.

im Beckenboden. Die Taenien und Haustra des Dickdarmes verstreichen am Rectum durch gleichmäßige Ausbreitung der Längsmuskulatur. Die Ringmuskulatur ist an der Pars analis beträchtlich verdickt (Abb. 202) zum glatten, 3 bis 4 cm breiten *M. sphincter ani internus*; ihn umgibt außen der quergestreifte *M. sphincter ani externus*, der nochmals aus einer circulären und einer zwingenartigen oberflächlichen Portion besteht; diese haftet hinten am Steißbein, vorn am Centrum tendineum perinei (Abb. 217, 234). In den äußeren Sphincter strahlen sowohl ein Teil der glatten Längsmuskulatur wie Fasern des Levator ani ein. Der glatte Schließmuskel besorgt den tonischen Dauerverschluß, der quergestreifte den vom Willen abhängigen Verschluß bei Stuhldrang, und die einstrahlenden Längsmuskelfasern helfen bei der Eröffnung. Die Austreibung des Stuhles erfolgt durch Peristaltik von Colon und Rectum unter parasympathisch

bedingter Erschlaffung der Sphincteren und wird von der Bauchpresse unterstützt. Die Schleimhaut des Rectums (Abb. 202) weist in der Pars analis eine
geringe Anzahl (etwa 5 bis 8) längs verlaufende Falten auf, *Columnae rectales*,
die am unteren Ende durch bogenförmige Verbindungsfalten zusammenhängen
und seichte Taschen oder Grübchen, *Sinus rectales*, begrenzen. An sie schließt
sich ein ringförmiger Schleimhautwulst, *Anulus haemorrhoidalis*, an dessen Oberrand die Haut-Schleimhautgrenze liegt; an ihr setzt sich das einfache Cylinderepithel des Darmes mit seinen Krypten scharf gegen geschichtetes Platten-

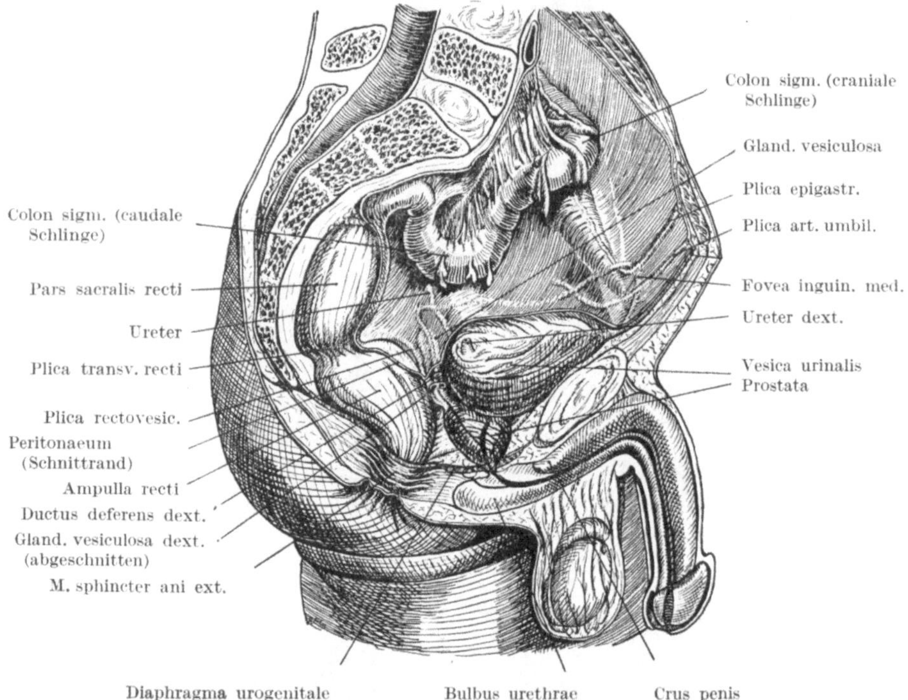

Abb. 203. **Beckeneingeweide des Mannes nach Entfernung der rechten Beckenhälfte.** Nach PERNKOPF.

epithel ab, das am Unterrand des Anulus durch Pigment, Haare (beim Mann),
Talgdrüsen und besondere apokrine Hautdrüsen *(Circumanaldrüsen)* deutlichen
Hautcharakter gewinnt. Von den Sinus rectales gehen eigene, beim Menschen
nur rudimentär entwickelte *Proctodaealdrüsen* aus, die aber vielleicht für die
Entstehung der Analfisteln von Bedeutung sind, da sie als epithelbekleidete
Gänge in die Tiefe gehen und selbst die Sphincteren durchsetzen können. Die
Columnae rectales und der Anulus sind durch besonders reiche Venengeflechte
und weite Lymphräume gekennzeichnet; die Venenfüllung hat für den völligen
(gasdichten) Abschluß des Anus Bedeutung, doch sind diese Venen häufig der
Sitz von knotenartigen, leicht blutenden und sich entzündenden Erweiterungen,
den Haemorrhoiden.

Das Rectum des Neugeborenen (Abb. 204, 224) und Kleinkindes ist relativ
weiter und weniger gekrümmt als das des Erwachsenen; die Pars analis ist sehr kurz
und nicht nach hinten, sondern bloß nach unten gerichtet, so daß die Einführung
von geraden Instrumenten leichter ist und nicht nur die Plica transversalis recti,
sondern auch die Curvatura perinealis vernachlässigt werden kann, während beim

Erwachsenen ein starres Instrument, das in der Richtung der Pars analis eingeführt wurde, zwischen den Beinen des Patienten nach vorn gebracht werden muß, um diese Curvatur zu umgehen. Auch beim Neugeborenen liegt die schwache

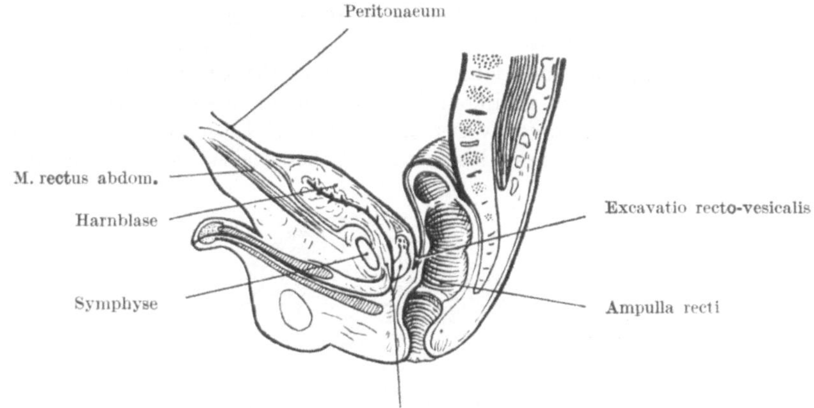

Abb. 204. Medianschnitt des Beckens eines neugeborenen Knaben. Nach CORNING.

Curvatura perinealis so weit analwärts, daß sie vom Peritonaeum trotz der größeren Tiefe der peritonaealen praerectalen Excavation (S. 218) nicht erreicht wird; die Excavation hört noch an der Pars sacralis auf.

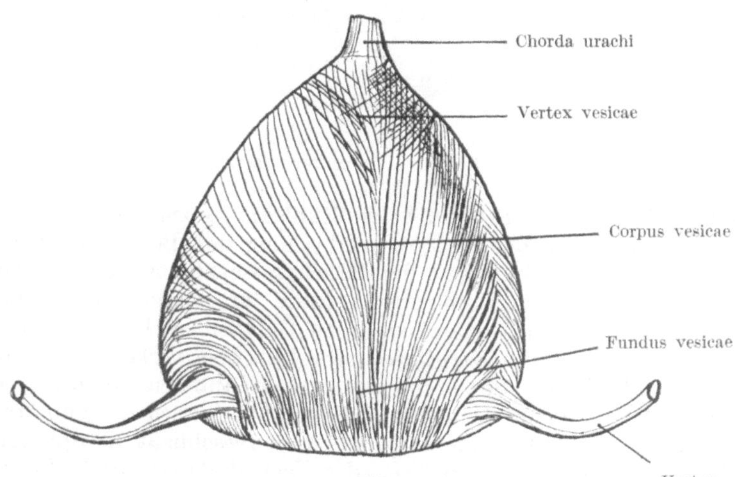

Abb. 205. Stratum externum der Tunica muscularis vesicae urinalis. Dorsalansicht. Nach TOLDT-HOCHSTETTER, vereinfacht.

Die *Arterien* des Rectums (Abb. 193, 194) stammen für den Anfangsteil aus der A. mesenterica caudalis als unpaare A. rectalis cranialis, für den Mittelteil aus der A. hypogastrica als paarige (variable) A. rectalis caudalis und für die Pars analis aus der A. pudendalis interna in Form mehrerer (paariger) Aa. anales (früher wurden alle diese Gefäße als A. haemorrhoidalis sup., media und inf. unterschieden). Die Arterien anastomosieren reichlich untereinander; die oberste ist durch eine

Arkade in der Gekröswurzel mit der A. sigmoidea verbunden. Bei chirurgischer
Mobilisierung des Rectums ist diese Arkade besonders zu schonen und die Arterie,
wenn nötig, proximal davon zu durchtrennen (S. 172). Die mit den Arterien
verlaufenden *Venen* (Abb. 194, 208, 209) gehen nach oben durch die unpaare V.
rectalis cranialis in die Pfortader über, die weiteren paarigen Venen als Vv. rectales
caudales zur V. hypogastrica und als Vv. anales zur V. pudendalis interna, so daß
hier das Pfortadergebiet mit dem der Cava caudalis zusammenhängt. Es kann
schon bei verhältnismäßig geringen Erschwerungen des Pfortaderkreislaufes zur
Ausweitung der Haemorrhoidalvenen kommen (s. S. 176), wie beim Mangel acces-
sorischer Kreislaufsantriebe bei sitzender Lebensweise, bei chronischer Stuhl-

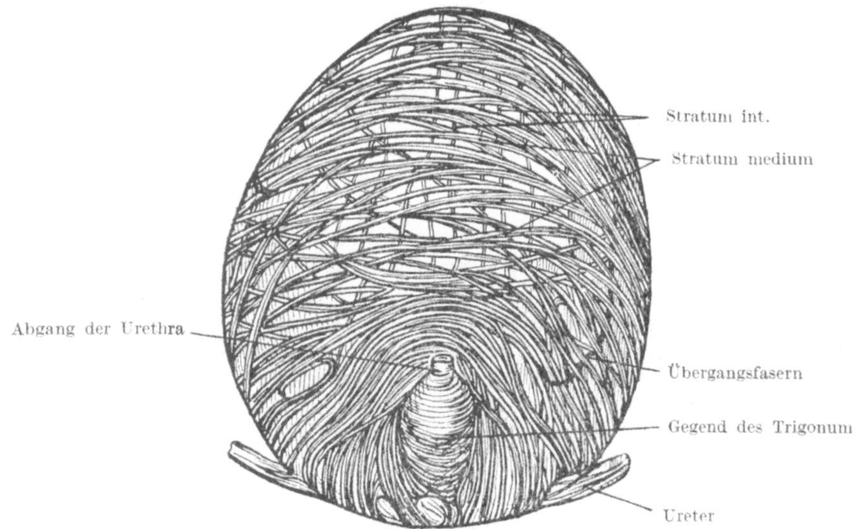

Abb. 206. Stratum medium und internum der Tunica muscularis vesicae. Ansicht von der ventralen und caudalen
Seite. Nach TOLDT-HOCHSTETTER.

verstopfung und starkem Pressen beim Stuhlgang, noch mehr bei Schwangerschaft, zumal die Venen der Analgegend bis über den Beckenboden und damit
über das Gebiet der Wirksamkeit der Bauchpresse hinausreichen. Die *Lymphgefäße des Rectums* gehen vom oberen Ende zu mesenterialen Knoten und
zum Truncus intestinalis, weiter unten zu Gefäßen und Knoten im Becken,
besonders am Sacrum. Die *Lymphgefäße des Anus* aber verlaufen zu den Leistenknoten, wie die der Nates, des Perineums und des äußeren Genitales. Bezüglich
der *Innervation* sei nochmals auf den Gegensatz zwischen Sympathicus und
Parasympathicus (S. 206) verwiesen; der erstere verschließt die Sphincteren und
hemmt die Peristaltik, der letztere öffnet den Verschluß und regt die Peristaltik an.

Harnblase *(Vesica urinalis)* (Abb. 205 bis 207). Sie ist in ihrer Größe, Gestalt
und Lage selbstverständlich vom Füllungszustand abhängig. Man unterscheidet
Apex, Corpus und *Fundus*; von ersterem geht die *Chorda urachi* (S. 134) zum
Nabel, letzterer ist die dem Beckenboden aufliegende Region, die sich auch noch
dorsalwärts (über die Ureterenmündung hinaus) ein wenig auswölbt. Die leere
contrahierte Blase ist ungefähr dreiseitig im Umriß, kleinapfelgroß und beim
Erwachsenen ganz hinter der Symphyse gelegen; bei Füllung steigt sie über die
Symphyse unter Abschiebung der vesico-umbilicalen Leitplatte und des Perito-
naeums längs der vorderen Bauchwand innerhalb des Spatium praeperitonaeale

empor und kann dann von vorne her ohne Gefährdung des Bauchfells eröffnet werden. Bei maximaler Füllung (bei Entleerungshindernissen und bei Lähmung der Blasenmuskulatur) kann sie bis zum Nabel hinaufreichen und dann über 1 Liter Flüssigkeit enthalten; die normale Füllungsgrenze beträgt etwa 300—400 cm³, ist aber von Gewöhnung weitgehend abhängig. Zur operativen suprapubischen Eröffnung genügt aber schon ein Inhalt von etwa 120 cm³. Die weibliche Blase ist im leeren wie im gefüllten Zustand breiter als die männliche und im allgemeinen auch stärker dehnungsfähig und steigt auch weniger weit auf.

Die Wand der Blase besteht aus Schleimhaut und Muskelhaut; ein Peritonaealüberzug findet sich nur am oberen Teil der Rückseite *(Facies intestinalis)*,

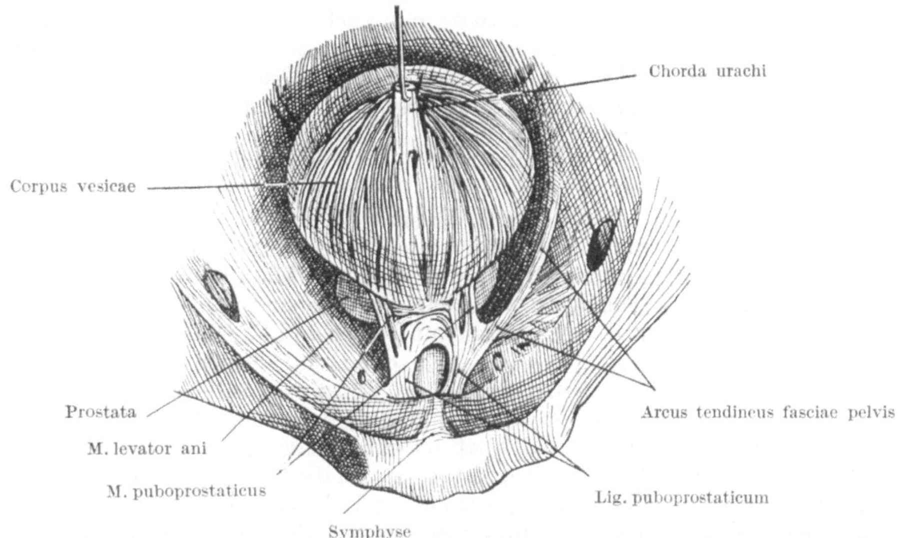

Abb. 207. **Stratum externum der Tunica muscularis und ventrale Befestigung der männlichen Harnblase.** Nach TOLDT-HOCHSTETTER. ²/₃ nat. Gr.

während die Vorderseite *(Facies symphysica)* nur durch lockeres Gleitgewebe an Symphyse und vordere Bauchwand angeschlossen ist. Die Schleimhaut ist je nach dem Füllungszustand mehr oder weniger gefaltet; im Bereich des Trigonums ist sie glatt oder höchstens fein geriffelt. Das *Trigonum vesicae* (Abb. 213) ist das Gebiet zwischen den Uretermündungen einerseits und dem Orificium vesicale urethrae anderseits; die rund 30 mm auseinanderliegenden Uretermündungen sind durch eine quere leicht erhabene Leiste *(Torus interuretericus)* verbunden, hinter welcher die Schleimhaut zu einer ihrer Tiefe nach variablen *Fossa retroureterica* einsinkt. Das Trigonum reicht, nach unten spitz zulaufend, gerade in die Harnröhrenöffnung hinein und setzt sich in die Crista urethralis fort. Die Ureterostien durchsetzen die Schleimhaut schräg und sind von einer Schleimhautfalte, *Plica ureterica*, gedeckt, so daß ein klappenartiger Verschluß zustande kommt und ein Rückstau verhindert wird. Am Orificium urethrae wölbt sich die Rückwand zu einem normalerweise niederen Wulst auf, der *Uvula vesicae*, die bei älteren Männern häufig durch Vergrößerung des Isthmus prostatae stärker vorgewölbt wird; der Rand des Orificiums ist ringsherum ein wenig erhaben, *Anulus urethralis*; er ist, wie die normale Uvula, durch Venengeflechte bedingt, die den Abschluß abdichten. An der (glatten) Muscularis der Blase sind funktionell zwei Systeme zu unterscheiden, die sich auch morphologisch differenzieren; der *M. detrusor*

urinae und der *M. sphincter vesicae*. Der erstere besteht aus relativ groben
Bündeln, die nicht dicht zusammengefügt sind (Abb. 206), sondern durch Binde-
gewebe und elastische Fasern zusammengehalten werden. Sie sind schematisch
genommen in drei Schichten angeordnet, einer dichteren äußeren Längsschicht
(Abb. 205) und einer mehr lockeren mittleren Ring- und inneren Längsschicht.
Bei dauernder Erschwerung der Entleerung springen Muskelzüge der inneren
Schichten gegen das Lumen vor und die über ihnen verschieblich befestigte
Schleimhaut sinkt dazwischen ein (Balkenblase). Der M. sphincter vesicae aber
besteht aus feinen und dicht gelagerten Muskelbündeln; er hängt mit der gleich-
artigen Muskulatur des Trigonums *(M. trigonalis)* zusammen, und dort ist auch
die Schleimhaut fester angeheftet und nicht faltbar.

Das Peritonaeum bedeckt die Blase nur rückwärts und reicht bis an das
Trigonum (Abb. 203 und 211). Es ist nur lose und verschieblich an der Blasenwand
befestigt, so daß es bei Füllung der Blase nachgibt. Nur am Blasenscheitel, am
Abgang der Chorda urachi, haftet es relativ fest. Bei leerer Blase bildet es eine (oder
manchmal auch zwei) quere Reservefalte, *Plica vesicalis transversa* (Abb. 212
und 218), die sich bei Füllung ausgleicht. Die Rückwand dehnt sich zuerst stärker
aus als die Vorderwand, so daß eine halbvolle Blase halbkugelig gegen die
Bauchhöhle vorspringt. Dabei kann es zu einer *Excavatio pubo-vesicalis* zwischen
vorderer Bauchwand und Blase kommen, deren zufällige Eröffnung bei supra-
pubischer Operation (von vorn) zu vermeiden ist. Unterhalb der Peritonaeal-
grenze hängt die Blase rückwärts mit dem Genitale zusammen, beim Mann mit
Samenblasen und Prostata, bei der Frau mit Uterus und Vagina (s. beim Genitale).
Während die Ausdehnung der Blase nach oben und hinten erfolgt, wird ihr
Fundus in seiner Lage nur wenig verändert. Er ist durch die Harnröhre an den
Beckenboden fixiert, da diese in das Diaphragma urogenitale fest eingelassen ist;
über diesem liegt aber zuerst das Spatium subfasciale (S. 208), das beim Mann
die Prostata und den Plexus vesicoprostaticus, bei der Frau hauptsächlich venöse
Geflechte (Plexus vesicovaginalis) enthält und durch die Fascia intrapelvina
(S. 207) nach oben abgedeckt wird. Diese Fascie fixiert mit ihren Verstärkungs-
zügen (*Lig. pubovesicale* und *puboprostaticum*) die Blase an die Symphysengegend,
verstärkt durch glatte Muskelzüge aus der Außenschicht der Blasenmuskulatur,
M. pubovesicalis (Abb. 207). Daher liegt das Orificium internum urethrae ziemlich
unveränderlich etwa 2 cm höher als der Unterrand der Symphyse und auch
etwa 2 cm hinter demselben. Es liegt bei der Frau etwas tiefer, näher dem
Diaphragma.

Die Harnblase des *Neugeborenen* (Abb. 204 und 224) findet im Becken keinen
Platz; sie ist cylindrisch und liegt fast ganz ober der Symphyse an der vorderen
Bauchwand, zwischen den Umbilicalarterien. Sie ist bis auf die Prostata herab
rückwärts von Peritonaeum bekleidet. Allmählich rückt sie mit dem Wachstum
des Beckens in dasselbe herab, wobei das Peritonaeum sich zurückzieht. Aber
beim männlichen Kind ist die Excavatio vesico-rectalis viel tiefer als später
(S. 222).

Die *Arterien* der Blase (Abb. 193) stammen von der A. hypogastrica. Eine
oder zwei Aa. vesicales craniales stammen aus der A. umbilicalis, die im übrigen
zur Chorda art. umbilicalis obliteriert ist. Eine A. vesicalis caudalis kommt
direkt aus der Hypogastrica; sie versorgt auch die anschließenden Teile des
männlichen Genitales. Die *Venen* (Abb. 208, 209) bilden schon in der Mucosa weite
Geflechte. An der äußeren Oberfläche steigen sie vorn als Plexus vesicalis ventralis zum Plexus vesico-pudendalis ab und münden seitlich und rückwärts teils
direkt, teils über die dem Genitale angehörigen Geflechte in die V. hypogastrica.
Die zahlreichen *Lymphgefäße* (Abb. 210) laufen teils zu den Lymphknoten an der

A. und V. hypogastrica (Lymphonodi hypogastrici), teils zu denen an den Vasa
ilica externa (Lnn. ilici). Die *Nerven* (Abb. 209) stammen teils aus dem oberen
Lendenmark über den Plexus hypogastricus (sympathische Innervation), teils aus

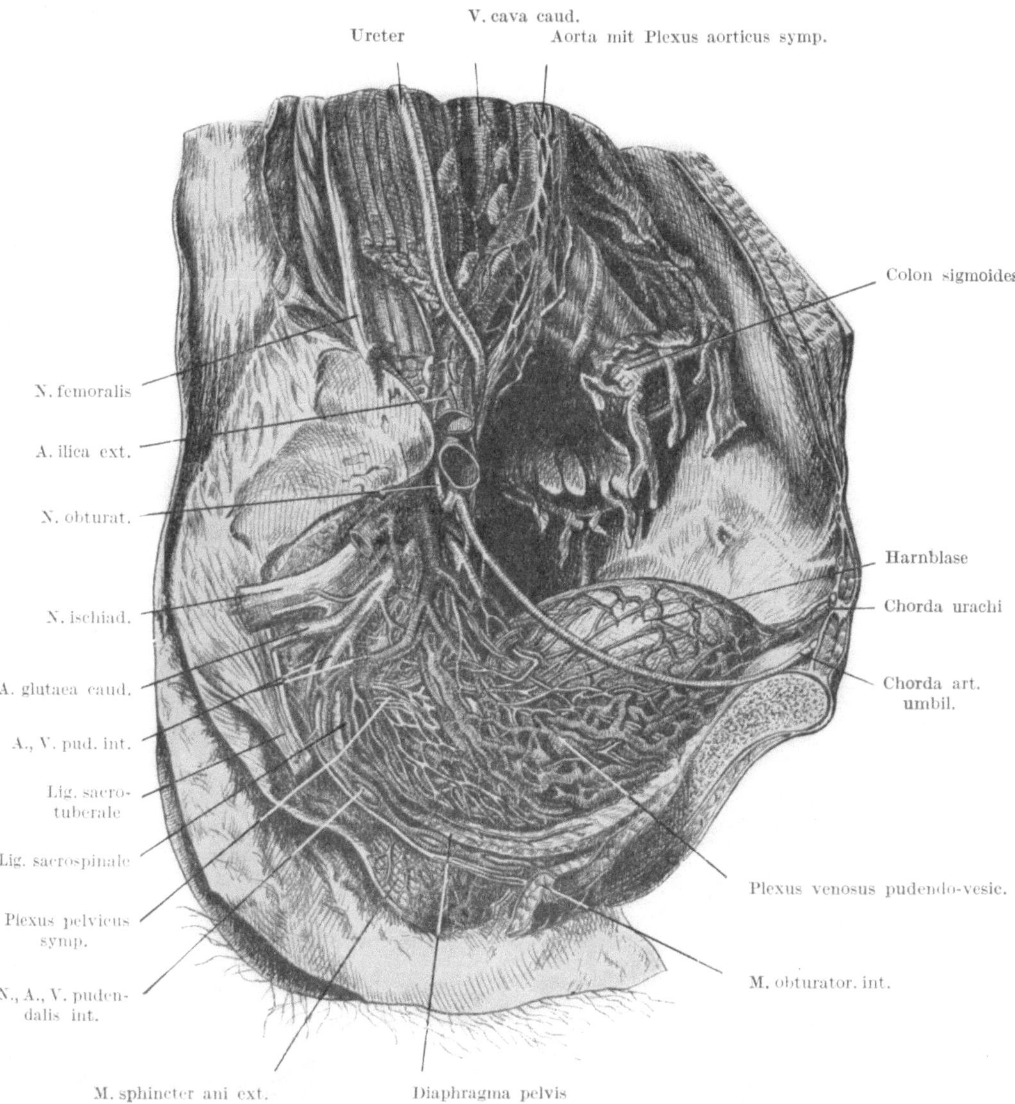

Abb. 208. Gefäße, besonders Venengeflechte, und Nerven der männlichen Beckeneingeweide nach Entfernung
des r. Hüftbeines, von der Seite her präpariert. Nach PERNKOPF

dem Sacralmark über die Nn. pelvici (parasympathische Innervation). Der
Detrusor ist vorwiegend parasympathisch, der Sphincter sympathisch innerviert.

Ureter im Becken. Die Pars pelvina des Ureters verläuft von der Linea terminalis des Beckens angefangen (diese Linie wird in der Regel rechts etwas weiter
ventral gekreuzt als links, S. 187) vor den Vasa ilica interna in sanft geschwungenem
Bogen subperitonaeal zuerst an der Beckenseitenwand bis zur Spina ossis ischii

14 a*

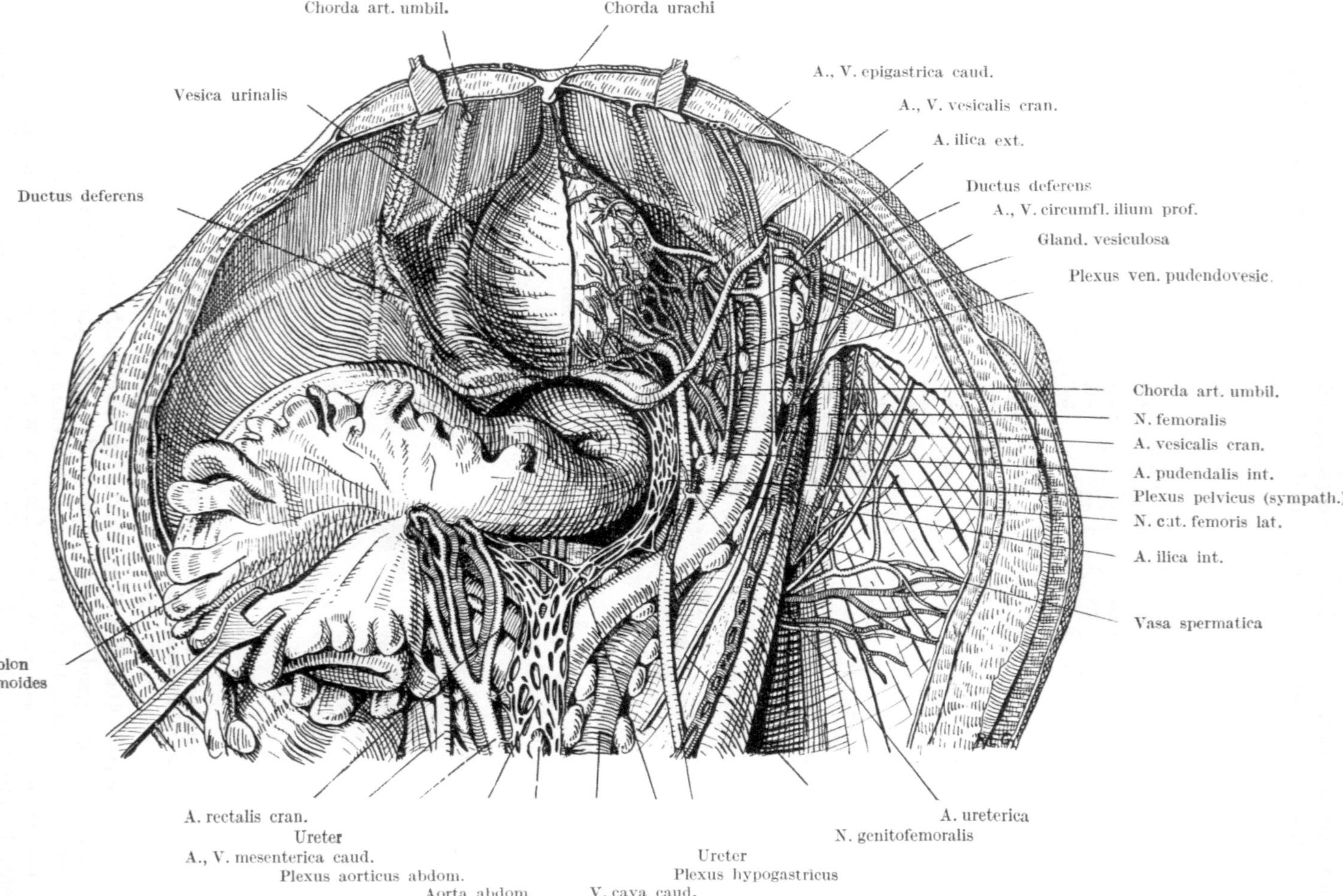

Abb. 209. Beckeneingeweide des Mannes mit Nerven und Gefäßen, von oben her präpariert. Nach PERNKOPF.

und dann ventral- und medialwärts auf dem Beckenboden. Dabei wirft er an der Beckenseitenwand eine niedere Peritonaealfalte auf (Abb. 203, 212). Er wird am Beckenboden beim Mann von der Pars pelvina des Ductus deferens überkreuzt (Abb. 209). Der Blase sich nähernd, tritt er tiefer in das Bindegewebe des Beckenbodens ein, bleibt aber beim Mann immer noch verhältnismäßig oberflächlich, während er bei der Frau im Parametrium von der A. uterina überkreuzt wird (Abb. 228). Am Eintritt in die Blasenwand, die stark schräg erfolgt (S. 217), kann noch eine *Pars intramuralis* unterschieden werden; die Blasenmuskulatur setzt sich ein kurzes Stück weit hüllenartig auf den Ureter fort, und die eigene Mus-

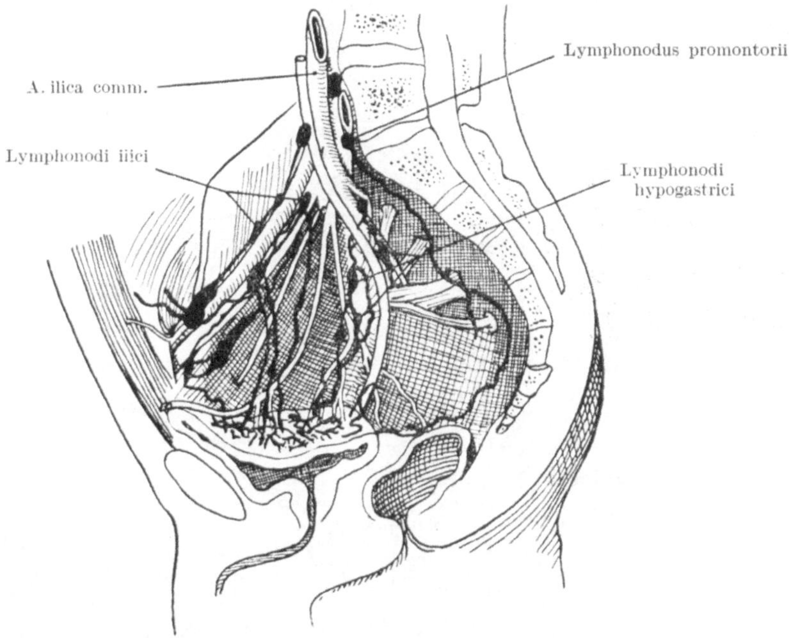

Abb. 210. Lymphgefäße und regionäre Lymphknoten der Harnblase. Nach CUNÉO und MARCILLE, aus CORNING.

kulatur des Ureters hängt mit der des Trigonums zusammen und geht zum Teil in die Plica interureterica über. Das Orificium vesicale ist die engste Stelle des Ureters. Die *Arterien* stammen als kleine Gefäße in variabler Weise von benachbarten größeren (Aa. vesicales, A. deferentialis bzw. uterina) und bilden eine Anastomosenkette (wie auch im Bereich der Pars abdominalis). Ähnlich die *Venen*, die sich manchmal zu einer stärkeren Verbindung pelviner und abdominaler Venen erweitern.

Peritonaeum im männlichen Becken. Von der Blase geht das Bauchfell noch oberhalb der Samenblasen auf das Rectum im Bereich der Ampulla recti über. Dabei entsteht eine gegen den Beckenboden gerichtete Aussackung des Peritonaeums, die *Excavatio rectovesicalis*, die aber den Beckenboden nicht erreicht, sondern etwas unterhalb der Plica transversalis recti endet (Abb. 211). Ihr basaler Teil wird noch durch eine von der hinteren Blasenwand gegen Kreuzbein und Rectum verlaufende Peritonaealfalte, *Plica rectovesicalis*, als *Fundus excavationis* mehr oder weniger deutlich abgegrenzt (Abb. 203, 212). Dieses Gebiet, der tiefste Punkt des Bauchraumes im Stehen wie im Liegen, wird häufig zum Sammelort pathologischen Inhalts der Bauchhöhle (Eiter, Fremdkörper) und kann vom Rec-

tum aus erreicht werden. Bei Füllung der Beckenorgane spaltförmig, enthält die
Excavation bei leeren Organen Gebilde der Bauchhöhle (Netz, Ileumschlingen,
Caecum, Appendix, Colon transversum oder sigmoides). Beim Neugeborenen reicht
diese Excavation über die Prostata bis fast auf den Beckenboden herab (S. 218,

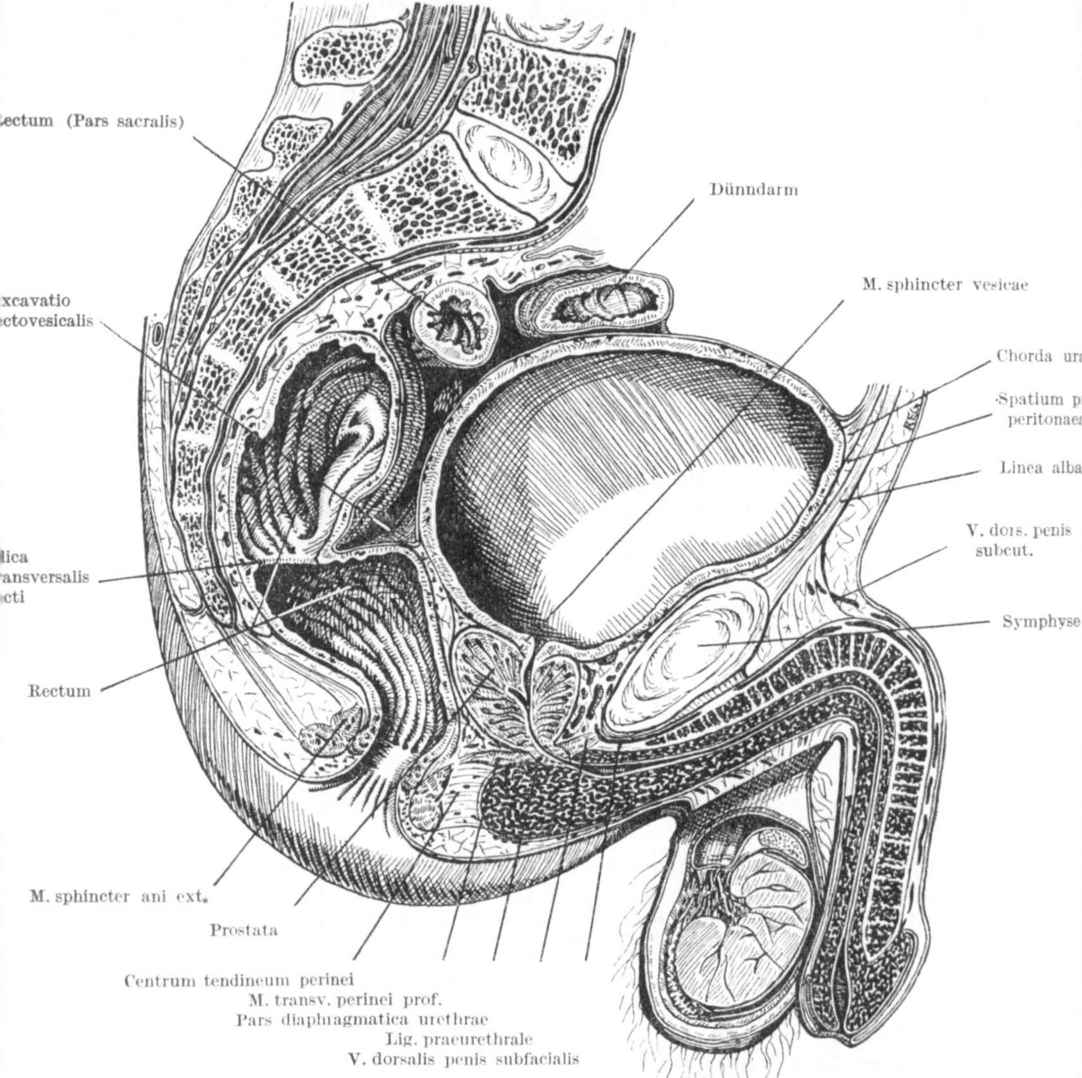

Abb. 211. Medianschnitt durch das männliche Becken. Hodensack paramedian durchschnitten. Nach PERNKOPF.

Abb. 204). Wenn dieser Zustand persistiert (ein sog. Infantilismus der Organe),
kann es zur Ausbildung einer Hernie zwischen Levator ani und Coccygicus kommen
(*Hernia perinealis*), die sich in die Fossa ischiorectalis vorwölbt. Wegen der Kürze
der Pars analis recti reicht aber die Excavation beim Neugeborenen am Rectum
kaum weiter herunter als später. Wegen der Kleinheit des Beckens ist sie beim
Kleinkind spaltförmig und leer.

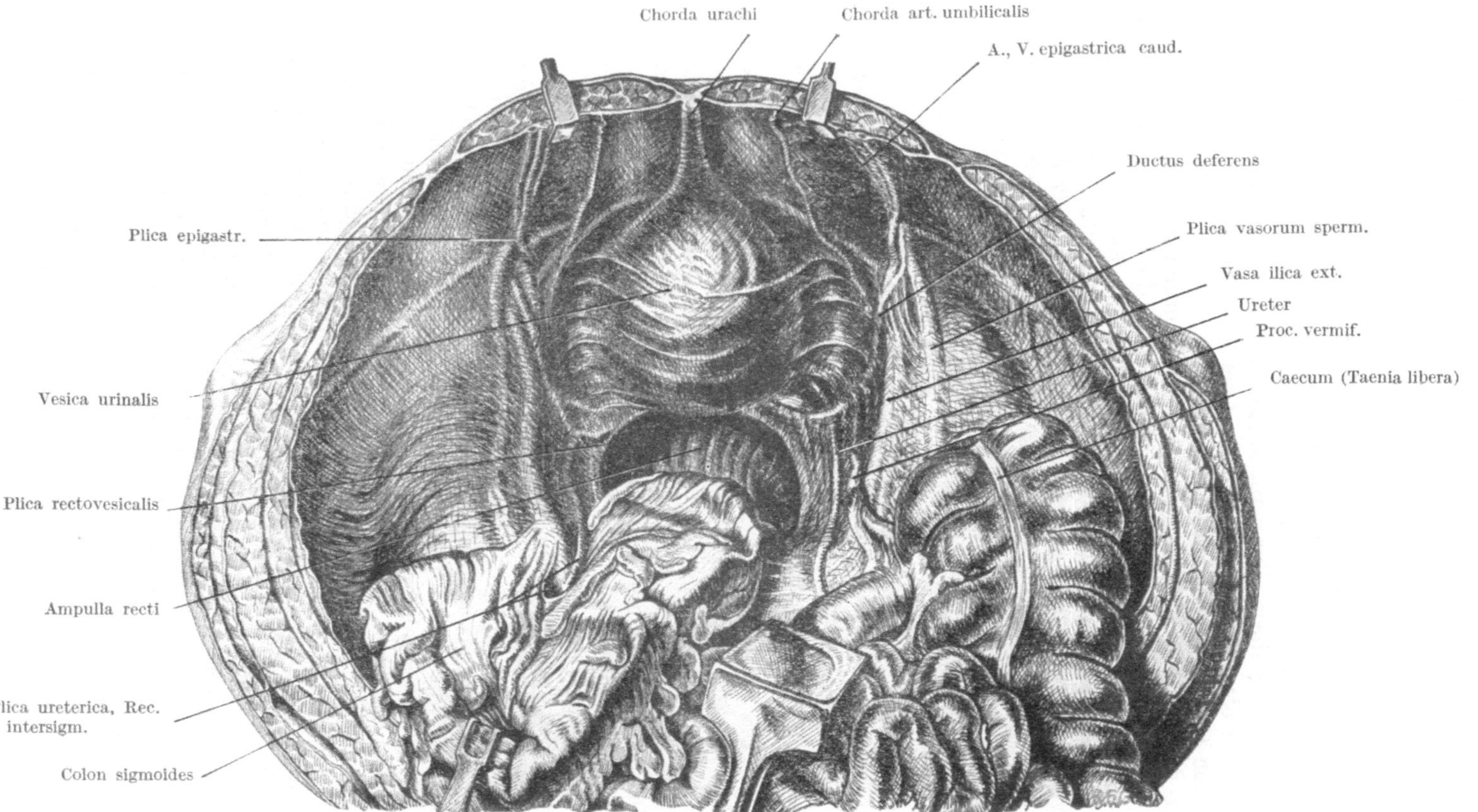

Abb. 212. Situs viscerum des männlichen Beckens von oben. Nach PERNKOPF.

Urethra. Nur die Urethra der Frau ist ein reiner Harnweg (s. beim weiblichen Genitale). Die des Mannes tritt gleich zum Genitale in unmittelbare Beziehung und muß mit diesem betrachtet werden.

Männliches Genitale.

Das innere männliche Genitale besteht aus Samenleiter (Ductus deferens) mit Ampulle und Samenblase (Glandula vesiculosa), Vorsteherdrüse (Prostata) und Harnröhre mit ihren Nebenapparaten (Drüsen und Schwellkörper); die Harnröhre tritt ohne scharfe anatomische Grenze in das äußere Genitale über, zu dem auch Hoden und Hodensack gehören.

Ductus deferens. Der *Ductus deferens* gelangt vom inneren Leistenring (in der Fovea inguinalis lateralis, S. 138) subperitonaeal über die Linea terminalis hinweg ins Becken und von der seitlichen Beckenwand quer verlaufend und den Ureter oberflächlich überkreuzend an die Rückseite der Blase (Abb. 130, 212); hier ändert er seine Verlaufsrichtung caudalwärts, verdickt sich zur *Ampulla ductus deferentis* durch drüsige Ausgestaltung seiner Mucosa, vereinigt sich mit dem Ausführungs- gang der Samenblase *(Glandula vesiculosa)* zum zartwandigen *Ductus ejaculatorius* und tritt in die Prostata ein, um in die Urethra zu münden. Die Samenblase (Abb. 130, 193, 194) besteht aus sehr weiten Drüsenräumen, die ein gerinnungs- fähiges Sekret produzieren und sich zugleich mit der Ejaculation des Samens ent- leeren. Ampullen und Samenblasen sind normalerweise nicht mehr von Bauchfell überzogen, da dieses oberhalb derselben auf das Rectum übergeht. Zwischen den Ampullen bleibt ein schmales *Trigonum interampullare*, das der Vorderwand des Rectums knapp oberhalb von dessen Curvatura perinealis anliegt, so daß dort die hintere Blasenwand vom Rectum aus erreichbar ist (Abb. 211).

Prostata. Die *Prostata* (Abb. 193, 196, 197, 203, 213, 214) ist ein kastanien- großes und kastanienförmiges Organ, mit einer nach abwärts gerichteten Spitze und einer der Blase zugewendeten Basis, die seitlich in zwei undeutlich be- grenzte Lobi laterales ausläuft. Die Prostata wird von der Urethra excentrisch durchbohrt, so daß vorn nur eine schmale *Pars praeurethralis* verbleibt; an der vesicalen, oberen Fläche treten die Ductus ejaculatorii ein, die etwa in der Mitte des Organs in die Urethra münden und so eine Substanzbrücke, den *Isthmus pro- statae*, begrenzen, der hinter und unter der Uvula vesicae liegt und bei Vergröße- rung sie stärker vortreibt. Die Prostata besteht aus rund dreißig selbständig mün- denden tubulo-alveolären Drüsen, die in ein Stroma von glatter Muskulatur einge- tragen sind; die Vermehrung dieser Muskulatur ist neben der Drüsenwucherung ein Hauptgrund für die so häufige Vergrößerung (Hypertrophie) des Organs im höheren Alter. Als besonderer Typus werden die Drüsen des Isthmus (des ,,Mittel- lappens") herausgehoben, welche hauptsächlich zur Altershypertrophie neigen sollen und vielleicht auch genetisch von den andern verschieden sind, da sie von dem Feld zwischen Genitalgang und Ureter stammen und somit wahrschein- lich mesodermaler Herkunft sind, während die andern Drüsen entodermaler Abstammung (vom Sinus urogenitalis) sein dürften. Anderseits sollen gerade die letzteren zu Carcinom neigen. Doch ist ein morphologischer Unterschied nicht mit Sicherheit nachzuweisen. Die Hinterwand der Drüse ist glatt und liegt dem Rectum an; dort besteht auch eine gut abgrenzbare bindegewebige *Cap- sula prostatae.* Seitlich strahlt die Muskulatur ins Beckenbindegewebe aus und das Organ hängt auch mit dem dort befindlichen Plexus venosus vesico-pro- staticus zusammen; nach oben steht die Muskulatur mit der Blase und den Samen- blasen, nach unten mit der quergestreiften Muskulatur des Diaphragma uro- genitale vielfach in Zusammenhang, so daß mit Ausnahme der Hinterwand die Isolierung (des normalen Organs) nicht stumpf gelingt. (Das hypertrophische

Organ dagegen läßt sich innerhalb einer peripheren bindegewebig-drüsig-muskulösen Grenzschicht stumpf ausschälen.) Die nicht besonders großen *Arterien*

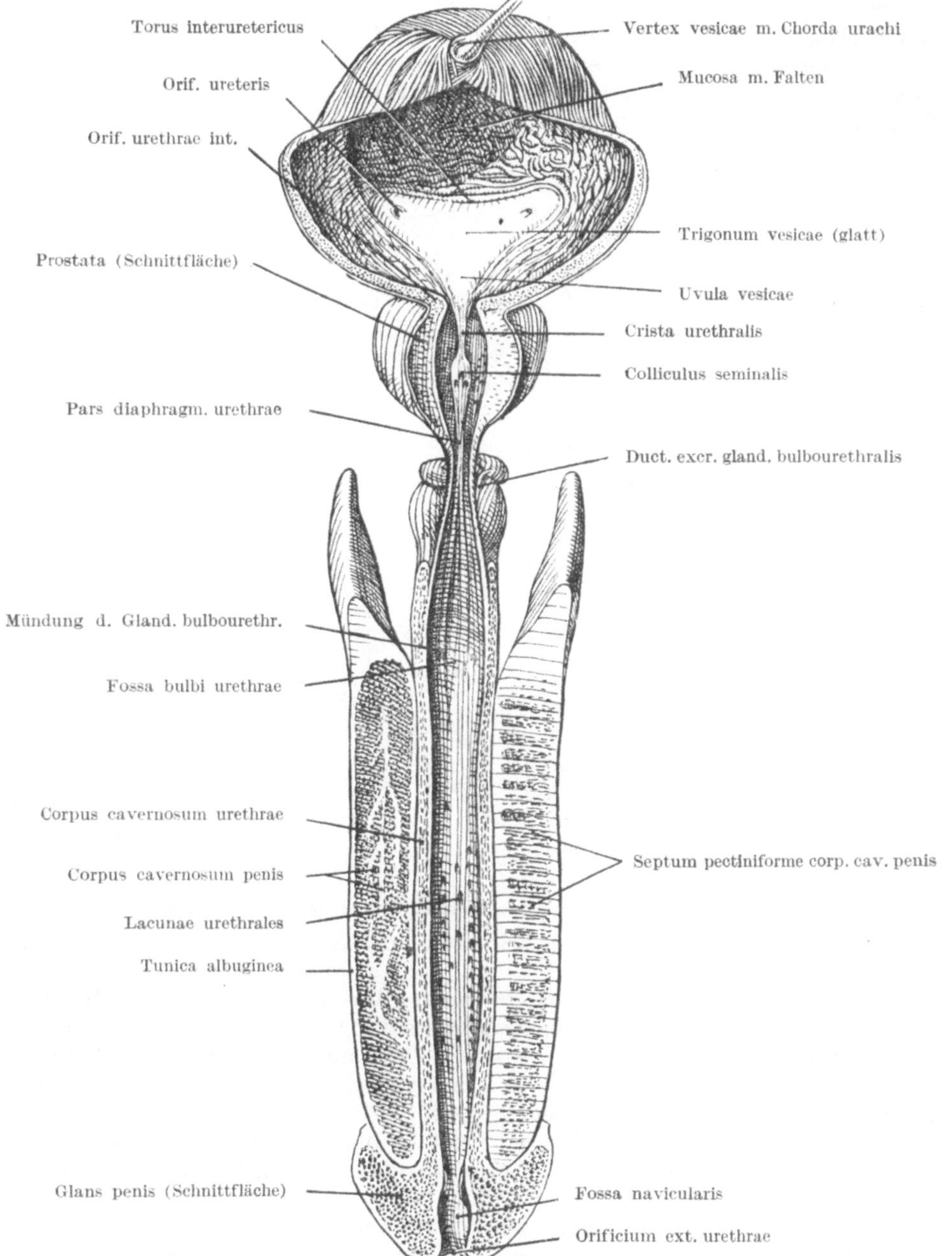

Abb. 213. Männlicher Urogenitaltrakt, ventral eröffnet. Nach PERNKOPF.

(Abb. 193) stammen von den unteren Blasen- und Mastdarmarterien; die reichlichen *Venen* münden über den oben genannten Plexus vesico-prostaticus (Abb. 208, 209)

Großer, Topographische Anatomie. 15

in die V. ilica interna, an der auch die meisten regionären *Lymphknoten* liegen; doch sind auch Knoten an den Vasa ilica externa und selbst manchmal solche am Eingang in den Canalis obturatorius beteiligt.

Urethra virilis = masculina. Die männliche Urethra ist ein langer Kanal, dessen Länge (15 bis 20 cm) sich unter dem Einfluß seiner glatten Muskulatur einerseits, der Erection anderseits ändert. Descriptiv kann man vier Abschnitte unterscheiden: 1. die *Pars intramuralis*, in der Wand der Harnblase vom glatten *M. sphincter vesicae* umgeben; 2. die *Pars prostatica*; 3. die *Pars diaphragmatica*

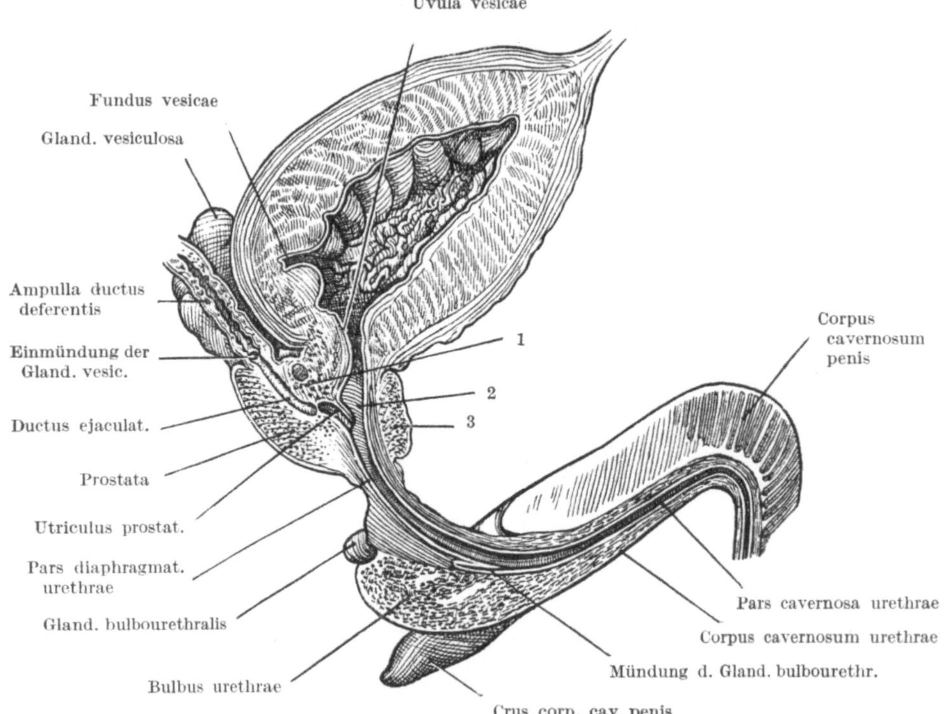

1 Isthmus prostatae,   2 Pars prostatica urethrae,   3 Pars praeurethralis prostatae.

Abb. 214. Sagittaler Durchschnitt durch die männliche Blase und Urethra. Nach Toldt-Hochstetter, ergänzt.

(früher membranacea); 4. die *Pars cavernosa*. (Als eine selbständige Abteilung kann noch das kurze Stück vom Diaphragma bis zum Corpus cavernosum urethrae betrachtet und als Pars *praediaphragmatica* [von außen gerechnet] bezeichnet werden. Hier kann von außen die Urethra zwischen Sphincter urethrae und Corpus cavernosum eröffnet werden.)

Die *Pars prostatica* durchbohrt die Prostata nahe deren vorderer (symphysärer) Fläche und ist daher rings von Prostatasubstanz umgeben (Abb. 203, 211, 213, 214), wenn auch der vordere Halbring (Pars praeurethralis prostatae) viel schwächer ist und hauptsächlich aus Muskulatur besteht. An der Hinterwand der Urethra findet sich als Fortsetzung der Uvula eine Leiste, *Crista urethralis*, welche sich zu einer länglichen, peripher wieder spitz zulaufenden Erhabenheit, dem *Colliculus seminalis* (Schnepfenkopf der älteren Autoren, Abb. 213) verbreitert. Auf dem Colliculus münden mit punktförmigen feinen Öffnungen die Ductus ejaculatorii und zwischen ihnen liegt in der Mitte ein einige Millimeter tiefer variabler Blindsack, in den Schleimdrüsen münden, der *Utriculus prostaticus*, der genetisch der Vagina homolog ist. Die Prostatadrüsen münden teils auf, teils neben dem Colliculus. Die *Pars diaphragmatica* (P. membranacea der früheren Nomenclatur, auch Pars muscularis) ist in das quergestreift-muskulöse Diaphragma urogenitale eingelassen und selbst vom quergestreiften *M. sphincter urethrae* (Sphincter externus) umgeben. Die beiden Muskeln lassen sich nicht voneinander trennen. Zwischen den glatten und den quergestreiften Spincter der Harnröhre ist somit die Pars prostatica eingeschoben. Die *Pars cavernosa*, der längste Abschnitt, tritt in das Corpus cavernosum urethrae (s. unten) ein und verläuft excentrisch in ihm, näher dem Dorsum penis (Abb. 215). An der Eintrittstelle zur *Fossa bulbi urethrae* erweitert, verläuft sie im Penis nach vorn, erweitert sich kurz vor der Mündung nochmals zur *Fossa navicularis* und mündet

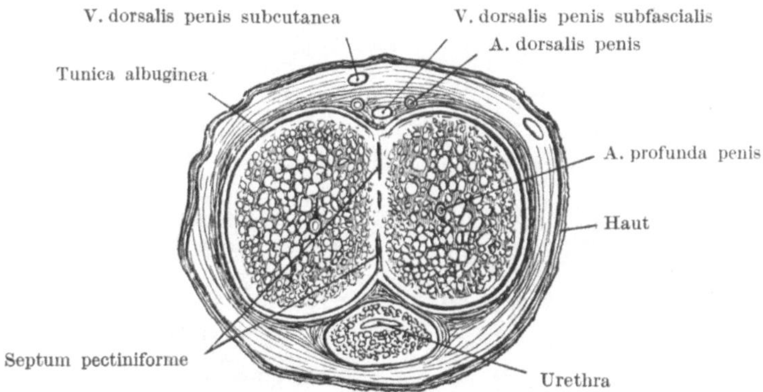

Abb. 215. Querschnitt des Penis. Nach SOBOTTA, leicht abgeändert.

mit dem *Orificium externum* im Bereich der Glans penis. Das Orificium ist die engste Stelle der Harnröhre mit 5 bis 7 mm Durchmesser. In der Pars cavernosa finden sich feine taschen- oder gangartige Ausstülpungen der Schleimhaut mit typischem Urethralepithel, *Lacunae urethrales*, in welche zahlreiche kleine Schleimdrüsen, *Glandulae urethrales*, münden. Größere (erbsengroße) Drüsen sind die *Glandulae bulbourethrales* Cowperi (Abb. 213 und 214), die am hinteren Rande des Diaphragma urogenitale in die Substanz desselben eingebettet sind (Abb. 197) und mit langen dünnen Ausführungsgängen das proximale Ende des Corpus cavernosum urethrae durchsetzen, um in die Pars cavernosa zu münden.

Das *Corpus cavernosum urethrae*, der Schwellkörper der Harnröhre, besteht aus einem dichten Venengeflecht mit vielen queren Anastomosen und seitlichen Abflußbahnen. Von einer zarten Tunica albuginea umgeben, bleibt es auch im gefüllten Zustand comprimierbar und daher auch dann für Harn und Samen durchgängig. Die Füllung erfolgt durch direkte Veneneinmündung von Arterien mit Sperrvorrichtungen. Der Schwellkörper ist rückwärts zum *Bulbus urethrae* (Abb. 211 und 214) verdickt; dieser überragt den Eintritt der Urethra noch um etwa 1 cm. Vorn ist das Corpus cavernosum zur *Glans penis* ausgeweitet, welche knappenartig der Spitze des Corpus cavernosum penis aufsitzt und dasselbe mit freiem Rand, der *Corona glandis*, überragt.

Das *Corpus cavernosum penis* (Abb. 213 und 214) ist ein langer, wie eine Doppelwalze gestalteter Körper, der rückwärts mit zwei Schenkeln, den *Crura penis*, an den Rändern des Angulus pubis festgewachsen ist, an der Ober- und Unterseite eine Rinne trägt und doppelspitzig unter der Glans penis endet. Ein Septum, welches in seinem vorderen Teil auf einzelne senkrecht zur freien Fläche stehende Balken reduziert ist (Abb. 215), teilt das Corpus in zwei Hälften. Außen von einer derben, festen Tunica albuginea umgeben, wird das Innere des Organs erfüllt von zahlreichen untereinander zusammenhängenden, endothelausgekleideten venösen Hohlräumen von etwa 1 bis 2 mm Durchmesser, den *Cavernae*, deren Wände Bindegewebe, elastische Fasern und glatte Muskulatur (die bei der Erection erschlafft) enthalten und in welche gewundene Arterien, *Aa. helicinae*, mit Sperrvorrichtungen versehen, unmittelbar einmünden; sie öffnen sich bei der Erection, so daß die Cavernen mit arteriellem Blut prall gefüllt

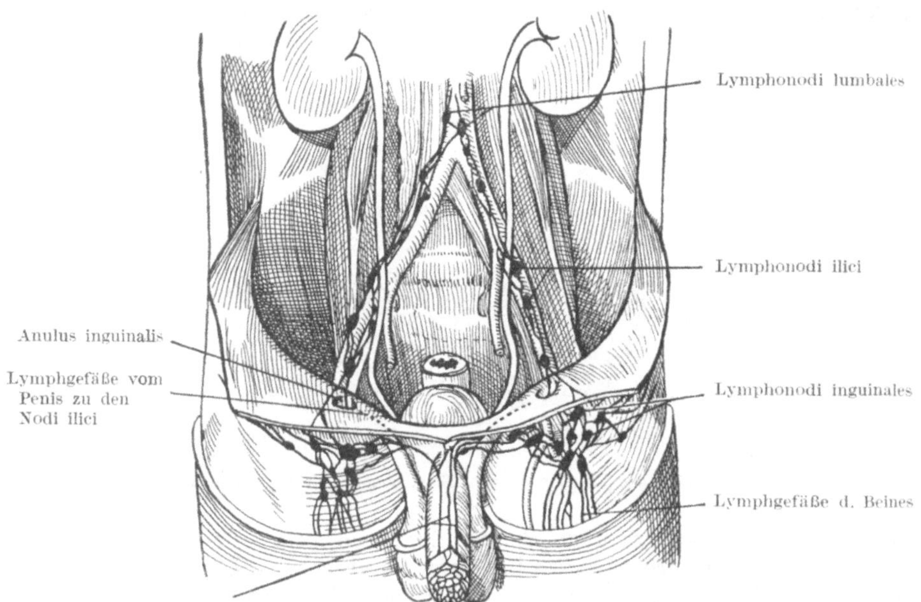

Abb. 216. Lymphgefäße und regionäre Lymphknoten des Penis. Nach HOROWITZ und ZEISSL aus CORNING.

werden, während der Abfluß des Blutes durch die Contraction von Längszügen glatter Muskulatur in der Intima der Venen teilweise (nicht vollständig) gehemmt wird. Durch die Contraction des M. ischiocavernosus (S. 232) wird das Blut aus den Crura penis nach vorn getrieben und die Erection verstärkt.

Am *Penis* wird eine Oberseite als Dorsum penis von einer Unterseite unterschieden. Das Corpus cavernosum penis hat dementsprechend eine dorsale Rinne (für die unpaare V. dorsalis penis subfascialis) und eine untere (ventrale) Rinne, in welche sich das Corpus cavernosum urethrae einbettet (Abb. 215). Streng morphologisch ist aber die „dorsale“ Seite des Penis eigentlich eine ventrale. Die Corpora cavernosa sind von einer gemeinsamen Fascia penis umhüllt. Die fettlose Penishaut ist an der Fascie verschiebbar und über die Glans hinaus in eine entfaltbare Hautfalte, das *Praeputium* oder die *Vorhaut*, verlängert. Eine andere, sagittal gestellte, sehr nervenreiche Falte, das *Frenulum praeputii*, verbindet das Praeputium mit der Unterseite der Glans penis. An den Seitenflächen des Frenulums können rudimentäre Kanäle, *Ductus paraurethrales*, münden. Der Penis wird durch eine in der Verlängerung der Linea alba sagittal durch das Gewebe des Mons pubis verlaufende Bindegewebsplatte, das *Lig. suspensorium penis*, an die

Symphyse fixiert; außerdem ist er durch ein undeutlich abgrenzbares *Lig. fundiforme penis*, das den Penis umkreist und seitlich mit der Fascia penis zusammenhängt, an der Bauchwand förmlich aufgehängt.

Die *Arterien* des Penis stammen aus der A. pudendalis interna (Abb. 192), deren Endast, die *A. penis*, am lateralen Rande des Diaphragma urogenitale innerhalb desselben nach vorn verläuft, eine *A. bulbi* und *urethralis* (beide oft einheitlich als *A. bulbourethralis*) zum Corpus cavernosum urethrae abgibt und sich in *A. profunda* und *dorsalis penis* teilt. Die erstere dringt rückwärts in die noch paarigen Crura penis ein und verläuft jederseits mitten im Corpus cavernosum penis, die andere gelangt zwischen den Crura auf das Dorsum und verläuft zu beiden Seiten der V. dorsalis penis subfascialis (Abb. 215). Sie versorgt mit Aa. circumflexae alle beiden Schwellkörper und mit ihren Endästen die Glans. Die *Venen* gehen einerseits als unpaare *V. dorsalis penis subfascialis* zuerst durch einen Längsspalt des Lig. suspensorium penis (Abb. 211), dann durch die Lücke des Beckenbodens zwischen Lig. arcuatum pubis und praeurethrale ins Becken, um sich dort zu teilen und in die Plexus vesicoprostatici fortzusetzen. Anderseits gelangt das Blut durch eine oder mehrere *Vv. dorsales penis subcutaneae* in die *Vv. pudendales externae*, die seitwärts gegen den Oberschenkel zur V. saphena magna oder direkt durch die Fossa ovalis (S. 139) zur V. femoralis gelangen, und drittens fließt es besonders aus den Crura penis und dem Bulbus urethrae in ein Geflecht zwischen den Crura, auf dem Diaphragma (Trigonum) urogenitale, *Plexus intercruralis* oder *trigonalis*, und weiter in die Vv. pudendales internae. Die *Lymphgefäße* (Abb. 216) gehen hauptsächlich zu den Leistenknoten (Lymphonodi inguinales superficiales), zum Teil aber auch ins Becken zu den Lnn. ilici interni.

Durch die Fixation an Blase, Diaphragma urogenitale und Peniswurzel bekommt nun die Urethra eine charakteristische S-förmige Krümmung (Abb. 203, 211, 214), einerseits um den Unterrand der Symphyse herum, *Curvatura subpubica*, welche halbkreisförmig (oder elliptisch) mit einem Radius von rund 25 mm gestaltet und relativ gut fixiert ist, und anderseits bei nicht erigiertem Penis eine *Curvatura praepubica* nach abwärts, die aber durch Emporheben des Penis ausgeglichen wird und bei der Erection von selbst verschwindet. So kann man an der Urethra eine *Pars fixa* rückwärts und eine *Pars libera* oder *pendula* vorn unterscheiden. Starre Instrumente müssen dementsprechend zur Einführung gebogen sein (Katheter) oder wenigstens einen abgebogenen Schnabel haben (Steinsonden, Cystoskop). Sie werden zuerst parallel der Bauchwand mit dorsal gewendeter Krümmung eingeführt, dann von Erreichung der Symphyse angefangen entsprechend gesenkt und mit ihrer Krümmung um die Symphyse herum eingeführt. Dabei kann das Instrument zuerst in der Fossa bulbi urethrae leicht etwas seitwärts abweichen (und bei Gewaltanwendung in die Schleimhaut eingebohrt werden) und muß durch den normalerweise engen Teil, die Pars diaphragmatica, an welcher der M. sphincter urethrae reflectorisch zur Contraction gebracht wird, in die Pars prostatica und weiter durch die Pars intramuralis gegen den Widerstand des M. sphincter vesicae in die Blase geführt werden. Wenn das Instrument aber in die Blase gelangt ist, dann kann die ganze Urethra auf den geraden Teil des Instruments aufgefädelt werden, da einerseits sowohl die Befestigung der Peniswurzel (Lig. suspensorium penis) wie die des Blasenhalses mit der Prostata (Lig. puboprostaticum) nach unten und hinten ausweichen kann, anderseits auch das Diaphragma urogenitale etwas nach vorn nachgibt.

Im ganzen ergibt sich eine vierfache *Einteilungsmöglichkeit* der männlichen Urethra:

1. *Deskriptiv*: Pars intramuralis, prostatica, diaphragmatica (= membranacea) und cavernosa.

2. *Chirurgisch* in Pars fixa und pendula (libera), mit der Grenze am Lig. suspensorium penis, innerhalb der Pars cavernosa. Die Fixation ist nur eine relative; durch Instrumente kann die Urethra gerade gestreckt werden.

3. *Topographisch* in Pars pelvina und Pars penis mit der Grenze am Diaphragma urogenitale, innerhalb der Pars diaphragmatica; die Pars penis ist ohne weiteres von außen chirurgisch zugänglich.

4. *Funktionell* (und *morphologisch*) in reinen Harnweg und Harnsamenweg mit der Grenze innerhalb der Pars prostatica, an der Einmündung der Ductus ejaculatorii.

Beckenfascien. Die Einfügung der das Becken verlassenden Organe in den Beckenboden bedingt gewisse Einrichtungen an den *Beckenfascien* und räumliche Unterteilungen des kleinen Beckens, die am besten an Frontalschnitten zu studieren sind und bereits auf S. 208 beschrieben wurden. Hier sei kurz wiederholt (Abb. 196 und 197): Das Diaphragma pelvis (der Levator ani) entspringt, wie beschrieben, nicht am Beckenausgang, sondern an der Innenwand des Beckens, vom Arcus tendineus fasciae obturatoriae; nur das Diaphragma urogenitale entspringt am Beckenausgang. Die Diaphragmen sind außen und innen von Fascien bekleidet. Das Peritonaeum, von einer eigenen *Fascia intrapelvina* getragen, schlägt sich von der Seitenwand des kleinen Beckens auf die Beckeneingeweide, Blase und Mastdarm (und Uterus bei der Frau) herüber. Dadurch zerfällt der Beckenraum in vier übereinander liegende Abteilungen, ein von Peritonaeum ausgekleidetes *Cavum pelvis peritonaeale*, das — je nach dem Füllungszustand der Beckenorgane — bei Leerheit derselben Bauchorgane aufnimmt (Dünndarm, Dickdarm, Netz) oder bei Füllung derselben spaltförmig und leer wird, dann zwischen Peritonaeum und Fascie ein *Spatium subperitonaeale* mit Venengeflechten, dann ein *Spatium pelvis subfasciale*, das zwischen der Fascia intrapelvina und dem Beckenboden gelegen ist; es enthält vorn die Prostata und zu beiden Seiten derselben den schon mehrfach genannten Plexus venosus vesicoprostaticus, rückwärts die zum Rectum verlaufenden Gefäße und Nerven. Die Fascia intrapelvina, im Bereich der Blase deutlicher differenziert als in der Rectumgegend, entspringt an der seitlichen Beckenwand von einem eigenen Sehnenbogen, *Arcus tendineus fasciae pelvis* (Abb. 201 und 207), der, deutlicher als der Arcus des Levator ani ausgebildet, oberhalb der Spina ischiadica und des Levatorursprunges am Rand des Foramen ischiadicum maius auf der Fascie des M. obturator internus entspringt, den Sehnenbogen des Levator schräg überkreuzt und mit dem Bogen der anderen Seite zur Innenfläche der Symphyse convergiert. Er ist an seinem ventralen Ende besonders verstärkt und bildet dort das Lig. puboprostaticum und pubovesicale. Die dritte Abteilung bildet das *Spatium pelvis subcutaneum*, auch *Fossa ischiorectalis* genannt, das bei Besprechung des Perineums zu beschreiben ist.

Perineum. Als Perineum wird das mediane Gebiet zwischen den Beinen vor der Analöffnung bezeichnet. Es erstreckt sich beim Mann bis an die Wurzel des Scrotums und umfaßt außer dem Centrum tendineum (S. 211) auch noch die Pars fixa des Penis, besonders den Bulbus urethrae. In der Mitte verläuft in der dünnen fettlosen Haut die *Rhaphe perinei*, die stärker pigmentiert ist als die gleichfalls pigmenthaltige Nachbarhaut. An das Perineum schließt dorsal der Anus an mit dem quergestreiften M. sphincter ani externus, dessen innere Schicht, wie beschrieben (S. 213), circulär verläuft, während die äußere Lage zwingenförmig rückwärts mittels einer Bindegewebsplatte, Septum anococcygicum, an der Steißbeinspitze und vorn am Centrum tendineum perinei haftet. Zu beiden

Seiten des Anus liegt die *Fossa ischiorectalis* (Abb. 217; sie sollte richtiger *Fossa tubero-analis* heißen), seitlich vom Tuber ossis ischii und dahinter vom Lig. sacrotuberale, davor von der Fascie des M. obturator internus (unterhalb des Arcus tendineus levatoris ani) begrenzt. Den Boden der Grube bildet der M.

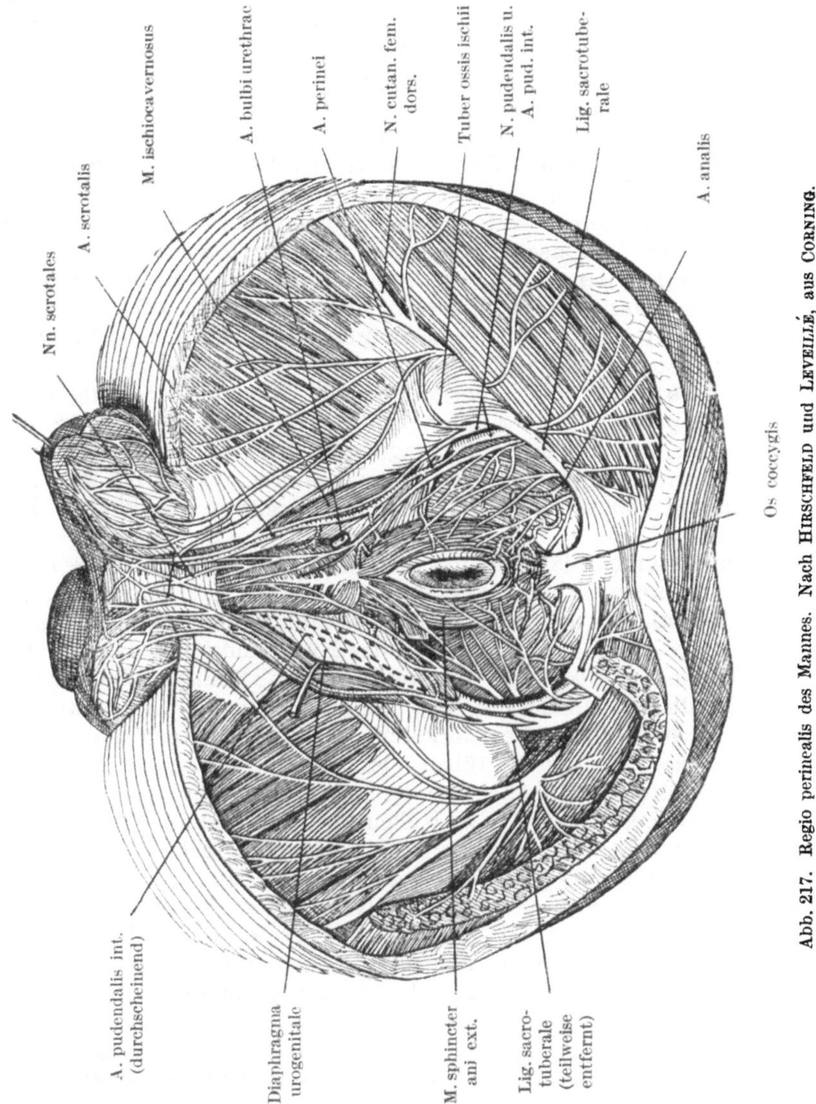

Abb. 217. Regio perinealis des Mannes. Nach HIRSCHFELD und LEVEILLÉ, aus CORNING.

levator ani, der Raum selbst ist von Baufett erfüllt, durch welches die Nervi und Vasa analia verlaufen. Die Grube grenzt seitlich an das Foramen ischiadicum minus, durch welches der M. obturator internus aus- und der N. pudendalis und die Vasa pudendalia interna eintreten; doch ist das Foramen von der Fascie des M. obturator internus bedeckt, so daß Nerv und Gefäße zuerst in einem eigenen Gefäß-Nervenkanal (*Canalis fascialis*, ALCOCKscher *Kanal*, Abb. 197 und 200) in der Seitenwand der Fossa ischiorectalis bis an den Hinterrand des Diaphragma urogenitale verlaufen. Hier gelangt der *N. perinealis* und die *Arteria perinealis* (aus dem N. pudendalis und der A. pud. int.), beide mit Rami scrotales posteriores, in die Fossa, während der N. dorsalis penis und die A. penis (S. 229) in den Seitenrand des Diaphragma urogenitale selbst eintreten. Dieses Diaphragma bildet den Boden der Perinealregion; auf ihm liegt der Bulbus urethrae, umfaßt vom *M. bulbocavernosus*, der rückwärts noch vom Centrum tendineum, dann von einer Rhaphe auf dem Bulbus entspringt und schräg nach vorn-lateralwärts verläuft, um den Bulbus zu umgreifen und zwischen den Crura penis weiter aufsteigend an der Fascia penis zu inserieren. Der Muskel vermag die Urethra durch Compression zu entleeren (bei der Urinentleerung und der Ejaculatio seminis). Ein zweiter Muskel, der *M. ischiocavernosus*, vom unteren Schambeinrand springend, bedeckt und umfaßt die gleichfalls dort haftenden Crura penis und vermag das Blut aus ihnen in den freien Teil des Corpus cavernosum penis zu treiben, wodurch die Erection verstärkt wird; gleichzeitig comprimiert er die aus den Crura austretenden Venen. In das Diaphragma sind die *Glandulae bulbourethrales* eingelassen. Zwischen dem Bulbus urethrae und den Crura penis liegt jederseits ein enges, von etwas Fett erfülltes *Trigonum bulbocrurale* (Abb. 197), in welchem die Verzweigung der A. penis (S. 229) und die Sammlung der Wurzeln der V. pudendalis interna erfolgt. Eine oberflächliche Fascie deckt die Gegend zu. Da zwischen den beiden Diaphragmen ein Unterschied in der Höhe des Ursprunges besteht, das Diaphragma pelvis sich aber unter dem Einfluß der Organschwere und des intraabdominellen Druckes dem Diaphragma urogenitale von oben her anlegt, so besteht in ventraler Fortsetzung der Fossa ischiorectalis nur ein spaltförmiges *Spatium interdiaphragmale*, das als Weg der Ausbreitung krankhafter Processe in Frage kommen kann.

Scrotum und Testikel. Sie bilden mit der Pars libera penis das *äußere männliche Genitale*. Das Scrotum ist eine Tasche aus fettloser Haut, mit einer eigenen Lage glatter Muskulatur (der *Tunica dartos*, S. 136), die beim Tragen des Hodengewichtes beteiligt ist. Sie runzelt sich in der Kälte und führt dann peristaltikähnliche Bewegungen aus. Ein aus verdichtetem Bindegewebe bestehendes *Septum scroti* teilt den Hodensack, über den außen eine Rhaphe läuft, in zwei Hälften. Im Scrotum liegt, von lockerem Gleitgewebe umgeben, der *Hoden (Testis, Testiculus)* mit seinen Hüllen; der linke reicht typisch etwas weiter herab als der rechte, und Umkehr dieses Verhaltens kann auf Situs inversus (totalis oder partialis) hinweisen. Die Hüllen sind (vgl. S. 135): die Ausläufer des M. cremaster mit seiner Fascie, dann die Tunica vaginalis, das Periorchium (Peritonaeum des Fundus processus vaginalis) und das spaltförmige Cavum periorchii. Der Hoden trägt rückwärts den Nebenhoden *(Epididymis)* mit Kopf und Schweif (Abb. 211) und der von der lateralen Seite zwischen Hoden und Nebenhoden eindringenden *Bursa testicularis*. An der Extremitas capitalis des Hodens hängt die etwa hanfkorngroße *Appendix testis* und am Kopf des Nebenhodens die gleichgroße, etwas weniger constante *Appendix epididymidis*, beides embryonale Rudimente (des proxialen Endes des MÜLLERschen Ganges bzw. eines Urnierenkanälchens). Aus dem Nebenhodenschweif geht der *Ductus deferens*, aus dem ganzen Verlauf des Nebenhodens der venöse *Plexus pampiniformis* hervor; am Abgang des Samenstrangs vom Hoden liegt ein hanfkorn- bis erbsengroßes Convolut von mikroskopischen Kanälchen, die *Paradidymis*, ein Rest des caudalen Teiles der Urniere. Der Hoden ist von einer festen *Tunica albuginea* umgeben; diese trägt an der Oberfläche ein plattes Keimdrüsenepithel. Die Albuginea ist so straff gefüllt, daß der Inhalt bei Verletzungen vorquillt. Das Innere besteht aus etwa zweihundert *Lobuli testis*, die selbst wieder aus einigen (drei bis vier) *Tubuli seminiferi contorti* aufgebaut sind; sie werden durch zarte bindegewebige *Septula testis* voneinander geschieden. Mehrere

Kanälchen vereinigen sich zu *Tubuli recti*, welche in einen Bindegewebskörper an der dorsal-cranialen Seite des Hodens, das *Mediastinum testis*, eintreten und dort ein Netzwerk, das *Rete testis*, bilden. Aus diesem entwickeln sich die *Ductuli efferentes testis*, zwölf bis achtzehn an der Zahl, die den Nebenhodenkopf bilden und zum *Ductus epididymidis* zusammentreten. Die ungemein zahlreichen Windungen der Ductuli efferentes und des Nebenhodenganges, die zusammen eine Weglänge für den Samen von 3 bis 4 m ergeben, stellen einen Samenspeicher dar, der einerseits den Spermien die Gelegenheit zu einer Nachreifung bietet, anderseits nicht auf einmal entleert werden kann, sondern auch für wiederholte Entleerungen Samen bereit hält. Die Entleerung erfolgt durch Wirkung der dickwandigen glatten Muskelhaut des Ganges, die im Bereich der Cauda des Nebenhodens und des Ductus deferens allmählich auftritt. Die verhältnismäßige Weite der Räume der accessorischen Genitaldrüsen dagegen (Ampulla ductus deferentis, Glandula vesiculosa, Prostata, Gl. bulbourethralis) dient zur Speicherung von Sekret, das für den verhältnismäßig kurz dauernden Orgasmus zur Entleerung bereitgestellt wird.

Die *A. testicularis* (spermatica), die aus dem Lumbalteil der Aorta stammt (S. 189 und Abb. 187), dringt an der Rückseite des Hodens in das Mediastinum testis ein und verzweigt sich in die Septula testis, bildet aber auch unter der Albuginea ein Netz von durchscheinenden geschlängelten Gefäßen, deren Zweige an die Hodenkanälchen gehen. Die Arterie anastomosiert mit der *A. deferentialis*, die im Becken von der A. vesicalis caudalis an den Samenleiter abgegeben wird, und mit der *A. musculi cremasteris* (A. spermatica externa) aus der A. epigastrica caudalis, die am inneren Leistenring auf den Samenstrang übergeht. Der venöse *Plexus pampiniformis* geht im Leistenkanal, am inneren Leistenring oder retroperitonaeal (Abb. 187 und 194) in die meist einfache V. spermatica über; sie mündet gewöhnlich rechts direkt in die V. cava caudalis (oder auch in die V. renalis), links in die V. renalis. Die *Lymphgefäße* des Hodens verlaufen im Samenstrang; die regionären Lymphknoten liegen (entsprechend dem Entstehungsort der Keimdrüsen) an der Lendenwirbelsäule. Die Lymphgefäße des Scrotums aber gehen wie die des äußeren Genitales überhaupt, dann des Perineums und des Anus zu den Leistenknoten. Die sympathischen *Nerven* des Hodens gelangen durch einen Plexus spermaticus (internus) aus dem Ganglion coeliacum längs der A. testicularis an den Hoden. Die Nerven der glatten Muskulatur des Ausführungsgangs (sie befördert den Samen beim Orgasmus in die Urethra) stammen aber aus dem Sacralmark und verlaufen über die Nn. pelvici und längs der A. deferentialis.

Weibliches Genitale.

Das weibliche Genitale (Abb. 218) wird in fünf Abschnitte eingeteilt: Ovarium, Tube, Uterus, Vagina und Vulva, zu denen als sechster Abschnitt noch die Bänder und Gekröse, die Plica lata uteri mit ihren Einzelheiten, kommen. Topographisch gehören die vier ersten Abschnitte mit der Plica lata zum innern, die Vulva zum äußeren Genitale; auf Grund der Massenverhältnisse werden Ovar, Tube und Plica lata dem Uterus als Adnexe desselben gegenübergestellt. Uterus und Adnexe sind der intraperitonaeale, die Vagina im wesentlichen der extraperitonaeale Teil des inneren Genitales.

Ovarium. Das Ovarium ist ein knapp pflaumengroßer seitlich etwas abgeplatteter Körper mit einem *Margo liber* und einem angewachsenen *Margo mesovaricus*, der an der dorsalen Seite der Plica lata haftet, mit einer *Extremitas tubalis* und *uterina* und mit einer Bekleidung durch cubisches Keimdrüsenepithel;

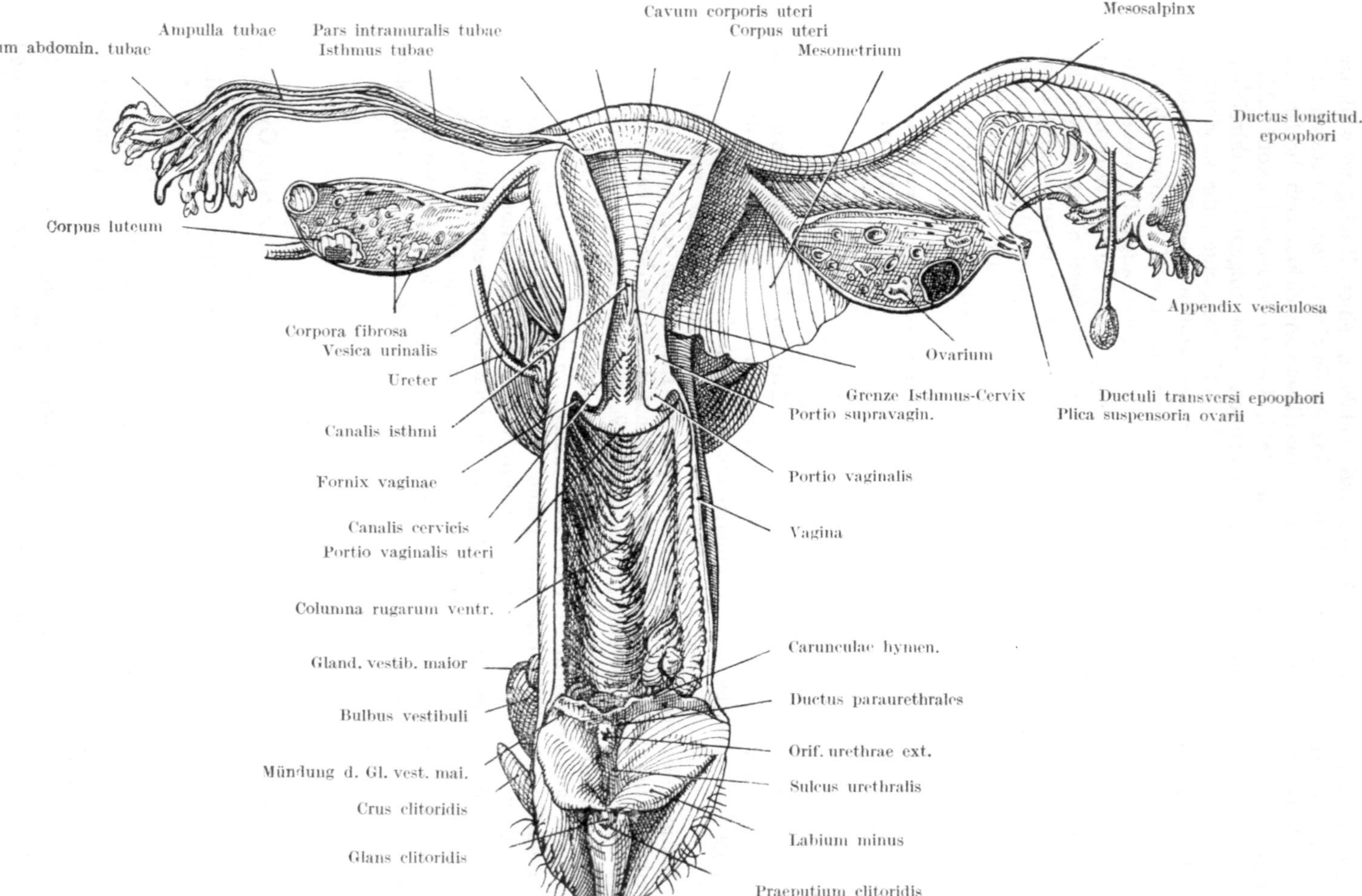

Abb. 218. Weibliches Genitale, dorsal eröffnet. Nach PERNKOPF.

die Oberfläche ist deshalb nicht glatt und glänzend wie das Peritonaeum, sondern schleimhautartig. Das Epithel setzt sich an der FARRE-WALDEYERschen Linie im Bereich des Margo mesovaricus gegen das platte Peritonaealepithel ab. Die Oberfläche ist beim Kleinkind gelappt, bei jungen Mädchen eben und gespannt, bei erwachsenen Frauen narbig zerklüftet, bei alten Frauen gerunzelt, das ganze Organ stark atrophisch, in hohem Alter oft zu einem unscheinbaren Gebilde geschrumpft. Das Ovar hat eine Facies medialis oder intestinalis (bei entfalteter Plica lata cranialwärts gerichtet) und eine Facies lateralis, die der seitlichen Beckenwand im Bereich der Fossa ovarica (s. S. 240) anliegt; der Margo liber ist dorsalwärts gerichtet, die Extremitas tubalis nach oben, die Extremitas uterina nach unten. Das Ovarium besitzt eine *Rindensubstanz* mit den Eifollikeln und eine *Marksubstanz* mit Gefäßen und Nerven und rudimentären Epithelgängen, dem *Rete ovarii*. Die Follikel sind teils mikroskopische Primärfollikel mit einem niederen einfachen Epithelbelag um die Eizelle, teils wachsende und reifende Follikel mit gewuchertem Follikelepithel und dem Auftreten eines flüssigkeitsgefüllten Spaltes im Epithel (Folliculi vesiculosi mit Liquor folliculi). Die äußere Sekretion (Ausstoßung der lebenden Eizelle) geschieht durch einen sonst bei Wirbeltieren nicht vorkommenden Vorgang; die Ruptur des Follikels setzt eine physiologische Wunde, die von einem (meist ganz geringen) Bluterguß begleitet ist. Der geplatzte Follikel wandelt sich durch Wucherung des Follikelepithels (unter Teilnahme der epitheloiden Zellen der Theca folliculi interna) in das Corpus luteum um. Die innere Sekretion des Ovariums geht nun einerseits vom Epithel des reifenden Follikels aus (Follikelhormon), anderseits vom Corpus luteum (Luteohormon). Das Corpus luteum bildet sich entweder (bei Ausbleiben der Befruchtung) nach rund zwei Wochen zurück und löst damit die Menstruation aus (Corpus luteum menstruationis), oder es entwickelt sich vorerst weiter (Corpus luteum graviditatis), um gegen Mitte der Gravidität seine Rolle an die Placenta abzugeben und sich zurückzubilden. In beiden Fällen bleibt schließlich eine Narbe zurück, die bis an die Oberfläche des Ovariums reicht.

Tube. Die Tuba uterina ist ein 12 bis 15 cm langer Gang, der mit einer offenen Mündung in die Bauchhöhle *(Ostium abdominale tubae)* beginnt und mit dem *Ostium uterinum* endet. Das erstere Ostium ist von den zerfransten Ausläufern der Schleimhaut, den *Fimbriae tubae*, umgeben, von denen eine, die *Fimbria ovarica*, am freien Rand des Tubengekröses bis an das Ovarium verläuft. Die Schleimhaut der Tube trägt mehrere (gewöhnlich sechs) Hauptfalten und einige Nebenfalten, die alle im lateralen, erweiteren Teil der Tube (der *Pars ampullaris*) sich ungemein reich verzweigen, im medialen engen Teil (dem *Isthmus*) niedrig werden und in dem letzten, die Uteruswand durchsetzenden *(intramuralen)* sehr engen Abschnitt ganz verstreichen. Im Bereich der Ampulle, vielleicht zwischen den Falten, erwarten die Spermien die Eizelle, die selbst aber wahrscheinlich nicht, wie meist angenommen, irgendwo zwischen den Faltenzweigen, sondern in der Mitte der Tube über die Faltenkuppen hinweg durch den Flimmerstrom des Tubenepithels und peristaltische Tubencontractionen in den Uterus befördert wird. Die Muscularis der Tube besteht aus ziemlich groben Bündeln, die im ampullären Teil eine innere Längs- und äußere spiralige Ringlage bilden; beide Lagen sind (ähnlich wie bei Ureter und Blase bzw. der glatten Urogenitalmuskulatur überhaupt) nicht so streng zu einheitlichen Schichten geschlossen wie am Darm, was zu der so häufigen Tubenruptur bei Tubargravidität beitragen mag, zumal eine Submucosa fehlt oder nur spärlich entwickelt ist. Gegen das uterine Ende treten auch äußere Längsmuskeln auf, die in die Wand des Uterus übergehen. Sehr reichliche Gefäße liegen zwischen den Muskelbündeln und subserös.

Uterus. Der Uterus ist der Masse nach ein vorwiegend muskulöses Organ, die größte Anhäufung glatter Muskulatur im Körper, mit plattem spaltförmigem Lumen und einer ohne Submucosa der Muscularis aufsitzenden weichen Schleimhaut. Er besteht aus *Corpus* und *Cervix,* die zusammen ein birnförmiges, an der Vorderseite *(Facies vesicalis)* leicht abgeplattetes, rückwärts *(Facies intestinalis)* gewölbtes Organ ergeben; der etwas dickere Körper wird mit dem gleichfalls leicht verdickten Cervicalteil durch den rund $^1/_2$ cm langen *Isthmus uteri* verbunden. Das abgerundete freie Ende des Corpus zwischen den Tubenansätzen wird noch als *Fundus uteri* unterschieden. Der Körper ist der Fruchthalter, der Isthmus wird in ihn im Laufe der Gravidität allmählich einbezogen (unteres

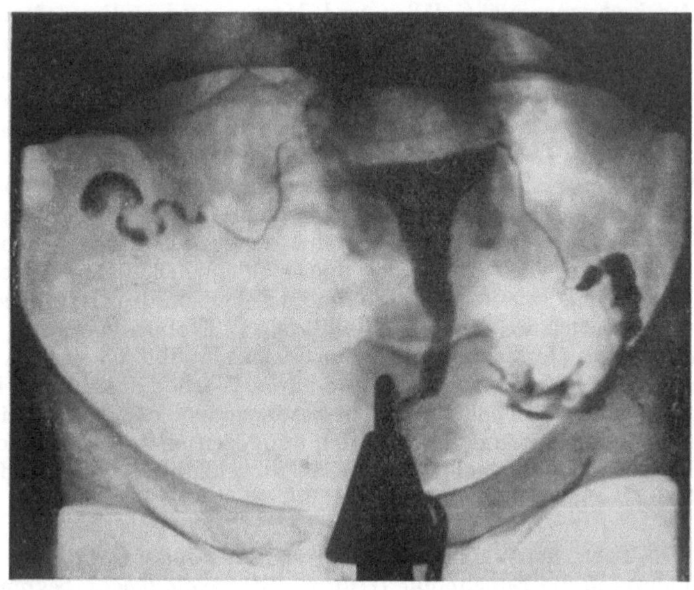

Abb. 219. Kontrastfüllung von Uterus und Tuben. Isthmus tubae fadenförmig, Ampulle stärker gefüllt. Links etwas Kontrastmasse ausgeflossen. Klinik Prof. ANTOINE.

Uterinsegment der Geburtshilfe) und die Cervix ist Verschlußapparat und Ausführungsgang; doch ist diese Scheidung bei wiederholter Schwangerschaft nicht streng aufrecht erhalten, da auch die Cervix mit Ausnahme des äußeren Muttermundes im Lauf der letzten Wochen etwas gedehnt wird. (Zu beachten ist auch, daß das weibliche Genitale nicht nur als Ausfuhrweg für Menstrualblut und Leibesfrucht dient, sondern auch als physiologischer Zugang für die Spermien zum Ei und als gelegentlicher pathologischer Weg für Krankheitserreger bis in die freie Bauchhöhle.) Das Corpus ist normal etwa doppelt so lang wie die Cervix (beim Kind umgekehrt, Abb. 224) bei etwa 8 cm Gesamtlänge. Das Lumen ist ein Querspalt; es ist im Corpusbereich dreieckig, gegen die Tuben in Spitzen ausgezogen (Abb. 219), im Isthmusbereich verengt zum *Os uteri internum* (innerer Muttermund), im Bereich der Cervix etwas erweitert und am Ende derselben wieder enger: *äußerer Muttermund, Ostium uteri externum.* Die Schleimhaut des Corpus ist glatt, die der Cervix trägt an der Vorder- und Rückwand je eine Längsfalte mit schräg aufgesetzten Seitenfalten, die *Plicae palmatae* (den Blättern einer Fiederpalme verglichen). Diese Falten greifen wechselweise in die Zwischenräume der Gegenseite ein und sichern so den Abschluß. Die Cervix ragt mit ihrem unteren Drittel in die Vagina hinein: *Portio vaginalis uteri*, kurz *Portio* genannt. Bei der nulliparen Frau rundlich und nur ein wenig dorsoventral abgeplattet, zeigt sie nach wiederholten Geburten narbige Einrisse, die vorwiegend seitlich sitzen und an der Portio ein weiter herabreichendes *Labium ventrale* und ein kürzeres *Labium dorsale* (vordere und hintere *Muttermundslippe*) unterscheiden lassen.

Die *Schleimhaut* des Corpus ist der Sitz regelmäßiger vierwöchentlicher Wandlungen, die immer wieder der Vorbereitung zur Aufnahme eines befruchteten Eies dienen und bei Fehlen eines solchen zur Ausstoßung der vorbereiteten Schleimhaut führen — *menstrueller Cyclus*. Da die Schleimhaut bei fehlender Submucosa basal mit ihren Drüsen in der Muscularis fest verankert ist, ist sie imstande, sich nach Zerfall (aber auch nach operativer Entfernung durch Auskratzung) zu regenerieren, was an keiner anderen Schleimhaut des Körpers möglich wäre. Die Schleimhaut des Canalis cervicis weist ein hohes Cylinderepithel und größere Schleimdrüsen auf, die Außenseite der Portio das geschichtete unverhornte Epithel der Vagina. Die *Muskulatur* des Uterus läßt eine äußere und eine innere mehr compacte Schicht und eine mittlere besonders gefäßreiche Schicht unterscheiden; die schwer trennbaren Faserbündel beschreiben eigenartige Spiraltouren, die sich annähernd in zwei von den Tubenecken ausgehende sich überkreuzende Systeme, gegen die Cervix in ein einziges verschmelzend, auflösen lassen. Durch diese Anordnung wird die Weiterstellung des Uterus in der Gravidität und die Austreibung des Inhalts erleichtert. Die *Serosa* liegt der Muskulatur ohne besondere Verschieblichkeit eng an. Über Gefäße und Nerven s. S. 246 ff.

Für die Teile des Uterus sind auch besondere griechische Namen in Gebrauch. *Endometrium* ist die Mucosa, *Myometrium* die Muscularis, *Perimetrium* die Serosa, *Mesometrium* das seitliche freie Gekröse, *Parametrium* das seitliche Bindegewebe am Beckenboden (S. 207).

Vagina. Die Vagina ist ein dorsoventral plattgedrückter Schlauch, an dessen Vorder- und Hinterwand sich je eine mediane Längsfalte mit zahlreichen derben Querfalten, die *Columnae rugarum* mit den *Rugae vaginales*, finden. Nach wiederholten Geburten verstreichen sie mehr und mehr; doch bleibt der periphere Abschnitt der vorderen Columna als *Carina urethralis* erhalten, und an ihrem unteren Ende befindet sich die Mündung der Harnröhre. Die Schleimhaut ist von einem nicht verhornenden geschichteten Plattenepithel bekleidet, das in individuell wechselndem Ausmaß durch periodische Quellung und vermehrte Glykogenaufnahme am menstruellen Cyclus teilnimmt; es ist durch Papillen fest am Stratum proprium verankert. Unter der Schleimhaut liegt ohne scharfe Grenze eine Lage gitterförmiger glatter Muskulatur und elastischer Fasern, so daß die Wand des Organs dehnbar ist; in der Schwangerschaft nimmt diese Dehnbarkeit (Weiterstellung) noch bedeutend zu. In der Rückwand liegt ein schwellbarer Venenplexus. Am Uterus umfaßt die Vagina die Portio so, daß ein ringförmiger Spalt um die letztere, das *Scheidengewölbe* oder der *Fornix vaginae*, entsteht, von dem eine vordere und hintere und zwei seitliche Abteilungen unterschieden werden. Da die Scheide den Beckenboden durchsetzt, so kann an ihr ein supradiaphragmales, stärker erweiterungsfähiges Stück und ein kurzer diaphragmaler Abschnitt unterschieden werden, an welchem quergestreifte, in das Diaphragma urogenitale eingewebte Muskelfasern einen undeutlich abgrenzbaren willkürlichen *M. sphincter vaginae* bilden.

Urethra. Die weibliche Urethra, ein reiner Harnweg, stellt ein 3—4 cm langes, sehr erweiterungsfähiges Rohr dar, in dessen Wand neben reichen Venengeflechten und glatten Muskeln auch quergestreifte Fasern auftreten, die sich im Bereich des Diaphragmas urogenitale circulär anordnen und einen schlecht begrenzten

M. sphincter urethrae diaphragmaticae ergeben. In der Schleimhaut finden sich ähnlich wie beim Mann *Lacunae* und *Glandulae urethrales*.

Plica lata. Soweit der Uterus das Gewebe des Beckenbodens überragt, besitzt er mit Tube und Ovarium ein gemeinsames quergestelltes (laterales) Gekröse, die *Plica lata*, an deren cranialem Rande die Tube verläuft, während an der Rückwand das Ovarium mit einem kurzen breiten Mesovarium haftet; vom medialen Pol des Ovariums verläuft die *Chorda utero-ovarica*, ein bindegewebiger Strang, an der Rückwand der Plica zum Tubenwinkel des Uterus. Dadurch wird die Plica in die craniale *Mesosalpinx* und das caudale *Mesometrium* geteilt. Am freien lateralen Rand der Mesosalpinx verläuft die Fimbria ovarica (S. 235); zum

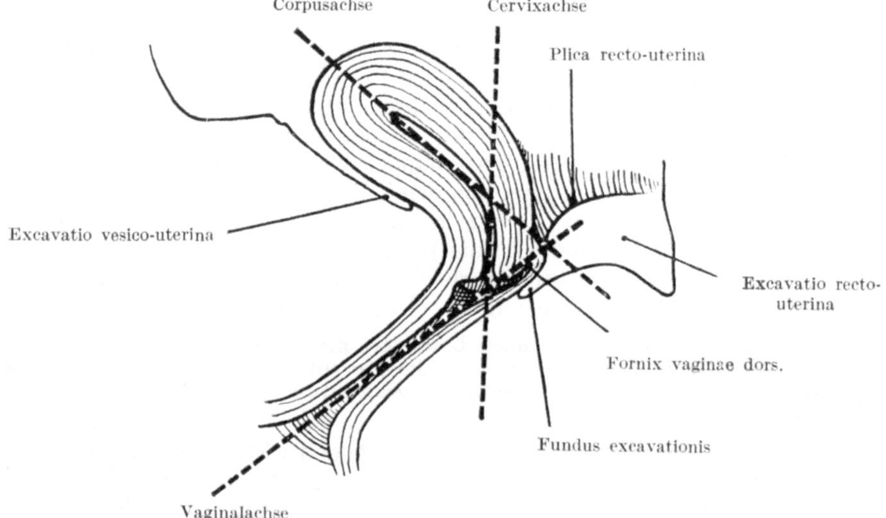

Abb. 220. Uterus in Anteversio-flexio; Verhalten des Peritonaeums.

tubalen Pol des Ovariums zieht von der hinteren Bauchwand eine Bauchfellfalte, *Plica suspensoria ovarii* (Abb. 221), mit den Vasa ovarica (diese stammen aus der Lendengegend); doch kommen in der Ausbildung der Falte verschiedene Varianten und auch zum Tubenostium ziehende Peritonaealfalten vor. Die Mesosalpinx enthält außer Gefäßen, welche einen Zusammenhang zwischen Ovarial-, Tuben- und Uterusgefäßen vermitteln (S. 246 und Abb. 233), das *Epoophoron*, ein Rudiment der Urniere, das aus einem Längsgang und kammförmig angesetzten Querkanälchen besteht und gelegentlich zur Bildung von Cysten Anlaß geben kann, die die Mesosalpinx so entfalten, daß die Tube über die Wand der Cyste hinwegzieht (zum Unterschied von Ovarialcysten, bei denen die Tube mit dem Ovarialrest im Stiel der Cyste verbleibt). Das Mesometrium sitzt dem Beckenboden auf und breitet seine Peritonaealflächen auf ihm aus; das darunterliegende Bindegewebe wird als Parametrium (S. 207) bezeichnet. Über die vordere Fläche der Plica lata verläuft schräg abwärts die *Chorda utero-inguinalis* (das Lig. teres uteri) zum inneren Leistenring und durch den Leistenkanal zum Labium maius; es enthält glatte und im peripheren Teil auch quergestreifte Muskulatur, Abkömmlinge der Bauchmuskeln bzw. des embryonal in die Bauchwand eingestülpten Conus inguinalis. Mit ihr ziehen auch feine Blutgefäße und Lymphgefäße des inneren Genitales, die in den Nodi inguinales superficiales umge-

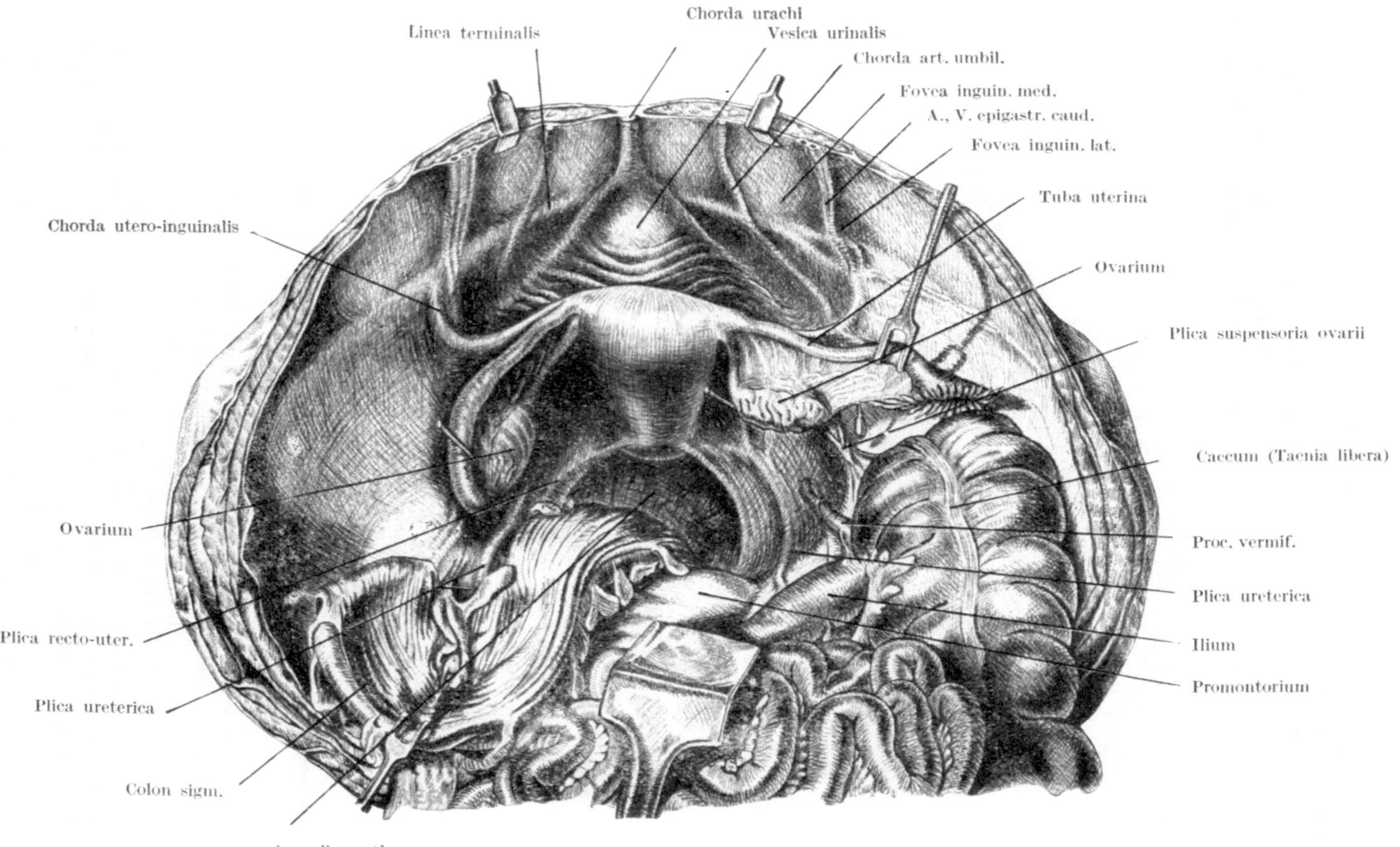

Abb. 221. Situs viscerum des weiblichen Beckens von oben. Rechte Adnexe entfaltet. Nach PERNKOPF.

schaltet werden. Nach rückwärts geht von der Basis der Plica lata die *Plica rectouterina (sacrouterina)* (Abb. 221) mit dem glatten *M. rectouterinus*.

Situs des Genitales. Das *Ovarium* liegt normalerweise an der Seitenwand des kleinen Beckens (Abb. 221), auf dem von Peritonaeum parietale bekleideten Teil des M. obturator internus bzw. seiner Fascie, in der *Fossa ovarica*. Diese liegt im Winkel der Vasa iliaca externa und interna und wird begrenzt nach oben

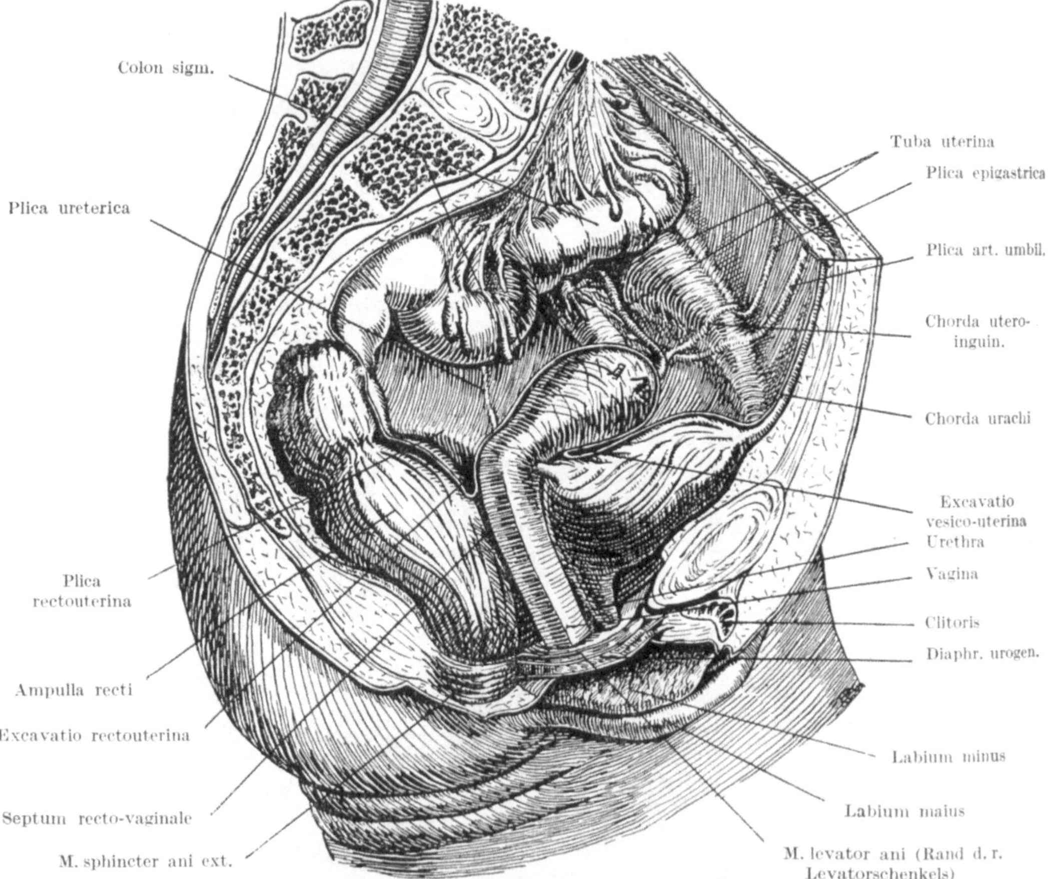

Abb. 222. **Beckeneingeweide der Frau, nach Entfernung der rechten Beckenhälfte, von der Seite her präpariert.** Nach PERNKOPF.

von der Chorda arteriae umbilicalis, nach unten vom Ureter und der A. uterina. Am Grunde der Grube verlaufen der N. obturatorius und die Vasa obturatoria. Dorsal vom Ovarium (hinter ihm) liegt das Foramen ischiadicum maius, in welches das Ovar im Falle einer Hernia ischiadica hineingezogen werden kann. Das Ovar wendet der Grube seine Facies lateralis zu (bei querausgespannter Plica lata ist es die untere) und steht mit seiner Längsachse in der Beckenaches, so daß die Extremitas tubalis oben ist. Die mediale, intestinale Seite wird von der mit der Tube herabgeschlagenen Mesosalpinx gedeckt und gegen die unmittelbare Berührung mit den Därmen geschützt; die Mesosalpinx soll für das Ovarium eine Art Tasche bilden, und das Ostium abdominale der Tube soll dem Ovar zugekehrt sein, so daß die austretenden Eier nicht gleich in der Bauchhöhle verlorengehen, sondern durch den Flimmerstrom des Tubenepithels angesaugt werden können. Der ganze Mechanismus soll durch die glatte Muskulatur von Tube und Mesosalpinx geregelt werden, ist aber offenbar nicht selten insuffizient. Die Appendix vermiformis reicht bei Caudalposition oft bis an das rechte Ovarium heran.

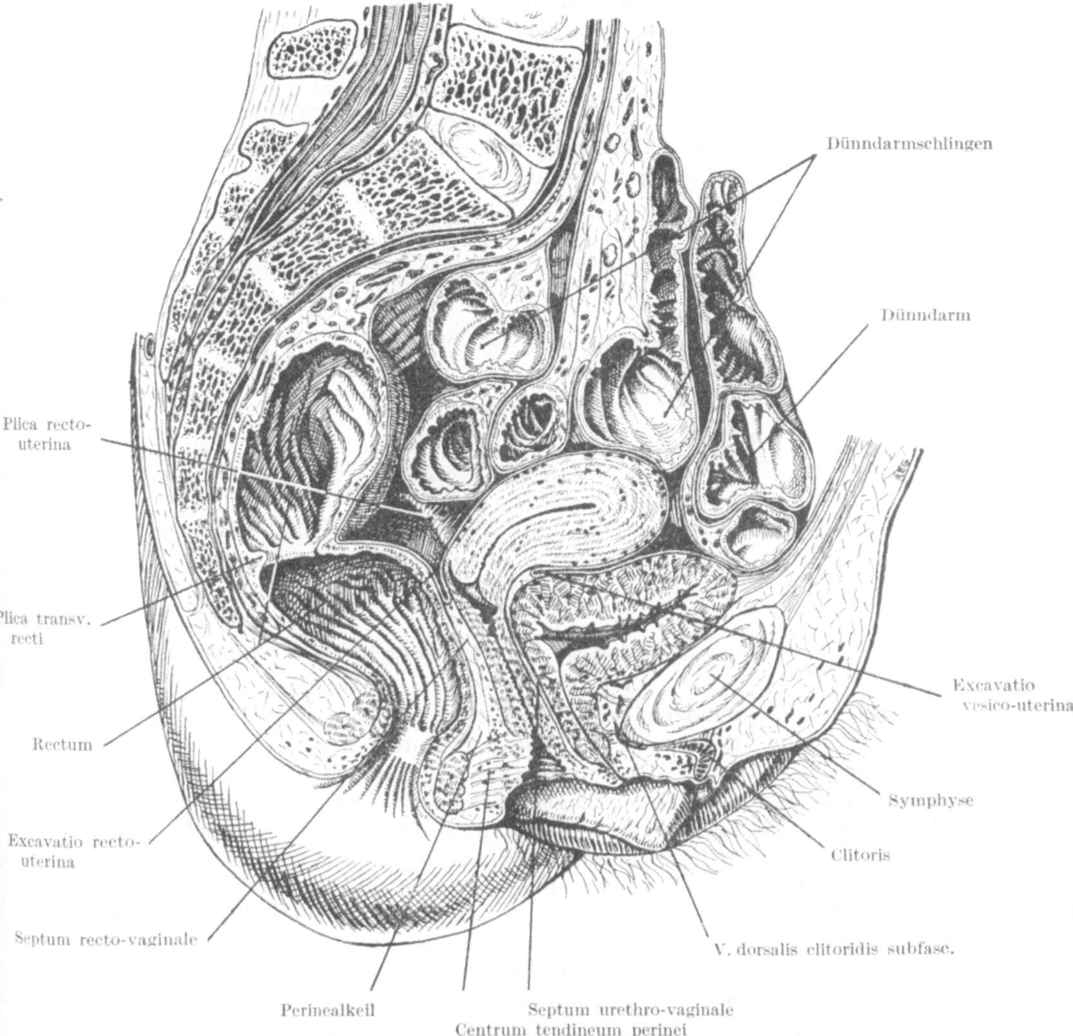

Abb. 223. Medianschnitt des weiblichen Beckens bei leerer (rückwärts eingedellter) Blase. Nach PERNKOPF.

Der *Uterus* ist normalerweise antevertiert, anteflectiert, dextroponiert und dextrorotiert (Abb. 220, 222 und 223). *Anteversio* ist die Neigung des Uterus gegen die Vaginalachse; sie beträgt rund 60 bis 90°, ist aber abhängig von der Füllung der Nachbarorgane, besonders der Blase, welcher der Uterus von rückwärts aufliegt; die leere Blase dellt er von hinten-oben ein (Schüsselform der Blase), mit der Füllung der Blase richtet er sich auf. Ist das Rectum stark gefüllt, so wird die Vagina nach vorn gedrängt, und der Uterus muß sich gleichfalls aufrichten. Die Anteversio wird erhalten dadurch, daß vom Tubenwinkel nach vorn die

Chorda utero-inguinalis mit glatter und von den Bauchmuskeln ausgehender
quergestreifter Muskulatur verläuft, während von der Corpus-Cervixgrenze nach
hinten die Plica rectouterina mit ihrer glatten Muskulatur zieht (Abb. 221).
(Außerdem schieben sich Därme zwischen Uterus und Rectum, s. unten.) Bei
erschlaffter Muskulatur (Körperschwäche, Krankheit mit langer Bettlägerigkeit,
und besonders in der Leiche) kommt es leicht zum Umfallen des Uterus nach
rückwärts *(Retroversio)*. *Anteflexio* ist die Abknickung des Uterus nach vorn
zwischen Corpus und Cervix; auch sie ist dem Ausmaß nach wechselnd und ver-
änderlich. Bei Rückwärtsneigung kommt es auch zur Abknickung nach rückwärts, Retroversio-flexio, bei welcher die Entleerung der Menstrualabsonderung
erschwert ist, die normalen Befestigungsmittel gezerrt werden und in der Gravidität schwere Störungen auftreten, da der Uterus bei seiner Ausdehnung nicht

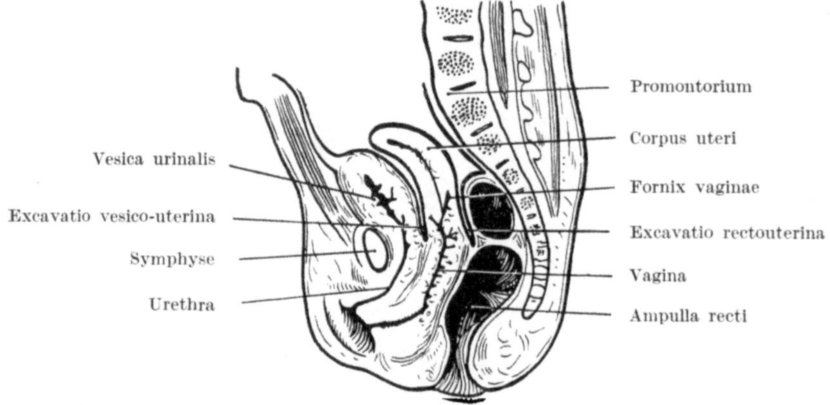

Abb. 224. Medianschnitt des Beckens eines neugeborenen Mädchens. Nach CORNING.

in die Bauchhöhle aufsteigen kann, sondern am Promontorium hängenbleibt
und sich einklemmt, während er bei normaler Anteversio-flexio in die Becken-
achse eingestellt und mit dem Fundus gegen die Bauchhöhle gerichtet ist. —
Dextropositio ist eine meist, aber nicht immer vorhandene geringe Verschiebung
aus der Medianebene nach rechts, so daß ein reiner Sagittalschnitt des Beckens
häufig den Uterus nicht halbiert, und *Dextrorotatio* ist eine geringe Wendung der
Vorderwand nach rechts. Das Bauchfell bildet vor und hinter dem Uterus eine
Tasche, die *Excavatio vesico-* und *rectouterina* (Abb. 220 und 222). Die erstere
reicht an der Blase bis nahe an das Trigonum, am Uterus nur bis zur Corpus-
Cervixgrenze und ist normalerweise (bei Anteversio) spaltförmig und leer. Rückwärts dagegen bekleidet das Peritonaeum die ganze Dorsalfläche des Uterus und
auch noch den Fornix posterior der Vagina und schlägt sich von da auf das
Rectum knapp oberhalb der Curvatura perinealis hinüber. Von der so entstehenden tiefen Excavatio rectouterina wird der tiefste Abschnitt durch die Plica
rectouterina unvollkommen als *Fundus excavationis* (*Cavum* DOUGLASII) abgegrenzt; er ist der tiefste Teil der Bauchhöhle im Stehen wie im Liegen, wo
flüssiger Inhalt (Ascites, Eiter, Blut) sich sammelt, Fremdkörper der Bauchhöhle
hingelangen und vom Rectum oder vom Fornix vaginae aus erreichbar sind. In
der Excavation finden sich normalerweise Bauchorgane (Dünn- und Dickdarm,
Appendix, Netz, vgl. S. 194), und nur bei extremer Füllung von Blase und Mastdarm sowie regelmäßig im Laufe der Gravidität werden sie verdrängt, so daß
die Excavation dann ebenso wie die vordere spaltförmig und leer ist (Abb. 235).

Wie beim kleinen Knaben reicht auch beim *neugeborenen Mädchen* (Abb. 224) das Bauchfell näher an den Beckenboden heran wie später; es bekleidet die ganze Hinterfläche der Blase und Vorderfläche des Uterus und erreicht sogar den vorderen Fornix vaginae; auch rückwärts reicht es an der Vagina tiefer herab. Auch hier besteht bei Infantilismus die Möglichkeit der Bildung einer Hernia perinealis. Am Rectum aber reicht wieder wegen der Kürze der Pars analis das Peritonaeum nicht ganz bis zur Curvatura perinealis, und wegen der Kleinheit des Beckens ist die Excavatio rectouterina wie die Excavatio vesicouterina spaltförmig und leer. — Das Corpus uteri ist kurz und schmal, die Cervix länger und dicker als das Corpus, und die Plicae palmatae reichen hoch hinauf. Die Vagina ist mit auffallend starken Runzeln versehen.

Zur Topographie der *Vagina* ist aus dem Medianschnitt (Abb. 223) das Bestehen eines *Septum recto-* und *urethrovaginale* zu entnehmen. Das erstere reicht vom Perineum bis an das Peritonaeum des DOUGLASschen Raumes und besteht aus einem basalen, im Umriß dreieckigen Abschnitt, dem *Perinealkeil*, dessen Gestalt durch den nach rück-wärts gerichteten Verlauf der Pars analis recti be-dingt ist und der das Centrum tendineum perinei als Basis enthält, und einem darüberstehenden

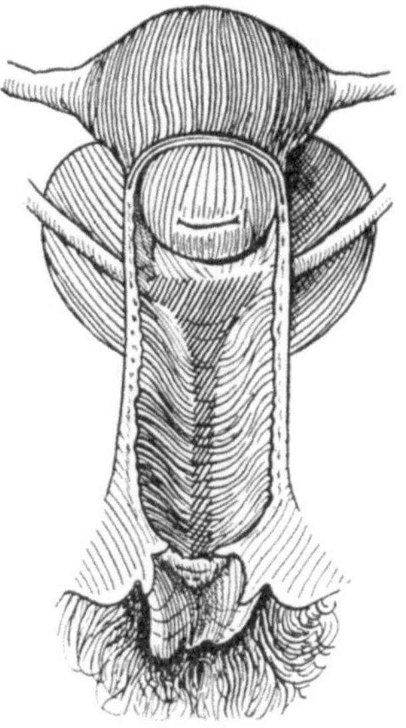

Abb. 225. Beziehung des Blasen-grundes und der Ureteren zur vorderen Scheidenwand. Nach PERNKOPF und PICHLER.

parallelwandigen Stück, das mit seiner Vorderseite bis nahe an den Fornix vaginae, rückwärts über die Curvatura perinealis recti bis an die Ampulle

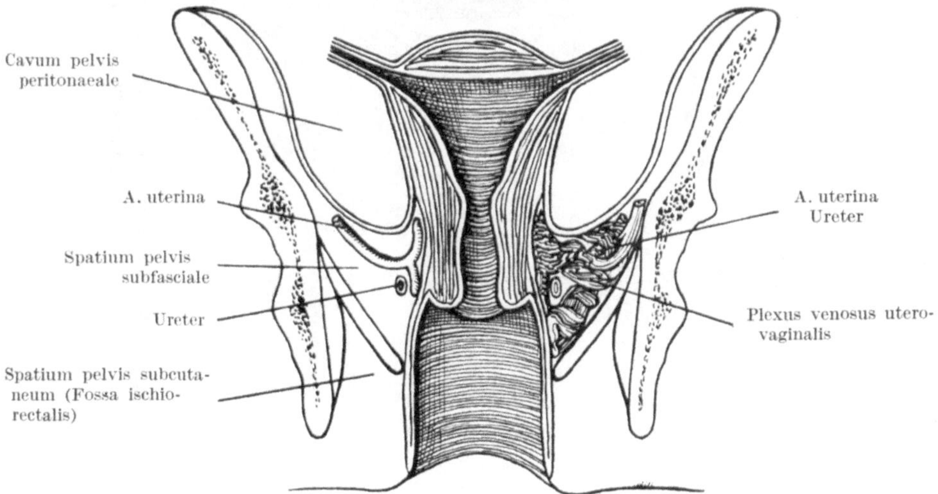

Abb. 226. Abteilungen des weiblichen Beckenraumes; Beziehung der A. uterina zum Ureter. Halbschematisch.

reicht und in dessen Bereich Vagina und Rectum, nur durch ein binde-gewebiges *Spatium rectovaginale* als Verschiebeschicht getrennt, aneinanderliegen. Hier kann es unter pathologischen Verhältnissen zu einer Rectovaginalfistel

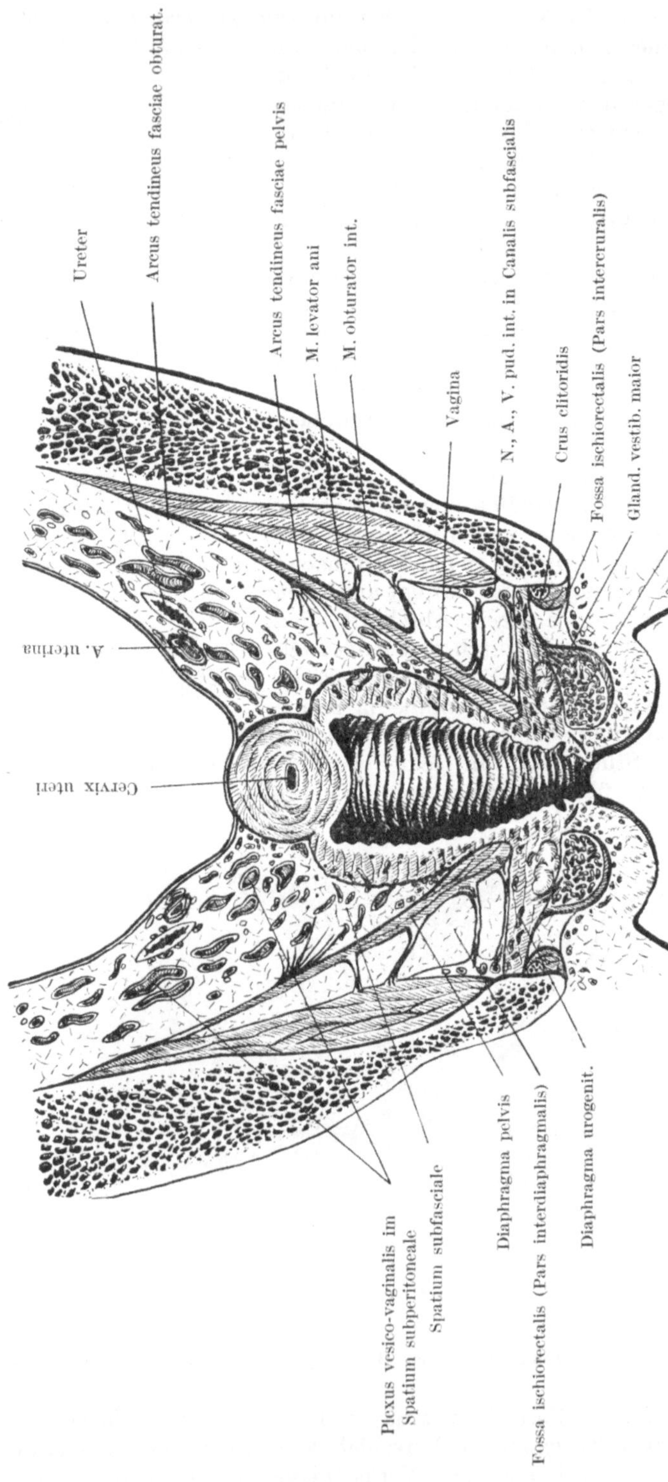

Abb. 227. Etwas schräg nach vorn unten abfallender Frontalschnitt durch ein weibliches Becken. Längsschnitt durch die Vagina. Vom Arcus tendineus fasciae pelvis geht medialwärts die Fascia intrapelvina ab. Nach PERNKOPF, vereinfacht.

kommen. Der Fornix posterior vaginae, oben von Bauchfell bekleidet, ist die Stelle, an der die Bauchhöhle am leichtesten und mit den geringsten Gefahren eröffnet werden kann. Das *Septum urethrovaginale* aber (Abb. 222 und 223) ist keine flächenhaft entwickelte Wand; die im Querschnitt rundliche Urethra ist in den distalen Abschnitt der vorderen Vaginalwand durch derbes Gewebe eingefügt und mit ihr vielfach durch glatte und, im Bereich des Diaphragma urogenitale, auch durch quergestreifte Muskulatur verbunden (Abb. 222). Die Blase ist an den oberen Teil der Vagina ebenso wie an die Cervix uteri nur durch lockeres Gewebe

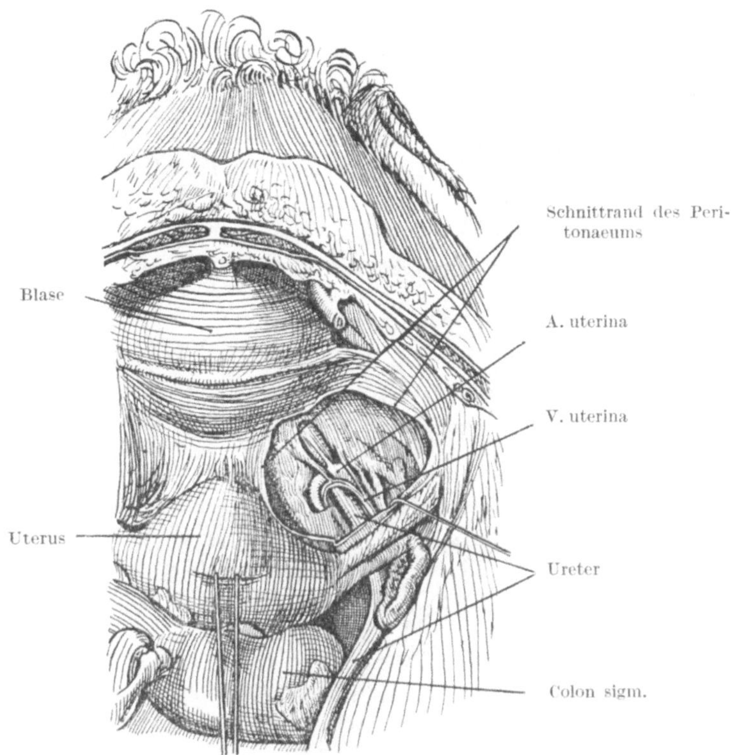

Abb. 228. Die Art. uterina, in ihrer Beziehung zum Ureter von obenher dargestellt. Nach PERNKOPF und PICHLER.

angeheftet, so daß sie sich leicht abpräparieren läßt. An der Seitenwand (Abb. 225) wird die Vagina im Bereich des Fornix lateralis vom Ureter gekreuzt (was das Vorkommen von vaginalen Ureterfisteln erklärt), weiter distal auch von den Levatorrändern (Levatorschenkeln), die bei Anspannung des Beckenbodens (Pressen wie zum Stuhl) von der Vagina aus tastbar sind.

Wie beim Mann, so schlägt sich auch bei der Frau das Peritonaeum, getragen von einer Fascia intrapelvina, von einem Arcus tendineus fasciae pelvis aus (S. 207) auf die Eingeweide hinüber (Abb. 227), und man kann ein Cavum pelvis peritonaeale, ein Spatium subperitonaeale, ein Spatium subfasciale ober dem Diaphragma pelvis und ein Spatium subcutaneum (Fossa ischiorectalis) unter demselben unterscheiden. Das *Spatium subfasciale* zerfällt hier in ein *Paracystium*, ein *Paracolpium* und *Parametrium* und ein *Paraproctium*. Im ersteren, unterhalb der Blase, liegt wieder ein mächtiger Venenplexus, der die V. dorsalis clitoridis (subfascialis) aufnimmt; im *Parametrium* finden sich die Gefäße des Uterus (A. uterina

und starke Venenplexus, sowie die Lymphgefäße des Uterus) und der *Ureter*, dessen
Verlauf gerade hier besondere topographische Verhältnisse (und operative Pro-
bleme) darbietet, da er von der A. uterina zuerst begleitet und dann (Abb. 226
und 228) an seiner cranialen Seite überkreuzt wird, so daß die Arterie bei vaginaler
Uterusexstirpation beckenwärts vom Ureter, in der Tiefe der Operationswunde, gefaßt werden muß, wobei der Ureter von der Seitenfläche des Genitaltraktes (Vagina
und Cervix) sorgfältig abgeschoben werden muß. Durch das Parametrium verlaufen

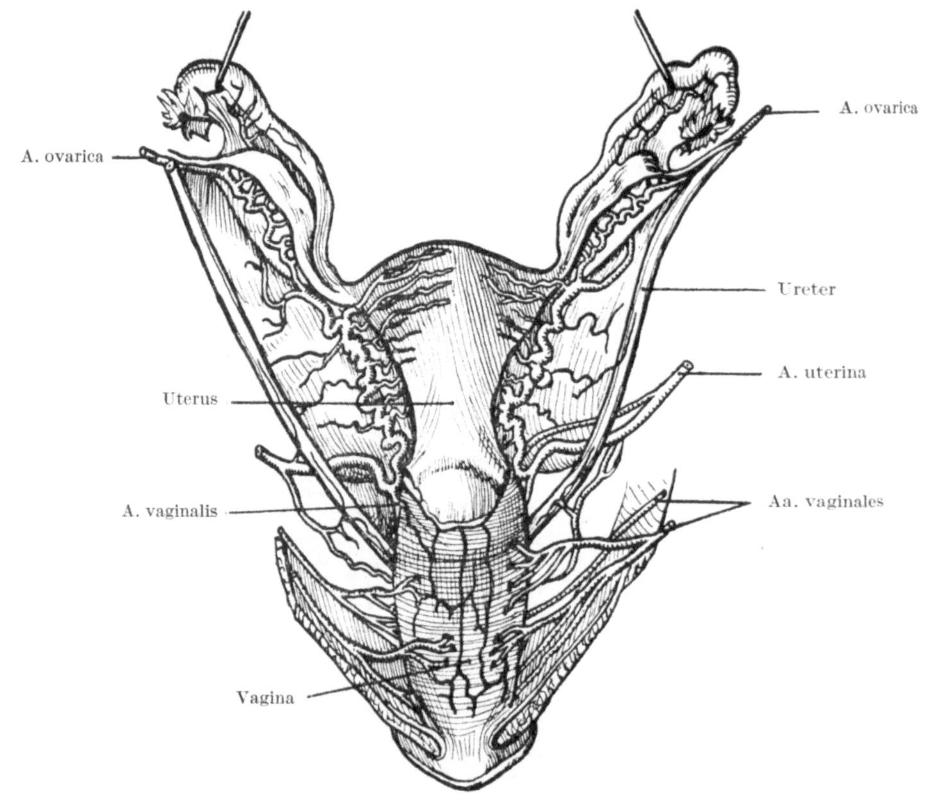

Abb. 229. Arterien des weiblichen Genitales von der Dorsalseite. Nach TOLDT-HOCHSTETTER, vereinfacht.

mit den Gefäßen Faserzüge von Bindegewebe und glatter Muskulatur von der
Seitenwand des Beckens zur Cervix (Abb. 195), wodurch ein Aufhängeapparat
des Uterus *(Lig. cardinale)* gebildet und der Uterus ober dem Beckenboden in
Schwebe gehalten wird. Aber als Hauptstütze des Uterus ist doch der darunterliegende muskulöse Beckenboden zu betrachten.

Gefäße des Uterus. Erst bei Berücksichtigung des Parametriums sind die
Gefäßverhältnisse des Uterus zu beurteilen. Sein Hauptgefäß ist die *A. uterina*
(Abb. 229), die aus der A. hypogastrica stammt, von lateral-dorsal über den
Ureter hinweg (s. oben) und unter Abgabe von Zweigchen an denselben in
der Isthmusgegend an den Uterus herankommt und nach Abgabe eines
Ramus vaginalis an der Seitenkante des Uterus in Entfernung von einigen
Millimetern stark gewunden aufsteigt, korkzieherartig gekrümmte Äste an den
Uterus abgibt und längs des Hilus ovarii mit der A. ovarica anastomosiert.

Äste gehen an den Fundus uteri, die Tube und die Chorda utero-ovarica. Da die größeren Äste an der Seitenkante des Uterus verlaufen, ist die Medianlinie der gegebene Zugang zum Inneren des Uterus beim Kaiserschnitt. Die *Venen* bilden im Parametrium und Paracystium einen großen *Plexus uterovaginalis* (Abb. 230, 232, 233), was besonders bei der puerperalen Infektion von Bedeutung ist, weil reichlich Gelegenheit für Gerinnungen und eitrige Ein-

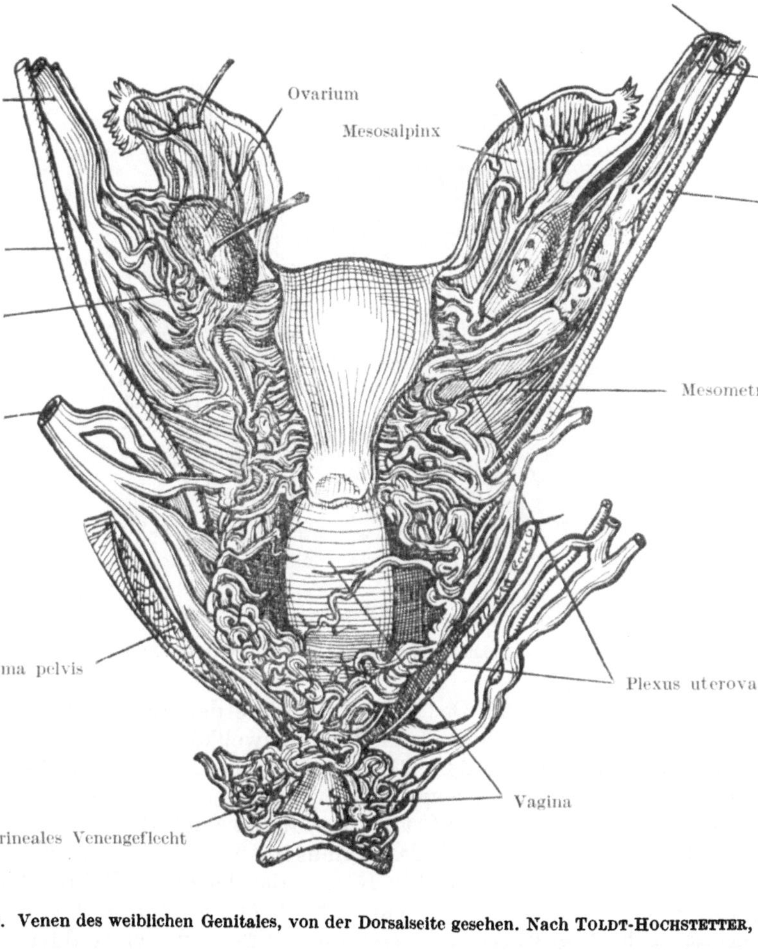

Abb. 230. Venen des weiblichen Genitales, von der Dorsalseite gesehen. Nach TOLDT-HOCHSTETTER, vereinfacht.

schmelzung vorhanden ist; bei sexueller Erregung füllen sich diese Venen gleichfalls, um bei normalem Ablauf des Sexualverkehrs wieder abzuschwellen. Der Abfluß erfolgt einerseits zur V. uterina und hypogastrica, anderseits zu den Geflechten des äußeren Genitales und zur V. pudendalis interna, aber auch zur V. ovarica und damit direkt in die untere Hohlvene. Auch längs der Chorda utero-inguinalis gehen Gefäße zu den Hautvenen der Leistengegend und des Oberschenkels. Die *Lymphgefäße* (Abb. 231) verlaufen gleichfalls hauptsächlich durch das Parametrium; bei Infiltration derselben durch Carcinom wird das Parametrium bretthart und der Uterus in den Beckenboden wie eingemauert. Wieder gehen Verbindungen auch zum Ovar, zur Fossa ischiorectalis und zur Leistengegend; die *regionären Lymphknoten* liegen daher hauptsächlich im Becken im Bereich der Vasa hypogastrica, aber auch, über die ovariellen Gefäße angeschlossen, in der Lendengegend und anderseits in der Leistengegend. Bei Carcinomoperationen sind die Beckenlymphknoten und alle erreichbaren Knoten an der Lendenwirbelsäule mit zu entfernen. Das Parametrium ist schließlich auch der Sitz der uterinen *Eingeweidenerven.* Der Plexus sympathicus hypogastricus läßt einen besonderen *Plexus uterinus (uterovaginalis)* mit einer stärkeren Anhäufung von Ganglienzellen (FRANKENHÄUSERsches *Ganglion uterinum*) in der Höhe der Cervix unterscheiden (Abb. 232, 233).

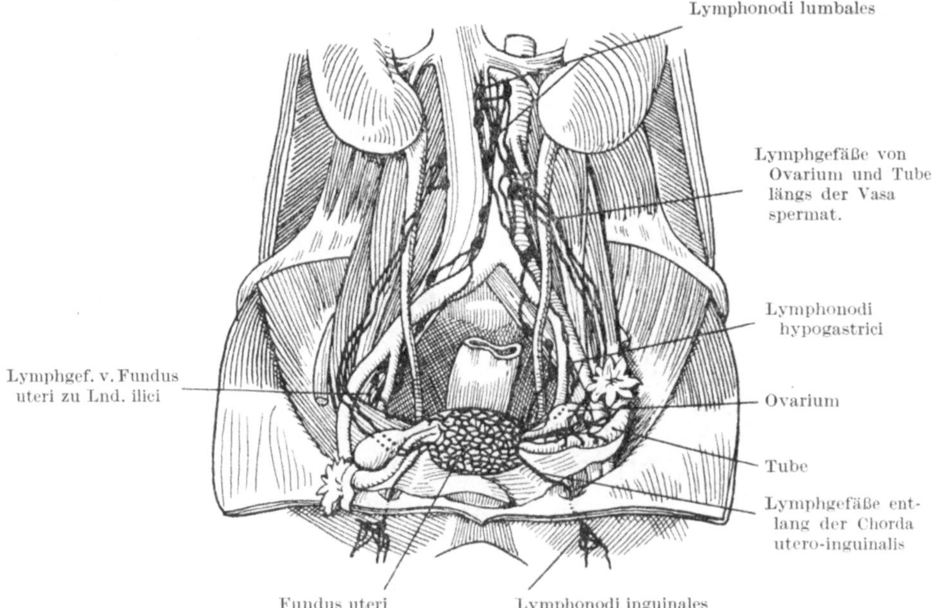

Abb. 231. Lymphgefäße und regionäre Lymphknoten von Uterus, Tuben und Ovarien. Nach POIRIER, aus CORNING.

Äußeres Genitale, Perineum. Das äußere Genitale der Frau besteht aus der Clitoris, den großen und kleinen Labien, den Schwellkörpern und dem Vestibulum vaginae mit seinen Drüsen (Abb. 218 und 234). Die *Clitoris* enthält dieselben Schwellkörper wie der Penis, doch viel kleiner und dauernd, auch bei Füllung, nach abwärts abgeknickt; durch die *Crura clitoridis* ist auch das *Corpus cavernosum clitoridis* am absteigenden Teil des Ramus ossis pubis befestigt. An der Unterseite trägt die Clitoris eine seichte Rinne; das leicht verdickte Ende, die *Glans*, ist von einem Praeputium bedeckt. Die *Labia maiora* sind Hautfalten, von hungerfestem Fett gestützt, mit Haaren, Talg- und Schweißdrüsen und einer an glatten Muskeln und elastischen Fasern reichen Subcutis. Sie verlaufen vorn in den Mons Veneris und hängen rückwärts durch eine Commissura labiorum zusammen. Außen werden sie durch einen Sulcus genitofemoralis gegen den Oberschenkel, innen durch einen Sulcus nympholabialis gegen die *kleinen Labien* abgegrenzt; diese sind Falten, die von geschichtetem Plattenepithel bekleidet sind und Verhornung desselben nur soweit zeigen, als sie freiliegen, was in wechselndem Ausmaß, von ihrer Größe abhängig, der Fall ist. Im übrigen hat der Überzug Schleimhautcharakter. Sie setzen sich clitoriswärts in zwei Falten fort, von denen die laterale in das *Praeputium* übergeht, während die mediale mit der Gegenseite vereinigt als *Frenulum clitoridis* an der Unterseite der Glans haftet.

Rückwärts können die kleinen Schamlippen durch ein *Frenulum labiorum* zu-sammenhängen. Die großen Schamlippen legen sich zur *Rima pudendi*, der Schamspalte, zusammen; durch Auseinanderdrängen der großen und kleinen Labien wird das *Vestibulum vaginae* eröffnet, an dessen Grund der Scheiden-eingang, *Introitus vaginae*, und davor, leicht erhaben, das *Orificium externum*

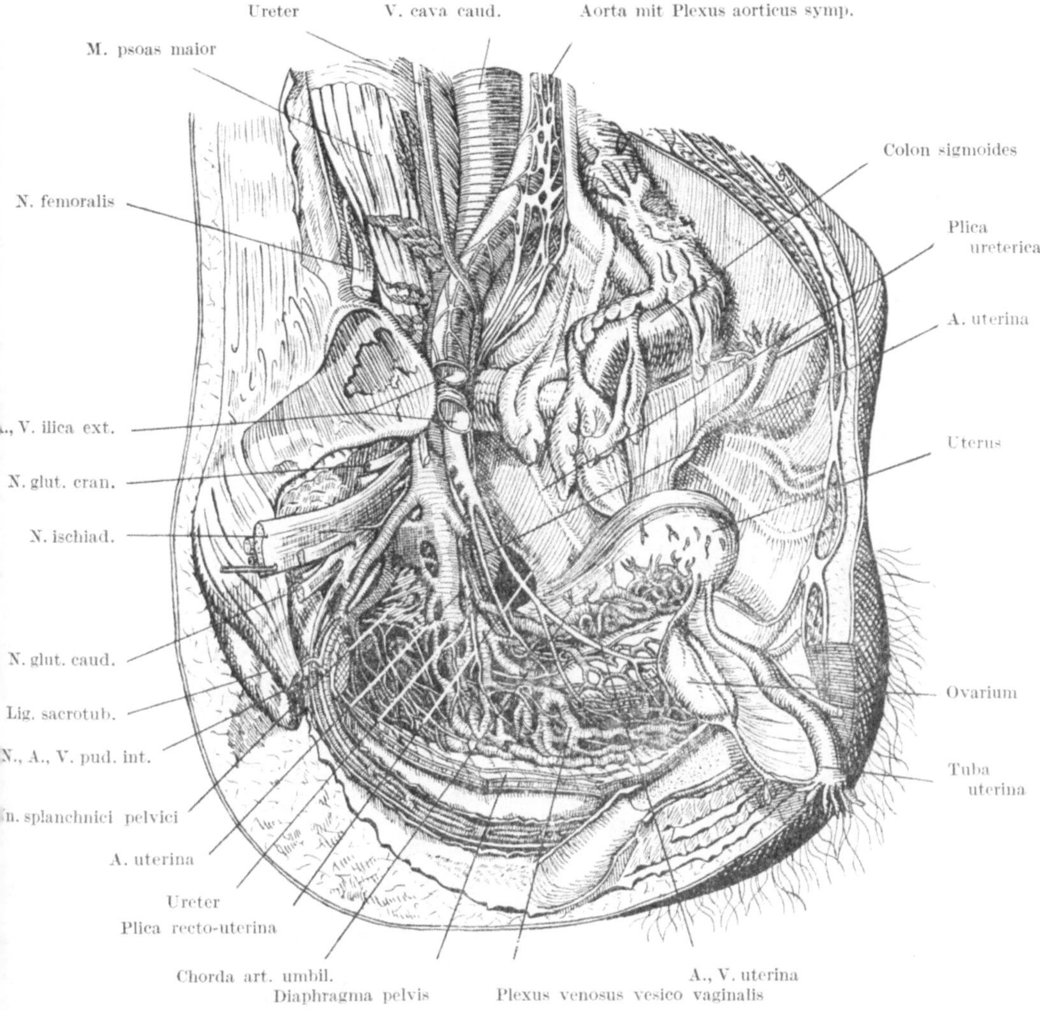

Abb. 232. Gefäße (besonders die Venengeflechte) und Nerven der weiblichen Beckeneingeweide, nach Entfernung des r. Hüftbeins von der Seite her präpariert. Plica lata entfaltet. Nach PERNKOPF.

urethrae gelegen ist. Der Scheideneingang ist bei virginellen Personen durch eine in der Regel halbmondförmige Hautfalte, den *Hymen* (Jungfernhäutchen), ein-geengt; sie wird bei der Defloration in der Regel eingerissen und nach wieder-holten Geburten zu einzelnen warzenähnlichen Vorragungen, den *Carunculae hymenales,* rückgebildet. Neben der Urethra münden die in ihrer Ausbildung sehr wechselnden *Ductus paraurethrales*, die der männlichen Prostata entsprechen, und kleine Schleimdrüsen, *Glandulae vestibulares minores*, den Gll. urethrales der Pars cavernosa des Mannes vergleichbar; neben der Vaginalöffnung münden

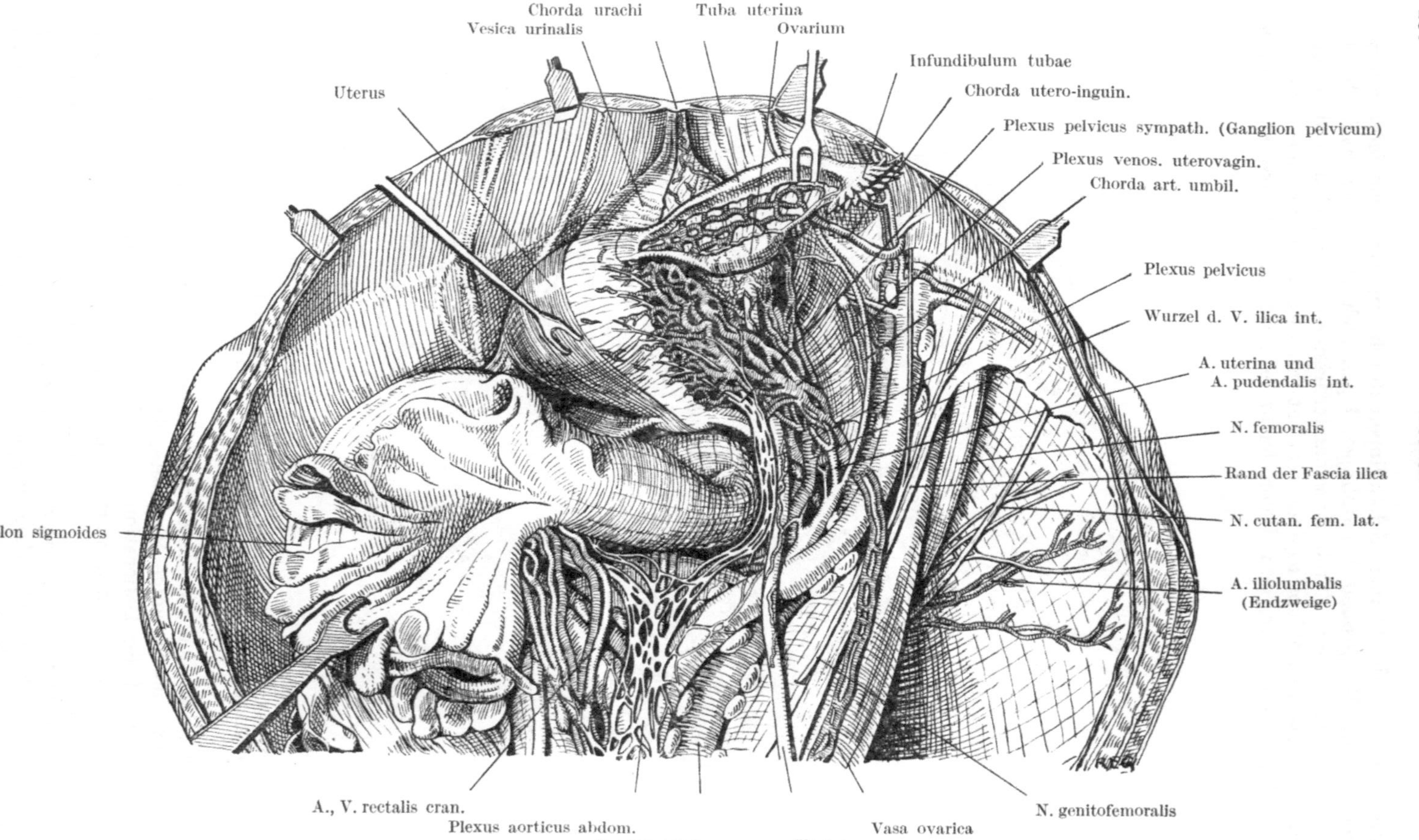

Abb. 233. Beckeneingeweide der Frau mit Nerven und Gefäßen, von oben her präpariert. Nach PERNKOPF.

hinter der Mitte dieser Öffnung die *Gll. vestibulares maiores* (BARTHOLINI), die den
Gll. bulbourethrales des Mannes entsprechen. Die Drüsenkörper sind wieder in
den caudalen Rand des Diaphragma urogenitale eingelagert (Abb. 227) und durch
verhältnismäßig weite Ausführungsgänge innerhalb des Drüsenparenchyms gekennzeichnet. Unter der Schleimhaut des Vestibulums liegt jederseits ein Schwellkörper,
der *Bulbus vestibuli*, der dem Corpus cavernosum urethrae des Mannes entspricht,
aber paarig bleibt und noch mehr wie dort den Charakter eines dichten Venen-

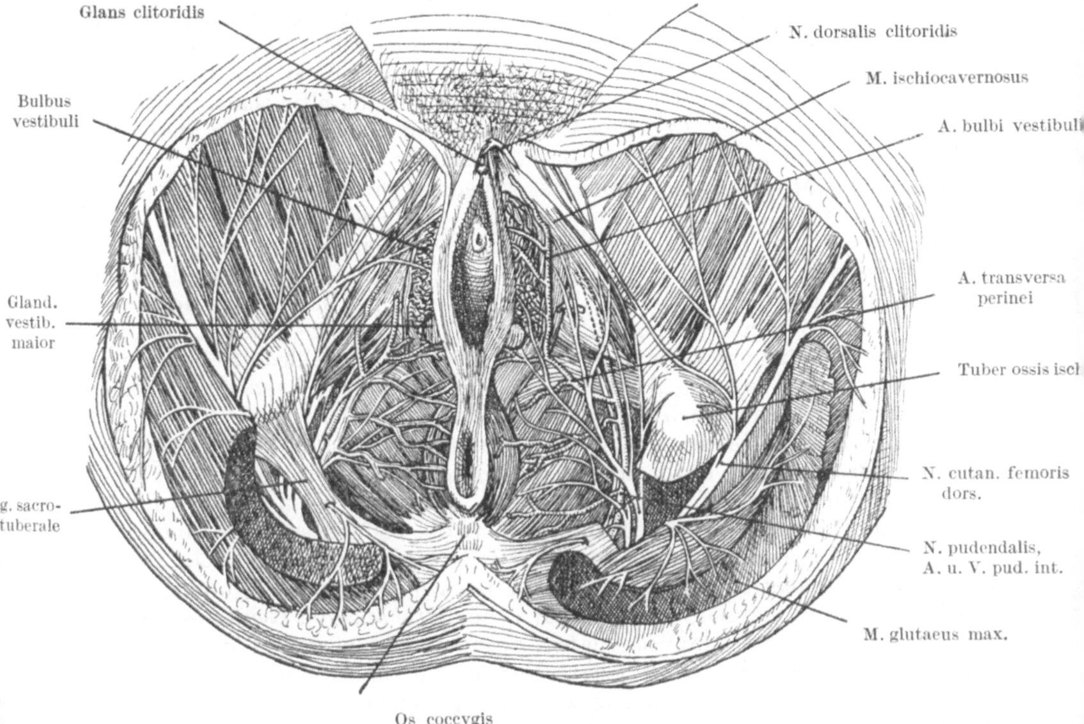

Abb. 234. Regio perincalis beim Weibe. Nach HIRSCHFELD und LEVEILLÉ, aus CORNING. Links ist das Lig.
sacrotuberale reseziert.

geflechtes besitzt. Er setzt sich einerseits unter dem Frenulum clitoridis auf die
Clitoris fort, um dort mit deren Venen sich zu verbinden, und hat anderseits seine
Abflüsse in das Venengeflecht auf dem Diaphragma urogenitale und zur V. pudendalis interna. Die Bulbi reichen nach rückwärts bis knapp an die Gll. vestibulares maiores heran.

Die Zone zwischen Vaginalöffnung und Anus ist das weibliche *Perineum*. Es
trägt an der Oberfläche eine Rhaphe und birgt unter der Haut das *Centrum tendineum perinei*, auf welchem sich das Septum rectovaginale aufbaut (S. 243) und
in welchem sich die Muskeln des Beckenbodens untereinander in Verbindung
setzen. Hier hängen (S. 212) der M. sphincter ani externus, der Levator ani mit
seinen medialen Rändern (den Levatorschenkeln), der Transversus perinei profundus und superficialis und der Bulbocavernosus (Constrictor cunni) zusammen;
letzterer liegt außen den BARTHOLINIschen Drüsen und den Bulbi vestibuli auf
und inseriert vorn an der Fascie der Clitoris. Er ist imstande, das Vestibulum
vaginae zu verengen. Für die normale Funktion des Beckenbodens ist das

Centrum tendineum ausschlaggebend. In erster Linie ist es für den M. sphincter ani externus und den Abschluß des Rectums wichtig; bei Zerreißung des Centrums kommt es zur Unfähigkeit, den Stuhl zurückzuhalten (Incontinentia alvi). Zweitens aber trägt das Centrum den Uterus (zusammen mit dessen Aufhängeapparat im Innern des Beckens), so daß es bei Versagen des Beckenbodens zum Vorfall (Prolaps) des Uterus kommt. Nun ist aber gerade das Perineum mit seinem Centrum tendineum bei einer Geburt stärkster Dehnung beim Durchtritt des kindlichen Kopfes ausgesetzt und kann einreißen; ein Riß wird durch den Zug der Muskeln klaffend erhalten und kann nicht von selbst unter Wiederherstellung des Centrums ausheilen (sondern muß genäht werden). Daher wird bei Gefahr eines Einrisses lieber ein glatter Schnitt gesetzt, entweder an der Stelle stärkster Spannung, median, oder ein- oder beiderseitig schräg seitlich so, daß der Schnitt zwischen Centrum tendineum und Gl. vestibularis maior fällt; auch solche Schnitte müssen nach der Entbindung genäht werden.

Die *Fossa ischiorectalis* des Weibes ist wegen der größeren Distanz der Tubera ossis ischii weiter als die des Mannes; dementsprechend ist auch der M. levator ani eine ausgedehntere Muskelplatte (Abb. 199). Dadurch ist er zwar besser befähigt, bei der Entbindung auszuweichen und gedehnt zu werden, doch kann seine Schädigung bei der Dehnung an sich ein Grund für Insufficienz des Beckenbodens werden, für Senkung und Vorfall der Beckeneingeweide, zumeist des Uterus. Im übrigen besteht kein wesentlicher Unterschied der Geschlechter in bezug auf diese Fossa, außer daß die *Arterien* bei der Frau entsprechend der geringeren Größe der Schwellkörper schwächer sind. Auch hier teilt sich die A. pudendalis interna nach Abgabe der Rr. anales und Verlauf im ALCOCKschen Canalis fascialis (unter der Fascie des M. obturator internus) in eine A. perinealis mit Zweigen für die Muskulatur und die Labien und eine A. clitoridis, die in A. profunda und dorsalis clitoridis zerfällt. Auch die *Venen* (Abb. 230) entsprechen denen beim Mann; die V. dorsalis clitoridis subfascialis tritt wieder durch die Lücke zwischen Lig. arcuatum pubis und praeurethrale ins Becken ein (Abb. 223) und gelangt in den Plexus vesico-vaginalis, die übrigen Venen des äußeren Genitales sammeln sich zur V. pudendalis interna, haben aber Verbindungen mit den Bein- und Bauchvenen durch Vv. pudendales externae, die zur Leistengegend verlaufen. Die *Lymphgefäße* ziehen einerseits zu den inguinalen Knoten, anderseits längs der Vasa pudendalia interna ins Becken.

Zur Topographie der Gravidität. Die Vergrößerung des graviden Uterus führt zur Formveränderung und zur Verdrängung der Nachbarorgane. Die Vergrößerung betrifft in erster Linie das Corpus, bei dem es sich um eine mit Wachstum der Wand verbundene Dehnung durch den Inhalt handelt; doch werden auch die benachbarten Teile, Cervix, Vagina, Beckenboden, ja das knöcherne Becken und der Ureter von einem Wachstumprozeß ergriffen, den man als *Weiterstellung* bezeichnet und der erst die Entbindung ermöglicht. Bei den Bauchdecken ist zwar hauptsächlich die Dehnung auffallend, besonders an der Haut durch die Dehnungsstreifen *(Striae gravidarum)* und an dem medianen Gebiet durch Verbreiterung der Linea alba und Entfernung der Mm. recti voneinander *(Diastase der Recti)*, doch ist auch hier die Dehnung keine rein passive, sondern eine Weiterstellung, mit Wachstum der Teile und Auflockerung des Bindegewebes verbunden, die nach der Entbindung im Puerperium (dem Wochenbett) sich wieder rückbilden.

Der Uterus verändert sich in den ersten zwei Monaten (gerechnet vom Eintritt der letzten Menstruation; die Gravidität selbst ist durchschnittlich um etwa zwei Wochen jünger) der Form nach nur wenig; er wird aber weicher (so daß er bei bimanueller Untersuchung, von der Scheide aus und durch die Bauch-

decken, sich im Bereich des Isthmus zusammendrücken läßt, als ob er aus zwei
Stücken bestünde; HEGARsches Zeichen) und blutreicher, so daß die Portio,
aber auch die Vulva und Vagina eine weinrote oder leicht bläuliche Färbung
annehmen. Im dritten Monat wird das Corpus kugelig, die noch wenig veränderte
Cervix erscheint wie ein Anhängsel daran; später wird der Körper wieder längsoval. Gegen Ende des Monats verdrängt der Uterus bereits die Därme aus dem
kleinen Becken und erreicht mit dem Fundus die Ebene des Beckeneingangs;
er steht am Ende des vierten Monats bereits dicht unter dem Nabel, am Ende

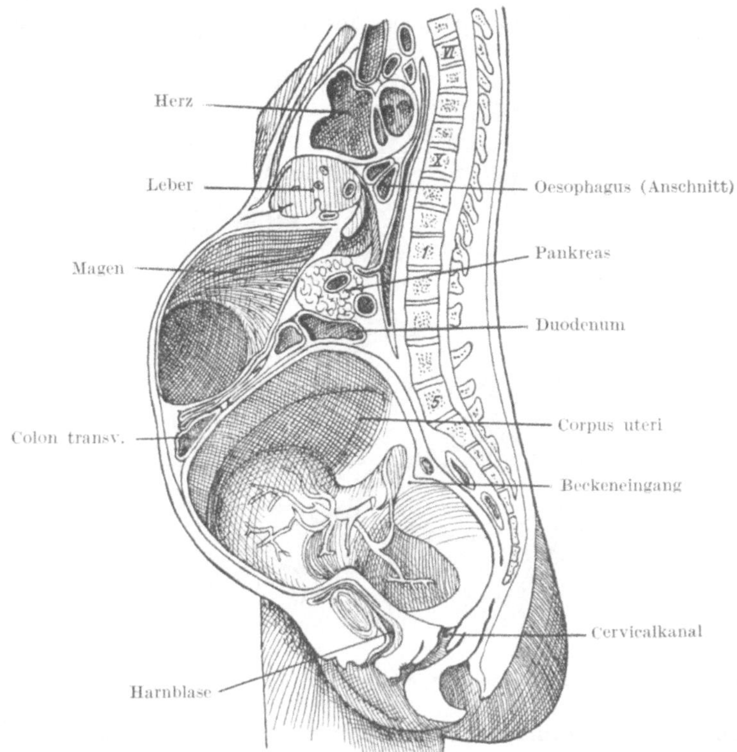

Abb. 235. Medianschnitt durch den Rumpf einer Gebärenden in der Eröffnungsperiode. Nach STRATZ, aus
CORNING.

des sechsten Monats einige Fingerbreit über dem Nabel, am Ende des neunten
Monats (es handelt sich bei der Rechnung immer um Lunarmonate zu acht-
undzwanzig Tagen) dicht unter dem Schwertfortsatz als höchstem Stand, um
sich im Lauf des zehnten Monats im Zusammenhang mit größerer Breitenaus-
dehnung des Abdomens wieder etwas zu senken (Abb. 235). In der Mitte der
Gravidität wird der Isthmus uteri als *unteres Uterinsegment* allmählich entfaltet
und in das Corpus einbezogen. Die Cervix bleibt bei dieser Vergrößerung des
Corpus am Platz und wird nur auch selbst entsprechend größer. Die Plica lata
wird entfaltet, Tube und Ovarium liegen der Seitenwand des Uterus näher an
und sind über die Linea terminalis des Beckens emporgehoben; die Chorda utero-
ovarica wird in die Länge gezogen und hypertrophiert in ihrem muskulösen Anteil, so daß sie bei der Austreibung der Frucht dem Fundus uteri ein gewisses
Widerlager bieten kann und bei dünnen Bauchdecken während der Wehen als

harter Strang tastbar ist. Die Därme werden mehr und mehr gegen das Epigastrium hinaufgeschoben, auch das Caecum mit dem Processus vermiformis wird
aus der Fossa ilica dextra nach oben verlagert und liegt in oder oberhalb Nabelhöhe, häufig mehr oder weniger hinter dem Uterus. Das Colon sigmoides, wie
andere Därme schon im dritten Monat aus dem kleinen Becken gänzlich verdrängt, wird im Zusammenhang mit der Hebung des Darmpaketes etwas mehr
gestreckt. Durch Compression des Darmes und besonders des Rectums kommt
es häufig zur Erschwerung des Darmdurchganges bzw. zur Verstopfung, durch
Compression der Urethra zur Erschwerung der Harnentleerung, besonders
während der Geburt. Die Compression des Ureters an der Linea terminalis

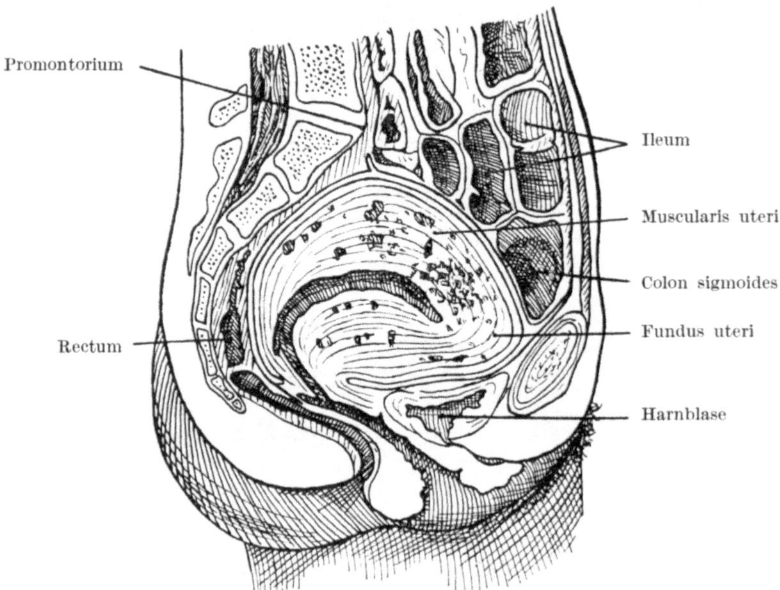

Abb. 236. Medianschnitt durch das Becken einer Wöchnerin am 5. Tag. Nach E. SCHREIBER, aus CORNING.

und im kleinen Becken führt zu seiner Erweiterung; auch schließt er sich enger
an die Cervix, ja an das untere Uterinsegment an und liegt überhaupt höher,
nicht mehr dem Fornix vaginae angeschlossen wie außerhalb der Schwangerschaft, sondern eben vorwiegend an der Cervix. So kann es bei Quetschung der
Weichteile infolge langdauernder Geburt und engem Becken zu Ureterfisteln
im Bereich der Cervix kommen. Auf die Möglichkeit der Compression der die
Linea terminalis überschreitenden Nerven (N. obturatorius, Truncus lumbosacralis) wurde bereits hingewiesen (S. 193); doch kann auch der sympathische
Plexus hypogastricus und es können Venen und Lymphstämme comprimiert
werden und dadurch Störungen hervorrufen.

Am Beginn des *Puerperiums*, nach der Entbindung und der Austreibung der
Nachgeburt (Mutterkuchen und Eihäute), steht der Uterus anfangs mit dem
Fundus noch weit über der Beckeneingangsebene, um sich aber rasch zu ver-
kleinern und zurückzubilden, was teils durch Abstoßung von Schleimhautan-
teilen, teils durch den Abfluß von Blut und Lymphe (sowohl mit dem Wochen-
fluß, den Lochien, wie auf dem Weg der Gefäße), teils durch Auflösung von
Muskulatur und Schrumpfung der Gefäße geschieht. Nach einigen Tagen (im
Fall der Abb. 236 schon am fünften Tag, im allgemeinen vor dem zehnten Tag)

steht der Fundus schon knapp unterhalb der Beckeneingangsebene, aber der Uterus füllt noch den Beckenraum aus, und erst nach etwa vier Wochen hat der Uterus wieder seine normale Größe und Lage erreicht. Die Regeneration der Schleimhaut, die als Membrana decidua zum größten Teil abgestoßen wurde, geschieht ausgehend von den in der Muskulatur verankerten basalen Abschnitten der Drüsen; nach wenigen Tagen ist die Innenfläche des Uterus wieder von einer zusammenhängenden, anfangs platten Epithellage bekleidet; nach zwei Wochen ist die Schleimhaut einigermaßen wiederhergestellt und nach vier Wochen können auch die Menses wieder einsetzen, wenn das Kind nicht von der Mutter gestillt wird; ist aber letzteres der Fall, so unterbleibt in der Regel der Wiedereintritt für die Dauer des Stillens und die Frau ist in dieser Zeit steril. Die Rückbildung des Uterus wird durch das Stillen beschleunigt.

Rücken.

Wirbelsäule. Die Wirbelsäule (Abb. 237) besitzt eine doppelte, S-förmige Biegung. Im Halsgebiet nach vorn convex, im Thoraxgebiet nach rückwärts, im Lendengebiet wieder nach vorn und im Kreuz-Steißbeingebiet nach hinten convex, hat sie an der Lenden-Kreuzgrenze vorn eine Knickung, das *Promontorium*, die aber rückwärts nicht anders als durch die mehr gleichmäßige Kreuzhöhlung zum Ausdruck kommt. Die Krümmung nach vorn wird als *Lordose* bezeichnet (physiologische Lordose der Lendenwirbelsäule). Die Dornfortsätze liegen vom deutlich vorspringenden siebenten Halswirbel angefangen *(Vertebra prominens)* unter der Haut und sind tastbar, bei mageren Menschen auch sichtbar, bei muskelkräftigen in einer medianen Rinne zwischen den Muskeln gelegen; vom siebenten Halswirbel zum Hinterhaupt verläuft das *Septum nuchae* mit dem *Lig. nuchae* am freien Rand, das die Halswirbeldorne überbrückt, so daß diese vom ersten bis zum fünften nicht tastbar sind, während der sechste Dorn noch in der Tiefe erreicht werden kann. Beim Kind treten die Nackenmuskeln deutlich als paarige Wülste neben der Medianlinie vor. Die Halswirbeldorne sind wenig nach abwärts geneigt (Abb. 61), so daß zwischen ihnen ein Einstich möglich ist; besonders groß ist der Zwischenraum zwischen dem Hinterhauptsbein und dem niederen Tuberculum dorsale atlantis (*Suboccipitalstich*, operative Zugänglichkeit der Oblangatagegend, aber auch Verletzungsgefahr). Der zweite Halswirbeldorn ist sehr kräftig und horizontal gestellt. Im Brustbereich überlagern sich Wirbelbogen und Wirbeldorne dachziegelartig, im Lendengebiet stehen die Oberkanten der Wirbeldorne horizontal, wodurch eine leichte Zugänglichkeit des Wirbelkanals gegeben ist (*Lumbalpunction*, S. 261). Zwischen fünftem Lendenwirbel und Kreuzbein ist noch ein etwas größerer Zwischenraum. Alle Zwischenräume werden bei Vorwärtsbeugung von Kopf und Rumpf beträchtlich größer. Im Bereich des Kreuzbeins sind Wirbeldorne und Wirbelbogen der Länge nach verwachsen *(Crista sacralis media)* bis auf den fünften Wirbel, in welchem der *Hiatus sacralis* durch Ausbleiben der Bogenverwachsung entsteht und den Zugang zum letzten Abschnitt des Wirbelkanals (zum *Canalis sacralis*) freigibt. Der Hiatus sacralis erstreckt sich manchmal weiter hinauf, über ein bis zwei Wirbel, über das ganze Kreuzbein oder selbst bis in die Lendenwirbelsäule, als Ausdruck einer Entwicklungshemmung *(Spina bifida)*, die in höheren Graden mit einer Mißbildung des caudalen Rückenmarksabschnittes verbunden ist.

Zwischen Dorn- und Querfortsätzen der Wirbel entsteht jederseits eine tiefe, über die ganze Wirbelsäule reichende Rinne, lateral davon eine flache Rinne, die bis zu den Anguli costarum reicht. Beide sind von der Streckmuskulatur des Rumpfes erfüllt (Abb. 173), die mediale Rinne von der Eigenmuskulatur der Wirbelsäule (System des *Transverso-Spinalis* mit *Semispinalis, Multifidus* und *Rotatores*), die laterale vom *Sacrospinalis (Iliocostalis* und *Longissimus dorsi)*; die Muskulatur wird unter der gemeinsamen Bezeichnung als *Erector trunci* zusammengefaßt. Zur operativen Eröffnung des Wirbelkanals muß der Transversospinalis vom Knochen abgelöst und seitwärts verdrängt werden; starke

Venengeflechte innerhalb und unter der Muskulatur (*Plexus venosi vertebrales externi*, Abbildung 240) sind dabei zu berücksichtigen. Der Erector trunci ist in die *Fascia lumbodorsalis* (s. auch Abb. 183) eingeschlossen, die in der Lendengegend sehr dick und sehnig ist, nach oben aber zarter wird; die Muskulatur bildet zu beiden Seiten der Lendenwirbelsäule kräftige Längswülste. Beim Gehen besteht die Wirkung dieser Muskeln (abgesehen von der Aufrechthaltung des Rumpfes) in einer Fixation des Beckens; auf der Seite des Spielbeins contrahiert sie sich bei jedem Schritt und verhindert (zusammen mit dem mittleren und kleinen M. glutaeus der Gegenseite) das Herabsinken der nicht unterstützten Beckenhälfte (Abb. 238). Oberflächlich liegen die Ursprünge der *breiten Rückenmuskeln*, die im Hals- und Brustbereich von den Dornfortsätzen, im Lendenbereich weiter lateral, von der Fascia lumbodorsalis und den caudalen Rippen entspringen. Unter der Haut kommt zuerst der *Trapezius* zum Vorschein, vom Hinterhaupt, dem Septum nuchae und den Dornfortsätzen bis zum Ende der Brustwirbelsäule entspringend; er hat um die Vertebra prominens ein rhombisches Sehnenfeld, in dessen Mitte sich der siebente Dorn gut heraushebt. Seine Insertion liegt am Schultergürtel (S. 269). Unter ihm liegt der *Latissimus dorsi*, vom achten Brustwirbeldorn angefangen von der Wirbelsäule, der Fascia lumbo-

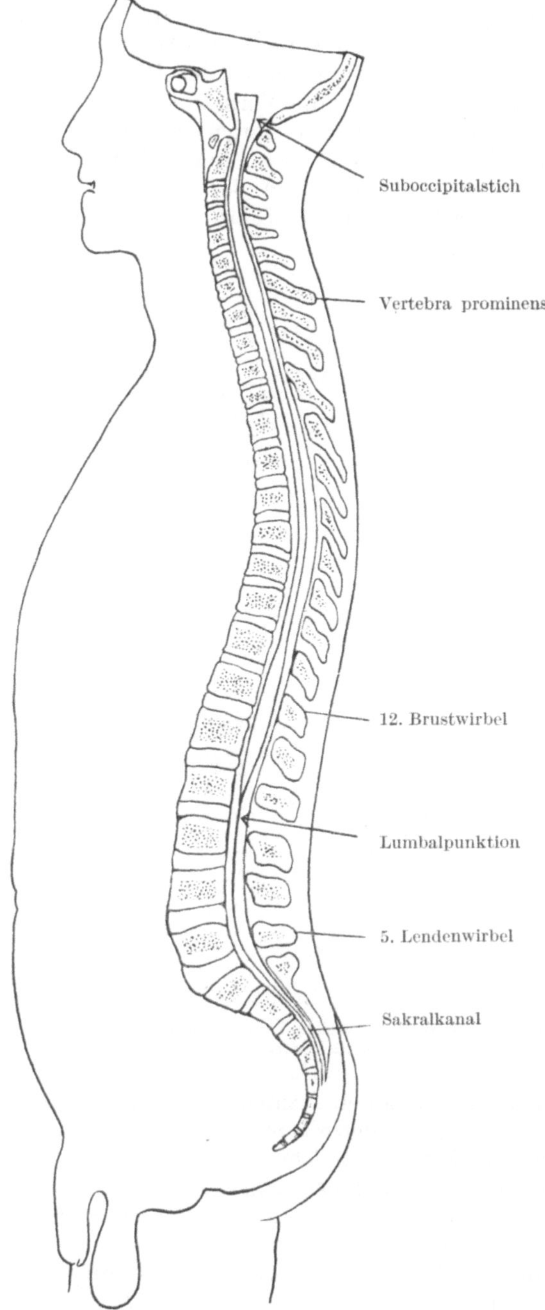

Abb. 237. Wirbelsäule und Rückenmark, schematisch. Das Rückenmark endet in Höhe des 2. Lendenwirbels.

dorsalis, dem Darmbeinkamm (Abb. 182) und den drei letzten Rippen zum Humerus verlaufend (S. 269), darunter die beiden *Rhomboidei* von unteren Hals- und oberen Brustdornen zum vertebralen Scapularrand (und etwas weiter lateral der *Levator scapulae* von oberen Halswirbelquerfortsätzen zum Angulus medialis scapulae), noch tiefer die beiden *Serrati dorsales*, von Dornfortsätzen und (caudal) der Fascia lumbodorsalis zu den Rippen als Atemmuskeln (S. 109) ziehend.

Nacken. Besondere Verhältnisse liegen in der *Nackengegend* vor. Die derbe Haut wird besonders in ihrem oberen Anteil durch gleichfalls derbes subcutanes Gewebe an die Muskulatur angeheftet. Die kräftige Muskulatur, die den Kopf zu halten hat, läßt sich in vier Schichten einteilen. Die erste ist der *M. trapezius*, der am Schädel von der Linea nuchalis terminalis (Linea nuchae sup.), dann wie oben beschrieben von der Wirbelsäule entspringt. Die zweite Schicht bildet der vom Trapezius gedeckte kräftige *M. splenius capitis* und *cervicis*, der vom Oberteil des Planum nuchale des Schädels und von oberen Querfortsätzen entspringt und zu Dornfortsätzen absteigt. Die dritte Schicht haftet am unteren Teil des Planum nuchale unter der Linea plani nuchalis (Linea nuchae inf.) und besteht aus langen Rückenmuskeln, hauptsächlich dem *M. transversooccipitalis* (Semispinalis capitis), dann dem *Longissimus capitis* und der an dem besonders kräftigen Dorn des Epistropheus endigenden Muskulatur (*Transversospinalis* mit Semispinalis cervicis, Multifidus, Rotatores und Spinalis cervicis) neben weniger bedeutender Muskulatur wie Longissimus und Iliocostalis cervicis.

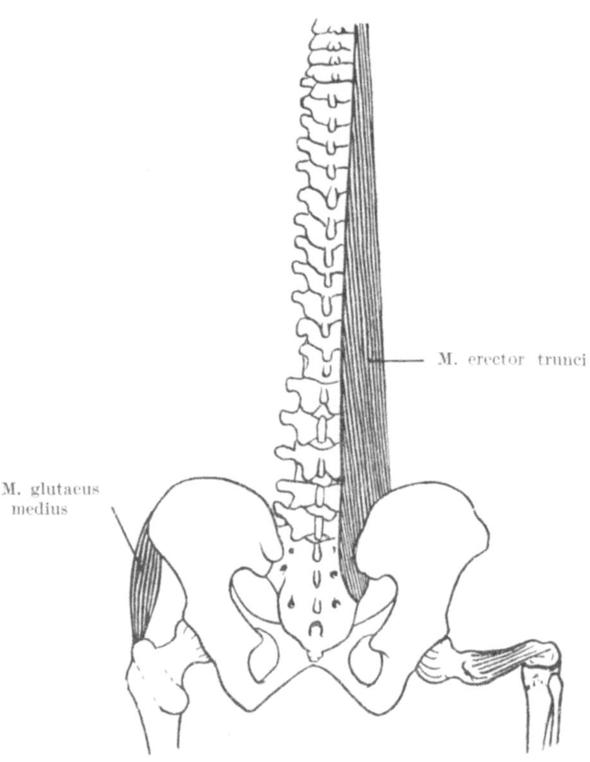

Abb. 238. Fixierung des Beckens bei erhobenem rechtem Bein. Ansicht von rückwärts. Schematisch.

Als vierte Schicht erscheinen die zutiefst gelegenen *kleinen Kopfmuskeln* (Abb. 239), *M. rectus capitis dorsalis maior* und *minor, obliquus capitis* und *atlantis, rectus capitis lateralis*, Muskeln, welche das feinere Spiel der Kopfgelenke beherrschen; zwischen ihnen bleiben bindegewebige Spatien, welche für die Gelenksbewegungen notwendig sind. In dem Dreieck zwischen M. rectus capitis dorsalis maior, obliquus capitis und atlantis liegt das Querstück der A. vertebralis in der nach ihr benannten Rinne des Arcus dorsalis atlantis, bedeckt von einer die Rinne überbrückenden Periostplatte; unterhalb kommt der schwache *N. suboccipitalis* zum Vorschein, der erste Spinalnerv, der die Haut nicht erreicht, sondern sich an den kurzen Kopfmuskeln erschöpft. Die *A. vertebralis*, die in das Foramen costotransversarium des sechsten Halswirbels eingetreten ist, verläuft ventral von den Spinalnerven durch die Reihe der Querfortsatzlöcher, macht im Bereich des stärker ausladenden Atlas eine Schlinge lateralwärts und geht hinter der Massa lateralis atlantis in die oben erwähnte Rinne über; sie durchsetzt dann

die Membrana atlantooccipitalis, um sich ventralwärts zu wenden und an der
Hirnbasis mit dem Gefäß der Gegenseite zur A. basialis zu vereinigen. Unter
dem Atlas kommt der *N. occipitalis maior* hervor, der Ramus dorsalis des zweiten
Cervicalnerven (der stärkste Dorsalast aller Spinalnerven) und versorgt die
Haut der Nackengegend und des Hinterhauptes bis zum Scheitel. Die *Haut*
der Nackengegend ist derb und besonders suboccipital mit der Muskelfascie
verwachsen. An *Arterien* kommt außer der *A. occipitalis* aus der Carotis externa
auch die *A. transversa colli* mit ihrem Ramus ascendens (aus der A. subclavia)

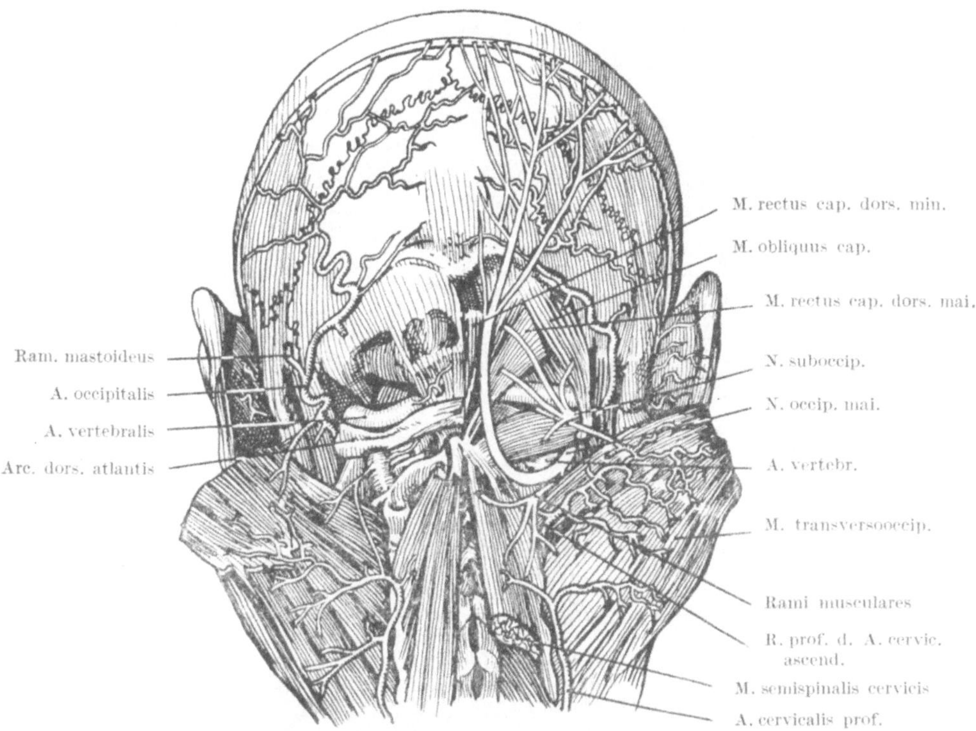

Abb. 239. Arterien der Hinterhauptgegend. Nach Toldt-Hochstetter. Auf der rechten Seite wurde der
1. und 2. Cervicalnerv eingezeichnet.

in Betracht (Abb. 82). Die *Venen* (Abb. 240) sammeln sich in einer *V. occipitalis* und *cervicalis subcutanea*, von denen die erstere in die V. jugularis interna,
die letztere in die V. jugularis superficialis dorsalis (externa) mündet. In der
Tiefe der Muskulatur, unter dem Splenius, liegt die starke *V. cervicalis profunda*,
welche die Venen der Halswirbelsäule aufnimmt und in die V. subclavia ableitet.
Die *Lymphgefäße* gehen teils zu den oberflächlichen occipitalen Knoten, teils
direkt in die tiefen jugularen Knoten.

Wirbelkanal. Der Wirbelkanal wird von den übereinander aufgebauten
Wirbellöchern gebildet und von den die Wirbel verbindenden Bandapparaten
ausgekleidet. Die Wirbelkörper sind durch die Bandscheiben und das äußere und
innere Längsband verbunden, die Wirbelbogen durch die an elastischen Fasern
besonders reichen dehnbaren *Ligg. interarcualia* (Ligg. flava). Durch die *Foramina intervertebralia* steht der Wirbelkanal mit der Umgebung in Verbindung; durch
diese Öffnungen treten die Spinalnerven aus und Gefäße und sensible Nerven der
Rückenmarkshüllen treten ein (Abb. 242). Der Kanal enthält das Rückenmark

17*

mit seinen Hüllen, wird aber davon weder der Länge noch dem Durchmesser nach ausgefüllt. Da die Wirbelsäule schon intrauterin viel rascher wächst als das Rückenmark, so steht das Ende des letzteren, der *Conus medullaris*, beim Erwachsenen am zweiten Lendenwirbel (Abb. 237 und 241) und selbst beim

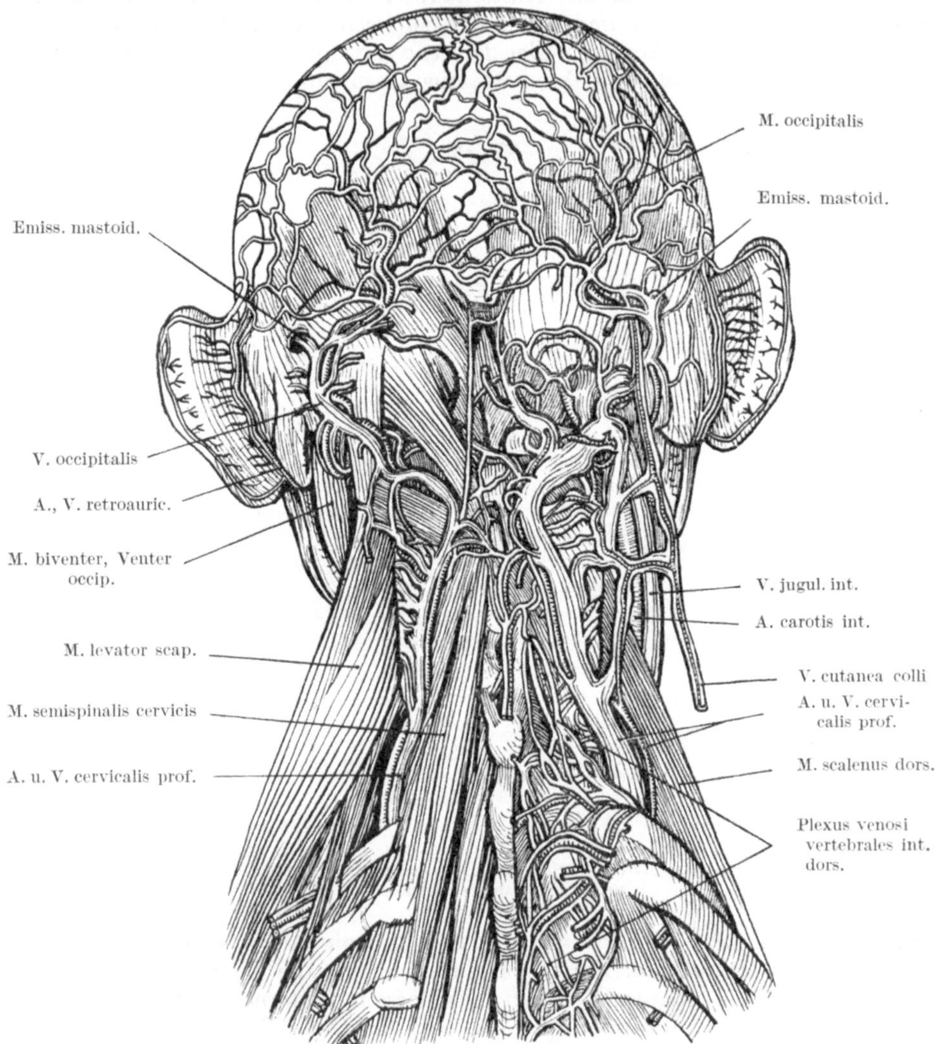

Abb. 240. Venen der Hinterhauptgegend und tiefe Nackenvenen, nach Entfernung der oberflächlichen Muskulatur. Nach TOLDT-HOCHSTETTER.

Neugeborenen nur wenig tiefer (höchstens am dritten Lendenwirbel); es setzt sich in das *Filum terminale* fort. Aber auch die Dura, die für das Rückenmark einen geschlossenen Sack bildet, erstreckt sich als Sack nur bis zum dritten (oder zweiten) Kreuzwirbel, um sich dann auf das Filum terminale fortzusetzen und als *Filum terminale externum* am Steißbein zu enden. Man kann das Steißbein und die beiden letzten Kreuzwirbel resecieren ohne Gefahr, den Duralsack zu eröffnen; man kann den Duralsack unterhalb des zweiten Lendenwirbels

punktieren und den Liquor gewinnen, ohne Gefahr zu laufen, das Rückenmark
zu verletzen *(Lumbalpunktion)*. Mit Rücksicht auf die Kürze des Rückenmarkes
sind die Wurzeln der Rückenmarksnerven gezwungen, nach abwärts zu verlaufen, und zwar desto mehr, je weiter unten sie austreten, so daß nur die obersten

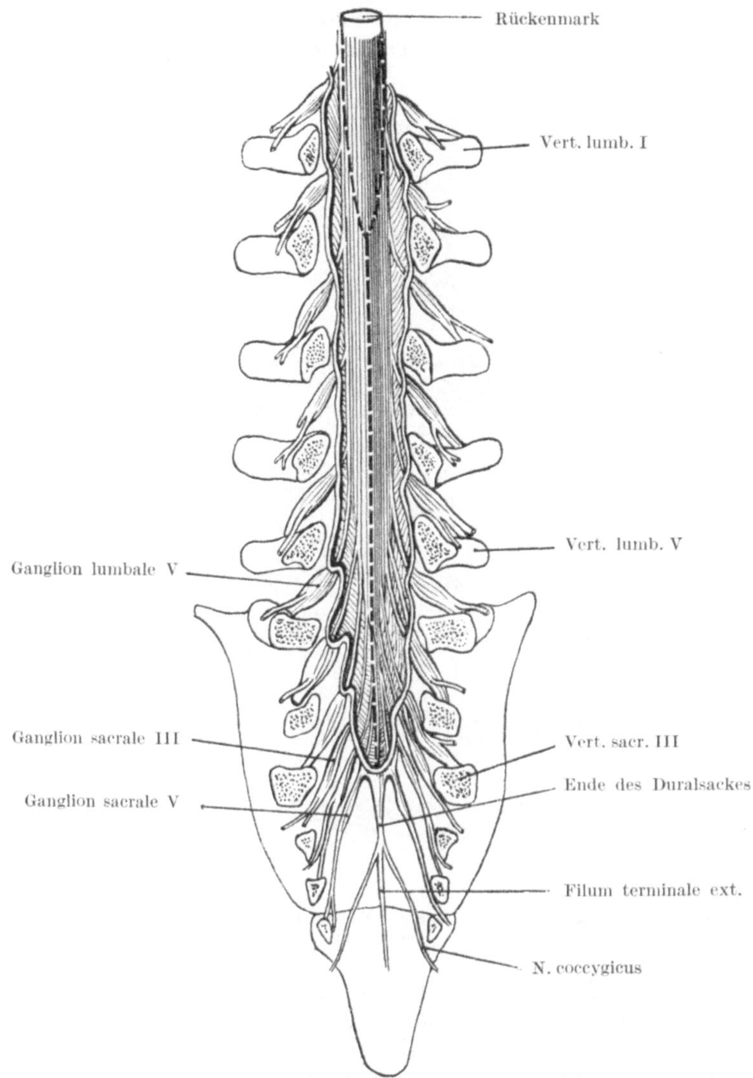

Abb. 241. Die Cauda equina im Lumbal- und Sacralbereich. Conus medullaris und Filum terminale internum
punktiert. Nach PERNKOPF, stark vereinfacht.

Halsnerven ungefähr in der Höhe ihres Ursprunges die Wirbelsäule durch die
Foramina intervertebralia verlassen, die unteren Halsnerven treten um ein Segment
tiefer aus, die oberen Brustnerven um zwei bis drei, die unteren Brust- und die
Lendennerven bis fünf Segmente tiefer, während die Ursprünge der Sacralnerven
sich im Gebiet des zwölften Brust- und ersten Lendenwirbels zusammendrängen.
Die *Häute des Rückenmarkes* (Abb. 242) sind anders angeordnet als am Gehirn.

Allerdings liegt die Pia mater auch am Rückenmark unmittelbar der nervösen
Substanz an, dringt in die Fissura mediana ventralis ein und hängt auch mit dem
Septum medianum dorsale des Markes zusammen. Aber sie ist von der Arachnoides
durchwegs durch ein relativ weites *Cavum leptomeningicum* (subarachnoideale)
getrennt und hängt seitlich mit der Arachnoides und Dura durch das *Ligamentum
denticulatum* zusammen, ein System von Fasern, die continuierlich vom Rückenmark entspringen und, zu lateral gerichteten Spitzen gesammelt, annähernd

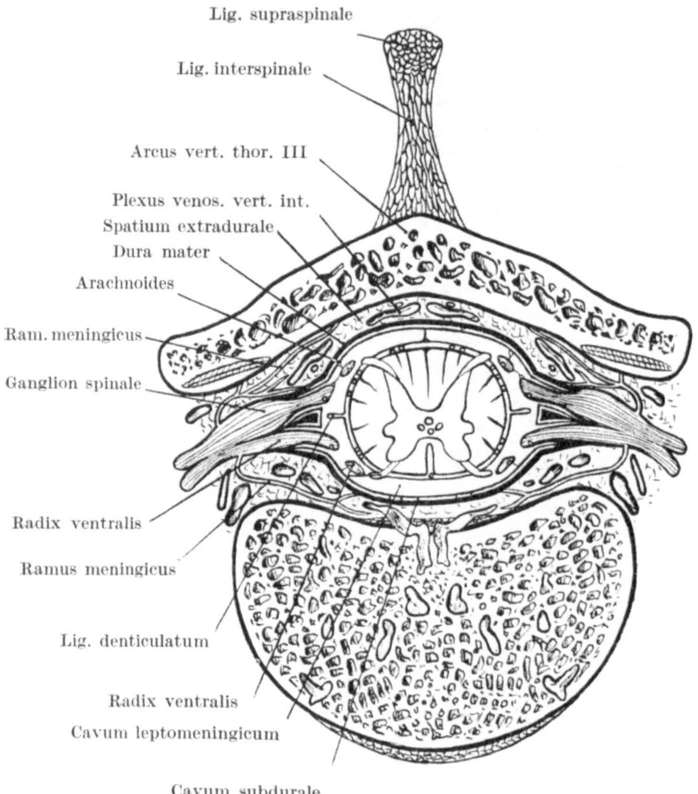

Abb. 242. Querschnitt durch die Brustwirbelsäule und das Rückenmark mit seinen Hüllen. Nach PERNKOPF,
vereinfacht.

segmental zwischen den Nervenaustritten an der Dura haften. Im Gegensatz
zum Cavum leptomeningicum ist das *Cavum subdurale* nur spaltförmig, da die
Arachnoides der Dura eng anliegt. Die Hauptmasse des Liquor cerebrospinalis
ist demnach im Wirbelkanal in dem erstgenannten Raum angesammelt. Dura
und Arachnoides erstrecken sich längs der austretenden Nervenwurzeln bis an
die *Spinalganglien* (Abb. 242), welche aber selbst extradural, außerhalb des
Wirbelkanals, in den Foramina intervertebralia liegen. Nur die drei letzten
Sacralganglien und das Coccygealganglion liegen im Sacralkanal, die beiden
letzten Ganglien auch intradural (Abb. 241). Die Dura aber ist vom Periost der
Wirbelkörper durch ein manifestes *Spatium extradurale* getrennt, im Gegensatz
zum Schädel, in welchem ein solches Spatium als virtueller Spalt zwischen Dura
und Knochen liegt (S. 3); das Spatium extradurale der Wirbelsäule enthält
Fett und weite dünnwandige Venengeflechte, *Plexus venosi vertebrales interni*

(Abb. 242 und 243), die segmental mit den Außenvenen in Verbindung stehen und die wichtige Aufgabe haben, durch ihren wechselnden Füllungszustand dem Liquor der starren Hirnkapsel je nach dem Hirnvolumen bzw. dessen Blutfüllung ein Ausweichen in den Wirbelkanal zu ermöglichen. Bei Rückenmarks-

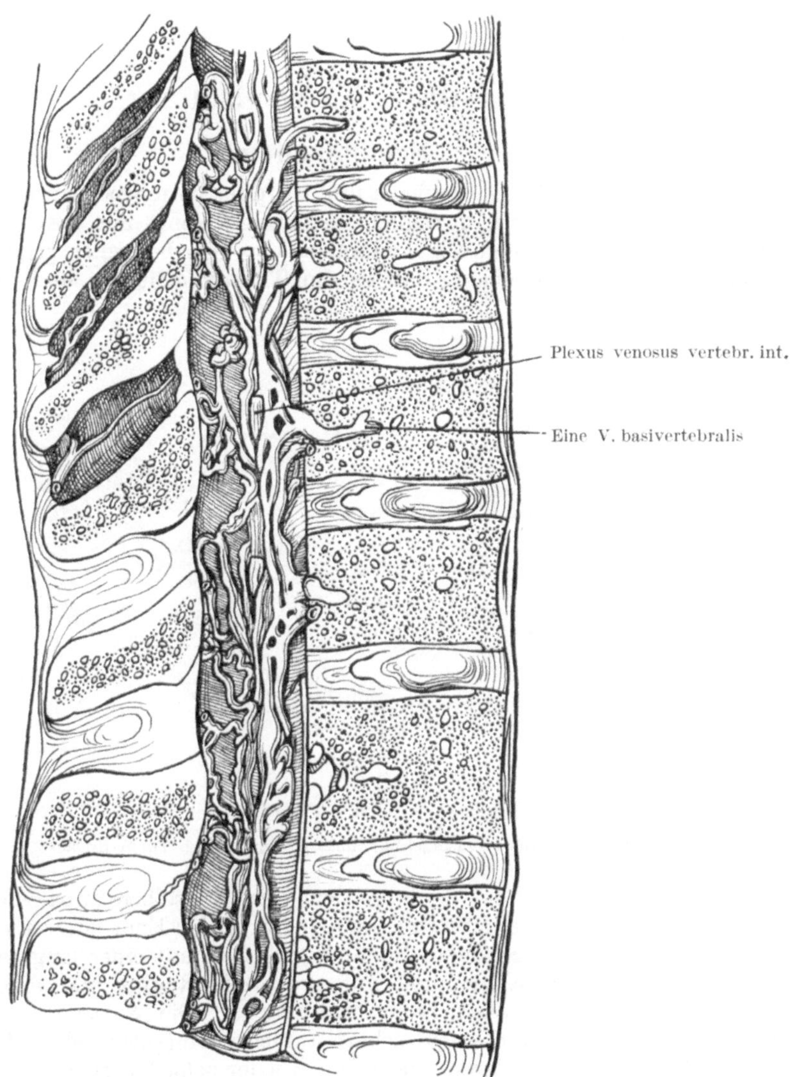

Abb. 243. Innere Wirbelvenengeflechte. Nach TOLDT-HOCHSTETTER. $^3/_4$ nat. Gr.

operationen ergeben sich sowohl für die äußeren wie für die inneren Wirbelvenengeflechte eigene Blutstillungsaufgaben. Auch im Sacralkanal finden sich neben dem am dritten Sacralwirbel blind endigenden Duralsack Fett und Venenplexus. Da die vier letzten Spinalganglien (drei sacrale, ein coccygeales), wie oben erwähnt, in den Sacralkanal einbezogen sind, ist es möglich, sie und die aus ihnen hervorkommenden Nerven durch eine auf dem Wege des Hiatus sacralis eingebrachte extradurale anästhesierende Injection zu erreichen.

Obere Extremität.

Schultergürtel.

Der Schultergürtel, aus Clavicula und Scapula bestehend, ist mit dem Rumpf
im Sternoclaviculargelenk beweglich verbunden, sonst nur durch Muskeln angeheftet; er ist im Acromio-Claviculargelenk in sich beweglich gegliedert und so
in die Muskulatur eingebaut, daß er am Thorax gleitende und drehende Be-

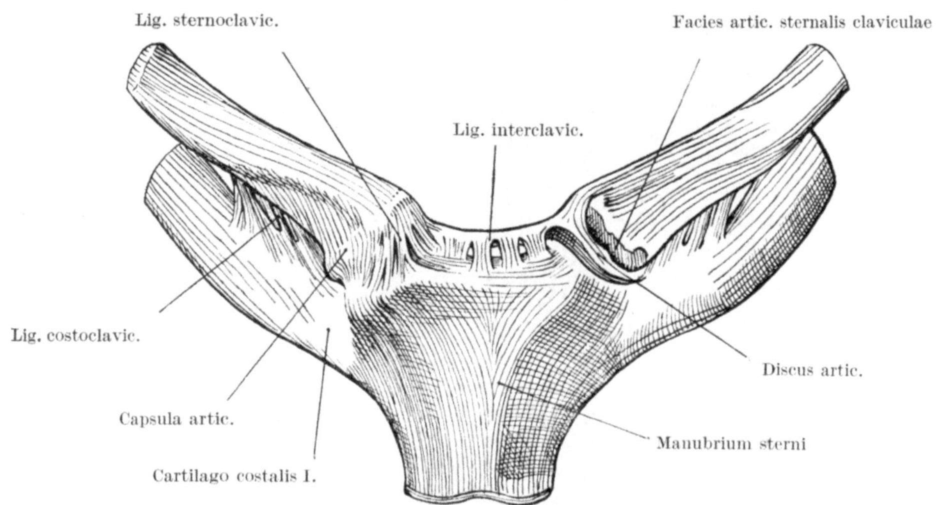

Abb. 244. Sternoclaviculargelenke, links eröffnet. Nach TOLDT-HOCHSTETTER.

wegungen ausführen und sich dabei der Form desselben anpassen kann. Die
Clavicula ist ein leicht gekrümmter Stab, am sternalen Ende ein wenig trompeten-
förmig verdickt, am acromialen Ende abgeplattet, mit einer längeren medialen,
nach vorn convexen Krümmung mit größerem Radius und einer kürzeren,
schärferen, dorsal convexen Lateralkrümmung. Die *Scapula* ist ein platter
dreieckiger Knochen mit einem scharfen medialen (vertebralen) Rand, einem
verdickten lateralen (axillaren) und einem wieder scharfen oberen Rand und mit
der hinten aufgesetzten, bis unter die Haut reichenden *Spina scapulae*, welche die
dorsale Fläche in Ober- und Untergrätengrube (*Fossa supra* und *infra spinam*)
teilt und sich lateralwärts in die gleichfalls unter der Haut liegende Schulter-
höhe *(Acromion)* fortsetzt, an deren medialer Seite die Gelenkfläche für die
Clavicula liegt. Von den drei Winkeln der Scapula ist der laterale der Träger
der Gelenkfläche *(Facies articularis)* für den Oberarm; sie ist mittels des Collum
scapulae dem Winkel aufgesetzt und wird von dem lateralwärts gewendeten
Proc. coracoides überragt, an dessen medialer Seite der obere Rand die *Incisura
scapulae* trägt, vom Lig. transversum scapulae (superius) überbrückt. Der untere

Winkel steckt in den Muskeln, ist aber unter der Haut tastbar und sichtbar. Der mediale Winkel, als Muskelansatz wichtig, ist von der Muskulatur überlagert. Die Clavicula hat neben der Festhaltung der Scapula gegenüber abziehenden Einwirkungen auch die Aufgabe der Stützung gegen andrängende Kräfte, und diese sind angesichts der Krümmungen des Knochens schuld an den so häufigen Brüchen des Knochens, besonders bei Fall auf die vorgestreckten Hände, wobei die Clavicula schließlich Stoßfänger ist.

Der *Articulus sternoclavicularis*, durch einen *Discus articularis* unterteilt (Abb. 244), hat zwar keine geometrisch besonders qualificierten Flächen (es sind die Incisura clavicularis sterni und die mediale Endfläche, Facies articularis sternalis, der Clavicula) und die Flächen sind auch nicht krümmungsgleich, aber durch die Zusammendrückbarkeit des elastischen Discus ist das Gelenk von der Form der Flächen unabhängig und nach Art eines freien Gelenkes allseitig beweglich. Da die Schulter an der Clavicula wie an einem Stiel hängt, ergeben schon geringe Ausschläge des Gelenkes relativ große Wirkungen. Die Bewegungen lassen sich zerlegen in solche um eine fast sagittale Horizontalachse als Hebung und Senkung, um eine Verticalachse als Vorwärts- und Rückwärtsführung und um eine angenähert frontale Horizontalachse, als Rotation der Clavicula um ihre Längsachse. Die Bewegungen sind begrenzt durch einen kräftigen Bandapparat; vorn und rückwärts wird das Gelenk von je einem *Lig. sternoclaviculare* (*ventrale* und *dorsale*) bedeckt, die Hebung wird hauptsächlich von einem von der ersten Rippe ausgehenden *Lig. costoclaviculare*, die Senkung von einem zur Gegenseite verlaufenden *Lig. interclaviculare* gehemmt. Der *Artic. acromioclavicularis* hat ebene, überknorpelte Flächen, manchmal auch einen kleinen Discus articularis. Da die Gelenkflächen nur klein sind und der Knorpel comprimierbar ist, so sind auch hier Bewegungen nach allen Richtungen möglich; sie äußern sich hauptsächlich in Änderung des Winkels zwischen Clavicula und Scapula, um sich dem je nach Stellung des Schultergürtels wechselnden Durchmesser des umgriffenen Thoraxgebietes anzupassen, und in der Ermöglichung der Schwenkung der Scapula um die Clavicula als Befestigung am Sternum. Wieder ist das Gelenk durch Bänder gesichert, ein *Lig. acromioclaviculare* auf der oberen Fläche der Knochen und ein *Lig. coraco-claviculare*, das von der Wurzel des Proc. coracoides entspringt, in zwei Teile (das fächerförmig aufsteigende *L. conoides* und das parallelfaserige, lateral gelegene *L. trapezoides*) zerfällt und von unten her an die Clavicula herantritt. Es hemmt hauptsächlich die Schwenkbewegungen der Scapula. Die Bewegungen des Schultergürtels sind nur selten selbständige, so als Arbeitsbewegungen beim Lastentragen und beim Anstemmen der Schulter an einen Widerstand, dann als mimische Ausdrucksbewegungen wie beim Achselzucken, bei Herauswölbung der Brust oder umgekehrt bei Annäherung der Arme wie beim Frieren; in der Regel sind die Bewegungen Ergänzungen und Erweiterungen der Bewegungen im Schultergelenk. Clavicula und Scapula stehen ungefähr senkrecht zueinander; bei Hebung der Schulter wird der Winkel ein spitzer, bei starker Senkung ein stumpfer, und so wird ein enger Anschluß der Scapula an den angenähert kegelförmigen Thorax erzielt, denn der in den Schultergürtel eingepaßte Thoraxdurchmesser wird desto kleiner, je höher der Schultergürtel gehoben wird, und umgekehrt. Ein starkes *Lig. coraco-acromicum* verbindet Acromion und Proc. coracoides; es stellt ein Widerlager dar gegen Aufwärtsverdrängung des Humerus, die sonst angesichts der schlaffen Kapsel des Schultergelenkes leicht möglich wäre.

Das *Schultergelenk, Articulus humeri* (Abb. 245 bis 248), das freieste und beweglichste Gelenk des Körpers, ist ein dreiachsiges Kugelgelenk. Seine Gelenkflächen sind die eiförmige, nach oben verschmälerte concave Gelenkfläche der

Scapula (*Fossa articularis*, früher Cavitas glenoidalis, mit längerem vertikalem Durchmesser), die durch eine faserknorpelige Pfannenlippe ergänzt wird, und das halbkugelige (oder auch ellipsoidische) *Caput humeri*. Eine schlaffe Kapsel haftet

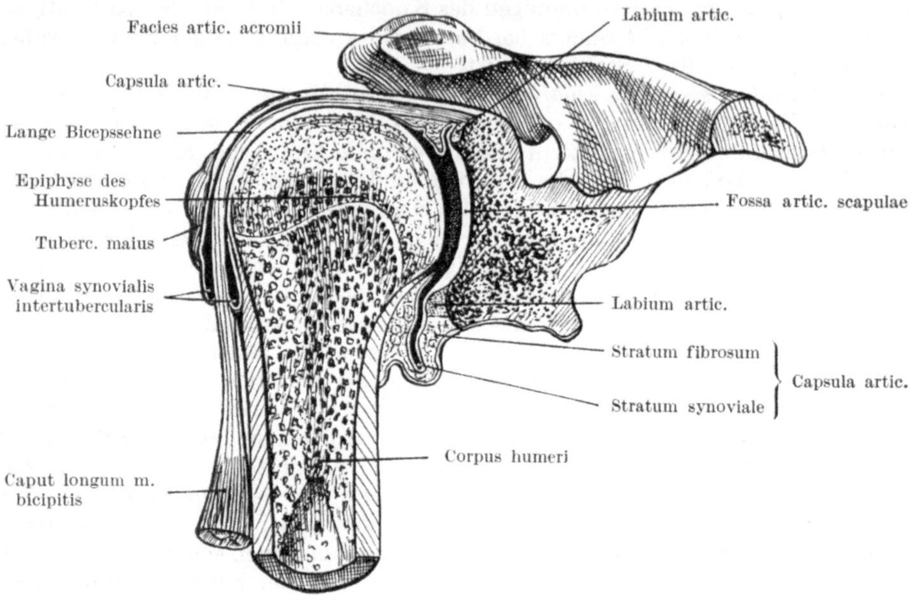

Abb. 245. Frontaler Durchschnitt des rechten Schultergelenks bei herabhängendem Arm. Nach TOLDT-HOCHSTETTER.

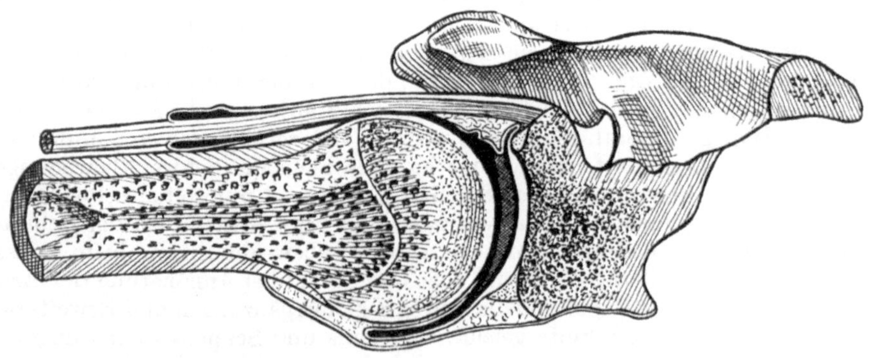

Abb. 246. Frontaler Durchschnitt des rechten Schultergelenks in maximaler Abduction. Schematisch.

einerseits am Außenrand der Pfannenlippe, anderseits am Collum anatomicum humeri. Nur am kranialen Umfang ist die Kapsel durch Faserzüge, die auf die Wurzel des Proc. coracoides übergreifen *(Lig. coraco-humerale)*, verstärkt; bei frei herabhängendem Arm tragen diese Fasern den Arm und halten den Kopf (unter Mitwirkung des Luftdruckes) in der Pfanne fest (Lig. suspensorium humeri). Die Kapsel hat zwei Stellen, die vorwiegend zu Störungen Anlaß geben, die Verbindung mit der Bursa subscapularis und die Beziehung zur Sehne des langen Bicepskopfes. In die Kapsel strahlen die Sehnen der Mm. supra und infra spinam, des M. teres minor und subscapularis ein; während aber die drei ersteren sich scharf von der Kapsel trennen lassen, ist die Verbindung der letzteren eine innigere, die Sehne in die Kapsel aufgenommen. Der Muskel gleitet bei seiner Bewegung (Einwärtsdrehung des Humerus) an der Wurzel des Proc. coracoides und ist von ihm durch die *Bursa subscapularis* getrennt, die regelmäßig mit der Gelenkshöhle in Verbindung steht (Abb. 247). Dadurch bekommt die Kapsel an der Vorderseite ein Loch, das Anlaß zur weiteren Zerreißung der Kapsel, zum Austritt des Humeruskopfes und zur häufigsten Gelenksverrenkung, der Luxatio humeri subcoracoidea, wird. Die Sehne des langen Bicepskopfes tritt durch den

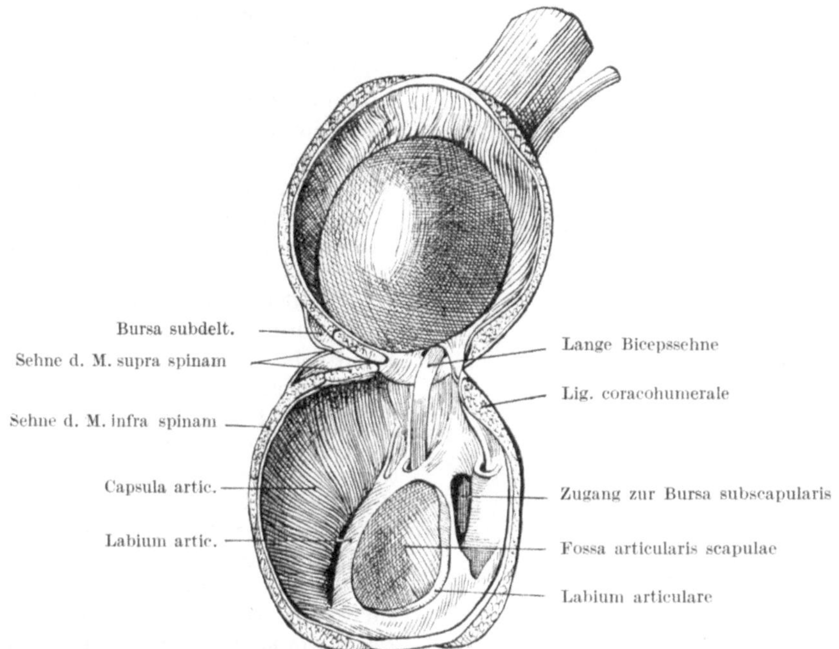

Abb. 247. Rechtes Schultergelenk, von unten eröffnet, Humerus hinaufgeschlagen. Nach TOLDT-HOCHSTETTER, vereinfacht.

Sulcus intertubercularis in die Gelenkhöhle ein und verläuft frei durch die Höhle zur Tuberositas supraarticularis der Scapula. Damit ist die Sehne möglichst nahe an die Mitte des Gelenkskopfes herangerückt, ihre Wirkung auf das Schultergelenk zugunsten der Ellbogenwirkung herabgesetzt. Im Sulcus intertubercularis wird die Sehne von einer Aussackung der Synovialhaut, der *Vagina intertubercularis*, begleitet. Rheumatische Erkrankungen haben hier einen Angriffspunkt. Da der Humeruskopf angenähert ein Kugelsegment von 180°, die Pfanne im vertikalen Durchmesser ein solches von 90° darstellt, so ergibt sich für die Seitwärtsbewegung ein Ausschlag von rund 90° (Abb. 246); wegen der Eiform der Pfanne, mit geringerem horizontalem Durchmesser, sind die Bewegungsmöglichkeiten in den andern Richtungen größer. Wir können am Gelenk drei aufeinander senkrecht stehende Achsen unterscheiden; eine horizontal-frontale Achse für die Pendelbewegungen des Armes, die wir als Ante- und Retroflexion bezeichnen und die rund 120° ausmachen, wobei die Kapsel allmählich torquiert wird und so die Bewegung hemmt, dann eine horizontal-sagittale Achse für Ab- und Adduction, die nach dem oben Gesagten etwa 90° umfaßt, daher eine Seitwärtshebung des

Armes bis zur Horizontalen gestattet und durch die Spannung der Kapsel an
der Unterseite ebenso begrenzt wird wie durch das Dach des Gelenkes (Acromion
und Lig. coraco-acromicum, Abb. 246), und schließlich eine Vertikalachse, besser
eine längs durch den Humerus gelegte Achse, welche Rotationen nach einwärts
und auswärts gestattet, wieder im Ausmaß von etwa 90°. Alle diese Bewegungen
werden nun ergänzt und erweitert durch die Mitbewegung der Scapula. Am
auffälligsten wird diese Mitbewegung bei der Seitwärtshebung des Armes über
die Horizontale, die ja im Schultergelenk allein nicht möglich wäre. Wir nennen
den Vorgang Elevation des Armes; er
besteht in einer Schwenkung der Scapula, bei der der Angulus (inferior)
lateralwärts und die Gelenkspfanne
mehr nach oben gewendet wird (Abbildung 248). Dabei wird in individuell
wechselndem Ausmaß der Margo vertebralis schräg eingestellt. Die volle
Elevation bis zur Vertikalstellung des
Armes geschieht aber nicht als Fortsetzung einer reinen Abduction, sondern in Combination mit Anteflexion
und Außenrotation unter möglichster
Entspannung der Kapsel, so daß es
nicht bis zur Horizontalstellung des
vertebralen Randes der Scapula kommt.
Aber auch bei den andern Bewegungen
geht die Scapula mit, so namentlich
bei der Anteflexion. Es ist übrigens
beim gesunden Menschen niemals so,
daß die Bewegungen der Teile erst
nacheinander zum Einsatz kommen;
bei jeder Seitwärtshebung wird sowohl
im Schultergelenk abduciert wie mit
der Scapula der Arm eleviert, doch ist
am Beginn der Bewegungen der Anteil
des Schultergelenks größer, um mit
weiterer Hebung sich umzukehren, und
außerdem ist die Aufteilung der Bewegung auf die beiden Mechanismen

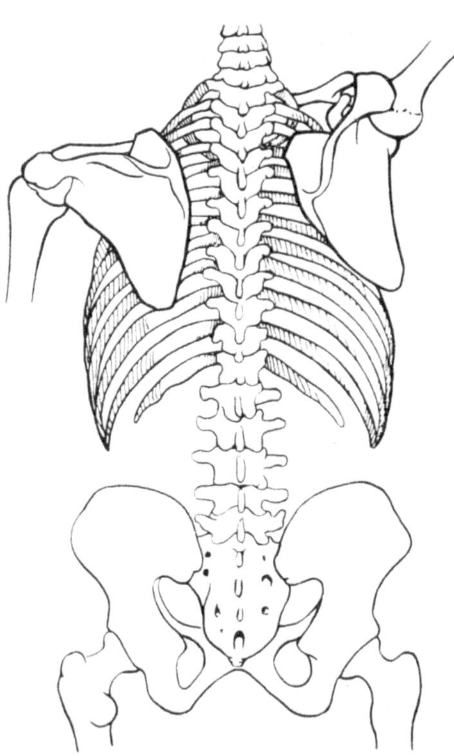

Abb. 248. Stellung des Schulterblattes bei erhobenem
Arm. Leicht schematisiert.

individuell verschieden (hier wie überall bei combinierten Bewegungen, woraus
sich ja überhaupt ein großer Teil des individuell Charakteristischen der Bewegungen ergibt). Die *Mittelstellung* des Schultergelenks mit möglichst allseitig
entspannter Kapsel ist leichte Anteflexion, Abduction und Innenrotation. Sie
wird bei Gelenkserkrankung (Kapselfüllung) eingenommen und festgehalten.
Die *Epiphysenlinie* des Humeruskopfes kommt am unteren Rand des Gelenkes
ganz nahe an den Kapselansatz heran (Abb. 245).

Die *Muskeln* beherrschen teils den Schultergürtel allein, teils ihn und das
Schultergelenk oder schließlich nur das letztere als eigentliche Schultermuskeln.
Zu den ersteren gehören Trapezius, Serratus lateralis, Levator scapulae, Rhomboides maior und minor und pectoralis minor, und an der Clavicula angreifend
Subclavius und Sternocleidomastoideus, letzterer allerdings nicht für Bewegungen
der Clavicula bestimmt, aber bei Bruch der Clavicula schuld an der Abweichung
des medialen Bruchstückes nach oben. Der *Trapezius* (Innervation N. acces-

sorius und daneben Cerv. 1 bis 4), vom Hinterhaupt, dem Lig. nuchae und den Dornfortsätzen bis zum zwölften Brustwirbel entspringend, inseriert am lateralen Teil der Clavicula, am Acromion und der Spina scupulae. Er bestimmt die Form der Nackenlinie, hebt die Schulter mit seinen oberen Anteilen (Pars descendens), nimmt sie mit den mittleren zurück und senkt sie mit den unteren Anteilen (Pars ascendens); eine Schwenkwirkung auf die Scapula, der Anordnung nach möglich, kommt praktisch wenig zur Auswirkung. Eine solche ist vielmehr die Leistung des *Serratus lateralis*, der mit neun Zacken vorn-außen von den neun oberen Rippen entspringt und dorsalwärts zieht; die vier oberen Zacken inserieren nebeneinander am vertebralen Scapularrand und ziehen die Scapula nach vorn, die fünf unteren sammeln sich am Angulus scapulae und schwenken ihn nach auswärts, wodurch die Elevation des Armes ermöglicht wird. Alle Zacken zusammen erhalten die Anschmiegung des Schulterblattes an den Thorax; bei Lähmung des Muskels (Innervation durch den leicht verletzlichen langen N. thoracicus long., S. 271) steht die Scapula flügelförmig vom Thorax ab, und die Elevation des Armes über die Horizontale ist unmöglich. Antagonisten sind der *Levator scapulae* besonders für die Schwenkung und die *Rhomboidei* für die Rückziehung der Scapula dorsalwärts; der erstere verläuft von den Querfortsätzen der vier oberen Halswirbel zum Angulus medialis scapulae, die letzteren von den Dornfortsätzen C_6 bis Th_4 zum Margo vertebralis. Mit dem Serratus lateralis bilden diese drei Muskeln eine muskuläre Binde um den Thorax, in welche die Scapula mit dem Margo vertebralis eingeschaltet ist. Auch der *Pectoralis minor*, von der dritten bis fünften Rippe zum Proc. coracoides verlaufend, senkt die Scapula und dreht sie einwärts, der *Subclavius* senkt die Clavicula bzw. hemmt eine zu weitgehende Hebung. Er ist außerdem wichtig wegen seiner Beziehung zu den Gefäßen (S. 271). Rumpf-Armmuskeln sind der Pectoralis maior und der Latissimus dorsi. Der *Pectoralis maior*, von Schlüsselbein, Brustbein, den sechs oberen Rippen und in wechselndem Ausmaß von der Rectusscheide des Bauches entspringend, zieht mit starker Sehne zur Crista tuberculi maioris humeri. Er bildet die vordere Achselfalte, zieht den erhobenen Arm herunter und rotiert ihn einwärts. Ähnlich ist in seiner Wirkung der *Latissimus dorsi*, nur führt er den Arm weiter nach rückwärts. Er entspringt von den Dornen der vier unteren Brust- und der Lendenwirbel, von der Fascia lumbodorsalis, dem dorsalen Teil des Darmbeinkammes und mit drei (vier) Zacken, die mit denen des Obliquus externus interferieren, von den untersten Rippen; er deckt den Angulus scapulae, bildet die hintere Achselfalte und inseriert mit starker platter Sehne zusammen mit dem *Teres maior* (der vom Angulus scapulae kommt) an der Crista tuberculi minoris humeri, vom Teres durch eine große Bursa synovialis getrennt. Schultergelenksmuskeln sind die von der Scapula zum Arm verlaufenden Mm. deltoides, supra und infra spinam, Teres minor und maior, coracobrachialis und, zweigelenkig, der Biceps und der lange Tricepskopf. Der *Deltoides* ist der wichtigste Seitwärtsheber (zusammen mit dem M. supra spinam), aber auch je nach Verwendung nur eines Teiles Adductor, Einwärts- oder Auswärtsrotator, da er von einer langen Ursprungslinie an der Spina scapulae, dem Acromion und dem lateralen Ende der Clavicula entspringt. Er inseriert an der Tuberositas deltoidea humeri und wird vom N. axillaris innerviert. Der *M. supra spinam* entspringt in der gleichnamigen Grube der Scapula und geht zum Tuberculum maius humeri; dort inserieren auch, etwas weiter unten, der *M. infra spinam* und der *Teres minor*, die Außenrotatoren sind, während der *Teres maior* (zur Crista tuberculi minoris) Innenrotator und Adductor ist, der *Subscapularis* (zum Tuberculum minus) Innenrotator mit Beuge- und Streckcomponenten der Randpartien je nach der Stellung des Gelenkes. Der *Coracobrachialis* ist mit dem *kurzen Bicepskopf* ein Innenrotator, Adductor und Heber nach vorn, der *lange* Bicepskopf Vorwärtsheber und Abductor von geringer Wirkung; der *lange Tricepskopf* wirkt als Adductor immerhin mit einiger Kraft. Biceps und Triceps sind Ellbogenmuskeln.

Zwischen den Muskeln bleiben sehr charakteristische Lücken; so zuerst die Achselhöhle, dann der Subclavicularspalt, das MOHRENHEIMsche Dreieck, die Achsellücken, der Gleitspalt der Scapula am Rumpf (unterhalb des Serratus lateralis und der Rhomboidei) und verschiedene Schleimbeutel, deren zwei (Bursa subscapularis und die zwischen den Sehnen von Latissimus und Teres maior gelegene Bursa m. latissimi) bereits genannt wurden. Eine große *Bursa subdeltoidea* deckt das Schultergelenk und ermöglicht die Verschiebungen des M. deltoides über das Skelet der Schultergegend; sie hängt häufig mit der *Bursa subacromialis* zusammen, die sich zwischen Acromion und M. supra spinam erstreckt. Kleinere Schleimbeutel liegen mehrfach zwischen den Muskeln und auch subcutan auf Knochenvorsprüngen.

Achselhöhle (Axilla).

Die Achselhöhle (Axilla, Fossa axillaris) ist in ihrer Form von der Armstellung abhängig. Bei herabhängendem Arm spaltförmig, ist sie bei seitwärts gehobenem Arm eine vierseitige Pyramide, deren mediale, convexe Wand vom Thorax mit dem M. serratus lateralis gebildet wird; die laterale bildet der Humerus mit seinen Muskeln, besonders den vom Rabenschnabel kommenden, die vordere Wand der Pectoralis maior, die hintere die Scapula mit den entlang ihrem unteren Rand verlaufenden M. teres maior und latissimus dorsi. Den unteren Abschluß des Raumes stellt die zwischen den beiden Achselfalten sich spannende, nach außen concave *Fascia axillaris* dar, über welche sich die Haut mit ihren charakteristischen Haaren, Talg-, Schweiß- und Stoffdrüsen legt. Der Zugang des Raumes von oben ist der *Infraclavicularspalt (Thoraco-Clavicularspalt)*, durch welchen der Plexus brachialis und die Armgefäße in die Axilla gelangen. Ausgänge sind, neben der breiten unteren Öffnung für die Gebilde des Armes, vorn das Trigonum deltoideo-pectorale, rückwärts die beiden Achsellücken. Medialwärts hängt die Achselhöhle mit dem lockeren Gleitgewebe zwischen den breiten Muskeln auf der Thoraxwand zusammen, so nach vorn mit den Räumen zwischen den Mm. pectorales, nach rückwärts und medialwärts mit dem Raum zwischen Scapula und Serratus lateralis sowie zwischen Latissimus und Rumpf, während der hauptsächlichste Gleitraum der Scapula auf dem Thorax, der Raum unter dem Serratus lateralis und den Rhomboidei, mit der Axilla nicht in direkter Verbindung steht, da die genannten Muskeln geschlossen nebeneinander am vertebralen Rand der Scapula haften.

In die Axilla treten nun infraclavicular von oben her nebeneinander ein der Plexus brachialis, medial von ihm die A. subclavia und noch weiter medial die V. subclavia (Abb. 250), beide Gefäße am Übergang in den axillaren Abschnitt ihres Verlaufes, die Vene in Begleitung des Truncus lymphaceus axillaris. Der *Plexus brachialis*, entstanden aus fünf Ursprungsbündeln (den ventralen Ästen der Nn. C_{4-8} und Th_1, S. 90, Abb. 75 und 249), ist nach Umschichtung in ein volares und dorsales[1] Geflecht hier in ein Sammelstadium eingetreten, in welchem er aus zwei volaren Faszikeln, *Fasciculus medialis* und *lateralis*, und einem *Fasci-*

---

[1] Auch der „dorsale" Anteil des Plexus versorgt ventrale, nicht dorsale Muskeln, denn die Extremität im ganzen ist ein Abkömmling der ventralen Rumpfzone, so daß die Einteilung des Plexus mit der Teilung aller Spinalnerven in Rami ventrales und dorsales nichts zu tun hat. Alle Plexuswurzeln stammen aus Rami ventrales der Spinalnerven.

culus dorsalis besteht; die beiden ersteren entsenden Beuge- und Pronations-
nerven, der letztere Streck- und Supinationsnerven. Der Fasciculus lateralis
umfaßt die cranialen Anteile des Plexus (C_{5-7}), der F. medialis hauptsächlich die
Nerven C_8 und Th_1, während der F. dorsalis sich aus allen Plexuswurzeln zu-
sammensetzt. Vorher schon oder beim Eintritt in die Axilla haben sich Nerven
abgelöst, welche selbständig in ihr verlaufen: der *N. thoracicus longus* für den
Serratus lateralis (S. 269), der *N. suprascapularis* für die Mm. supra und infra

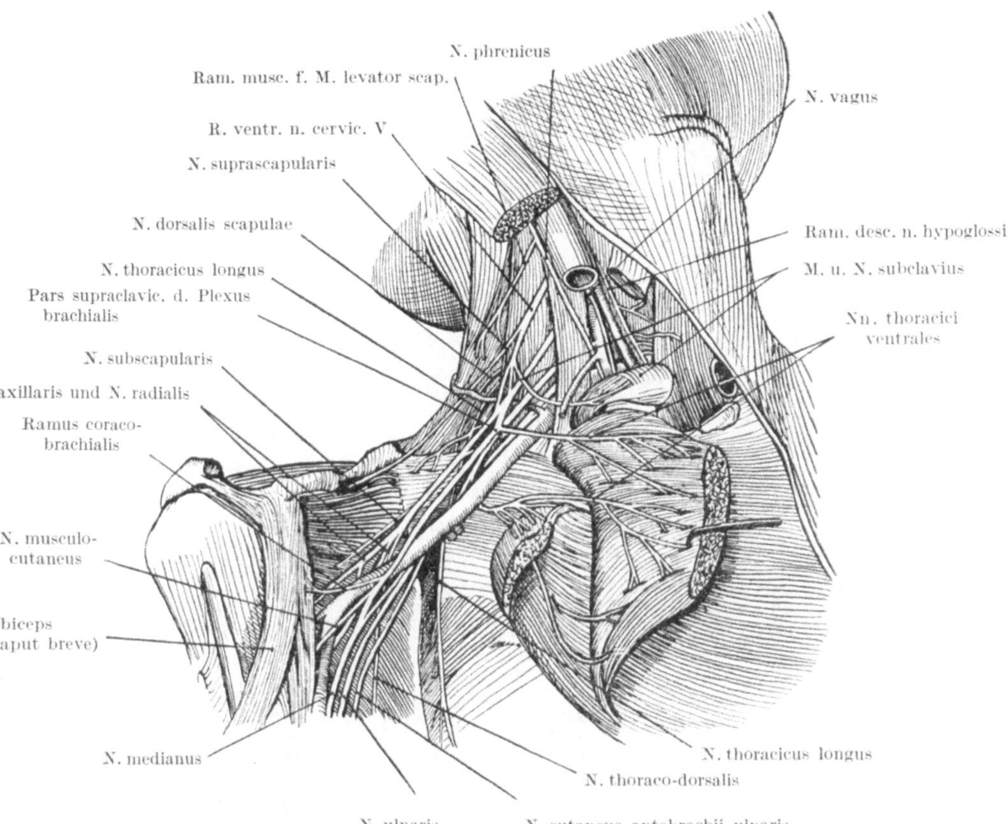

Abb. 249. Plexus brachialis nach Entfernung der Clavicula. Mm. pectorales und M. subclavius umgelegt,
M. deltoides und Venen entfernt. Nach TOLDT-HOCHSTETTER, etwas abgeändert.

spinam (er geht unter dem Lig. transversum scapulae durch die Incisura scapulae,
während die gleichnamigen Gefäße über das Band hinwegziehen), zwei *Nn. sub-
scapulares* für den gleichnamigen Muskel, der *N. thoracodorsalis* für Latissimus
dorsi und Teres major und die *Nn. thoracici ventrales* für die beiden Mm. pectorales; von ihnen pflegt einer vor, der andere hinter der Art. subclavia zu verlaufen.
Schließlich der *N. subclavius*, der unter der Clavicula in den Muskel eintritt.
Er pflegt einen Nebenphrenicus abzugeben (S. 90). Die zartwandige *Vena subclavia*, bei gesenktem Arm zusammengefallen, ist an die Fascie des M. subclavius
so befestigt, daß sie bei Erhebung des Armes klafft und das Blut der Extremität
ansaugt (Gefahr der Luftaspiration). Sie nimmt distal von der Clavicula die
V. cephalica auf (S. 274). Entstanden ist sie in ziemlich wechselnder Höhe und
Weise weiter distalwärts als *V. brachialis* aus der Vereinigung der *V. basilica*,

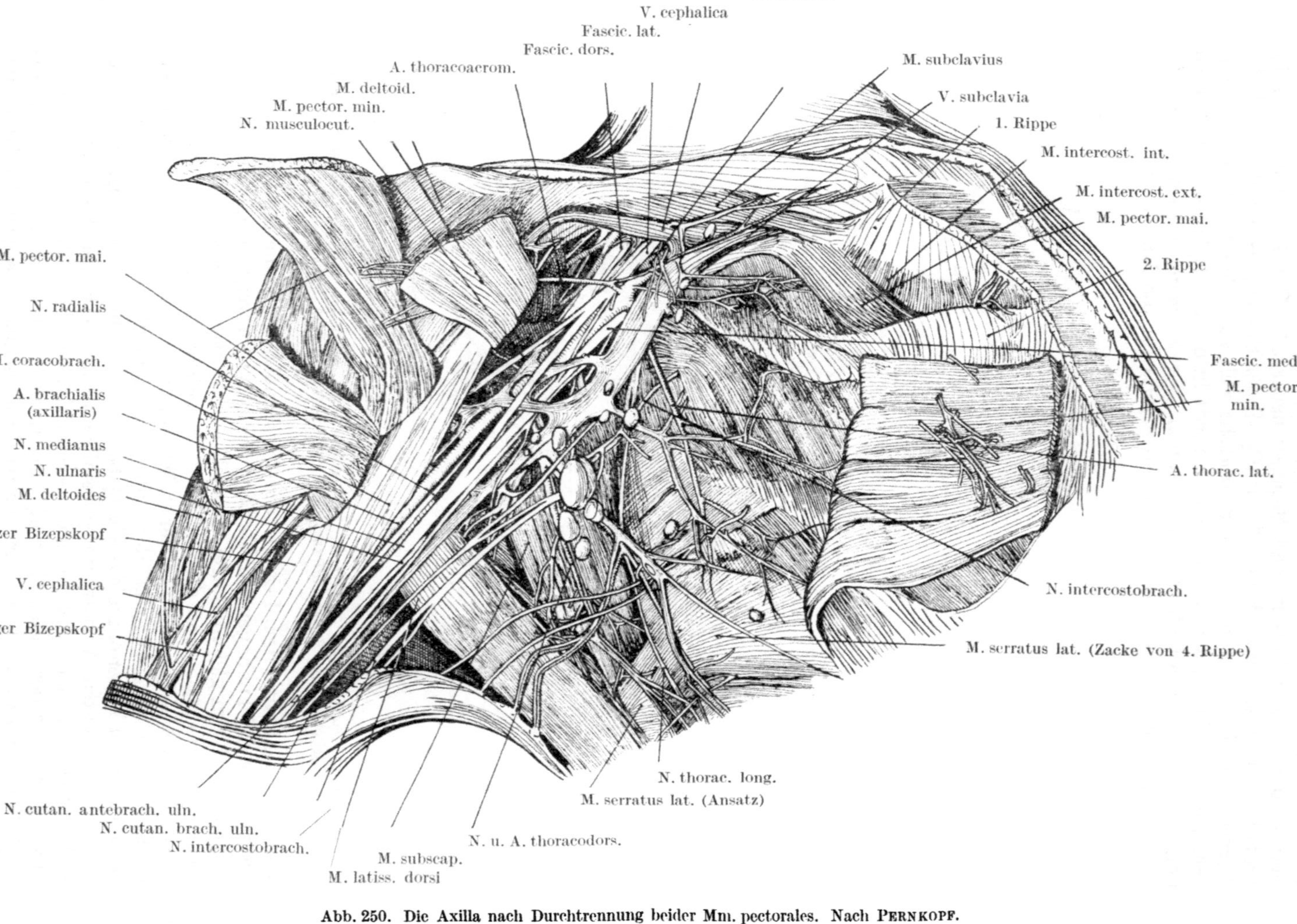

Abb. 250. Die Axilla nach Durchtrennung beider Mm. pectorales. Nach PERNKOPF.

einer Hautvene, die in die Tiefe tritt, mit den paarigen Begleitvenen der A. brachialis. Lateral von der Vene liegt die *Art. subclavia*, welche aber im obersten Winkel der Axilla vom Plexus brachialis zuerst überlagert wird; der Plexus ist in der hinteren Scalenuslücke größtenteils cranial von der Arterie ausgetreten, deckt sie zuerst und gelangt dann an die laterale Seite der Arterie, inzwischen in die oben genannten drei Bündel gegliedert; der Arterie liegt zuerst der Fasciculus lateralis, der den mehr in der Tiefe liegenden Fasciculus medialis zudeckt, knapp an. Mit der Aufzweigung der Faszikel kommt es nun zu der für die Axilla charakteristischen Beziehung der Arterie zum Plexus (nicht der Vene, die medial bleibt): Der *Fasciculus lateralis* teilt sich in den *N. musculocutaneus* (für die Beuger des Oberarmes und die Haut des Vorderarmes) und die *laterale Zinke* der sogenannten *Medianusgabel*, der *Fasciculus medialis* gibt zwei Hautnerven (*N. cutaneus brachii* und *antebrachii ulnaris*) und den starken *N. ulnaris* ab und wird dann zur *medialen Zinke* der Medianusgabel; beide Zinken vereinigen sich zu dem vor der Arterie liegenden kräftigen *N. medianus*. Die Arterie tritt durch die Medianusgabel mitten in den Plexus ein und verläuft weiter entlang dem M. coracobrachialis, die Sehne des M. latissimus kreuzend, hinter dem N. medianus in den Sulcus bicipitalis ulnaris des Oberarmes. Die Vene bleibt weiter ulnar.

Nicht selten verläuft ventral vom Medianus, demnach oberflächlich, ein starkes Gefäß, das proximal von der Medianusgabel von der A. brachialis abgeht und am Vorderarm sich in die A. radialis oder ulnaris fortsetzt oder auch den Hauptstamm selbst bildet *(A. radialis, ulnaris, brachialis superficialis)*. In letzterem Fall bleibt hinter dem Medianus nur ein verhältnismäßig schwaches Gefäß *(A. profunda brachii)*, das sich noch am Oberarm verzweigt.

Hinter der Arterie bleibt in seinem ganzen Verlauf der *Fasciculus dorsalis* des Plexus brachialis, der sich in den *N. axillaris* (für M. deltoides und teres minor sowie die laterale Seite der Oberarmhaut) und den *N. radialis*, den Hauptstrecknerven des Armes, aufzweigt. Beide Nerven treten in nahe Beziehung zum Oberarmknochen, der N. axillaris am Collum chirurgicum, der Radialis in der Mitte des Schaftes (S. 276 und 278). Die Arterie gibt in der Axilla (Abb. 250) eine reiche Astfolge ab: nach vorn die *A. thoracica suprema* für den M. subclavius und den obersten Teil des M. serratus lateralis, dann (meist zwei) *Aa. thoracicae ventrales* für die Mm. pectorales und die *A. thoraco-acromialis* zum MOHRENHEIMschen Dreieck (S. 275). Medialwärts verläuft die *A. thoracica lateralis*, die sich dem über den M. serratus lat. herab verlaufenden N. thoracicus longus (S. 276) anschließt, den Muskel versorgt und an die weibliche Mamma Rami mammarii externi abgibt. Sie wird häufig als Ast übernommen von der *A. thoracodorsalis*. Diese ist der eine Endzweig eines starken dorsalen Astes der A. axillaris, der *A. subscapularis*, welche vor der medialen Achsellücke (S. 276) in die eben genannte A. thoracodorsalis (für die Seitenwand des Thorax, den M. latissimus dorsi und die caudalen Zacken des Serratus lat.) und die *A. circumflexa scapulae* zerfällt; diese geht durch die mediale Achsellücke. Schließlich verlaufen lateralwärts die beiden *Aa. circumflexae humeri*, die vor und hinter dem Humerus das Collum humeri umgreifen und hauptsächlich den Deltamuskel versorgen. Die hintere Arterie geht durch die laterale Achsellücke (S. 276).

Aus der Seitenwand des Thorax kommt der *N. intercostobrachialis* (Abb. 250) hervor, der Ramus cutaneus lateralis des zweiten Intercostalnerven, der auf den Arm übergreift und mit dem N. cutaneus brachii medialis anastomosiert, ja ihn ersetzen kann. Auch der dritte Intercostalnerv erreicht noch mit seinem Ramus lateralis die Extremität. Unter den *Venen* der seitlichen Thoraxwand ist die *V. thoraco-epigastrica* hervorzuheben; sie schafft eine Verbindung mit den zur unteren Hohlvene strebenden Bauchvenen und geht als *V. thoracica lateralis* zur

V. axillaris. Die Venen der Axilla stehen auch mit den oberen Intercostalvenen in vielfacher Verbindung. An der Seitenfläche des Thorax liegen *Lymphknotengruppen*, die wegen ihrer Beziehung zu den Lymphwegen der Mamma wichtig sind. Sie liegen teils unter, teils zwischen den Mm. pectorales (S. 100); eine ziemlich constante Gruppe liegt auf der dritten Serratuszacke (Abb. 250). Auch weiter nach rückwärts liegen noch solche Gruppen, die dann mit den dem Gefäß-

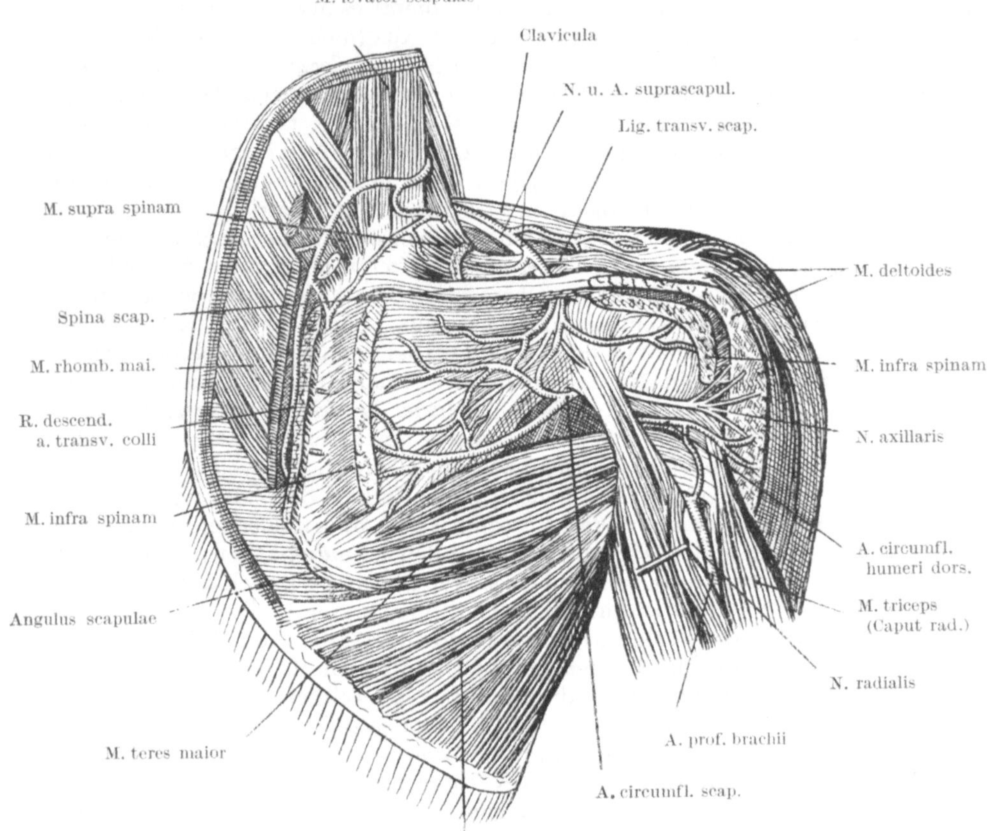

Abb. 251. **Schultergegend von rückwärts nach teilweiser Entfernung der Muskulatur. Nach** CORNING.

nervenpaket angeschlossenen brachialen Lymphknoten zusammenhängen und sich schließlich in den bereits genannten *Truncus subclavius* (längs der Vena subclavia) entleeren.

Von vorn ist die Axilla zugänglich durch den *Sulcus deltoideo-pectoralis* und das MOHRENHEIMsche *Dreieck*. Dieses liegt zwischen **M.** deltoides und pectoralis maior und einem schmalen muskelfreien Stück der Clavicula an der Grenze zwischen lateralem und mittlerem Drittel dieses Knochens. Der Zugang zur Tiefe kann leicht verbreitert werden durch Ablösung der Portio clavicularis des Pectoralis maior vom Ursprung. Im Sulcus deltoideo-pectoralis kommt von der radialen Seite des Armes herauf die *V. cephalica*, die sich nach Aufnahme von Muskelästen in die V. subclavia ergießt. An ihrer lateralen Seite liegt die

A. thoraco-acromialis, die sich in Rr. pectorales und einen R. deltoideus und acromialis teilt. Zwei *Nn. pectorales ventrales* für die Mm. pectorales lassen sich jetzt an

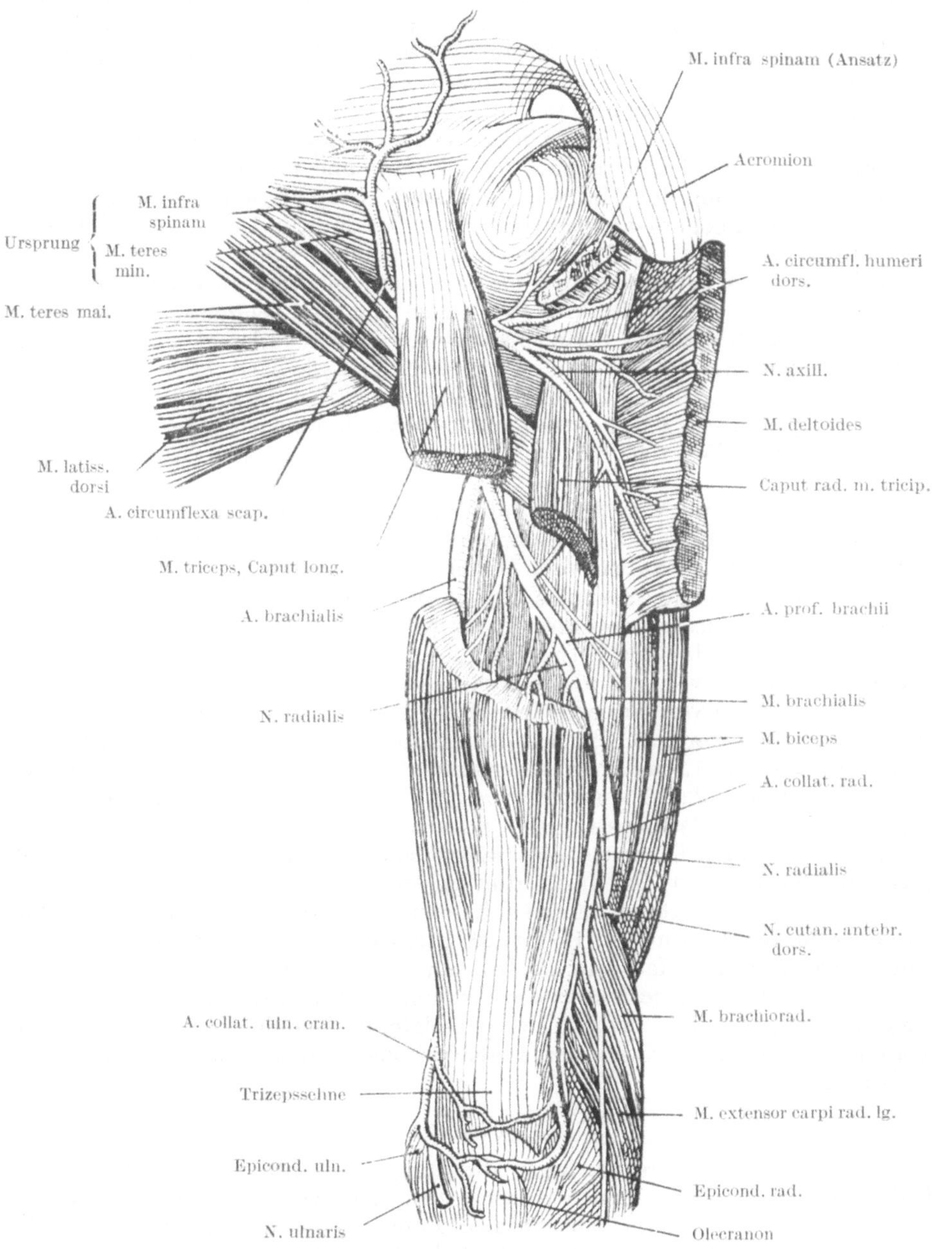

Abb. 252. Oberarm von rückwärts. Tiefe Gebilde. Nach CORNING.

der Unterseite des **M. pectoralis maior** darstellen. Zwischen den beiden Pectorales liegt ein *Spatium intermusculare* als Verschiebeschicht. Die Fascie des Pectoralis minor (die *tiefe Pectoralfascie*) setzt sich bis zur Clavicula hinauf fort, in deren

18*

Bereich sie sich zu einem stärkeren Blatt verdichtet, das (im einzelnen ziemlich variabel) als *Fascia coraco-clavicularis* (oder *F. coraco-cleido-pectoralis*) von der Spitze des Proc. coracoides mit verstärktem concavem Rand *(Lig. coraco-claviculare)* zur Clavicula und, den M. subclavius entlang, zur ersten Rippe verläuft; die oben genannten Gebilde des MOHRENHEIMschen Dreiecks müssen unterhalb dieses verstärkten Anteils die tiefe Pectoralfascie durchbohren. Nach Wegnahme der Fascie werden die zum Arm verlaufenden tiefen Gebilde zwischen der Clavicula und dem am Proc. coracoides inserierenden M. pectoralis minor zugänglich; man findet von medial nach lateral Vene, Arterie und Plexus des Armes nebeneinander in der für den Infraclavicularspalt charakteristischen Anordnung (S. 273). In der Tiefe, dorsal noch vom Fasciculus dorsalis, ist auch der N. thoracicus longus zu finden. Auf die Anordnung der drei Fascikel des Plexus (der Fasciculus lateralis deckt hier den medialen und legt sich auch noch über die Arterie, S. 273) sei nochmals aufmerksam gemacht. Bei der zeichnerischen Darstellung (Abb. 249) wird der Fascikel etwas lateralwärts verlagert, um die Arterie sichtbar zu machen. Die Fascikel entsprechen der Lage nach ihrem Namen erst bei ihrer Teilnahme an der Bildung der Medianusgabel. Man trifft hier in der Tiefe auch *Lymphonodi axillares infraclaviculares*, die wenigstens teilweise bereits zweite Umschaltstellen der von der Peripherie (auch der Mamma) kommenden Lymphe darstellen.

An der Rückwand der Axilla entstehen durch die Muskelanordnung die *Achsellücken* (Abb. 251 und 252). Zwischen dem axillaren Scapularrand (innen vom M. subscapularis, außen vom M. teres minor besetzt) und dem M. teres maior, der vom Angulus scapulae abgeht und mit dem Latissimus dorsi zur Crista tuberculi minoris humeri verläuft, bleibt ein langgezogener Spalt (Abb. 251), der durch die Sehne des langen Tricepskopfes (von der Tuberositas infraarticularis scapulae) unterteilt wird in die dreieckige *mediale* und die viereckige *laterale Achsellücke*, letztere von Triceps, Teres maior, Humerus und Scapula begrenzt. Durch die erstere verläuft die A. circumflexa scapulae, durch die zweite der N. axillaris und die A. circumflexa humeri dorsalis. Die *A. circumflexa scapulae* (aus der A. subscapularis) anastomosiert am Collum scapulae mit der A. suprascapularis (aus dem Truncus thyreo-cervicalis oder der A. transversa colli) und wird dabei von einem Faserzug (Lig. transversum scapulae inferius) gegen Druck geschützt. Sie versorgt die Muskulatur an der Dorsalseite des Schulterblattes. Der *N. axillaris* verläuft im Bereich des Collum chirurgicum scapulae rückwärts um den Knochen herum zum Deltamuskel und gibt feine Zweige an den Teres minor sowie mehrere Hautäste als Nn. cutanei brachii laterales ab. Die ihn begleitende *A. circumflexa humeri dorsalis* kann auch erst distal von der Latissimussehne abgehen, somit ausnahmsweise die laterale Achsellücke vermeiden, oder überhaupt durch einen Zweig der weiter peripher entspringenden A. profunda brachii ersetzt werden.

Oberarm.

Im Bereich des Oberarms liegen die Dinge verhältnismäßig einfach. Die Muskulatur ist in Beuger und Strecker geschieden (Abb. 253); von den beiden Epicondylen des Humerus (am distalen Ende) ziehen Septa intermuscularia proximalwärts und vervollständigen die Scheidung. Vorn bildet der M. biceps eine deutliche Vorwölbung, beiderseits von einem Sulcus bicipitalis (med. und lat.) begrenzt; proximal liegt an seiner medialen Seite der M. coracobrachialis, der bei erhobenem Arm sich oberflächlich abzeichnet, und von der Mitte des Knochens an liegt unter dem Biceps der Brachialis. Rückwärts liegt nur der Triceps, an dem bei kräftiger Muskulatur die drei Köpfe (das zweigelenkige Caput

longum und die eingelenkigen Capita, C. radiale und ulnare) sowie das dorsale
Sehnenfeld über dem Olecranon sichtbar werden.

Oberflächliche Gebilde des Oberarms sind zuerst die *Hautvenen* (Abb. 254,
257). Im Sulcus bicipitalis radialis verläuft subcutan die (manchmal fehlende)
V. cephalica zum Sulcus deltoideo-pectoralis, im ulnaren Sulcus distal die V.
basilica, die in wechselnder Höhe die Oberarmfascie durchbohrt und sich ein Stück
weiter oben mit den Begleitvenen der Art. brachialis zur *V. axillaris* verbindet. An
Hautnerven ist im distalen Teil des radialen Sulcus der Endast des *N. musculo-*
cutaneus, der Stamm des *N. cutaneus antebrachii radialis*, zu finden, der zwischen

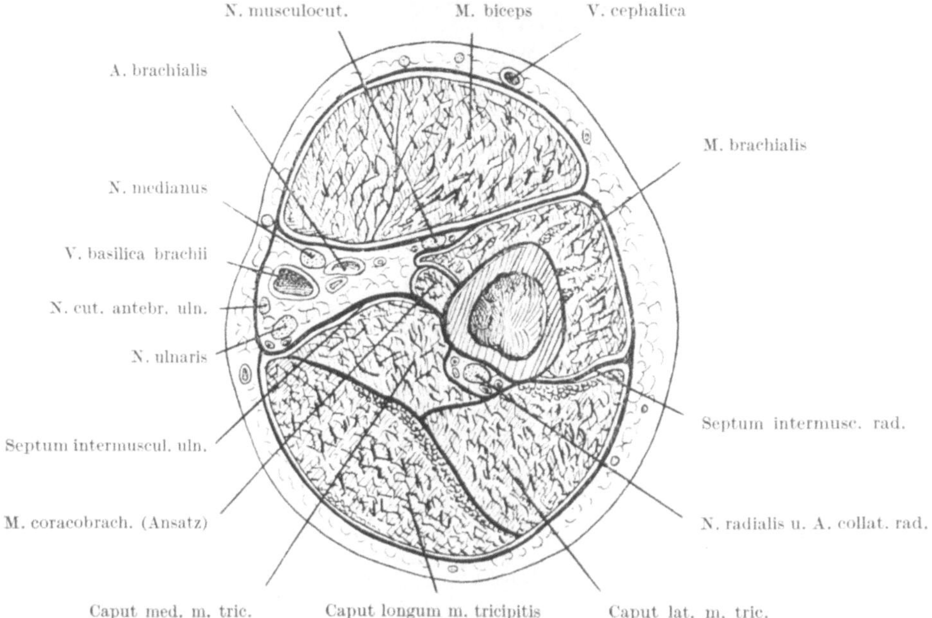

Abb. 253. Querschnitt durch die Mitte des Oberarmes. Die dorsale Seite unten. Nach PERNKOPF.

M. biceps und brachialis hervorkommt, aber erst in der Ellbogenbeuge die Arm-
fascie durchbohrt (Abb. 257). Das distale radiale Hautgebiet am Oberarm gehört
dem *N. cutaneus brachii radialis* aus dem N. radialis, das proximale den Hautzweigen des N. axillaris. Die Vorderseite des Oberarms gehört hoch abgehenden
Zweigen des *N. cutaneus antebrachii ulnaris*, der der Hauptsache nach etwa in
der Mitte des Oberarms subcutan wird, bereits in einen *Ramus volaris* und *ulnaris*
zerfallen. Die ulnare Seite des Oberarms ist das Gebiet des *N. cutaneus brachii*
ulnaris und des *N. intercostobrachialis.* — Die *Dermatome* (Ausbreitungsgebiete der
einzelnen Rückenmarkswurzeln; vgl. S. 98) verlaufen am Arm in Form langgezogener Streifen (Abb. 255 und 256), doch findet ein ausgiebiges Übergreifen
der Nachbargebiete übereinander statt, so daß z. B. der Ausfall einer einzelnen
Wurzel überhaupt keinen Sensibilitätsdefekt setzt (zum Unterschied vom Ausfall
eines peripheren Nerven). Auch ist die Variabilität ziemlich groß.

Im Sulcus bicipitalis ulnaris liegt unter der Fascie der *N. medianus* und hinter
ihm, im proximalen Teil etwas mehr ulnar, die *A. brachialis*; mit der Annäherung
an den Ellbogen verschiebt sie sich allmählich an seine radiale Seite. Weiter
ulnar liegen in der proximalen Hälfte subfascial der oben genannte *N. cutaneus*
antebrachii ulnaris und dann der *N. ulnaris*, begleitet von der *A. collateralis ulnaris*

proximalis; er durchbohrt etwas unterhalb der Mitte des Oberarms das Septum intermusculare ulnare, um sich hinter den Epicondylus ulnaris humeri, in den

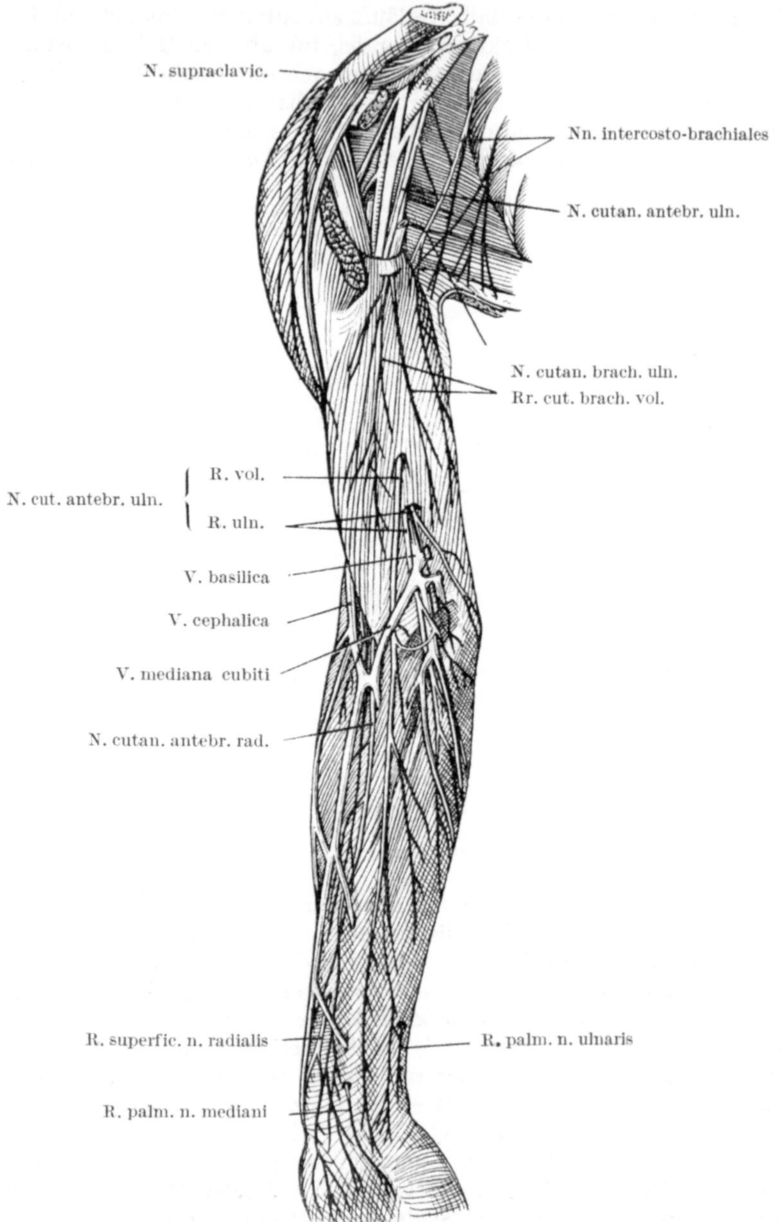

Abb. 254. Hautnerven und Hautvenen der Volarseite des Armes. Nach TOLDT-HOCHSTETTER, vereinfacht.

Sulcus nervi ulnaris an der Dorsalseite des Knochens zu begeben. Der *N. radialis* dringt schon hoch oben am Arm zwischen die Tricepsköpfe ein, umkreist in langgezogener Spirale im Sulcus n. radialis humeri zwischen den beiden kurzen Tricepsköpfen den Humerus (*N. spiralis* englischer Autoren; Abb. 252 und 253), durchbohrt das Septum intermusculare radiale handbreit ober dem Ellbogen (Abb. 258 und 263) und liegt nun an der Vorderseite des Armes in der Tiefe zwischen M. brachialis und brachioradialis; erst am Ellbogengelenk spaltet er sich in seine beiden Endäste, Ramus superficialis und profundus. Sein stärkster proximaler Hautast, der *N. cutaneus antebrachii dorsalis*, durchbohrt neben ihm das Septum, dann den M. brachioradialis (Abb. 258) und wird noch am Oberarm subcutan, um sich am Dorsum des Unterarms zu verzweigen. Der Verlauf des N. radialis um den Humerus gefährdet ihn bei Humerusbruch durch direkte Zerreißung, durch Anspießung seitens der Fragmente und durch Einmauerung in die neu entstehende Knochenwucherung (den Callus).

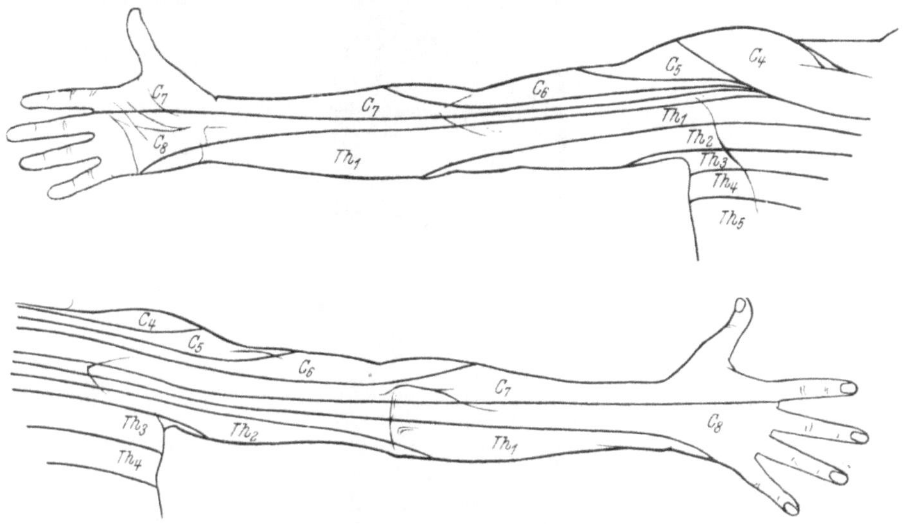

Abb. 255 und 256. Die Dermatome der oberen Extremität. Volar- und Dorsalseite. Die Grenzen sind keine scharfen, die Gebiete überlagern sich ausgiebig. Aus PERNKOPF.

Die *A. brachialis* (Abb. 257) gibt am Oberarm distal von der Latissimussehne die *A. profunda brachii* ab, die den Triceps versorgt, sich dem N. radialis anschließt und als *A. collateralis radialis* bis zum Ellbogen erstreckt, wo sie mit den andern Arterien des Ellbogens anastomosiert und das *Rete articulare cubiti* speist. Wenn sie ausnahmsweise auch die Aa. circumflexae humeri abgibt, entspricht sie weitgehend der A. profunda femoris. Die Unterbindung der A. brachialis knapp oberhalb des Abganges der Profunda, auf der Latissimussehne, ist nicht unbedenklich wegen der Schwierigkeit der Herstellung eines ausreichenden Collateralkreislaufes; höher oben sind die Verhältnisse dafür günstiger. Aus der A. brachialis gehen weiters neben direkten Muskelzweigen die *A. collateralis ulnaris proximalis* und *distalis* ab, von denen die erste den N. ulnaris entlang, die zweite zuerst volar vom Septum, dann nach Durchbohrung desselben gleichfalls dorsal zum Rete cubiti verläuft.

Eine gelegentliche Varietät bildet der *Processus supracondylicus*, der an der ulnaren Kante des Humerus entspringt und durch einen Sehnenbogen mit dem Epicondylus ulnaris zusammenhängt; durch die so begrenzte Lücke verläuft der N. medianus und in der Regel auch die Arterie. In solchen Fällen reicht der M. pronator teres, normalerweise vom Epicondylus entspringend, am Sehnenbogen und am Proc. supracondylicus mit seinem Ursprung hoch hinauf und deckt Nerv und Arterie zu, so daß sie im letzten Viertel des Oberarms und in der Fossa cubiti nicht in der gewohnten Weise, am radialen Rand des Pronator teres, auffindbar sind.

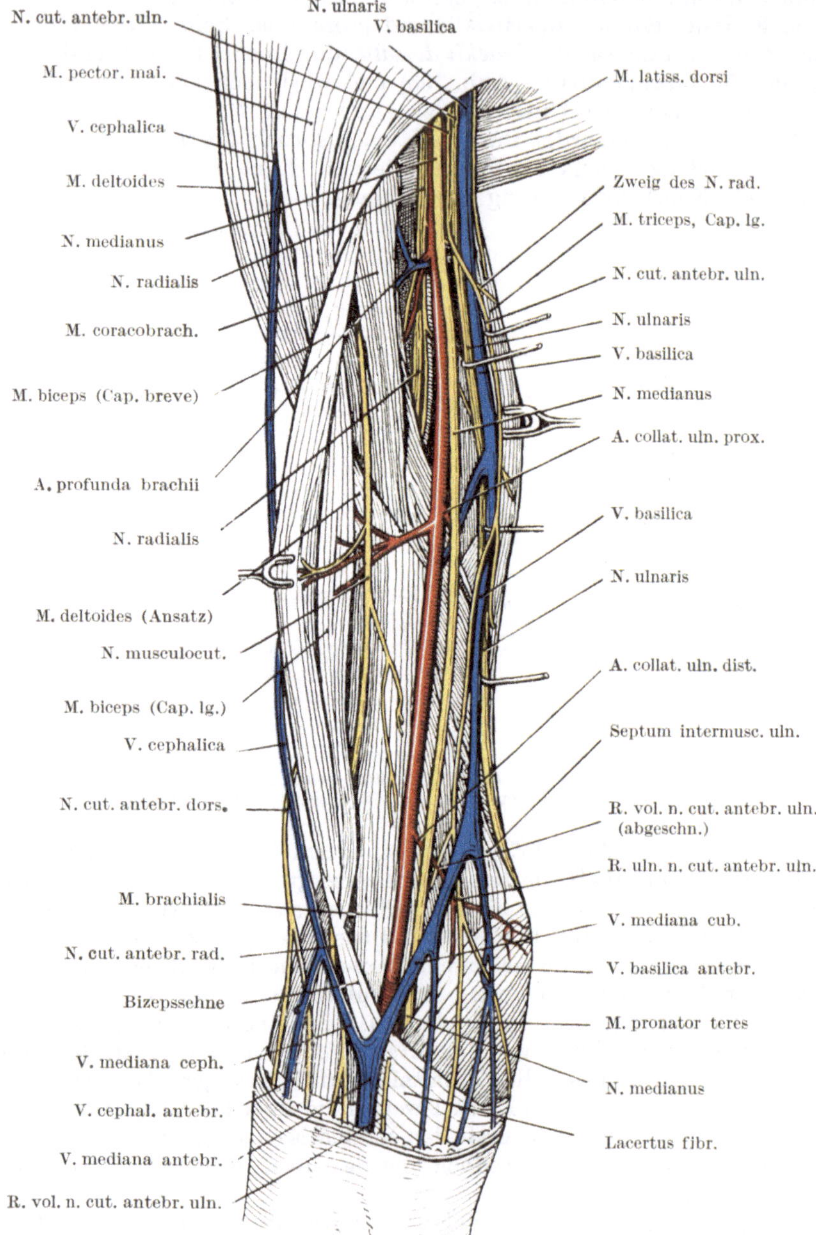

Abb. 257. Oberarm (subfasciale Gebilde) und Fossa cubiti. Nach Pernkopf.

Ellbogen.

An der Beugeseite des Ellbogens springt unter der Haut die Sehne des Biceps vor ihrer Insertion am Radius vor und an ihrer radialen Seite sinkt die Haut zur *Fossa cubiti* ein; sie setzt sich proximalwärts in einen *Sulcus cubitalis radialis* und in den Sulcus bicipitalis radialis fort, während auf der ulnaren Seite der vom Sulcus bicipitalis ulnaris des Vorderarms her fortgesetzte *Sulcus cubitalis ulnaris* vom oberflächlichen ulnaren Ansatz des Biceps, dem *Lacertus fibrosus,*

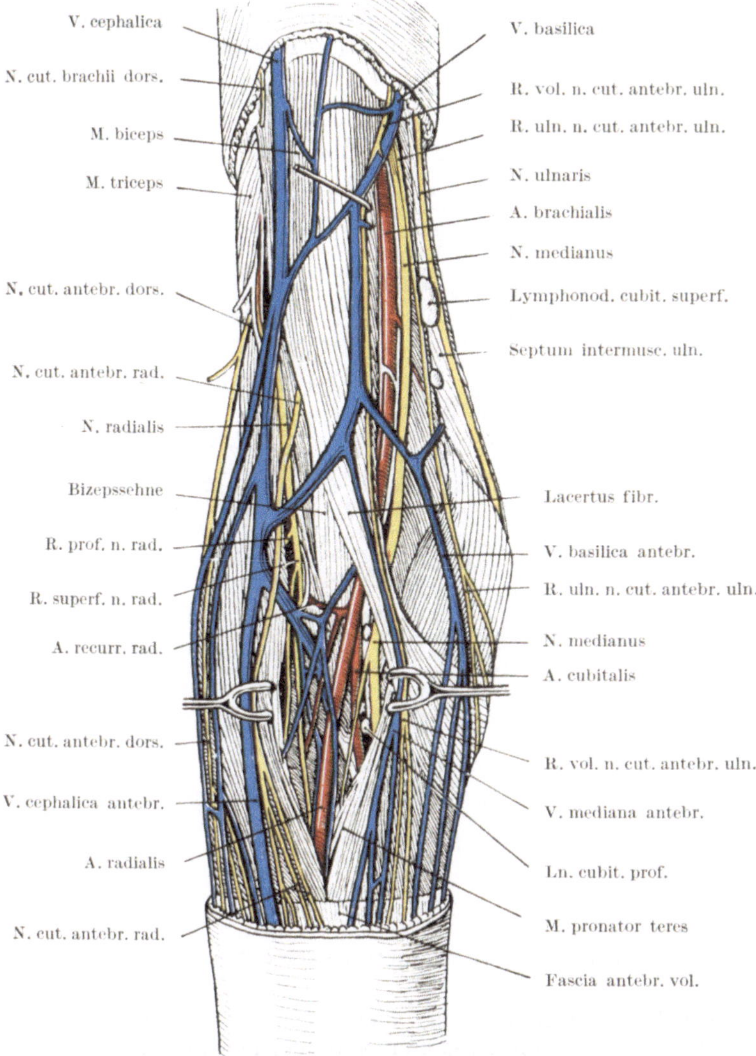

Abb. 258. Fossa cubiti nach Wegnahme der oberflächlichen Fascie und Auseinanderdrängen der Muskeln. Nach PERNKOPF.

überbrückt wird. In der Fortsetzung der Fossa cubiti erstreckt sich auf den Vorderarm der *Sulcus radialis antebrachii* zwischen den Beugern und der radialen Muskelgruppe (M. brachioradialis als radiale Begrenzung). Sowohl am Innen- wie am Außenrand bedingen die auf den Oberarm hinaufreichenden Vorderarm-muskeln eine Verbreiterung des Armes, der sich distalwärts infolge Überganges dieser Muskeln in ihre Sehnen als langgezogener Kegel in den Vorderarm ver-schmälert. Rückwärts (Abb. 252) ist das Olecranon als Vorsprung, darüber

das etwas eingesunkene Sehnenfeld des M. triceps und zu beiden Seiten je eine
Rinne als Grenze des Triceps zu sehen. Palpatorisch sind die beiden Epicondylen
des Humerus, die von ihnen aus proximalwärts verlaufenden Septa intermuscularia bzw. die seitlichen Humeruskanten und das Olecranon mit der von hier
über den ganzen Vorderarm subcutan verlaufenden Ulnakante festzustellen,
während vom Radius nur das runde Köpfchen distal vom radialen Epicondylus
humeri getastet und bei Pro- und Supinationsbewegungen mit Sicherheit identi-

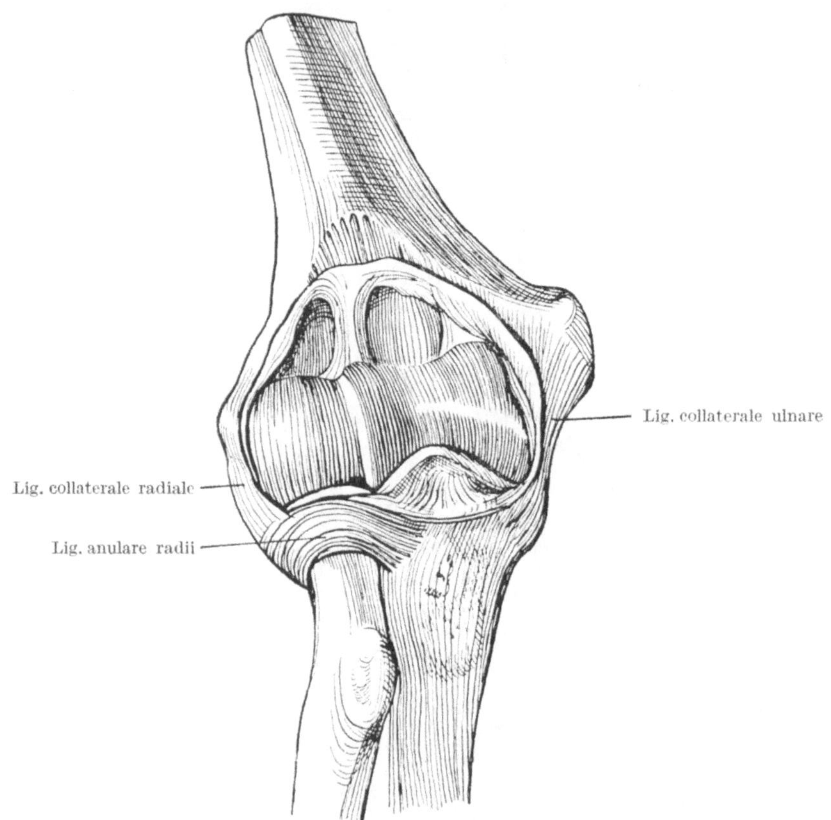

Abb. 259. Rechtes Ellbogengelenk von vorn, eröffnet. Nach TOLDT-HOCHSTETTER.

ficiert werden kann. Sehr auffällig, aber in ihrer Anordnung variabel sind die
Hautvenen (Abb. 258). Typisch kommt vom Vorderarm radial eine *V. cephalica*
und ulnar eine *V. basilica*, zu denen eine *V. mediana antebrachii* hinzutreten
kann; in der Ellbogenbeuge verbinden sie sich entweder so, daß die V. cephalica
des Vorderarmes sich hauptsächlich in eine schräg verlaufende *V. mediana cubiti*
fortsetzt, wobei die Oberarmfortsetzung der Cephalica gelegentlich unterbrochen
wird oder fehlt (S. 277), oder die V. mediana antebrachii teilt sich in je einen
Ast (*V. mediana cephalica* und *basilica*) zu den beiden Hauptvenen; Verbindungen
zu den tiefen Begleitvenen der Arterien durchbohren die Fascie. Neben den
Hautvenen finden sich die *Hautnerven* (s. auch Abb. 254) des Vorderarmes; der
kräftige *N. cutaneus antebrachii ulnaris* wird (wie erwähnt) schon am Oberarm,
geteilt in *Ramus volaris* und *ulnaris*, subcutan (Abb. 258), der *N. cutaneus*

antebrachii radialis (Endast des N. musculocutaneus) kommt lateral von der Bicepssehne zum Vorschein und verläuft am ulnaren Rand der V. cephalica.

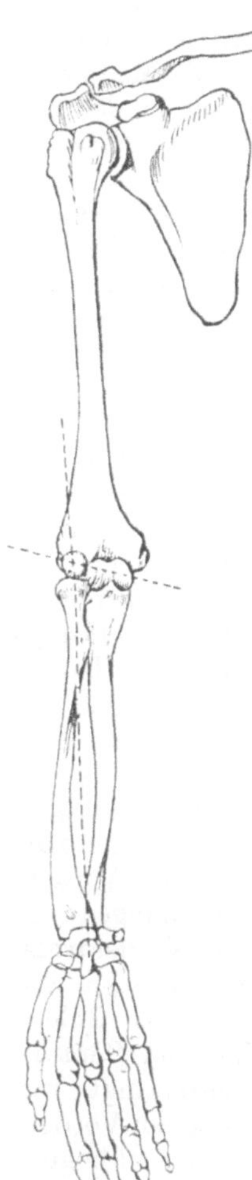

Das *Ellbogengelenk (Articulus cubiti)* (Abb. 259) ist aus drei Teilgelenken zusammengesetzt: Articulus humero-ulnaris, humero-radialis und radio-ulnaris proximalis. Das *Humero-Ulnargelenk* ist ein einachsiges Scharniergelenk mit querer (radio-ulnarer) Achse (Abb. 260), die etwas schief auf den Humerus aufgesetzt ist, so daß der Arm bei supinierter Streckstellung einen radial offenen stumpfen Winkel bildet, bei der Flexion aber der Vorderarm vor den Thorax, in den Verkehrs- und Arbeitsraum der Hand, gebracht wird. Gelenkkörper sind die Trochlea humeri und die Incisura semilunaris ulnae; die Excursion (Beugung und Streckung) beträgt etwa 140°, wobei die Stärke der begrenzenden Muskelfortsätze (Olecranon und Processus coronoides ulnae) das Ausmaß bestimmt, so daß bei sehr kräftiger Muskulatur die Streckung nicht ganz vollständig wird, bei schwacher Muskulatur eine Überstreckung möglich ist; der weibliche Arm zeigt häufig neben Überstreckung des Gelenkes auch eine stärkere radiale Abknickung des Vorderarmes. Der *Articulus*

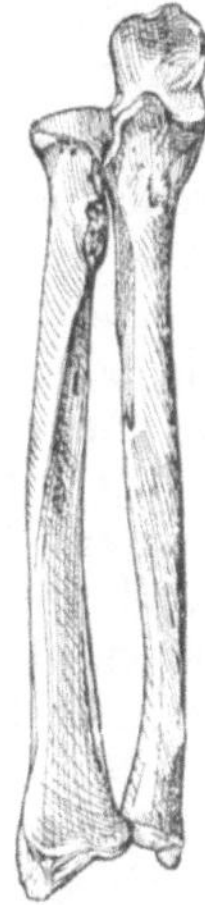

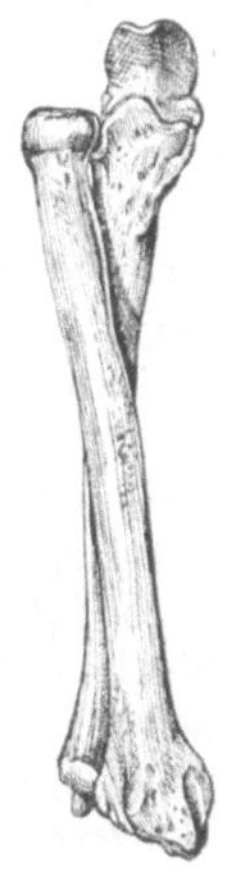

Abb. 260. Flexions- und Pronationsachse des Ellbogengelenks und des Vorderarmes.

Abb. 261 und 262. Die Vorderarmknochen in Supinations- und Pronationsstellung. Nach Toldt-Hochstetter, stark verkleinert.

humero-radialis (Capitulum humeri und Fovea capituli radii) ist ein Kugelgelenk, in welchem aber die dorso-volare Achse (für Ab- und Adduction des Radius) durch Bindung des Radius an die Ulna außer Function gesetzt ist. Der *Art. radio-ulnaris proxi-malis* (Incisura radialis ulnae und Circumferentia articularis capituli radii) ist ein Radgelenk mit einer auf dem Capitulum senkrecht stehenden Längsachse (Abb. 260); da das Gelenk mit dem distalen Radio-Ulnargelenk durch die Knochen gekoppelt ist, ist die Achse für beide Gelenke gemeinsam und geht durch die Mitte des Capitulum sowohl des Radius wie der Ulna, somit schräg über den Vorderarm distal-ulnarwärts. Die Bewegung, Pronation und Supination, ist in ihrem Ausmaß wieder von der Form der Knochen und der Stärke der

Muskulatur abhängig; sie beträgt im Mittel etwa 120°. Durch Benützung der Nachbargelenke, besonders des Schultergelenkes, wird dieses Ausmaß leicht verdoppelt und bei Verwendung von Schultergürtel und Rumpf kann es über eine volle Umdrehung von 360° hinaus gesteigert werden. Bei der Supination (Abb. 261 liegen die Vorderarmknochen parallel; die Bewegung wird durch die Membrana interossea und speziell durch deren Chorda obliqua (die nicht immer deutlich ausgebildet ist) gehemmt. Bei der Pronation (Abb. 262) werden die Knochen gekreuzt, der Radius legt sich über die Ulna und die Hemmung geschieht durch die zwischen den Knochen geklemmten Muskeln. Durch diese Überkreuzung wird die radiale Abweichung des gestreckten Vorderarms (s. oben) wieder ausgeglichen; der gestreckte und pronierte Arbeitsarm, mit abwärts gewendeter Handfläche, ist gerade. Das Ellbogengelenk wird durch zwei Seitenbänder *(Lig. collaterale ulnare und radiale)* und das *Lig. anulare radii* (das an beiden Rändern der Incisura radialis ulnae haftet und das Capitulum radii umfaßt und an dem sich das Lig. collaterale radiale befestigt) gesichert (Abb. 259). Die Kapsel des Gelenkes ist vorn und hinten abwechselnd schlaff und gespannt und wird von einzelnen Muskelzügen des M. brachialis und triceps jeweilig so gehoben, daß sie nicht geklemmt wird. Die *Mittelstellung* des Gelenkes ist Beugung in einem Winkel von etwa 120° und Einstellung des Daumens nach oben.

Die *Muskulatur* des Ellbogengelenks ist in erster Linie die des Oberarms: der *M. brachialis* mit der Insertion an der Ulna als reiner Beuger, der *Triceps* (zum Olecranon ulnae) als reiner Strecker; der *Biceps* mit Insertion am Tuberculum radii ist Beuger und ein kräftiger Supinator, da er das ulnarwärts gelegene Tuberculum volarwärts dreht. Das wird besonders deutlich bei kraftvoll ausgeführten Supinationen wie beim Zuschrauben, bei dem die Tätigkeit des Biceps leicht palpiert werden kann. Für Pronation und Supination liegen im übrigen die Muskeln teils nahe am Gelenk, wie der *Pronator teres* und der *Supinator*, teils weit entfernt, wie der *Pronator quadratus* (am distalen Ende des Vorderarmes); vielfach kommen pronierende oder supinierende Nebenwirkungen vor wie die oben erwähnte des Biceps, aber auch bei langen Muskeln des Vorderarms. Von diesen kommen für das Ellbogengelenk zwei Gruppen in Betracht: die *Beugergruppe*, die vom Epicondylus ulnaris humeri entspringt und den Sulcus ulnaris an der Innenseite begrenzt, und die *radiale Gruppe*, die vom Septum intermusculare radiale und dem Epicondylus radialis humeri entspringt und den Sulcus cubitalis radialis außen begrenzt. (Über die dritte Gruppe am Vorderarm, die Strecker, s. S. 288. Sie haben keine Wirkung auf das Ellbogengelenk.) Von der Beugergruppe (dem gemeinsamen Flexorenkopf) ist es der schon genannte *Pronator teres*, der schräg vom Humerus zum Radius verläuft und neben der Pronationswirkung auch ein kräftiger Beuger ist; aus der radialen Gruppe ist der *Brachioradialis* anzuführen, der von der Mitte des Humerus zum distalen Ende des Radius verläuft, beugt und die Drehbewegung bis zur Mittelstellung ausführt, so daß er aus extremer Pronationsstellung supiniert und umgekehrt.

Die beiden Sulci cubitales convergieren distalwärts und vereinigen sich zum *Sulcus radialis* des Vorderarmes zwischen Beuger- und radialer Gruppe. In der Tiefe der Ellbogengrube liegt ganz proximal der Ansatz des M. brachialis an der Ulna; aus der Grube führt unter dem Pronator teres der *Canalis ulnaris* (Abb. 263) in die Schicht zwischen den oberflächlichen und tiefen Fingerbeugern und zum Sulcus ulnaris des Vorderarmes, der aber in seinen proximalen zwei Dritteln vom M. flexor carpi ulnaris gedeckt ist und nur distal frei liegt. Der Radius ist in der Tiefe der Fossa cubiti vom *M. supinator* umhüllt; der Muskel entspringt an der dorsalen Seite von der Ulna und schlingt sich von außen um den Radius herum,

um an dessen ulnarer Seite vorn zu inserieren. Er hat volar ein sehnig umrahmtes
Loch für den Eintritt des tiefen Radialisastes. In diese Muskelanordnung fügen

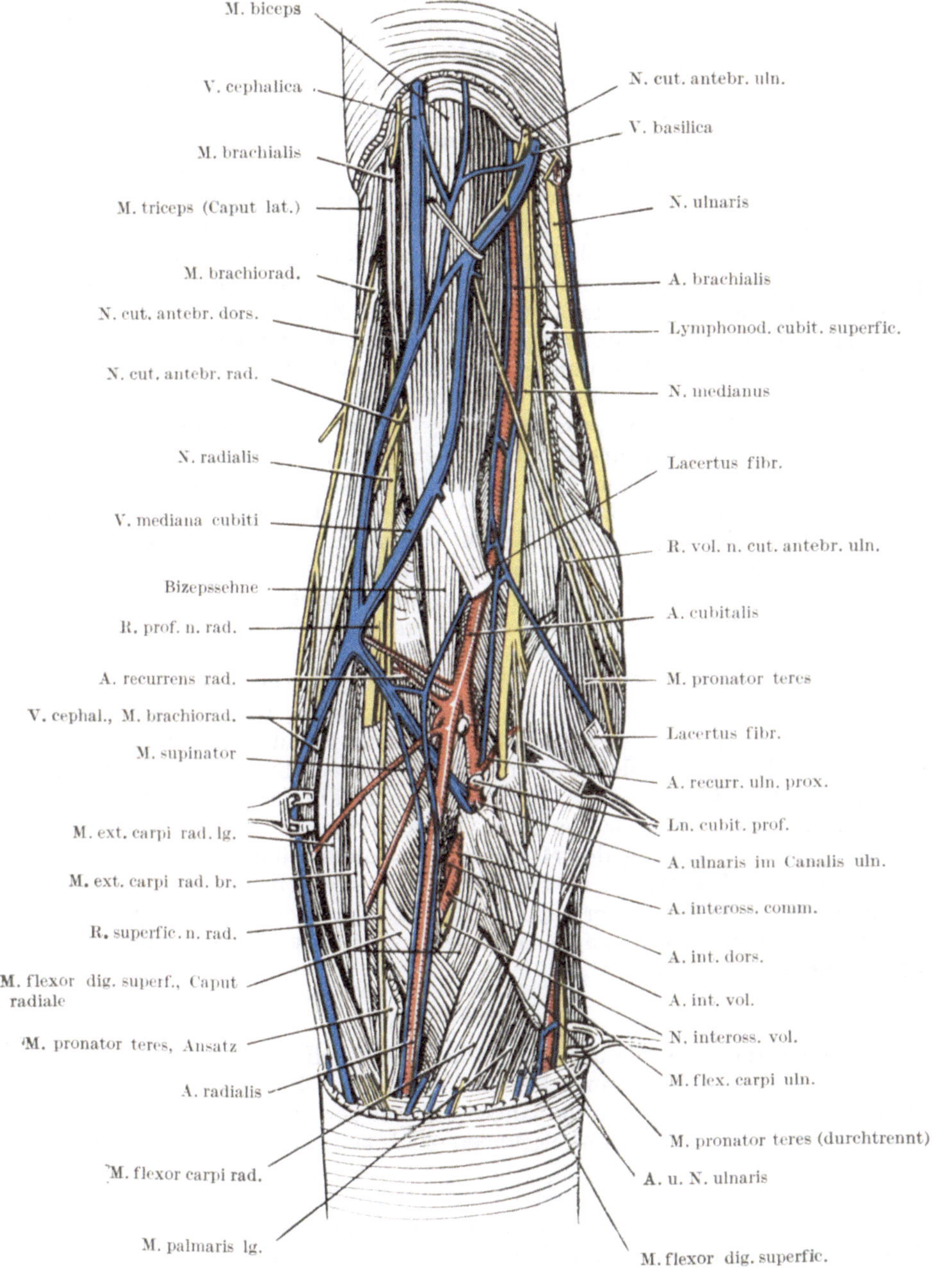

Abb. 263. Fossa cubiti, tiefe Schicht. Nach PERNKOPF.

sich nun die Gefäße und Nerven. Die *A. brachialis* liegt nahe der Mitte der Ellbogenbeuge unmittelbar unter dem Lacertus fibrosus des Biceps und gibt die
A. radialis ab (Abb. 263), die sich in den Sulcus radialis des Vorderarmes ein-

lagert; sie entläßt die *A. recurrens radialis*, die im Sulcus cubitalis radialis proximalwärts zieht und mit der vom Oberarm kommenden A. collateralis radialis anastomosiert. Die Fortsetzung der A. brachialis, jetzt auch *A. cubitalis* genannt, gelangt nach Abgabe einer *A. recurrens ulnaris proximalis* zum Canalis ulnaris unter dem Pronator teres und teilt sich hier in die schwächere *A. interossea communis* (das ursprüngliche Hauptgefäß des Armes) und die stärkere *A. ulnaris*, die weiter in den Canalis und Sulcus ulnaris gelangt und gleich eine *A. recurrens ulnaris distalis* abgibt. Die kurze A. interossea communis teilt sich in die *A. interossea volaris*, die auf der Membrana interossea distalwärts verläuft, um sie am distalen Ende des Vorderarmes zu durchbohren und im Rete carpi dorsale zu enden, und in die *A. interossea dorsalis*, welche sofort die Membran durchsetzt, eine *A. recurrens interossea* abgibt und in der dorsalen Vorderarmmuskulatur endet. Die Arterien sind überall von paarigen, anastomosierenden *Venen* begleitet. *Lymphknoten* liegen teils in der Tiefe der Fossa cubiti an den Gefäßen, teils oberflächlich, etwas proximal vom Ellbogen an der ulnaren Seite, volar vom Septum intermusculare ulnare, noch am distalen Ende des Gefäß-Nervenstranges des Oberarms. Ulnar von der A. brachialis liegt in der Fossa cubiti der *N. medianus*, der aber den M. pronator teres selbst zwischen dessen humeralem und ulnarem Ursprung durchbohrt und im Vorderarmbereich zwischen den oberflächlichen und tiefen Fingerbeugern liegt. Im Sulcus cubitalis radialis, aber tief und vom M. brachioradialis gut gedeckt, liegt der *N. radialis*; der Muskel muß aufgehoben und unterminiert werden, um den Nerven zu finden. Der Nerv liegt somit nach Durchbohrung des Septum intermusculare radiale im Gelenksbereich auf der volaren Seite und muß, um zu seinem Verbreitungsgebiet zu gelangen, auf die dorsale Seite zurückkehren. Dies geschieht erst nach seiner Teilung in den motorischen *Ramus profundus* und den sensiblen *R. superficialis*; der erstere benützt die oben erwähnte Öffnung im M. supinator, den er versorgt; er schlingt sich um den Radius und versorgt die Streckmuskulatur, während der R. superficialis zuerst volar mit der A. radialis im Sulcus radialis antebrachii verläuft und erst ganz distal unter der Sehne des M. brachioradialis wieder auf die Dorsalseite zurückkehrt. Der *N. ulnaris* liegt am Ellbogen auf der Streckseite im Sulcus n. ulnaris humeri neben dem ulnaren Epicondylus; er gelangt, unter einem Sehnenbogen am Ursprung des M. flexor carpi ulnaris hindurchtretend, wieder an die Volarseite des Armes, wo er, immer noch vom Muskel gedeckt, sich der A. ulnaris anschließt. In seiner Lage am Humerus ist er einerseits druckgefährdet (z. B. oft schon bei Rückenlage), anderseits wird er auch bei Verletzung der Gegend leicht mit verletzt.

Vorderarm.

Der Vorderarm (Abb. 264 und 265) ist dadurch kegelförmig gestaltet und distalwärts verschmälert, daß die Muskelbäuche sich hauptsächlich am proximalen Ende finden und sich distalwärts in die langen Sehnen der Handgelenks- und Fingermuskeln fortsetzen. Drei Muskelgruppen sind zu unterscheiden, die Beugergruppe als die stärkste, die Strecker und die radiale Gruppe. Die *Beugergruppe* hat einen gemeinsamen Flexorenkopf am Epicondylus ulnaris humeri, doch setzen sich die Ursprünge auf beide Vorderarmknochen und die Membrana interossea fort. Man kann *drei Schichten* unterscheiden, in der ersten den *Pronator teres*, den *Flexor carpi radialis*, den variablen *Palmaris longus* und den *Flexor carpi ulnaris*, in der zweiten den *Flexor digitorum superficialis* mit vier Sehnen zu den dreigliedrigen Fingern, von denen die für den fünften Finger häufig nur schwach ist, in der dritten den *Flexor digitorum profundus*, wieder mit vier Sehnen, deren Bäuche meist nur unvollkommen getrennt sind, und den *Flexor*

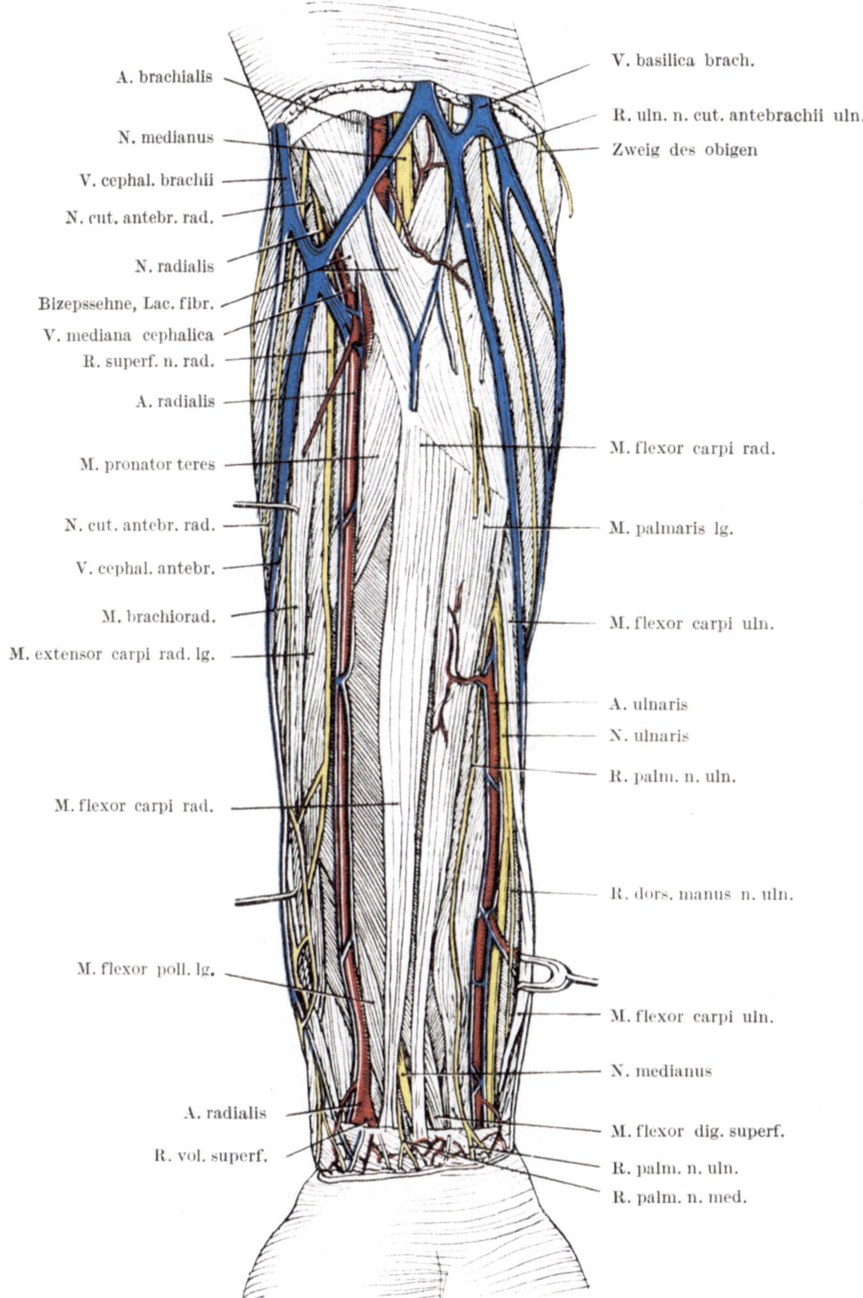

Abb. 264. Subfasciale Gebilde der Volarseite des Vorderarmes. Nach PERNKOPF.

pollicis longus. Als vierte Schicht kann der distal, knapp ober dem Handgelenk gelegene quer verlaufende *M. pronator quadratus* bezeichnet werden. Die Muskeln werden hauptsächlich vom *N. medianus* innerviert, der unter Abgabe von Ästen für die erste und zweite Beugerschicht den Pronator teres zwischen dessen Caput humerale und ulnare durchbohrt und zwischen den beiden Fingerbeugern in der dort liegenden Verschiebeschicht distalwärts verläuft. Er gibt den *N. interosseus volaris* ab für den M. flexor pollicis longus, die Bäuche für den zweiten und dritten Finger des Flexor digitorum profundus und den Pronator quadratus. Nur der Flexor carpi ulnaris und die beiden ulnaren Bäuche des Flexor digitorum profundus werden vom *N. ulnaris* innerviert. Die *Strecker* liegen auf der Dorsalseite des Vorderarmes. Sie sondern sich in zwei Schichten; oberflächlich liegen die Muskeln mit langen Sehnen, der *Extensor digitorum communis, Extensor digiti quinti* und *Extensor carpi ulnaris* (sie entspringen vom Epicondylus radialis humeri, den radialen Ellbogengelenksbändern, der Ulna und der oberflächlichen

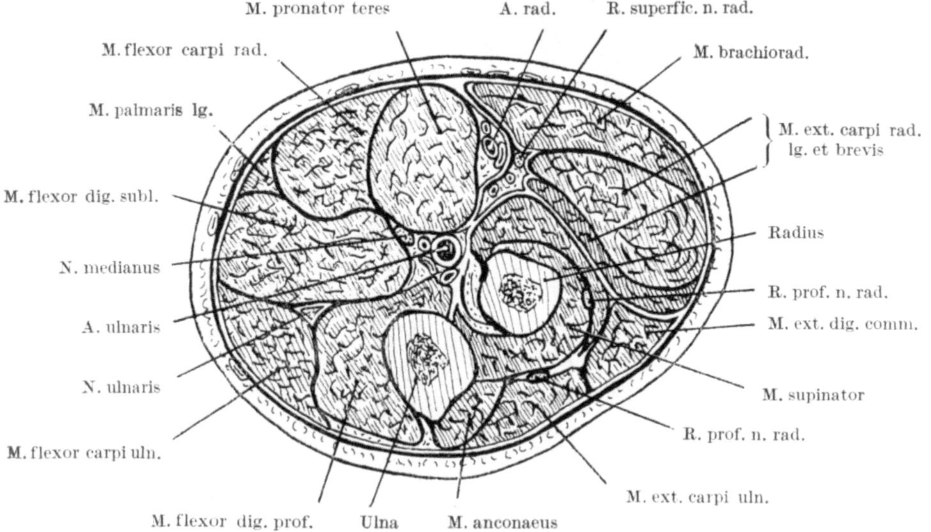

Abb. 265. Querschnitt des rechten Vorderarmes knapp unter dem Ellbogen. Distale Schnittfläche. Nach BRAUNE, aus CORNING.

Vorderarmfascie) und in der Tiefe zweimal zwei Muskeln, die von Radius, Membrana interossea und Ulna entspringen: *M. abductor pollicis longus* und *extensor pollicis brevis*, die mit ihren Sehnen den Radius schräg radialwärts übersetzen, und mehr ulnar der *Extensor pollicis longus* und *Extensor indicis proprius*. Über ihre Insertion s. S. 292. Die *radiale Gruppe* schließlich besteht aus dem *M. brachioradialis*, dessen Ursprung am Humerus und dem Septum intermusculare radiale bereits (S. 284) erwähnt wurde, dann dem *Extensor carpi radialis longus* und *brevis*, die anschließend von Humerus und Septum intermusculare radiale bis zum Epicondylus radialis herunter entspringen, und dem in der Tiefe liegenden *M. supinator* (S. 284). Der Brachioradialis endet schon am Radius, die Extensores carpi radiales an den Basen des zweiten und dritten Metacarpale. Diese Muskeln bilden nun den radialen Rand des schon erwähnten *Sulcus radialis antebrachii* zwischen Beuger- und radialer Gruppe, für die A. radialis und den Ramus superficialis des N. radialis (die Arterie liegt am distalen Ende des Sulcus unmittelbar auf der Volarseite des Radius, und ihr Puls ist dort von allen Arterien am leichtesten zu tasten); im Bereich der Beugergruppe findet sich der erst in der distalen Hälfte des Vorderarmes deutlich werdende *Sulcus antebrachii ulnaris* am radialen Rand der Sehne des M. flexor carpi ulnaris für Art. und N. ulnaris; dort ist auch bei normaler Herztätigkeit der Ulnarpuls zu tasten. Der N. medianus, der zwischen den beiden Fingerbeugern verläuft, gerät in der Nähe des Handgelenks bei Dorsalflexion desselben zwischen den Sehnen des Flexor carpi radialis und Palmaris longus unmittelbar unter die Vorderarmfascie und kann hier leicht aufgesucht werden. In der Tiefe, auf der volaren Seite der Membrana interossea, liegen N. und A. interossea volaris, letztere ulnar vom Nerven. Auf der Dorsalseite liegt der N. und die A. interossea dorsalis unter den langen Fingerstreckern; der Nerv ist der Endast des R. profundus n. radialis, der den Radius an dessen Außenseite distal vom Tuberculum radii umschlungen hat, während die Arterie oben zwischen den Vorderarmknochen hindurchgetreten ist. Erst ober dem Handgelenk kommen beide an die Membran heran, wo das Gefäß mit dem Rete carpi dorsale und dem perforierenden Ast der A. interossea volaris anastomosiert.

Eine *A. mediana*, normalerweise nur Ernährungsast des Nerven, kann als ein Hauptgefäß der Hand bis in diese herabreichen und durch den Canalis carpi in die Hohlhand eintreten, um sich am oberflächlichen Gefäßbogen der Vola zu beteiligen.

Die Hand.

Die Hand ist als Greiforgan für die Leistungsfähigkeit des Menschen von größter Bedeutung; sie ist auch Verletzungen und Infektionen in besonderem Maße ausgesetzt, und deshalb ist ihre Anatomie bis in viele Einzelheiten bedeutungsvoll.

Das *Skelet* (Abb. 266 und 267) setzt sich zusammen aus dem *Carpus* mit zwei Reihen kleiner Knochen, den Ossa carpi oder Carpalia, dem *Metacarpus* mit fünf nebeneinander liegenden langen Knochen, den Ossa metacarpi oder Metacarpalia, und den *Phalangen*, am Daumen zwei, an den andern Fingern je drei Knochen. Diese Knochen sind durch Gelenke verbunden, wobei die Handwurzelknochen mit Ausnahme des Pisiforme innerhalb jeder Querreihe fast starr (amphiarthrotisch) zusammengeschlossen sind. Es bestehen drei Handgelenke, das Radio-Carpal-, Intercarpal- und Carpo-Metacarpalgelenk, dann fünf Finger-Grundgelenke (Metacarpo-Phalangealgelenke) und am Daumen ein, sonst zwei Interphalangealgelenke. Zu diesen kommt noch das distale Radio-Ulnargelenk.

Das *distale Radio-Ulnargelenk* (Abb. 268), zwischen Capitulum ulnae und Incisura ulnaris radii gelegen, hat am Capitulum eine Gelenkfläche, die nur etwa drei Viertel des Köpfchens umkreist, und eine schlaffe Kapsel; zusammengehalten werden die Knochen außer durch die Membrana interossea auch durch den Discus articularis (Abb. 266 und 268), der vom Radius zur Wurzel des Proc. styloides zieht, den Längenunterschied zwischen Radius und Ulna ausgleicht und sich zwischen Ulna und Handwurzel einschiebt. Wenn er, was manchmal vorkommt, in der Mitte durchbrochen ist, so communiciert das Gelenk mit dem Radio-Carpalgelenk. Das Gelenk ist ein Radgelenk, dessen Achse durch die Mitte des Capitulum ulnae und etwas schräg über den Vorderarm verläuft und eine Excursion von ungefähr 120° für Pronation und Supination hat (S. 283).

Das nächste Gelenk, *Articulus radio-carpicus*, liegt zwischen dem Radius, dem anschließenden oben genannten Discus und der proximalen Reihe der Handwurzelknochen (mit Ausnahme des Pisiforme). Radius und Discus bilden eine Pfanne, die Handwurzelknochen einen ellipsoiden Gelenkkörper, bei dem der radio-ulnare Krümmungsradius größer ist als der dorsovolare. Das Gelenk ist zweiachsig, für Dorsal- und Volarflexion und für Radial- und Ulnarabduction. Während für die beiden ersten Bewegungen das Ausmaß ungefähr gleich (für die Volarflexion ein wenig größer) ist, ist die Radialabduction deutlich kleiner als die ulnare, da der Proc. styloides radii die Bewegung bald hemmt. Deshalb

geht die Radialabduction erst bei leichter Dorsalflexion ein wenig weiter. In der
Strecklage liegen Naviculare und Lunatum auf dem Radius, das Triquetrum auf
dem Discus articularis; bei Ulnarabduction wird etwa die Hälfte des Naviculare
vom Radius weg verschoben und das Triquetrum berührt den Radius (Abb. 266),
während bei Radialabduction das Lunatum vom Radius zur Hälfte auf den Discus
verschoben wird. Isolierte Brüche des Naviculare und Lunatum können im Rönt-

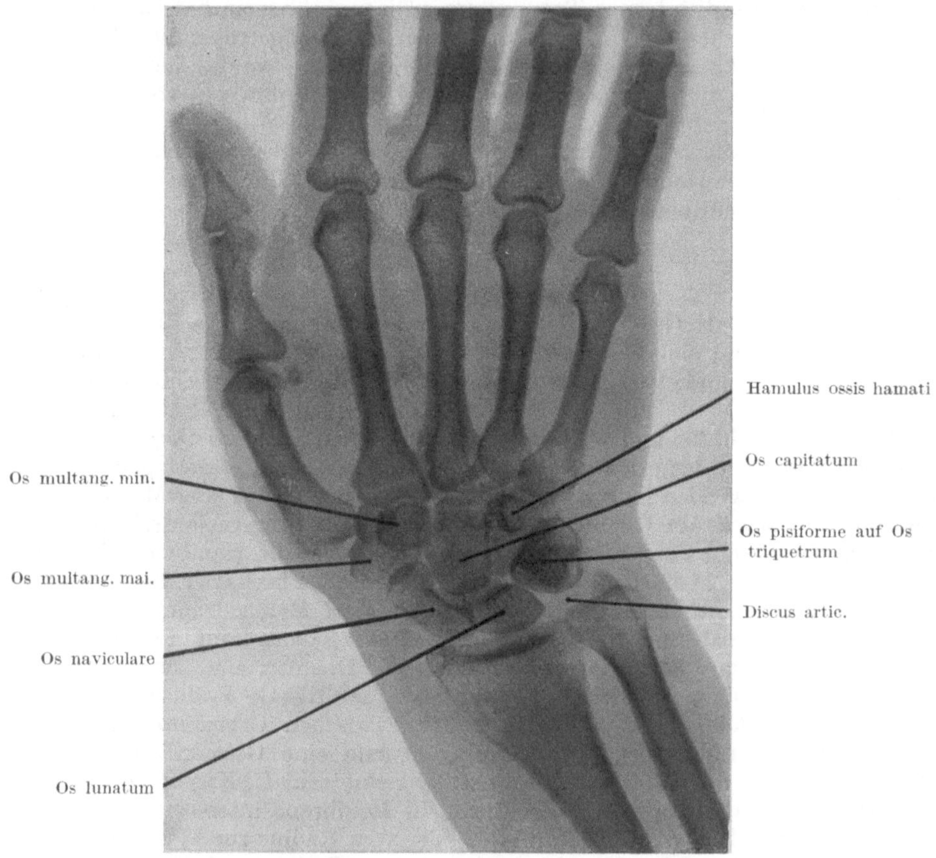

Abb. 266. Röntgenbild der rechten Hand in Ulnarabduktion. Strahlengang dorsovolar. Klinik Prof. SCHÖNBAUER.

genbild erkennbar sein. Das Gelenk zwischen Triquetrum und Pisiforme ist ein
selbständiges Gelenk; das Pisiforme, das Sesambein des M. flexor carpi ulnaris,
überträgt den Muskelzug auf die Handgelenke durch das Lig. piso-hamatum
und piso-metacarpicum (Abb. 270).

Das folgende Gelenk, *Articulus intercarpicus*, zwischen proximaler und distaler
Reihe der Handwurzelknochen, hat eine S-förmige Gelenklinie (Abb. 266 und 268);
radial bildet das Naviculare einen Kopf, die beiden Multangula mit der radialen
Fläche des Capitatum die Pfanne, ulnar das Capitatum mit dem Hamatum den
Kopf, Naviculare, Lunatum und Triquetrum die Pfanne. Das Gelenk ist ein-
achsig, mit querer Achse und Dorsal- und Volarflexion, die sich zu der des proximalen Handgelenks addiert. Die Radio-Ulnarachse steht aber nicht genau
parallel zu der des proximalen Gelenks, sondern kreuzt sie derart, daß sie am

radialen Rand weiter dorsalwärts austritt, wodurch die Randbewegungen verstärkt werden (Abb. 269). Da an der proximalen Reihe (mit Ausnahme des Pisiforme) kein Muskel haftet, so bewegt sich bei den Handbewegungen die ganze Reihe vergleichbar einem Discus articularis je nach Bedarf und führt namentlich bei Radial- und Ulnarabduction zur Verstärkung kippende Bewegungen durch; bei ersterer wird das proximale Gelenk dorsal, das distale volar flectiert und umgekehrt. Die gemeinsame Excursion der Gelenke beträgt für die Volarflexion

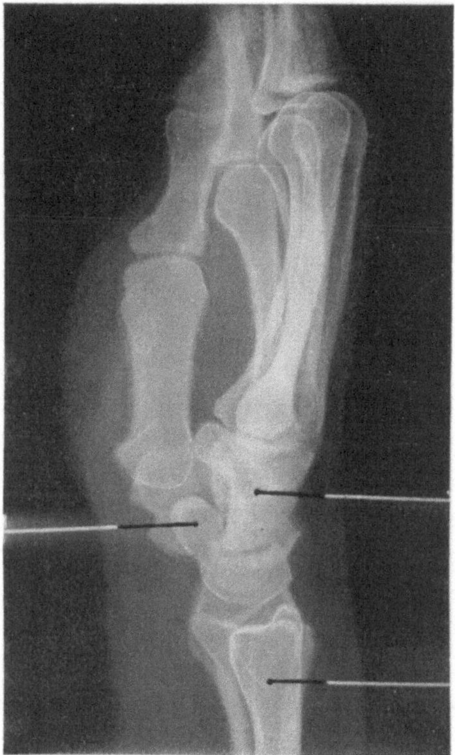

Abb. 267. Röntgenbild der rechten Hand. Film an der ulnaren Seite. Klinik Prof. SCHÖNBAUER.

etwa 80°, für die Dorsalflexion 70°, für die Ulnarabduction 45°, für die Radialabduction bloß 15 bis 20°.

Die dritte Gelenkreihe, die der *Articuli carpo-metacarpici*, ist nicht mehr einheitlich. Das *Daumen-Grundgelenk* ist ein zweiachsiges Sattelgelenk mit schlaffer Kapsel, mit einer dorso-volaren Achse für Ab- und Adduction und einer radio-ulnaren Achse für Opposition und Reposition des Daumens; die Opponierbarkeit des Daumens ist die wichtigste Gelenksbewegung der Hand, da sie die Hand zum Greiforgan macht, so daß der Daumen den übrigen vier Fingern zusammen an Wertigkeit gleichkommt. Die Grundgelenke des zweiten und dritten Fingers sind straffe Amphiarthrosen, das des vierten gestattet eine geringe und das des fünften Fingers eine stärkere Bewegung um eine radio-ulnare Achse aus der Handfläche heraus, so daß besonders der fünfte Finger dem Daumen gegenübergestellt (opponiert) und die Handfläche gehöhlt werden kann. Die Gelenkflächen zwischen Hamatum und fünftem Metacarpale sind wiederum sattelförmig. Die Beweglichkeit der beiden ulnaren Mittelhandknochen kann

leicht geprüft werden, wenn man die Köpfchen derselben faßt und dorso-volar
bewegt. Während das Daumen-Grundgelenk einen selbständigen Gelenkraum
besitzt, hängen die übrigen Grundgelenke untereinander und mit dem Intercarpalgelenk zusammen (Abb. 269). Das proximale Handgelenk ist in der Regel
in sich geschlossen.

Gesichert werden alle diese Gelenke (Abb. 270) erstens durch je ein kräftiges *Lig. radio-carpicum volare* und *dorsale*, dann durch je ein *Lig. collaterale
radiale* und *ulnare*, jederseits von den Procc. styloidei radii et ulnae ausgehend,
dann ein *Lig. carpi radiatum*, volar vom Kopf des Capitatum ausstrahlend,
ein dorsales *Lig. arcuatum* über die Mitte der Handwurzel und kurze *Ligg. carpo-*

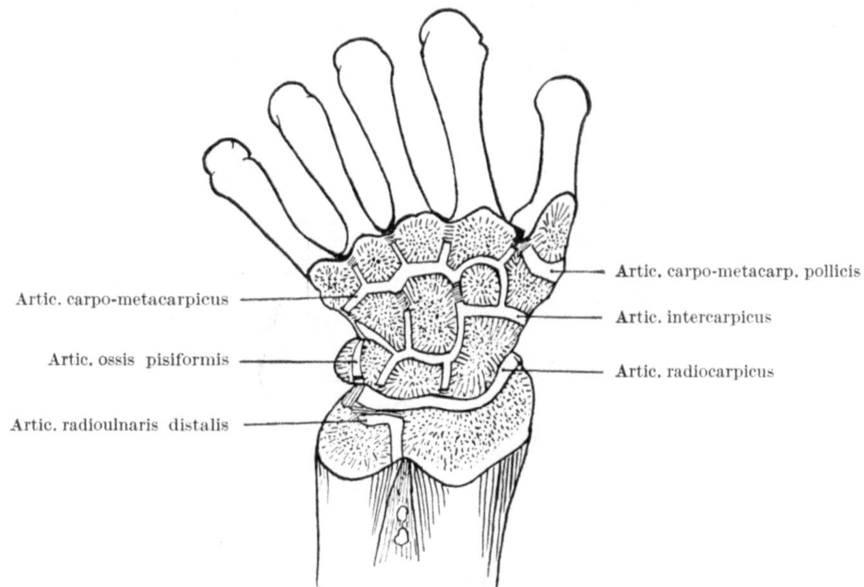

Abb. 268. **Flachschnitt durch die Gelenke einer linken Hand.** Nach TOLDT-HOCHSTETTER.

metacarpica volaria, dorsalia und *interossea*, die noch durch querverlaufende
Ligg. basium (der Metacarpalia) *volaria* und *dorsalia* verstärkt werden. Schließlich hält ein kräftiges queres *Lig. carpi transversum* auf der volaren Seite die
Handwurzel zusammen; es überbrückt den Sulcus carpi von der Eminentia
carpi radialis (Tuberculum ossis navicularis und multanguli maioris) zur Eminentia
carpi ulnaris (Pisiforme und Hamulus ossis hamati) und begrenzt volar den
Canalis carpi für die Sehnen der langen Fingerbeuger, für die es als Sehnenrolle
bei der Volar-Beugung der Hand dient, und für den N. medianus.

Die *Muskeln* der Handgelenke sind die Flexores und Extensores carpi.
Sie überschreiten beide Handgelenke und haften an den Basen der Mittelhandknochen der dreigelenkigen Finger, am zweiten Metacarpale volar der Flexor
carpi radialis, der selbständig in einem Sehnenkanal des Multangulum
maius verläuft und auch gegen den dritten und vierten Mittelhandknochen
ausstrahlt, dorsal der Extensor carpi radialis longus, am dritten Metacarpale
dorsal der Extensor carpi radialis brevis, am fünften volar der Flexor carpi
ulnaris mittels des Lig. piso-metacarpicum (mit einer Nebenhaftung am Hamulus
ossis hamati) und dorsal der Extensor carpi ulnaris; der Daumen bleibt von
diesen Muskeln frei, da er für seine größere Beweglichkeit besondere Muskeln hat.

Die nächste Gelenkreihe, die *Metacarpo-Phalangealgelenke* oder Finger-Grundgelenke sind bei den dreigliedrigen Fingern Kugelgelenke, die aber durch die Ausbildung von *Seitenbändern* aus dem reinen Typus der Kugelgelenke herausfallen. Diese Seitenbänder, deren Ursprung an den Köpfchen der Metacarpalia dorsal verschoben ist, sind in der Streckstellung schlaff, werden aber bei der Volarflexion gespannt, so daß die Finger dann nicht gespreizt werden können und die Greifbewegung der Hand an Festigkeit wesentlich gewinnt. Die Kapsel ist dorsal schlaff, volar durch starke, mit den Grundphalangen fest verwachsene *Fibrocartilagines volares* (Ligg. accessoria volaria) ergänzt; diese nehmen den beim Greifen in der Hohlhand entstehenden Druck auf und sind Widerlager der volar auf ihnen gleitenden langen Finger-Beugesehnen. Sie sind untereinander durch die *Ligg. capitulorum transversa* (die somit nicht an den Köpfchen selbst haften) verbunden. Die Gelenke erlauben Volar- und Dorsalflexion im Gesamtausmaß von etwa 100° und in Streckstellung Ab- und Adduction um den Mittelfinger, wobei dessen eigene Bewegung als Radial- und Ulnarabduction bezeichnet wird. Am Daumen ist das Köpfchen des Metacarpale mehr walzenförmig, die Beweglichkeit des Gelenkes viel geringer, da die Daumenbewegungen hauptsächlich weiter proximal im carpo-metacarpalen Sattelgelenk ausgeführt werden. Doch sind geringe Seitenbewegungen auch am Köpfchen des Metacarpale möglich. In die Kapsel sind zwei *Sesambeine* eingefügt. Solche können auch am Zeigefinger, am dritten und allenfalls am fünften Finger vorkommen.

Die *Interphalangealgelenke* sind Scharniergelenke mit straffen Seitenbändern, schlaffer dorsaler und verstärkter volarer Kapsel und mit Beuge- und Streckbewegungen, die im

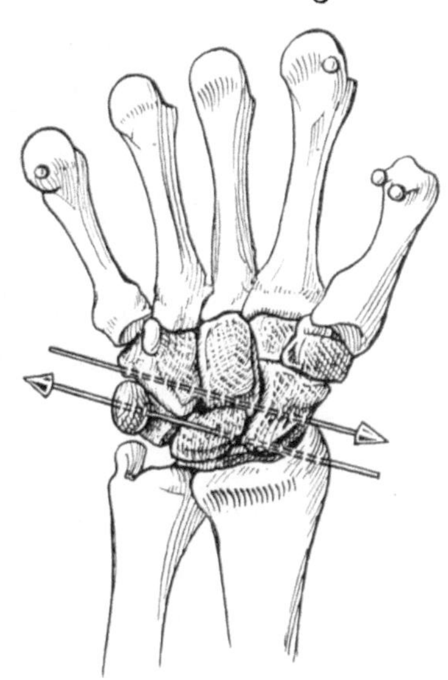

Abb. 269. Flexionsachsen des Radiocarpal- u. des Intercarpalgelenkes. Volaransicht. Nach PERNKOPF, vereinfacht.

distalen Gelenk auch in eine geringe Dorsalflexion übergehen können.

An den Fingergelenken greifen lange und kurze *Muskeln* an. Die langen kommen vom Vorderarm, für den *Daumen* als Beuger der Flexor pollicis longus zur Endphalange, an der Dorsalseite für jeden Knochen ein langer Muskel, für das Metacarpale der Abductor pollicis longus, für die Grundphalange der Extensor pollicis brevis, für die Endphalange der Extensor longus. Bei den *dreigliedrigen Fingern* gibt es volar zwei Beuger, den Flexor digitorum superficialis zur Mittelphalange und den Flexor profundus zur Endphalange, wobei der Superficialis im Bereich der Grundphalange vom Profundus durchbohrt wird (Chiasma tendinum). Dorsal bildet der Extensor digitorum communis auf den dreigliedrigen Fingern je eine Streckaponeurose, die den Finger etwa zur Hälfte einhüllt; sie nimmt an Zeige- und Kleinfinger auch die selbständigen Extensoren dieser Finger auf, haftet durch eine Abspaltung zum Teil an der Grundphalange und verbreitet sich am Grundgelenk in zwei seitliche Zipfel, in welche die Mm. interossei (zum Teil) und die Lumbricales einstrahlen. Diese Muskeln beugen das Grundgelenk und strecken die Interphalangealgelenke. Die langen Sehnen hängen auf dem Dorsum manus durch Juncturae tendinum zusammen (Abb. 272, 275).

Die *kurzen Handmuskeln* sind die eben genannten Interossei und Lumbricales und die Muskeln von Thenar und Antithenar (Daumen- und Kleinfingerballen).

Die *Lumbricales* entspringen von der radialen Seite der Flexor-profundus-Sehnen und gehen zur radialen Seite der Streckaponeurosen der dreigliedrigen Finger; Varietäten sind häufig. Die *Interossei* füllen die Zwischenknochenräume des Metacarpus als vier doppeltgefiederte Interossei externi[1] mit Abductionswirkung (am zweiten und vierten und beiderseits am dritten Finger) und drei einfach ge-

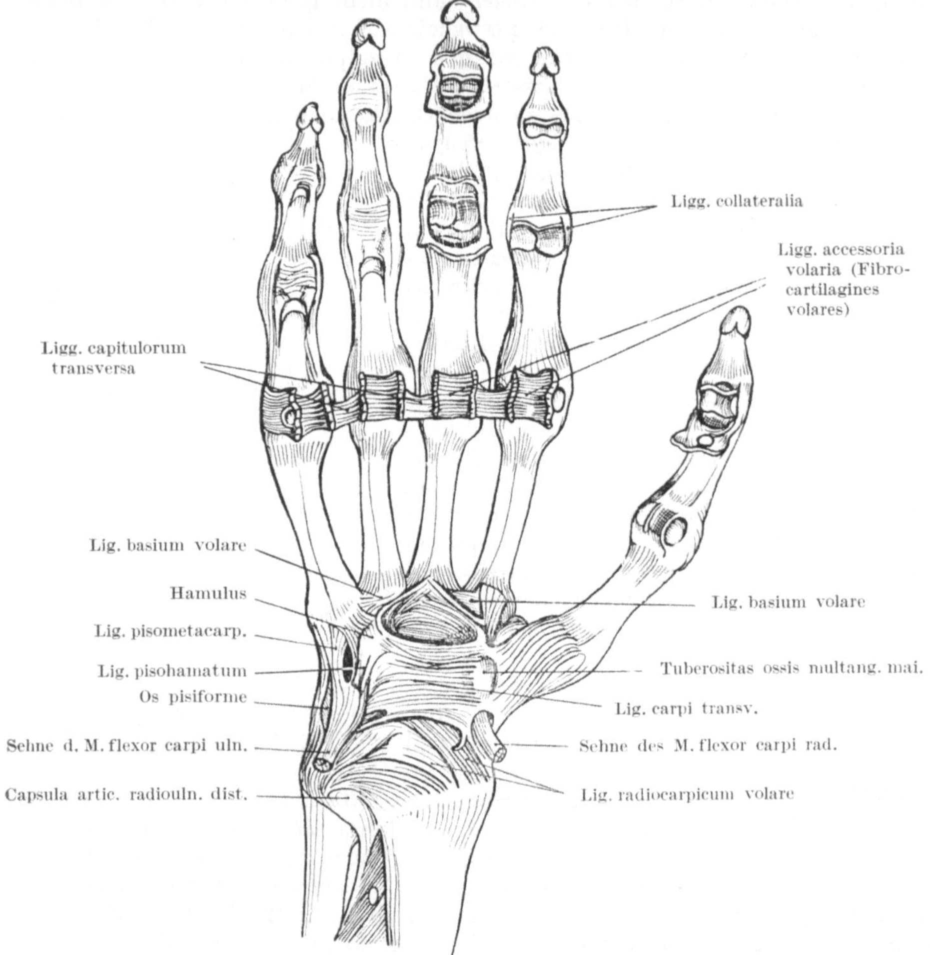

Abb. 270. Bänder der Hand, volare Seite. Nach TOLDT-HOCHSTETTER.

fiederte Interossei interni als Adductoren am zweiten, vierten und fünften Finger. Sie haften teils an der Grundphalange, teils strahlen sie, wie oben erwähnt, in die Streckaponeurose ein. Im *Thenar* findet sich oberflächlich ein Abductor pollicis brevis zum radialen Sesambein des Metacarpo-Phalangealgelenkes, ein Flexor brevis, gleichfalls zum radialen Sesambein, mit einem oberflächlichen und einem tiefen Kopf, zwischen denen die Sehne des Flexor pollicis longus verläuft, ein Adductor pollicis mit einem Caput obliquum von der Handwurzel und einem Caput transversum vom dritten Metacarpale (beide gehen zum ulnaren

---

[1] Diese Muskeln sollen nicht „dorsale" genannt werden, da sie zur volaren Muskulatur gehören und auch von der Volarseite her innerviert werden (BRAUS).

Sesambein) und schließlich der Opponens pollicis, der von der Handwurzel zur radialen Kante des Metacarpale pollicis zieht. Von diesen Muskeln bilden der Abductor brevis und der Flexor brevis hauptsächlich den Daumenballen, der Adductor die Grundlage der Hautbrücke zum Zeigefinger, während der Interosseus externus indicis den dorsalen Fleischbauch zwischen erstem und zweitem Finger hervorruft. Der *Antithenar* enthält oberflächlich den Abductor digiti quinti, der vom Carpus entspringt und wie ein Interosseus externus ulnar an der Basis der Grundphalange und der Streckaponeurose haftet, den Flexor brevis dig. V. zur Grundphalange, den Opponens zum ulnaren Rand des Metacarpale V, beide vom Carpus entspringend und nur unvollkommen trennbar, schließlich den mechanisch wenig bedeutsamen M. palmaris brevis, der vom Lig. carpi transversum und der Palmaraponeurose oberflächlich quer in die Haut des Kleinfingerballens ausstrahlt und A. und N. ulnaris in der Vola deckt (Abb. 275).

Die *Palmaraponeurose* ist die Fortsetzung des M. palmaris longus (Abb. 275) über das Lig. carpi transversum hinaus, an dem er eine Haftung besitzt. Die Aponeurose wird durch quere Faserzüge zusammengehalten und zerfällt in vier Zipfel, die an den Sehnenscheiden der dreigliedrigen Finger im Bereich der Fingergrundgelenke haften. Schrumpfungen der Fascie oder einzelner ihrer Fingerabteilungen können zu Fingercontracturen führen.

Die *Innervation* der kleinen Handmuskeln ist eigenartig und praktisch sehr bedeutungsvoll. Der wichtigste Nerv ist der *Ramus profundus* des *N. ulnaris* (Abb. 275); er ist der eine Endast des Ulnaris. Dieser betritt radial vom Pisiforme, durch den Knochen, den M. palmaris brevis und ein Fettpolster geschützt, die Vola ziemlich oberflächlich und zerfällt in R. superficialis und profundus. Letzterer geht zwischen Flexor brevis und Abductor dig. V. in die Tiefe, verläuft bogenförmig innerhalb der tiefen Palmarfascie proximal vom tiefen Arterienbogen (Abb. 276) und innerviert die ulnaren zwei Lumbricales, alle Interossei, den Adductor pollicis und den tiefen Kopf des Flexor brevis pollicis, während die zwei radialen Lumbricales, das Caput superficiale des Flexor brevis pollicis und der Abductor brevis und Opponens pollicis vom *N. medianus* innerviert werden. Der *Radialis* versorgt keinen Muskelbauch im Bereich der Hand, sondern nur am Vorderarm die Streckergruppe und die radiale Gruppe; von den langen Beugern innerviert der Medianus den größten Teil, der Ulnaris den Flexor carpi ulnaris und den tiefen Beüger der zwei ulnaren Finger. Daraus ergeben sich die sehr charakteristischen Handstellungen durch die entsprechenden Lähmungen und die Contracturen der nicht gelähmten Antagonisten bei Lähmung je eines der genannten drei Hauptnerven: die *Fallhand* (Unfähigkeit zur Dorsalflexion) bei der Radialislähmung, bei der im übrigen die Fingerbewegungen einschließlich der Streckung einigermaßen durch die andern Nerven ermöglicht werden, die *Schwurhand* bei Medianuslähmung (Unfähigkeit zur Beugung der drei radialen Finger, während die zwei ulnaren durch den Flexor profundus gebeugt werden können; auch als *Affenhand* wird die im Medianusbereich gelähmte Hand bezeichnet, wegen der krampfhaften Adduction des Daumens bei gelähmtem Abductor und Flexor brevis); und schließlich die *Krallenhand* bei Ulnarislähmung, die schwerste unter den hier genannten Schädigungen. Sie ist hauptsächlich durch die Lähmung der Interossei bedingt, denn diese beugen die dreigliedrigen Finger im Grundgelenk und strecken die Interphalangealgelenke; bei ihrer Lähmung bringen die Antagonisten dieser Bewegungen die Finger in die krampfhaft festgehaltene Krallenstellung, bei der die langen Strecker die Dorsalflexion im Grundgelenk, die langen Beuger die Volarflexion der Interphalangealgelenke bewirken. Der Daumen steht in Abduction infolge Lähmung des Adductors, während seine übrige Beweglichkeit erhalten ist.

Die *Sehnenscheiden* der Hand sind häufig Verletzungen und Infectionen ausgesetzt, wobei nicht nur die Beweglichkeit des befallenen Gebietes ausgeschaltet ist, sondern die Gefahr des Absterbens der Sehne (mit nachträglicher Ausstoßung) auftritt. Die Scheiden sind röhrenförmige, von einer Synovialhaut ausgekleidete Gleitkanäle der langen Sehnen; auch die Sehnen sind von Synovialhaut überzogen und hängen durch eine band- oder gekröseartige Falte (Mesotenon, mit Gefäßen) mit der Wand zusammen. Die Scheiden sind teils volar, teils dorsal

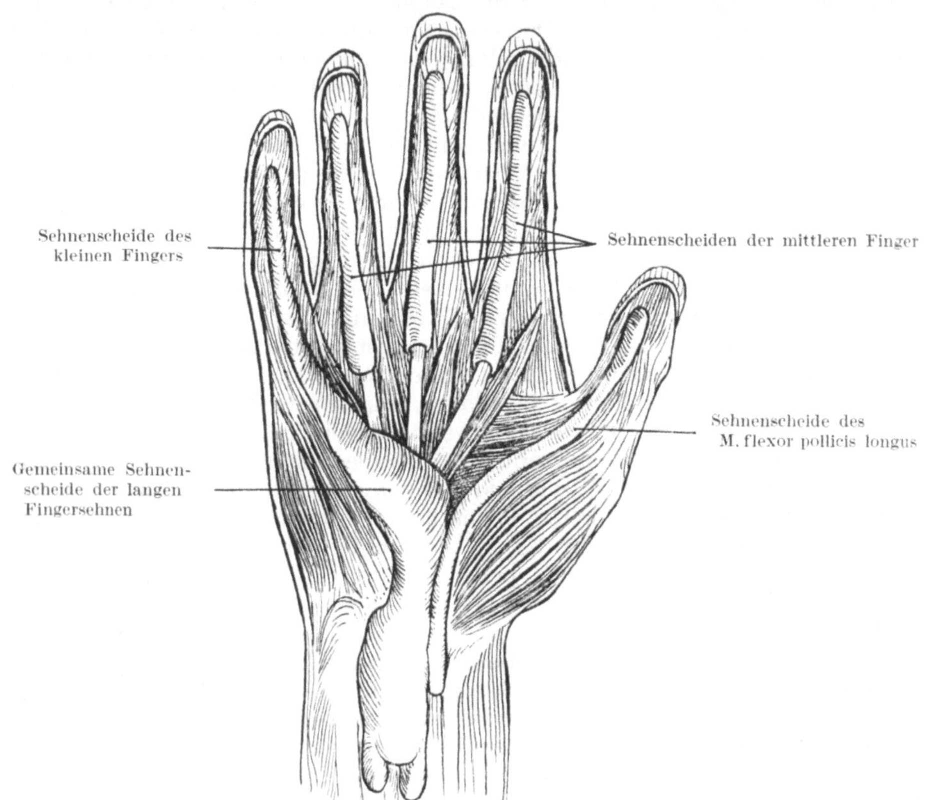

Abb. 271. Sehnenscheiden der Hohlhand. Lig. carpi transv. entfernt. Nach DAVIS.

gelegen. Die größten liegen volar im Canalis carpi (Abb. 271); die eine umgibt den Flexor pollicis longus und reicht an dessen Sehne meist bis zur Endphalange (doch kann das Endstück am Finger auch selbständig sein), die zweite enthält die acht Sehnen der beiden langen gemeinsamen Fingerbeuger und erstreckt sich nur am kleinen Finger bis zum Endglied. Nicht selten hängen die Lichtungen beider Scheiden im Canalis carpi zusammen. Eine dritte, in der dorsalen Wand des Carpalkanals verlaufende selbständige Scheide ist die des Flexor carpi radialis in der Rinne des Os. multangulum maius (Abb. 275). Die carpalen Scheiden überragen das Lig. carpi transversum proximalwärts etwa fingerbreit; an den drei mittleren Fingersehnen reicht die Scheide distalwärts ungefähr bis in die Mitte der Hohlhand. Diese Finger haben in ihrem freien Teil eigene Scheiden, die von der Basis des Nagelgliedes bis über die Fibrocartilago volaris des Grundgelenkes reichen. Das Mesotenon der Sehnen geht von der dorsalen Wand aus. An der Dorsalseite der Handgelenke (Abb. 272) liegen sechs Sehnenfächer unter dem Lig. carpi

dorsale; zwei von ihnen hängen zusammen, so daß fünf selbständige Sehnen-
räume auftreten. Sie betten sich in Rinnen des distalen Radius- und Ulnaendes
ein und überragen das Ligament in der Längsrichtung nach beiden Seiten um
1 bis 2 cm. Es sind ganz radial ein Fach für M. abductor pollicis longus und extensor poll. brevis, dann eines für die beiden Extensores carpi radiales und, sie
schräg überkreuzend und räumlich zusammenhängend, die Scheide des Extensor

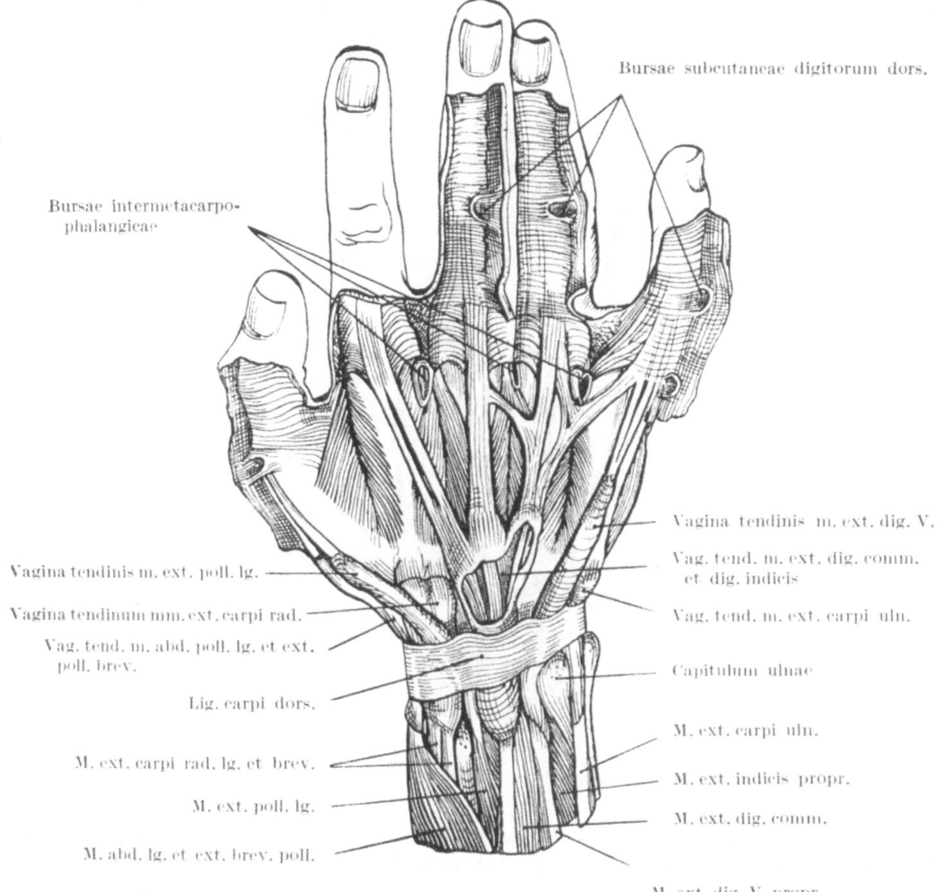

Abb. 272. Sehnenscheiden und Schleimbeutel am Handrücken. Nach Toldt-Hochstetter.

pollicis longus, dann ein Fach für den Extensor digitorum communis und digiti
indicis, ein eigenes Fach für den Extensor dig. quinti, dessen Sehnenscheide weiter
auf das Dorsum reicht als die Nachbarn, und schließlich, in die dorsale Sehnen-
furche des Ulnaköpfchens eingebettet, das Fach für den Extensor carpi ulnaris.

Bindegewebsräume der Hand. Außer den Sehnenscheiden gibt es an der Hand
von Fascien begrenzte Bindegewebsräume, die bei Eiterungen abgegrenzt in
Erscheinung treten können. Der größte Raum (*Spatium palmare medium*) liegt
in der Hohlhand dorsal von den Sehnen der langen Beuger und hat distalwärts
zipfelartige Fortsätze zwischen den Fingern bis nahe an die Interdigitalfalten
der Haut; proximalwärts reicht er bis nahe an die Handgelenke und wird von den
gegen die drei mittleren Finger gerichteten Ausläufern der gemeinsamen Flexoren-

Sehnenscheide überlagert. Ein vom dritten Metacarpusknochen ausgehendes meist unvollständiges Septum teilt das Gebiet in einen radialen, dem M. adductor pollicis ventral aufliegenden, und einen ulnaren Raum. Eine tiefe Hohlhandfascie, in welcher der Arcus volaris profundus mit dem Ramus profundus n. ulnaris liegt, bedeckt die Mm. interossei. Der Raum enthält die langen Fingersehnen, die Mm. lumbricales, den Arcus volaris superficialis mit den Aa. digitales volares. Zwischen den Fascienzipfeln an den Fingerbasen quillt bei guter Ernährung das Fett polsterartig vor; tiefe Krankheitsprocesse der Vola, namentlich Eiterungen, können zwischen den Fascienzipfeln oder am seitlichen Rande des Raumes sich

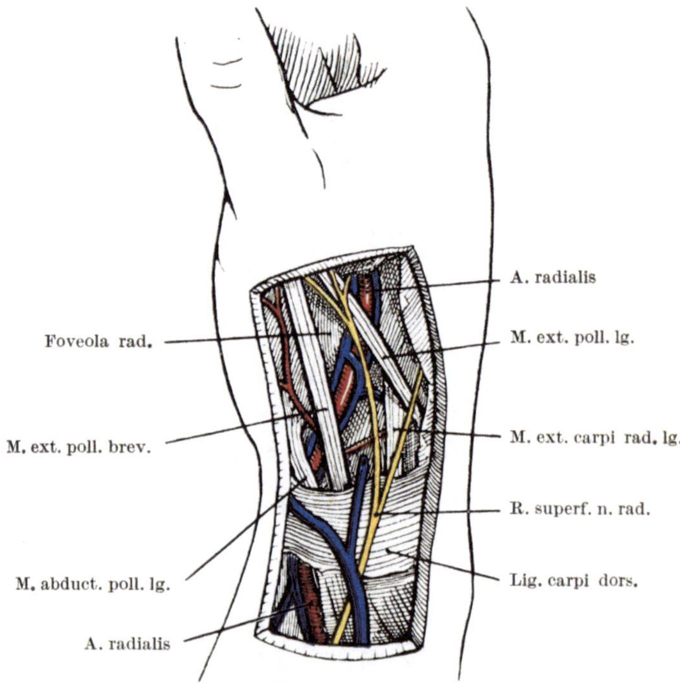

Abb. 273. Topographie der Foveola radialis („Tabatière") am Dorsum manus. Nach CORNING.

vordrängen. Auch dorsal vom M. adductor pollicis, aber volar vom zweiten Metacarpale findet sich ein solcher Raum, und die Fascien der Thenar- und Antithenarmuskulatur bilden die Grenzen von eigenen, entsprechenden Räumen. Am Dorsum manus bilden die Extensoren-Sehnen mit ihren Juncturae tendinum das Dach eines unvollständig gegen das subcutane Gewebe abgegrenzten subaponeurotischen Gleitraumes, der anderseits von den Ossa metacarpi und den Mm. interossei externi begrenzt wird.

Oberflächlich ist die Hand auf der volaren Seite durch zwei ausgeprägte *Knickungsfurchen der Haut* gegen den Vorderarm abgesetzt; sie entsprechen ziemlich genau dem Radiocarpal- und Intercarpalgelenk. Ein oder zwei weniger scharfe Furchen können proximal davon vorkommen. Die distale unter den erstgenannten Furchen entspricht auch ungefähr dem proximalen Rand des Lig. carpi transversum. Bei Anspannung der Muskeln und volar gebeugter Hand sind hier die zur Hand verlaufenden Sehnen des Flexor carpi radialis, des Palmaris longus und, durch einen Zwischenraum getrennt, in dessen Tiefe die langen Fingerbeuger bei Fingerbewegungen getastet werden können, die Sehne des Flexor

carpi ulnaris bis zum Pisiforme zu sehen bzw. zu tasten. Radial von der erstgenannten Sehne, auf dem Knochen, ist die A. radialis, radial von der letzten,
mehr in der Tiefe, die A. ulnaris zu finden. Der N. medianus ist bei Dorsalflexion
oberflächlich zwischen den Sehnen des Flexor carpi radialis und Palmaris longus
zu finden (S. 288, 289), der N. ulnaris ulnar von der Arterie im Sulcus antebrachii ulnaris. Muskeln und Gefäße sind von einem verstärkten, an das Lig.
carpi transversum anschließenden quergefaserten Teil der Fascia antebrachii,
dem Lig. carpi volare, bedeckt. Am radialen Rand des Handansatzes springen

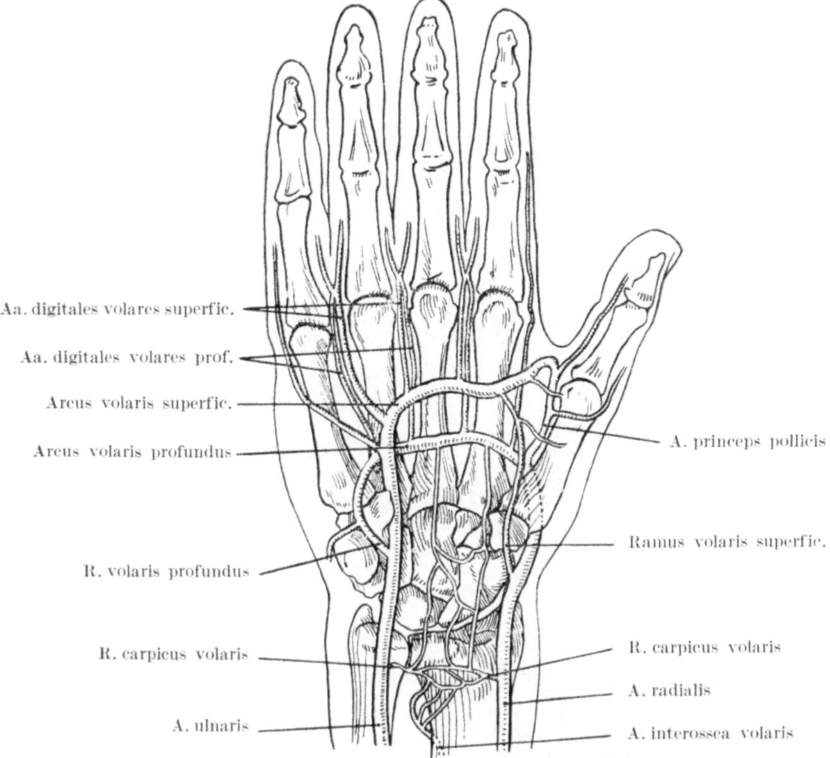

Abb. 274. Arterien der Hand, auf das Skelett projiziert. Nach DAVIS.

die Sehnen des Abductor pollicis longus und Extensor pollicis brevis gemeinsam
vor und, schon am Dorsum, die schräg verlaufende Sehne des Extensor pollicis
longus (Abb. 273); zwischen ihnen sinkt die Haut zur *Foveola radialis*
(Tabatière, beim Schnupfen von Tabak verwendet) ein, und in der Tiefe derselben ist der Puls der A. radialis zu tasten, die dann im Winkel zwischen
erstem und zweitem Mittelhandknochen (wo der Puls nochmals tastbar ist)
zwischen den beiden Fiederbäuchen des Interosseus externus indicis in die
Vola eindringt. Ulnar von der Sehne des Extensor pollicis longus und proximal
von den Metacarpusbasen sind bei Volarflexion der Hand in der Tiefe die Sehnen
der beiden Extensores carpi tastbar. Dann folgen auf dem *Dorsum manus* die
langen Finger-Strecksehnen (Abb. 277), durch Juncturae tendinum mehrfach
zusammenhängend, und zuletzt die Sehne des Extensor carpi ulnaris mit dem
Ansatz an der Basis des fünften Metacarpale. Weite netzartig verbundene Hautvenen, die sich in die großen Venen des Vorderarmes (V. cephalica und basilica)

fortsetzen, sind für das Dorsum manus bezeichnend, während die ungemein dichten und viel feineren Venennetze der Volarseite sich nur präparativ darstellen lassen. In der Vola finden sich im Bereich der die Papillarleisten tragenden Haut charakteristische Knickungslinien, die als Handlinien zu viel Aberglauben Anlaß geben. Sie sind einigermaßen erblich fixiert. Eine

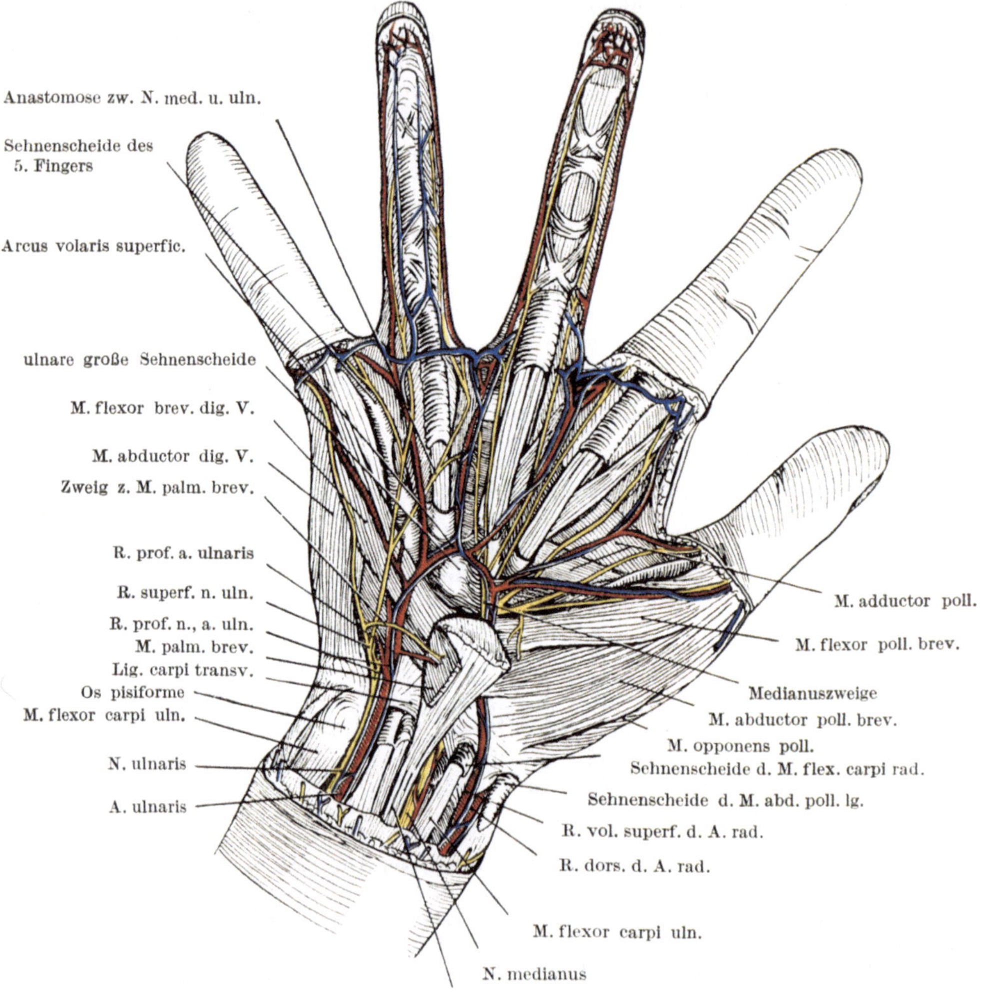

Abb. 275. Subfasciale Gebilde der Vola manus. Palmaraponeurose entfernt. Nach PERNKOPF.

umgreift den Thenar, eine liegt im Bereich der Grundgelenke der drei ulnaren Finger; eine dazwischen liegende, die radial am Grundgelenk des Zeigefingers beginnt, ist besonders variabel und ebenso eine etwa in der Mitte der Vola distalwärts verlaufende Linie.

Gefäße und Nerven der Volarseite (Abb. 274 bis 276). Unmittelbar unter der Palmaraponeurose liegt etwas proximal von der Mitte der Handfläche die wichtigste Gefäßverbindung der Hand, der *Arcus volaris superficialis*, der hauptsächlich von der A. ulnaris gebildet und von einem variablen Ramus volaris der A. radialis,

der entweder in der Muskulatur des Daumenballens, von ihr einigermaßen druckgeschützt, oder (selten) subcutan verläuft, geschlossen wird. Von ihm gehen
drei bis vier Aa. digitales communes aus, die sich an den Fingern in die Aa.
digitales volares propriae (eine für jeden Fingerrand) teilen. Die Versorgung des
Daumens erfolgt wechselnd aus dem tiefen oder seltener aus dem oberflächlichen
Bogen (s. unten). Die Aa. digitales volares versorgen ähnlich den Nerven auch
die dorsale Seite der Mittel- und Endphalangen. Gleichfalls unter der Palmaraponeurose, dorsal vom Arcus, liegen die volaren Handnerven. Der *Medianus*
liegt im Canalis carpi volar auf den Sehnenscheiden und spaltet sich in drei Nn.
digitales communes, die in sieben *Rami digitales volares proprii* zerfallen; von

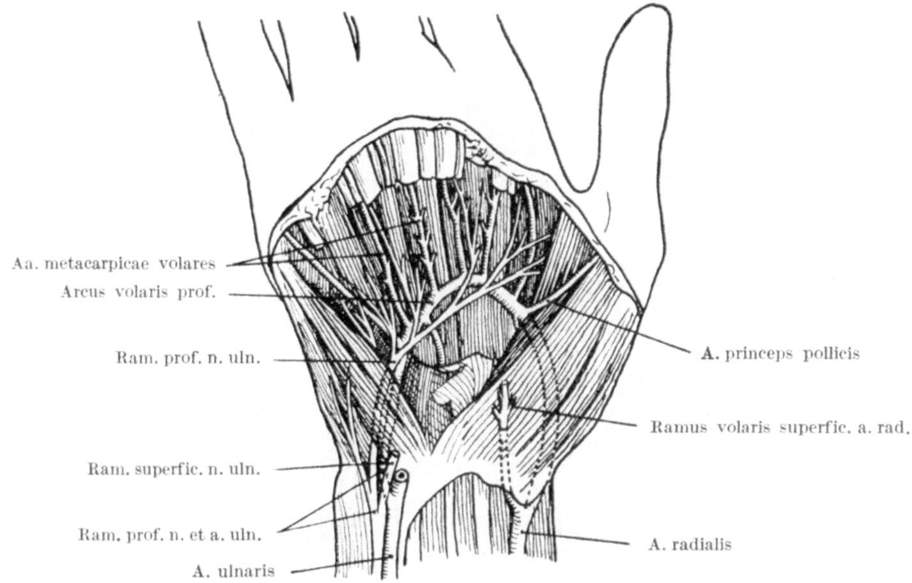

Abb. 276. Tiefer Hohlhandbogen und tiefer Ast des N. ulnaris. Kombiniertes Bild.

ihnen gibt der radialste (zum radialen Daumenrand) die Nerven für die Thenar-
muskulatur (M. abductor pollicis brevis, opponens und oberflächlichen Kopf
des Flexor brevis) ab. Der dritte und fünfte Nerv versorgen je einen Lumbricalis.
Die Nerven liegen an den Seitenrändern der Finger, druckgeschützt, und versorgen auch die Dorsalseite der dreigliedrigen Finger im Bereich der Mittel-
und Endphalangen; sie versorgen Daumen, Zeige- und Mittelfinger und die radiale
Seite des vierten. Der *Ulnaris* betritt die Vola an der radialen Seite des Pisiforme,
von diesem und dem M. palmaris brevis druckgeschützt; er gibt den *Ramus
profundus* ab, der distal vom Erbsenbein zwischen M. flexor brevis und Abductor
dig. V. in die Tiefe dringt; der verbleibende *Ramus superficialis* gelangt unter
die Palmaraponeurose und teilt sich in drei *Rami digitales volares proprii* für
die ulnare Seite des vierten und den fünften Finger, die wie die Medianusäste
verlaufen und sich verzweigen. An allen Fingerästen hängen makroskopisch
präparierbare Vater-Pacinische Körperchen in großer Anzahl. Eine in der Vola
gelegene Anastomose mit dem Medianus bewirkt einen individuell wechselnden
Faseraustausch. Unter den langen Beugesehnen der Hohlhand, in der tiefen
Hohlhandfascie auf den Mm. interossei, liegen der *Ramus profundus* des *N. ulnaris*
und distal davon (aber näher der Handwurzel als der oberflächliche Bogen)

der Arcus volaris profundus. Der Nerv versorgt alle Antithenarmuskeln, alle Interossei, die zwei ulnaren Lumbricales, den Adductor pollicis und den tiefen Kopf des Flexor pollicis brevis. Er ist somit verantwortlich für die Krallenhandstellung bei der Ulnarislähmung (S. 295). Der *Arcus volaris profundus* entsteht

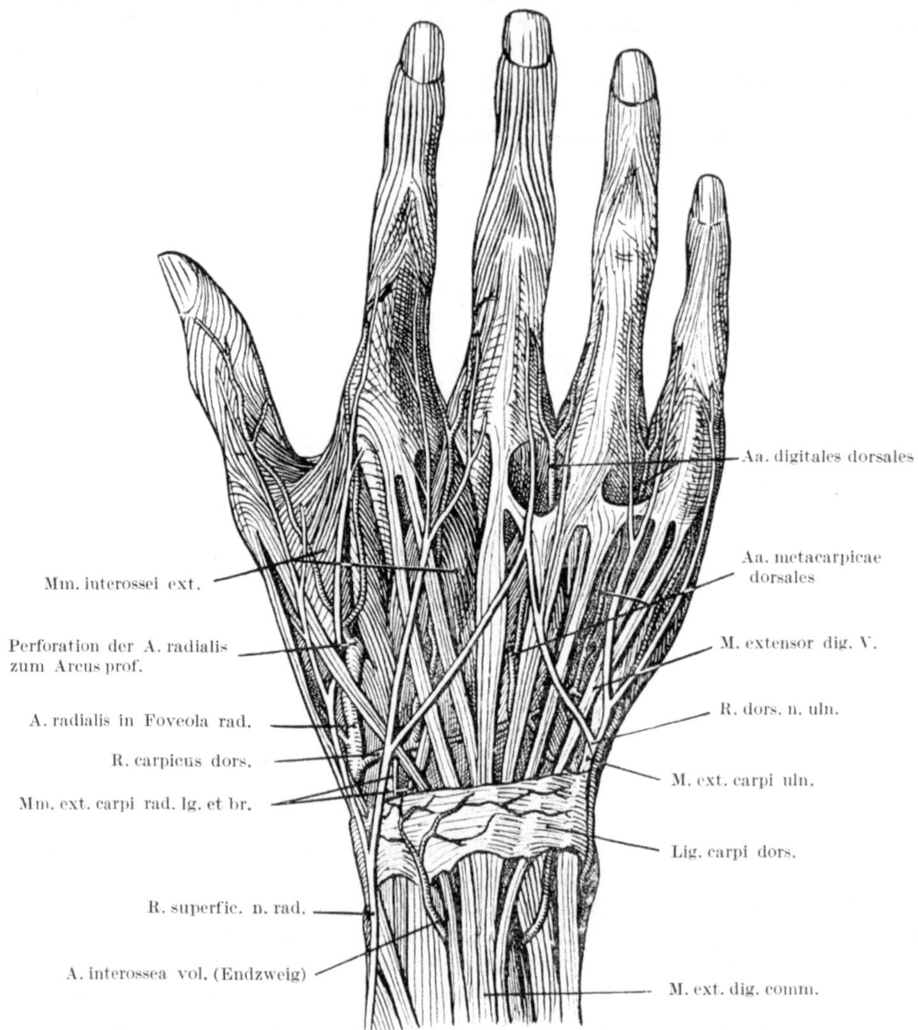

Abb. 277. Dorsum manus nach Entfernung der Fascie. Nach CORNING.

hauptsächlich aus der von der dorsalen Seite perforierenden Fortsetzung der A. radialis und aus einem schwächeren Ramus profundus der A. ulnaris, der entweder mit dem tiefen Nervenast zwischen den Antithenarmuskeln oder distal von diesen in die Tiefe getreten ist. Von dem Arcus gehen *Aa. metacarpicae volares* ab, die mit den Aa. digitales anastomosieren, und intermetacarpal perforierende Äste zum Rete carpi dorsale. Die A. radialis hat sich nach Durchbohrung des M. interosseus externus indicis (s. S. 299) in die *A. princeps pollicis* und den Ast zum Arcus profundus geteilt; die erstere versorgt zusammen mit der radialsten A. digitalis communis aus dem Arcus superficialis in wechselnder Anordnung den Daumen.

Auf dem *Dorsum manus* (Abb. 277) erfolgt die *Gefäßversorgung* (abgesehen von dem Stamm der A. radialis in der Foveola radialis, S. 299) durch einen wechselnd ausgebildeten Ramus carpicus dorsalis der Radialis und durch kleinere Äste aus dem Rete carpi dorsale, das von den Endästen der beiden Aa. interosseae antebrachii (von denen die volare am distalen Ende der Membrana interossea diese perforiert) und von den oben genannten perforierenden Ästen des Arcus volaris profundus gespeist wird. Aus dem Netz entstehen Aa. metacarpicae dorsales und kleine Aa. digitales dorsales. Die *Nerven* der Dorsalseite sind der *Ramus superficialis* des *Radialis* und der *R. dorsalis manus* des *Ulnaris*. Der erstere begibt sich am distalen Ende des Vorderarmes unter der Sehne des M. brachioradialis auf die Dorsalseite und zerfällt in fünf *Rr. digitales dorsales*, welche die Haut der Radial- und Dorsalseite des Daumens und die Grund- und Mittelphalanx des zweiten und dritten Fingers bis zur Halbierungslinie des letzteren versorgen; auch die Radialseite des Daumenballens gehört noch zum Radialis-Gebiet. Der *Ramus dorsalis manus* des *Ulnaris* geht noch am Vorderarm unter der Sehne des Flexor carpi ulnaris über das Köpfchen der Elle hinweg auf das Dorsum und zerfällt dort wie der Radialis in fünf *Rami digitales dorsales*, die die Haut der Grund- und Mittelphalangen versorgen. Eine Anastomose mit dem Radialis ist die Grundlage der nicht seltenen Varietäten der Nervenverteilung.

Zusammenfassend ist somit die Innervation der Hand auf die drei großen Armnerven derart aufgeteilt, daß für die sensible Innervation volar die Grenze zwischen Medianus und Ulnaris durch die Mitte des vierten Fingers, dorsal die Grenze zwischen Radialis und Ulnaris durch die Mitte des dritten Fingers geht, mit Ausnahme der Endphalangen der dreigliedrigen Finger, an denen auch dorsal der Medianus bis zur Mitte des vierten Fingers reicht. Der erste und zweite Finger werden sensibel von Medianus und Radialis, der dritte von allen drei Nerven, der vierte von Medianus und Ulnaris, der fünfte bloß vom Ulnaris versorgt. Motorisch hat der Radialis im Bereich der Hand kein Gebiet; der Medianus versorgt die radiale (größere) Hälfte des Thenar und zwei Lumbricales, der Ulnaris die meisten Handmuskeln (Antithenar, Interossei, zwei Lumbricales, Adductor pollicis und Caput prof. des Flexor brevis pollicis) und ist für alle Finger einschließlich des Daumens unentbehrlich.

Hinsichtlich der *Dermatome* ist die Hand hauptsächlich das Gebiet von C_8, doch ist auch C_7 und am ulnaren Rand Th_1 beteiligt (Abb. 255 und 256). Die Grenzen stimmen mit denen der peripheren Nerven nirgends überein.

Untere Extremität.

Hüftgegend.

Das Bein setzt sich gegen den Rumpf vorn in der Leistenbeuge, seitlich und rückwärts durch die Crista ossis ilium und die Grenzen des Kreuzbeins, medial durch den Sulcus genito-femoralis ab. Die Grenze ist somit viel schärfer als die der oberen Extremität, was hauptsächlich darauf beruht, daß der Beckengürtel mit seiner praktisch vernachlässigbaren Eigenbeweglichkeit in das Rumpfgebiet eingefügt ist. Allerdings ist das Becken im Ganzen nicht unwesentlich beweglich, aber nur zusammen mit der Wirbelsäule bzw. ihrem pelvinen Anteil, dem Sacrum, wobei die Bewegung hauptsächlich im Bereich der Lendenwirbelsäule erfolgt. Auch hier wie beim Schultergürtel kommt diese Beweglichkeit in erster Reihe der Extremität zugute.

Da in der Leistenbeuge der Oberschenkel sich unmittelbar an die vordere Bauchwand anfügt, kann von einer eigenen Hüftgegend nur seitlich und rückwärts gesprochen werden, wobei die dorsale Region besonders als *Gesäß-* oder *Glutaealregion* unterschieden wird. Seitlich ist der *Trochanter maior* des Oberschenkels das maßgebende Gebilde; er zeigt die Lage und Bewegung des Femur an und liegt (normal) in der ROSER-NÉLATONschen Linie, einer Verbindung des Tuber ossis ischii mit der Spina ilica ventralis.

Dermatome des Beines. Wieder bilden die Dermatome (die zu den Rückenmarksnerven gehörigen Hautgebiete) an der unteren Extremität lange streifenförmige Zonen, die keine Beziehungen zu den peripheren Nerven haben (Abb. 278 und 279). Sie überlagern sich im Gegensatz zu den Gebieten der peripheren Nerven ausgiebig und zeigen auch eine nicht unbeträchtliche Variabilität.

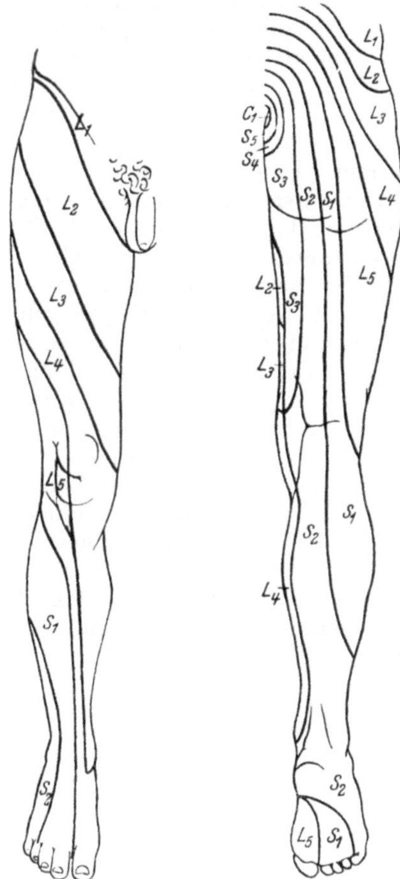

Abb. 278 und 279. Die Dermatome der unteren Extremität. Vorder- und Rückseite. Aus PERNKOPF.

Hüftgelenk. Das Hüftgelenk (Abb. 280 und 281) ist ein Kugelgelenk, dessen Pfanne *(Acetabulum)* vom Hüftbein unter Beteiligung aller drei Hüftknochen und zweier eigener Verknöcherungen im Bereich des Pfannenknorpels *(Ossa aceta-buli)* beigestellt wird, während der Kopf des Oberschenkels *(Caput femoris)* auf einem Stiel, dem *Collum femoris*, in die Pfanne gebracht wird. Die Pfanne ist in der Mitte nicht überknorpelt, sondern rauh und an ihrem unteren Rand

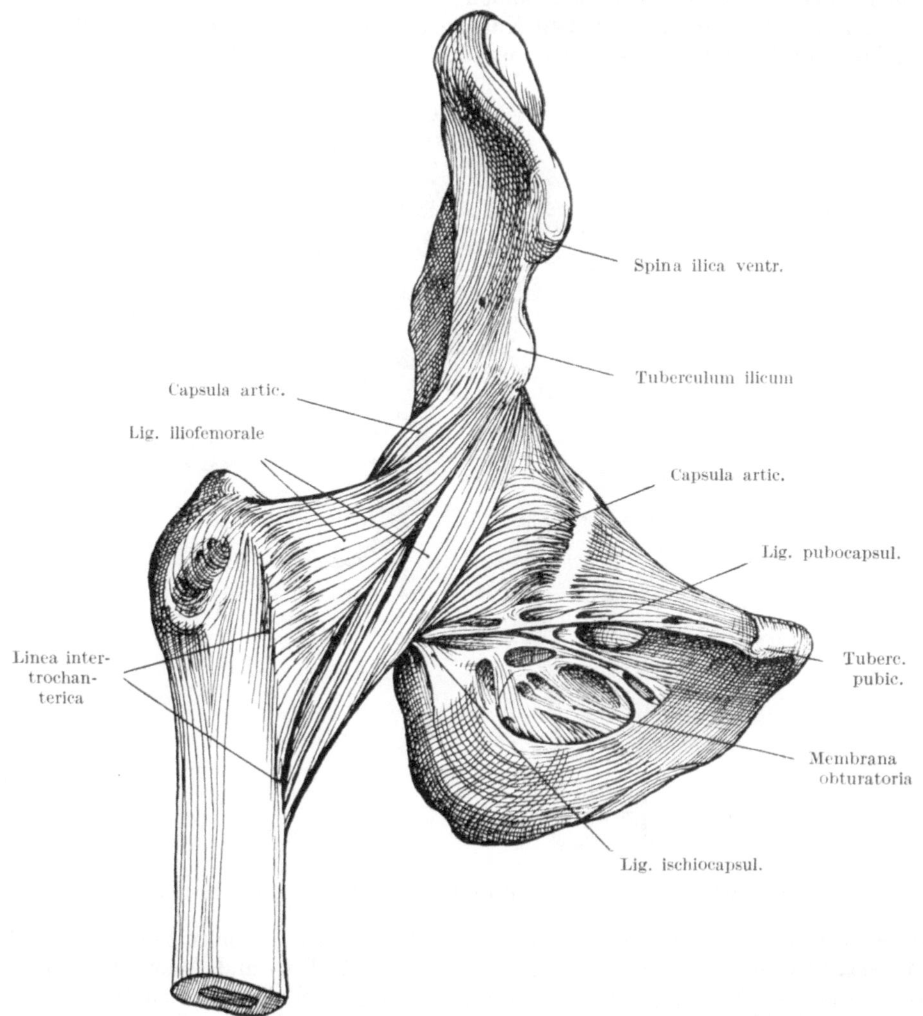

Abb. 280. Hüftgelenk, ventrale Ansicht. Nach TOLDT-HOCHSTETTER.

ausgeschnitten *(Incisura acetabuli)*; von der rauhen Mitte entspringt das *Lig. capitis femoris* (Abb. 281), das in einer *Fovea capitis femoris* haftet. Die Pfanne ist rings von einem *Labium articulare* umgeben, das sich auch über die Incisur als *Lig. transversum acetabuli* hinwegsetzt (in Abb. 281 im Querschnitt); das Labium ergänzt die Pfanne zu etwas mehr als einer halben Hohlkugel, so daß der Kopf in ihr gefaßt wird (Nußgelenk, Enarthrosis); das Gewicht der Extremität wird durch den Luftdruck getragen, solange nicht Luft in die Pfanne eintreten kann. Der Kopf ist auf etwa zwei Drittel einer Kugelfläche überknorpelt und mit dem Collum schräg auf den Schaft aufgesetzt. Während beim Schultergelenk die Pfanne klein, der Kopf dem Oberarm breit aufgesetzt und die große Beweglichkeit unter Hinnahme der Gefahr der Luxation erzielt ist, ist beim Hüftgelenk durch tiefe Einfügung des Kopfes in die Pfanne die Gefahr der Verrenkung zwar sehr herabgesetzt, dafür aber die Möglichkeit des Schenkelhalsbruches (eine häufige Verletzung) in Kauf genommen.

Dem Gelenk können wie jedem Kugelgelenk drei Achsen zugeordnet werden: eine horizontale frontale für Flexion und Extension mit einem Bewegungsausmaß

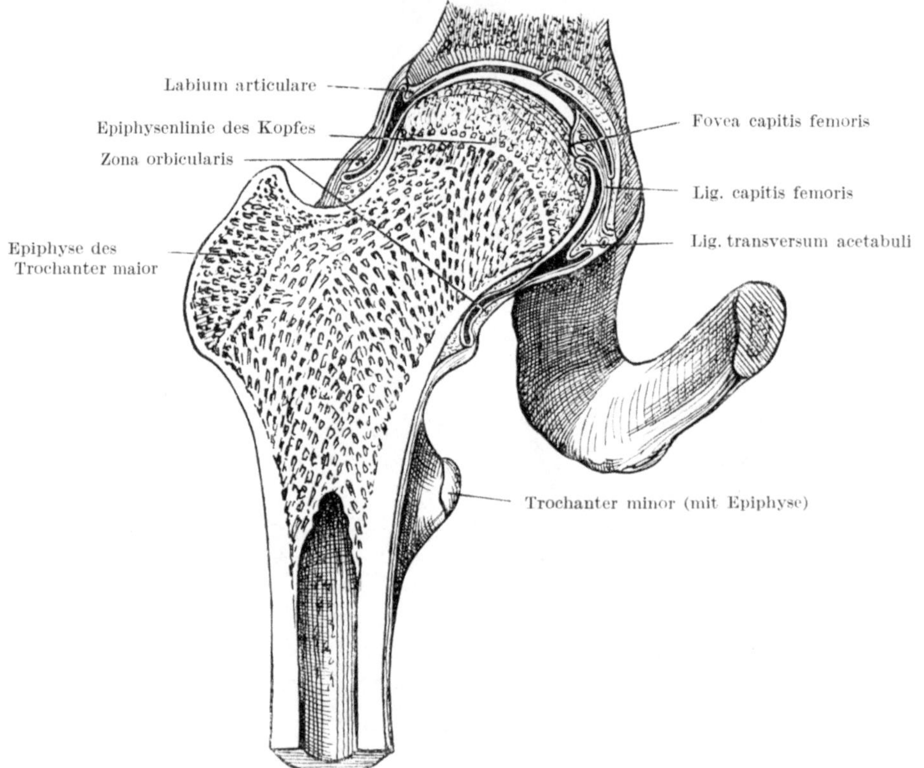

Abb. 281. Rechtes Hüftgelenk im frontalen Durchschnitt. Nach TOLDT-HOCHSTETTER.

von etwa 120°, eine horizontal-sagittale für Ab- und Adduction mit etwa 50° und eine vertikale (längs durch das Bein verlaufend) für Ein- und Auswärtsrotation von wieder etwa 50°. Aus der Verbindung der beiden ersten ergibt sich die Circumduction. Die Mittelstellung mit möglichst allseitig erschlaffter Kapsel ist eine halbe Flexion, Abduction und Außenrotation. Von ihr ausgehend, sind die Bewegungen des Gelenkes im Ausmaß nicht wesentlich geringer als im Schultergelenk. Die Begrenzung der Bewegungen geschieht teilweise durch Knochenhemmung, wie besonders bei der Ab- und Adduction (einerseits stößt der Trochanter maior an den oberen Pfannenrand, anderseits der Femurschaft an den Sitzknorren), teilweise durch Weichteilhemmung, wie bei der Flexion, wenn der Oberschenkel an die Weichteile des Bauches stößt, hauptsächlich aber durch Bänderhemmung, besonders durch das stärkste Band des Körpers, das *Lig. iliofemorale* (Abb. 280), das vom Tuberculum ilicum (Spina iliaca ant. inf.) zur Linea intertrochanterica der Vorderseite des Oberschenkels verläuft. Es begrenzt und hemmt in erster Linie die Extension in der dem aufrechten Stand entsprechen-

den Gelenkstellung, stellt das Gelenk darin fest und ermöglicht das anstrengungs-
reife amuskuläre Stehen, soweit das Hüftgelenk in Betracht kommt, sobald die
Schwerlinie hinter die Flexionsachse des Gelenks fällt (vgl. hiezu auch Abb. 191).
Das Band hemmt auch die Ab- und Adduction und die Rotationen im Gelenk.
Außerdem besitzt das Gelenk je ein *Lig. ischio-* und *pubocapsulare*, die von den
Wurzeln der Rami der betreffenden Knochen abgehen und in die ringförmig den
Schenkelkopf nahe am Hals umfassende *Zona orbicularis* einstrahlen, so daß
der Kopf in diesem Faserzug förmlich aufgehängt ist. Manchmal steht der Gelenk-
raum in Verbindung mit der *Bursa iliopectinea* zwischen M. iliopsoas und dem
Lig. iliofemorale. Von den drei proximalen Epiphysen des Femur hat nur die
des Caput eine Beziehung zum Gelenk; sie liegt vollkommen innerhalb der Kapsel
(Abb. 281). Ihr werden während der Entwicklung die Gefäße durch das Lig. capitis
femoris, dem eine mechanische Bedeutung kaum zukommt, zugeführt; sie stammen
aus einem Ramus acetabuli der Art. obturatoria. Später wird auch das Caput
hauptsächlich durch Gefäße versorgt, die den Hals entlang unter der Synovialhaut
an der Vorder- und Rückseite verlaufen; sie stammen aus den beiden Aa. circumflexae femoris. Die Vorderfläche des Collum ist fast ganz, die hintere Fläche
zur Hälfte in den Kapselraum aufgenommen, so daß Schenkelhalsbrüche leicht
gänzlich intracapsulär liegen und die Ernährung des Kopfes gefährden können.

Die sehr reiche *Muskulatur* des Hüftgelenkes läßt sich in Beuger, Strecker
und Adductoren gliedern, wobei aber Nebenwirkungen wie besonders die Rotation
eine große Rolle spielen; die Abduction wird von der Streckergruppe mit übernommen. Allerdings kann eine Abgrenzung gegen die Oberschenkelmuskulatur
dabei nicht durchgeführt werden, da ein großer Teil der Muskeln zweigelenkig,
an Hüft- und Kniegelenk, arbeitet. Die Wirkung hängt übrigens vielfach von
der Ausgangsstellung ab und kann auch für einzelne Teile des Muskels verschieden,
ja gegensätzlich sein. Der wichtigste Beuger ist der *M. iliopsoas*, dessen Ursprung
bereits beschrieben wurde (S. 178 und Abb. 173); er kommt von der Wirbelsäule
und dem Darmbeinteller und gelangt durch die Lacuna musculorum unter dem
Lig. inguinale zu seinem Ansatz, dem Trochanter minor. Dieser liegt an der
Innenseite des Oberschenkels; je nach der Stellung des Hüftgelenks und der
Größe des individuell verschiedenen Winkels zwischen Schaft und Hals des Oberschenkels kann der Muskel verschiedene rotatorische Wirkungen haben. Wenn
er von einer Erkrankung der Wirbelsäule in Mitleidenschaft gezogen wird (soge-
nannter Senkungsabscess tuberculöser Natur innerhalb der Muskelfascie), so
bringt er das Bein durch krampfhafte Zusammenziehung in Flexion, Abduction
und Außenrotation. Stark ist auch die Beugewirkung des *Rectus femoris*, der
vom Tuberculum ilicum und dem oberen Pfannenrand entspringt, aber distal
an der Patella haftet und als Kniestrecker fungiert (S. 310). Als Beuger
wirken außerdem der *Tensor fasciae latae* und der *Sartorius*, der *Pectineus*
und die ventrale Schicht der *Adductoren* (S. 310), alle mit verschiedenartiger
rotierender Nebenwirkung. Die wichtigsten *Strecker* sind der *Glutaeus maximus*
und die drei vom Tuber ischiadicum zum Unterschenkel ziehenden Muskeln,
die „ischiocruralen" Muskeln, der *Semitendineus, Semimembranaceus* und das
Caput longum des Biceps femoris. Sie teilen sich in die Streckwirkung ungefähr
so, daß der Glutaeus maximus bei gleichzeitig gebeugtem Hüft- und Kniegelenk
beide Gelenke streckt (aus dem Sitz, der Hocke, beim Stiegensteigen), während
die ischiocruralen Muskeln, die ja gleichzeitig Kniebeuger sind, besonders bei
gestrecktem Knie arbeiten (Aufrichtung des vorwärts gebeugten Beckens bzw.
Rumpfes bei Rumpfneigung nach vorn, gemeinsam mit den Rückenstreckern). Der
Glutaeus maximus besteht aus schräg über die Dorsalseite des Hüftgelenks verlaufenden Fasern, von denen der craniale Anteil in den Tractus iliotibialis übergeht und

damit auch das Knie streckt, während der caudale Anteil an der Tuberositas glutaea femoris haftet. Wegen seines schrägen Verlaufes hat der Muskel eine stark nach außen rotierende Nebenwirkung. Der bis zu 4 cm dicke Muskel weist eine grobe Bündelgliederung auf, besitzt nur eine dünne äußere, aber derbe

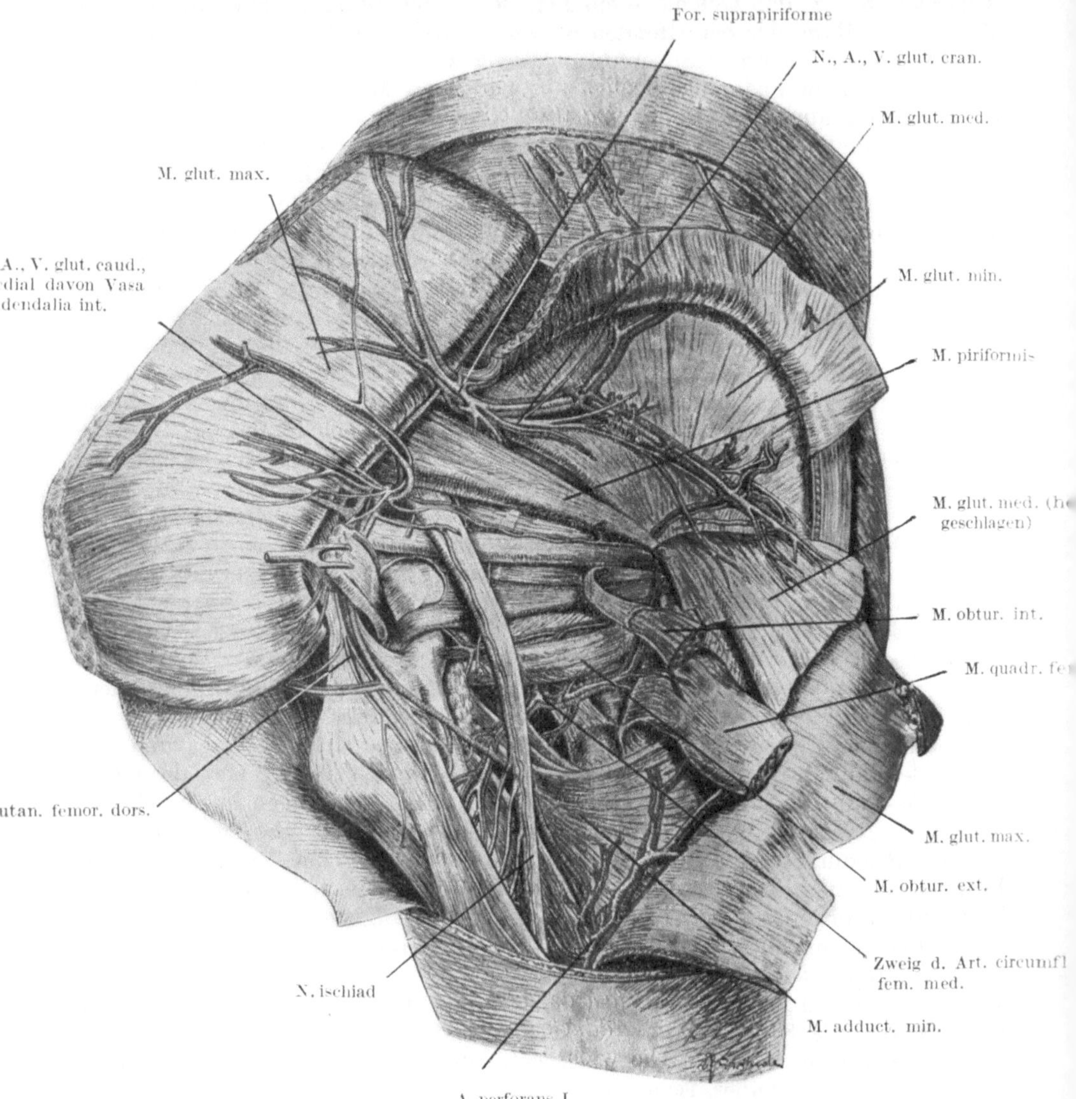

Abb. 282. Tiefe Schicht der Regio glutaea. Nach PERNKOPF.

innere Fascie und darunter eine lockere Verschiebeschicht, welche den Muskel von den tieferen Muskellagen trennt; zwischen der Sehne und dem Trochanter maior liegt eine große Bursa trochanterica. Vor dem Glutaeus maximus (ventral von ihm), aber noch teilweise von ihm gedeckt, liegen die beiden andern Glutaei, die Hüftmuskeln im engeren Sinn (Abb. 282). Der *Glutaeus medius* entspringt von der kranialen Hälfte der Außenfläche des Darmbeins und inseriert an der Spitze des Trochanter maior, der *Glutaeus minimus* entspringt von dem darunter liegenden Teil der Darmbein-Außenfläche und haftet gleichfalls am Trochanter maior, aber mehr an der Vorderseite. Diese beiden Glutaei, in ihrer Wirkung ähnlich, sind die kräftigsten Abductoren des Hüftgelenkes, wie schon aus der Stärke des Knochenansatzes am Trochanter und der Länge ihres Hebelarmes (der Distanz vom Mittelpunkt des Femurkopfes zum Trochanter) hervorgeht. Ihre Hauptwirkung entfalten sie beim Gehen und einbeinigen Stehen; wenn ein Bein gehoben wird (Abb. 238), so fällt die Unterstützung des Beckens auf dieser Seite weg, aber ein Herabsinken des Beckens wird durch die Anspannung dieser Muskeln auf der Gegenseite (die Muskeln werden bei jedem Schritt auf der Seite des Standbeins augenblicklich hart) verhindert. (Die Muskeln teilen sich in dieser Arbeit des Beckenhaltens mit dem *Erector trunci* am Rücken, der gleichfalls bei jedem Schritt einseitig, aber auf der Seite des Spielbeines, hart wird.) Wegen der fächerförmigen Anordnung der Fasern haben die Muskeln auch Einfluß auf die Rotation, aber mit ihrer ventralen Hälfte im Sinne der Auswärtsrotation, mit der dorsalen entgegengesetzt. Unter dem Glutaeus maximus (Abb. 282) liegt nun eine ganze Reihe von Muskeln, die wesentlich Außenrotatoren sind: der *Piriformis*, der an der Innenfläche des Kreuzbeins entspringt (S. 200), durch das Foramen ischiadicum maius austritt und zur Fossa trochanterica zieht, der *Obturator internus*, der an der Innenfläche des kleinen Beckens entspringt (S. 199), durch das Foramen ischiadicum minus austritt und, von zwei kurzen äußeren Köpfen, den *Mm. gemelli*, begleitet, gleichfalls zur Fossa trochanterica verläuft, der *Obturator externus* mit gleicher Insertion, an der Membrana obturatoria und ihrem Knochenansatz entspringend, und der *Quadratus femoris* vom Tuber ischiadicum zur Crista intertrochanterica femoris. Diesen vielen Außenrotatoren stehen als Innenrotatoren die entsprechenden Anteile der kleinen Glutaei und der zur Adductorensehne verlaufende Anteil der Adductoren gegenüber, besonders der distale Teil des Adductor magnus. Näheres beim Oberschenkel (S. 312).

Gesäß.

Die Gesäßgegend grenzt sich von außen durch die quere Gesäßfurche, *Sulcus glutaeus*, ab. Sie begrenzt nach unten die *Gesäßbacken*, *Nates* oder *Clunes*, zwischen denen die Afterfurche, *Crena ani*, gelegen ist. Die quer verlaufende Gesäßfurche bildet mit den schräg absteigenden Fleischbündeln des Glutaeus maximus (Abb. 174) einen Winkel, der durch den Fettkörper der Gesäßgegend ausgefüllt wird. Dieser verschiebt sich bei Bewegung des Hüftgelenks nach vorn bis auf den Sitzknorren, den er unterpolstert. Die mächtige Entwicklung der Gesäßbacken und des Glutaeus maximus sind spezifisch menschliche Bildungen, die durch den aufrechten Gang bedingt sind. Die *Lymphgefäße* der Haut der Nates ziehen mit denen der Rückseite des Oberschenkels zwischen den Beinen nach vorn zu den Leistendrüsen. Am unteren Rande des Glutaeus maximus kommen die Gebilde der *Rückseite des Oberschenkels* (Abb. 287) hervor: die ischiocruralen Muskeln, der N. ischiadicus und cutaneus femoris dorsalis und die aus letzterem stammenden Nn. clunium caudales (inferiores), die um den Muskelrand herum nach aufwärts verlaufen. Nach Durchschneidung des Glutaeus maximus kommt die tiefe Muskulatur, besonders der Piriformis und das Foramen supra- und infrapiriforme (vgl. S. 201), dann der Obturator internus mit den Gemelli und caudal davon der Quadratus femoris zum Vorschein (Abb. 282). Durch das *Foramen suprapiriforme* treten der N. glutaeus cranialis und die Vasa glutaea cranialia für M. glutaeus medius und minimus aus; der Piriformis ist häufig vom Glutaeus medius nicht deutlich zu trennen und Nerv und Gefäße begeben sich gleich in die Schicht zwischen den kleinen Glutaei. Dabei liegen die Gefäße dem Knochenrand der Incisura ischiadica maior so innig an, daß sie chirurgisch nicht leicht zu fassen sind. Typisch gibt die Arterie auch einen Ast an den Glutaeus maximus ab. Aus dem *Foramen infrapiriforme* treten der N. glutaeus caudalis und die Vasa glutaea caudalia aus, die sich durch die lockere Verschiebeschicht unter dem M. glutaeus maximus an diesen begeben, dann der kleinfingerdicke N. ischiadicus mit einer schwachen A. comes n. ischiadici aus der A. glutaea caudalis, frühembryonal die Hauptarterie der unteren Extremität, medial vom Ischiadicus der N. cutaneus femoris dorsalis, und ganz medial, auf der Spina ischiadica oder dem Lig. sacro-spinale, die Vasa pudendalia interna und daneben, näher dem Kreuzbein, der N. pudendalis, die sich um die Spina herumschlingen, um aus dem For. ischiadicum maius in das For. isch. minus zu gelangen und in den ALCOCKschen Kanal und weiter in die Fossa ischiorectalis einzutreten (S. 231). Manchmal ist der N. ischiadicus schon proximal vom For. infrapiriforme in N. tibialis und fibularis geteilt; dann tritt der letztere durch den M. piriformis hindurch, also weiter cranial, selb-ständig aus der Beckenhöhle heraus.

Oberschenkel.

Am Oberschenkel ist eine Vorder- und Rückseite zu unterscheiden und eine mediale und laterale Seite, die von der Jenenser Nomenklatur als tibial und fibular bezeichnet werden.[1] Die Vorderseite des Oberschenkels (Abb. 123 und 128) ist von einer starken Fascie, der *Fascia lata*, bedeckt; sie beginnt am Lig. inguinale und zeigt unterhalb desselben, nahe an dessen medialem Ende, die *Fossa ovalis* für den Durchtritt der V. saphena magna, der V. epigastrica superficialis, der V. pudendalis externa nebst kleinen gleichnamigen Arterien sowie der ober-flächlichen Lymphgefäße des Beines, des Genitales, des Perineums und der Glutaealregion. Aufgelagert sind die Lymphonodi inguinales superficiales (Abb. 128). Die Fascie wird gleich unter dem Leistenband lateral vom N. cutaneus femoris lateralis (fibularis) durchbohrt (Abb. 283), der bis gegen das Knie herunter-reicht, dann in der Mitte von den Endzweigen des N. genitofemoralis, medial von solchen des N. ilioinguinalis. Weiter distal treten vorn Rami cutanei ven-trales des N. femoralis aus, unter der Mitte medial ein Hautast des N. obturatorius (Ram. cutaneus femoris medialis) und in Kniehöhe der R. infrapatellaris des N. saphenus, der im übrigen auf den Unterschenkel übergeht. Die Rückseite wird (bis über die Mitte der Wade herunter) vom N. cutaneus femoris dorsalis versorgt. Schräg über den Oberschenkel medial-distalwärts verläuft von der Spina ilica ventralis zur Innenseite des Knies der *M. sartorius* (innerviert vom N. femoralis) in einem eigenen Fach der Fascia lata. Gleichfalls von der Spina ilica ventralis entspringt der *Tensor fasciae latae* (innerviert vom N. glutaeus cranialis, wie der M. glutaeus medius, von dem der Muskel abgespalten ist); er strahlt in die Fascia lata bzw. deren Tractus iliotibialis ein und haftet mit diesem vorn am lateralen Tibiacondyl, so daß der Muskel Beuger des Hüft- und Strecker des Kniegelenks ist. In der Mitte der Vorderseite liegt die Masse des *M. quadriceps femoris* (innerviert vom N. femoralis), aus dem *Rectus femoris*, der vom Hüftbein kommt, und den drei vom Femur entspringenden *Mm. vasti* zusammengesetzt. Alle vier haften an der Patella und bilden den wichtigsten Kniestrecker. An der medialen Seite des Oberschenkels liegen die *Adductoren* (Abb. 283); mit dem *Pectineus* (innerviert vom N. femoralis, S. 315) bilden *Adductor longus* und *brevis*

---

[1] Diese letzteren Bezeichnungen sind unpraktisch, denn ein Condylus fibularis femoris, der nicht mit der Fibula, sondern mit der Tibia artikuliert, und ebenso ein Condylus fibularis tibiae, der mit dem Femur artikuliert, haben irreführende Namen, und ein N. cutaneus dorsi pedis tibialis aus dem N. fibularis, ein N. plantaris fibularis aus dem N. tibialis desgleichen. Während an Arm und Hand die Lage-änderung bei Pronation und Supination die Lagebezeichnung der Teile als „medial“ und „lateral“ verbietet, ist diese an Bein und Fuß die natürliche.

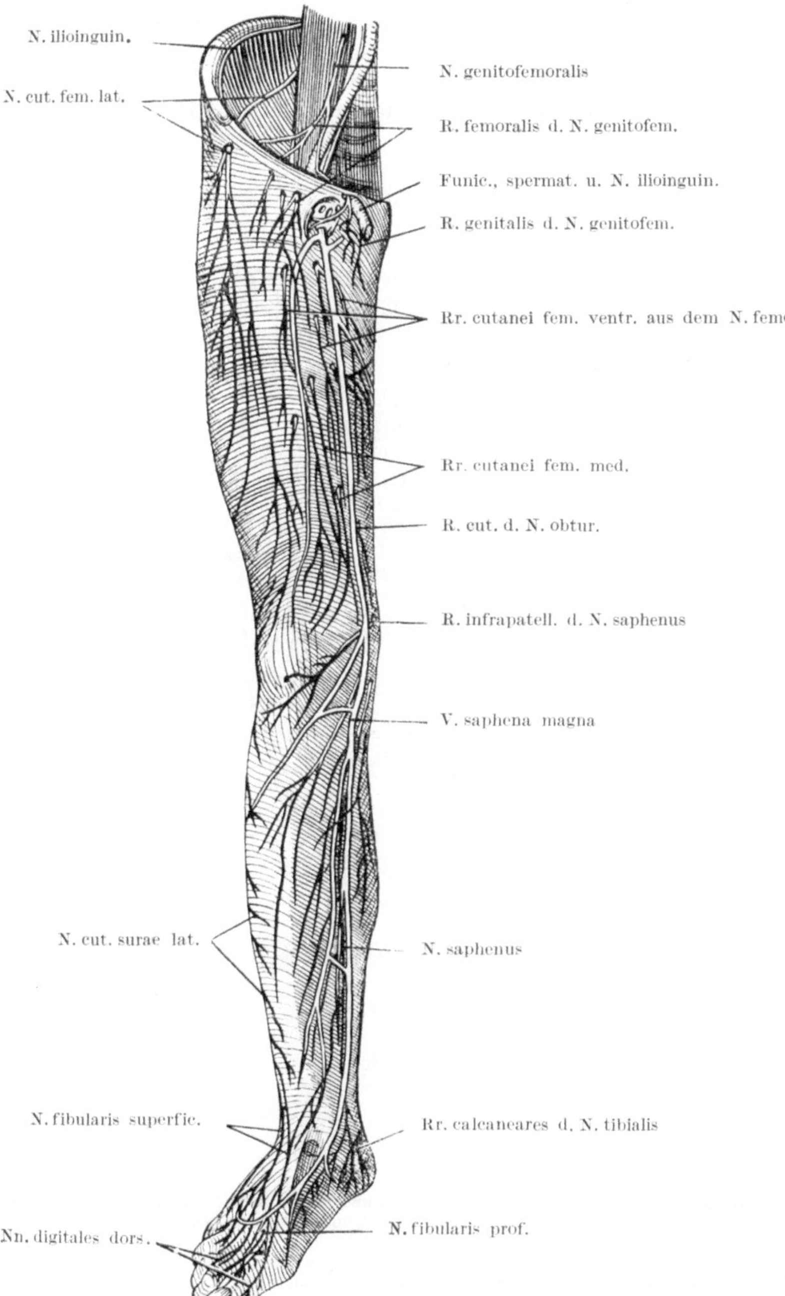

Abb. 283. Hautnerven des Beines. Nach TOLDT-HOCHSTETTER, vereinfacht.

eine oberflächliche Schicht, die vom cranialen (oberen) Teil des Rahmens des
Foramen obturatum entspringt, vom Ramus superficialis des N. obturatorius
(zwischen Adductor longus und brevis liegend) innerviert wird und neben der
adducierenden Wirkung auf das Hüftgelenk auch als Außenrotator wirkt; die

tiefe Schicht, *Adductor minimus* und *magnus*, hauptsächlich vom Ram. profundus des N. obturatorius innerviert (im distalen Teil meist vom N. tibialis), entwickelt eine innenrotatorische Componente. Diese beruht auf der Adductorensehne; während die Hauptmasse der Adductoren in langer Reihe dorsal an der Crista

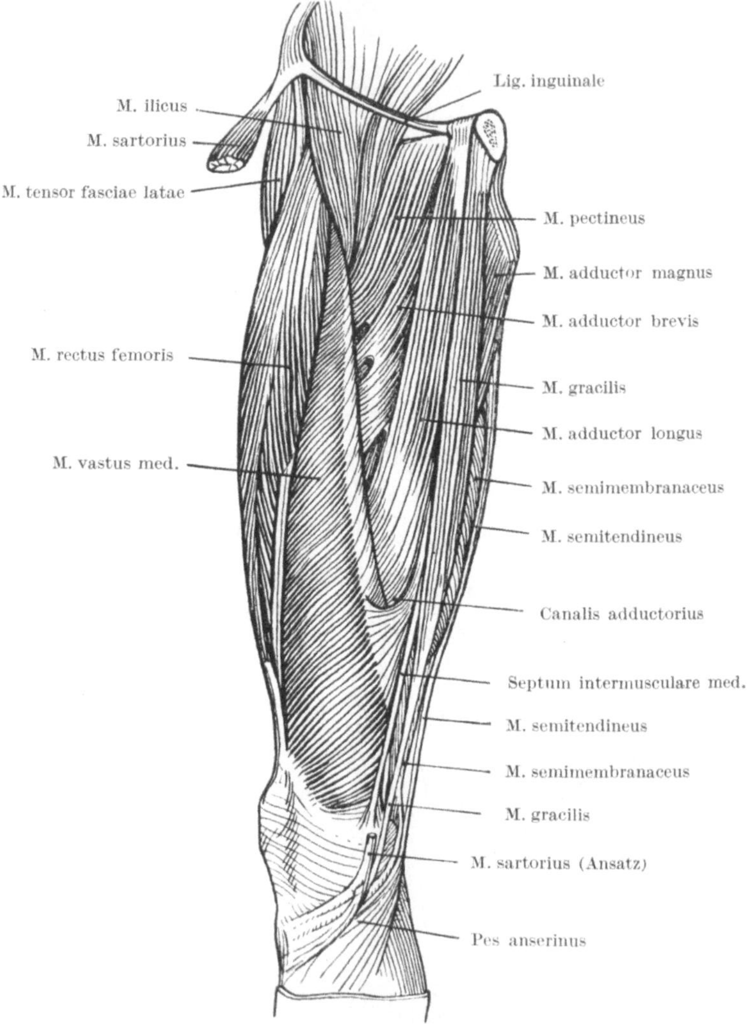

Abb. 284. Muskeln des Oberschenkels von ventral und medial nach Entfernung des M. sartorius; Canalis adductorius. Nach TOLDT-HOCHSTETTER.

femoris (am Labium mediale) haftet und hier eine von den Rr. perforantes der A. profunda femoris durchbohrte Muskel-Sehnenplatte bildet (S. 315), hört dieser dorsale Ansatz handbreit ober dem Knie auf, und die restlichen Anteile des Adductor magnus und longus sammeln sich zu einer Sehne, welche, durch die Haut tastbar, zum Epicondylus medialis femoris verläuft. Zwischen dem distalen Ende des Muskelansatzes an der Crista femoris und der Sehne bleibt eine Lücke, der *Hiatus adductorius* oder *Adductorenschlitz*, der, durch ein bindegewebiges Septum intermusculare mediale noch weiter eingeengt, zum Durchtritt der Oberschenkelgefäße dient (S. 316). Oberflächlich liegt noch an der Innenseite ein schmaler, bandförmiger, zweigelenkiger Muskel, der *M. gracilis*, der mit den andern Adductoren vom Innenrand des Foramen obturatum entspringt und zur Innenseite der Tibia verläuft, wo er an der Bildung des Pes anserinus teilnimmt (S. 324).

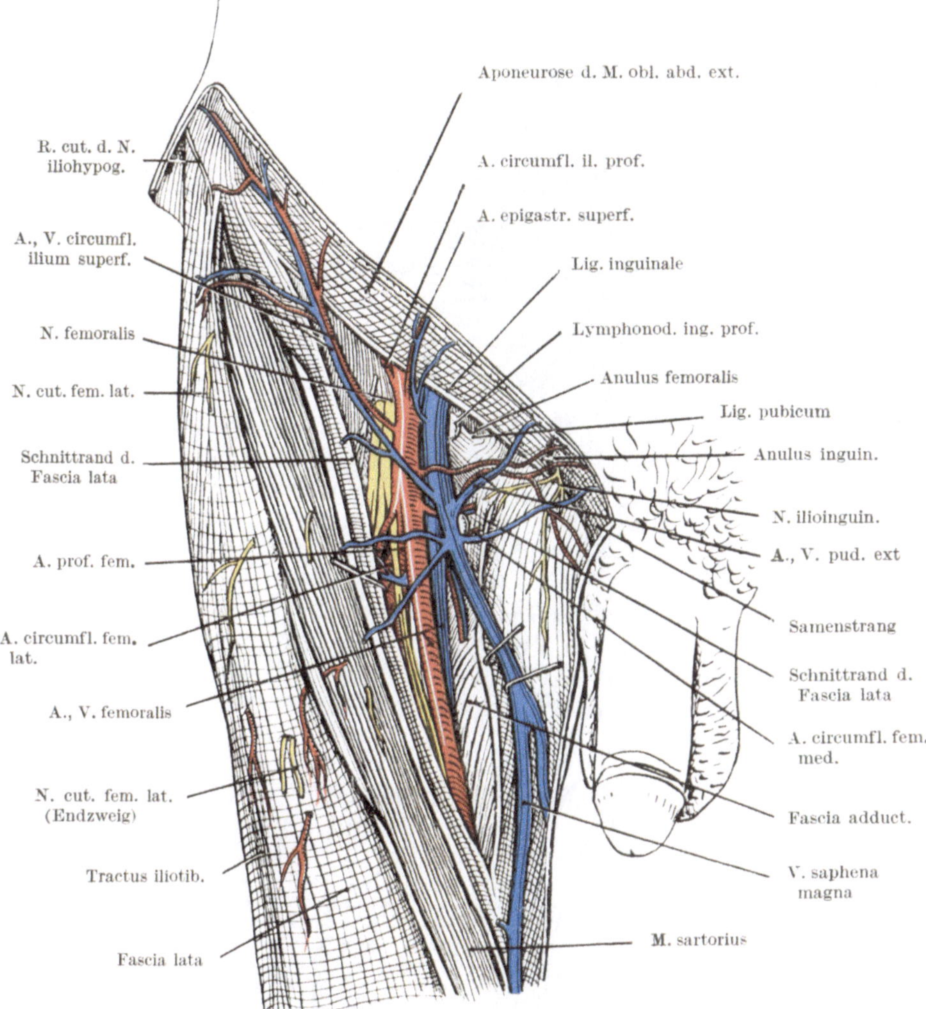

Abb. 285. Trigonum femorale. Das oberflächliche Blatt der Fascia lata wurde entfernt. Nach PERNKOPF.

Zwischen dem Leistenband, dem Ileopsoas und den Adductoren liegt das *Trigonum femorale* (SCARPAE), das, gedeckt von der Lamina superficialis fasciae latae, die Gefäße des Beines und den N. femoralis enthält (Abb. 285). Durch die Lacuna vasorum (S. 138 und Abb. 129) kommt lateral die *A. femoralis*, medial von ihr die *V. femoralis* hervor, noch weiter medial liegt das bindegewebige *Septum femorale*, das den *Anulus femoralis* (S. 139) verschließt, die Durchtrittstelle der Lymphgefäße des Beines mit dem im Septumbereich liegenden Lymphonodus inguinalis profundus ROSENMÜLLER. Lateral von der Arterie, in der Lacuna musculorum und auf dem M. ileopsoas, liegt der *N. femoralis*, im Begriff sich in seine Äste aufzuteilen und dadurch zu einem Band ausgebreitet. Die Äste durch-

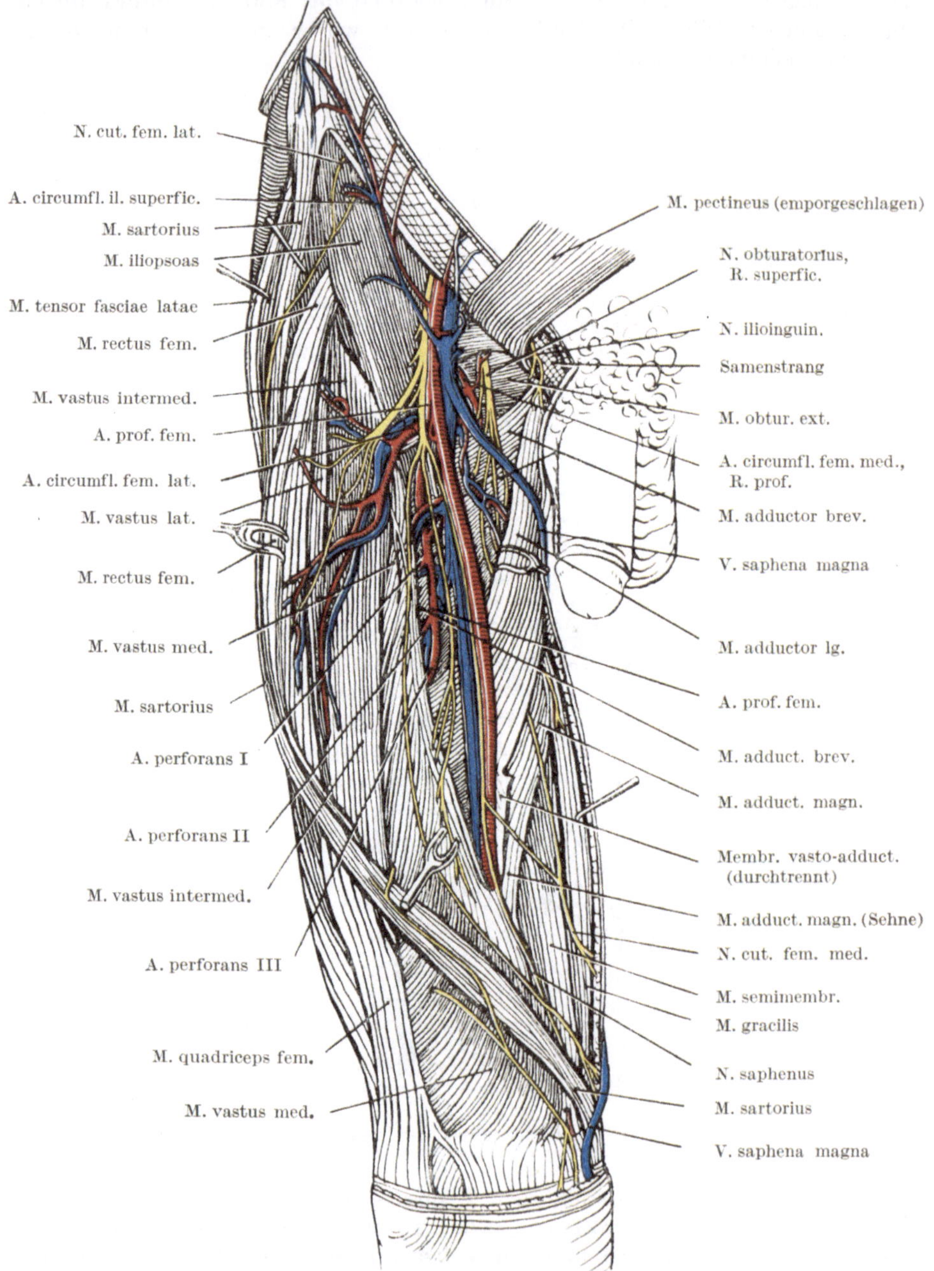

Abb. 286. Vorderseite des Oberschenkels. Eröffnung des Canalis adductorius. Abtragung der oberflächlichen Adductoren. Nach PERNKOPF.

bohren gesondert die Fascia iliopsoica (die Lamina profunda fasciae latae), so daß man am Oberschenkel keinen einheitlichen N. femoralis vorfindet. Der Nerv versorgt mit einem hinter den Gefäßen verlaufenden Ast den M. pectineus (an dessen Innervation übrigens manchmal der N. obuturatorius in wechselndem Ausmaß teilnimmt), dann den Sartorius und Quadriceps femoris sowie die Haut in der oben beschriebenen Weise; der *N. saphenus* geht von ihm ab und verläuft am Oberschenkel an der lateralen Seite der A. femoralis, mit der er den Adductorenkanal betritt, um aber gleich wieder dessen Vorderwand zu durchbohren und an der Haut der Kniegegend und des Unterschenkels sich zu verteilen. Die *A. femoralis* (Abb. 285, 286) kommt als starker Stamm unter dem Leistenband hervor und gibt zuerst die kleinen Zweige ab, die durch die Fossa ovalis und neben ihr austreten (S. 310); sie entsendet einige (3 bis 6) cm weiter distal die *A. profunda femoris*, die fast die gleiche Stärke besitzt wie der verbleibende Stamm. Dieser verläuft unter Abgabe von einigen Muskelästen und unter Verschiebung gegenüber der Vena femoralis (von deren lateraler an ihre ventrale und mediale Seite) abwärts zum Adductorenkanal. Die A. profunda aber, vielfach schon von paarigen Venen begleitet, gibt zwei starke Seitenzweige, die *A. circumflexa femoris lateralis* und *medialis* ab und endet mit drei *Rami perforantes*, welche die Adductorenansätze durchbohren und diese, den Femurknochen (mit zwei *Aa. nutriciae*) und die Rückseite des Oberschenkels versorgen. Von den Aa. circumflexae versorgt die mediale den Ursprung der Adductoren und das Hüftgelenk, besonders die dorsale Seite; die laterale teilt sich in einen R. descendens, der nach Abgabe von Zweigen an den Rectus femoris zwischen Vastus lateralis und intermedius bis zum Knie absteigt und im Rete articulare genus endet, und einen R. ascendens, der zu den lateralen, vom Hüftbein entspringenden Muskeln (Sartorius, Tensor fasciae latae, Glutaeus medius) und gleichfalls zum Hüftgelenk Zweige abgibt und mit den dorsal entspringenden Nachbararterien, den Aa. glutaeae, ein Rete trochantericum bildet. Die große *Variabilität* des Ursprunges der aufgeführten Gefäße zeigt sich schon darin, daß der Ursprung des Hauptstammes selbst, der Profunda, seiner Lage nach variiert und manchmal sogar in die Lacuna vasorum verschoben sein kann, so daß man unterhalb des Leistenbandes zwei fast gleichstarke Arterien hintereinander findet, von denen die tiefliegende die Profunda ist. Ferner können die Circumflexae oder auch nur der Ramus descendens der Circumflexa lateralis selbständig knapp neben der Profunda oder proximal von ihr entspringen. Die *Vena femoralis*, ein einfacher Stamm, ist mit der Arterie in einer Gefäßscheide vereinigt; sie wird, von der Fascia lata halb gedeckt, in der Fossa ovalis in deren lateralem Anteil sichtbar und nimmt dort die V. saphena magna und die kleinen Hautvenen des Gebietes auf (S. 310) und distal davon die meist doppelte, mit ihren Ästen klappenreiche *V. profunda femoris*, in der sich die den Arterienzweigen der Gegend entsprechenden Venen, meist in anderer Reihenfolge als die Arterienabgänge, treffen. Daß die Vena femoralis sich von der medialen an die Rückseite und schließlich sogar an die laterale Seite der Arterie verschiebt, wurde oben erwähnt.

Der *Adductorenkanal* leitet die A. und V. femoralis von der Vorderseite des Oberschenkels auf dessen Rückseite, von der Beugeseite des Hüftgelenks auf die Beugeseite des Kniegelenks und in die Fossa poplitea; die Gefäße heißen von da ab *Vasa poplitea*. Die großen Gefäße liegen immer an der Beugeseite der großen Gelenke, weil sie dort nicht so leicht comprimiert und bei den Bewegungen nicht so leicht gezerrt werden können als wenn sie an der Streckseite verliefen; dafür können sie bei maximaler Beugung der Gelenke (Ellbogen, Knie) abgeknickt werden (Blutstillung, aber auch Gefahr bei anhaltender Abknickung). Der Adductorenkanal kommt dadurch zustande, daß die Adductorensehne (vorn S. 312) mit der sehnigen Oberfläche des M. vastus medialis durch eine oberflächliche Sehnenplatte, die *Membrana vastoadductoria* (Abb. 286) zusammenhängt;

die Membran überbrückt den Hiatus adductorius (die Lücke im Adductorenansatz zwischen Crista femoris und Adductorensehne, S. 312). Arteria und Vena

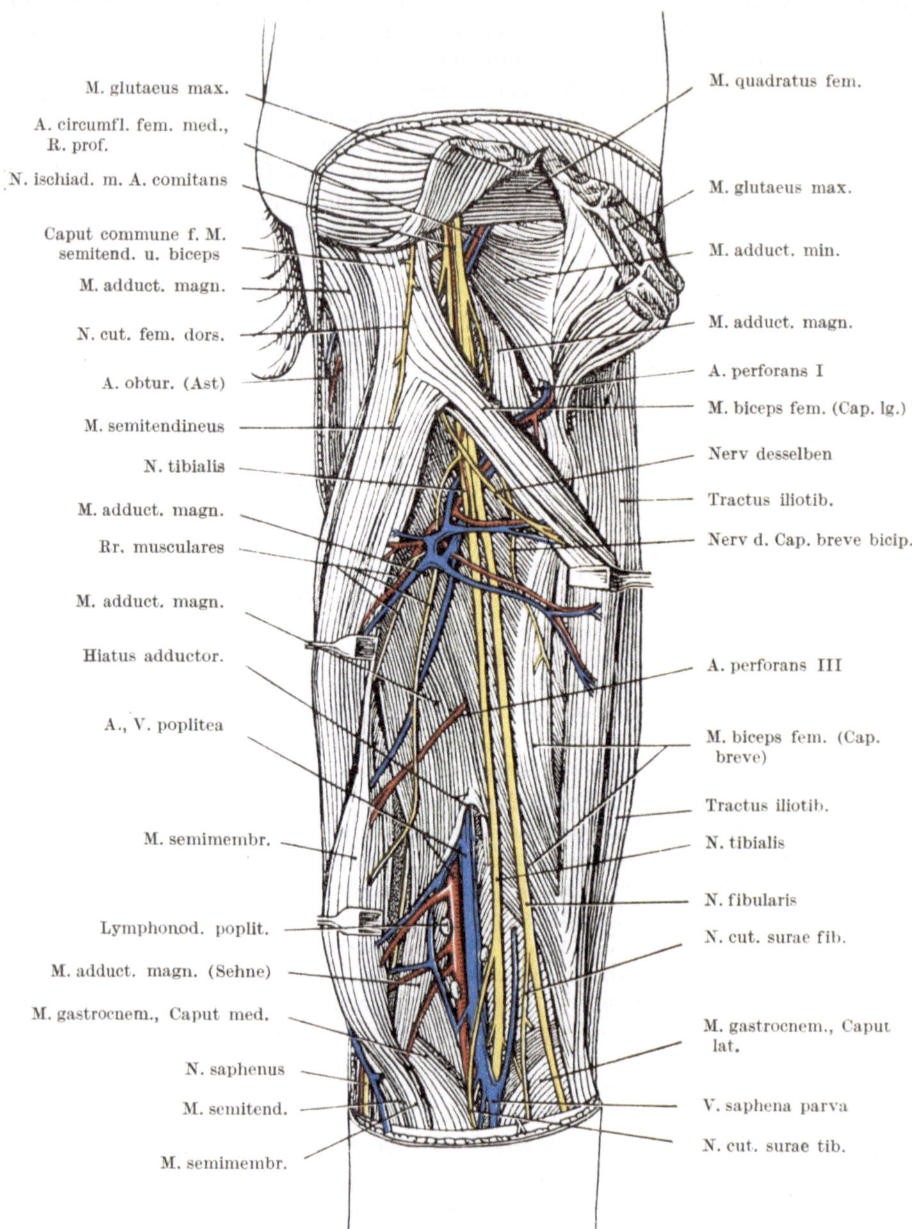

Abb. 287. Rückseite des Oberschenkels. Verdrängung der oberflächlichen Muskeln, Darstellung des Hiatus adductorius. Nach PERNKOPF.

femoralis und der N. saphenus werden handbreit ober dem Kniegelenk (gedeckt
vom M. sartorius) von der Membran überbrückt und treten damit in den Kanal
ein. Der Nerv durchbricht aber gleich wieder die Membran, um zuerst unter der

Oberschenkelfascie distalwärts zu verlaufen und erst am Knie subcutan zu werden. Etwas distal vom Nerven durchbohrt auch die A. genus descendens (genus suprema) die Membran. Die Aufsuchung der Gefäße im Adductorenkanal muß ventral vom Sartorius (vor ihm) geschehen; der Muskel wird (bei liegendem Körper) nach abwärts verdrängt, am lateralen Rand der Adductorensehne wird die Membrana vasto-adductoria durchtrennt und die Gefäße werden aus dem Kanal herausgehoben.

Rückseite. Die *Rückseite* des Oberschenkels (Abb. 287, unterhalb des Glutaeus maximus) ist ähnlich der Vorderseite von einer derben Fascie bedeckt und durch die *ischio-cruralen Muskeln* convex vorgewölbt. Diese Muskeln, vom Tuber

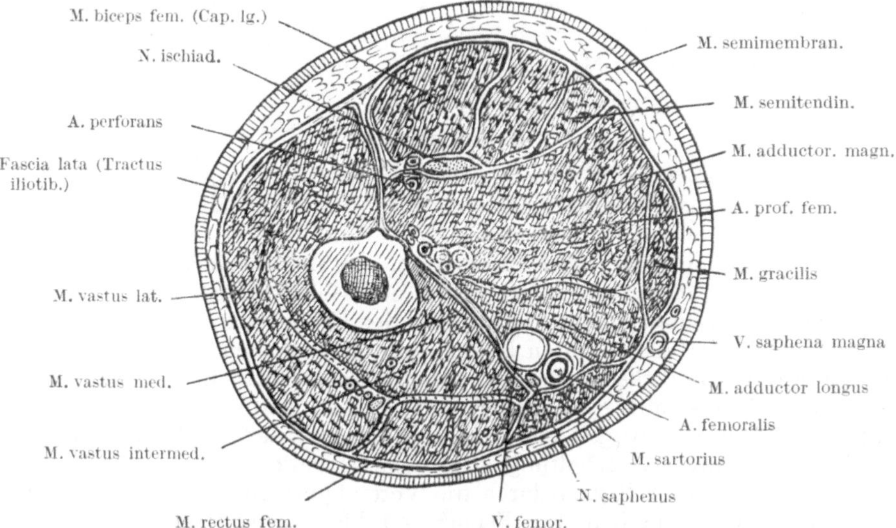

Abb. 288. Querschnitt durch den rechten Oberschenkel, etwas proximal von der Mitte; distale Schnittfläche Vorderseite unten. Nach TOLDT-HOCHSTETTER.

ischiadicum zum Unterschenkel verlaufend, sind Strecker des Hüftgelenks und Beuger des Kniegelenks; sie sind die Ursache, daß es besonderer Übung mit Dehnung der Muskeln bedarf, um bei gestrecktem Knie das Bein bis zur Horizontale zu heben oder stehend mit den Fingerspitzen den Boden zu erreichen. Die Gruppe besteht aus dem *Semitendineus* zum Pes anserinus an der medialen Seite des Tibiakopfes, dem *Semimembranaceus* zum medialen Tibiacondyl und dem *langen Bicepskopf*, der, vereinigt mit dem kurzen, von der Crista femoris kommenden Kopf lateral am Capitulum fibulae haftet. Die Muskeln divergieren distalwärts und umfassen die Fossa poplitea von oben. Der *N. ischiadicus* tritt von oben-lateral an die Muskeln heran und ist hier, am Unterrand des Glutaeus maximus, eine kurze Strecke unmittelbar unter der Fascie chirurgisch und beim Elektrisieren leicht erreichbar. Er schiebt sich dann unter den langen Bicepskopf, um sich in der Mitte des Oberschenkels (wenn nicht schon früher, S. 310) in *N. tibialis* und *fibularis communis* zu teilen. Der Tibialis innerviert die drei vom Tuber kommenden Muskeln und den distalen Teil des Adductor magnus mit Ästen, die meist schon vor der Aufteilung vom Innenrand des Ischiadicus abgehen, der Fibularis das Caput breve des Biceps, so daß dessen beide Bäuche verschieden innerviert sind. Auch der Ischiadicus, der sich oben eng an die kurzen Hüftmuskeln (Obturator internus und Gemelli, Quadratus femoris) und den Adductor magnus anlegt, überkreuzt wie die ischiocruralen Muskeln das Hüftgelenk an der Streckseite und das Kniegelenk an der Beugeseite, so daß er bei gestrecktem Knie durch Beugung des Hüftgelenks gedehnt wird und bei Erkrankung mit Schmerzen reagiert. Die *Arterien* der Region stammen von den Rami perforantes der A. prof. femoris, die, meist drei, durch sehnig umrahmte Lücken im Adductorenansatz (Abb. 284) von der Vorderseite her hindurchgetreten sind; sie anastomosieren reichlich untereinander und mit den Arterien der Hüft- und Kniegegend, wodurch der Collateralkreislauf bei Unterbindung der A. femoralis ermöglicht wird. Von der ersten und dritten A. perforans gehen rückwärts die proximale und distale *A. nutricia femoris* ab, welche in proximalwärts verlaufende Ernährungskanäle eindringen.

Ein *Querschnitt* des Oberschenkels (Abb. 288) zeigt neben der Stärke der Kniestrecker (M. quadriceps) die mächtige Entwicklung der Adductoren; daneben treten die Kniebeuger an Masse zurück. Der abgebildete Schnitt liegt proximal vom Adductorenkanal.

Kniegegend.

Das *Kniegelenk* (Abb. 289 bis 297) ist das größte und complicierteste Gelenk des Körpers. Durch die große Ausdehnung seiner zur Resorption befähigten Innenfläche (seiner Synovialmembran) sowie durch die Buchten- und Taschenbildungen derselben sind eitrige Infektionen des Gelenks gefährlich und schwer zu beherrschen. Die große Ausdehnung des Gelenkraumes ist hauptsächlich die Folge der Einschaltung des Sesambeins des Kniestreckers, der *Patella*, in die Kapsel, weil die Patella bei ihren Bewegungen einen weiten Gleitweg zurücklegt; der verwickelte Bau aber rührt davon her, daß im Gelenk zwei Mechanismen vereinigt sind, die mit einfachen geometrischen Gelenkskörpern (wie Rolle, Ellipsoid, Sattel oder Kugel) nicht realisierbar sind, nämlich Flexion-Extension und Rotation unter Ausschaltung von Seitwärtsbewegungen, eine Bewegungscombination, die im Ellbogen durch die Vereinigung von drei Teilgelenken erreicht ist, während am Knie nur Femur und Tibia beteiligt sind. Diese beiden besitzen je einen *medialen* und *lateralen Condylus*, die miteinander selbständig articulieren. Die convexen Femurcondylen passen nicht genau auf die mehr flachen Tibiaknorren (Abb. 291); deshalb schieben sich zwischen sie die zwei *Menisci*, *Halbmonde*, ein, Faserknorpel mit erhöhtem Seitenrand und scharfem Innenrand. Durch sie zerfällt das Kniegelenk in vier unvollständig getrennte Abteilungen, je ein *mediales* und *laterales Femoro-Meniscoidal-* und *Menisco-Tibialgelenk*. Der laterale Femurcondyl (Abb. 292) ist nur im Sinne der Flexion, der mediale in dem der Flexion und Rotation gekrümmt; von den Menisci ist der laterale (Abb. 293) auf dem flachen Tibiacondyl nach vorn und hinten (im Sinn der Rotation) verschieblich, der mediale auf dem concaven Tibiacondyl relativ gut fixiert. Die Enden des fast zum Kreis geschlossenen lateralen Meniscus sind knapp nebeneinander an der Eminentia intercondylica fixiert, die Enden des C-förmigen medialen Meniscus sind entfernt voneinander in der Fossa intercondylica ant. und post. angewachsen. Die Flexion erfolgt beiderseits zwischen Femur und Meniscus, die Rotation lateral zwischen Meniscus und Tibia, medial zwischen Femur und Meniscus; das mediale Menisco-Tibialgelenk wird nur in geringem Maße zum Ausgleich herangezogen, doch kommt es gerade deswegen eher zur Einklemmung und Luxation des Meniscus als an der lateralen Seite (als charakteristische Sportverletzung). Am Schluß der vollständigen Streckung findet zwangsläufig eine Auswärtsrotation statt, bei welcher der laterale Meniscus auf der Tibia nach vorn gleitet (*Schlußrotation*), und als Einleitung der Beugung umgekehrt eine Einwärtsrotation mit entsprechender Meniscusbewegung. Erst

in gebeugter Stellung ist eine willkürliche Rotation nach einwärts und auswärts
möglich; sie beträgt bei rechtwinkliger Beugung maximal etwa 50°, wovon der
größere Teil auf die Außenrotation kommt. Die Gesamtbeugung des Knies kann bei

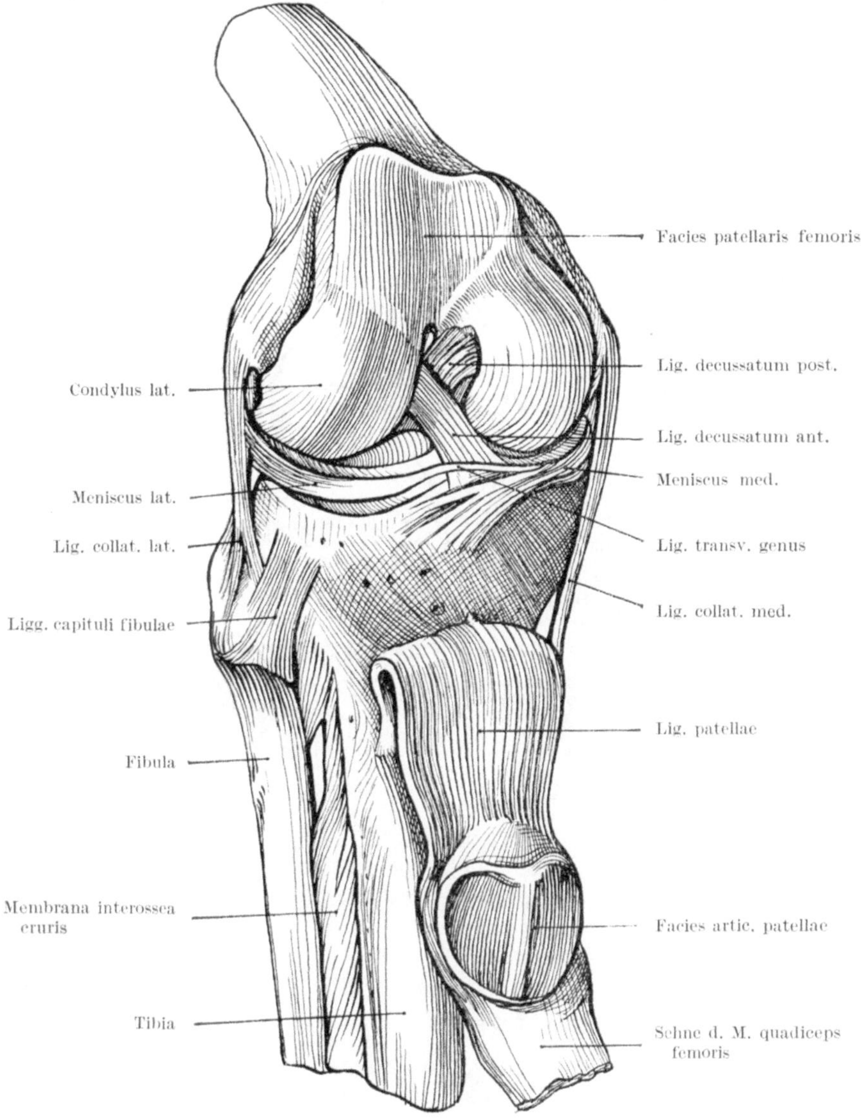

Abb. 289. Rechtes Kniegelenk von vorn, nach Entfernung der Kapsel. Nach TOLDT-HOCHSTETTER.

erhaltenen Weichteilen 130 bis 140° betragen. Der Knochenverband wird gehalten
(Abb. 289 und 290) durch die *Ligg. collateralia*, ein plattes, mit dem Meniscus ver-
wachsenes mediales und ein spulrundes, selbständig zum Fibulaköpfchen verlaufen-
des laterales, und die beiden *Ligg. decussata* in der Mitte zwischen den Femur- und
Tibiacondylen; die Kreuzbänder sind eingefügt in eine Scheidewand des Gelenkes, welche rückwärts bis an die Kapsel reicht, vorn aber unvollständig ist.

Der Meniscus lateralis wird rückwärts durch eine Abzweigung des hinteren Kreuzbandes, das *Lig. menisci lateralis* (Abb. 290), gehalten, vorn durch das *Lig. transversum genus* (Abb. 293). Beide Bänder können fehlen, ohne merkliche Störung
der Gelenksfunktion. Die laterale Gelenkshälfte steht mit der Bursa m. poplitei

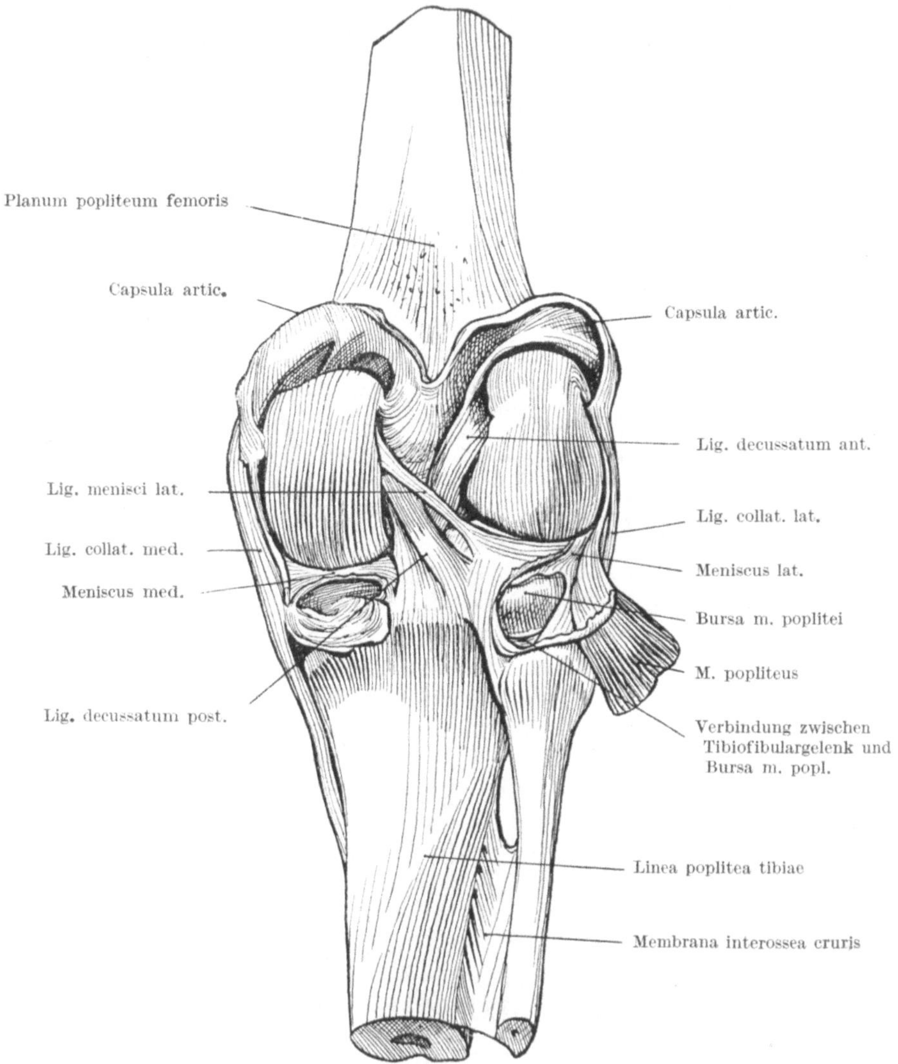

Abb. 290. Rechtes Kniegelenk von rückwärts. Nach TOLDT-HOCHSTETTER.

und nicht selten mit dem Articulus tibio-fibularis (am Fibulaköpfchen) in Verbindung
(Abb. 290), die mediale häufig mit einer Bursa unter dem medialen Gastrocnemius-
Ursprung (S. 320). Die Bänder des Gelenks werden bei Streckung gespannt und
hemmen dieselbe; die Kreuzbänder hemmen auch die Beugung, die am Gelenkspräparat bis zu etwa 160° gehen kann. Die *Patella* macht eine sehr ausgiebige Verschiebung auf der Facies patellaris femoris und darüber hinaus durch, so daß sie bei maximaler Beugung auf der Fossa intercondylica femoris, bei der Streckung ober der

Facies patellaris auf der vorderen Femurfläche liegt (Abb. 294, 295). Dies wird ermöglicht durch eine breite Ausladung der Synovialhaut oberhalb der Patella, eine manchmal selbständige *Bursa suprapatellaris*, die aber in der Regel mit dem Gelenksraum in offener Verbindung steht und dann besser als *Recessus proximalis* oder *suprapatellaris* des Gelenkes zu bezeichnen ist (Abb. 296). Eigene Muskelbündel ziehen die Kuppe der Bursa bei Streckung des Knies nach oben. Die *Kapsel* des Gelenkes wird vorn (Abb. 284) ganz von der Sehne des

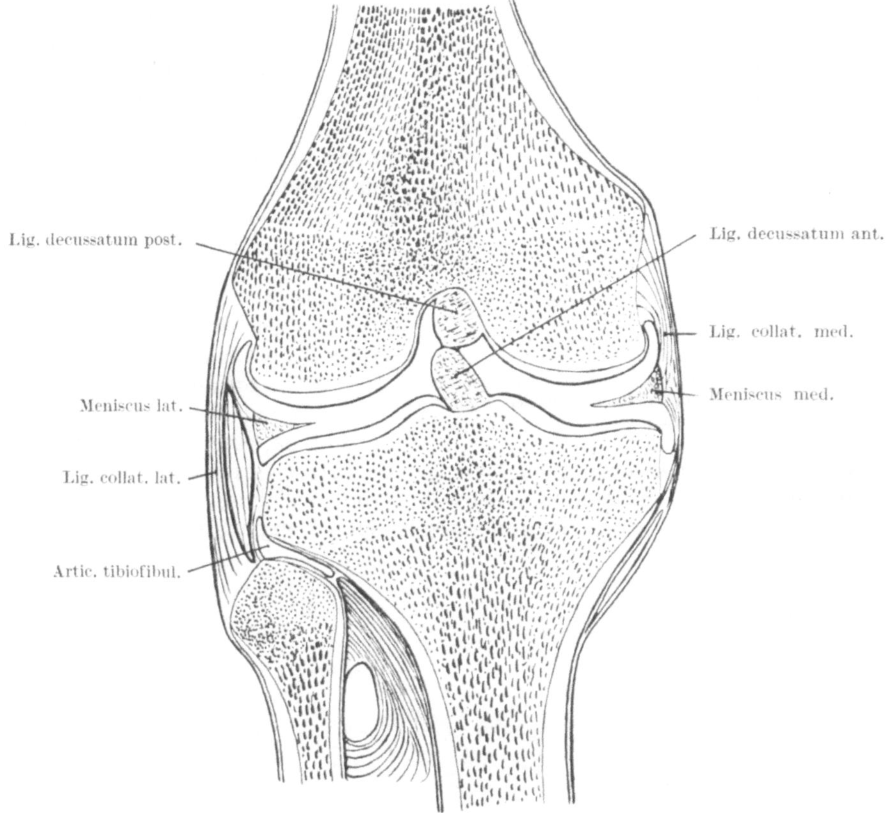

Abb. 291. Frontalschnitt durch das Kniegelenk. Nach PERNKOPF, vereinfacht.

Quadriceps mit der eingefügten Patella und lateral vom *Tractus iliotibialis* (der Sehne des Tensor fasciae latae und des Glutaeus maximus) beigestellt. Die Hauptendsehne ist das *Lig. patellae* zur Tuberositas tibiae; seitliche Ausstrahlungen sind die *Retinacula patellae*, ein mediales und ein laterales, die jedes wiederum in einen zur Tibia absteigenden und einen schwächeren, quer zu den Femurcondylen verlaufenden Anteil zerfallen. Entsprechend den verschiedenen Stellungen der Patella entfernt sich das Ligamentum patellae von Femur und Tibia (bei der Mittelstellung) oder nähert sich ihnen wieder (in beiden Endstellungen); bei der Flexion sinkt die Patella in die Fossa intercondylica femoris, bei der Streckung lagert sich das Lig. patellae in die rinnenartige Facies patellaris femoris ein (Abb. 295 und 297). Der Raum unter dem Band muß daher von einer plastischen Masse ausgefüllt sein; als solche fungiert das *Corpus adiposum genus* (Abb. 296), das aus hungerfestem Fett besteht und in den Gelenksraum in Form der *Plicae alares* vorspringt, während es in der Mitte durch eine *Plica synovialis patellaris* an die Fossa intercondylica femoris fixiert ist. Bei starker Beugung, weniger deutlich bei voller Streckung quillt der Fettkörper zwischen dem Lig.

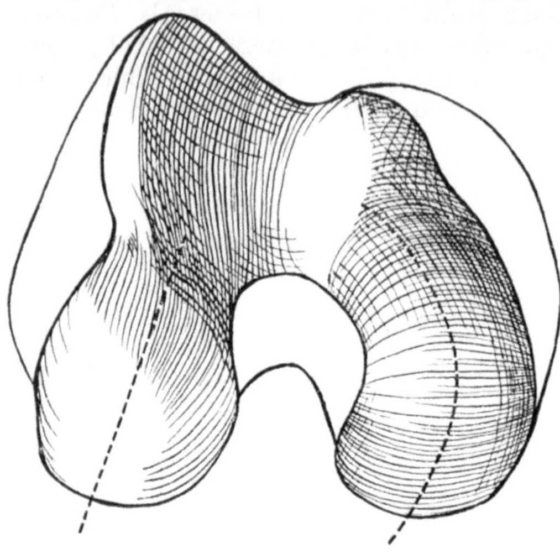

Abb. 292. Distales Gelenkende des rechten Oberschenkels, mit eingezeichneten Führungslinien der beiden Femurcondylen.

patellae und den Retinacula patellae unter der Haut vor. Über die Patella, ihr Ligament, die Retinacula und den Tractus ileotibialis hinweg setzt sich die quergefaserte Fascia lata fort; unter ihr findet sich eine *Bursa mucosa praepatellaris subfascialis* (Abb. 297), zu der noch eine *Bursa praepatellaris subcutanea* kommt; die beiden Bursae haben oft sehr unregelmäßige Lumina, können miteinander communicieren und sind häufig Sitz von Entzündungen. Eine *Bursa infrapatellaris (profunda)* liegt zwischen Lig. patellae und Tibia knapp ober dem Ansatz des ersteren an der Tuberositas tibiae, eine inconstante *Bursa infrapatellaris subcutanea* vor dem Abgang des Ligaments von der Patella, eine *Bursa tuberositatis tibiae* vor dieser. Rückwärts (Abb. 290) ist die Kapsel selbständig bis auf die Einstrahlung des M. semimembranaceus und die Beziehung zum M. popliteus (s. S. 324). Die *Mittelstellung* des Gelenkes ist eine Beugung von etwa 40°; bei

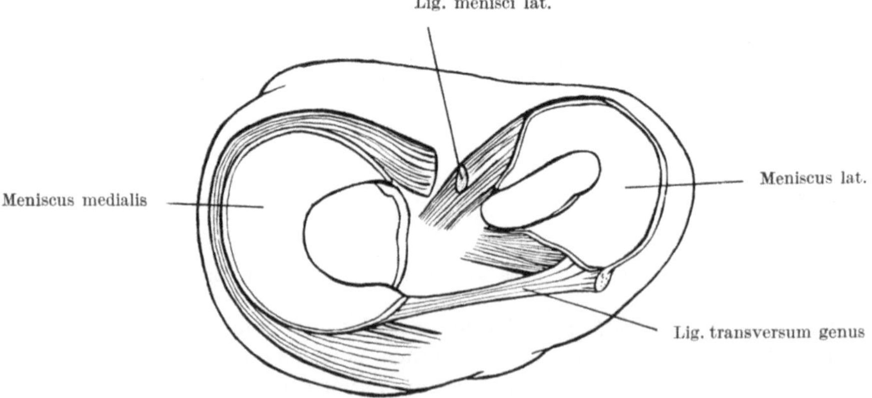

Abb. 293. Die Menisci des rechten Kniegelenks in Verbindung mit der Tibia. Nach TOLDT-HOCHSTETTER, vereinfacht.

Füllung des Gelenkraumes wird die Patella von der Unterlage abgehoben (was bei unversehrtem Gelenk durch den Luftdruck verhindert wird) und kann dann durch Druck zum Anschlagen an den Oberschenkel gebracht werden (Ballottement, Schwappen oder Tanzen der Patella). Die *Epiphysenlinie* der Tibia bleibt ganz außerhalb des Kapselansatzes, zumal auch die Gelenkfläche für die Fibula auf der Tibiaepiphyse liegt (Abb. 291); die Epiphysenlinie des Femur

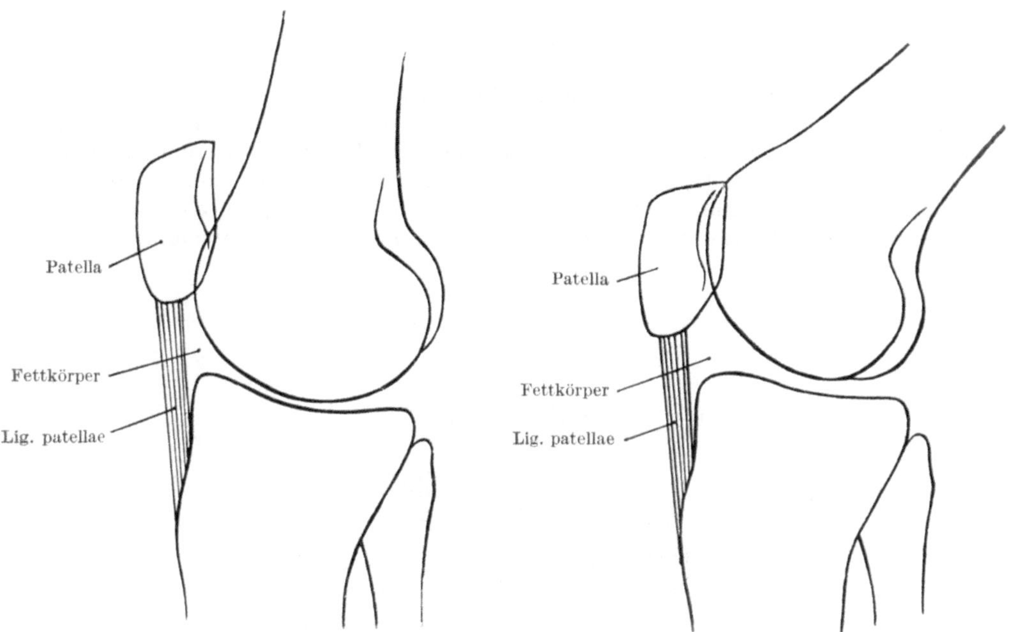

Abb. 294 und 295. Lage der Patella und Form des Raumes für das Corpus adiposum genus bei gestrecktem und bei unter 45° gebeugtem Knie. Nach Röntgenbildern der Klinik Prof. SCHÖNBAUER.

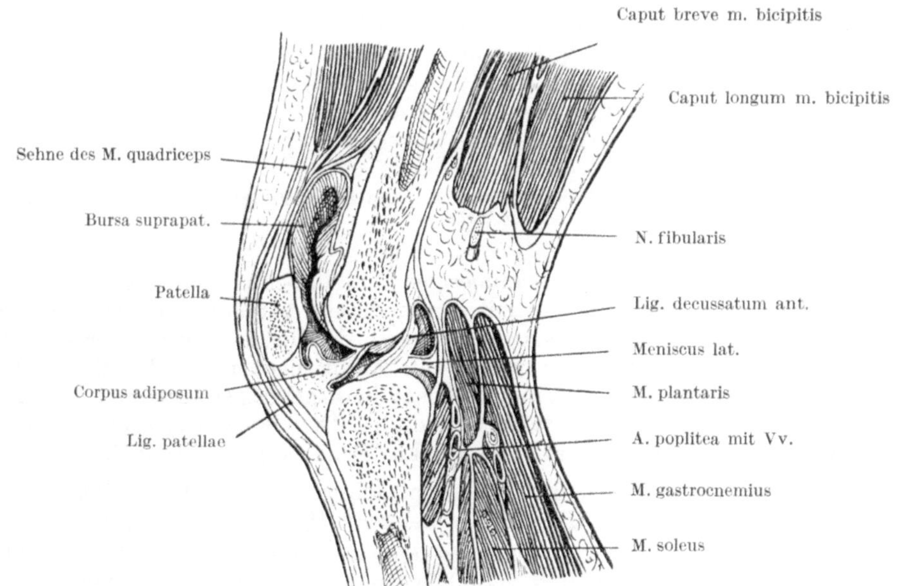

Abb. 296. Längsschnitt durch das Knie. Füllung der Gelenkhöhle mit Wasser, Gefrierschnitt. Nach BRAUNE, aus CORNING.

wird vorn vom proximalen Teil der Kapsel ausgiebig überschritten, rückwärts bleibt der Kapselansatz unterhalb der Linie.

Während die vorn angeführten Schleimbeutel der Vorderseite des Gelenks stets selbständig bleiben, gibt es an der Rückseite *Schleimbeutel,* die ständig oder gelegentlich mit der Gelenkhöhle in Verbindung treten und dadurch diese in ihrer ohnehin verwickelten Form weiter complicieren, die innere Oberfläche vergrößern und schwer zugängliche Buchten schaffen. Zu den ständig angeschlossenen gehört die *Bursa m. poplitei* (Abb. 290), die mit der lateralen Hälfte des Kniegelenks, gelegentlich auch mit dem Tibiofibulargelenk zusammenhängt, aber auch mit der medialen Hälfte des Kniegelenks in dessen menisco-tibialer Abteilung zusammenhängen kann und dann eine rückwärtige Communication beider Kniegelenkhälften vermittelt. Unter der Sehne des M. semimembranaceus

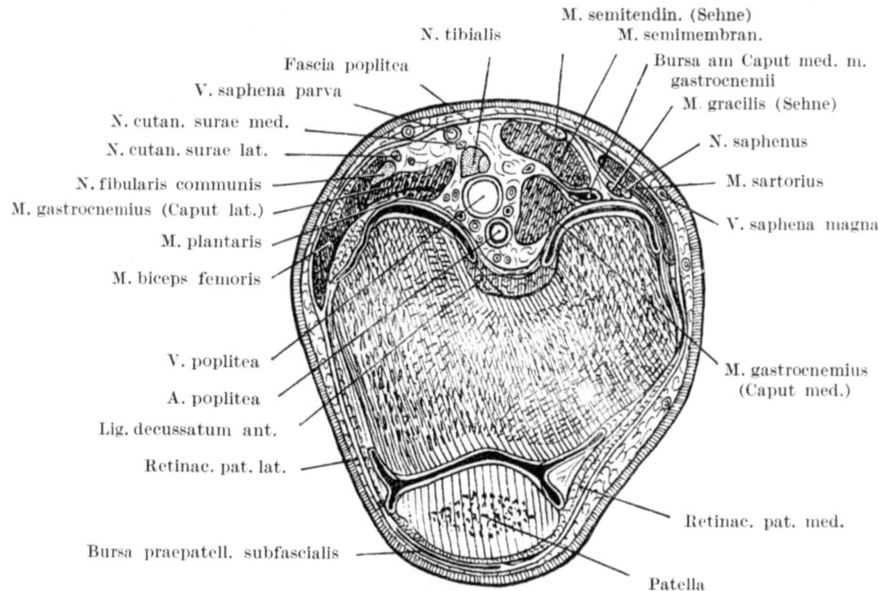

Abb. 297. Querschnitt des rechten Knies in Streckstellung. Distale Schnittfläche. Vorderseite unten. Nach TOLDT-HOCHSTETTER.

liegt ein großer, gelegentlich zweikammeriger Schleimbeutel, *Bursa m. semimembranacei*, der häufig (nicht immer) mit der medialen Abteilung des Kniegelenks in Verbindung steht. Unter den Ursprüngen der beiden *Gastrocnemiusköpfe* liegen Schleimbeutel, die in der Regel selbständig bleiben; in der Sehne des lateralen Kopfes kann ein selbständiges Sesambein *(Fabella)* auftreten, das mit dem lateralen Femurcondyl articulieren kann. Die *Bursa anserina* zwischen Pes anserinus und Tibiakopf hat keine direkte Beziehung zum Gelenk.

Die *Muskeln* des Kniegelenks sind hauptsächlich der *Quadriceps femoris* als Strecker, die *ischiocruralen Muskeln* als Beuger. Hinzu kommen als Strecker der *Tensor fasciae latae* und der *Glutaeus maximus*, die über den Tractus iliotibialis wirken und eine außenrotierende Componente haben; von den ischiocruralen Muskeln ist der *Biceps femoris* Außenrotator, die beiden andern sind Innenrotatoren. Von diesen haftet der *Semimembranaceus* am Condylus medialis tibiae, der *Semitendineus* mittels des *Pes anserinus* zusammen mit dem *Gracilis* und *Sartorius* an der Vorderkante der Tibia. Auch diese beiden Muskeln sind Innenrotatoren und Beuger, kommen aber erst bei schon eingeleiteter Beugung zur vollen Wirkung. Ein kräftiger Außenrotator mit geringer Beugewirkung ist der *M. popliteus*, der vom Planum popliteum tibiae entspringt und am proxi-

malen Ende des Sulcus popliteus unterhalb des Epicondylus lateralis femoris
endet. Beuger sind schließlich auch die beiden *Gastrocnemiusköpfe* und der kleine
M. plantaris (S. 327).

Kniekehle (Fossa poplitea).

Die Kniekehle (Abb. 298 und 300) stellt eine langgezogene rhombische Figur
dar, die am gebeugten Knie gehöhlt, am gestreckten aber durch die darin längsverlaufenden Gebilde mehr oder weniger vorgewölbt ist. Sie wird umrahmt
oben medial von den Sehnen des M. semitendineus und semimembranaceus,
lateral vom Biceps femoris, unten von den beiden Köpfen des Gastrocnemius.
Den Hintergrund der Fossa poplitea bildet proximal das Planum popliteum
femoris, distal die Kniegelenkskapsel; darunter, aber schon von den einander
genäherten Köpfen des Gastrocnemius gedeckt, bildet der M. popliteus den Boden
des Spaltes zwischen diesen Köpfen. Am distalen Rand des Popliteus entspringt
von der Linea poplitea tibiae der M. soleus, der mit einem Sehnenbogen zum
Capitulum fibulae den Zwischenknochenraum des Unterschenkels überbrückt;
unterhalb dieses Bogens liegt der distale Ausgang der Fossa poplitea, der *Canalis
popliteus*. Er leitet in den Zwischenraum zwischen oberflächlicher und tiefer
Muskulatur der Rückseite des Oberschenkels. Oberflächlich wird die Grube
von der *Fascia poplitea* bedeckt; ausgefüllt ist sie außer von den durch-
laufenden Gefäßen und Nerven von einem Fettkörper, in den auch einige
tiefe Lymphknoten eingebettet sind. Vom Unterschenkel aufsteigend durchbricht die *V. saphena parva* zwischen den Gastrocnemiusköpfen die Fascie,
um sich in der Kniekehle in die V. poplitea zu ergießen. Eine häufig vorkommende *V. femoropoplitea* bildet eine Fortsetzung, teils unter der Fascie,
teils weiter proximal auf ihr, subcutan, verlaufend; sie ergießt sich am
Oberschenkel nach wechselndem Verlauf in die V. saphena magna. Dem proximalen Stück der V. saphena parva liegt medial das Endstück des N. cutaneus
femoris dorsalis an, dessen Hautgebiet zungenförmig auf der Wade ausläuft.
Unter der Fascie liegt in der Mitte der Kniekehle der *N. tibialis*, etwas tiefer
die *V. poplitea* und medial davon, noch tiefer, unmittelbar am Planum popliteum
femoris und der Kniegelenkskapsel, die *Art. poplitea* (Abb. 297). Die Vasa poplitea
haben die Kniekehle durch den Hiatus adductorius an der medialen Seite des Ober-
schenkelknochens betreten; der Nerv ist der eine Endast des *N. ischiadicus*, der,
unter dem Biceps verlaufend, am oberen Ende der Kniekehle (oder auch noch
höher oben) sich in seine Endäste aufgeteilt hat. Der zweite Endast, der *N. fibularis (peroneus) communis*, folgt dem lateralen Rande der Grube am medialen
Rand der Bicepssehne (er versorgt den kurzen Kopf des Muskels), liegt in einer
oberflächlichen Rinne zwischen Bicepssehne und lateralem Gastrocnemiuskopf
und tritt in einen Kanal der Mm. fibulares am Fibulaköpfchen ein, um sich in
N. fibularis superficialis und *profundus* zu spalten. Vorher hat er den starken
N. cutaneus surae lateralis abgegeben, der im Bereich der Wade einen ziemlich
kräftigen *Ramus communicans fibularis* zu dem *N. cutaneus surae medialis* (aus
dem N. tibialis) entsendet (Abb. 298). Dieser wird dadurch zum *N. suralis* und verläuft über den Unterschenkel und den lateralen Malleolus abwärts zum lateralen
Fußrand. Der N. tibialis gibt außer dem eben genannten Hautzweig in der
Fossa poplitea die Äste für den Popliteus, beide Gastrocnemiusköpfe, den Plantaris und Soleus ab und tritt in den Canalis popliteus ein. Die *Art. poplitea* gibt
neben Muskelästen (besonders für den Gastrocnemius) fünf *Aa. articulares genus*
ab, je zwei proximale und distale medial- und lateralwärts, die nach Abgabe von
Muskelästen bis nach vorn reichen und im Rete articulare genus der Vorderseite
enden (zum Rete geht auch die auf S. 317 genannte A. genus descendens aus dem

Canalis adductorius), und eine A. articularis genus media, die von rückwärts
in das Gelenk eindringt und hauptsächlich die Kreuzbänder versorgt. Trotz
dieser mehrfachen Gefäße ist aber ein ausreichender Collateralkreislauf nach
Unterbindung der A. poplitea fraglich und die Ernährung zumindest der Zehen
gefährdet. Die Arterie tritt distalwärts in den Canalis popliteus ein und teilt

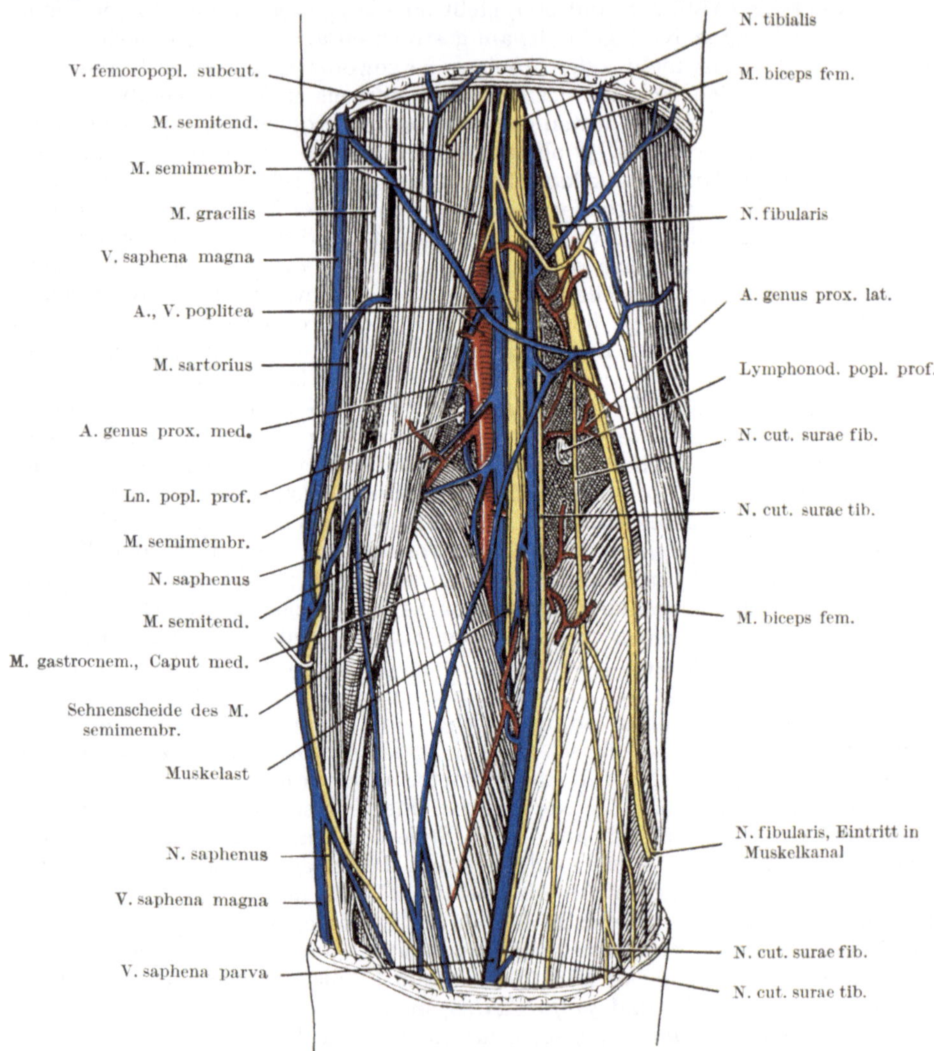

Abb. 298. Subfasciale Gebilde der Fossa poplitea. Nach PERNKOPF.

sich in die *A. tibialis anterior*, welche die Membrana interossea durchbohrt, und
die *A. tibialis posterior*, welche an der medialen Seite des N. tibialis im Canalis
popliteus verläuft und die *A. fibularis* (peronaea) an die Muskulatur des Waden-
beins abgibt. Die *Venen* folgen in ihren Verzweigungen den Arterien, sind aber
distal von der Fossa poplitea überall paarig.

Zur Fossa poplitea gibt es außer von rückwärts bei gebeugtem Knie auch
einen Zugang von der medialen Seite vor den Sehnen des Pes anserinus (JOBERTsche
Grube); man kann von dort bis auf die Gefäße vordringen.

Unterschenkel.

Am Unterschenkel ist eine Facies anterior und posterior, zugleich Streck-
und Beugeseite, zu unterscheiden; morphologisch ist die Vorderfläche, welche
distalwärts in das Dorsum pedis übergeht, ursprünglich (in der Ausgangsstellung
der Extremität) eigentlich eine dorsale, die Rückseite eine ventrale, und der
mediale Fußrand ist ursprünglich der craniale. Daraus erklärt sich der Verlauf
des Strecknerven, des N. fibularis, außen um die Fibula herum auf die Vorderseite und die Innervation des medialen Fußrandes durch den N. saphenus (aus
lumbalen Segmenten). Die *Muskulatur* des Unterschenkels gruppiert sich in
drei Abteilungen: die Strecker vorn, die Beuger (und Wadenmuskulatur) rückwärts und die fibulare Gruppe, die schwächste von ihnen, lateral (Abb. 301). Die
Gruppen sind von Fascien umhüllt; an der lateralen Seite ist die fibulare Gruppe
durch Septa intermuscularia von den andern getrennt. Die *Strecker* (des
Fußgebietes) entspringen von Tibia und Fibula und der Membrana interossea
sowie von der sehnig verstärkten oberflächlichen Fascie. Der *M. tibialis anterior*
verläuft über den medialen Fußrand hinweg, haftet unten an der plantaren Seite
des Metatarsale hallucis und des ersten Cuneiforme und wirkt als Dorsalflexor und
Supinator des Fußes. Der *Extensor hallucis longus* (Abb. 299) geht zur Endphalange des Hallux und ist Dorsalflexor der Zehe und des Fußes. Der *Extensor
digitorum communis longus* teilt sich in vier Endsehnen zu den Streckaponeurosen
der dreigliedrigen Zehen. Auch dieser Muskel wirkt neben der Zehenstreckung
als Dorsalflexor des Fußes. Vom distalen Teil der Fibula entspringt noch ein
einfacher Muskel, *M. fibularis tertius*, der schräg über den Fußrücken zur dorsalen
Kante des Metatarsale V. verläuft und als Pronator und Dorsalflexor des Fußes
wirkt. Alle Muskeln werden durch besondere Verstärkungen der Fascie (Abb. 308)
an den Sprunggelenken festgehalten und gleiten in drei Sehnenscheiden (S. 338).
Innervation N. fibularis profundus. Die *fibulare Gruppe* (Innervation N. fibularis
superficialis) besteht aus dem *M. fibularis longus* und *brevis*. Der erstere entspringt
von der Fibula unter dem Köpfchen, vom lateralen Tibiacondyl und den Wänden
seines Fascienfaches, verläuft hinter dem Malleolus fibularis und dem Proc.
trochlearis calcanei, biegt um das Os cuboides, in dessen plantare Rinne er sich
einfügt (Abb. 309), und endet, schräg über die Planta verlaufend, an der Tuberositas ossis metatarsalis hallucis (Abb. 307). An der Umbiegungsstelle am lateralen
Fußrand hat die Sehne eine Knorpeleinlagerung. Der *M. fibularis brevis* entspringt, vom longus gedeckt, weiter distal von der Fibula, biegt gleichfalls um
den Malleolus und endet an der Tuberositas ossis metatarsalis V. Er kann eine
zarte Strecksehne an die fünfte Zehe abgeben. Beide Muskeln werden durch
je ein kräftiges Retinaculum am Malleolus und an der lateralen Calcaneusfläche
festgehalten; über ihre Sehnenscheiden s. S. 340. Beide Muskeln sind Pronatoren
und Plantarflexoren; der longus hat für die Erhaltung des Fußgewölbes Bedeutung
(S. 336). Die *Beugergruppe* besteht aus der oberflächlichen, besonders kräftigen
Schicht, dem Triceps surae, und einer tiefen Schicht mit dem Tibialis posterior
und Flexor digitorum und hallucis longus. Der *Triceps surae* wird aus dem
zweiköpfigen *Gastrocnemius*, von den Femurcondylen entspringend, und dem
Soleus, von der Tibia (unter der Linea poplitea) und der Fibula sowie einem
Sehnenbogen über dem Zwischenknochenraum abgehend, gebildet; er geht in
die starke Achillessehne *(Tendo calcaneus)* über und haftet damit am Tuber
calcanei. Der mediale Gastrocnemiuskopf reicht weiter distal als der laterale
und ist auch kräftiger. Der Muskel ist der stärkste Plantarflexor und dabei auch
Supinator; der Gastrocnemius ist auch Kniebeuger. Der dem lateralen Kopf
des letzteren innen angeschlossene *M. plantaris* (die Sehne gelangt an die mediale

Kante der Achillessehne) ist von geringer Bedeutung. Durch eine kräftige *Lamina profunda fasciae surae* geschieden, liegt unter dem Triceps die tiefe Muskelschicht

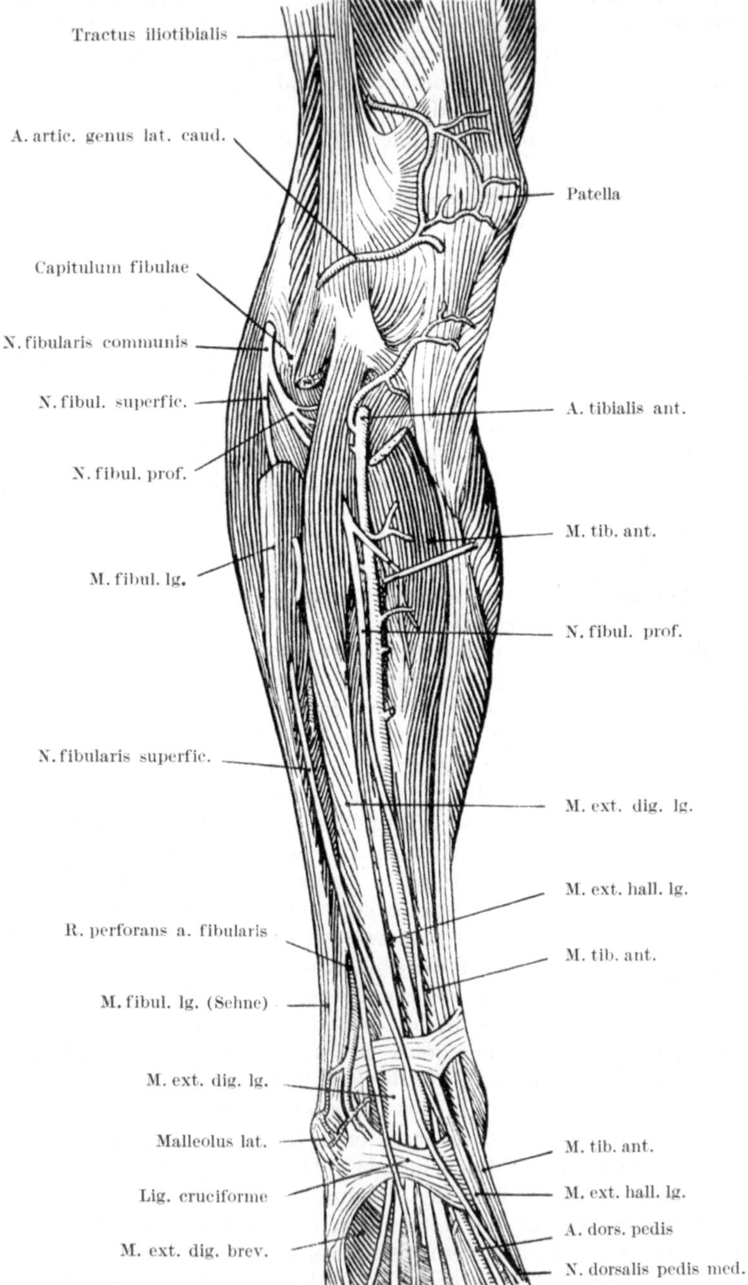

Abb. 299. Tiefe Gebilde der Vorderseite des Unterschenkels. Nach CORNING.

mit dem Nerven- und Gefäßbündel (Abb. 300). Der starke *M. tibialis posterior* entspringt vom proximalen Teil der Membrana interossea und den angrenzenden

Knochenrändern, biegt um den Malleolus tibialis und endet an der Tuberositas ossis navicularis am medialen Fußrand mit plantaren Ausstrahlungen gegen die drei Keilbeine (Abb. 307). Der Muskel ist Plantarflexor, Supinator und Adductor. Der dünne *M. flexor digitorum longus* entspringt von medialen Rand der hinteren Tibiafläche, von einem Sehnenbogen, der, den Tibialis posterior überbrückend, stark schräg zur Fibula absteigt, und von der Fibula sowie von der tiefen Fascie, geht lateral-hinter dem Tibialis post. um den Malleolus tibialis und gelangt in die Planta (S. 342). Der *M. flexor hallucis longus* ist der stärkste der Gruppe. Er liegt am Unterschenkel am weitesten lateral, entspringt von der Fibula, der Membrana interossea und den benachbarten Fascien und läuft in der Rinne des Processus posterior tali und unter dem Sustentaculum tali des Calcaneus nach vorn, zur Endphalange des Hallux. Er ist Plantarflexor, Supinator und Ad-ductor der Sprunggelenke und treibt beim Gehen durch Plantarflexion der großen Zehe und auch der andern Zehen (durch die Junctura tendinum mit dem Flexor digitorum verbunden, S. 344) den Körper beim Abrollen des Fußes vom Boden nach vorn.

Die *Fascien* des Unterschenkels teilen sich nach den Muskelgruppen ein. An der Vorderseite erstreckt sich die Fascie von der Crista tibiae lateralwärts zum vorderen Septum intermusculare fibulare und ist oben verstärkt zum Muskel-ursprung; distal hält sie durch zwei Verstärkungen die auf den Fuß übergehenden Sehnen an der Knöchelgegend fest, nämlich durch das *Lig. transversum cruris* oberhalb der Malleolen und das *Lig. cruciforme*, das distal davon knapp oberhalb der Malleolen beiderseits entspringt und mit je einem Zipfel schräg absteigend sich an beide Fußränder begibt (Abb. 299). Ein besonderer tiefer Faserzug hält die Sehnen des Extensor digitorum longus lateralwärts fest und bildet mit dem oberflächlichen lateral-distalen Schenkel des Kreuzbandes das *Lig. fundiforme*. Die Fascie der Mm. fibulares ist hinter dem lateralen Knöchel und an der Außen-fläche des Talus zu je einem *Retinaculum* (*proximale* und *distale*) verstärkt. Rückwärts findet sich oberflächlich eine Fascia cruris, welche die Fortsetzung der Fascia poplitea bildet, und unter dem Triceps die schon genannte Lamina profunda, die teilweise den tiefen Muskeln zum Ursprung dient. In der medialen Knöchelgegend bildet die tiefe Fascie das starke *Lig. laciniatum* (Abb. 310, 311) zur Bindung der Sehnen der tiefen Schicht an das Skelet. Oberflächliches und tiefes Blatt hängen in der Knöchelgegend zusammen; die Haut sinkt jederseits hinter den Malleolen zu einer tiefen *Fossa retromalleolaris* ein. Die Sehnenscheiden der Knöchelgegend werden bei Besprechung des Fußes erwähnt (S. 339 und 340).

Nerven und Gefäße am Unterschenkel. Der *N. fibularis* (peroneus) *communis* tritt gleich distal vom Fibulaköpfchen in das Fach der Mm. fibulares ein und teilt sich in einen oberflächlichen und tiefen Ast. Der erstere innerviert die beiden Mm. fibulares, gelangt in das vordere Muskelfach und durchbricht als Stamm oder geteilt an der Vorderfläche des Unterschenkels die Fascie, um als *N. dorsalis pedis medialis* (tibialis) und *intermedius* zu enden. Der R. profundus läuft weiter spiralig um die Fibula und gelangt gleichfalls, aber in der Tiefe in das vordere Muskelfach, in dem er auf der Membrana interossea an der lateralen Seite der A. tibialis anterior absteigt. Er innerviert die Muskeln des Faches, dann auf dem Fußrücken die kurzen Extensoren, kreuzt die A. dorsalis pedis und endet mit Nn. digitales pedis dorsales an den einander zugewendeten Seiten der ersten und zweiten Zehe. Der N. fibularis entspricht weitgehend dem N. radialis als Strecknerv und teilt mit ihm auch den Spiralverlauf um Knochen und die be-sondere Anfälligkeit für verschiedene Schädlichkeiten. Mit dem tiefen Ast ver-läuft die *A. tibialis anterior*, die durch eine Öffnung in der Membrana interossea aus dem Canalis popliteus auf die Vorderseite gelangt ist, die Muskeln der Vorder-

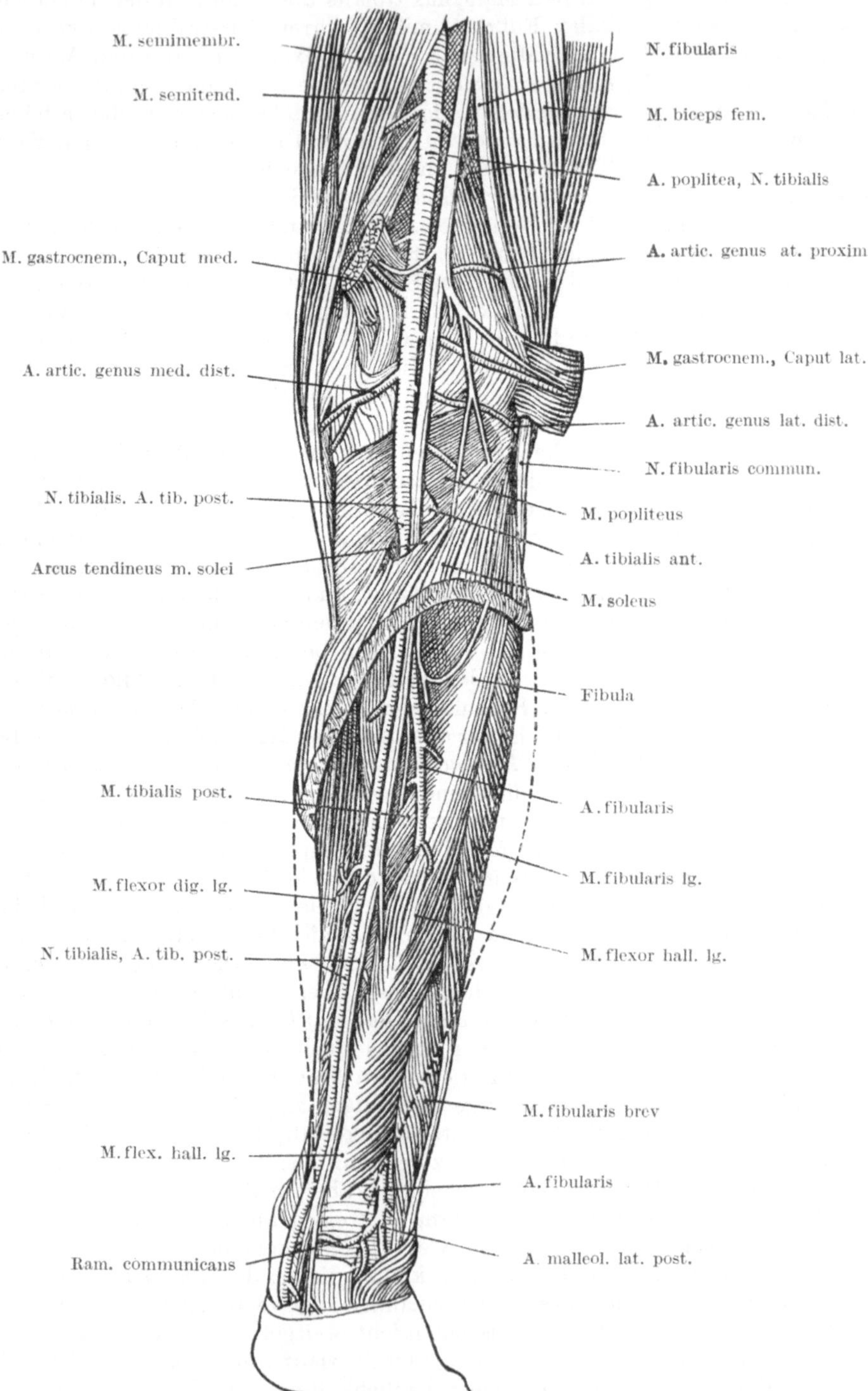

Abb. 300. Fossa poplitea und Unterschenkel nach Entfernung der Wadenmuskeln. Nach CORNING.

seite versorgt und sich in die *A. dorsalis pedis* (S. 339) fortsetzt. Rückwärts ist der *N. tibialis* und die *Art. poplitea* unter dem Sehnenbogen des M. soleus in den Canalis popliteus eingetreten; die Arterie gibt sofort die A. tibialis anterior ab, etwa 2 cm darunter die A. fibularis und setzt sich als *A. tibialis post.*, gedeckt von der Lamina profunda fasciae surae, bis hinter den Malleolus medialis fort, wo sie sich noch **am Unterschenkel** in *A. plantaris lateralis* und *medialis* teilt und geteilt in den Canalis tarsi, unter einem Sehnenbogen des M. adductor hallucis (S. 341), eintritt. An ihrer lateralen Seite verläuft der *N. tibialis*, der die tiefen Beuger versorgt und hinter dem Schienbeinknöchel sich (wie die Arterie) in *Ramus plantaris lateralis* und *medialis* teilt, welche mit den Arterien durch den Canalis tarsi in die Planta verlaufen. Die Abgabe des N. cutaneus surae

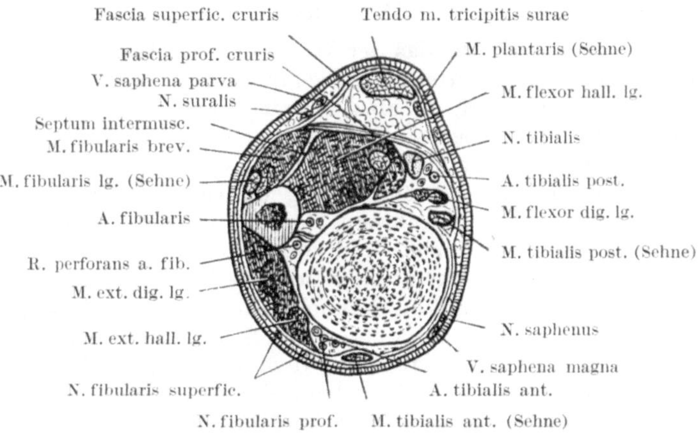

Abb. 301. Querschnitt des r. Unterschenkels knapp ober den Malleolen. Distale Schnittfläche. Vorderseite unten. Nach TOLDT-HOCHSTETTER.

medialis, seine Verbindung mit dem Ramus anastomoticus des N. cutaneus surae lateralis zum N. suralis und dessen Verlauf zum lateralen Fußrand als N. cutaneus dorsi pedis lateralis wurden bereits erwähnt (S. 325). Die *A. fibularis* (peronaea) verläuft im Fach der Mm. fibulares an der Rückseite der Fibula abwärts, versorgt die Muskeln und die Fibula selbst und endet im Rete malleolare und calcaneare; ein Ramus perforans gelangt zwischen Tibia und Fibula ober den tibio-fibularen Bändern nach vorn zum Dorsum pedis und kann die A. dorsalis pedis übernehmen. Am Unterschenkel verlaufen drei größere Arterien und drei größere Nerven distalwärts, die aber einander im Namen nicht entsprechen und nur teilweise sich zusammenfinden. Die A. tibialis post. verläuft mit dem N. tibialis, die A. tibialis anterior mit dem N. fibularis profundus, während die A. fibularis rückwärts und der N. fibularis superficialis vorn keine Begleitung haben. Der Weg der Arterie und der Nerven zur Vorderseite ist verschieden; die Arterie geht durch die Membrana interossea, der N. fibularis communis außen um die Fibula herum.

Während die tiefen *Venen* überall als paarige Stämme die Arterien des Unterschenkels begleiten, sind die *Hautvenen* um zwei große Stämme angeordnet, die *V. saphena magna* vom medialen Fußrand und die *V. saphena parva* vom lateralen Fußrand. Die erstere verläuft vor dem medialen Malleolus und hinter dem medialen Epicondylus femoris aufwärts zur Fossa ovalis am Oberschenkel, die letztere gelangt hinter dem Malleolus lateralis auf die Rückseite der Wade, um noch zwischen den Gastrocnemiusköpfen die Fascie zu durchbohren und subfascial der V. poplitea zuzustreben. Beide Venen sind distal durch das *Rete venosum dorsale pedis* und meist durch einen *Arcus venosus dorsalis pedis* und dann längs ihres Verlaufes durch langgezogene, hauptsächlich proximalwärts zur V. saphena magna verlaufende Anastomosen verbunden. Eine solche Verbindung ist auch die variable *V. femoro-poplitea subcutanea* (Abb. 298), die aus der Fossa poplitea über die mediale Seite des Oberschenkels zur V. saphena magna verläuft und in der Nähe der Fossa ovalis in sie mündet. Mit der V. saphena magna, am Knie hinter ihr, weiter distal vor ihr, am Malleolus medialis wieder dahinter, läuft der *N. saphenus*, lateral von der V. saphena parva der *N. suralis*. Verdopplungen der Venen kommen vor.

Der Fuß.

Das *Fußskelet* baut sich wie das der Hand aus der Fußwurzel, *Tarsus*, hier mit sieben Knochen, dem Mittelfuß, *Metatarsus*, mit fünf Knochen, und den Zehengliedern, *Phalangen*, auf, die an der großen Zehe zu zweit, sonst zu dritt auftreten (Abb. 302, 303). Aber während an der Hand der Carpus klein ist und Carpus und Metacarpus zusammen nur wenig die Länge der Phalangen übertreffen, ist am Fuß der Tarsus sehr kräftig entwickelt und nimmt allein die Hälfte der Gesamtlänge ein; während der Metatarsus der Länge nach fast genau dem Metacarpus entspricht, sind die Zehenphalangen viel kürzer und schwächer als die Fingerphalangen und besonders ist die fünfte Zehe klein und in Reduction begriffen; es kommt an ihr auch nicht selten zur Verschmelzung von Mittel- und Endphalange (möglicherweise durch Schuhdruck). Nur ein Knochen, der Talus, stellt die Verbindung zwischen dem Unterschenkel und der übrigen Fußwurzel her. Oben in die Malleolengabel gefügt, articuliert er unten mit dem Calcaneus und Naviculare und einer zwischen Sustentaculum tali des Calcaneus und Naviculare eingefügten Fibrocartilago navicularis. Während das Naviculare pedis einen im Carpus normaler Weise nicht vertretenen Knochen darstellt (ein Os centrale), fehlt dem Tarsus ein Aequivalent des Lunatum und des Pisiforme; als ersteres kann die gelegentlich selbständige Verknöcherung des Proc. posterior tali (Abb. 307), als letzteres die Epiphyse am Tuber calcanei (für die Sehne des Triceps surae) angesehen werden. Die distale Reihe der Fußwurzelknochen fügt sich mit dem Cuboid an den Calcaneus und mit den Cuneiformia an die Vorderseite des Naviculare. Im Fußbereich treten die folgenden Gelenke auf: Articulus talocruralis, talo-calcaneo-navicularis (auch Art. talo-tarsalis), tarsi transversus (CHOPART), tarso-metatarseus (LISFRANC), Artt. metatarso-phalangici und interphalangici. Die beiden ersten Gelenke werden auch als *oberes* und *unteres Sprunggelenk* bezeichnet. Der *Articulus talocruralis*, zwischen der Malleolengabel und der Talusrolle nebst deren Seitenflächen, ist ein einachsiges Scharniergelenk mit querer, durch die Malleolen gehender Achse (Abb. 302). Tibia und Fibula sind distal nicht gelenkig, sondern nur sydesmotisch (durch ein *Lig. tibiofibulare distale ant.* und *post.*) verbunden (Abb. 305) und durch einen synovialen *Recessus tibiofibularis* des Gelenkes getrennt; eine federnde Verbindung der Knochen ist notwendig, da die Talusrolle vorn breiter ist als rückwärts und sich bei Hebung der Fußspitze in der Gabel klemmt. Die Bewegung im Gelenk ist Dorsal- und Plantarflexion, letztere auch als Streckung der Fußspitze bezeichnet, aber nicht Extension zu nennen, da sie durch Flexoren bewirkt wird, während die Dorsalflexion durch die Extensorengruppe geleistet wird. Die Seitenbänder überschreiten teilweise auch das nächste Gelenk (s. unten). Die distale Epiphysenlinie der Fibula liegt im Gelenksbereich, die der Tibia proximal davon. Der *Art. talo-calcaneo-navicularis* zerfällt in zwei durch den Sinus tarsi und seine Bänder getrennte Abteilungen, einen *Art. talo-calcanearis post.* und einen *Art. talo-calcaneo-navicularis ant.*; das hintere Gelenk liegt zwischen Taluskörper und Calcaneuskörper, das vordere zwischen Taluskopf und einer Pfanne, gebildet von dem Sustentaculum tali des Calcaneus, dann von einer Fläche am vorderen Ende des Calcaneus, von der Fibrocartilago navicularis (zwischen Sustentaculum und Naviculare) und der Hinterfläche des Naviculare. Für beide Abteilungen zugleich ist nur eine einzige Achse (Abb. 302) möglich; sie geht von hinten-außen-unten nach vorn-innen-oben und durchsetzt rückwärts schräg die

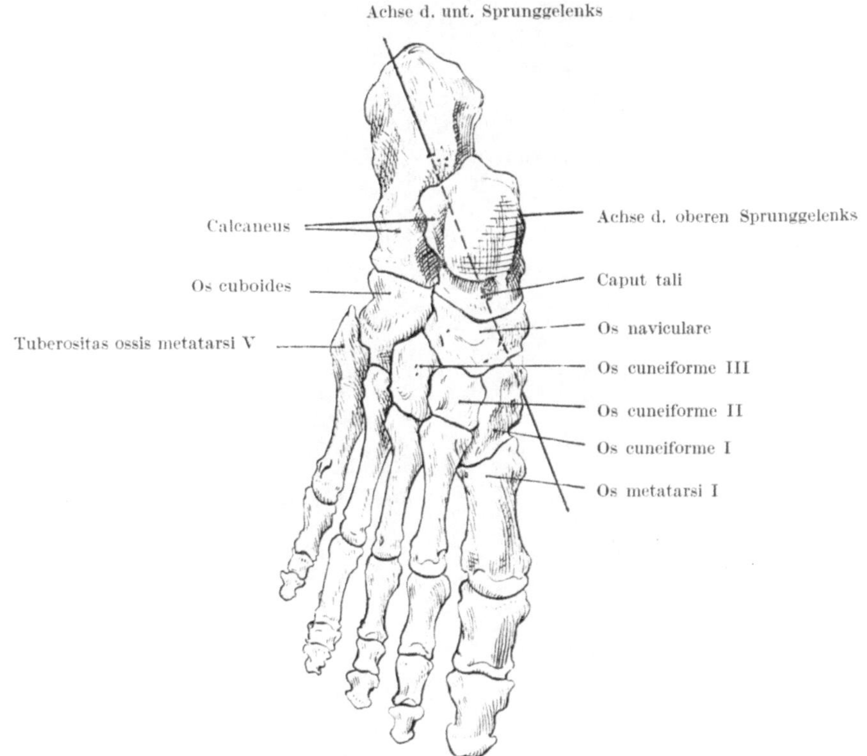

Abb. 302. Skelett des rechten Fußes mit den Achsen der Sprunggelenke.

Außenseite des Calcaneuskörpers und vorn den Taluskopf. Die Bewegung ist hauptsächlich Hebung und Senkung des medialen Fußrandes, was als Supination und Pronation bezeichnet wird; wegen der Schräglage der Achse ist die Supination verbunden mit Adduction und Senkung der Fußspitze, die Pronation mit ihrer Abduction und Hebung, ungefähr so, wie wenn man eine entsprechende Handbewegung um eine längs durch den Daumen gehende Supinationsachse ausführen würde (Maulschellenbewegung). Das Gelenk ist gesichert (Abb. 305) in erster Linie durch das im Sinus tarsi gelegene starke *Lig. talo-calcaneare interosseum*, durch welches auch die Achse hindurchgeht, ferner durch je ein inconstantes Lig. talocalcaneare laterale und posterius und durch die mit dem oberen Sprunggelenk gemeinsamen Seitenbänder, medial (Abb. 306) das *Lig. deltoides* mit vier Abteilungen, Lig. tibionaviculare, tibiotalare anterius und post., tibiocalcaneare, lateral ein *Lig. fibulotalare ant.* und *post.* und *fibulocalcaneare.* Trotz dieser Bänder kann es durch Gewalteinwirkungen unter Zerreißung der Bänder zu einer Herauspressung des Talus, zu einer Luxation, besonders nach vorn, kommen. Der *Art. tarsi transversus* (CHOPART) besteht aus zwei getrennten Abschnitten, dem selbständigen *Art. calcaneo-cuboideus*, der eine geringe Bewegung im Sinn der Supination ermöglicht (das Gelenk ist durch straffe Bänder geschützt) und dem distalsten Abschnitt des unteren Sprunggelenkes, dem Art. *talonavicularis*. Gesichert sind beide außer durch die plantaren Bänder (S. 336) auch durch das *Lig. bipartitum*, das von der vorderen inneren Ecke des Calcaneus

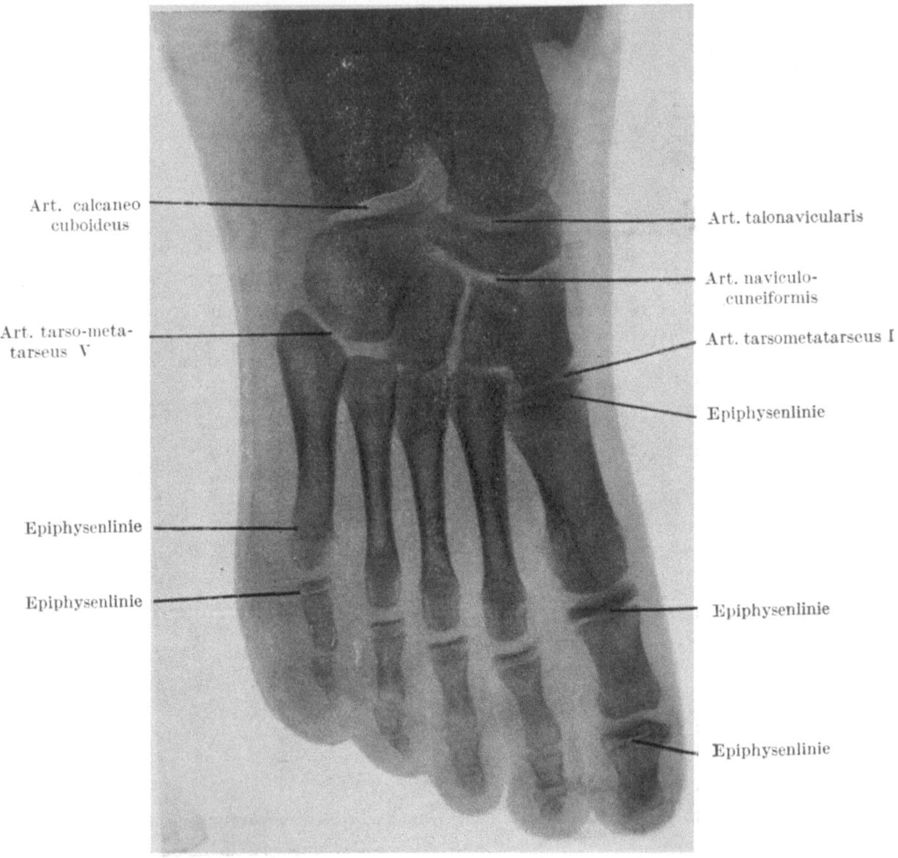

Abb. 303. Röntgenaufnahme eines jugendlichen Fußes. Klinik Prof. SCHÖNBAUER.

ausgeht und mit zwei Schenkeln, dem *Lig. calcaneo-naviculare interosseum* und *calcaneo-cuboideum interosseum* nahe der dorsalen Fläche der genannten Knochen haftet. Das Gelenk ermöglicht eine rasche chirurgische Abtrennung des Vorfußes, kommt aber zum Klaffen erst nach Durchschneidung des eben genannten Doppelbandes, das deshalb auch „Schlüssel des CHOPARTschen Gelenkes" genannt wird. Die Aufsuchung des Gelenkspaltes gelingt am besten von der medialen Seite her, hinter der Tuberositas ossis navicularis. Die mechanische Bedeutung des Gelenkes (seiner beiden Teile als Ganzes genommen) ist gering. Die drei Keilbeine sind untereinander und mit dem Naviculare und Cuboideum zu einer distalen Fußwurzelknochenreihe straff verbunden; eine Amphiarthrose ist auch der *Articulus tarso-metatarseus* (LISFRANC), der im distal convexen Bogen vom

lateralen zum medialen Fußrand zieht. Die Gelenklinie beginnt am lateralen
Fußrand hinter der Tuberositas ossis metatarsi V. und endet am medialen Fußrand etwas weiter distal; der Bogen ist aber kein gleichmäßiger, da das zweite
Metatarsale zwischen erstem und drittem Keilbein medialwärts einige Millimeter
gegen das kürzere zweite Keilbein vorspringt (s. auch Abb. 304). Das Gelenk
ist für die Federung des Fußgewölbes von Bedeutung. Die *Artt. metatarso-phalangici*
und *interphalangici* sind an den Zehen durchwegs ähnlich den entsprechenden
Fingergelenken gebaut; nur ist die Stellung der Zehen eine andere, da sie im

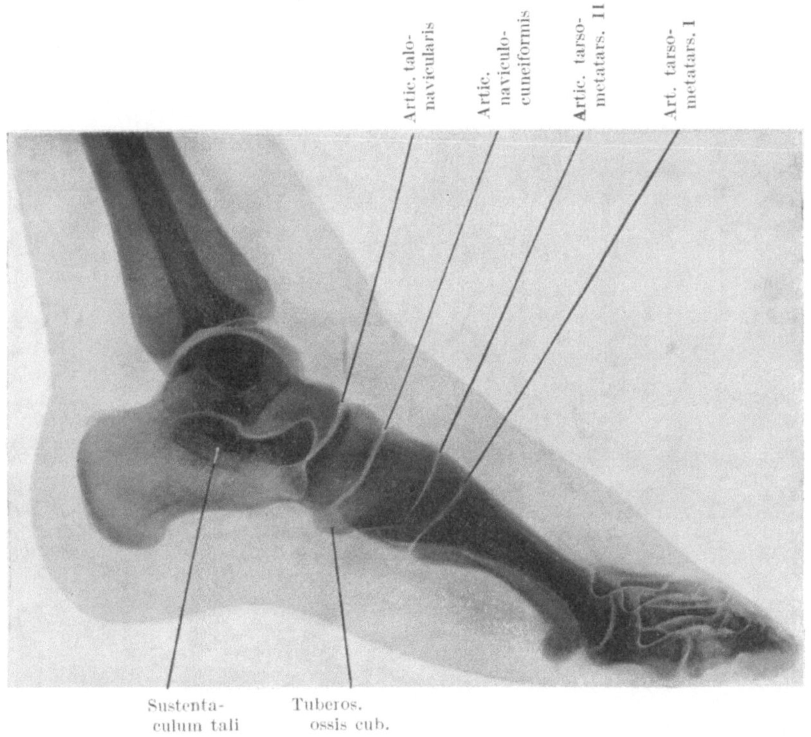

Abb. 304. Röntgenbild des r. Fußes, Film am inneren Fußrand. Klinik Prof. SCHÖNBAUER.

Grundgelenk dorsal, in dem nächsten plantar flectiert sind und sich somit dauernd
in Krallenstellung befinden; sie sind damit besser befähigt, beim aufrechten
Stand Schwankungen nach vorn aufzunehmen und auszugleichen. Nur das
distale Interphalangealgelenk ist etwas dorsal flectiert. Ab- und Adduction
ist nur in ganz geringem Ausmaß möglich. Der Hallux befindet sich in Streckstellung. Sein Grundgelenk enthält in der plantaren Kapsel zwei große Sesambeine, welche in Rinnen des Metatarsus-Köpfchen gleiten und beim Stehen
einen Teil der Körperlast aufnehmen.

Die plantaren Bänder dienen hauptsächlich der Erhaltung des *Fußgewölbes*.
Dieses ermöglicht ein federndes Aufsetzen des Fußes auf den Boden; es besteht
aus einer Längs- und einer Querwölbung. Nach der Längswölbung ist der Fuß
unterstützt rückwärts vom Tuber calcanei, vorn von den Capitula der Metatarsalia.
Die Wölbung ist am inneren Fußrand wesentlich höher als am lateralen, der bei
stärkerer Belastung den Boden berührt, zumindest mit der Muskulatur des Fußrandes. Die Querwölbung ist besonders im Bereich der Metatarsalia auffallend;

während der fünfte Mittelfußknochen in seiner ganzen Ausdehnung bodennah ist, erhebt sich besonders der zweite über den Boden; der erste liegt wieder etwas tiefer. Durch Erschlaffung des bindegewebig-muskulösen Haltapparates kann das Längsgewölbe zum Plattfuß einsinken — eher bei statischer Dauerbelastung (durch langdauerndes Stehen) als bei vielem Gehen, weil bei letzterem die Muskulatur immer wieder die Bänder entspannt und sich überhaupt an der Stützung des Gewölbes stärker beteiligt. Die plantaren Bänder (Abb. 307) sind ober-

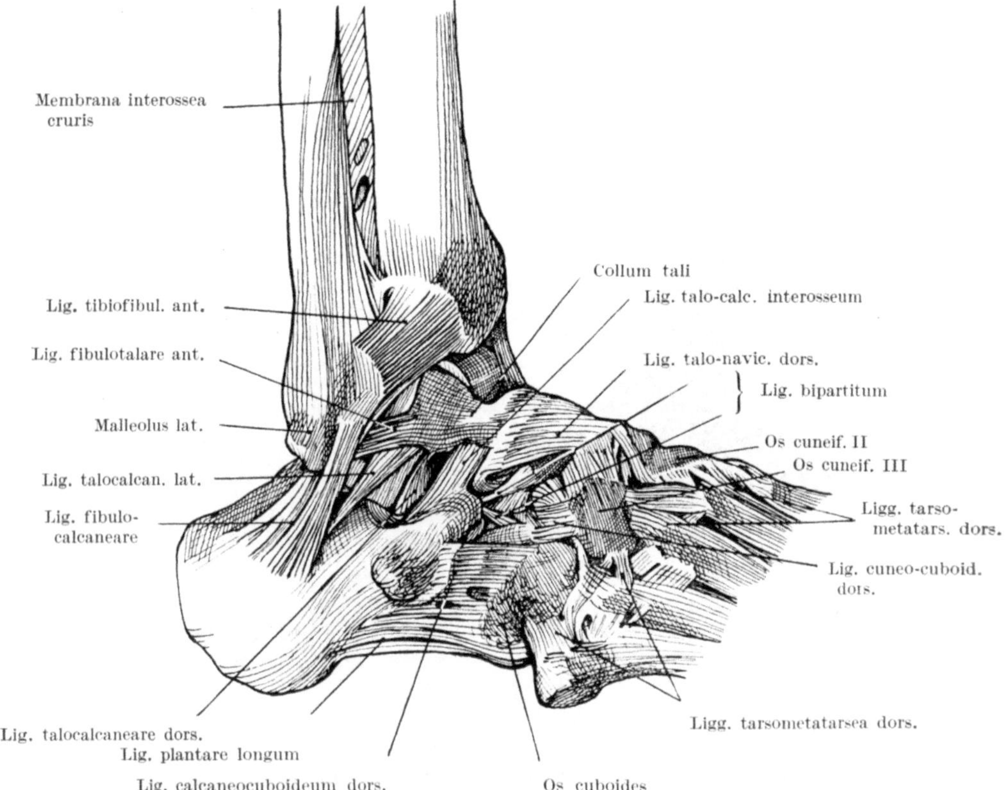

Abb. 305. Bänder des rechten Fußes von der lateralen Seite. Nach TOLDT-HOCHSTETTER.

flächlich das *Lig. plantare longum,* das vom Tuber calcanei bis auf die Basen der Metatarsalia ausstrahlt und die Rinne für die Sehne des M. fibularis longus überbrückt, dann das *Lig. calcaneo-cuboideum plantare* und *calcaneo-naviculare plantare,* letzteres unter der Fibrocartilago navicularis des unteren Sprunggelenkes, sowie eine ganze Reihe von quer und schräg verlaufenden Bändern zwischen den einzelnen Knochen. Darüber legen sich schräg die *Sehnen* des *M. fibularis longus* und *Tibials posterior,* die erstere durch die Rinne des Cuboids, gedeckt vom Lig. plantare longum, medial-distalwärts zur Basis des ersten Metatarsale verlaufend, die letztere zwar hauptsächlich an der Tuberositas ossis navicularis haftend, aber mit Ausstrahlungen lateralwärts an die drei Keilbeine. So bilden diese Muskeln eine Kreuzbindung für die quere Fußwölbung; sie sind auch zusammen mit einer Steigbügelschlinge verglichen worden, welche auch die Längswölbung zu halten vermag. Auf den plantaren Bändern liegt die plantare

Muskulatur, welche gleichfalls die Längswölbung hält, und auf dieser oberflächlich die Aponeurosis plantaris, mit der gleichen Leistung.

Muskulatur der Sprunggelenke. Im Ganzen sind die Plantarflexoren wesentlich stärker als die Dorsalflexoren und die Supinatoren stärker als die Pronatoren. Doch ist die Zahl der Muskelindividuen für beide Wirkungen gleich. Die wichtigsten Supinatoren sind die beiden Tibiales, die sich in ihrer Wirkung auf das obere Sprunggelenk (Dorsal- bzw. Plantarflexion) ungefähr ausgleichen, und die wich-

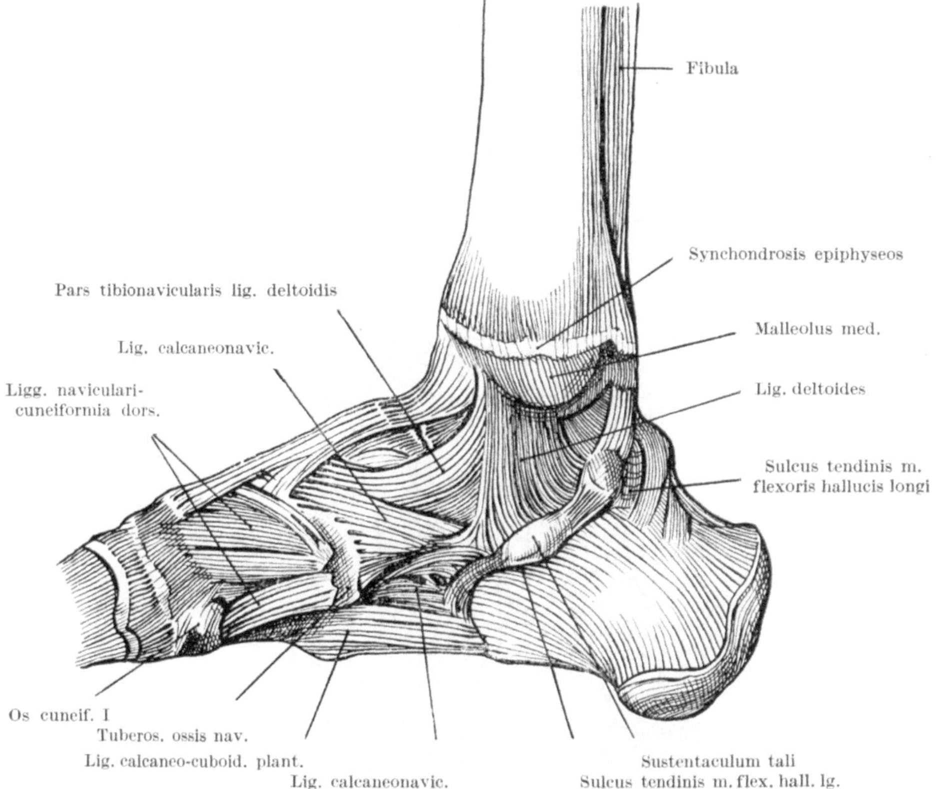

Abb. 306. Bänder des rechten Fußes von der medialen Seite. Nach TOLDT-HOCHSTETTER.

tigsten Pronatoren sind die drei Fibulares, für die annähernd dasselbe gilt, da der an Kraft den beiden andern unterlegene Fibularis tertius für das obere Sprunggelenk (im Sinn der Dorsalflexion) mit einem wesentlich längeren Hebelarm angreift (Abb. 309) als die plantar flectierenden beiden andern. Da alle drei Fibulares und überhaupt alle Dorsalflexoren vom N. fibularis innerviert werden, sinkt bei der Lähmung des Nerven der pronierte Fuß herab, während umgekehrt bei Tibialislähmung der Fuß in Hakenstellung mit extremer Dorsalflexion gerät.

Dorsum pedis. Der Fußrücken (Abb. 308) ist mit verhältnismäßig zarter Haut überzogen, durch welche die Hautvenen sichtbar werden. Sie bilden ein Venennetz und in der Regel einen *Arcus venosus*, an dessen Enden die beiden *Vv. saphenae* sich anschließen (S. 332). In die dorsalen Venen fließt durch perforierende Äste auch ein großer Teil des plantaren Blutes ab. Subcutan liegen auch die Hautnerven (Abb. 283 und 299), ein *N. dorsalis pedis medialis* (zum Innenrand der großen Zehe) und *intermedius* zum Außenrand der zweiten, zur dritten und zum Innenrand der vierten Zehe, alle vom N. fibularis superficialis, der Endast des N. suralis zum Außenrand der vierten und zur fünften Zehe als *N. cutaneus dorsi pedis lateralis*; die einander zugewendeten Seiten der ersten und zweiten Zehe werden vom Endast des *N. fibularis profundus* versorgt. Doch

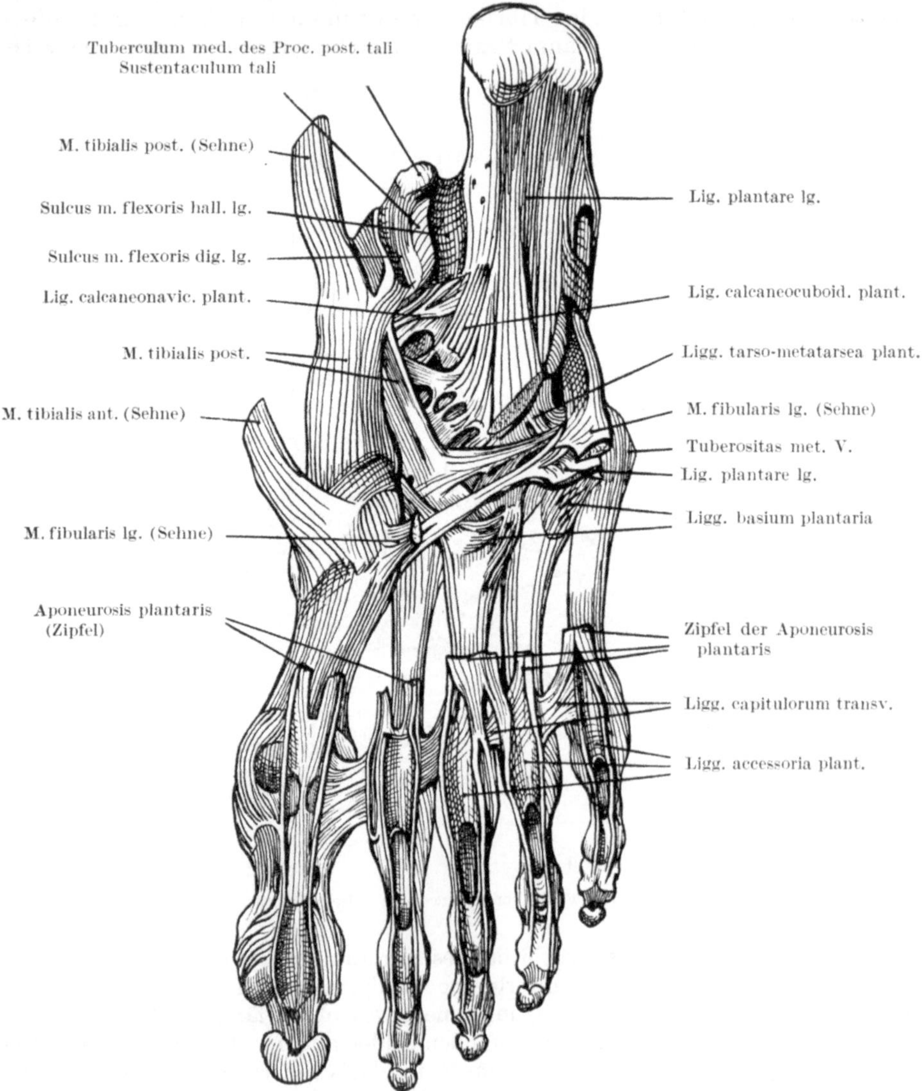

Abb. 307. Plantare Bänder und Sehneneinstrahlungen. Nach TOLDT-HOCHSTETTER.

ist die Anordnung Schwankungen unterworfen, besonders was die Grenzen des N. suralis betrifft. Unter einer zarten Fascie liegen die Muskeln (Abb. 309). Die Sehnen des langen Zehenstreckers werden unter der Haut sichtbar; Juncturae tendinum (wie am Handrücken) fehlen. Die Muskeln, die unter dem Lig. cruciforme (S. 329) hervorkommen, gleiten dort in drei langen und weiten *Sehnenscheiden* (Abb. 309), für den Tibialis anterior, den Extensor hallucis longus und den Extensor digitorum longus; die des Extensor hallucis longus reicht am weitesten distalwärts, bis zur Basis ihres Metatarsale. An den Zehen gehen die Sehnen in Streckaponeurosen über, ähnlich denen der Hand. Neben den langen kommen hier kurze Extensoren vor, ein *Extensor hallucis brevis* und *Extensor digitorum brevis*; sie entspringen am Eingang zum Sinus tarsi (zwischen Talus und Calcaneus, an deren lateraler Seite) und schließen sich den Streckaponeurosen an. **Der**

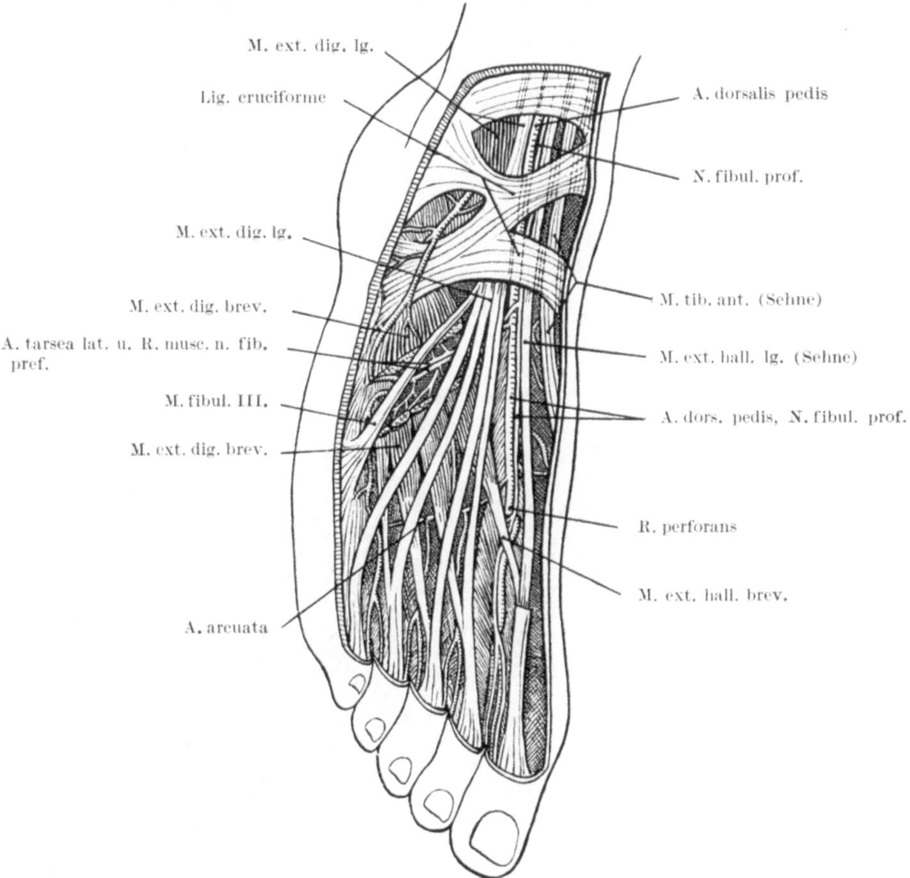

Abb. 308   Dorsum pedis nach Wegnahme der Hautvenen und Hautnerven. Nach CORNING.

Extensor digitorum brevis hat keine Sehne für die fünfte Zehe. Die *A. dorsalis pedis*, die Fortsetzung der A. tibialis anterior, gelangt nach Abgabe von Rami malleolares anteriores und Unterkreuzung der Sehne des Extensor hallucis longus auf den Fußrücken, wo sie *Aa. tarseae* (med. und lat.) und eine *A. arcuata* abgibt, die über die Basen der Metatarsalia verläuft und Zweige zu den Zehen entsendet. Der Stamm liegt dann zwischen langem und kurzem Großzehenstrecker, wo auch sein Puls tastbar ist, an der medialen Seite des N. fibularis prof., und geht als *A. tarsea perforans* durch den ersten Intermetatarsalraum zum Arcus plantaris, so wie die A. radialis am Dorsum manus; eine Fortsetzung gelangt dorsal an die beiden medialen Zehen.

Regio retromalleolaris lateralis. Hinter dem lateralen Knöchel, zwischen Fibula und Achillessehnen, sinkt die Haut ein. Subcutan liegt dort der *N. suralis*

und dahinter die *V. saphena parva*, und in der Tiefe, am Malleolus, die Sehnen
der beiden *Mm. fibulares* (Abb. 309). Die Sehne des longus liegt oberflächlicher;
beide Sehnen laufen in einer gemeinsamen *Sehnenscheide*, biegen um den Malleolus
nach vorn und werden am Malleolus von einem *Retinaculum proximale*, am Calcaneus von einem *R. distale* festgehalten. Sie divergieren nun, um zu ihren
Insertionen zu gelangen, der longus in die Planta und der brevis zur Basis des
fünften Metatarsale. Die Sehnenscheide teilt sich und begleitet den longus bis

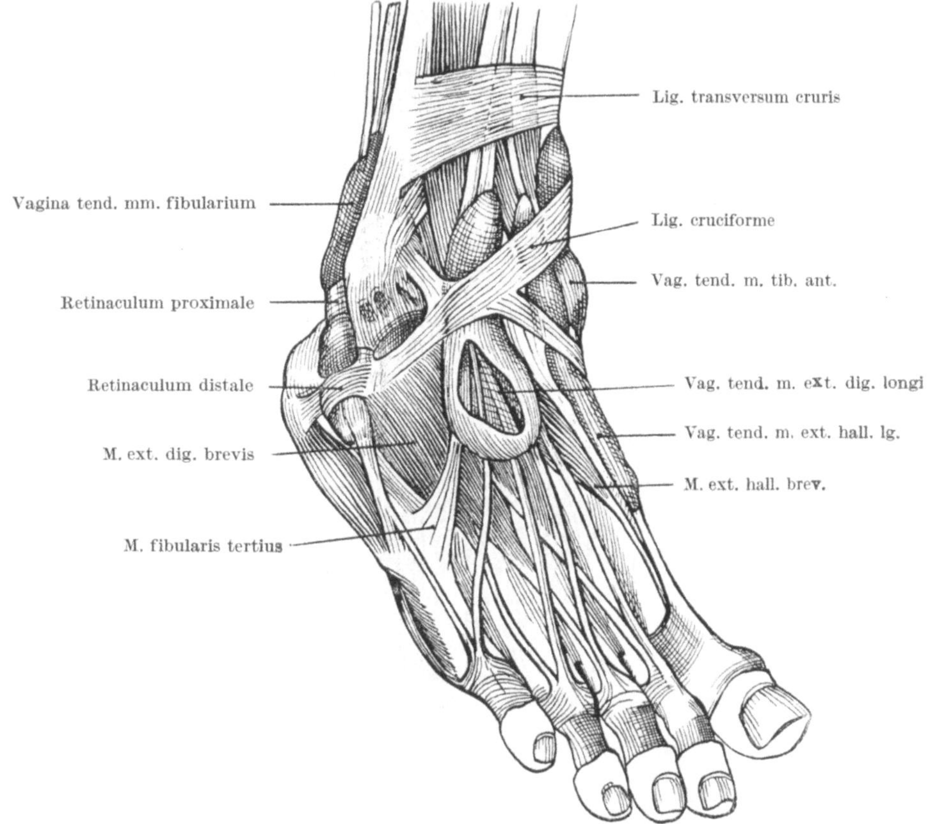

Abb. 309. Muskeln und Sehnenscheiden am Fußrücken und lateralen Fußrand. Nach TOLDT-HOCHSTETTER.

zum Cuboid, den brevis manchmal bis zur Insertion. In der Planta ist eine neue
Sehnenscheide für die Sehne des Fibularis longus ausgebildet, welche von der
Rinne des Cuboids bis zum Muskelansatz an der Basis des ersten Metatarsale
reicht. Noch tiefer liegen die lateralen Seitenbänder der Sprunggelenke (S. 333).

    Regio retromalleolaris medialis (Abb. 310). Hier findet man, gedeckt vom
Lig. laciniatum, dem Haltband der Sehnen, am Knochen zuerst die Sehne des
M. tibialis post., lateral davon die dünnere Sehne des *Flexor digitorum longus*,
daneben bzw. dahinter das *Gefäß-Nervenpaket*; noch weiter lateral (in der Tiefe)
liegt der *M. flexor hallucis longus*, der in der Rinne des Proc. post. tali verläuft.
Die Sehnen haben je eine eigene *Sehnenscheide* (S. 344 und Abb. 311). Im Gefäß-
Nervenbündel sind die A. tibialis post. und der N. tibialis bereits je in *Ramus
plantaris medialis* und *lateralis* aufgeteilt. Unter der Achillessehne liegt am Ansatz
die *Bursa tendinis m. tricipitis*, für welche die obere Hälfte des Tuber calcanei ge-

glättet ist. Der Retromalleolarraum setzt sich in den *Canalis tarsi* fort; dieser
wird in der Tiefe vom Skelet und den ihm anliegenden Sehnen, oberflächlich
von einem Sehnenbogen begrenzt, der vom Calcaneus zum Malleolus tibiae
reicht, mit dem Lig. laciniatum zusammenhängt und dem M. abductor hallucis
(S. 343) zum Ursprung dient. Der Kanal wird durch einen Bindegewebszug
unterteilt, die so entstandenen Fächer lassen die medialen bzw. lateralen plantaren Gefäße und Nerven hindurchtreten. Der Kanal leitet in den Spalt zwischen
oberflächlicher und tiefer plantarer Muskulatur, wo auch die weitere Aufteilung

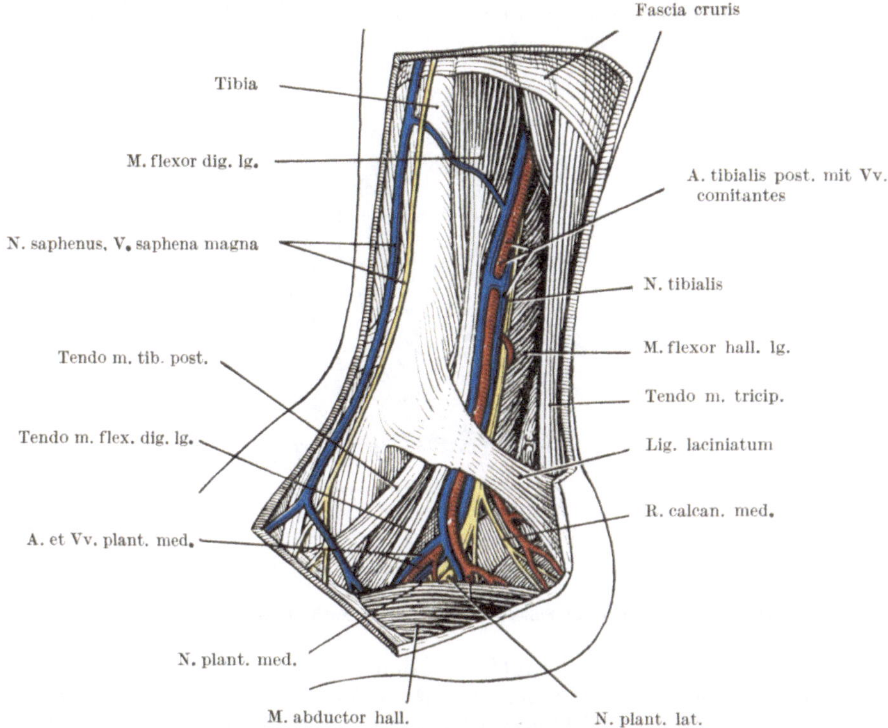

Abb. 310. Regio malleolaris medialis. Nach CORNING.

der Gefäße und Nerven erfolgt. Die *V. saphena magna* und der *N. saphenus*
liegen vor der Retromalleolargrube, auf oder vor dem Malleolus.

    Planta pedis (Abb. 312 und 313). An der dicken Haut der Planta sind Knik-
kungslinien viel weniger deutlich als in der Vola manus. Durch die Unterpolsterung
mit Fett kommt ein *Fersenballen* und ein gemeinsamer *Zehenballen* (im Bereich
der Metatarsusköpfchen) zur Ausbildung; an letzterem grenzt sich der Ballen
der großen Zehe ein wenig von dem Ballen der übrigen Zehen ab. In der Mitte
ist die Planta von der Innenseite aus gehöhlt als *Fußsohlennische*; distalwärts
hängt der Zehenballen über und kommt leicht mit den *Zehentastballen* der Zehen-
enden in Berührung, die an den dreigliedrigen Zehen eiförmig sind, am Hallux
aber abgeplattet. Nach Wegnahme der Haut und des oberflächlichen, stark von
Bindegewebe durchsetzten Fettlagers kommt man an den Rändern auf die im
proximalen Teil aponeurotischen Fascien der Randmuskulatur und in der Mitte
auf die derbe *Aponeurosis plantaris* (Abb. 312), die vom Tuber calcanei ausgeht
und sich den Zehen entsprechend in Zipfel spaltet, welche durch quere Faser-

züge zusammengehalten werden, aber schließlich, sich nochmals aufspaltend,
zwischen den Zehen an den Köpfchen der Metatarsalia·und den Ligg. vaginalia
der Sehnenscheiden haften. Die Oberfläche stellt sich jetzt in Form dreier
Eminentiae plantares dar, eine laterale (Kleinzehenballen), eine mittlere und
eine mediale (Großzehenballen), durch die Muskulatur bedingt. Zwischen ihnen
bleiben zwei *Sulci plantares*, die zu den Gefäßen und Nerven leiten. Im Sulcus
lateralis liegen diese Gebilde neben der Basis des fünften Metatarsale sehr oberflächlich. Im Bereich der Sulci dringen bindegewebige Septen bis an die tiefe
Plantarfascie vor, so daß ziemlich abgeschlossene Räume für die Muskelgruppen
entstehen. Im Bereich dieser Septen verlaufen die Gefäße und Nerven. Die

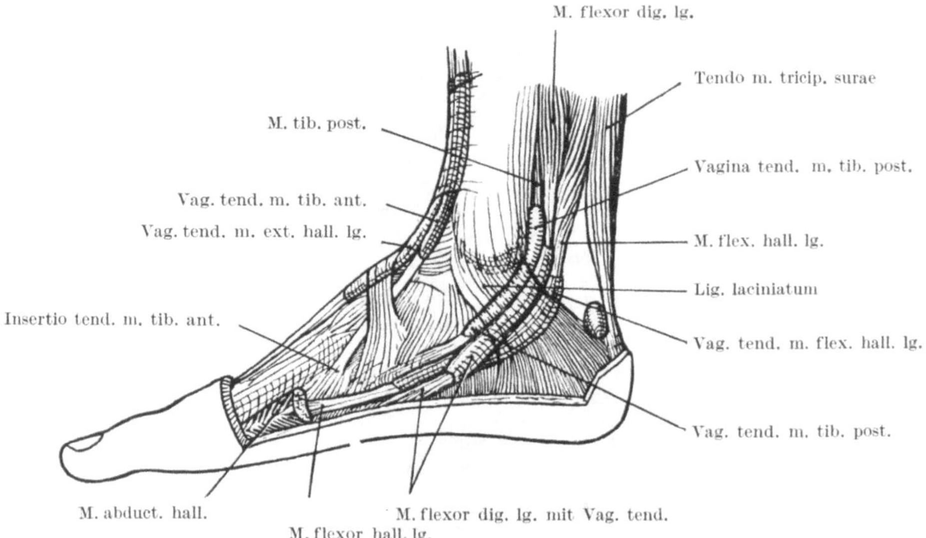

Abb. 311. Sehnenscheiden des Fußes (mediale Seite). Nach HARTMANN, aus CORNING.

Eminentia plantaris lateralis besteht aus den drei unvollkommen trennbaren
eigenen Muskeln der kleinen Zehe, dem *Abductor, Flexor brevis* und *Opponens
digiti quinti*. Der Flexor und Opponens kommen vom Lig. plantare longum und
setzen sich an der Grundphalanx (der erstere) bzw. am Metatarsusrand (der
zweite) an; der Abductor entspringt vom lateralen Höcker des Tuber calcanei,
überbrückt den Zwischenraum zur Tuberositas ossis metatarsi V. und die in der
Tiefe liegende Sehnenscheide des M. fibularis longus und endet an der Grundphalanx. Die *Eminentia plantaris intermedia* wird von den beiden gemeinsamen
Zehenbeugern aufgeworfen. Vom Calcaneus und der Innenfläche der Aponeurosis
plantaris entspringt der *Flexor digitorum brevis*, der in der vorderen Hälfte der
Sohle in vier Bäuche zerfällt. Die Sehnen betreten die Sehnenscheiden der Zehen
(S. 345) mit den Sehnen des Flexor longus und verhalten sich als Flexor per-
foratus; sie enden an den Mittelphalangen. Die Sehne der fünften Zehe ist häufig
sehr schwach und nicht perforiert. Tiefer liegt die Sehne des *Flexor digitorum
longus*, die in der Mitte der Planta in vier Sehnen zerfällt. Diese verhalten sich
an den Zehen als Flexor perforans und enden an den Endphalangen. An die
noch gemeinsame Sehne tritt von der lateralen Seite der *M. quadratus plantae*
heran; er kann als kurzer Kopf des Muskels betrachtet werden, der vom Calcaneus
entspringt und die Zugrichtung des langen Muskels zu den Zehen richtig einstellt.
Er füllt die Höhlung des Calcaneus aus. Von den bereits selbständig gewordenen

Sehnen gehen an der Innenseite die *Mm. lumbricales* aus, die zur Innenseite
der Grundphalangen und häufig auch zu den Streckaponeurosen gehen. Gedeckt von einer derben tiefen Plantarfascie liegen unter diesen Muskeln der
Adductor hallucis und die Interossei. Der erstere besteht aus einem Caput obliquum vom Lig. plantare longum und einem Caput transversum von den Kapseln
der Grundgelenke der zweiten bis fünften Zehe; der Muskel dient hauptsächlich
der Stützung der Längs- und Querwölbung des Fußes. Die *Interossei* gruppieren

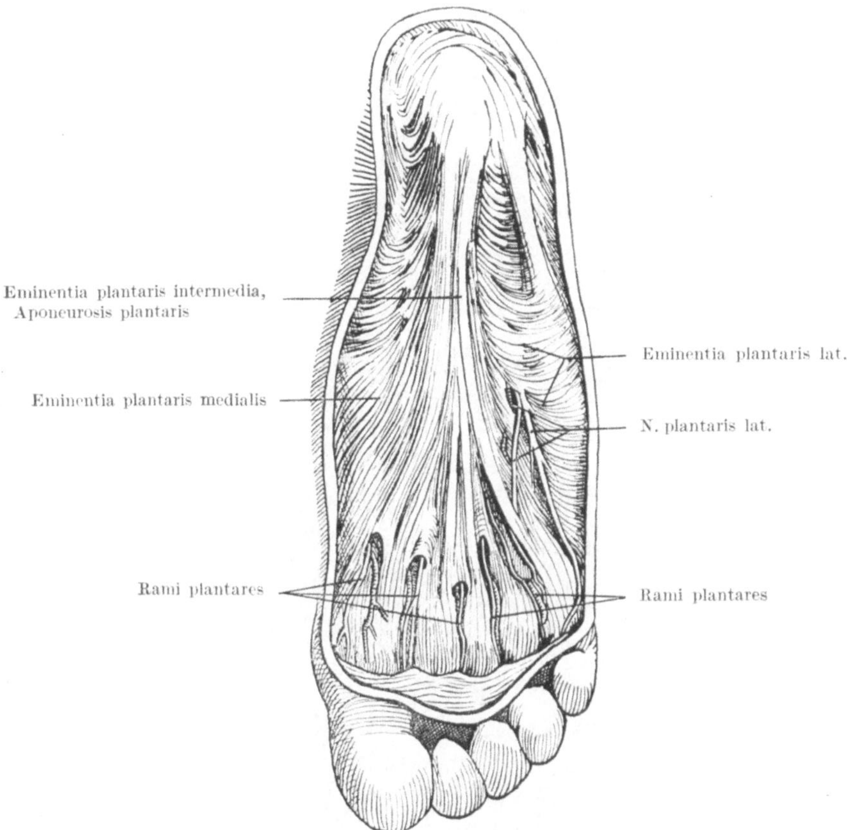

Abb. 312. Plantaraponeurose und Eminentiae plantares. Nach DAVIS.

sich um die zweite Zehe mit zwei doppeltgefiederten Abductoren, während die
dritte bis fünfte Zehe einfach gefiederte Adductoren, die dritte und vierte auch
doppelt gefiederte Abductoren besitzen. Die Muskeln inserieren an den Grundphalangen und wirken hauptsächlich als Zehenbeuger; ihre Spreizwirkung geht
unter dem Einfluß des Schuhwerks mehr und mehr verloren. Ihr Ansatz an den
Streckaponeurosen ist schwach oder fehlend. Die *Eminentia plantaris medialis*
enthält den *Abductor hallucis* und *Flexor brevis hallucis*. Der Abductor ist ein
kräftiger Muskel, der vom medialen Fußrand, vom Calcaneus bis zum ersten
Keilbein, entspringt, den Canalis tarsi (S. 341) mit einem Sehnenbogen überbrückt und mit einer starken Sehne am medialen Sesambein des Hallux und der
Grundphalange desselben inseriert. Der *Flexor hallucis brevis* entspringt von
dem Bandapparat der Fußsohle und bildet mit zwei Köpfen eine Rinne für den
Flexor longus; die Köpfe inserieren am medialen und lateralen Sesambein des

Hallux und verwachsen mit dem Abductor bzw. Adductor. Die Muskeln der Eminentia medialis sind hauptsächlich Verspanner des Innenrandes des Fußgewölbes. Der *M. flexor hallucis longus* und der *Flexor digitorum longus* sind unter dem Abductor hallucis durch den Canalis tarsi in die Planta eingetreten; der erstere gleitet unter, dem Sustentaculum tali in der dort liegenden Sehnen-

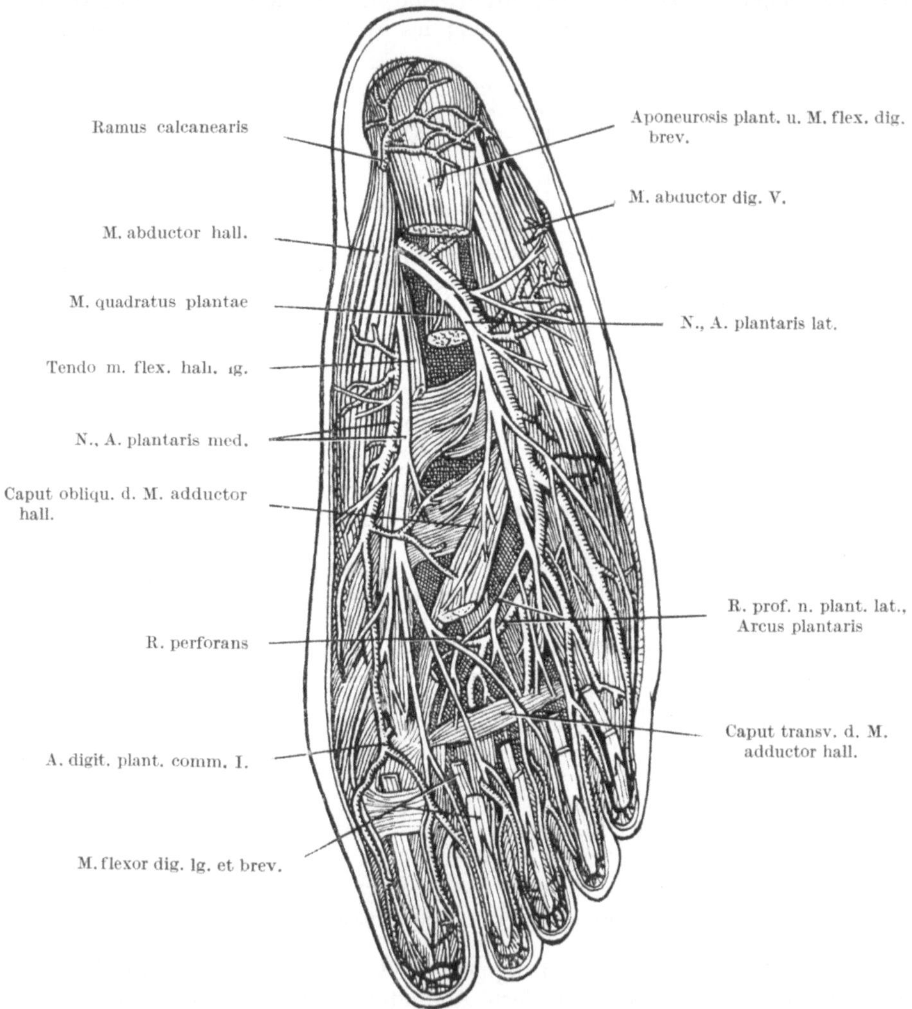

Abb. 313. Tiefe Schicht der Planta pedis nach Entfernung des Flexor dig. brevis, der Sehnen des Flexor hall. longus, dig. longus und M. quadratus plantae. Nach CORNING.

rinne und wird vom Flexor digitorum überkreuzt; dabei gibt er an diesen eine Junctura tendinum ab, die manchmal wechselseitig ausgebildet ist, bettet sich in die Rinne zwischen den Köpfen des Flexor hallucis brevis und endet an der Endphalange. Er läuft in einer langen *Sehnenscheide* (Abb. 311), die schon am Unterschenkel beginnt, über den Talus und Calcaneus hinwegreicht und an der Überkreuzung durch den Flexor digitorum longus endet; festgehalten wird er am Calcaneus durch ein starkes Lig. vaginale. Auch der Flexor digitorum longus und der Tibialis posterior haben eigene Sehnenscheiden, die von der Retromalleolargegend bis in die Planta reichen; die des Tibialis geht bis nahe an die Insertion an der Tuberositas ossis navicularis, die des Flexor bis an die Innenseite des Sustentaculum tali. Zum Unterschied von der Hand reicht keine Sehnenscheide bis an die Zehen; alle fünf Zehen besitzen eigene Scheiden, die sich von den Köpfchen der Metatarsalia bis an die Endphalangen erstrecken und durch Ligg. vaginalia verstärkt werden.

In den Sulci plantares liegen die *Gefäß-* und *Nervenstämme*; die lateralen gelangen in ihren Sulcus zwischen Flexor digitorum brevis und longus, bzw. Quadratus plantae. Die mediale *Arterie* ist schwächer und erschöpft sich in ihrer Rinne; die laterale liegt im Bereich des fünften Metatarsale ziemlich oberflächlich, S. 342, dringt dann in die Tiefe, läuft über die Basen der Metatarsalia, wird vom Ramus profundus n. plantaris lateralis oberflächlich überkreuzt und anastomosiert als (einziger) *Arcus plantaris* im Bereich des ersten Intermetatarsalraumes mit der A. dorsalis pedis. So entspricht der Arcus dem Arcus volaris profundus, der auch von der Dorsalseite her (durch die A. radialis) geschlossen wird. Der Arcus gibt eine A. digitalis lateralis an die kleine Zehe und vier Aa. metatarseae plantares ab, die sich in je zwei Aa. digitales plantares propriae spalten. Der *N. tibialis* hat sich hinter dem Malleolus medialis bereits in einen *Ramus plantaris medialis* und *lateralis* gespalten, die sich bis in Einzelheiten gleich dem N. medianus und ulnaris an der Hand verhalten. Der N. plantaris medialis ist dicker, innerviert den Flexor digitorum brevis, Abductor hallucis und Flexor brevis hallucis und teilt sich in den N. digitalis proprius der Innenseite der großen Zehe und drei Nn. digitales communes, die drei Lumbricales versorgen und in Nn. digitales proprii (im Ganzen sieben Stück) zerfallen. Der N. plantaris lateralis verläuft an der Innenseite der Arterie, innerviert den Quadratus plantae und alle Muskeln des Kleinzehenballens und teilt sich in Ramus superficialis und profundus. Der letztere überkreuzt mit seinen Ästen den Arcus plantaris und innerviert alle Interossei, den vierten Lumbricalis und den Adductor hallucis. Der Ramus superficialis, mit dem N. plantaris medialis anastomosierend, gibt drei Rami digitales plantares proprii an die fünfte und die laterale Seite der vierten Zehe ab. Die Grenze der beiden Rami plantares geht somit durch die Mitte der vierten Zehe, wie an der Hand. Die plantaren Zehennerven versorgen auch die Streckseiten der Endphalangen mit dem Nagelbett, wieder wie an der Hand. An der Dorsalseite ist allerdings ein Unterschied der Innervation vorhanden, da der N. fibularis bis zur Mitte der vierten Zehe reicht, während der N. suralis, der einen (dem Ramus dorsalis n. ulnaris vergleichbaren) Zuschuß vom N. tibialis aufnimmt, nur den Rest innerviert (S. 337).

Bindegewebsräume der Planta. Von den Sulci plantares gehen zu beiden Seiten der Aponeurosis plantaris bindegewebige Septen in die Tiefe gegen das Skelet und teilen die Planta entsprechend den Eminentiae plantares in drei plantare Fächer, von denen das mediale und laterale von der Muskulatur des Thenar bzw. Antithenar erfüllt wird; das mittlere zerfällt durch den M. flexor digitorum brevis nochmals in eine oberflächliche und tiefe Abteilung.

Sachverzeichnis.

Manzsche Buchdruckerei, Wien IX.